2025 완벽대비

핵심포켓북
동영상강의 제공

각 과목별 핵심정리 및 과년도문제 분석

전기기사
5주완성

INUP
2025 대비

전용 홈페이지 학습게시판을 통한
담당교수님의 **1:1** 질의응답 학습관리

28년간 기출문제 분석

3

적중문제

한솔아카데미
H/A/N/S/O/L/A/C/A/D/E/M/Y

Contents

11개년 기출문제(2014~2024) 완벽한 해설

01 과년도출제문제(2020~2024)

02 과년도출제문제(2014~2019) 다운로드 제공

홈페이지(www.inup.co.kr)에서 다운받으실 수 있습니다.

- 2014년 제1회 기출 실전테스트
- 2014년 제2회 기출 실전테스트
- 2014년 제3회 기출 실전테스트
- 2015년 제1회 기출 실전테스트
- 2015년 제2회 기출 실전테스트
- 2015년 제3회 기출 실전테스트
- 2016년 제1회 기출 실전테스트
- 2016년 제2회 기출 실전테스트
- 2016년 제3회 기출 실전테스트
- 2017년 제1회 기출 실전테스트
- 2017년 제2회 기출 실전테스트
- 2017년 제3회 기출 실전테스트
- 2018년 제1회 기출 실전테스트
- 2018년 제2회 기출 실전테스트
- 2018년 제3회 기출 실전테스트
- 2019년 제1회 기출 실전테스트
- 2019년 제2회 기출 실전테스트
- 2019년 제3회 기출 실전테스트

03 CBT대비 9회 실전테스트

홈페이지(www.inup.co.kr)에서 필기시험 문제를 CBT 모의 TEST로 체험하실 수 있습니다.

- CBT 필기시험문제 제1회 (2024년 제1회 과년도)
- CBT 필기시험문제 제2회 (2024년 제2회 과년도)
- CBT 필기시험문제 제3회 (2024년 제3회 과년도)
- CBT 필기시험문제 제4회 (2023년 제1회 과년도)
- CBT 필기시험문제 제5회 (2023년 제2회 과년도)
- CBT 필기시험문제 제6회 (2023년 제3회 과년도)
- CBT 필기시험문제 제7회 (2022년 제1회 과년도)
- CBT 필기시험문제 제8회 (2022년 제2회 과년도)
- CBT 필기시험문제 제9회 (2022년 제3회 과년도)

전 기 기 사
5 주 완 성

06

Engineer Electricity

과년도출제문제

20 1. 전기자기학

01 면적이 매우 넓은 두 개의 도체 판을 d[m] 간격으로 수평하게 평행 배치하고, 이 평행도체 판 사이에 놓인 전자가 정지하고 있기 위해서 그 도체 판 사이에 가하여야 할 전위차[V]는?(단, g는 중력 가속도이고, m은 전자의 질량이고, e는 전자의 전하량이다.)

① $mged$

② $\dfrac{ed}{mg}$

③ $\dfrac{mdg}{e}$

④ $\dfrac{mge}{d}$

전기에너지와 전자의 운동에너지

평행판 도체 사이에 전위차(V)를 주게 되면 전자(e)에 가해지는 에너지(W_1)와 전자의 위치에너지(W_2)는 서로 같게 된다.

$W_1 = eV$[J], $W_2 = mdg$[J]

여기서, m은 전자의 질량, d는 도체판 간격이다.

$W_1 = W_2$일 때 $eV = mdg$이므로

$$\therefore V = \frac{mdg}{e} \text{[V]}$$

02 자기회로에서 자기저항의 크기에 대한 설명으로 옳은 것은?

① 자기회로의 길이에 비례
② 자기회로의 단면적에 비례
③ 자성체의 비투자율에 비례
④ 자성체의 비투자율의 제곱에 비례

자기회로 내의 자기저항

자기회로의 투자율을 μ, 단면적을 S, 길이를 l이라 하면 자기저항 R_m은

$$R_m = \frac{l}{\mu S} = \frac{l}{\mu_0 \mu_s S} \text{[AT/Wb]}$$이므로

∴ 자기저항은 길이에 비례하며 투자율에 반비례하고 단면적에도 반비례한다.

03 전위함수 $V = x^2 + y^2$[V]일 때 점 (3, 4) (m)에서의 등전위선의 반지름은 몇 [m]이며, 전기력선 방정식은 어떻게 되는가?

① 등전위선의 반지름 : 3,

  전기력선 방정식 : $y = \dfrac{3}{4}x$

② 등전위선의 반지름 : 4,

  전기력선 방정식 : $y = \dfrac{4}{3}x$

③ 등전위선의 반지름 : 5,

  전기력선 방정식 : $x = \dfrac{4}{3}y$

④ 등전위선의 반지름 : 5,

  전기력선 방정식 : $x = \dfrac{3}{4}y$

전기력선의 방정식

$$E = -\nabla V = -\operatorname{grad} V = -\frac{\partial V}{\partial x}i - \frac{\partial V}{\partial y}j$$

$$= -\frac{\partial}{\partial x}(x^2 + y^2)i - \frac{\partial}{\partial y}(x^2 + y^2)j$$

$$= -2xi - 2yj$$

$$= E_x i + E_y j \text{[V/m]}$$

$E_x = -2x$, $E_y = -2y$이므로

전기력선 방정식 $\dfrac{dx}{E_x} = \dfrac{dy}{E_y}$ 식에서

$$\frac{1}{-2x}dx = \frac{1}{-2y}dy$$

양변을 적분하면

$\displaystyle\int \frac{1}{x}dx = \int \frac{1}{y}dy$ 식에서 $\ln x = \ln y + A$를 얻는다.

$\ln x - \ln y = \ln \dfrac{x}{y} = A$이다.

점 (3, 4) [m]에서의 등전위선의 반지름 R과

전기력선의 방정식은 $K = \dfrac{x}{y} = \dfrac{3}{4}$ 이므로

$$\therefore R = \sqrt{3^2 + 4^2} = 5 \text{ [m]}, \ x = \frac{3}{4}y$$

정답 01 ③ 02 ① 03 ④

04 10[mm]의 지름을 가진 동선에 50[A]의 전류가 흐르고 있을 때 단위시간 동안 동선의 단면을 통과하는 전자의 수는 약 몇 개인가?

① 7.85×10^{16} ② 20.45×10^{15}

③ 31.21×10^{19} ④ 50×10^{19}

전류(I)

전류란 "단위 시간에 대한 도선을 통한 전기장"으로 정의하며 전류 I, 시간 t, 전기량 Q라 하면 $I = \dfrac{Q}{t}$ [A]이다.

1 [C]의 전기량은 6.242×10^{18}개의 전자로 구성되어 있으며 $I = 50$ [A], $t = 1$ [sec]일 때
$Q = It = 50 \times 1 = 50$ [C]이므로 전자의 총 개수는
∴ $n = 50 \times 6.242 \times 10^{18} = 31.21 \times 10^{19}$

05 자기 인덕턴스와 상호 인덕턴스와의 관계에서 결합계수 k의 범위는?

① $0 \le k \le \dfrac{1}{2}$ ② $0 \le k \le 1$

③ $1 \le k \le 2$ ④ $1 \le k \le 10$

결합계수(k)

자기인덕턴스 L_1, L_2, 상호인덕턴스 M, 1차 코일에 쇄교되는 전자속 ϕ, 2차 코일에 쇄교되는 전자속 ϕ_2, 1차와 2차 코일에 결합되는 쇄교자속 ϕ_{12}, ϕ_{21}, 누설자속 ϕ_{11}, ϕ_{22}라 하면
$\phi_1 = \phi_{11} + \phi_{12}$ [Wb], $\phi_2 = \phi_{22} + \phi_{21}$ [Wb]일 때
$k = \dfrac{M}{\sqrt{L_1 L_2}} = \sqrt{\dfrac{\phi_{12}\phi_{21}}{\phi_1 \phi_2}}$ 이므로
∴ $0 \le k \le 1$

참고 $k = 0$일 때 미결합이라 하며, $k = 1$일 때 완전결합이라 한다.

06 면적이 S[m²]이고 극간의 거리가 d[m]인 평행판 콘덴서에 비유전율이 ϵ_r인 유전체를 채울 때 정전용량[F]은?(단, ϵ_0는 진공의 유전율이다.)

① $\dfrac{2\epsilon_0 \epsilon_r S}{d}$ ② $\dfrac{\epsilon_0 \epsilon_r S}{\pi d}$

③ $\dfrac{\epsilon_0 \epsilon_r S}{d}$ ④ $\dfrac{2\pi\epsilon_0 \epsilon_r S}{d}$

유전체 내 평행판 콘덴서의 정전용량(C)

∴ $C = \dfrac{\epsilon S}{d} = \dfrac{\epsilon_0 \epsilon_r S}{d}$ [F]

07 반자성체의 비투자율(μ_r) 값의 범위는?

① $\mu_r = 1$ ② $\mu_r < 1$

③ $\mu_r > 1$ ④ $\mu_r = 0$

자성체의 성질

비투자율 μ_r, 자화율 χ_m라 하면
(1) 역자성체 : $\mu_r < 1$, $\chi_m < 0$
  (수소, 헬륨, 구리, 탄소 등)
(2) 상자성체 : $\mu_r > 1$, $\chi_m > 0$ (칼륨, 텅스텐, 산소 등)
(3) 강자성체 : $\mu_r \gg 1$, $\chi_m \gg 0$ (철, 니켈, 코발트 등)
반자성체(역자성체)에는 이외에도 비스무트, 납, 아연, 금, 은 등이 있다.

08 반지름 r[m]인 무한장 원통형 도체에 전류가 균일하게 흐를 때 도체 내부에서 자계의 세기[AT/m]는?

① 원통 중심축으로부터 거리에 비례한다.
② 원통 중심축으로부터 거리에 반비례한다.
③ 원통 중심축으로부터 거리의 제곱에 비례한다.
④ 원통 중심축으로부터 거리의 제곱에 반비례한다.

원통도체(원주형 도체)에 의한 자계의 세기(H)

(1) 원통도체 표면에만 전류가 흐르는 경우

$$H_{in} = 0 \,[\text{AT/m}], \quad H_{out} = \frac{I}{2\pi r} \,[\text{AT/m}]$$

(2) 원통도체 내부에 균일하게 전류가 흐르는 경우

$$H_{in} = \frac{Ir}{2\pi a^2} \,[\text{AT/m}], \quad H_{out} = \frac{I}{2\pi r} \,[\text{AT/m}]$$

∴ 문제의 조건에 따라 $H_{in} = \dfrac{Ir}{2\pi a^2} \propto r \,[\text{AT/m}]$ 이 므로 원통 중심축으로부터 거리에 비례한다.

09 정전계 해석에 관한 설명으로 틀린 것은?

① 포아송 방정식은 가우스 정리의 미분형으로 구할 수 있다.

② 도체 표면에서의 전계의 세기는 표면에 대해 법선 방향을 갖는다.

③ 라플라스 방정식은 전극이나 도체의 형태에 관계없이 체적전하밀도가 0인 모든 점에서 $\nabla^2 V = 0$을 만족한다.

④ 라플라스 방정식은 비선형 방정식이다.

선형 미분방정식과 라플라스 방정식의 관계

고차 미분방정식의 모델이

$$\frac{d^n y(t)}{dt^n} + a_{n-1}\frac{d^{n-1}y(t)}{dt^{n-1}} + a_{n-2}\frac{d^{n-2}y(t)}{dt^{n-2}} + \cdots + a_0 y(t)$$

$= f(t)$일 때

a_0, a_1, $\cdots$, a_{n-1} 계수가 $y(t)$의 함수가 아니라면 이를 선형 미분방정식이라 표현한다.

따라서 라플라스 방정식 $\nabla^2 V = 0$을 표현해 보면

$$\nabla^2 V = \frac{\partial^2 V}{\partial x^2} + \frac{\partial^2 V}{\partial y^2} + \frac{\partial^2 V}{\partial z^2} = 0$$이라 할 수 있으므

로 위의 선형 미분방정식 조건을 만족하게 된다.

∴ 라플라스 방정식은 선형방정식이다.

10 비유전율 ϵ_r이 4인 유전체의 분극률은 진공의 유전율 ϵ_0의 몇 배인가?

① 1   ② 3
③ 9   ④ 12

분극의 세기(P)

전속밀도 D, 전계의 세기 E, 유전율 ϵ, 비유전율 ϵ_s, 분극률 χ라 하면

$$P = D - \epsilon_0 E = \epsilon E - \epsilon_0 E = \epsilon_0(\epsilon_s - 1)E$$
$$= \chi E \,[\text{C/m}^2]$$이다.

$\chi = \epsilon_0(\epsilon_s - 1) \,[\text{F/m}]$이므로 $\epsilon_s = 4$일 때

∴ $\chi = \epsilon_0(4-1) = 3\epsilon_0 \,[\text{F/m}]$

11 공기 중에 있는 무한히 긴 직선 도선에 10[A] 의 전류가 흐르고 있을 때 도선으로부터 2[m] 떨어진 점에서의 자속밀도는 몇 [Wb/m²]인가?

① 10^{-5} ② 0.5×10^{-6}
③ 10^{-6} ④ 2×10^{-6}

직선도체에 의한 자계의 세기(H)와 자속밀도(B)

$$H = \frac{I}{2\pi r} \,[\text{AT/m}], \quad B = \mu_0 H \,[\text{Wb/m}^2]$$ 식에서

$I = 10 \,[\text{A}]$, $r = 2 \,[\text{m}]$ 일 때

$$\therefore B = \mu_0 H = 4\pi \times 10^{-7} \times \frac{I}{2\pi r}$$

$$= 4\pi \times 10^{-7} \times \frac{10}{2\pi \times 2} = 10^{-6} \,[\text{Wb/m}^2]$$

12 그림에서 N=1,000회, l=100[cm], S=10[cm²] 인 환상 철심의 자기 회로에 전류 I=10[A]를 흘렸을 때 축적되는 자계 에너지는 몇 [J]인가? (단, 비투자율 $\mu_r = 100$이다)

① $2\pi \times 10^{-3}$
② $2\pi \times 10^{-2}$
③ $2\pi \times 10^{-1}$
④ 2π

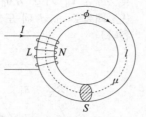

자기회로 내에 축적되는 자계 에너지(W)

환상솔레노이드의 자기인덕턴스(L)와 자기회로 내에 축적되는 자계 에너지(W)는

$$L = \frac{\mu S N^2}{l} = \frac{\mu_0 S N^2}{l} \text{ [H]}, \quad W = \frac{1}{2}LI^2 \text{ [J]} \text{ 식에서}$$

$$L = \frac{4\pi \times 10^{-7} \times 100 \times 10 \times 10^{-4} \times 1,000^2}{100 \times 10^{-2}}$$

$$= \frac{\pi}{25} \text{ [H]}$$

$$\therefore W = \frac{1}{2}LI^2 = \frac{1}{2} \times \frac{\pi}{25} \times 10^2 = 2\pi \text{ [J]}$$

13 자기유도계수 L의 계산 방법이 아닌 것은?(단, N : 권수, ϕ : 자속[Wb], I : 전류 [A], A : 벡터 퍼텐셜[Wb/m]), i : 전류밀도[A/m²], B : 자속밀도[Wb/m²], H : 자계의 세기[AT/m]이다.)

① $L = \dfrac{N\phi}{I}$

② $L = \dfrac{\displaystyle\int_v A \cdot i \, dv}{I^2}$

③ $L = \dfrac{\displaystyle\int_v B \cdot H \, dv}{I^2}$

④ $L = \dfrac{\displaystyle\int_v A \cdot i \, dv}{I}$

자기유도계수(=자기인덕턴스 : L)

자기에너지를 W라 하면

$$W = \frac{1}{2}LI^2 = \frac{1}{2}\int_v B \cdot H \, dv = \frac{1}{2}\int_v A \cdot i \, dv \text{ [J]}$$

이므로 $L = \dfrac{\displaystyle\int_v B \cdot H \, dv}{I^2} = \dfrac{\displaystyle\int_v A \cdot i \, dv}{I^2} \text{ [H]}$

또한 $LI = N\phi$ [Wb] 식에서 $L = \dfrac{N\phi}{I}$ [H]이다.

14 20[℃]에서 저항의 온도계수가 0.002인 니크롬선의 저항이 100[Ω]이다. 온도가 60[℃]로 상승되면 저항은 몇 [Ω]이 되겠는가?

① 108
② 112
③ 115
④ 120

온도저항(R_T)

t[℃]일 때의 저항 R_t[Ω]이 T[℃]로 변화시 저항 R_T[Ω]의 계산은

$$R_T = \{1 + \alpha_t(T-t)\}R_t = \frac{234.5+T}{234.5+t}R_t \text{ [Ω]}$$

이므로 $T = 60$[℃], $t = 20$[℃], $\alpha_{20} = 0.002$일 때

$$\therefore R_{80} = \{1 + 0.002(60-20)\} \times 100 = 108 \text{ [Ω]}$$

15 전계 및 자계의 세기가 각각 E [V/m], H [AT/m]일 때, 포인팅 벡터 P [W/m²]의 표현으로 옳은 것은?

① $P = \dfrac{1}{2}E \times H$
② $P = E \, rot \, H$
③ $P = E \times H$
④ $P = H \, rot \, E$

포인팅벡터(P)

자유공간에서 전계(E)와 자계(H)의 전자파가 진행하면서 이루게 되는 평면파에 나타나는 단위시간 동안 단위 면적당 에너지를 포인팅 벡터(P)라 하며 자유공간의 고유임피던스를 η라 하면

$$\therefore P = \dot{E} \times \dot{H} = EH = \eta H^2 = \frac{E^2}{\eta} \text{ [W/m²]}$$

16 평등자계 내에 전자가 수직으로 입사하였을 때 전자의 운동에 대한 설명으로 옳은 것은?

① 원심력은 전자속도에 반비례한다.
② 구심력은 자계의 세기에 반비례한다.
③ 원운동을 하고, 반지름은 자계의 세기에 비례한다.
④ 원운동을 하고, 반지름은 전자의 회전속도에 비례한다.

전자의 원운동

플레밍의 왼손법칙에서 유도된 로렌쯔의 힘이 자계 중에 놓인 전자가 받는 힘이며 전자는 원운동을 하여 갖는 원심력과 평형을 이룬다.

전류 I, 자속밀도 B, 전자 e, 속도 v, 전자의 질량 m, 원운동 반경 r이라 하면 $F = IBl$ [N], $v = \dfrac{l}{t}$ [m/sec]

이므로 $F = IBl = \dfrac{e}{t}Bl = evB = \dfrac{mv^2}{r}$ [N]

(1) 회전반경 : $r = \dfrac{mv}{Be}$ [m]

(2) 각속도 : $\omega = \dfrac{Be}{m} = 2\pi f$ [rad/sec]

(3) 주기 : $T = \dfrac{1}{f} = \dfrac{2\pi m}{Be}$ [sec]

∴ 전자는 원운동을 하고, 반지름(r)은 회전속도(v)에 비례한다.

17 진공 중 3[m] 간격으로 두 개의 평행한 무한 평판 도체에 각각 +4[C/m²], -4[C/m²]의 전하를 주었을 때, 두 도체 간의 전위차는 약 몇 [V]인가?

① 1.5×10^{11}　　　② 1.5×10^{12}

③ 1.36×10^{11}　　④ 1.36×10^{12}

평행판 전극 사이의 전계와 전위

면전하 밀도 ρ_s, 간격 d, 전계의 세기 E, 전위 V라 하면

$E = \dfrac{\rho_s}{\epsilon_o}$ [V/m], $V = Ed$ [V]이므로

$d = 3$ [m], $\rho_s = 4$ [C/m²]일 때

∴ $V = Ed = \dfrac{\rho_s}{\epsilon_o}d = \dfrac{4}{8.855 \times 10^{-12}} \times 3$

$= 1.36 \times 10^{12}$ [V]

18 자속밀도 B [Wb/m²]의 평등 자계 내에서 길이 l[m]인 도체 ab가 속도 v[m/s]로 그림과 같이 도선을 따라서 자계와 수직으로 이동할 때, 도체 ab에 의해 유기된 기전력의 크기 e[V]와 폐회로 $abcd$ 내 저항 R에 흐르는 전류의 방향은? (단, 폐회로 $abcd$ 내 도선 및 도체의 저항은 무시한다.)

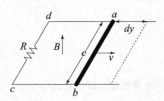

① $e = Blv$, 전류 방향 : $c \rightarrow d$

② $e = Blv$, 전류 방향 : $d \rightarrow c$

③ $e = Blv^2$, 전류 방향 : $c \rightarrow d$

④ $e = Blv^2$, 전류 방향 : $d \rightarrow c$

플레밍의 오른손 법칙

자장내에서 v[m/sec]의 속도로 이동하는 도체에 유기되는 기전력 e는

$e = \displaystyle\int (v \times B)\,dl = vBl\sin\theta$ [V]이다.

v와 B가 이루는 각도가 수직(90°)이므로 $e = vBl$ [V]이다.

플레밍의 오른손 법칙에 의해서 구해진 기전력의 방향으로 폐회로 내의 도체에 흐르는 전류 방향을 알 수 있다.

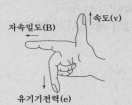

그림에서와 같이 플레밍의 오른손 법칙에 의해 막대 도체에 기전력이 a단자에 (+), b단자에 (−)의 전위가 나타나기 때문에 폐회로 $abcd$ 내에서의 전류 방향은 $a \rightarrow b \rightarrow c \rightarrow d \rightarrow a$로 흐르게 된다.

∴ $e = vBl$ [V]이며 전류방향은 $c \rightarrow d$이다.

19 그림과 같이 내부 도체구 A에 $+Q$[C], 외부 도체구 B에 $-Q$[C]를 부여한 동심 도체구 사이의 정전용량 C[F]는?

① $4\pi\epsilon_o(b-a)$

② $\dfrac{4\pi\epsilon_o ab}{b-a}$

② $\dfrac{ab}{4\pi\epsilon_o(b-a)}$

④ $4\pi\epsilon_o\left(\dfrac{1}{a}-\dfrac{1}{b}\right)$

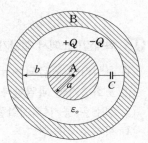

동심 구도체의 정전용량(C)

문제의 조건에서 동심 구도체 사이의 전위차 V_{AB}는

$$V_{AB}=\frac{Q}{4\pi\epsilon_0}\left(\frac{1}{a}-\frac{1}{b}\right)\,[\text{V}]\ \text{이므로}$$

$C=\dfrac{Q}{V}$ [F] 식에서

$$\therefore\ C=\frac{Q}{V}=\frac{4\pi\epsilon_0}{\dfrac{1}{a}-\dfrac{1}{b}}=\frac{4\pi\epsilon_0 ab}{b-a}\ [\text{F}]$$

20 유전율이 ϵ_1, ϵ_2[F/m]인 유전체 경계면에 단위 면적당 작용하는 힘의 크기는 몇 [N/m²]인가? (단, 전계가 경계면에 수직인 경우이며, 두 유전체에서의 전속밀도는 $D_1=D_2=D$[C/m²]이다.)

① $2\left(\dfrac{1}{\epsilon_1}-\dfrac{1}{\epsilon_2}\right)D^2$

② $2\left(\dfrac{1}{\epsilon_1}+\dfrac{1}{\epsilon_2}\right)D^2$

③ $\dfrac{1}{2}\left(\dfrac{1}{\epsilon_1}+\dfrac{1}{\epsilon_2}\right)D^2$

④ $\dfrac{1}{2}\left(\dfrac{1}{\epsilon_2}-\dfrac{1}{\epsilon_1}\right)D^2$

유전체 내에서의 경계조건

경계면에 작용하는 힘(=맥스웰의 변형력)은

(1) 전계가 경계면에 수직인 경우($D_1=D_2$이며 $\epsilon_1>\epsilon_2$라 하면)

$$f=\frac{1}{2}(E_2-E_1)D=\frac{1}{2}\left(\frac{1}{\epsilon_2}-\frac{1}{\epsilon_1}\right)D^2\ [\text{N/m}^2]$$

(2) 전계가 경계면에 수평인 경우($E_1=E_2$이며 $\epsilon_1>\epsilon_2$라 하면)

$$f=\frac{1}{2}(D_1-D_2)E=\frac{1}{2}(\epsilon_1-\epsilon_2)E^2\ [\text{N/m}^2]$$

(3) $\epsilon_1>\epsilon_2$인 경우

$f>0$이 되어 유전율이 큰 쪽에서 유전율이 작은 쪽으로 경계면에 힘이 작용함을 알 수 있다.

20 2. 전력공학

01 중성점 직접접지방식의 발전기가 있다. 1선 지락 사고 시 지락전류는?(단, Z_1, Z_2, Z_0는 각각 정상, 역상, 영상 임피던스이며, E_a는 지락된 상의 무부하 기전력이다.)

① $\dfrac{E_a}{Z_0 + Z_1 + Z_2}$ ② $\dfrac{Z_1 E_a}{Z_0 + Z_1 + Z_2}$

③ $\dfrac{3 E_a}{Z_0 + Z_1 + Z_2}$ ④ $\dfrac{Z_0 E_a}{Z_0 + Z_1 + Z_2}$

> **1선 지락사고 및 지락전류(I_g)**
>
> a상이 지락되었다 가정하면 $I_b = I_c = 0$, $V_a = 0$이므로
>
> $$I_0 = I_1 = I_2 = \frac{1}{3} I_a = \frac{1}{3} I_g = \frac{E_a}{Z_0 + Z_1 + Z_2} \, [\text{A}]$$
>
> $\therefore I_0 = I_1 = I_2 \ne 0$
>
> $\therefore I_g = 3 I_0 = \dfrac{3 E_a}{Z_0 + Z_1 + Z_2} \, [\text{A}]$

02 다음 중 송전계통의 절연협조에 있어서 절연레벨이 가장 낮은 기기는?

① 피뢰기 ② 단로기
③ 변압기 ④ 차단기

> **기준충격절연강도(BIL)**
>
> 송전계통에는 변압기, 차단기, 기기부싱, 애자, 결합콘덴서 등 많은 기기가 있다. 이들 사이에는 서로 균형있는 절연강도를 유지하여야 하며 절연협조가 이루어져야 한다. 이는 외부의 뇌격에 의한 충격전압만을 고려하며 따라서 피뢰기의 제한전압을 절연협조의 기본으로 두고 있다.
>
> | 구분 | BIL[kV] | | | |
> |---|---|---|---|---|
> | 공칭전압 | 피뢰기 | 변압기 | 부싱 | 선로애자 |
> | 154[kV] | 460 | 650 | 750 | 860 |
> | 345[kV] | 735 | 1050 | 1300 | 1367 |
>
> $\therefore$ 피뢰기 → 변압기코일 → 기기부싱 → 결합콘덴서 → 선로애자

03 화력발전소에서 절탄기의 용도는?

① 보일러에 공급되는 급수를 예열한다.
② 포화증기를 과열한다.
③ 연소용 공기를 예열한다.
④ 석탄을 건조한다.

> **절탄기**
> 연도가스의 여열을 이용하여 보일러급수를 가열하는 설비

04 3상 배전선로의 말단에 역률 60[%](늦음), 60[kW]의 평형 3상 부하가 있다. 부하점에 부하와 병렬로 전력용 콘덴서를 접속하여 선로손실을 최소로 하고자 할 때 콘덴서 용량[kVA]은?(단, 부하단의 전압은 일정하다.)

① 40 ② 60
③ 80 ④ 100

> **전력용 콘덴서의 용량(Q_C)**
>
> $\cos \theta_1 = 0.6$, $P = 60$ [kW], 전력손실이 최소일 때의 역률 $\cos \theta_2 = 1$이므로
>
> $$\therefore Q_C = P(\tan \theta_1 - \tan \theta_2) = P\left(\frac{\sin \theta_1}{\cos \theta_1} - \frac{\sin \theta_2}{\cos \theta_2} \right)$$
>
> $$= 60 \times \frac{0.8}{0.6} = 80 \, [\text{kVA}]$$

정답 01 ③ 02 ① 03 ① 04 ③

05 송배전 선로에서 선택지락계전기(SGR)의 용도는?

① 다회선에서 접지 고장 회선의 선택
② 단일 회선에서 접지 전류의 대소 선택
③ 단일 회선에서 접지 전류의 방향 선택
④ 단일 회선에서 접지 사고의 지속 시간 선택

선택지락계전기(=선택접지계전기)
다회선 사용시 지락고장회선만을 선택하여 신속히 차단할 수 있도록 하는 계전기

06 정격전압 7.2[kV], 정격차단용량 100[MVA]인 3상 차단기의 정격 차단전류는 약 몇 [kA]인가?

① 4   ② 6
③ 7   ④ 8

정격차단전류(=단락전류)
$P_s = \sqrt{3}\,V I_s$ [MVA] 식에서
$V_s = 7.2$ [kV], $P_s = 100$ [MVA]일 때
$\therefore I_s = \dfrac{P_s}{\sqrt{3}\,V_s} = \dfrac{100}{\sqrt{3}\times 7.2} = 8$ [kA]

07 고장 즉시 동작하는 특성을 갖는 계전기는?

① 순시 계전기
② 정한시 계전기
③ 반한시 계전기
④ 반한시성 정한시 계전기

계전기의 한시특성
(1) 순시계전기 : 정정된 최소동작전류 이상의 전류가 흐르면 즉시 동작하는 계전기
(2) 정한시계전기 : 정정된 값 이상의 전류가 흘렀을 때 동작 전류의 크기에는 관계없이 정해진 시간이 경과한 후에 동작하는 계전기
(3) 반한시계전기 : 정정된 값 이상의 전류가 흘렀을 때 동작하는 시간과 전류값이 서로 반비례하여 동작하는 계전기
(4) 정한시–반한시 계전기 : 어느 전류값까지는 반한시 계전기의 성질을 띠지만 그 이상의 전류가 흐르는 경우 정한시계전기의 성질을 띠는 계전기

08 30,000[kW]의 전력을 51[km] 떨어진 지점에 송전하는데 필요한 전압은 약 몇 [kV]인가?(단, Still의 식에 의하여 산정한다.)

① 22   ② 33
③ 66   ④ 100

스틸식
경제적인 송전전압을 결정하는데 이용하는 식으로서
$V = 5.5\sqrt{0.6\,l\,[\text{km}] + \dfrac{P[\text{kW}]}{100}}$ [kV]이므로
$P = 30,000$ [kW], $l = 51$ [km]일 때
$\therefore V = 5.5\sqrt{0.6\times 51 + \dfrac{30,000}{100}} = 100$ [kV]

09 댐의 부속설비가 아닌 것은?

① 수로   ② 수조
③ 취수구   ④ 흡출관

댐식 발전소
하천을 가로질러 높은 댐을 쌓아 댐 상류측의 수위를 올려서 하류측과의 사이에 낙차를 얻고 이것을 이용하여 발전하는 발전소를 말한다. 댐식 발전소의 연결순서는 다음과 같다.
댐 → 취수구 → 수로 → 수조 → 수압관로 → 수차 → 방수로 → 방수구
∴ 흡출관은 러너 출구로부터 방수면까지의 사이를 관으로 연결하고 물을 충만시켜서 흘러줌으로써 낙차를 유효하게 늘리는 설비를 말한다.

10 3상 3선식에서 전선 한 가닥에 흐르는 전류는 단상 2선식의 경우의 몇 배가 되는가?(단, 송전전력, 부하역률, 송전거리, 전력손실 및 선간전압이 같다.)

① $\dfrac{1}{\sqrt{3}}$ ② $\dfrac{2}{3}$
③ $\dfrac{3}{4}$ ④ $\dfrac{4}{9}$

배전방식의 전기적 특성 비교

구분	단상2선식	단상3선식	3상3선식
공급전력	100[%]	133[%]	115[%]
선로전류	100[%]	50[%]	58[%]
전력손실	100[%]	25[%]	75[%]
전선량	100[%]	37.5[%]	75[%]

$$\therefore \ \frac{I_{33}}{I_{12}} = \frac{1}{\sqrt{3}} = 0.577 \,[\text{pu}] \fallingdotseq 58\,[\%]$$

표피효과(m)와 침투깊이(δ)

(1) 표피효과(m)

$$m = 2\pi \sqrt{\frac{2f\mu}{\rho}} = 2\pi \sqrt{2f\mu k}$$

따라서 표피효과는 주파수, 투자율, 도전율, 전선의 굵기에 비례하며 고유저항에 반비례한다.

여기서, f는 주파수, μ는 투자율, ρ는 고유저항, k는 도전율이다.

(2) 침투깊이(δ)

$$\delta = \sqrt{\frac{2}{\omega k \mu}} = \sqrt{\frac{1}{\pi f k \mu}} = \sqrt{\frac{\rho}{\pi f \mu}}\,[\text{m}]$$

침투깊이는 표피효과와 반대인 성질을 띤다.

11 사고, 정전 등의 중대한 영향을 받는 지역에서 정전과 동시에 자동적으로 예비전원용 배전선로로 전환하는 장치는?

① 차단기
② 리클로저(Recloser)
③ 섹셔널라이저(Sectionalizer)
④ 자동 부하 전환개폐기(Auto Load Transfer Switch)

자동부하전환개폐기(ALTS)

자가용수용가에 예비전원설비(=비상발전기설비)가 갖춰진 경우 계통의 정전사고시 자동으로 상시전원을 개방하고 예비전원으로 절체되어 부하에 비상전원을 공급하여 정전을 피할 수 있도록 변압기 저압측 선로에 연결하는 절체개폐기이다.

12 전선의 표피 효과에 대한 설명으로 알맞은 것은?

① 전선이 굵을수록, 주파수가 높을수록 커진다.
② 전선이 굵을수록, 주파수가 낮을수록 커진다.
③ 전선이 가늘수록, 주파수가 높을수록 커진다.
④ 전선이 가늘수록, 주파수가 낮을수록 커진다.

13 일반회로정수가 같은 평행 2회선에서 A, B, C, D는 각각 1회선의 경우의 몇 배로 되는가?

① A : 2배, B : 2배, C : $\frac{1}{2}$배, D : 1배

② A : 1배, B : 2배, C : $\frac{1}{2}$배, D : 1배

③ A : 1배, B : $\frac{1}{2}$배, C : 2배, D : 1배

④ A : 1배, B : $\frac{1}{2}$배, C : 2배, D : 2배

평행 2회선의 4단자 정수

각 회선의 4단자 정수를 A_1, B_1, C_1, D_1과 A_2, B_2, C_2, D_2라 하면

$$\begin{bmatrix} A & B \\ C & D \end{bmatrix}$$

$$= \begin{bmatrix} \dfrac{A_1 B_2 + B_1 A_2}{B_1 + B_2} & \dfrac{B_1 B_2}{B_1 + B_2} \\ C_1 + C_2 + \dfrac{(A_1 - A_2) + (D_2 - D_1)}{B_1 + B_2} & \dfrac{B_1 D_2 + B_2 D_1}{B_1 + B_2} \end{bmatrix}$$

$A_1 = A_2$, $B_1 = B_2$, $C_1 = C_2$, $D_1 = D_2$라 하면

$$\begin{bmatrix} A & B \\ C & D \end{bmatrix} = \begin{bmatrix} A_1 & \dfrac{B_1}{2} \\ 2C_1 & D_1 \end{bmatrix}$$

$\therefore$ A : 1배, B : $\frac{1}{2}$배, C : 2배, D : 1배

정답 11 ④ 12 ① 13 ③

14 변전소에서 비접지 선로의 접지보호용으로 사용되는 계전기에 영상전류를 공급하는 것은?

① CT   ② GPT
③ ZCT   ④ PT

지락보호계전기
선로의 지락사고시 나타나는 영상전압과 영상전류를 검출하기 위해서 다음과 같은 변성기와 계전기가 조합되어야 한다.
⑴ 영상전압 검출
　GPT(접지형계기용변압기=접지변압기)+OVGR(지락과전압계전기)
⑵ 영상전류 검출
　ZCT(영상변류기)+DGR(방향지락계전기)나 SGR(선택지락계전기)

16 4단자 정수 $A=0.9918+j0.0042$, $B=34.17+j50.38$, $C=(-0.006+j3247)\times10^{-4}$인 송전선로의 송전단에 66kV를 인가하고 수전단을 개방하였을 때 수전단 선간전압은 약 몇 [kV]인가?

① $\dfrac{66.55}{\sqrt{3}}$ ② 62.5

③ $\dfrac{62.5}{\sqrt{3}}$ ④ 66.55

중거리 선로의 계통 전력방정식
$$\begin{bmatrix} V_s \\ I_s \end{bmatrix}=\begin{bmatrix} A & B \\ C & D \end{bmatrix}\begin{bmatrix} V_R \\ I_R \end{bmatrix}$$ 식에서
$V_s=AV_R+BI_R$, $I_s=CV_R+DI_R$ 이다.
수전단이 개방되면 $I_R=0$ [A] 이므로
수전단 전압 V_R은
$$\therefore V_R=\frac{V_s}{A}=\frac{66}{0.9918+j0.0042}$$
$$=66.55\angle-0.24°\,[\text{kV}]$$

15 단로기에 대한 설명으로 틀린 것은?

① 소호장치가 있어 아크를 소멸시킨다.
② 무부하 및 여자전류의 개폐에 사용된다.
③ 사용회로수에 의해 분류하던 단투형과 쌍투형이 있다.
④ 회로의 분리 또는 계통의 접속 변경 시 사용한다.

단로기(DS)
단로기는 고압선로에 사용하는 선로개폐기로서 소호장치가 없어 고장전류나 부하전류를 개폐하거나 차단할 수 없으며 오직 무부하시에만 무부하전류(충전전류와 여자전류)를 개폐할 수 있는 설비이다. 또한, 기기 점검 및 수리를 위해 회로를 분리하거나 계통의 접속을 바꾸는 데 사용된다.

17 증기터빈 출력을 P[kW], 증기량을 W[t/h], 초압 및 배기의 증기 엔탈피를 각각 i_0, i_1[kcal/kg]이라 하면 터빈의 효율 η_T[%]는?

① $\dfrac{860P\times10^3}{W(i_0-i_1)}\times100$

② $\dfrac{860P\times10^3}{W(i_1-i_0)}\times100$

③ $\dfrac{860P}{W(i_0-i_1)\times10^3}\times100$

④ $\dfrac{860P}{W(i_1-i_0)\times10^3}\times100$

터빈의 효율(η_T)
터빈의 효율은 시간당 사용 유효증기량에 대한 시간당 발생전력량의 비율로서 사용 유효증기량이란 초압에 대한 증기 엔탈피와 배기에 대한 증기 엔탈피의 차에 대한 사용 증기량을 의미한다.
시간당 사용 유효 증기량은 $(i_0-i_1)\,W$[kg/h],
시간당 발생 전력량 P[kWh] 일 때
$$\therefore \eta_T=\frac{860P}{(i_0-i_1)\,W\times10^3}\times100\,[\%]$$

18 송전선로에서 가공지선을 설치하는 목적이 아닌 것은?

① 뇌(雷)의 직격을 받을 경우 송전선 보호
② 유도뢰에 의한 송전선의 고전위 방지
③ 통신선에 대한 전자유도장해 경감
④ 철탑의 접지저항 경감

> **가공지선**
> (1) 직격뢰를 차폐하여 전선로를 보호하고 정전차폐 및 전자차폐효과도 있다.
> (2) 유도뢰에 대한 정전차폐 및 통신선의 유도장해를 경감시킨다.
> ∴ 철탑의 접지저감 경감은 역섬락을 방지하기 위한 매설지선의 설치 목적이다.

19 수전단의 전력원 방정식이 $P_r^2 + (Q_r + 400)^2$ =250,000으로 표현되는 전력계통에서 조상설비 없이 전압을 일정하게 유지하면서 공급할 수 있는 부하전력은?(단, 부하는 무유도성이다.)

① 200   ② 250
③ 300   ④ 350

> **전력원선도의 조상기종류와 조상용량**
> 전력원선도란 가로축(횡축)을 유효전력(P)으로 취하고 세로축(종축)을 무효전력(Q)으로 취해서 원의 방정식으로 그린 선도로서 $Q > 0$인 구간을 지상무효전력, $Q < 0$인 구간은 진상무효전력으로 나타낸다.
>
>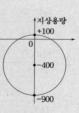
>
> 또한 부하곡선을 그렸을 때 부하곡선과 원선도의 직선상의 거리에 상당하는 크기를 조상용량으로 정하고 있다.
> $(P_r + a)^2 + (Q_r + b)^2 = r^2$일 때 원점 $(-a, -b)$, 반지름 r인 원이므로
> $P_r^2 + (Q_r + 400)^2 = 250,000 = 500^2$에서
> 원점(0, −400), 반지름 500이면 조상설비 없이 공급할 수 있는 유효전력은 원선도에서 가로축과 만나는 지점의 유효전력이다.
> $Q = 400\,[\text{kVar}]$, $S = 500\,[\text{kVA}]$ 이므로 유효전력 P는
> ∴ $P = \sqrt{S^2 - Q^2} = \sqrt{500^2 - 400^2} = 300\,[\text{kW}]$

20 전력설비의 수용률을 나타낸 것은?

① 수용률 $= \dfrac{\text{평균전력}\,[\text{kW}]}{\text{부하설비 용량}\,[\text{kW}]} \times 100\%$

② 수용률 $= \dfrac{\text{부하설비 용량}\,[\text{kW}]}{\text{평균전력}\,[\text{kW}]} \times 100\%$

③ 수용률 $= \dfrac{\text{최대수용전력}\,[\text{kW}]}{\text{부하설비 용량}\,[\text{kW}]} \times 100\%$

④ 수용률 $= \dfrac{\text{부하설비 용량}\,[\text{kW}]}{\text{최대수용전력}\,[\text{kW}]} \times 100\%$

> **부하율, 수용률, 부등률**
> $$\text{부하율} = \frac{\text{평균전력}}{\text{최대전력}} \times 100\,[\%] < 1$$
> $$\text{수용률} = \frac{\text{최대수용전력}}{\text{수용설비용량}} \times 100\,[\%] < 1$$
> $$\text{부등률} = \frac{\text{개개의 최대수용전력의 합}}{\text{합성최대수용전력}} > 1$$

정답 18 ④ 19 ③ 20 ③

20 3. 전기기기

01 전원전압이 100[V]인 단상 전파정류제어에서 점호각이 30°일 때 직류 평균전압은 약 몇 [V]인가?

① 54 　　　　② 64

③ 84 　　　　④ 94

단상 전파정류회로

위상제어가 가능한 경우 최대값 E_m, 실효값(=교류값) E, 평균값(=직류값) E_d, 점호각 α라 하면

$E_d = \dfrac{E_m}{\pi}(1+\cos\alpha) = \dfrac{\sqrt{2}\,E}{\pi}(1+\cos\alpha)$ [V]이므로

$E = 100$ [V], $\alpha = 30°$일 때 출력전압(평균값)은

$\therefore E_d = \dfrac{\sqrt{2}\,E}{\pi}(1+\cos\alpha)$

$= \dfrac{\sqrt{2}\times 100}{\pi}\times(1+\cos 30°)$

$= 84$ [V]

---

02 단상 유도전동기의 기동시 브러시를 필요로 하는 것은?

① 분상 기동형

② 반발 기동형

③ 콘덴서 분상 기동형

④ 셰이딩 코일 기동형

단상 유도전동기의 반발기동형

회전자는 직류전동기의 전기자와 거의 같은 모양이며 기동 시에는 브러시를 통해 외부에서 단락된 반발전동기로 기동하므로 큰 기동토크를 얻을 수 있게 된다. 또한 기동 후 동기속도의 2/3 정도의 속도에 이르면 원심력에 의해 단락편이 이동하여 농형 단상 유도전동기로 운전하게 된다. 이 전동기는 기동, 역전 및 속도제어를 브러시의 이동만으로 할 수 있는 특징을 지니고 있다.

---

03 3선 중 2선의 전원 단자를 서로 바꾸어서 결선하는 회전방향이 바뀌는 기기가 아닌 것은?

① 회전변류기

② 유도전동기

③ 동기전동기

④ 정류자형 주파수 변환기

역회전 방법

정류기와 교류정류자기 및 3상 전동기는 역회전이 가능한 전동기이다.

(1) 3상 전원을 공급하는 회전변류기, 유도전동기, 동기전동기와 같은 기기는 전원에서 공급하는 회전자계의 방향을 바꾸기 위해 3선 중 2개의 선의 접속을 바꾸어 역회전 할 수 있다.

(2) 교류정류자기는 교류전원으로 운전되는 정류자를 가진 회전기기로서 브러시의 이동으로 토크, 속도, 회전방향 등을 바꿀 수 있는 특징을 가지고 있으며 톰슨형 반발전동기, 3상 직권정류자 전동기, 시라게 전동기가 이에 속한다.

∴ 정류자형 주파수 변환기는 교류정류자형 여자기의 종류 중 하나로서 외부에서 회전력을 공급하며 회전방향과 속도에 따라 다양한 주파수를 얻기 위한 기기로서 위와 같은 방법으로 역회전을 할 수 없는 전기기기이다.

---

04 단상 유도전동기의 분상 기동형에 대한 설명으로 틀린 것은?

① 보조권선은 높은 저항과 낮은 리액턴스를 갖는다.

② 주권선은 비교적 낮은 저항과 높은 리액턴스를 갖는다.

③ 높은 토크를 발생시키려면 보조권선에 병렬로 저항을 삽입한다.

④ 전동기가 기동하여 속도가 어느 정도 상승하면 보조권선을 전원에서 분리해야 한다.

정답 01 ③ 02 ② 03 ④ 04 ③

분상기동형 단상 유도전동기

단상 유도전동기 중에 분상기동형은 주권선과 보조권선(또는 기동권선)으로 이루어져 있으며 두 권선의 임피던스를 달리하여 전류의 위상차와 공간적 위치차에 의한 불평형 2상 전원으로 토크를 발생하는 기기이다. 이 때 기동권선의 위상을 주권선의 위상보다 앞서게 하기 위해 보조권선의 저항을 크게 하고 주권선의 저항은 오히려 작게 하여 기동토크를 발생하게 된다. 이 때 기동토크를 좀 더 크게 하기 위해서는 기동권선에 콘덴서를 접속하여 기동하게 되면 보조권선의 위상이 더욱 앞선 위상이 되어 큰 토크를 얻을 수 있게 된다. 기동이 완료되면 원심력개폐기가 자동적으로 동작하여 보조권선을 전원에서 분리하도록 설계하였다.

05 변압기의 %Z가 커지면 단락전류는 어떻게 변화하는가?

① 커진다.
② 변동없다.
③ 작아진다.
④ 무한대로 커진다.

단락전류(I_s)

$$I_s = \frac{E}{Z_s} = \frac{V}{\sqrt{3}\, Z_s} \text{ [A] 또는}$$

$$I_s = \frac{100}{\%Z} I_n = \frac{P_s}{\sqrt{3}\, V} \text{ [A] 식에서}$$

단락전류(I_s)는 %임피던스(%z)와 반비례 관계에 있음을 알 수 있다.
∴ %Z가 커지면 단락전류는 작아진다.

06 정격전압 6,600[V]인 3상 동기발전기가 정격출력(역률=1)으로 운전할 때 전압 변동률이 12[%]이었다. 여자전류와 회전수를 조정하지 않은 상태로 무부하 운전하는 경우 단자전압[V]은?

① 6,433
② 6,943
③ 7,392
④ 7,842

동기발전기의 전압변동률(ϵ)

$$\epsilon = \frac{V_o - V_n}{V_n} \times 100 \text{ [%] 식에서}$$

$V_n = 6,600$ [V], $\epsilon = 12$ [%]이므로 무부하단자전압 V_o은

$$\therefore\ V_o = \left(1 + \frac{\epsilon}{100}\right) V_m = \left(1 + \frac{12}{100}\right) \times 6,600$$
$$= 7,392 \text{ [V]}$$

07 계자 권선이 전기자에 병렬로만 연결된 직류기는?

① 분권기
② 직권기
③ 복권기
④ 타여자기

직류발전기의 종류 및 구조

(1) 타여자발전기 : 계자권선과 전기자권선이 서로 독립되어 있는 발전기
(2) 자여자발전기 : 계자권선과 전기자권선이 서로 연결되어 있는 발전기
 ㉠ 분권기 : 계자권선이 전기자권선과 병렬로만 접속
 ㉡ 직권기 : 계자권선이 전기자권선과 직렬로만 접속
 ㉢ 복권기 : 계자권선이 전기자권선과 직·병렬로 접속

08 3상 20,000[kVA]인 동기발전기가 있다. 이 발전기는 60[Hz]일 때는 200[rpm], 50[Hz]일 때는 약 167[rpm]으로 회전한다. 이 동기발전기의 극수는?

① 18극
② 36극
③ 54극
④ 72극

동기속도(N_s)

$f = 50$ [c/s], $N_s = 165$ [rpm], $f' = 60$ [c/s],
$N_s' = 200$ [rpm]이므로

$$N_s = \frac{120f}{p} \text{ [rpm]}, \quad N_s' = \frac{120f'}{p} \text{ [rpm]}$$

만족하는 극수 p는

$$p = \frac{120f}{N_s} = \frac{120 \times 50}{165} = 36.36 \text{ 극}$$

$$p = \frac{120f'}{N_s'} = \frac{120 \times 60}{200} = 36 \text{ 극}$$

∴ 극수는 짝수이며 정수이므로 36극이 적당하다.

09 1차 전압 6,600[V], 권수비 30인 단상변압기로 전등부하에 30[A]를 공급할 때의 입력[kW]은? (단, 변압기의 손실은 무시한다.)

① 4.4

② 5.5

③ 6.6

④ 7.7

변압기 입력(P_1)

$P_1 = E_1 I_1 = E_2 I_2 \text{[VA]}$ 식에서

$E_1 = 6,600 \text{[V]}, \ a = 30, \ I_2 = 30 \text{[A]}$ 이므로

$a = \dfrac{E_1}{E_2} = \dfrac{I_2}{I_1}$ 을 이용하면

$\therefore P_1 = E_1 I_1 = E_1 \cdot \dfrac{I_2}{a} = 6,600 \times \dfrac{30}{30}$

$\qquad = 6,600 \text{[W]} = 6.6 \text{[kW]}$

10 스텝 모터에 대한 설명으로 틀린 것은?

① 가속과 감속이 용이하다.

② 정·역 및 변속이 용이하다.

③ 위치제어 시 각도 오차가 작다.

④ 브러시 등 부품수가 많아 유지보수 필요성이 크다.

스텝 모터의 특징

스테핑 모터는 하나의 입력 펄스 신호에 대하여 일정한 각도만큼 회전하는 모터이다. 따라서 스테핑 모터의 총 회전각도는 입력 펄스 신호의 수에 비례하고, 회전속도는 펄스 주파수에 비례한다. 이 때문에 펄스 신호의 수와 주파수를 제어함으로써 오픈루프제어만으로도 회전각 및 위치(회전수에 상당)제어가 되므로 모터의 제어가 간단하고 또 디지털 제어회로와 조합도 용이하다. 이 외에도 다음과 같은 장점이 있다.

(1) 기동, 정지, 정전, 역전이 용이하고 신호에 대한 응답성이 좋다.

(2) 브러시 등의 접촉 섭동 부분이 없어 수명이 길고 신뢰성이 높다.

(3) 제어가 간단하고 정밀한 동기 운전이 가능하고 또 고속 시에 발생하기 쉬운 misstep도 누적되지 않는다.

(4) 브러시 등의 특별한 유지보수를 필요로 하지 않는다. 위와 같은 장점이 있기 때문에 공작기계, 수치제어장치, robot 등의 서보기구에 사용되는 대형 스테핑 모터에서 프린터, 플로터(ploter)등 컴퓨터의 주변장치나 사무기기에 채용되는 소형 모터까지 넓은 분야에서 사용되고 있다.

11 출력이 20[kW]인 직류발전기의 효율이 80[%]이면 전 손실은 약 몇 [kW]인가?

① 0.8

② 1.25

③ 5

④ 45

직류발전기의 효율(η)

$\eta = \dfrac{\text{출력}}{\text{출력+손실}} \times 100 \, \text{[%]}$ 식에서 전손실은

$\text{손실} = \dfrac{\text{출력}}{\eta} - \text{출력[W]이므로}$

$\therefore \text{전손실} = \dfrac{20}{0.8} - 20 = 5 \, \text{[kW]}$

12 동기전동기의 공급 전압과 부하를 일정하게 유지하면서 역률을 1로 운전하고 있는 상태에서 여자 전류를 증가시키면 전기자 전류는?

① 앞선 무효전류가 증가

② 앞선 무효전류가 감소

③ 뒤진 무효전류가 증가

④ 뒤진 무효전류가 감소

동기전동기의 위상특선곡선(V곡선)

(1) 계자전류 또는 여자전류 증가시(중부하시)
여자전류가 증가하면 동기전동기가 과여자 상태로 운전되는 경우로서 역률이 앞선 진역률이 되어 콘덴서 작용으로 진상전류가 흐르게 된다. 또한 전기자전류는 증가한다.

(2) 계자전류 또는 여자전류 감소시(경부하시)
계자전류가 감소되면 동기전동기가 부족여자 상태로 운전되는 경우로서 역률이 뒤진 지역률이 되어 리액터 작용으로 지상전류가 흐르게 된다. 또한 전기자전류는 증가한다.

∴ 여자전류를 증가시키면 앞선 진상전류 또는 앞선 무효전류가 흐르며 전기자전류는 증가한다.

13 전압변동률이 작은 동기발전기의 특성으로 옳은 것은?

① 단락비가 크다.
② 속도변동률이 크다.
③ 동기 리액턴스가 크다.
④ 전기자 반작용이 크다.

"단락비가 크다" 는 의미
(1) 돌극형 철기계이다. – 수차 발전기
(2) 극수가 많고 공극이 크다.
(3) 계자 기자력이 크고 전기자 반작용이 작다.
(4) 동기 임피던스가 작고 전압 변동률이 작다.
(5) 안정도가 좋다.
(6) 선로의 충전용량이 크다.
(7) 철손이 커지고 효율이 떨어진다.
(8) 중량이 무겁고 가격이 비싸다.

14 직류발전기에 P [N·m/s]의 기계적 동력을 주면 전력은 몇 [W]로 변환되는가?(단, 손실은 없으며 i_a는 전기자 도체의 전류, e는 전기자 도체의 유도기전력, Z는 총 도체수이다.)

① $P = i_a e Z$　　② $P = \dfrac{i_a e}{Z}$

③ $P = \dfrac{i_a Z}{e}$　　④ $P = \dfrac{e Z}{i_a}$

직류발전기의 기계적 동력과 출력(P)
직류발전기의 기계적 동력은 발전기의 입력을 의미하며 손실이 없는 경우에는 발전기의 출력과 입력은 서로 같은 값이 됨을 알 수 있다. 그러므로 직류발전기의 기계적 동력은 출력과 같은 값이 된다.
직류발전기의 출력은 전기자전류와 전기자 도체의 유기 기전력의 곱으로 계산되는데 이 때 총 도체수를 곱해주면 직류발전기의 전체 출력이 계산된다.
∴ $P = i_a e Z$[V] 이다.

15 도통(on)상태에 있는 SCR을 차단(off)상태로 만들기 위해서는 어떻게 하여야 하는가?

① 게이트 펄스전압을 가한다.
② 게이트 전류를 증가시킨다.
③ 게이트 전압이 부(−)가 되도록 한다.
④ 전원전압의 극성이 반대가 되도록 한다.

SCR을 턴오프(비도통상태)시키는 방법
(1) 유지전류 이하의 전류를 인가한다.
(2) 역바이어스 전압을 인가한다. → 애노드에 (0) 또는 (−) 전압을 인가한다.
∴ SCR은 게이트 신호로 턴오프를 시킬 수 없으며 역바이어스 전압, 즉 전원전압의 극성을 반대로 공급하여 턴오프 시킬 수 있다.

16 직류전동기의 워드레오나드 속도제어 방식으로 옳은 것은?

① 전압제어　　② 저항제어
③ 계자제어　　④ 직병렬제어

직류전동기의 속도제어
직류전동기의 속도제어방식 중 전압제어는 단자전압을 가감함으로서 속도를 제어하는 방식으로 속도의 조정 범위가 광범위하여 가장 많이 적용하고 있다. 종류로는 다음과 같다.
(1) 워드 레오너드 방식 : 타여자 발전기를 이용하는 방식으로 조정 범위가 광범위하다.
(2) 일그너 방식 : 플라이 휠 효과를 이용하여 부하 변동이 심한 경우에 적당하다.
(3) 정지 레오너드 방식 : 반도체 사이리스터(SCR)를 이용하는 방식
(4) 쵸퍼 제어 방식 : 직류 쵸퍼를 이용하는 방식

정답　13 ①　14 ①　15 ④　16 ①

17 단권변압기의 설명으로 틀린 것은?

① 분로권선과 직렬권선으로 구분된다.

② 1차 권선과 2차 권선의 일부가 공통으로 사용된다.

③ 3상에는 사용할 수 없고 단상으로만 사용한다.

④ 분로권선에서 누설자속이 없기 때문에 전압변동률이 작다.

단권변압기

단권변압기는 1차 권선을 분로권선, 2차 권선을 직렬권선으로 하여 고압측과 저압측이 같은 직렬권선을 이용하는 변압기이다. 이 변압기의 특징은 다음과 같다.

(1) 장점

ㄱ 동량의 절감으로 동손이 줄어든다.

ㄴ 효율이 높다.

ㄷ 부하용량(선로출력)이 증가한다.

ㄹ 누설리액턴스가 작기 때문에 전압변동률이 매우 작다.

ㅁ 단상뿐만 아니라 3상으로 사용가능하다.(Y결선, △결선, V결선)

(2) 단점

ㄱ 고압측과 저압측 권선 일부분이 공통이므로 저압측 절연을 고압측과 같은 수준으로 해주어야 한다.

ㄴ 고압측 사고발생이 저압측에 파급되기 쉽다.

ㄷ 단락전류가 매우 크다.

(3) 용도

승압기, 동기전동기나 유도전동기의 기동보상기, 방전등용 승압변압기

18 유도전동기를 정격상태로 사용 중, 전압이 10[%] 상승할 때 특성변화로 틀린 것은?(단, 부하는 일정토크라고 가정한다.)

① 슬립이 작아진다.

② 역률이 떨어진다.

③ 속도가 감소한다.

④ 히스테리시스손과 와류손이 증가한다.

유도전동기의 운전 특성

유도전동기를 일정토크로 정격상태에서 전압이 상승한 경우

(1) $s \propto \dfrac{1}{V^2}$ 이므로 슬립은 작아진다.

(2) $\tau = 0.975 \dfrac{P_0}{N} = 0.975 \dfrac{(1-s)P_2}{N}$ [kg·m] 식에 의해서 속도는 증가한다.

(3) 속도가 감소되면 유도전동기의 유효출력이 줄어들어 전동기의 역률이 떨어진다.

(4) $E \propto f B_m$ 이므로 히스테리시스손과 와류손이 증가한다.

19 단자전압 110[V], 전기자 전류 15[A], 전기자 회로의 저항 2[Ω], 정격속도 1,800[rpm]으로 전부하에서 운전하고 있는 직류 분권전동기의 토크는 약 몇 [N·m]인가?

① 6.0 ② 6.4

③ 10.08 ④ 11.14

직류분권전동기의 토크(τ)

$V = 110$ [V], $I = 15$ [A], $I_f = 0$ [A], $R_a = 2$ [Ω], $N = 1,800$ [rpm]일 때

역기전력 E는

$E = V - R_a I_a = V - R_a(I - I_f)$ [V] 이므로

$E = V - R_a(I - I_f) = 110 - 2 \times (15 - 0) = 80$ [V]

$\tau = 9.55 \dfrac{E I_a}{N}$ [N·m] $= 0.975 \dfrac{E I_a}{N}$ [kg·m] 식에서

$\therefore \tau = 9.55 \dfrac{E I_a}{N} = 9.55 \times \dfrac{80 \times (15 - 0)}{1,800}$

$= 6.4$ [N·m]

20 용량 1[kVA], 3,000/200[V]의 단상변압기를 단권변압기로 결선해서 3,000/3,200[V]의 승압기로 사용할 때 그 부하용량[kVA]은?

① $\dfrac{1}{16}$ ② 1

③ 15   ④ 16

단권변압기 용량(자기용량)

$V_h = 3,200\,[\text{V}], \quad V_l = 3,000\,[\text{V}],$ 자기용량$= 1\,[\text{kVA}]$
이므로

$\dfrac{\text{자기용량}}{\text{부하용량}} = \dfrac{V_h - V_l}{V_h}$ 식에서

$\therefore$ 부하용량 $= \dfrac{V_h}{V_h - V_l} \times$ 자기용량

$\qquad\qquad = \dfrac{3,200}{3,200 - 3,000} \times 1 = 16\,[\text{kVA}]$

20

4. 회로이론 및 제어공학

01 특성방정식이 $s^3 + 2s^2 + Ks + 10 = 0$로 주어지는 제어시스템이 안정하기 위한 K의 범위는?

① $K > 0$ 　　　　② $K > 5$
③ $K < 0$ 　　　　④ $0 < K < 5$

안정도 판별법(루스 판정법)

$$
\begin{array}{c|cc}
s^3 & 1 & K \\
s^2 & 2 & 10 \\
s^1 & \dfrac{2K-10}{2} & 0 \\
s^0 & 10 &
\end{array}
$$

제1열의 원소에 부호변화가 없어야 제어계가 안정할 수 있으므로 $2K-10 > 0$이어야 한다.
$\therefore K > 5$

02 제어시스템의 개루프 전달함수가

$$G(s)H(s) = \frac{K(s+30)}{s^4 + s^3 + 2s^2 + s + 7}$$로 주어질

때, 다음 중 $K > 0$인 경우 근궤적의 점근선이 실수축과 이루는 각(°)은?

① $20°$ 　　　　② $60°$
③ $90°$ 　　　　④ $120°$

근궤적의 점근선의 각도

(1) $k \geq 0$에 대한 근궤적(RL)의 점근선의 각도

$$\theta_i = \frac{2i+1}{|n-m|}\pi\ (n \neq m)$$

(2) $k \leq 0$에 대한 대응근궤적(CRL)의 점근선의 각도

$$\theta_i = \frac{2i}{|n-m|}\pi\ (n \neq m)$$

여기서 n : 극점의 개수, m : 영점의 개수,
　　　　i : 0, 1, 2, ⋯

극점 : 4차 방정식이므로 $n = 4$
영점 : 1차 방정식이므로 $m = 1$

$$\theta_0 = \frac{2 \times 0 + 1}{4-1}\pi = \frac{\pi}{3} = 60°$$

$$\theta_1 = \frac{2 \times 1 + 1}{4-1}\pi = \pi = 180°$$

$$\theta_2 = \frac{2 \times 2 + 1}{4-1}\pi = \frac{5\pi}{3} = 300°$$

$\therefore 60°, 180°, 300°$

03 z변환된 함수 $F(z) = \dfrac{3z}{(z - e^{-3T})}$에 대응되는 라플라스 변환 함수는?

① $\dfrac{1}{s+3}$ 　　　　② $\dfrac{3}{(s-3)}$
③ $\dfrac{1}{(s-3)}$ 　　　　④ $\dfrac{3}{(s+3)}$

z변환과 라플라스 변환과의 관계

$f(t)$	$\mathcal{L}$ 변환	z변환
$u(t) = 1$	$\dfrac{1}{s}$	$\dfrac{z}{z-1}$
e^{-aT}	$\dfrac{1}{s+a}$	$\dfrac{z}{z-e^{-aT}}$
$\delta(t)$	1	1

$$f(t) = Z^{-1}\left[\frac{3z}{z-e^{-3t}}\right] = 3e^{-3t}$$

$$\therefore F(s) = \mathcal{L}[3e^{-3t}] = \frac{3}{s+3}$$

04 그림과 같은 제어시스템의 전달함수 $\dfrac{C(s)}{R(s)}$ 는?

① $\dfrac{1}{15}$

② $\dfrac{2}{15}$

③ $\dfrac{3}{15}$

④ $\dfrac{4}{15}$

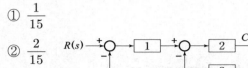

블록선도의 전달함수 : $G(s)$

$C = \{(R-4C)\times 1 - 3C\}\times 2 = 2R - 14C$ 식에서
$15C = 2R$ 이므로

$\therefore G(s) = \dfrac{C}{R} = \dfrac{2}{15}$

05 전달함수가 $G_C(s) = \dfrac{2s+5}{7s}$ 인 제어기가 있다. 이 제어기는 어떤 제어기인가?

① 비례 미분 제어기
② 적분 제어기
③ 비례 적분 제어기
④ 비례 적분 미분 제어기

전달함수의 요소

$G_C(s) = \dfrac{2s+5}{7s} = \dfrac{2}{7} + \dfrac{5}{7s} = \dfrac{2}{7} + \dfrac{1}{\dfrac{7}{5}s}$ 식에서

전달함수의 요소는 아래 표와 같기 때문에

요소	전달함수
비례요소	$G(s) = K$
적분요소	$G(s) = \dfrac{1}{Ts}$

$K = \dfrac{2}{7}$, $T = \dfrac{7}{5}$ 라고 하면

$G_C(s) = K + \dfrac{1}{Ts}$ 와 같기 때문에

$\therefore$ 제어계의 요소는 비례 적분 요소이다.

06 단위 피드백제어계에서 개루프 전달함수 $G(s)$ 가 다음과 같이 주어졌을 때 단위 계단 입력에 대한 정상상태 편차는?

$$G(s) = \dfrac{5}{s(s+1)(s+2)}$$

① 0

② 1

③ 2

④ 3

제어계의 정상편차

단위계단입력은 0형 입력이고 주어진 개루프 전달함수 $G(s)$ 는 1형 제어계이므로 속도편차상수(k_v)와 속도정상편차(e_v)는

$k_p = \displaystyle\lim_{s\to 0} G(s) = \lim_{s\to 0} \dfrac{5}{s(s+1)(s+2)} = \infty$

$\therefore e_v = \dfrac{1}{1+k_p} = \dfrac{1}{\infty} = 0$

07 그림과 같은 논리회로의 출력 Y 는?

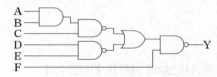

① $ABCDE + \overline{F}$

② $\overline{A}\,\overline{B}\,\overline{C}\,\overline{D}\,\overline{E} + F$

③ $\overline{A} + \overline{B} + \overline{C} + \overline{D} + \overline{E} + F$

④ $A + B + C + D + E + \overline{F}$

드모르강 정리

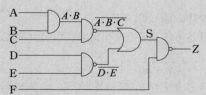

$S = \overline{A \cdot B \cdot C} + \overline{D \cdot E}$ 이므로

$\therefore Z = \overline{S \cdot F} = \overline{(\overline{A \cdot B \cdot C} + \overline{D \cdot E}) \cdot F}$

$\quad = A \cdot B \cdot C \cdot D \cdot E + \overline{F}$

정답 04 ② 05 ③ 06 ① 07 ①

08 그림의 신호흐름선도에서 전달함수 $\dfrac{C(s)}{R(s)}$ 는?

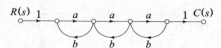

① $\dfrac{a^3}{(1-ab)^3}$

② $\dfrac{a^3}{(1-3ab+a^2b^2)}$

③ $\dfrac{a^3}{1-3ab}$

④ $\dfrac{a^3}{1-3ab+2a^2b^2}$

신호흐름선도의 전달함수(메이슨 정리)

$L_{11}=ab,\ L_{12}=ab,\ L_{13}=ab$

$L_{21}=L_{11}\cdot L_{13}=(ab)^2$

$\Delta=1-(L_{11}+L_{12}+L_{13})+L_{21}$

$\quad=1-3ab+(ab)^2$

$M_1=a^3,\ \Delta_1=1$

$\therefore\ G(s)=\dfrac{M_1\Delta_1}{\Delta}=\dfrac{a^3}{1-3ab+(ab)^2}$

09 다음과 같은 미분방정식으로 표현되는 제어시스템의 시스템 행렬 A 는?

$$\frac{d^2c(t)}{dt^2}+5\frac{dc(t)}{dt}+3c(t)=r(t)$$

① $\begin{bmatrix} -5 & -3 \\ 0 & 1 \end{bmatrix}$

② $\begin{bmatrix} -3 & -5 \\ 0 & 1 \end{bmatrix}$

③ $\begin{bmatrix} 0 & 1 \\ -3 & -5 \end{bmatrix}$

④ $\begin{bmatrix} 0 & 1 \\ -5 & -3 \end{bmatrix}$

상태방정식의 계수행렬

$\dot{x}=Ax+Bu$

$c(t)=\dot{x}_1=x_2$

$\ddot{c}(t)=\ddot{x}_1=\dot{x}_2$

$\dot{x}_2=-3x_1-5x_2+r(t)$

$\begin{bmatrix} \dot{x}_1 \\ \dot{x}_2 \end{bmatrix}=\begin{bmatrix} 0 & 1 \\ -3 & -5 \end{bmatrix}\begin{bmatrix} x_1 \\ x_2 \end{bmatrix}+\begin{bmatrix} 0 \\ 1 \end{bmatrix}u$

$\therefore\ A=\begin{bmatrix} 0 & 1 \\ -3 & -5 \end{bmatrix}$

10 안정한 제어시스템의 보드 선도에서 이득 여유는?

① $-20\sim20\text{dB}$ 사이에 있는 크기(dB) 값이다.

② $0\sim20\text{dB}$ 사이에 있는 크기 선도의 길이이다.

③ 위상이 $0°$ 가 되는 주파수에서 이득의 크기 (dB)이다.

④ 위상이 $-180°$ 가 되는 주파수에서 이득의 크기(dB)이다.

보드선도의 이득여유와 위상여유

(1) 이득여유 : 위상선도가 $-180°$ 축과 교차하는 점(위상교차점)에서 수직으로 그은 선이 이득선도와 만나는 점과 0[dB] 사이의 이득[dB]값을 이득여유라 한다.

(2) 위상여유 : 이득선도가 0[dB] 축과 교차하는 점(이득교차점)에서 수직으로 그은 선이 위상선도와 만나는 점과 $-180°$ 사이의 위상값을 위상여유라 한다.

11 3상 전류가 $I_a=10+j3\,[\text{A}]$, $I_b=-5-j2\,[\text{A}]$, $I_c=-3+j4\,[\text{A}]$일 때 정상분 전류의 크기는 약 몇 [A]인가?

① 5

② 6.4

③ 10.5

④ 13.34

정상분 전류(I_1)

$I_1=\dfrac{1}{3}(I_a+aI_b+a^2I_c)$

$\quad=\dfrac{1}{3}(I_a+\angle120°I_b+\angle-120°I_c)$

$\quad=\dfrac{1}{3}\{(10+j3)+1\angle120°\times(-5-j2)$

$\qquad+1\angle-120°\times(-3+j4)\}$

$\quad=6.4-j0.09\,[\text{A}]$

$\therefore\ I_1=\sqrt{6.4^2+0.09^2}=6.4\,[\text{A}]$

12 그림의 회로에서 영상 임피던스 Z_{01}이 6[Ω]일 때, 저항 R의 값은 몇 [Ω]인가?

① 2
② 4
③ 6
④ 9

영상 임피던스(Z_{01})

송전선로의 영상 임피던스 Z_{01}은 송전선로의 수전단을 단락하고 송전단에서 바라본 임피던스(Z_{ss})와 수전단을 개방하고 송전단에서 바라본 임피던스(Z_{so})를 이용하여 계산할 수도 있다.

이때 식은 $Z_{01} = \sqrt{Z_{ss} \cdot Z_{so}}$ [Ω]이다.

$Z_{ss} = R[Ω]$, $Z_{so} = R+5[Ω]$일 때

$6 = \sqrt{R(R+5)} = \sqrt{R^2+5R}$ 이므로

$R^2+5R-36 = (R+9)(R-4) = 0$이다.

위 조건을 만족하는 R은 $R=-9$, $R=4$ 중에서 $R>0$인 조건을 만족하여야 하므로

$\therefore R = 4[Ω]$

13 Y결선의 평형 3상 회로에서 선간전압 V_{ab}와 상전압 V_{an}의 관계로 옳은 것은?

(단, $V_{bn} = V_{an}e^{-j(2\pi/3)}$, $V_{cn} = V_{bn}e^{-j(2\pi/3)}$)

① $V_{ab} = \dfrac{1}{\sqrt{3}}e^{j(\pi/6)}V_{an}$

② $V_{ab} = \sqrt{3}e^{j(\pi/6)}V_{an}$

③ $V_{ab} = \dfrac{1}{\sqrt{3}}e^{-j(\pi/6)}V_{an}$

④ $V_{ab} = \sqrt{3}e^{-j(\pi/6)}V_{an}$

Y결선의 선간전압과 상전압 관계

3상 성형결선(Y결선)에서 선간전압(V_L)과 상전압(V_P)과의 관계는

$V_L = \sqrt{3}V_P \angle +30°$ [V]이다.

$V_L = V_{ab}$, $V_P = V_{an}$, $\angle +30° = e^{j(\pi/6)}$ 이므로

$\therefore V_{ab} = \sqrt{3}V_{an}\angle +30° = \sqrt{3}e^{j(\pi/6)}V_{an}$ [V]

14 $f(t) = t^2 e^{-at}$를 라플라스 변환하면?

① $\dfrac{2}{(s+\alpha^2)}$
② $\dfrac{3}{(s+\alpha)^2}$
③ $\dfrac{2}{(s+\alpha)^3}$
④ $\dfrac{3}{(s+\alpha)^3}$

복소추이정리의 라플라스 변환

$f(t) = t^2 e^{-at}$일 때

$f(t)$	$F(s)$
te^{-at}	$\dfrac{1}{(s+a)^2}$
t^2e^{-at}	$\dfrac{2}{(s+a)^3}$
$e^{-at}\sin\omega t$	$\dfrac{\omega}{(s+a)^2+\omega^2}$
$e^{-at}\cos\omega t$	$\dfrac{s+a}{(s+a)^2+\omega^2}$

15 선로의 단위 길이 당 인덕턴스, 저항, 정전용량, 누설 컨덕턴스를 각각 L, R, C, G라 하면 전파정수는?

① $\dfrac{\sqrt{(R+j\omega L)}}{(G+j\omega C)}$

② $\sqrt{(R+j\omega L)(G+j\omega C)}$

③ $\sqrt{\dfrac{(R+j\omega C)}{(G+j\omega L)}}$

④ $\sqrt{\dfrac{(G+j\omega C)}{(R+j\omega L)}}$

분포정수회로

(1) 특성임피던스(Z_0)

$Z_0 = \sqrt{\dfrac{Z}{Y}} = \sqrt{\dfrac{R+j\omega L}{G+j\omega C}} = \sqrt{\dfrac{L}{C}}$ [Ω]

(2) 전파정수(γ)

$\gamma = \sqrt{ZY} = \sqrt{(R+j\omega L)(G+j\omega C)} = \alpha + j\beta$

16 회로에서 0.5[Ω] 양단 전압(V)은 약 몇 [V] 인가?

① 0.6

② 0.93

③ 1.47

④ 1.5

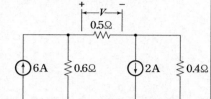

중첩의 원리

6[A] 전류원을 개방하면 0.5[Ω]과 0.6[Ω]은 직렬접속이 되어 0.4[Ω] 저항과 병렬접속을 이룬다. 이때 0.5[Ω]에 흐르는 전류 I_1 는

$$I_1 = \frac{0.4}{0.5+0.6+0.4} \times 2 = 0.53 \, [\mathrm{A}]$$

2[A] 전류원을 개방하면 0.5[Ω]과 0.4[Ω]은 직렬접속이 되어 0.6[Ω] 저항과 병렬접속을 이룬다. 이때 0.5[Ω]에 흐르는 전류 I_2 는

$$I_2 = \frac{0.6}{0.5+0.6+0.4} \times 6 = 2.4 \, [\mathrm{A}]$$

$$I = I_1 + I_2 = 0.53 + 2.4 = 2.93 \, [\mathrm{A}]$$

$$\therefore \; V = 0.5 I = 0.5 \times 2.93 = 1.47 \, [\mathrm{V}]$$

17 RLC직렬회로의 파라미터가 $R^2 = \dfrac{4L}{C}$ 의 관계를 가진다면, 이 회로에 직류 전압을 인가하는 경우 과도 응답특성은?

① 무제동

② 과제동

③ 부족제동

④ 임계제동

R−L−C 과도현상

(1) 비진동조건(과제동인 경우)

$$\left(\frac{R}{2L}\right)^2 - \frac{1}{LC} > 0 \;\Rightarrow\; R^2 > \frac{4L}{C} \;\Rightarrow\; R > 2\sqrt{\frac{L}{C}}$$

(2) 임계진동조건(임계제동인 경우)

$$\left(\frac{R}{2L}\right)^2 - \frac{1}{LC} = 0 \;\Rightarrow\; R^2 = \frac{4L}{C} \;\Rightarrow\; R = 2\sqrt{\frac{L}{C}}$$

(3) 비진동조건(과제동인 경우)

$$\left(\frac{R}{2L}\right)^2 - \frac{1}{LC} < 0 \;\Rightarrow\; R^2 < \frac{4L}{C} \;\Rightarrow\; R < 2\sqrt{\frac{L}{C}}$$

18 $v(t) = 3 + 5\sqrt{2}\sin\omega t + 10\sqrt{2}\sin\left(3\omega t - \dfrac{\pi}{3}\right)$[V]의 실효값 크기는 약 몇 [V]인가?

① 9.6

② 10.6

③ 11.6

④ 12.6

비정현파의 실효값

$$e = 3 + 5\sqrt{2}\sin\omega t + 10\sqrt{2}\sin\left(3\omega t - \frac{\pi}{3}\right) [\mathrm{V}]$$

에서 $E_0 = 3 \, [\mathrm{V}]$, $E_1 = 5 \, [\mathrm{V}]$, $E_3 = 10 \, [\mathrm{V}]$이므로

$$\therefore \; E = \sqrt{E_0{}^2 + E_1{}^2 + E_3{}^2} = \sqrt{3^2 + 5^2 + 10^2}$$
$$= 11.6 \, [\mathrm{V}]$$

19 그림과 같이 결선된 회로의 단자 (a, b, c)에 선간전압이 V [V]인 평형 3상 전압을 인가할 때 상전류 I [A]의 크기는?

① $\dfrac{V}{4R}$

② $\dfrac{3V}{4R}$

③ $\dfrac{\sqrt{3}\,V}{4R}$

④ $\dfrac{V}{4\sqrt{3}\,R}$

△결선의 상전류(I_P)

△결선으로 이루어진 저항 R을 Y결선으로 변환하면 저항은 $\dfrac{1}{3}$ 배로 감소하므로 각 상의 합성저항(R_0)은

$$R_0 = R + \frac{R}{3} = \frac{4}{3} R \, [\Omega]$$이다.

Y결선의 선전류를 유도하면 I_L을 계산할 수 있다.

$$I_L = \frac{V}{\sqrt{3}\,R_0} = \frac{V}{\sqrt{3} \times \frac{4}{3}R} = \frac{\sqrt{3}\,V}{4R} \, [\mathrm{V}]$$

상전류를 유도하면 I_P를 계산할 수 있다.

$$\therefore \; I_P = \frac{I_L}{\sqrt{3}} = \frac{V}{4R} \, [\mathrm{A}]$$

20 $8+j6[\Omega]$인 임피던스에 $13+j20[V]$의 전압을 인가할 때 복소전력은 약 몇 [VA]인가?

① $12.7+j34.1$ ② $12.7+j55.5$

③ $45.5+j34.1$ ④ $45.5+j55.5$

복소전력

$Z=8+j6[\Omega]$, $V=13+j20[V]$일 때 전류 I는

$I=\dfrac{V}{Z}=\dfrac{13+j20}{8+j6}=2.24+j0.82[A]$이다.

전압과 전류를 이용하여 복소전력을 계산하면

$\therefore\ S=VI^{*}=(13+j20)\times(2.24-j0.82)$

$\qquad =45.5+j34.1[VA]$

참고 켤레 복소수(I^{*})

켤레 복소수란 허수부의 부호를 반대로 취한 복소수를 의미하며 복소수 I에 대한 켤레 복소수를 I^{*}라 할 때 $I^{*}=(2.24+j0.82)^{*}=2.24-j0.82$이다.

5. 전기설비기술기준

2021년 7월 한국전기설비규정 개정에 따라 기출문제를 개정된 내용으로 반영하여 일부 삭제 및 변형하였습니다

01 지중 전선로를 직접 매설식에 의하여 시설할 때, 중량물의 압력을 받을 우려가 있는 장소에 저압 또는 고압의 지중전선을 견고한 트라프 기타 방호물에 넣지 않고도 부설할 수 있는 케이블은?

① PVC 외장 케이블
② 콤바인덕트 케이블
③ 염화비닐 절연 케이블
④ 폴리에틸렌 외장 케이블

지중전선로의 시설

지중전선로를 직접매설식에 의하여 시설하는 경우에는 매설 깊이를 차량 기타 중량물의 압력을 받을 우려가 있는 장소에는 1.0 [m] 이상, 기타 장소에는 0.6 [m] 이상으로 하고 또한 지중전선을 견고한 트라프 기타 방호물에 넣어 시설하여야 한다. 다만, 저압 또는 고압의 지중전선에 콤바인덕트 케이블을 사용하여 시설하는 경우에는 지중전선을 견고한 트라프 기타 방호물에 넣지 아니하여도 된다.

02 수소냉각식 발전기 등의 시설기준으로 틀린 것은?

① 발전기 안 또는 조상기 안의 수소의 온도를 계측하는 장치를 시설할 것
② 발전기축의 밀봉부로부터 수소가 누설될 때 누설된 수소를 외부로 방출하지 않을 것
③ 발전기 안 또는 조상기 안의 수소의 순도가 85[%] 이하로 저하한 경우에 이를 경보하는 장치를 시설할 것
④ 발전기 또는 조상기는 수소가 대기압에서 폭발하는 경우에 생기는 압력에 견디는 강도를 가지는 것일 것

수소냉각식 발전기 등의 시설

발전기축의 밀봉부에는 질소 가스를 봉입할 수 있는 장치 또는 발전기 축의 밀봉부로부터 누설된 수소 가스를 안전하게 외부에 방출할 수 있는 장치를 시설할 것.

삭제문제

03 저압전로에서 그 전로에 지락이 생긴 경우 0.5초 이내에 자동적으로 전로를 차단하는 장치를 시설하는 경우에는 특별 제3종 접지공사의 접지저항 값은 자동 차단기의 정격감도 전류가 30[mA] 이하일 때 몇 [Ω] 이하로 하여야 하는가?

① 75
② 150
③ 300
④ 500

2021.1.1. 삭제된 기준임

04 어느 유원지의 어린이 놀이기구인 유희용 전차에 전기를 공급하는 전로의 사용전압은 교류인 경우 몇 [V] 이하이어야 하는가?

① 20
② 40
③ 60
④ 100

유희용 전차

유희용 전차에 전기를 공급하는 전원장치의 변압기는 절연변압기이고, 전원장치의 2차측 단자의 최대사용전압은 직류의 경우 60 [V] 이하, 교류의 경우 40 [V] 이하일 것.

05 연료전지 및 태양전지 모듈의 절연내력시험을 하는 경우 충전부분과 대지 사이에 인가하는 시험전압은 얼마인가?(단, 연속하여 10분간 가하여 견디는 것이어야 한다.)

① 최대사용전압의 1.25배의 직류전압 또는 1배의 교류전압(500[V] 미만으로 되는 경우에는 500[V])
② 최대사용전압의 1.25배의 직류전압 또는 1.26배의 교류전압(500[V] 미만으로 되는 경우에는 500[V])
③ 최대사용전압의 1.5배의 직류전압 또는 1배의 교류전압(500[V] 미만으로 되는 경우에는 500[V])
④ 최대사용전압의 1.5배의 직류전압 또는 1.25배의 교류전압(500[V] 미만으로 되는 경우에는 500[V])

> **연료전지 및 태양전지 모듈의 절연내력**
> 연료전지 및 태양전지 모듈은 최대사용전압의 1.5배의 직류전압 또는 1배의 교류전압(500 [V] 이상일 것)을 충전부분과 대지사이에 연속하여 10분간 가하여 절연내력을 시험하였을 때에 이에 견디는 것이어야 한다.

06 전개된 장소에서 저압 옥상전선로의 시설기준으로 적합하지 않은 것은?

① 전선은 절연전선을 사용하였다.
② 전선 지지점 간의 거리를 20[m]로 하였다.
③ 전선은 지름 2.6[mm]의 경동선을 사용하였다.
④ 저압 절연전선과 그 저압 옥상 전선로를 시설하는 조영재와의 이격거리를 2[m]로 하였다.

> **저압 옥상전선로**
> 전선은 조영재에 견고하게 붙인 지지주 또는 지지대에 절연성·난연성 및 내수성이 있는 애자를 사용하여 지지하고 또한 그 지지점 간의 거리는 15 [m] 이하일 것.

삭제문제

07 교류 전차선 등과 삭도 또는 그 지주 사이의 이격거리를 몇 [m] 이상 이격하여야 하는가?

① 1 ② 2
③ 3 ④ 4

> 2021.1.1. 삭제된 기준임

08 고압 가공전선을 시가지외에 시설할 때 사용되는 경동선의 굵기는 지름 몇 [mm] 이상인가?

① 2.6 ② 3.2
③ 4.0 ④ 5.0

> **저·고압 가공전선의 굵기**
>
> | 구분 | | 인장강도 및 굵기 |
> |---|---|---|
> | 저압 400 [V] 초과 및 고압 | 시가지 외 | 5.26 [kN] 이상의 것 또는 4 [mm] 이상의 경동선 |
> | | 시가지 | 8.01 [kN] 이상의 것 또는 5 [mm] 이상의 경동선 |
>
> 고압 가공전선은 경동선의 고압 절연전선, 특고압 절연전선 및 케이블이어야 한다.

09 저압 수상전선로에 사용되는 전선은?

① 옥외 비닐케이블
② 600[V] 비닐절연전선
③ 600[V] 고무절연전선
④ 클로로프렌 캡타이어 케이블

> **수상전선로**
> 전선의 종류
> (1) 저압인 경우 : 클로로프렌 캡타이어케이블
> (2) 고압인 경우 : 고압용 캡타이어케이블

삭제문제

10 440[V] 옥내 배선에 연결된 전동기 회로의 절연저항 최소 값은 몇 [MΩ]인가?

① 0.1   ② 0.2

③ 0.4   ④ 1

2021.1.1. 삭제된 기준임

11 케이블 트레이 공사에 사용하는 케이블 트레이에 적합하지 않은 것은?

① 비금속제 케이블 트레이는 난연성 재료가 아니어도 된다.
② 금속재의 것은 적절한 방식처리를 한 것이거나 내식성 재료의 것이어야 한다.
③ 금속제 케이블 트레이 계통은 기계적 및 전기적으로 완전하게 접속하여야 한다.
④ 케이블 트레이가 방화구획의 벽 등을 관통하는 경우에 관통부는 불연성의 물질로 충전하여야 한다.

케이블트레이공사
비금속제 케이블 트레이는 난연성 재료의 것이어야 한다.

삭제문제

12 전개된 건조한 장소에서 400[V] 이상의 저압 옥내배선을 할 때 특별히 정해진 경우를 제외하고는 시공할 수 없는 공사는?

① 애자사용공사   ② 금속덕트공사
③ 버스덕트공사   ④ 합성수지몰드공사

2021.1.1. 삭제된 기준임

13 가공전선로의 지지물의 강도계산에 적용하는 풍압하중은 빙설이 많은 지방 이외의 지방에서 저온계절에는 어떤 풍압하중을 적용하는가?(단, 인가가 연접되어 있지 않다고 한다.)

① 갑종풍압하중
② 을종풍압하중
③ 병종풍압하중
④ 을종과 병종풍압하중을 혼용

풍압하중의 적용
빙설이 많은 지방 이외의 지방에서는 고온계절에는 갑종풍압하중, 저온계절에는 병종풍압하중

14 백열전등 또는 방전등에 전기를 공급하는 옥내전로의 대지전압을 몇 [V] 이하이어야 하는가?(단, 백열전등 또는 방전등 및 이에 부속하는 전선을 사람이 접촉할 우려가 없도록 시설한 경우이다.)

① 60   ② 110
③ 220   ④ 300

옥내전로의 대지전압의 제한
백열전등 또는 방전등에 전기를 공급하는 옥내의 전로(주택의 옥내전로를 제외한다.)의 대지전압은 300 [V] 이하여야 하며 다음에 따라 시설하여야 한다. 다만, 대지전압 150 [V] 이하의 전로인 경우에는 다음에 따르지 않을 수 있다.
(1) 백열전등 또는 방전등 및 이에 부속하는 전선은 사람이 접촉할 우려가 없도록 시설하여야 한다.
(2) 백열전등 또는 방전등용 안정기는 저압의 옥내배선과 직접 접속하여 시설하여야 한다.
(3) 백열전등의 전구소켓은 키나 그 밖의 점멸기구가 없는 것이어야 한다.

15 특고압 가공전선로의 지지물에 첨가하는 통신선 보안장치에 사용되는 피뢰기의 동작전압은 교류 몇 [V] 이하인가?

① 300   ② 600

③ 1,000   ④ 1,500

특고압 가공전선로 첨가통신선의 보안장치

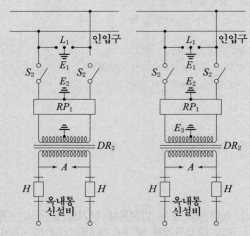

(1) S_2 : 인입용 고압개폐기

(2) L_1 : 교류 1 [kV] 이하에서 동작하는 피뢰기

(3) RP_1 : 교류 300 [V] 이하에서 동작하고, 최소감도 전류가 3 [A] 이하로서 최소감도전류 때의 응답시 간이 1사이클 이하이고 또는 전류 용량이 50 [A], 20초 이상인 자복성(自復性)이 있는 릴레이 보안기

(4) DR_2 : 특고압용 배류중계코일(선로측 코일과 옥내 측 코일 사이 및 선로측 코일과 대지 사이의 절연내 력은 6 [kV]의 시험전압으로 시험하였을 때 연속하 여 1분간 이에 견디는 것일 것.)

(5) H : 250 [mA] 이하에서 동작하는 열 코일

(6) E_1, E_2, E_3 : 접지

16 태양전지 발전소에 시설하는 태양전지 모듈, 전 선 및 개폐기 기타 기구의 시설기준에 대한 내용 으로 틀린 것은?

① 충전부분은 노출되지 아니하도록 시설할 것

② 옥내에 시설하는 경우에는 전선을 케이블 공 사로 시설할 수 있다.

③ 태양전지 모듈의 프레임은 지지물과 전기적 으로 완전하게 접속하여야 한다.

④ 태양전지 모듈을 병렬로 접속하는 전로에는 과전류차단기를 시설하지 않아도 된다.

태양광 설비의 제어 및 보호장치 등

모듈을 병렬로 접속하는 전로에는 그 전로에 단락전류 가 발생할 경우에 전로를 보호하는 과전류차단기 또는 기타 기구를 시설하여야 한다. 단, 그 전로가 단락전류 에 견딜 수 있는 경우에는 그러하지 아니하다.

17 가공전선로의 지지물에 시설하는 지선으로 연 선을 사용할 경우 소선은 최소 몇 가닥 이상이어 야 하는가?

① 3   ② 5

③ 7   ④ 9

지선의 시설

(1) 가공전선로의 지지물로 사용하는 철탑은 지선을 사 용하여 그 강도를 분담시켜서는 안된다.

(2) 가공전선로의 지지물에 시설하는 지선은 다음에 따 라야 한다.

㉠ 지선의 안전율은 2.5 이상일 것. 이 경우에 허용인 장하중의 최저는 4.31 [kN]으로 한다.

㉡ 지선에 연선을 사용할 경우에는 다음에 의할 것.

• 소선(素線) 3가닥 이상의 연선일 것.

• 소선의 지름이 2.6 [mm] 이상의 금속선을 사용한 것일 것.

• 지중부분 및 지표상 30 [cm]까지의 부분에는 내 식성이 있는 것 또는 아연도금을 한 철봉을 사용 하고 쉽게 부식하지 아니하는 근가에 견고하게 붙 일 것.

• 지선근가는 지선의 인장하중에 충분히 견디도록 시설할 것.

18 저압 가공전선로 또는 고압 가공전선로와 기설 가공 약전류 전선로가 병행하는 경우에는 유도작용에 의한 통신상의 장해가 생기지 아니하도록 전선과 기설 약전류 전선간의 이격거리는 몇 [m] 이상이어야 하는가?(단, 전기철도용 급전선로는 제외한다.)

① 2 　　　　　② 4
③ 6 　　　　　④ 8

가공약전류전선로의 유도장해 방지
저압 가공전선로(전기철도용 급전선로는 제외한다.) 또는 고압 가공전선로(전기철도용 급전선로는 제외한다)와 기설 가공약전류전선로가 병행하는 경우에는 유도작용에 의하여 통신상의 장해가 생기지 않도록 전선과 기설 약전류전선 간의 이격거리는 2 [m] 이상이어야 한다.

삭제문제
19 출퇴표시등 회로에 전기를 공급하기 위한 변압기는 1차측 전로의 대지전압이 300[V] 이하, 2차측 전로의 사용전압은 몇 [V] 이하인 절연변압기이어야 하는가?

① 60 　　　　　② 80
③ 100 　　　　　④ 150

2021.1.1. 삭제된 기준임

20 중성점 직접 접지식 전로에 접속되는 최대사용전압 161kV인 3상 변압기 권선(성형결선)의 절연내력시험을 할 때 접지시켜서는 안 되는 것은?

① 철심 및 외함
② 시험되는 변압기의 부싱
③ 시험되는 권선의 중성점 단자
④ 시험되지 않는 각 권선(다른 권선이 2개 이상 있는 경우에는 각 권선)의 임의의 1단자

변압기의 절연내력시험방법
60 [kV] 초과 접지식 전로에 접속, 성형결선의 중성점, 스콧결선의 T좌권선과 주좌권선의 접속점에 피뢰기를 시설하고 1.1배의 전압을 시험되는 권선의 중성점단자(스콧결선의 경우에는 T좌권선과 주좌권선의 접속점 단자) 이외의 임의의 1단자, 다른 권선(다른 권선이 2개 이상 있는 경우에는 각권선)의 임의의 1단자, 철심 및 외함을 접지하고 시험되는 권선의 중성점 단자 이외의 각 단자에 3상 교류의 시험전압을 연속하여 10분간 가한다.

20 1. 전기자기학

01 주파수가 100[MHz]일 때 구리의 표피두께(skin depth)는 약 몇 [mm]인가?(단, 구리의 도전율은 5.9×10^7[℧/m]이고, 비투자율은 0.99이다.)

① 3.3×10^{-2}

② 6.6×10^{-2}

③ 3.3×10^{-3}

④ 6.6×10^{-3}

표피효과에 의한 침투깊이(δ)

$$\delta = \sqrt{\frac{2}{\omega \sigma \mu}} = \sqrt{\frac{1}{\pi f \sigma \mu}} \text{ [m]}$$

$f = 10$[MHz], $\sigma = 5.9 \times 10^7$[℧/m], $\mu_s = 0.99$일 때

$$\therefore \ \delta = \sqrt{\frac{1}{\pi f \sigma \mu}} = \sqrt{\frac{1}{\pi f \sigma \mu_o \mu_s}}$$

$$= \sqrt{\frac{1}{\pi \times 100 \times 10^6 \times 5.9 \times 10^7 \times 4\pi \times 10^{-7} \times 0.99}}$$

$$= 6.6 \times 10^{-6} \text{ [m]} = 6.6 \times 10^{-3} \text{ [mm]}$$

---

02 정전용량이 0.03[μF]인 평행판 공기 콘덴서의 두 극판 사이에 절반 두께의 비유전율 10인 유리판을 극판과 평행하게 넣었다면 이 콘덴서의 정전용량은 약 몇 [μF]이 되는가?

① 1.83

② 18.3

③ 0.055

④ 0.55

유전체 내의 평행판 전극의 직렬연결

공기콘덴서의 정전용량을 C라 하면

$$C = \frac{\epsilon_0 S}{d} = 0.03 \text{ [}\mu\text{F]이다.}$$

콘덴서 판 간에 $\frac{1}{2}$인 두께를 유전체로 채운 경우 평행판 전극의 경계면과 단자가 수직을 이루고 있으므로 콘덴서는 직렬로 접속된다. 각 콘덴서의 정전용량을 C_1, C_2라 하고 합성정전용량을 C'라 하면

$$C_1 = \frac{\epsilon_0 S}{\frac{d}{2}} = \frac{2\epsilon_0 S}{d} = 2C = 2 \times 0.03 = 0.06 \text{ [}\mu\text{F]}$$

$$C_2 = \frac{\epsilon_0 \epsilon_s S}{\frac{d}{2}} = \frac{2\epsilon_0 \epsilon_s S}{d} = 2\epsilon_s C$$

$$= 2 \times 10 \times 0.03 = 0.6 \text{ [}\mu\text{F]}$$

$$\therefore \ C' = \frac{1}{\frac{1}{C_1} + \frac{1}{C_2}} = \frac{C_1 C_2}{C_1 + C_2} = \frac{0.06 \times 0.6}{0.06 + 0.6}$$

$$= 0.055 \text{ [}\mu\text{F]}$$

---

03 2장의 무한평판 도체를 4[cm]의 간격으로 놓은 후 평판 도체 간에 일정한 전계를 인가하였더니 평판 도체 표면에 2[μC/m²]의 전하밀도가 생겼다. 이 때 평행 도체 표면에 작용하는 정전응력은 약 몇 [N/m²]인가?

① 0.057

② 0.226

③ 0.57

④ 2.26

자유공간에서의 정전력(f)

자유공간에서의 단위면적당 정전력(f)과 단위체적당 정전에너지(w)는 서로 같으며

$$f = \frac{\rho_s^2}{2\epsilon_0} = \frac{D^2}{2\epsilon_0} = \frac{1}{2}\epsilon_0 E^2 = \frac{1}{2}ED \text{ [N/m²]이다.}$$

$\rho_s = 2$ [μC/m²]일 때

$$\therefore \ f = \frac{\rho_s^2}{2\epsilon_0} = \frac{(2 \times 10^{-6})^2}{2 \times 8.855 \times 10^{-12}}$$

$$= 0.226 \text{ [N/m²]}$$

---

04 공기 중에서 2[V/m]의 전계의 세기에 의한 변위전류밀도의 크기를 2[A/m²]으로 흐르게 하려면 전계의 주파수는 약 몇 [MHz]가 되어야 하는가?

① 9,000
② 18,000
③ 36,000
④ 72,000

변위전류밀도(i_d)

$$i_d = \frac{\partial D}{\partial t} = \epsilon_0 \frac{\partial E}{\partial t} = \epsilon_0 \frac{\partial}{\partial t} E_m \sin \omega t$$

$$= \omega \epsilon_0 E_m \cos \omega t \,[\text{A/m}^2]$$

변위전류밀도와 전계의 세기를 실효값으로 표현하면
$I_d = \omega \epsilon_0 E = 2\pi f \epsilon_0 E [\text{A/m}^2]$이다.
$I_d = 2\,[\text{A/m}^2]$, $E = 2\,[\text{V/m}]$이므로

$$\therefore f = \frac{I_d}{2\pi \epsilon_0 E} = \frac{2}{2\pi \times 8.855 \times 10^{-12} \times 2}$$

$$= 18,000 \times 10^6 \,[\text{Hz}] = 18,000\,[\text{MHz}]$$

05 정전계에서 도체에 정(+)의 전하를 주었을 때의 설명으로 틀린 것은?

① 도체 표면의 곡률 반지름이 작은 곳에 전하가 많이 분포한다.
② 도체 외측의 표면에만 전하가 분포한다.
③ 도체 표면에서 수직으로 전기력선이 출입한다.
④ 도체 내에 있는 공동면에도 전하가 골고루 분포한다.

도체의 성질

(1) 대전도체 내부에는 전하가 존재하지 않는다.
  또한 전하는 대전도체 외부 표면에만 분포된다.
(2) 도체 표면에서 수직으로 전기력선과 만난다.
  또한 도체 표면에서 전계는 수직이다.
(3) 도체 내부와 표면의 전위는 항상 같다.
  또한 도체 내부의 전계는 0이다.
(4) 도체 표면의 곡률이 클수록 곡률 반지름은 작아지므로 전하밀도가 높아져서 전하가 많이 모이려는 성질이 생긴다. 또한 곡률이 작을수록 곡률 반지름이 커지므로 전하밀도가 작다.

06 대지의 고유저항이 $\rho\,[\Omega \cdot \text{m}]$일 때 반지름이 a [m]인 그림과 같은 반구 접지극의 접지저항[Ω]은?

① $\dfrac{\rho}{4\pi a}$

② $\dfrac{\rho}{2\pi a}$

③ $\dfrac{2\pi \rho}{a}$

④ $2\pi \rho a$

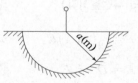

반구도체 전극의 접지저항(R)

반지름이 a인 반구도체 전극의 정전용량 C는
$C = 2\pi \epsilon a\,[\text{F}]$이다.

$$\therefore R = \frac{\rho \epsilon}{C} = \frac{\rho \epsilon}{2\pi \epsilon a} = \frac{\rho}{2\pi a}\,[\Omega]$$

07 그림과 같은 직사각형의 평면 코일이 $B = \dfrac{0.05}{\sqrt{2}}(a_x + a_y)\,[\text{Wb/m}^2]$인 자계에 위치하고 있다. 이 코일에 흐르는 전류가 5[A]일 때 z축에 있는 코일에서의 토크는 약 몇 [N·m]인가?

① $2.66 \times 10^{-4} a_x$

② $5.66 \times 10^{-4} a_x$

③ $2.66 \times 10^{-4} a_z$

④ $5.66 \times 10^{-4} a_z$

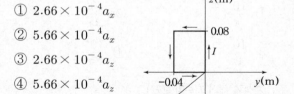

폐루프 도선에 작용하는 회전력(T)

미소면적 $S\,[\text{m}^2]$로 이루어진 폐루프 도선에 전류 $I\,[\text{A}]$가 흐를 때 균일한 자장 내에서 도선에 작용하는 회전력은 $\dot{T} = I\dot{S} \times \dot{B}\,[\text{N·m}]$이다.
$\dot{S} = 0.04 \times 0.08\,a_x = 3.2 \times 10^{-3}\,a_x\,[\text{m}^2]$이므로

$$\therefore \dot{T} = I\dot{S} \times B$$

$$= 5 \times (3.2 \times 10^{-3} a_x) \times \left(0.05 \frac{a_x + a_y}{\sqrt{2}}\right)$$

$$= 5 \times 3.2 \times 10^{-3} \times \frac{0.05}{\sqrt{2}} a_z$$

$$= 5.66 \times 10^{-4} a_z\,[\text{N·m}]$$

※ 벡터의 외적

$a_x \times a_x = a_y \times a_y = a_z \times a_z = 0$
$a_x \times a_y = a_z$, $a_y \times a_z = a_x$, $a_z \times a_x = a_y$

정답 04 ② 05 ④ 06 ② 07 ④

08 분극의 세기 P, 전계 E, 전속밀도 D의 관계를 나타낸 것으로 옳은 것은?(단, ϵ_0는 진공의 유전율이고, ϵ_r은 유전체의 비유전율이고, ϵ은 유전체의 유전율이다.)

① $P = \epsilon_0 (\epsilon + 1) E$ 　② $E = \dfrac{D + P}{\epsilon_0}$

③ $P = D - \epsilon_0 E$ 　　④ $\epsilon_0 = D - E$

분극의 세기(P)

전속밀도 D, 전계의 세기 E, 유전율 ϵ, 비유전율 ϵ_s, 분극률 χ 라 하면

$P = D - \epsilon_0 E = \epsilon E - \epsilon_0 E = \epsilon_0 (\epsilon_s - 1) E = \chi E$

$\quad = \left(1 - \dfrac{1}{\epsilon_s}\right) D \, [\text{C/m}^2]$

09 반지름이 5[mm], 길이가 15[mm], 비투자율이 50인 자성체 막대에 코일을 감고 전류를 흘려서 자성체 내의 자속밀도를 50[Wb/m²]으로 하였을 때 자성체 내에서의 자계의 세기는 몇 [A/m]인가?

① $\dfrac{10^7}{\pi}$ 　　　② $\dfrac{10^7}{2\pi}$

③ $\dfrac{10^7}{4\pi}$ 　　　④ $\dfrac{10^7}{8\pi}$

자성체 내의 자속밀도(B)

$B = \mu H = \mu_0 \mu_s H = \dfrac{\phi}{S} \, [\text{Wb/m}^2]$ 식에서

$\mu_s = 50$, $B = 50 \, [\text{Wb/m}^2]$일 때

$\therefore \ H = \dfrac{B}{\mu_0 \mu_s} = \dfrac{50}{4\pi \times 10^{-7} \times 50} = \dfrac{10^7}{4\pi} \, [\text{A/m}]$

10 내부 장치 또는 공간을 물질로 포위시켜 외부 자계의 영향을 차폐시키는 방식을 자기차폐라 한다. 다음 중 자기차폐에 가장 적합한 것은?

① 비투자율이 1보다 작은 역자성체
② 강자성체 중에서 비투자율이 큰 물질
③ 강자성체 중에서 비투자율이 작은 물질
④ 비투자율에 관계없이 물질의 두께에만 관계되므로 되도록 두꺼운 물질

자기차폐(전자차폐)

비투자율이 매우 큰 자성재료를 이용하여 대상이 되는 장치 또는 시설을 완전히 감싸면 전자계의 영향으로부터 차단하게 되는 현상으로 일반적인 강자성체의 비투자율이 10^5 정도이다.

11 자성체 내의 자계의 세기가 H[AT/m]이고 자속밀도가 B[Wb/m²]일 때, 자계 에너지 밀도[J/m³]는?

① HB 　　　② $\dfrac{1}{2\mu} H^2$

③ $\dfrac{\mu}{2} B^2$ 　　④ $\dfrac{1}{2\mu} B^2$

자기에너지(W)와 자기에너지밀도(w)

$W = \dfrac{1}{2} L I^2 = \dfrac{1}{2} N \phi I = \dfrac{(N\phi)^2}{2L} \, [\text{J}]$

$w = \dfrac{B^2}{2\mu} = \dfrac{1}{2} \mu H^2 = \dfrac{1}{2} HB \, [\text{J/m}^3]$

12 임의의 방향으로 배열되었던 강자성체의 자구가 외주 자기장의 힘이 일정치 이상이 되는 순간에 급격히 회전하여 자기장의 방향으로 배열되고 자속밀도가 증가하는 현상을 무엇이라 하는가?

① 자기여효(magnetic aftereffect)
② 바크하우젠 효과(Barkhausen effect)
③ 자기왜현상(magneto−striction effect)
④ 핀치 효과(Pinch effect)

전자기효과

(1) 자기여효(magnetic after effect) : 자화의 뒤진 현상으로 순철, 규소강, 페라이트 드에서 특히 자속밀도가 매우 작은 경우에 나타나는 현상
(2) 바크하우젠 효과(Barkhausen effect) : 자성체 내에서 자구의 자축이 서서히 회전하지 않고 어떤 순간에 급격히 자계의 방향으로 회전하여 자속밀도가 계단적으로 증가 또는 감소하는 현상을 말한다.
(3) 자기왜현상(magneto−striction effect) : 강자성체가 자화할 때 자성체 내에서 탄성적 변형이 발생하여 자기 일그러짐이 나타나는 현상
(4) 핀치효과(Pinch effect) : 임의의 전류가 액체도체에 중앙을 향해 흐르면 액체도체는 수축하여 단면적이 작아지고, 단면적이 줄어서 수축력이 없어지면 원래 상태로 돌아가게 되는 현상

13 반지름이 30[cm]인 원판 전극의 평행판 콘덴서가 있다. 전극의 간격이 0.1[cm]이며 전극 사이 유전체의 비유전율이 4.00이라 한다. 이 콘덴서의 정전용량은 약 몇 [μF]인가?

① 0.01 ② 0.02
③ 0.03 ④ 0.04

유전체 내의 평행판 전극의 정전용량(C)

원판 전극의 반지름을 a, 면적을 S, 간격을 d라 하면
$a = 30$ [cm],
$S = \pi a^2 = \pi \times (30 \times 10^{-2})^2 = 0.283$ [m²]
$d = 0.1$ [cm], $\epsilon_s = 4$일 때

$\therefore C = \dfrac{\epsilon_0 \epsilon_s S}{d} = \dfrac{8.855 \times 10^{-12} \times 4 \times 0.283}{0.1 \times 10^{-2}}$

$\quad = 0.01 \times 10^{-6}$ [F]
$\quad = 0.01$ [μF]

14 평행 도선에 같은 크기의 왕복 전류가 흐를 때 두 도선 사이에 작용하는 힘에 대한 설명으로 옳은 것은?

① 흡인력이다.
② 전류의 제곱에 비례한다.
③ 주의 매질의 투자율에 반비례한다.
④ 두 도선 사이 간격의 제곱에 반비례한다.

평행 왕복도선 사이의 작용력(F)

$F = \dfrac{\mu_0 I_1 I_2}{2\pi r} = \dfrac{2 I_1 I_2}{r} \times 10^{-7}$ [N/m] 식에서

평행 왕복도선은 두 도선의 전류의 크기는 같고, 방향이 반대이므로 작용력(F)은

$F = \dfrac{2 I^2}{r} \times 10^{-7}$ [N/m] 이며 반발력이 작용하게 된다.

∴ 두 도선간 전자력(작용력)은 전류의 제곱에 비례하며, 거리에 비례하고 또한 반발력이 작용한다.

15 압전기 현상에서 전기 분극이 기계적 응력에 수직한 방향으로 발생하는 현상은?

① 종효과 ② 횡효과
③ 역효과 ④ 직접효과

압전기현상

⑴ 압전기효과(직접효과) : 결정체에 어떤 방향으로 압축 또는 응력을 가하여 기계적으로 변형시키면 내부에 전기분극이 일어나고 일정 방향으로 분극전하가 나타난다.
⑵ 압전기 역효과 : 결정체에 특정한 방향으로 전압을 가하면 기계적 변형이 일어난다.
⑶ 종효과 : 압전기 현상에서 분극과 응력이 동일방향으로 발생한다.
⑷ 횡효과 : 압전기 현상에서 분극과 응력이 수직방향으로 발생한다.

16 구리의 고유저항은 20℃에서 1.69×10^{-8} [Ω·m]이고 온도계수는 0.003393이다. 단면적이 2[mm²]이고 100[m]인 구리선의 저항값은 40[℃]에서 약 몇 [Ω]인가?

① 0.91×19^{-3} ② 1.89×10^{-3}
③ 0.91 ④ 1.89

도체의 저항(R) 및 온도저항

도체의 고유저항 ρ, 도체의 단면적 A, 도체의 길이 l, 온도계수 α_{20}, 변화 전의 온도 t, 변화 후의 온도 T라 할 때 도체의 저항 R_1 및 온도 변화 후의 저항 R_2는

$R_1 = \rho \dfrac{l}{A}$ [Ω], $R_2 = \{1 + \alpha_{20}(T-t)\}R_1$ [Ω]이다.

$R_1 = \rho \dfrac{l}{A} = 1.69 \times 10^{-8} \times \dfrac{100}{2 \times 10^{-6}}$

$\quad = 0.845$ [Ω]이므로

$\therefore R_2 = \{1 + 0.00393(40-20)\} \times 0.845$
$\quad = 0.91$ [Ω]

17 한 변의 길이가 l[m]인 정사각형 도체 회로에 전류 I[A]를 흘릴 때 회로의 중심점에서의 자계의 세기는 몇 [AT/m]인가?

① $\dfrac{2I}{\pi l}$ ② $\dfrac{I}{\sqrt{2}\,\pi l}$

③ $\dfrac{\sqrt{2}\,I}{\pi l}$ ④ $\dfrac{2\sqrt{2}\,I}{\pi l}$

정 n변형 회로의 중심 자계의 세기(H)

반지름이 a[m] 정 n변형 중심 자계의 세기와 한 변의 길이가 l[m]인 정 n변형 중심 자계의 세기를 H_0라 하면

$$H_0 = \frac{nI\tan\dfrac{\pi}{n}}{2\pi a} = \frac{nI}{\pi l}\sin\frac{\pi}{n}\tan\frac{\pi}{n}\ \text{[AT/m]이므로}$$

한 변의 길이가 l인 정사각형은 $n = 4$일 때이며

$$\therefore\ H_0 = \frac{4I}{\pi l}\sin\frac{\pi}{4}\tan\frac{\pi}{4} = \frac{4I}{\pi l}\times\frac{1}{\sqrt{2}}\times 1$$

$$= \frac{2\sqrt{2}\,I}{\pi l}\ \text{[AT/m]}$$

---

18 정전용량이 각각 $C_1 = 1\,[\mu\text{F}]$, $C_2 = 2\,[\mu\text{F}]$인 도체에 전하 $Q_1 = -5\,[\mu\text{C}]$, $Q_2 = 2\,[\mu\text{C}]$을 각각 주고 각 도체를 가는 철사로 연결하였을 때 C_1에서 C_2로 이동하는 전하 $Q[\mu\text{C}]$는?

① -4 ② -3.5

③ -3 ④ -1.5

콘덴서 병렬운전

전하로 충전된 두 도체를 가는 철사로 연결하게 되면 두 도체는 병렬로 접속된 경우와 같아진다. 이 때 도체의 총 전하량(Q_0)은

$Q_0 = Q_1 + Q_2 = -5 + 2 = -3\,[\mu\text{C}]$ 이므로

각 도체에 분배되는 전하량 $Q_1{}'$ 와 $Q_2{}'$ 는 다음과 같다.

$$Q_1{}' = \frac{C_1}{C_1 + C_2}Q_0 = \frac{1}{1+2}\times(-3) = -1\,[\mu\text{C}]$$

$$Q_2{}' = \frac{C_2}{C_1 + C_2}Q_0 = \frac{2}{1+2}\times(-3) = -2\,[\mu\text{C}]$$

따라서 도체 C_1에서 도체 C_2로 이동한 전하량 Q_{12}는

$Q_{12} = Q_1 - Q_1{}' = Q_2{}' - Q_2$ 이다.

$$\therefore\ Q_{12} = -5 - (-1) = -2 - 2 = -4\,[\mu\text{C}]$$

---

19 비유전율 3, 비투자율 3인 매질에서 전자기파의 진행속도 v[m/s]와 진공에서의 속도 v_0[m/s]의 관계는?

① $v = \dfrac{1}{9}v_0$ ② $v = \dfrac{1}{3}v_0$

③ $v = 3v_0$ ④ $v = 9v_0$

전파속도(v)

파장 λ, 주파수 f, 각속도 ω, 위상정수 β, 인덕턴스 L, 정전용량 C, 진공에서의 속도 v_0, 매질에서의 속도 v라 하면

$$v_0 = \frac{1}{\sqrt{\epsilon_0\mu_0}}\ \text{[m/sec]},$$

$$v = \frac{1}{\sqrt{\epsilon\mu}} = \frac{1}{\sqrt{\epsilon_0\mu_0}}\cdot\frac{1}{\sqrt{\epsilon_s\mu_s}}\ \text{[m/sec] 이므로}$$

$\epsilon_s = 3$, $\mu_s = 3$일 때

$$\therefore\ v = \frac{1}{\sqrt{\epsilon_s\mu_s}}v_0 = \frac{1}{\sqrt{3\times3}}v_0 = \frac{1}{3}v_0\ \text{[m/sec]}$$

---

20 전위경도 V와 전계 E의 관계식은?

① $E = \text{grad }V$ ② $E = \text{di v }V$

③ $E = -\text{grad }V$ ④ $E = -\text{di v }V$

전위경도(∇V)와 전계(E)와의 관계

$V = -\displaystyle\int_{\infty}^{r} E\cdot dl$ [V], $\nabla V = -E$ 식에서 전계 E는

$\therefore\ E = -\nabla V = -\text{grad }V$ [V/m]

20 2. 전력공학

01 1상의 대지 정전용량이 0.5[μF], 주파수가 60[Hz]인 3상 송전선이 있다. 이 선로에 소호리액터를 설치한다면, 소호리액터의 공진리액턴스는 약 몇 [Ω]이면 되는가?

① 970
② 1,370
③ 1,770
④ 3,570

소호리액터 접지의 소호리액터(X_L)

$X_L = \dfrac{X_c}{3} - \dfrac{x_t}{3} \fallingdotseq \dfrac{1}{3\omega C}$ [Ω] 식에서

$C = 0.5\,[\mu F]$, $f = 60\,[\text{Hz}]$, $x_t = 0\,[\Omega]$일 때

$\therefore\ X_L = \dfrac{1}{3 \times 2\pi f C} = \dfrac{1}{3 \times 2\pi \times 60 \times 0.5 \times 10^{-6}}$
$= 1,770\,[\Omega]$

02 표피효과에 대한 설명으로 옳은 것은?

① 표피효과는 주파수에 비례한다.
② 표피효과는 전선의 단면적에 반비례한다.
③ 표피효과는 전선의 비투자율에 반비례한다.
④ 표피효과는 전선의 도전율에 반비례한다.

표피효과(m)

도체에 교류전압이 인가된 경우 도체 내의 전류밀도의 분포는 중심부에서 작아지고 표면에서 증가하는 성질을 갖는다. 이러한 현상을 표피효과라 한다.

$m = 2\pi\sqrt{\dfrac{2f\mu}{\rho}} = 2\pi\sqrt{2f\mu k}$ 일 때 표피효과는 주파수, 투자율, 도전율, 전선의 굵기에 비례하며 고유저항에 반비례하므로 주파수가 높을수록, 투자율이 클수록, 도전율이 클수록 커진다.

03 배전선의 전력손실 경감 대책이 아닌 것은?

① 다중접지 방식을 채용한다.
② 역률을 개선한다.
③ 배전 전압을 높인다.
④ 부하의 불평형을 방지한다.

전력손실 경감

$P_l = 3I^2 R = \dfrac{P^2 R}{V^2 \cos^2\theta} = \dfrac{P^2 \rho\, l}{V^2 \cos^2\theta\, A}$ [W] 식에서

$P_l \propto \dfrac{1}{V^2}$, $P_l \propto \dfrac{1}{\cos^2\theta}$, $P_l \propto \dfrac{1}{A}$ 이므로

$\therefore$ 승압, 역률개선(=전력용 콘덴서 설치), 단면적 증가(= 동량증가)는 전력손실을 경감시킨다. 이 밖에도 부하의 불평형 방지 및 루프배전방식, 저압뱅킹방식, 네트워크방식 채용 등이 있다.

04 조속기의 폐쇄시간이 짧을수록 나타나는 현상으로 옳은 것은?

① 수격작용은 작아진다.
② 발전기의 전압 상승률은 커진다.
③ 수차의 속도 변동률은 작아진다.
④ 수압관 내의 수압 상승률은 작아진다.

폐쇄시간이 길면 부하를 차단한 후에도 여분의 에너지가 수차로 유입되어 회전수를 상승시키고 수축작용을 감소시킨다. 따라서 폐쇄시간이 짧을수록 수차의 속도변동률이 작아진다.

다음은 수차의 속도변동률을 줄이는 방법이다.
(1) 조속기의 부동시간 및 폐쇄시간을 짧게 한다.
(2) 회전부의 중량을 크게 하여 관성모멘트를 크게 한다.
(3) 회전반경을 크게 한다.

05
전압과 유효전력이 일정할 경우 부하 역률이 70[%]인 선로에서의 저항 손실($P_{70\%}$)은 역률이 90[%]인 선로에서의 저항 손실($P_{90\%}$)과 비교하면 약 얼마인가?

① $P_{70\%} = 0.6P_{90\%}$

② $P_{70\%} = 1.7P_{90\%}$

③ $P_{70\%} = 0.3P_{90\%}$

④ $P_{70\%} = 2.7P_{90\%}$

저항 손실(또는 전력손실 : P_l)

$$P_l = 3I^2R = \frac{P^2R}{V^2\cos^2\theta} = \frac{P^2\rho l}{V^2\cos^2\theta A} \text{ [W]일 때}$$

$$P_l \propto \frac{1}{\cos^2\theta} \text{ 이므로}$$

$$\therefore P_{70\%} = \frac{\cos^2\theta_{90\%}}{\cos^2\theta_{70\%}}P_{90\%} = \frac{0.9^2}{0.7^2}P_{90\%} = 1.7P_{90\%}$$

06
교류 배전선로에서 전압강하 계산식은 $V_d = k(R\cos\theta + X\sin\theta)I$로 표현된다. 3상 3선식 배전선로인 경우에 k는?

① $\sqrt{3}$

② $\sqrt{2}$

③ 3

④ 2

전압강하(V_d) 계산식

단상 2선식일 때 전압강하 V_{d1}과 3상 3선식일 때 전압강하 V_{d3}는 다음과 같이 정의된다.

$$V_{d1} = 2I(R\cos\theta + X\sin\theta) \text{ [V]}$$

$$V_{d3} = \sqrt{3}\,I(R\cos\theta + X\sin\theta) \text{ [V]}$$

$$\therefore k = \sqrt{3} \text{ 이다.}$$

07
송전선에서 뇌격에 대한 차폐 등을 위해 가선하는 가공지선에 대한 설명으로 옳은 것은?

① 차폐각은 보통 15~30° 정도로 하고 있다.

② 차폐각이 클수록 벼락에 대한 차폐효과가 크다.

③ 가공지선을 2선으로 하면 차폐각이 적어진다.

④ 가공지선으로는 연동선을 주로 사용한다.

가공지선의 차폐각

송전선을 뇌의 직격으로부터 보호하기 위해서 철탑의 최상부에 가공지선을 설치하고 있다. 이때 가공지선이 송전선을 보호할 수 있는 효율을 차폐각(=보호각)으로 정하고 있으며 차폐각은 작을수록 보호효율이 크게 된다. 하지만 너무 작게 하는 경우는 가공지선이 높게 가설되어야 하므로 철탑의 높이가 전체적으로 높아져야 하는 문제점을 야기하게 된다. 따라서 보통 차폐각을 35° ~ 45° 정도로 하고 있으며 보호효율은 45°일 때 97[%], 10°일 때 100[%]로 정하고 있다. 보호효율을 높이는 방법으로 가공지선을 2조로 설치하면 차폐각을 줄일 수 있게 된다.

08
3상3선식 송전선에서 L을 작용 인덕턴스라 하고, L_e 및 L_m은 대지를 귀로로 하는 1선의 자기 인덕턴스 및 상호 인덕턴스라고 할 때 이들 사이의 관계식은?

① $L = L_m - L_e$

② $L = L_e - L_m$

③ $L = L_m + L_e$

④ $L = \dfrac{L_m}{L_e}$

대지를 귀로로 하는 인덕턴스

1선과 대지 귀로의 경우 1선의 자기 인덕턴스 L_a와 대지 귀로 자신의 인덕턴스 $L_a{'}$는

$$L_a = 0.05 + 0.4605\log\frac{h+H}{r} \text{ [mH/km]},$$

$$L_a{'} = 0.05 + 0.4605\log\frac{h+H}{H} \text{ [mH/km]일 때}$$

총 자기 인덕턴스 L_e는 다음과 같다.

$$L_e = L_a + L_a{'} = 0.1 + 0.4605\log\frac{h+H}{r} \text{ [mH/km]}$$

그리고 상호 인덕턴스 L_m은

$$L_m = 0.05 + 0.4605\log\frac{h+H}{D} \text{ [mH/km] 이므로}$$

전체 작용 인덕턴스 L은

$$L = 0.05 + 0.4605\log\frac{D}{r} \text{ [mH/km] 이기 위해서}$$

$$\therefore L = L_e - L_m \text{ 조건을 만족하여야 한다.}$$

09 주변압기 등에서 발생하는 제5고조파를 줄이는 방법으로 옳은 것은?

① 전력용 콘덴서에 직렬리액터를 연결한다.
② 변압기 2차측에 분로리액터를 연결한다.
③ 모선에 방전코일을 연결한다.
④ 모선에 공심 리액터를 연결한다.

직렬리액터

부하의 역률을 개선하기 위해 설치하는 전력용콘덴서에 제5고조파 전압이 나타나게 되면 콘덴서 내부고장의 원인이 되므로 제5고조파 성분을 제거하기 위해서 직렬리액터를 설치하는데 5고조파 공진을 이용하기 때문에 직렬리액터의 용량은 이론상 4[%], 실제적 용량 5~6[%]이다.

10 3상 전원에 접속된 $\triangle$ 결선의 커패시터를 Y 결선으로 바꾸면 진상 용량 Q_Y[kVA]는? (단, $Q_\triangle$는 $\triangle$ 결선된 커패시터의 진상 용량이고, Q_Y는 Y 결선된 커패시터의 진상 용량이다.)

① $Q_Y = \sqrt{3}\,Q_\triangle$ ② $Q_Y = \dfrac{1}{3}\,Q_\triangle$

③ $Q_Y = 3\,Q_\triangle$ ④ $Q_Y = \dfrac{1}{\sqrt{3}}\,Q_\triangle$

진상용량(=충전용량 : Q_c)

정전용량(C)을 $\triangle$ 결선한 경우 충전용량을 $Q_\triangle$, Y 결선한 경우 충전용량을 Q_Y라 하면

$Q_\triangle = 3\,I_c\,V = 3 \times \omega C V \times V = 3\omega C V^2\,[\text{VA}]$

$Q_Y = 3\,I_c\,\dfrac{V}{\sqrt{3}} = 3 \times \omega C\,\dfrac{V}{\sqrt{3}} \times \dfrac{V}{\sqrt{3}}$

$\quad\ = \omega C V^2\,[\text{VA}]$

$\therefore\ Q_Y = \omega C V^2 = \dfrac{1}{3}\,Q_\triangle\,[\text{VA}]$

11 그림과 같은 이상 변압기에서 2차 측에 5[Ω]의 저항부하를 연결하였을 때 1차 측에 흐르는 전류(I)는 약 몇 [A]인가?

① 0.6
② 1.8
③ 20
④ 660

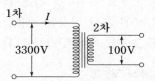

이상 변압기의 특성

$V_1 = 3,300\,[\text{V}]$, $V_2 = 100\,[\text{V}]$, $R_2 = 5\,[\Omega]$일 때 변압기 1차 전류 I_1, 2차 전류 I_2, 권수비 a 관계는 다음과 같이 정의할 수 있다.

$I_2 = \dfrac{V_2}{R_2}\,[\text{A}]$, $a = \dfrac{V_1}{V_2} = \dfrac{I_2}{I_1}$ 식에서

$I_2 = \dfrac{100}{5} = 20\,[\text{A}]$, $a = \dfrac{3,300}{100} = 33$ 이므로

$\therefore\ I_1 = \dfrac{I_2}{a} = \dfrac{20}{33} = 0.6\,[\text{A}]$

12 수전용 변전설비의 1차측 차단기의 차단용량은 주로 어느 것에 의하여 정해지는가?

① 수전 계약용량
② 부하설비의 단락용량
③ 공급측 전원의 단락용량
④ 수전전력의 역률과 부하율

차단기의 차단용량(=단락용량)

차단용량은 그 차단기가 적용되는 계통의 3상 단락용량(P_s)의 한도를 표시하고

$P_s\,[\text{MVA}] = \sqrt{3} \times$ 정격전압[kV]$\times$정격차단전류[kA]

식으로 표현한다.
이때 정격전압은 계통의 최고전압을 표시하며 정격차단전류는 단락전류를 기준으로 한다. 또한 차단용량의 크기를 정하는 기준이기도 하다. 단락전류는 단락지점을 기준으로 한 경우 공급측 계통에 흐르게 되며 그 전류로 공급측 전원용량의 크기나 공급측 전원단락용량을 결정하게 된다.

13 계통의 안정도 증진대책이 아닌 것은?

① 발전기나 변압기의 리액턴스를 작게 한다.
② 선로의 회선수를 감소시킨다.
③ 중간 조상 방식을 채용한다.
④ 고속도 재폐로 방식을 채용한다.

안정도 개선책
(1) 리액턴스를 줄인다. : 직렬콘덴서 설치
(2) 단락비를 증가시킨다. : 전압변동률을 줄인다.
(3) 중간조상방식을 채용한다. : 동기조상기 설치
(4) 속응여자방식을 채용한다. : 고속도 AVR 채용
(5) 재폐로 차단방식을 채용한다. : 고속도차단기 사용
(6) 계통을 연계한다.
(7) 소호리액터 접지방식을 채용한다.

14 수전단 전력 원선도의 전력 방정식이
$P_r{}^2 + (Q_r + 400)^2 = 250,000$으로 표현되는 전력계통에서 가능한 최대로 공급할 수 있는 부하전력(P_r)과 이때 전압을 일정하게 유지하는데 필요한 무효전력(Q_r)은 각각 얼마인가?

① $P_r = 500$, $Q_r = -400$
② $P_r = 400$, $Q_r = 500$
③ $P_r = 300$, $Q_r = 100$
④ $P_r = 200$, $Q_r = -300$

전력원선도
$P_r^2 + (Q_r + 400)^2 = 250,000[\text{VA}]$식에서 부하전력 P_r을 최대로 송전하기 위해서는 무효전력 $(Q_r + 400)$을 최소로 하여야 한다.
따라서 $Q_r = -400$일 때 $P_r^2 = 250,000$이므로
$P_r = \sqrt{250,000} = 500$이다.
∴ $P_r = 500$, $Q_r = -400$

15 프란시스 수차의 특유속도[m·kW]의 한계를 나타내는 식은?(단, H [m]는 유효낙차이다.)

① $\dfrac{13,000}{H + 50} + 10$ ② $\dfrac{13,000}{H + 50} + 30$

③ $\dfrac{20,000}{H + 20} + 10$ ④ $\dfrac{20,000}{H + 20} + 30$

수차의 특유속도

종류		특유속도의 한계치	
펠턴 수차		$12 \leq N_s \leq 23$	
프란시스 수차	저속도형	65~150	$N_s \leq \dfrac{20,000}{H + 20} + 30$
	중속도형	150~250	
	고속도형	250~350	
사류 수차		150~250	$N_s \leq \dfrac{20,000}{H + 20} + 40$
카플란 수차 프로펠러 수차		350~800	$N_s \leq \dfrac{20,000}{H + 20} + 50$

16 송전 철탑에서 역섬락을 방지하기 위한 대책은?

① 가공지선의 설치
② 탑각 접지저항의 감소
③ 전력선의 연가
④ 아크혼의 설치

매설지선
탑각의 접지저항이 충분히 적어야 직격뇌를 대지로 안전하게 방전시킬 수 있으나 탑각의 접지저항이 너무 크면 대지로 흐르던 직격뇌가 다시 선로로 역류하여 철탑재나 애자련에 섬락이 일어나게 된다. 이를 역섬락이라 한다. 역섬락이 일어나면 뇌전류가 애자련을 통하여 전선로로 유입될 우려가 있으므로 이때 탑각에 방사형 매설지선을 포설하여 탑각의 접지저항을 낮춰주면 역섬락을 방지할 수 있게 된다.

17 배전선로의 고장 또는 보수 점검 시 정전구간을 축소하기 위하여 사용되는 것은?

① 단로기   ② 컷아웃스위치

③ 계자저항기   ④ 구분개폐기

유입개폐기

유입개폐기는 통상의 부하전류를 개폐할 수 있는 개폐기로서 배전선로의 고장 또는 보수 점검시 정전구간을 축소시키기 위해 사용되는 구분개폐기이다. 반면 단로기는 부하전류를 개폐할 수 있는 기능이 없으며 무부하시에만 전로를 개폐할 수 있도록 한 개폐기이다.

---

18 복도체에서 2본의 전선이 서로 충돌하는 것을 방지하기 위하여 2본의 전선 사이에 적당한 간격을 두어 설치하는 것은?

① 아모로드   ② 댐퍼

③ 아킹혼   ④ 스페이서

송전선로의 단락방지 및 진동억제

(1) 아마로드 : 전선의 진동을 억제하는 설비이다.

(2) 댐퍼 : 전선의 진동을 억제하는 설비이다.

(3) 아킹혼 : 애자련을 보호하거나 전선을 보호 목적으로 사용된다.

(4) 스페이서 : 송전선로는 보통 복도체나 다도체를 사용하게 되므로 소도체간 충돌로 인한 단락사고나 꼬임현상이 생기기 쉽다. 이때 소도체 간격을 일정하게 유지할 수 있는 스페이서를 달아준다.

---

19 정격전압 6600[V], Y결선, 3상 발전기의 중성점을 1선 지락 시 지락전류를 100[A]로 제한하는 저항기로 접지하려고 한다. 저항기의 저항 값은 약 몇 [Ω]인가?

① 44   ② 41

③ 38   ④ 35

지락전류계산

중성점 저항 R_N, 선간전압 $V = 6,600$ [V],

지락전류 $I_g = 100$ [A]일 때 $I_g = \dfrac{V}{\sqrt{3}\,R_N}$ [A]이므로

$$\therefore R_N = \frac{V}{\sqrt{3}\,I_g} = \frac{6,600}{\sqrt{3} \times 100} = 38\,[\Omega]$$

---

20 배전선로의 전압을 3[kV]에서 6[kV]로 승압하면 전압강하율(δ)은 어떻게 되는가? (단, δ_{3kV}는 전압이 3[kV]일 때 전압강하율이고, δ_{6kV}는 전압이 6[kV]일 때 전압강하율이고, 부하는 일정하다고 한다.)

① $\delta_{6kV} = \dfrac{1}{2}\delta_{3kV}$ ② $\delta_{6kV} = \dfrac{1}{4}\delta_{3kV}$

③ $\delta_{6kV} = 2\delta_{3kV}$ ④ $\delta_{6kV} = 4\delta_{3kV}$

전압에 따른 특성값의 변화들

$V_d \propto \dfrac{1}{V}$, $\delta \propto \dfrac{1}{V^2}$, $P_l = \dfrac{1}{V^2}$, $A \propto \dfrac{1}{V^2}$ 식에서

전압강하율 δ와 전압 V 관계는 $\delta \propto \dfrac{1}{V^2}$ 이므로

3[kV]에서 6[kV]로 승압이 되는 경우

$$\therefore \delta_{6kV} = \left(\frac{V_{3kV}}{V_{6kV}}\right)^2 \delta_{3kV} = \left(\frac{3,000}{6,000}\right)^2 \delta_{3kV} = \frac{1}{4}\delta_{3kV}$$

---

20 3. 전기기기

01 직류전동기의 속도제어법이 아닌 것은?

① 계자 제어법　　　　② 전력 제어법
③ 전압 제어법　　　　④ 저항 제어법

직류전동기의 속도제어

(1) 전압제어(정토크제어) : 단자전압을 가감함으로서 속도를 제어하는 방식으로 속도의 조정범위가 광범위하여 가장 많이 적용하고 있다.
(2) 계자제어(정출력제어) : 계자회로의 계자전류를 조정하여 자속을 가감하여 속도를 제어하는 방식
(3) 저항제어 : 전기자권선과 직렬로 접속한 직렬저항을 가감하여 속도를 제어하는 방식

02 극수 8, 중권 직류기의 전기자 총 도체 수 960, 매극 자속 0.04[Wb], 회전수 400[rpm]이라면 유기기전력은 몇 [V]인가?

① 256　　　　　　② 327
③ 425　　　　　　④ 625

직류발전기의 유기기전력(E)

$E = \dfrac{pZ\phi N}{60\,a}$ [V] 식에서

$p = 8$, $Z = 960$, $\phi = 0.04$ [Wb], $N = 400$ [rpm], 중권($a = p$)일 때

$\therefore E = \dfrac{pZ\phi N}{60\,a} = \dfrac{8 \times 960 \times 0.04 \times 400}{60 \times 8} = 256$ [V]

03 3[kVA], 3,000/200[V]의 변압기의 단락시험에서 임피던스전압 120[V], 동손 150[W]라 하면 %저항 강하는 몇 [%]인가?

① 1　　　　　　　② 3
③ 5　　　　　　　④ 7

%저항강하(p)

임피던스 와트(P_s)란 임피던스 전압을 인가한 상태에서 발생하는 변압기 내부 동손(저항손)을 의미하며
$P_s = I_1{}^2\, r_{12}$ [W]이다.
또한 임피던스 와트는 %저항강하(p)를 계산하는데 필요한 값으로서 정격용량(P_n)과의 비로서 정의된다.

$p = \dfrac{I_2\, r_2}{V_2} \times 100 = \dfrac{I_1\, r_{12}}{V_1} \times 100 = \dfrac{I_1{}^2\, r_{12}}{V_1\, I_1} \times 100$

$= \dfrac{P_s}{P_n} \times 100$ [%]이므로

권수비 $a = \dfrac{V_1}{V_2} = \dfrac{3,000}{200}$, 용량 $P_n = 3$ [kVA],
$V_s = 120$ [V], $P_s = P_c = 150$ [W]일 때

$\therefore p = \dfrac{P_s}{P_n} \times 100 = \dfrac{150}{3 \times 10^3} \times 100 = 5$ [%]

04 동기발전기를 병렬운전 하는데 필요하지 않은 조건은?

① 기전력의 용량이 같을 것
② 기전력의 파형이 같을 것
③ 기전력의 크기가 같을 것
④ 기전력의 주파수가 같을 것

동기발전기의 병렬운전조건

(1) 기전력의 크기가 같을 것
(2) 기전력의 위상이 같을 것
(3) 기전력의 주파수가 같을 것
(4) 기전력의 파형이 같을 것
(5) 상회전이 일치할 것

정답　01 ②　02 ①　03 ③　04 ①

05

3,300/220[V] 변압기 A, B의 정격용량이 각각 400[kVA], 300[kVA]이고, %임피던스 강하가 각각 2.4%와 3.6%일 때 그 2대의 변압기에 걸 수 있는 합성부하용량은 몇 [kVA]인가?

① 550 　　　　② 600

③ 650 　　　　④ 700

변압기 병렬운전시 부하분담

각 변압기 용량을 P_A, P_B라 놓고 %임피던스 강하를 $\%Z_a$, $\%Z_b$라 놓으면 부하분담은 용량에 비례하며 %임피던스에 반비례하므로 P_A, P_B 중 큰 용량을 기준으로 잡는다. (또는 %임피던스가 작은 값이 기준이 된다.) P_A 변압기가 부담해야 할 용량을 P_a라 가정하여 계산하면 $P_a = \dfrac{\%Z_b}{\%Z_a} P_A$이므로 합성용량은 $P_a + P_b$가 된다.

$P_A = 400\,[\text{kVA}]$ $P_B = 300\,[\text{kVA}]$, $\%Z_a = 2.4\,[\%]$, $\%Z_b = 3.6\,[\%]$이므로

$P_a = P_A = 400\,[\text{kVA}]$

$P_b = \dfrac{\%Z_a}{\%Z_b} P_B = \dfrac{2.4}{3.6} \times 300 = 200\,[\text{kVA}]$

$\therefore\ P_a + P_b = 400 + 200 = 600\,[\text{kVA}]$

06

직류 가동복권발전기를 전동기로 사용하면 어느 전동기가 되는가?

① 직류 직권전동기

② 직류 분권전동기

③ 직류 가동복권전동기

④ 직류 차동복권전동기

직류 가동복권발전기와 직류 차동복권 전동기의 특성

직류 가동복권 발전기는 주계자 권선을 분권 계자권선으로 하고 직권 계자권선을 보조 계자권선으로 하였을 때 이를 직류 전동기로 사용하게 되면 직권 계자권선의 전류방향이 반대로 바뀌어 직류 차동복권 전동기로 운전하게 된다. 이 때 중요한 것은 직류 복권발전기를 전동기로 사용하게 되면 분권 계자권선과 직권 계자권선의 전류 방향 중 둘 중 어느 한쪽의 전류방향은 분명히 바뀌게 되어 직류 차동복권 전동기로 운전된다는 것이다.

07

동기전동기에 일정한 부하를 걸고 계자전류를 0A에서부터 계속 증가시킬 때 관련 설명으로 옳은 것은? (단, I_a는 전기자전류이다.)

① I_a는 증가하다가 감소한다.

② I_a가 최소일 때 역률이 1이다.

③ I_a가 감소상태일 때 앞선 역률이다.

④ I_a가 증가상태일 때 뒤진 역률이다.

동기전동기의 위상특선곡선(V곡선)

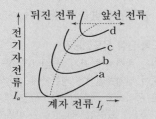

그래프에서 점선은 역률이 1인 경우를 나타내므로 임의의 V곡선 상에서 전기자 전류가 최소인 경우 역률이 1이 된다는 것을 알 수 있다. 또한 계자전류가 0[A]부터 증가되는 경우 역률이 1인 위치까지는 전기자 전류는 감소 그래프를 나타내며 이 때의 역률 뒤진 역률이며, 역률이 1인 위치 이후부터 전기자 전류는 증가하고 또한 역률은 앞선 역률로 운전되고 있음을 알 수 있다.

08

3상 유도전동기에서 2차측 저항을 2배로 하면 그 최대토크는 어떻게 변하는가?

① 2배로 커진다. 　　② 3배로 커진다.

③ 변하지 않는다. 　　④ $\sqrt{2}$ 배로 커진다.

최대토크(τ_m)와 최대토크가 발생할 때의 슬립(s_t)

$\tau_m = 0.975 \dfrac{P_2}{N_s} = k \dfrac{E_2{}^2}{2x_2} = k \dfrac{V_1{}^2}{2x_2}\ [\text{kg} \cdot \text{m}]$

$s_t = \dfrac{r_2}{x_2}$ 이므로

$\therefore$ 최대토크는 2차 리액턴스와 전압과 관계가 있으며 2차 저항과는 무관하며 최대 토크가 발생할 때의 슬립은 2차 저항에 비례한다. 따라서 최대토크는 변하지 않는다.

09 단상 유도전동기에 대한 설명으로 틀린 것은?

① 반발 기동형 : 직류전동기와 같이 정류자와 브러시를 이용하여 기동한다.

② 분상 기동형 : 별도의 보조권선을 사용하여 회전자계를 발생시켜 기동한다.

③ 커패시터 기동형 : 기동전류에 비해 기동토크가 크지만, 커패시터를 설치해야 한다.

④ 반발 유도형 : 기동시 농형권선과 반발전동기의 회전자 권선을 함께 이용하나 운전 중에는 농형권선만을 이용한다.

> **반발 유도형 단상 유도전동기**
> 이 전동기는 회전자에 전기자권선과 농형권선으로 구성되어 있으며 전기자권선은 정류자에 접속되어 반발기동시에 주로 동작하고 농형권선은 운전시에 이용된다. 이 전동기의 특징으로는 전부하 효율은 반발기동형보다 나쁘지만 역률은 좋으며, 기동토크는 반발기동형보다 적지만 속도의 변화는 크다.

10 유도전동기에서 공급 전압의 크기가 일정하고 전원 주파수만 낮아질 때 일어나는 현상으로 옳은 것은?

① 철손이 감소한다.

② 온도상승이 커진다.

③ 여자전류가 감소한다.

④ 회전속도가 증가한다.

> **유도전동기의 전기적 특성**
> 유도전동기의 공급 전압은 일정하고 전원 주파수가 낮아지면 다음과 같은 특성값을 갖는다.
> 전압 $V = 4.44 f B_m S N k_\omega$ [V]
> 철손 $P_i = k_h f B_m^{1.6} = k_h \dfrac{f^2 B_m^2}{f}$ [W]
> 여자전류 $I_0 = \sqrt{\left(\dfrac{P_i}{V_1}\right)^2 + I_\phi^2}$ [A]
> 회전속도 $N = (1-s)N_s = (1-s)\dfrac{120f}{p}$ [rpm]
> · $P_i \propto \dfrac{V^2}{f}$ 이므로 : 철손은 증가한다.
> · 자속이 증가하고 철손이 증가하여 여자전류는 증가한다.
> · 철손 증가와 전류 증가로 온도상승이 커진다.
> · $N \propto f$ 이므로 회전속도는 감소한다.

11 동기기의 전기자 저항을 r, 전기자 반작용 리액턴스를 X_a, 누설 리액턴스를 X_ℓ라고 하면 동기임피던스를 표시하는 식은?

① $\sqrt{r^2 + \left(\dfrac{X_a}{X_\ell}\right)^2}$ ② $\sqrt{r^2 + X_\ell^2}$

③ $\sqrt{r^2 + X_a^2}$ ④ $\sqrt{r^2 + (X_a + X_\ell)^2}$

> **동기임피던스(Z_s)**
> 동기리액턴스 $x_s = x_a + x_\ell$ [Ω]이므로
> $Z_s = r + jx_s = r + j(x_a + x_\ell)$ [Ω] 식에서
> ∴ $Z_s = \sqrt{r^2 + (x_a + x_\ell)^2}$ [Ω]

12 3상 변압기 2차측의 E_W상만을 반대로 하고 $Y-Y$결선을 한 경우, 2차 상전압이 $E_U = 70$ [V], $E_V = 70$[V], $E_W = 70$[V]라면 2차 선간전압은 약 몇 [V]인가?

① $V_{U-V} = 121.2$ [V], $V_{V-W} = 70$ [V], $V_{W-U} = 70$ [V]

② $V_{U-V} = 121.2$ [V], $V_{V-W} = 210$ [V], $V_{W-U} = 70$ [V]

③ $V_{U-V} = 121.2$ [V], $V_{V-W} = 121.2$ [V], $V_{W-U} = 70$ [V]

④ $V_{U-V} = 121.2$ [V], $V_{V-W} = 121.2$ [V], $V_{W-U} = 121.2$ [V]

> **3상 변압기 Y결선 접속 벡터해석**
> $E_U = 70 \angle 0°$ [V], $E_V = 70 \angle -120°$ [V],
> $E_W = 70 \angle -60°$ [V] 이므로
> $V_{U-V} = E_U \angle 0° - E_V \angle -120° = E_U \sqrt{3} \angle +30°$
> $\qquad = 70 \times \sqrt{3} \angle +30° = 121.2 \angle +30°$ [V]
> $V_{V-W} = E_V \angle -120° - E_W \angle -60° = E_V \angle -60°$
> $\qquad = 70 \angle -180°$ [V]
> $V_{W-U} = E_W \angle -60° - E_U \angle 0° = E_V \angle 0°$
> $\qquad = 70 \angle -120°$ [V]
> ∴ $V_{U-V} = 121.2$ [V], $V_{U-V} = 70$ [V],
> $V_{W-U} = 70$ [V]

13 단상 유도전동기를 2전동기설로 설명하는 경우 정방향 회전자계의 슬립이 0.2이면, 역방향 회전자계의 슬립은 얼마인가?

① 0.2　　　　② 0.8
③ 1.8　　　　④ 2.0

단상유도전동기의 2전동기설
(1) 고정자 권선(1차 권선)에는 교번자계가 발생한다.
(2) 회전자 권선(2차 권선)에는 1차 권선과 반대의 교번자계가 발생한다.
(3) 기동토크는 영(0)이다.
(4) 회전자계는 시계방향과 반시계방향의 두개의 회전자계로 구성된다.
(5) 2차 권선에는 sf_1과 $(2-s)f_1$의 두개의 주파수가 존재한다.
정방향 회전자계의 슬립이 s일 때 역방향 회전자계의 슬립은 $(2-s)$이므로
∴ 역방향 회전자계의 슬립= $(2-0.2)=1.8$

14 정격전압 120[V], 60[Hz]인 변압기의 무부하입력 80[W], 무부하 전류 1.4[A]이다. 이 변압기의 여자 리액턴스는 약 몇 [Ω]인가?

① 97.6　　　　② 103.7
③ 124.7　　　　④ 180

여자 어드미턴스(Y_0)
여자전류 I_0, 철손전류 I_i, 자화전류 I_ϕ, 철손 P_i, 여자 어드미턴스 Y_0, 여자 콘덕턴스 g_0, 여자 서셉턴스 b_0라 하면
$I_0 = Y_0 V_1 = (g_0 - j b_0) V_1 = I_i - j I_\phi$ [A] 이며,
$I_i = g_0 V_1 = \dfrac{P_i}{V_1}$ [A],
$I_\phi = b_0 V_1 = \sqrt{I_0^2 - I_i^2}$ [A] 이므로
$V_1 = 120$ [V], $f = 60$ [Hz], $P_i = 80$ [W],
$I_0 = 1.4$ [A]일 때
$I_i = \dfrac{P_i}{V_1} = \dfrac{80}{120} = \dfrac{2}{3}$ [A]
$b_0 = \dfrac{\sqrt{I_0^2 - I_i^2}}{V_1} = \dfrac{\sqrt{1.4^2 - \left(\dfrac{2}{3}\right)^2}}{120}$ [℧]
여자 리액턴스(x_0)는 여자 서셉턴스의 역수이므로
∴ $x_0 = \dfrac{120}{\sqrt{1.4^2 - \left(\dfrac{2}{3}\right)^2}} = 97.6$ [Ω]

15 동작모드가 그림과 같이 나타나는 혼합브리지는?

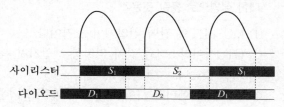

①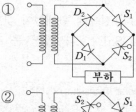

②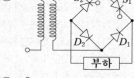

③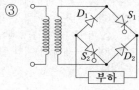

④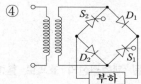

사이리스터와 다이오드를 이용한 브리지 전파정류회로
교류 입력이 공급되면 사이리스터와 다이오드는 S_1과 D_1, 그리고 S_2와 D_2의 조합으로 전파정류가 이루어지며 또한 사이리스터는 점호각이 있어 다이오드보다 점호각만큼 동작이 지연되는 특징을 지니게 된다. 조합된 정류회로는 S_1과 D_1이 먼저 동작하고 S_2와 D_2가 다음 정류회로로 동작하게 되는데 이러한 동작 특성을 지니게 되는 혼합브리지 회로는 보기 ①번임을 알 수 있다.

16 IGBT(Insulated Gate Bipolar Transistor)에 대한 설명으로 틀린 것은?

① MOSFET와 같이 전압제어 소자이다.
② GTO사이리스터와 같이 역방향 전압저지 특성을 갖는다.
③ 게이트와 에미터 사이의 입력 임피던스가 매우 낮아 BJT보다 구동하기 쉽다.
④ BJT처럼 on-drop이 전류에 관계없이 낮고 거의 일정하며, MOSFET보다 훨씬 큰 전류를 흘릴 수 있다.

IGBT(Insulated Gate Bipolar Transistor)의 특징
IGBT는 Power-MOSFET의 고속 Switching 성능과 bipolar transistor의 고전압, 대전류 처리능력을 함께 가진 전력용반도체 소자이다. 이 소자는 MOSFET와 같이 전압제어 소자로서 응답속도가 빠르며(고속 스위칭 특성) 게이트 입력 임피던스가 매우 크기 때문에 드라이브 하기가 좋다. 또한 GTO처럼 자기소호능력과 역방향 전압 저지 특성을 지니고 있으며 BJT처럼 전류제어 소자이기 때문에 전류에 관계없이 on-drop이 거의 일정하고 큰 전류를 제어할 수 있다.

17 동기발전기에 설치된 제동권선의 효과로 틀린 것은?

① 난조 방지
② 과부하 내량의 증대
③ 송전선의 불평형 단락 시 이상전압 방지
④ 불평형 부하 시의 전류, 전압 파형의 개선

동기기의 제동권선의 효과
(1) 난조 방지
(2) 불평형 부하시 전류와 전압의 파형 개선
(3) 송전선의 불평형 부하시 이상 전압 방지
(4) 동기전동기의 기동토크 발생

18 서보모터의 특징에 대한 설명으로 틀린 것은?

① 발생토크는 입력신호에 비례하고, 그 비가 클 것
② 직류 서보모터에 비하여 교류 서보모터의 시동 토크가 매우 클 것
③ 시동 토크는 크나 회전부의 관성모멘트가 작고, 전기적 시정수가 짧을 것
④ 빈번한 시동, 정지, 역전 등의 가혹한 상태에 견디도록 견고하고, 큰 돌입전류에 견딜 것

서보전동기의 특징
서보전동기는 직류 서보전동기와 교류 2상 서보전동기로 크게 나누며 정·역운전이 가능할 뿐만 아니라 회전속도를 임의로 조정할 수 있으며 급가속, 급감속이 용이하다. 서보전동기의 특징을 나열하면 다음과 같다.
(1) 빈번한 시동, 정전, 역전 등의 가혹한 상태에 견디도록 견고하고 큰 돌입전류에 견딜 것
(2) 시동 토크는 크나 회전부의 관성 모멘트가 작고 전기적 시정수가 짧을 것
(3) 발생 토크는 입력신호에 비례하며 그 비가 클 것
(4) 기동 토크는 직류 서보전동기가 교류 서보전동기보다 월등히 크다.

19 정격출력 50[kW], 4극 220[V], 60[Hz]인 3상 유도전동기가 전부하 슬립 0.04, 효율 90%로 운전되고 있을 때 다음 중 틀린 것은?

① 2차 효율 = 92[%]
② 1차 입력 = 55.56[kW]
③ 회전자 동손 = 2.08[kW]
④ 회전자 입력 = 52.08[kW]

유도전동기 이론

$P_0 = 50$ [kW], 극수 $P = 4$, $V = 220$ [V],
$f = 60$ [Hz], $s = 0.04$, $\eta = 90$ [%]일 때

(1) 2차 효율

$\eta_2 = (1-s) \times 100 = (1-0.04) \times 100 = 96$ [%]

(2) 1차 입력

$P_1 = \dfrac{P_0}{\eta} = \dfrac{50}{0.9} = 55.56$ [kW]

(3) 회전자 동손

$P_{c2} = \dfrac{s}{1-s} P_0 = \dfrac{0.04}{1-0.04} \times 50 = 2.08$ [kW]

(4) 회전자 입력

$P_2 = \dfrac{1}{1-s} P_0 = \dfrac{1}{1-0.04} \times 50 = 52.08$ [kW]

---

20 용접용으로 사용되는 직류발전기의 특성중에서 가장 중요한 것은?

① 과부하에 견딜 것
② 전압변동률이 적을 것
③ 경부하일 때 효율이 좋을 것
④ 전류에 대한 전압특성이 수하특성일 것

자기누설 변압기

부하전류(I_2)가 증가하면 철심 내부의 누설 자속이 증가하여 누설 리액턴스에 의한 전압 강하가 임계점에서 급격히 증가하게 되는데 이 때문에 부하단자전압(V_2)은 수하특성을 갖게 되며 부하전류의 증가가 멈추게 된다. – 일정한 정전류 유지(수하특성)

(1) 용도 : 용접용 변압기, 네온관용 변압기
(2) 특징 : 전압변동률이 크고 역률과 효율이 나쁘다.

01 시간함수 $f(t) = \sin\omega t$의 z변환은? (단, T는 샘플링 주기이다.)

① $\dfrac{z\sin\omega T}{z^2 + 2z\cos\omega T + 1}$

② $\dfrac{z\sin\omega T}{z^2 - 2z\cos\omega T + 1}$

③ $\dfrac{z\cos\omega T}{z^2 - 2z\sin\omega T + 1}$

④ $\dfrac{z\cos\omega T}{z^2 + 2z\sin\omega T + 1}$

Z-변환

$\cos\omega t = \dfrac{e^{j\omega t} + e^{-j\omega t}}{2}$, $\sin\omega t = \dfrac{e^{j\omega t} - e^{-j\omega t}}{j2}$

$F(Z) = Z[f(t)] = Z\left[\dfrac{e^{j\omega t} - e^{-j\omega t}}{j2}\right]$

$= \dfrac{1}{j2}\left(\dfrac{z}{z - e^{j\omega T}} - \dfrac{z}{z - e^{-j\omega T}}\right)$

$= \dfrac{1}{j2}\left(\dfrac{z^2 - z e^{-j\omega T} - z^2 + z e^{j\omega T}}{z^2 - z(e^{j\omega T} + e^{-j\omega T}) + 1}\right)$

$= \dfrac{z(e^{j\omega T} - e^{-j\omega T})}{j2(z^2 - 2z\cos\omega t + 1)}$

$= \dfrac{z\sin\omega t}{z^2 - 2z\cos\omega t + 1}$

참고

$f(t)$	$F(z)$
e^{aT}	$\dfrac{z}{z - e^{aT}}$
e^{-aT}	$\dfrac{z}{z - e^{-aT}}$

02 다음과 같은 신호흐름선도에서 $\dfrac{C(s)}{R(s)}$의 값은?

① $-\dfrac{1}{41}$

② $-\dfrac{3}{41}$

③ $-\dfrac{6}{41}$

④ $-\dfrac{8}{41}$

신호흐름선도의 전달함수

$L_{11} = 4 \times 3 = 12$

$L_{12} = 2 \times 3 \times 5 = 30$

$\Delta = 1 - (L_{11} + L_{12}) = 1 - (12 + 30) = -41$

$\Delta_1 = 1$

$M_1 = 1 \times 2 \times 3 \times 1 = 6$

$\therefore G(s) = \dfrac{M_1\Delta_1}{\Delta} = \dfrac{6 \times 1}{-41} = -\dfrac{6}{41}$

03 논리식$((AB + A\overline{B}) + AB) + \overline{A}B$를 간단히 하면?

① $A + B$　　　② $\overline{A} + B$

③ $A + \overline{B}$　　　④ $A + A \cdot B$

논리식의 간소화

불대수를 이용하여 논리식을 간소화시키면

$\therefore [(AB + A\overline{B}) + AB] + \overline{A}B$

$= A(B + \overline{B}) + B(A + \overline{A}) = A + B$

참고 불대수

$A + \overline{A} = 1$, $B + \overline{B} = 1$

04 그림과 같은 피드백제어 시스템에서 입력이 단위계단함수일 때 정상상태 오차상수인 위치상수(K_p)는?

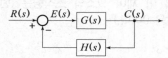

① $K_p = \lim\limits_{s \to 0} G(s)H(s)$

② $K_p = \lim\limits_{s \to 0} \dfrac{G(s)}{H(s)}$

③ $K_p = \lim\limits_{s \to \infty} G(s)H(s)$

④ $K_p = \lim\limits_{s \to \infty} \dfrac{G(s)}{H(s)}$

계통의 형식

$G(s)H(s) = \dfrac{k}{Ts+1}$ 인 경우 정상편차를 구해보면

(1) 위치오차상수

$\therefore k_p = \lim\limits_{s \to 0} G(s)H(s) = \lim\limits_{s \to 0} \dfrac{k}{Ts+1} = k$

(2) 위치정상편차

$\therefore e_p = \dfrac{1}{1+k_p} = \dfrac{1}{1+k}$

05 Routh-Hurwitz 방법으로 특성방정식이
$s^4 + 2s^3 + s^2 + 4s + 2 = 0$인 시스템의 안정도를 판별하면?

① 안정
② 불안정
③ 임계안정
④ 조건부 안정

안정도판별법(루스판별법)

s^4	1	1	2
s^3	2	4	0
s^2	$\dfrac{2-4}{2} = -1$	2	0
s^1	$\dfrac{-4-4}{-1} = 8$	0	0
s^0	2	0	

$\therefore$ 제1열의 원소에 부호변호가 2개 있으므로 제어계는 불안정하며 우반평면에 불안정한 근도 2개 존재한다.

06 특성방정식의 모든 근이 s평면(복소평면)의 $j\omega$축(허수축)에 있을 때 이 제어시스템의 안정도는?

① 알 수 없다.　　② 안정하다.
③ 불안정하다.　　④ 임계안정이다.

안정도 결정법

선형계에서 안정도를 결정하는 경우 s평면의 허수축($j\omega$축)을 기준으로 하여 좌반면을 안정영역, 우반면을 불안정영역, 허수축을 임계안정영역으로 구분하고 있다. 따라서 특성방정식의 근이 s평면의 허수축에 있다면 이 제어시스템은 임계안정임을 알 수 있다.

07 다음 회로에서 입력 전압 $v_1(t)$에 대한 출력 전압 $v_2(t)$의 전달함수 $G(s)$는?

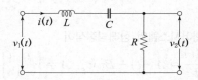

① $\dfrac{RCs}{LCs^2 + RCs + 1}$　② $\dfrac{RCs}{LCs^2 + RCs - 1}$

③ $\dfrac{Cs}{LCs^2 + RCs + 1}$　④ $\dfrac{Cs}{LCs^2 - RCs - 1}$

전달함수 $G(s)$

$V_1(s) = Ls\,I(s) + \dfrac{1}{Cs}I(s) + RI(s)$

$\qquad = \left(Ls + \dfrac{1}{Cs} + R \right) I(s)$

$V_2(s) = RI(s)$

$\therefore G(s) = \dfrac{V_2(s)}{V_1(s)} = \dfrac{RI(s)}{\left(Ls + R + \dfrac{1}{Cs} \right) I(s)}$

$\qquad = \dfrac{R}{Ls + R + \dfrac{1}{Cs}} = \dfrac{RCs}{LCs^2 + RCs + 1}$

08 어떤 제어시스템의 개루프 이득이

$$G(s)H(s) = \frac{K(s+2)}{s(s+1)(s+3)(s+4)}$$ 일 때 이

시스템이 가지는 근궤적의 가지(branch) 수는?

① 1   ② 3
③ 4   ④ 5

근궤적의 수

근궤적의 가지수(지로수)는 다항식의 차수와 같거나 특성방정식의 차수와 같다. 또는 특성방정식의 근의 수와 같다. 또한 개루프 전달함수 $G(s)H(s)$의 극점과 영점 중 큰 개수와 같다.

극점 : $s=0$, $s=-1$, $s=-3$, $s=-4 \rightarrow n=4$
영점 : $s=-2 \rightarrow m=1$
$\therefore$ 근궤적의 수 = 4개

---

09 제어시스템의 상태방정식이

$$\frac{d_X(t)}{dt} = A_X(t) + Bu(t), \quad A = \begin{bmatrix} 0 & 1 \\ -3 & 4 \end{bmatrix},$$

$B = \begin{bmatrix} 1 \\ 1 \end{bmatrix}$ 일 때, 특정방정식을 구하면?

① $s^2 - 4s - 3 = 0$

② $s^2 - 4s + 3 = 0$

③ $s^2 + 4s + 3 = 0$

④ $s^2 + 4s - 3 = 0$

상태방정식에서의 특성방정식

특성방정식은 $|sI-A| = 0$이므로

$(sI-A) = s\begin{bmatrix} 1 & 0 \\ 0 & 1 \end{bmatrix} - \begin{bmatrix} 0 & 1 \\ -3 & 4 \end{bmatrix} = \begin{bmatrix} s & -1 \\ 3 & s-4 \end{bmatrix}$

$|sI-A| = s(s-4) + 3 = 0$

$\therefore s^2 - 4s + 3 = 0$

---

10 적분 시간 4sec, 비례 감도가 4인 비례적분 동작을 하는 제어 요소에 동작신호 $z(t) = 2t$를 주었을 때 이 제어 요소의 조작량은?(단, 조작량의 초기 값은 0이다.)

① $t^2 + 8t$ ② $t^2 + 2t$
③ $t^2 - 8t$ ④ $t^2 - 2t$

제어요소

비례적분요소의 전달함수 $G(s) = K\left(1 + \dfrac{1}{Ts}\right)$

식에서 적분시간 $T = 4$[sec], 비례감도 $K = 2$이므로

$G(s) = 4\left(1 + \dfrac{1}{4s}\right) = 4 + \dfrac{1}{s}$

동작신호 $\rightarrow$ 　제어요소　 $\rightarrow$ 　조작량
$X(s)$ 　　　　　$G(s)$ 　　　　　$Y(s)$

$x(t) = 2t$일 때

$X(s) = \mathcal{L}[x(t)] = \mathcal{L}[2t] = \dfrac{2}{s^2}$

$Y(s) = X(s)G(s) = \dfrac{2}{s^2}\left(4 + \dfrac{1}{s}\right) = \dfrac{8}{s^2} + \dfrac{2}{s^3}$

$\therefore y(t) = \mathcal{L}^{-1}[Y(s)] = t^2 + 8t$

---

11 선간 전압이 100[V]이고, 역률이 0.6인 평형 3상 부하에서 무효전력이 Q=10[kvar]일 때, 선전류의 크기는 약 몇 [A]인가?

① 57.7   ② 72.2
③ 96.2   ④ 125

3상 전력의 표현

선간전압 V, 선전류 I, 역률 $\cos\theta$,
무효율 $\sin\theta$라 하면
(1) 3상 피상전력 : $S = \sqrt{3}\,VI$ [VA]
(2) 3상 유효전력 : $P = \sqrt{3}\,VI\cos\theta$ [W]
(3) 3상 무효전력 : $Q = \sqrt{3}\,VI\sin\theta$ [VAR] 이므로

$\therefore I = \dfrac{Q}{\sqrt{3}\,V\sin\theta} = \dfrac{10 \times 10^3}{\sqrt{3} \times 100 \times 0.8} = 72.2$ [A]

참고

$\sin\theta = \sqrt{1 - \cos^2\theta} = \sqrt{1 - 0.6^2} = 0.8$

---

12 그림과 같은 T형 4단자 회로망에서 4단자 정수 A와 C는?(단, $Z_1 = \dfrac{1}{Y_1}$, $Z_2 = \dfrac{1}{Y_2}$, $Z_3 = \dfrac{1}{Y_3}$)

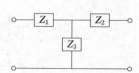

① $A = 1 + \dfrac{Y_3}{Y_1}$, $C = Y_2$

② $A = 1 + \dfrac{Y_3}{Y_1}$, $C = \dfrac{1}{Y_3}$

③ $A = 1 + \dfrac{Y_3}{Y_1}$, $C = Y_3$

④ $A = 1 + \dfrac{Y_1}{Y_3}$, $C = \left(1 + \dfrac{Y_1}{Y_3}\right)\dfrac{1}{Y_3} + \dfrac{1}{Y_2}$

4단자 정수의 회로망 특성

$$\begin{bmatrix} A & B \\ C & D \end{bmatrix} = \begin{bmatrix} 1 + \dfrac{Z_1}{Z_3} & Z_1 + Z_2 + \dfrac{Z_1 Z_2}{Z_3} \\ \dfrac{1}{Z_3} & 1 + \dfrac{Z_2}{Z_3} \end{bmatrix}$$ 이므로

$$\therefore A = 1 + \dfrac{Z_1}{Z_3} = 1 + \dfrac{Y_3}{Y_1}, \quad C = \dfrac{1}{Z_3} = Y_3$$

13 $t = 0$에서 스위치(S)를 닫았을 때 $t = 0^+$에서의 $i(t)$는 몇 [A]인가? (단, 커패시터에 초기 전하는 없다.)

① 0.1
② 0.2
③ 0.4
④ 1.0

 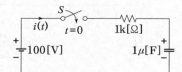

R–C 과도현상

스위치를 닫을 때의 회로에 흐르는 전류 $i(t)$는

$i(t) = \dfrac{E}{R} e^{-\frac{1}{RC}t}$ [A] 이므로

$E = 100$ [V], $R = 1$ [kΩ], $C = 1$ [μF]일 때

$\therefore i(t) = \dfrac{100}{10^3} e^{-\frac{1}{10^3 \times 10^{-6}} \times 0} = 0.1$ [A]

14 회로에서 20[Ω]의 저항이 소비하는 전력은 몇 [W]인가?

① 14
② 27
③ 40
④ 80

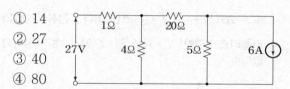

테브난 정리를 이용한 소비전력

$E_{T1} = \dfrac{4}{1+4} \times 27 = 21.6$

$R_{T1} = \dfrac{1 \times 4}{1+4} = 0.8$ [Ω]

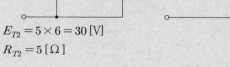

$E_{T2} = 5 \times 6 = 30$ [V]

$R_{T2} = 5$ [Ω]

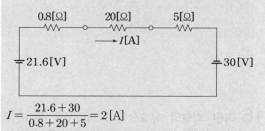

$I = \dfrac{21.6 + 30}{0.8 + 20 + 5} = 2$ [A]

$\therefore P = I^2 R = 2^2 \times 20 = 80$ [W]

15 RC 직렬회로에 직류전압 V[V]가 인가되었을 때, 전류 $i(t)$에 대한 전압 방정식(KVL)이 $V = Ri(t) + \dfrac{1}{C}\displaystyle\int i(t)dt$[V]이다. 전류 $i(t)$의 라플라스 변환인 $I(s)$는?(단, C에는 초기 전하가 없다.)

① $I(s) = \dfrac{V}{R}\dfrac{1}{s - \dfrac{1}{RC}}$

② $I(s) = \dfrac{C}{R}\dfrac{1}{s + \dfrac{1}{RC}}$

③ $I(s) = \dfrac{V}{R}\dfrac{1}{s + \dfrac{1}{RC}}$

④ $I(s) = \dfrac{R}{C}\dfrac{1}{s - \dfrac{1}{RC}}$

라플라스 변환

$\pounds\left[V = R\,i(t) + \dfrac{1}{c}\displaystyle\int i(t)dt \right]$ 는

$\dfrac{V}{s} = R\,I(s) + \dfrac{1}{Cs}I(s)$

$I(s) = \dfrac{V}{s\left(R + \dfrac{1}{Cs}\right)} = \dfrac{V}{Rs + \dfrac{1}{C}} = \dfrac{V}{R\left(s + \dfrac{1}{RC}\right)}$

$\therefore\ I(s) = \dfrac{V}{R} \cdot \dfrac{1}{s + \dfrac{1}{RC}}$

16 어떤 회로의 유효전력이 300[W], 무효전력이 400[var]이다. 이 회로의 복소전력의 크기[VA]는?

① 350 ② 500

③ 600 ④ 700

복소전력(S)

$S = {}^{*}EI = P \pm iQ$[VA] 이므로

$P = 300$ [kW], $Q = 400$ [kVAR]일 때

$\therefore\ S = \sqrt{P^2 + Q^2} = \sqrt{300^2 + 400^2} = 500$ [VA]

17 단위 길이 당 인덕턴스가 L[H/m]이고, 단위 길이 당 정전용량이 C[F/m]인 무손실 선로에서의 진행파 속도[m/s]는?

① $\sqrt{LC}$ ② $\dfrac{1}{\sqrt{LC}}$

③ $\sqrt{\dfrac{C}{L}}$ ④ $\sqrt{\dfrac{L}{C}}$

무손실선로의 특성

(1) 조건 : $R = 0,\ G = 0$

(2) 특성임피던스 : $Z_0 = \sqrt{\dfrac{L}{C}}$ [Ω]

(3) 전파정수 : $\gamma = j\omega\sqrt{LC} = j\beta$
$\qquad\qquad\quad \alpha = 0,\ \beta = \omega\sqrt{LC}$

(4) 전파속도 : $v = \dfrac{1}{\sqrt{LC}} = \lambda f$ [m/sec]

18 선간 전압이 V_{ab}[V]인 3상 평형 전원에 대칭 부하 R[Ω]그림과 같이 접속되어 있을 때, a, b 두 상 간에 접속된 전력계의 지시 값이 W[W]라면 C상 전류의 크기[A]는?

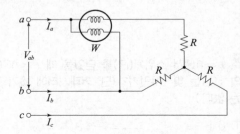

① $\dfrac{W}{3V_{ab}}$ ② $\dfrac{2W}{3V_{ab}}$

③ $\dfrac{2W}{\sqrt{3}V_{ab}}$ ④ $\dfrac{\sqrt{3}W}{V_{ab}}$

1전력계법

(1) 전전력 : $P = 2W = \sqrt{3}\,VI$[W]

(2) 선전류 : $I = \dfrac{2W}{\sqrt{3}\,V}$ [A]

19

$R = 4 [\Omega]$, $\omega L = 3 [\Omega]$의 직렬회로에
$e = 100\sqrt{2}\sin\omega t + 50\sqrt{2}\sin 3\omega t$를 인가할
때 이 회로의 소비전력은 약 몇 [W]인가?

① 1,000 ② 1,414
③ 1,560 ④ 1,703

비정현파의 소비전력

전압의 주파수 성분은 기본파, 제3고조파로 구성되어
있으므로 리액턴스도 전압과 주파수를 일치시켜야 한다.
$E_1 = 100 [V]$, $E_3 = 50 [V]$이므로

$$P = \frac{E_1^2 R}{R^2 + (\omega L)^2} + \frac{E_3^2 R}{R^2 + (3\omega L)^2}$$

$$= \frac{1}{2}\left\{\frac{E_{m1}^2 R}{R^2 + (\omega L)^2} + \frac{E_{m3}^2 R}{R^2 + (3\omega L)^2}\right\}$$

$$= \frac{100^2 \times 4}{4^2 + 3^2} + \frac{50^2 \times 4}{4^2 + 9^2} = 1,703 [W]$$

20

불평형 3상 전류가 $I_a = 15 + j2 [A]$, $I_b = -20 - j14 [A]$, $I_c = -3 + j10 [A]$일 때, 역상분 전류
$I_2 [A]$는?

① $1.91 + j6.24$ ② $15.74 - j3.57$
③ $-2.67 - j0.67$ ④ $-8 - j2$

역상분 전류(I_2)

$$I_2 = \frac{1}{3}(I_a + \angle -120° I_b + \angle 120° I_c)$$

$$= \frac{1}{3}\{(15 + j2) + 1\angle -120° \times (-20 - j14)$$

$$+ 1\angle 120° \times (-3 + j10)\}$$

$$= 1.91 + j6.24 [A]$$

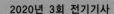
20 5. 전기설비기술기준

2021년 7월 한국전기설비규정 개정에 따라 기출문제를 개정된 내용으로 반영하여 일부 삭제 및 변형하였습니다

01 345[kV] 송전선을 사람이 쉽게 들어가지 않는 산지에 시설할 때 전선의 지표상 높이는 몇 [m] 이상으로 하여야 하는가?

① 7.28   ② 7.56
③ 8.28   ④ 8.56

특고압 가공전선의 높이

구분	시설장소		전선의 높이
특고압	시가지외	35[kV] 초과 160[kV] 이하	① 산지 → 지표상 5 [m] 이상
			② 평지 → 지표상 6 [m] 이상
		160[kV] 초과	10,000 [V]마다 12 [cm] 가산하여 ①, ②항 +(사용전압[kV]/10-3.5)×0.12 소수점 절상

∴ 5+(345/10-16)×0.12=5+19×0.12
　　　　　　　　　　　=7.28 [m] 이상

02 사용전압이 400[V] 이하인 저압 가공전선은 케이블인 경우를 제외하고는 지름이 몇 [mm] 이상이어야 하는가?(단, 절연전선은 제외한다.)

① 3.2   ② 3.6
③ 4.0   ④ 5.0

저·고압 가공전선의 굵기

구분	인장강도 및 굵기
저압 400 [V] 이하	3.43 [kN] 이상의 것 또는 3.2 [mm] 이상의 경동선
	절연전선인 경우 2.3 [kN] 이상의 것 또는 2.6 [mm] 이상 경동선

03 발전기, 전동기, 조상기, 기타 회전기(회전변류기 제외)의 절연내력 시험전압은 어느 곳에 가야 하는가?

① 권선과 대지 사이
② 외함과 권선 사이
③ 외함과 대지 사이
④ 회전자와 고정자 사이

회전기, 정류기의 절연내력시험

구분 종류	최대사용전압		시험전압	시험방법
회전기	발전기, 전동기, 조상기, 기타 회전기	7 [kV] 이하	1.5배 (최저 500 [V])	권선과 대지 사이에 연속하여 10분간 가한다.
		7 [kV] 초과	1.25배 (최저 10.5 [kV])	
	회전변류기		1배 (최저 500 [V])	

04 전기온상용 발열선은 그 온도가 몇 [℃]를 넘지 않도록 시설하여야 하는가?

① 50   ② 60
③ 80   ④ 100

전기온상
발열선은 그 온도가 80 [℃]를 넘지 않도록 시설할 것.

05 수용장소의 인입구 부근에 대지 사이의 전기저항 값이 3[Ω] 이하인 값을 유지하는 건물의 철골을 접지극으로 사용하여 제2종 접지공사를 한 저압전로의 접지측 전선에 추가 접지 시 사용하는 접지선을 사람이 접촉할 우려가 있는 곳에 시설할 때는 어떤 공사방법으로 시설하는가?

① 금속관공사   ② 케이블공사
③ 금속몰드공사   ④ 합성수지관공사

> 2021.1.1. 삭제된 기준임

06 고압 옥내배선의 공사방법으로 틀린 것은?

① 케이블공사
② 합성수지관공사
③ 케이블트레이공사
④ 애자공사(건조한 장소로서 전개된 장소에 한한다.)

> **고압 옥내배선**
> 고압 옥내배선은 다음 중 하나에 의하여 시설할 것.
> (1) 애자공사(건조한 장소로서 전개된 장소에 한한다)
> (2) 케이블공사
> (3) 케이블트레이공사

07 특고압 가공전선로 중 지지물로서 직선형의 철탑을 연속하여 10기 이상 사용하는 부분에는 몇 기 이하마다 내장 애자장치가 되어 있는 철탑 또는 이와 동등 이상의 강도를 가지는 철탑 1기를 시설하여야 하는가?

① 3   ② 5
③ 7   ④ 10

> **특고압 가공전선로의 내장형 등의 지지물 시설**
> 특고압 가공전선로 중 지지물로서 직선형의 철탑을 연속하여 10기 이상 사용하는 부분에는 10기 이하마다 장력에 견디는 애자장치가 되어 있는 철탑 또는 이와 동등 이상의 강도를 가지는 철탑 1기를 시설하여야 한다.

08 사용전압이 440[V]인 이동기중기용 접촉전선을 애자공사에 의하여 옥내의 전개된 장소에 시설하는 경우 사용하는 전선으로 옳은 것은?

① 인장강도가 3.44[kN] 이상인 것 또는 지름 2.6[mm]의 경동선으로 단면적이 8[mm²] 이상인 것
② 인장강도가 3.44[kN] 이상인 것 또는 지름 3.2[mm]의 경동선으로 단면적이 18[mm²] 이상인 것
③ 인장강도가 11.2[kN] 이상인 것 또는 지름 6[mm]의 경동선으로 단면적이 28[mm²] 이상인 것
④ 인장강도가 11.2[kN] 이상인 것 또는 지름 8[mm]의 경동선으로 단면적이 18[mm²] 이상인 것

> **옥내에 시설하는 저압 접촉전선 배선**
> (1) 이동기중기·자동청소기 그 밖에 이동하며 사용하는 저압의 전기기계기구에 전기를 공급하기 위하여 사용하는 접촉전선(전차선을 제외한다)을 옥내에 시설하는 경우에는 전개된 장소 또는 점검할 수 있는 은폐된 장소에 애자공사 또는 버스덕트공사 또는 절연트롤리공사에 의하여야 한다.
> (2) 저압 접촉전선을 애자공사에 의하여 옥내의 전개된 장소에 시설하는 경우 전선은 인장강도 11.2[kN] 이상의 것 또는 지름 6[mm]의 경동선으로 단면적이 28[mm²] 이상인 것일 것. 다만, 사용전압이 400[V] 이하인 경우에는 인장강도 3.44[kN] 이상의 것 또는 지름 3.2[mm] 이상의 경동선으로 단면적이 8[mm²] 이상인 것을 사용할 수 있다.

09 옥내에 시설하는 사용 전압이 400[V] 초과 1,000[V] 이하인 전개된 장소로서 건조한 장소가 아닌 기타 장소의 관등회로 배선공사로서 적합한 것은?

① 애자공사
② 금속몰드공사
③ 금속덕트공사
④ 합성수지몰드공사

1 [kV] 이하 방전등

관등회로의 사용전압이 400 [V] 초과이고, 1 [kV] 이하인 배선은 그 시설장소에 따라 합성수지관공사·금속관공사·가요전선관공사나 케이블공사 또는 아래 표 중 어느 하나의 방법에 의하여야 한다.

		저압	고압
전개된 장소	건조한 장소	애자공사·합성수지몰드공사 또는 금속몰드공사	
	기타의 장소	애자공사	
점검할 수 있는 은폐된 장소	건조한 장소	금속몰드공사	

10 사용전압이 154[kV]인 가공전선로를 제1종 특고압 보안공사로 시설할 때 사용되는 경동연선의 단면적은 몇 [mm²] 이상이어야 하는가?

① 55
② 100
③ 150
④ 200

제1종 특고압 보안공사

전선의 단면적

사용전압	인장강도 및 굵기
100 [kV] 미만	21.67 [kN] 이상의 연선 또는 단면적 55 [mm²] 이상의 경동연선 또는 동등 이상의 인장강도를 갖는 알루미늄 전선이나 절연전선
100 [kV] 이상 300 [kV] 미만	58.84 [kN] 이상의 연선 또는 단면적 150 [mm²] 이상의 경동연선 또는 동등 이상의 인장강도를 갖는 알루미늄 전선이나 절연전선
300 [kV] 이상	77.47 [kN] 이상의 연선 또는 단면적 200 [mm²] 이상의 경동연선 또는 동등 이상의 인장강도를 갖는 알루미늄 전선이나 절연전선

11 조상설비에 내부고장, 과전류 또는 과전압이 생긴 경우 자동적으로 차단되는 장치를 해야 하는 전력용 커패시터의 최소 뱅크용량은 몇 [kVA]인가?

① 10,000
② 12,000
③ 13,000
④ 15,000

무효전력 보상장치의 보호장치

무효전력 보상장치에는 그 내부에 고장이 생긴 경우에 보호하는 장치를 아래 표와 같이 시설하여야 한다.

설비 종별	뱅크용량의 구분	자동적으로 전로로부터 차단하는 장치
전력용 커패시터 및 분로리액터	500[kVA] 초과 15,000[kVA] 미만	내부에 고장이 생긴 경우에 동작하는 장치 또는 과전류가 생긴 경우에 동작하는 장치
	15,000[kVA] 이상	내부에 고장이 생긴 경우에 동작하는 장치 및 과전류가 생긴 경우에 동작하는 장치 또는 과전압이 생긴 경우에 동작하는 장치
조상기 (調相機)	15,000[kVA] 이상	내부에 고장이 생긴 경우에 동작하는 장치

삭제문제

12 제1종 또는 제2종 접지공사에 사용하는 접지선을 사람이 접촉할 우려가 있는 곳에 시설하는 경우, 「전기용품 및 생활용품 안전관리법」을 적용받는 합성수지관(두께 2[mm] 미만의 합성수지제 전선관 및 난연성이 없는 콤바인덕트관을 제외한다.)로 덮어야 하는 범위로 옳은 것은?

① 접지선의 지하 30[cm]로부터 지표상 1[m] 까지의 부분
② 접지선의 지하 50[cm]로부터 지표상 1.2[m] 까지의 부분
③ 접지선의 지하 60[cm]로부터 지표상 1.8[m] 까지의 부분
④ 접지선의 지하 75[cm]로부터 지표상 2[m] 까지의 부분

2021.1.1. 삭제된 기준임

삭제문제

13 가공 직류 절연 귀선은 특별한 경우를 제외하고 어느 전선에 준하여 시설하여야 하는가?

① 저압가공전선
② 고압가공전선
③ 특고압가공전선
④ 가공 약전류 전선

2021.1.1. 삭제된 기준임

14 전력보안가공통신선의 시설 높이에 대한 기준으로 옳은 것은?

① 철도의 궤도를 횡단하는 경우에는 레일면상 5[m] 이상
② 횡단보도교 위에 시설하는 경우에는 그 노면상 3[m] 이상
③ 도로(차도와 도로의 구별이 있는 도로는 차도) 위에 시설하는 경우에는 지표상 2[m] 이상
④ 교통에 지장을 줄 우려가 없도록 도로(차도와 도로의 구별이 있는 도로는 차도) 위에 시설하는 경우에는 지표상 2m까지로 감할 수 있다.

전력보안통신선의 시설 높이
(1) 도로(차도와 인도의 구별이 있는 도로는 차도) 위에 시설하는 경우에는 지표상 5[m] 이상. 다만, 교통의 지장을 줄 우려가 없는 경우에는 지표상 4.5[m] 까지로 감할 수 있다.
(2) 철도 또는 궤도를 횡단하는 경우에는 레일면상 6.5[m] 이상
(3) 횡단보도교 위에 시설하는 경우에는 그 노면상 3[m] 이상

15 특고압 지중전선이 지중 약전류전선 등과 접근하거나 교차하는 경우에 상호 간의 이격거리가 몇 [cm] 이하인 때에는 두 전선이 직접 접촉하지 아니하도록 하여야 하는가?

① 15 ② 20
③ 30 ④ 60

지중전선과 지중약전류전선 등 또는 관과의 접근 또는 교차
지중전선이 지중약전류전선 등과 접근하거나 교차하는 경우에 상호간의 이격거리가 저압 또는 고압의 지중전선은 0.3 [m] 이하, 특고압 지중전선은 0.6 [m] 이하인 때에는 지중전선과 지중약전류전선 등 사이에 견고한 내화성의 격벽(隔壁)을 설치하는 경우 이외에는 지중전선을 견고한 불연성(不燃性) 또는 난연성(難燃性)의 관에 넣어 그 관이 지중약전류전선 등과 직접 접촉하지 아니하도록 하여야 한다.

16 변전소에서 오접속을 방지하기 위하여 특고압 전로의 보기 쉬운 곳에 반드시 표시해야 하는 것은?

① 상별표시 ② 위험표시
③ 최대전류 ④ 정격전압

접지도체(=접지선)
접지도체는 지하 0.75 [m]부터 지표상 2 [m]까지 부분은 합성수지관(두께 2 [mm] 미만의 합성수지체 전선관 및 가연성 콤바인덕트관은 제외한다.) 또는 이와 동등 이상의 절연효과와 강도를 가지는 몰드로 덮어야 한다.

17 가공전선로의 지지물에 시설하는 지선의 시설 기준으로 틀린 것은?

① 지선의 안전율을 2.5 이상으로 할 것
② 소선은 최소 5가닥 이상의 강심 알루미늄연선을 사용할 것
③ 도로를 횡단하여 시설하는 지선의 높이는 지표상 5[m] 이상으로 할 것
④ 지중부분 및 지표상 30[cm]까지의 부분에는 내식성이 있는 것을 사용할 것

18 고압용 기계기구를 시가지에 시설할 때 지표상 몇 [m] 이상의 높이에 시설하고, 또한 사람이 쉽게 접촉할 우려가 없도록 하여야 하는가?

① 4.0　　　　② 4.5
③ 5.0　　　　④ 5.5

19 가반형의 용접전극을 사용하는 아크용접장치의 용접변압기의 1차측 전로의 대지전압은 몇 [V] 이하이어야 하는가?

① 60　　　　② 150
③ 300　　　　④ 400

20 저압 가공전선으로 사용할 수 없는 것은?

① 케이블　　　　② 절연전선
③ 다심형 전선　　④ 나동복 강선

20 1. 전기자기학

01 서로 같은 2개의 구 도체에 동일양의 전하로 대전시킨 후 20[cm] 떨어드린 결과 구 도체에 서로 8.6×10^{-4}[N]의 반발력이 작용하였다. 구 도체에 주어진 전하는 약 몇 [C]인가?

① 5.2×10^{-8} ② 6.2×10^{-8}

③ 7.2×10^{-8} ④ 8.2×10^{-8}

쿨롱의 법칙

$F = \dfrac{Q_1 Q_2}{4\pi\epsilon_0 r^2} = \dfrac{Q^2}{4\pi\epsilon_0 r^2} = 9 \times 10^9 \times \dfrac{Q^2}{r^2}$ [N] 식에서

$F = 8.6 \times 10^{-4}$ [N], $r = 20$ [cm],

$Q_1 = Q_2 = Q$[C]일 때

$\therefore Q = \sqrt{\dfrac{F r^2}{9 \times 10^9}} = \sqrt{\dfrac{8.6 \times 10^{-4} \times 0.2^2}{9 \times 10^9}}$

$= 6.2 \times 10^{-8}$ [C]

02 정전계 내 도체 표면에서 전계의 세기가

$E = \dfrac{a_x - 2a_y + 2a_z}{\epsilon_o}$ [V/m]일 때 도체 표면상의

전하 밀도 ρ_s [C/m²]를 구하면? (단, 자유공간이다.)

① 1   ② 2

③ 3   ④ 5

표면전하밀도(ρ_s)

$\rho_s = D = \epsilon_0 E$[C/m²] 이므로

$E = \dfrac{a_x - 2a_y + 2a_z}{\epsilon_0}$ [V/m]일 때

$\rho_s = \epsilon_0 E = \epsilon_0 \times \dfrac{a_x - 2a_y + 2a_z}{\epsilon_0}$

$= a_x - 2a_y + 2a_z$ [C/m²]이다.

$\therefore \rho_s = \sqrt{1^2 + (-2)^2 + 2^2} = 3$ [C/m²]

03 영구자석 재료로 사용하기에 적합한 특성은?

① 잔류자기와 보자력이 모두 큰 것이 적합하다.

② 잔류자기는 크고 보자력은 작은 것이 적합하다.

③ 잔류자기는 작고 보자력은 큰 것이 적합하다.

④ 잔류자기와 보자력이 모두 작은 것이 적합하다.

영구자석과 전자석

(1) 영구자석의 성질 : 잔류자기와 보자력, 히스테리시스 곡선의 면적이 모두 크다.

(2) 전자석의 성질 : 잔류자기는 커야 하며 보자력과 히스테리시스 곡선의 면적은 작다.

04 자기회로와 전기회로에 대한 설명으로 틀린 것은?

① 자기저항의 역수를 컨덕턴스라 한다.

② 자기회로의 투자율은 전기회로의 도전율에 대응된다.

③ 전기회로의 전류는 자기회로의 자속에 대응된다.

④ 자기 저항의 단위는 [AT/Wb]이다.

전기회로와 자기회로의 대응관계

전기회로	자기회로
기전력 V[V]	기자력 F[AT]
전류 I[A]	자속 ϕ[Wb]
전기저항 R[Ω]	자기저항 R_m[AT/Wb]
도전율 k[S/m]	투자율 μ[H/m]
전류밀도 i[A/m²]	자속밀도 B[Wb/m²]
전계의 세기 E[V/m]	자계의 세기 H[AT/m]
콘덕턴스 G[S]	퍼미언스 P_m[Wb/AT]

$\therefore$ 자기저항의 역수를 퍼미언스라 한다.

05 저항의 크기가 1[Ω]인 전선이 있다. 전선의 체적을 동일하게 유지하면서 길이를 2배로 늘였을 때 전선의 저항[Ω]은?

① 0.5   ② 1
③ 2   ④ 4

도선의 전기저항(R)
도선의 고유저항 ρ, 단면적 A, 길이 l, 체적 v라 하면 $R = \rho \dfrac{l}{A}$ [Ω] 식에서 도선의 체적을 동일하게 한 경우 $v = Al$ [m³]이므로 길이를 2배 증가시키면 단면적은 $\dfrac{1}{2}$배 감소되어야 한다. 이때 도선의 전기저항 R' 값은

$$R' = \rho \frac{l'}{A'} = \rho \frac{2l}{\frac{1}{2}A} = 4 \cdot \rho \frac{l}{A} = 4R \,[\Omega]$$

∴ 4배로 증가한다.

06 자속밀도가 10[Wb/m²]인 자계 내에 길이 4[cm]의 도체를 자계와 직각으로 놓고 이 도체를 0.4초 동안 1[m]씩 균일하게 이동 하였을 때 발생하는 기전력은 몇 [V]인가?

① 1   ② 2
③ 3   ④ 4

유기기전력(e) : 플레밍의 오른손법칙
$$e = \int (v \times B) \cdot dl = vdl \times B = vBl\sin\theta \,[V]$$
일 때
$B = 10$ [Wb/m²], $l = 4$ [cm], $dt = 0.4$ [sec], $dx = 1$ [m], $\theta = 90°$이므로 속도 v는
$$v = \frac{dx}{dt} = \frac{1}{0.4} = 2.5 \,[m/s]이다.$$
∴ $e = vBl\sin\theta = 2.5 \times 10 \times 4 \times 10^{-2} \times \sin 90° = 1 \,[V]$

07 진공 중에서 전자파의 전파속도[m/s]는?

① $C_0 = \dfrac{1}{\sqrt{\epsilon_0 \mu_0}}$ ② $C_0 = \sqrt{\epsilon_0 \mu_0}$
③ $C_0 = \dfrac{1}{\sqrt{\epsilon_0}}$ ④ $C_0 = \dfrac{1}{\sqrt{\mu_0}}$

전파속도(C_0)
파장 λ, 주파수 f, 각속도 ω, 위상정수 β, 인덕턴스 L, 정전용량 C라 하면
$$C_0 = \lambda f = \frac{\omega}{\beta} = \frac{1}{\sqrt{LC}} = \frac{1}{\sqrt{\epsilon\mu}}$$
$$= \frac{1}{\sqrt{\epsilon_0\mu_0}} \cdot \frac{1}{\sqrt{\epsilon_s\mu_s}} = \frac{3\times10^8}{\sqrt{\epsilon_s\mu_s}} \,[m/sec] 식에서$$
진공 중일 때 $\epsilon_s = 1$, $\mu_s = 1$ 이므로
∴ $C_0 = \dfrac{1}{\sqrt{\epsilon_0\mu_0}}$ [m/sec]

08 유전율이 ϵ_1, ϵ_2인 유전체 경계면에 수직으로 전계가 작용할 때 단위 면적당 수직으로 작용하는 힘[N/m²]은? (단, E는 전계[V/m]이고, D는 전속밀도[C/m²]이다.)

① $2\left(\dfrac{1}{\epsilon_2} - \dfrac{1}{\epsilon_1}\right)E^2$ ② $2\left(\dfrac{1}{\epsilon_2} - \dfrac{1}{\epsilon_1}\right)D^2$
③ $\dfrac{1}{2}\left(\dfrac{1}{\epsilon_2} - \dfrac{1}{\epsilon_1}\right)E^2$ ④ $\dfrac{1}{2}\left(\dfrac{1}{\epsilon_2} - \dfrac{1}{\epsilon_1}\right)D^2$

유전체 내에서의 경계조건
경계면에 작용하는 힘(=맥스웰의 변형력)은
(1) 전계가 경계면에 수직인 경우($D_1 = D_2$이며 $\epsilon_1 > \epsilon_2$라 하면)
$$f = \frac{1}{2}(E_2 - E_1)D = \frac{1}{2}\left(\frac{1}{\epsilon_2} - \frac{1}{\epsilon_1}\right)D^2 \,[N/m^2]$$
(2) 전계가 경계면에 수평인 경우($E_1 = E_2$이며 $\epsilon_1 > \epsilon_2$라 하면)
$$f = \frac{1}{2}(D_1 - D_2)E = \frac{1}{2}(\epsilon_1 - \epsilon_2)E^2 \,[N/m^2]$$

정답 05 ④ 06 ① 07 ① 08 ④

09 반지름이 3[cm]인 원형 단면을 가지고 있는 환상 연철심에 코일을 감고 여기에 전류를 흘려서 철심 중의 자계 세기가 400[AT/m]가 되도록 여자할 때, 철심 중의 자속 밀도는 약 몇 [Wb/m²]인가? (단, 철심의 비투자율은 400이라고 한다.)

① 0.2
② 0.8
③ 1.6
④ 2.0

자기회로 내의 자속밀도(B)

투자율 μ, 자계의 세기 H, 자속 ϕ, 자기회로 단면적 S라 하면

$B = \mu H = \mu_o \mu_s H = \dfrac{\phi}{S}$ [Wb/m²] 식에서

$H = 400$ [AT/m], $\mu_s = 400$일 때

$\therefore\ B = \mu_o \mu_s H = 4\pi \times 10^{-7} \times 400 \times 400$

$\qquad = 0.2$ [Wb/m²]

10 내부 원통의 반지름이 a, 외부 원통의 반지름이 b인 동축 원통 콘덴서의 내의 원통사이에 공기를 넣었을 때 정전용량이 C_1이었다. 내외 반지름을 모두 3배로 증가시키고 공기 대신 비유전율이 3인 유전체를 넣었을 경우의 정전용량 C_2는?

① $C_2 = \dfrac{C_1}{9}$
② $C_2 = \dfrac{C_1}{3}$
③ $C_2 = 3C_1$
④ $C_2 = 9C_1$

유전체 내의 동심(=동축)원통도체의 정전용량(C)

공기중의 동심(=동축) 원통도체의 정전용량 C_0, 유전체 내의 정전용량을 C라 하면

$C_0 = \dfrac{2\pi\epsilon_0}{\ln\dfrac{b}{a}}$ [F/m], $C = \dfrac{2\pi\epsilon_0 \epsilon_s}{\ln\dfrac{b}{a}}$ [F/m]이므로

a를 3배, b를 3배, 비유전율 $\epsilon_s = 3$인 유전체에서 정전용량 C는

$\therefore\ C = \dfrac{2\pi\epsilon_0 \times 3}{\ln\left(\dfrac{3b}{3a}\right)} = \dfrac{3 \times 2\pi\epsilon_0}{\ln\dfrac{b}{a}} = 3C_0$ [F/m]

11 변위전류와 관계가 가장 깊은 것은?

① 도체
② 반도체
③ 자성체
④ 유전체

변위전류

유전체 내에 흐르는 전류를 변위전류라 한다.

12 자기 인덕턴스(self inductance) L[H]을 나타낸 식은? (단, N은 권선수, I는 전류[A], ϕ는 자속[Wb], B는 자속밀도[Wb/m²], H는 자계의 세기[AT/m], A는 벡터 퍼텐셜[Wb/m], J는 전류밀도[A/m²]이다.)

① $L = \dfrac{N\phi}{I^2}$

② $L = \dfrac{1}{2I^2}\displaystyle\int B \cdot H dv$

③ $L = \dfrac{1}{I^2}\displaystyle\int A \cdot J dv$

④ $L = \dfrac{1}{I}\displaystyle\int B \cdot H dv$

자기유도계수(=자기인덕턴스 : L)

자기에너지를 W라 하면

$W = \dfrac{1}{2}LI^2 = \dfrac{1}{2}\displaystyle\int_v B \cdot H dv = \dfrac{1}{2}\displaystyle\int_v A \cdot J dv$ [J]

이므로 $L = \dfrac{\displaystyle\int_v B \cdot H\, dv}{I^2} = \dfrac{\displaystyle\int_v A \cdot J\, dv}{I^2}$ [H]

또한 $LI = N\phi$ [Wb] 식에서 $L = \dfrac{N\phi}{I}$ [H]이다.

13 환상 솔레노이드 철심 내부에서 자계의 세기 [AT/m]는? (단, N은 코일 권선수, r은 환상 철심의 평균 반지름, I는 코일에 흐르는 전류이다.)

① NI

② $\dfrac{NI}{2\pi r}$

③ $\dfrac{NI}{2r}$

④ $\dfrac{NI}{4\pi r}$

환상솔레노이드에 의한 자계의 세기(H)

$H_{\text{in}} = \dfrac{NI}{l} = \dfrac{NI}{2\pi r}$ [AT/m], $H_{\text{out}} = 0$ [AT/m]일 때 솔레노이드 내부의 자계의 세기는

$\therefore H_{\text{in}} = \dfrac{NI}{2\pi r}$ [AT/m]

14 임의의 형상의 도선에 전류 I[A]가 흐를 때, 거리 r[m]만큼 떨어진 점에서의 자계의 세기 H[AT/m]를 구하는 비오-사바르의 법칙에서, 자계의 세기 H[AT/m]와 거리 r[m]의 관계로 옳은 것은?

① r에 반비례

② r에 비례

③ r^2에 반비례

④ r^2에 비례

비오 – 사바르 법칙

비오 – 사바르 법칙은 자유공간에서 미소 전류에 의한 자계의 세기를 구하는 법칙으로 다음과 같다.

$H = \oint \dfrac{Idl \times a_r}{4\pi r^2} = \dfrac{I \triangle l \sin\theta}{4\pi r^2}$ [AT/m]

(1) 전류(I)와 미소 선소의 길이($\triangle l$)의 곱에 비례한다.

(2) 거리(r)의 제곱에 반비례한다.

(3) 미소 선소 $\triangle l$과 거리 r이 이루는 각도 θ에 대해서 정현항($\sin\theta$)에 비례한다.

15 다음 정전계에 관한 식 중에서 틀린 것은? (단, D는 전속밀도, V는 전위, ρ는 공간(체적) 전하밀도, ϵ은 유전율이다.)

① 가우스의 정리 : $\operatorname{div} D = \rho$

② 포아송의 방정식 : $\nabla^2 V = \dfrac{\rho}{\epsilon}$

③ 라플라스의 방정식 : $\nabla^2 V = 0$

④ 발산의 정리 : $\oint_s D \cdot ds = \int_v \operatorname{div} D dv$

포아송 방정식과 라플라스 방정식

(1) 포아송 방정식

$\nabla^2 V = -\dfrac{\rho_v}{\epsilon_0}$

(2) 라플라스 방정식

$\nabla^2 V = 0$

16 길이가 l[m], 단면적의 반지름이 a[m]인 원통이 길이 방향으로 균일하게 자화되어 자화의 세기가 J[Wb/m²]인 경우, 원통 양단에서의 자극의 세기 m[Wb]은?

① alJ

② $2\pi alJ$

③ $\pi a^2 J$

④ $\dfrac{J}{\pi a^2}$

자화의 세기(J)

자극의 세기 m[Wb], 자기모멘트 M[Wb·m], 미소면적 $\triangle S$[m²], 미소체적 $\triangle v$[m³]라 하면

$J = \dfrac{m}{\triangle S} = \dfrac{M}{\triangle v}$ [Wb/m²]이다.

반지름이 a[m]인 원통 단면적 $S = \pi a^2$[m²]이므로

$\therefore m = \triangle S J = \pi a^2 J$ [Wb]

17 질량[m]이 10^{-10}[kg]이고, 전하량(Q)이 10^{-8} [C]인 전하가 전기장에 의해 가속되어 운동하고 있다. 가속도가 $a = 10^2 i + 10^2 j$[m/s²]일 때 전기장의 세기 E [V/m]는?

① $E = 10^4 i + 10^5 j$

② $E = i + 10j$

③ $E = i + j$

④ $E = 10^{-6}i + 10^{-4}j$

> **전하의 운동력과 전기장의 세기**
> 전하의 운동력을 F라 하면 $F = ma = Eq$ [N]이므로
> $$\therefore E = \frac{ma}{q} = \frac{10^{-10} \times (10^2 i + 10^2 j)}{10^{-8}} = i + j\,[\text{V/m}]$$

18 전류 I가 흐르는 무한 직선 도체가 있다. 이 도체로부터 수직으로 0.1[m] 떨어진 점에서 자계의 세기가 180[AT/m]이다. 도체로부터 수직으로 0.3[m] 떨어진 점에서 자계의 세기[AT/m]는?

① 20　　② 60

③ 180　　④ 540

> **직선도체에 의한 자계의 세기(H)**
> $r = 0.1$ [m], $H = 180$ [AT/m], $r' = 0.3$ [m]일 때
> $H = \frac{NI}{2\pi r}$ [AT/m] 식에서 $H \propto \frac{1}{r}$이므로
> H'는 다음과 같이 구할 수 있다.
> $$\therefore H' = \frac{r}{r'}H = \frac{0.1}{0.3} \times 180 = 60\,[\text{AT/m}]$$

19 반지름이 a[m], b[m]인 두 개의 구 형상 도체 전극이 도전율 k인 매질 속에 거리 r[m]만큼 떨어져 있다. 양 전극 간의 저항[Ω]은? (단, $r \gg a$, $r \gg b$이다.)

① $4\pi k\left(\frac{1}{a} + \frac{1}{b}\right)$　　② $4\pi k\left(\frac{1}{a} - \frac{1}{b}\right)$

③ $\frac{1}{4\pi k}\left(\frac{1}{a} + \frac{1}{b}\right)$　　④ $\frac{1}{4\pi k}\left(\frac{1}{a} - \frac{1}{b}\right)$

> **구도체 전극간의 저항(R)**
> 반지름이 각각 a, b인 두 개의 구도체 전극의 정전용량을 C_1, C_2라 하면
> $C_1 = 4\pi\epsilon a$ [F], $C_2 = 4\pi\epsilon b$ [F]이다.
> $RC = \rho\epsilon = \frac{\epsilon}{k}$ 식에서 각 구도체의 저항을 유도하면
> $$R_1 = \frac{\epsilon}{C_1 k} = \frac{\epsilon}{4\pi\epsilon ak} = \frac{1}{4\pi ka}\,[\Omega]$$
> $$R_2 = \frac{\epsilon}{C_2 k} = \frac{\epsilon}{4\pi\epsilon bk} = \frac{1}{4\pi kb}\,[\Omega]$$이다.
> 이 구도체가 동일한 매질 속에 놓여있다면 직렬접속되어 있는 경우가 되므로 합성저항 R을 구하면
> $$\therefore R = R_1 + R_2 = \frac{1}{4\pi ka} + \frac{1}{4\pi kb}$$
> $$= \frac{1}{4\pi k}\left(\frac{1}{a} + \frac{1}{b}\right)\,[\Omega]$$

20 진공 중에서 2[m] 떨어진 두 개의 무한 평행 도선에 단위 길이 당 10^{-7}[N]의 반발력이 작용할 때 각 도선에 흐르는 전류의 크기와 방향은? (단, 각 도선에 흐르는 전류의 크기는 같다.)

① 각 도선에 2[A]가 반대 방향으로 흐른다.

② 각 도선에 2[A]가 같은 방향으로 흐른다.

③ 각 도선에 1[A]가 반대 방향으로 흐른다.

④ 각 도선에 1[A]가 같은 방향으로 흐른다.

> **평행도선 사이의 작용력(F)**
> $d = 2$ [m], $F = 10^{-7}$ [N/m]이므로
> $F = \frac{2I^2}{d} \times 10^{-7}$ [N/m] 식에서
> $$\therefore I = \sqrt{\frac{F \cdot d}{2 \times 10^{-7}}} = \sqrt{\frac{10^{-7} \times 2}{2 \times 10^{-7}}} = 1\,[\text{A}],$$
> 반대방향으로 흐른다.

20 2. 전력공학

01 전력원선도에서 구할 수 없는 것은?

① 송·수전할 수 있는 최대 전력
② 필요한 전력을 보내기 위한 송·수전단 전압간의 상차각
③ 선로 손실과 송전 효율
④ 과도극한전력

전력원선도
(1) 전력원선도로 알 수 있는 사항
  ㉠ 송·수전단 전압간의 위상차
  ㉡ 송·수전할 수 있는 최대전력(=정태안정극한전력)
  ㉢ 송전손실 및 송전효율
  ㉣ 수전단의 역률
  ㉤ 조상용량
(2) 전력원선도 작성에 필요한 사항
  ㉠ 선로정수
  ㉡ 송·수전단 전압
  ㉢ 송·수전단 전압간 위상차

02 송전전력, 송전거리, 전선로의 전력손실이 일정하고, 같은 재료의 전선을 사용한 경우 단상 2선식에 대한 3상 4선식의 1선당 전력비는 약 얼마인가? (단, 중성선은 외선과 같은 굵기이다.)

① 0.7 ② 0.87
③ 0.94 ④ 1.15

전기방식과 1선당 전력비 비교
선간전압 V, 부하역률 $\cos\theta$, 단상 2선식의 부하전력 P_2, 3상 4선식의 부하전력 P_4라 하면
$P_2 = VI\cos\theta$ [W], $P_4 = \sqrt{3}\,VI\cos\theta$ [W] 식에서 각각에 대한 1선당 전력 P_2', P_4'를 구하면
$P_2' = \frac{1}{2}VI\cos\theta$ [W], $P_4' = \frac{\sqrt{3}}{4}VI\cos\theta$ [W]이다.
$\therefore \frac{P_4'}{P_2'} = \frac{\sqrt{3}/4}{1/2} = \frac{\sqrt{3}}{2} = 0.87$

03 송배전선로의 고장전류 계산에서 영상 임피던스가 필요한 경우는?

① 3상 단락 계산
② 선간 단락 계산
③ 1선 지락 계산
④ 3선 단선 계산

영상임피던스(Z_0)
송전선로의 사고의 종류가 다양한 만큼 그 특성 또한 각양각색으로 매우 다양하다. 그 중에서 지락사고와 단락사고는 사고종류를 크게 2가지로 나눌 때 표현하며 두 사고의 커다란 차이점은 대지와 전기적인 접촉이 있는 경우와 없는 경우이다. 결론적으로 대지와 전기적인 접촉이 있는 경우인 지락사고는 영상임피던스가 필요하며 그렇지 않은 단락사고는 영상임피던스가 필요치 않다.

04 3상용 차단기의 정격 차단용량은?

① $\sqrt{3}$ ×정격전압×정격차단전류
② $\sqrt{3}$ ×정격전압×정격전류
③ 3×정격전압×정격차단전류
④ 3×정격전압×정격전류

차단기의 차단용량(=단락용량)
차단용량은 그 차단기가 적용되는 계통의 3상 단락용량(P_s)의 한도를 표시하고
P_s [MVA] = $\sqrt{3}$ ×정격전압[kV] ×정격차단전류[kA] 식으로 표현한다.

정답 01 ④ 02 ② 03 ③ 04 ①

05 다음 중 송전선로의 역섬락을 방지하기 위한 대책으로 가장 알맞은 방법은?

① 가공지선 설치　② 피뢰기 설치
③ 매설지선 설치　④ 소호각 설치

매설지선
탑각의 접지저항이 충분히 적어야 직격뇌를 대지로 안전하게 방전시킬 수 있으나 탑각의 접지저항이 너무 크면 대지로 흐르던 직격뇌가 다시 선로로 역류하여 철탑재나 애자련에 섬락이 일어나게 된다. 이를 역섬락이라 한다. 역섬락이 일어나면 뇌전류가 애자련을 통하여 전선로로 유입될 우려가 있으므로 이때 탑각에 방사형 매설지선을 포설하여 탑각의 접지저항을 낮춰주면 역섬락을 방지할 수 있게 된다.

06 반지름 0.6[cm]인 경동선을 사용하는 3상 1회선 송전선에서 선간거리를 2[m]로 정삼각형 배치할 경우, 각 선의 인덕턴스[mH/km]는 약 얼마인가?

① 0.81　② 1.21
③ 1.51　④ 1.81

작용인덕턴스(L_e)
송전선이 정삼각형 배치인 경우 각 선간거리는 모두 같게 되어 $D_1 = D_2 = D_3 = D[m]$이다.
등가선간을 D_e라 하면
$D_e = {}^n\sqrt{D_1 \cdot D_2 \cdot D_3} = \sqrt[3]{D^3} = D = 2\,[m]$
반지름 $r = 0.6\,[cm]$이므로
$\therefore L_e = 0.05 + 0.4605 \log_{10} \dfrac{D_e}{r}$
$= 0.05 + 0.4605 \log_{10} \dfrac{2}{0.6 \times 10^{-2}}$
$= 1.21\,[mH/km]$

07 다음 중 그 값이 항상 1 이상인 것은?

① 부등률　② 부하율
③ 수용률　④ 전압강하율

부하율, 수용률, 부등률
부하율 $= \dfrac{평균전력}{최대전력} \times 100\,[\%] < 1$
수용률 $= \dfrac{최대수용전력}{수용설비용량} \times 100\,[\%] < 1$
부등률 $= \dfrac{개개의\ 최대수용전력의\ 합}{합성최대수용전력} > 1$

08 개폐서지의 이상전압을 감쇄할 목적으로 설치하는 것은?

① 단로기　② 차단기
③ 리액터　④ 개폐저항기

개폐저항기
개폐기나 차단기를 개폐하는 순간 단자에서 발생하는 서지를 억제하기 위해 설치하는 설비

09 전원이 양단에 있는 환상선로의 단락보호에 사용되는 계전기는?

① 방향거리 계전기
② 부족전압 계전기
③ 선택접지 계전기
④ 부족전류 계전기

환상선로의 단락보호
(1) 전원이 1군데인 경우 : 방향단락계전방식을 사용한다.
(2) 전원이 두 군데 이상인 경우 : 방향거리계전방식을 사용한다.

10 파동임피던스 Z_1=500[Ω]인 선로에 파동임피던스 Z_2=1500[Ω]인 변압기가 접속되어 있다. 선로로부터 600[kV]의 전압파가 들어왔을 때, 접속점에서의 투과파 전압[kV]은?

① 300
② 600
③ 900
④ 1200

진행파의 반사와 투과

파동임피던스 Z_1, Z_2, 진입파 전압, 전류 e_i, i_i라 하면 반사파 전압, 전류 e_r, i_r과 투과파전압, 전류 e_t, i_t는

$$e_r = \frac{Z_2 - Z_1}{Z_2 + Z_1} e_i, \; i_r = -\frac{Z_2 - Z_1}{Z_2 + Z_1} i_i$$

$$e_t = \frac{2Z_2}{Z_2 + Z_1} e_i, \; i_t = \frac{2Z_1}{Z_2 + Z_1} i_i \text{이다.}$$

$Z_1 = 500\,[Ω]$, $Z_2 = 1{,}500\,[Ω]$, $e_i = 600\,[kV]$일 때

$$\therefore e_t = \frac{2Z_2}{Z_2 + Z_1} e_i = \frac{2 \times 1{,}500}{1{,}500 + 500} \times 600$$
$$= 900\,[kV]$$

---

11 전력용콘덴서를 변전소에 설치할 때 직렬리액터를 설치하고자 한다. 직렬리액터의 용량을 결정하는 계산식은? (단, f_0는 전원의 기본주파수, C는 역률 개선용 콘덴서의 용량, L은 직렬리액터의 용량이다.)

① $L = \dfrac{1}{(2\pi f_o)^2 C}$
② $L = \dfrac{1}{(5\pi f_o)^2 C}$

③ $L = \dfrac{1}{(6\pi f_o)^2 C}$
④ $L = \dfrac{1}{(10\pi f_o)^2 C}$

직렬리액터

부하의 역률을 개선하기 위해 설치하는 전력용콘덴서에 제5고조파 전압이 나타나게 되면 콘덴서 내부고장의 원인이 되므로 제5고조파 성분을 제거하기 위해서 직렬리액터를 설치하는데 5고조파 공진을 이용하기 때문에 직렬리액터의 용량은 이론상 4[%], 실제적 용량 5~6[%]이다.

$5\omega L = \dfrac{1}{5\omega C}\,[Ω]$ 식에서

$$\therefore L = \frac{1}{(5\omega)^2 C} = \frac{1}{(10\pi f_0)^2 C}\,[H]$$

---

12 66/22[kV], 2,000[kVA] 단상변압기 3대를 1뱅크로 운전하는 변전소로부터 전력을 공급받는 어떤 수전점에서의 3상 단락전류는 약 몇 [A]인가? (단, 변압기의 %리액턴스는 7이고 선로의 임피던스는 0이다.)

① 750
② 1,570
③ 1,900
④ 2,250

단락전류(I_s)

단락비 k_s, 단락전류 I_s, 정격전류 I_n,

%리액턴스 %x 관계는 $k = \dfrac{100}{\%x} = \dfrac{I_s}{I_n}$이므로

용량 $P_n = 2{,}000 \times 3 = 6{,}000\,[kVA]$,

권수비 $a = \dfrac{V_1}{V_2} = \dfrac{66}{22}$,

%$x = 7\,[\%]$일 때 변압기 2차측 정격전류 I_{n2}는

$$I_{n2} = \frac{P_n}{\sqrt{3}\,V_2} = \frac{6{,}000 \times 10^3}{\sqrt{3} \times 22 \times 10^3} = 157.46\,[A]$$

$$\therefore I_{s2} = \frac{100}{\%x} I_{n2} = \frac{100}{7} \times 157.46 = 2{,}250\,[A]$$

---

13 부하의 역률을 개선할 경우 배전선로에 대한 설명으로 틀린 것은? (단, 다른 조건은 동일하다.)

① 설비용량의 여유 증가
② 전압강하의 감소
③ 선로전류의 증가
④ 전력손실의 감소

역률개선 효과

부하의 역률을 개선하기 위해서 병렬콘덴서를 설치하며 역률이 개선될 경우 다음과 같은 효과가 있다.
(1) 전력손실 경감
(2) 전력요금 감소
(3) 설비용량의 여유 증가(=설비 이용율 향상)
(4) 전압강하 경감
∴ 역률이 개선된 경우 피상전력의 감소로 선로전류는 오히려 감소하게 된다.

---

14 한류리액터를 사용하는 가장 큰 목적은?

① 충전전류의 제한

② 접지전류의 제한

③ 누설전류의 제한

④ 단락전류의 제한

한류리액터

선로의 단락사고시 단락전류를 제한하여 차단기의 차단 용량을 경감함과 동시에 직렬기기의 손상을 방지하기 위한 것으로서 차단기의 전원측에 직렬연결한다.

15 수력발전소의 형식을 취수방법, 운용방법에 따라 분류할 수 있다. 다음 중 취수방법에 따른 분류가 아닌 것은?

① 댐식

② 수로식

③ 조정지식

④ 유역 변경식

수력발전소의 종류

(1) 취수방법에 의한 분류

수로식, 댐식, 댐 수로식, 유역 변경식

(2) 운용방법에 따른 분류

유입식, 저수지식, 조정지식, 양수식, 조력식

16 배전선로에 3상 3선식 비접지 방식을 채용할 경우 나타나는 현상은?

① 1선 지락 고장시 고장 전류가 크다.

② 1선 지락 고장시 인접 통신선의 유도장해가 크다.

③ 고저압 혼촉고장시 저압선의 전위상승이 크다.

④ 1선 지락 고장시 건전상의 대지 전위상승이 크다.

중성점 접지방식의 각 항목에 대한 비교표

종류 및 특징 \ 항목	비접지	직접 접지	저항 접지	소호 리액터 접지
지락사고시 건전상의 전위 상승	크다	최저	약간 크다	최대
절연레벨	최고	최저 (단절연)	크다	크다
지락전류	적다	최대	적다	최소
보호계전기 동작	곤란	가장 확실	확실	불확실
유도장해	작다	최대	작다	최소
안정도	크다	최소	크다	최대

17 전력계통을 연계시켜서 얻는 이득이 아닌 것은?

① 배후 전력이 커져서 단락용량이 작아진다.
② 부하 증가 시 종합첨두부하가 저감된다.
③ 공급 예비력이 절감된다.
④ 공급 신뢰도가 향상된다.

계통연계

계통연계란 전력계통 상호간에 있어서 전력의 수수, 융통을 행하기 위하여 송전선로, 변압기 및 직·교변환설비 등의 전력설비에 의한 상호 연결되는 것을 의미하며 따라서 전체 계통의 배후 전력이 커지고 주변의 통신선에 유도장해 발생률이 증가하며 사고시 사고범위가 확대될 수 있다는 문제점이 있다. 그러나 안정도 측면에서는 좋은 특성을 지니고 있다.
(1) 배후전력이 커지고 사고범위가 넓다.
(2) 유도장해 발생률이 높다.
(3) 단락용량이 증가한다.
(4) 첨두부하가 저감되며 공급예비력이 절감된다.
(5) 안정도가 높고 공급신뢰도가 향상된다.

---

18 원자력발전소에서 비등수형 원자로에 대한 설명으로 틀린 것은?

① 원료로 농축 우라늄을 사용한다.
② 냉각재로 경수를 사용한다.
③ 물을 원자로 내에서 직접 비등시킨다.
④ 가압수형 원자로에 비해 노심의 출력밀도가 높다.

비등수형 원자로

(1) 연료로 농축우라늄을 사용한다.
(2) 감속재와 냉각수로 물(경수)을 사용한다.
(3) 열교환기가 없으므로 노심의 증기를 직접 터빈에 공급해준다.
(4) 물을 원자로 내에서 직접 비등시킨다.
(5) 가압수형 원자로에 비해 노심의 출력밀도가 낮다.
(6) 경제적이고 열효율이 높다.

---

19 선간전압이 V[kV]이고 3상 정격용량이 P [kVA]인 전력계통에서 리액턴스가 X[Ω]라고 할 때, 이 리액턴스를 %리액턴스로 나타내면?

① $\dfrac{XP}{10V}$ ② $\dfrac{XP}{10V^2}$

③ $\dfrac{XP}{V^2}$ ④ $\dfrac{10V^2}{XP}$

%리액턴스(% x)

$$\% x = \frac{xI_n}{E} \times 100 = \frac{\sqrt{3}\,xI_n}{V} \times 100\,[\%]\ \ \text{또는}$$

$$\% x = \frac{P[\text{kVA}]\,x[\Omega]}{10\{V[\text{kV}]\}^2}\,[\%]$$

---

20 증기 사이클에 대한 설명 중 틀린 것은?

① 랭킨사이클의 열효율은 초기 온도 및 초기 압력이 높을수록 효율이 크다.
② 재열사이클은 저압터빈에서 증기가 포화 상태에 가까워졌을 때 증기를 다시 가열하여 고압터빈으로 보낸다.
③ 재생사이클은 증기 원동기 내에서 증기의 팽창 도중에서 증기를 추출하여 급수를 예열한다.
④ 재열재생사이클은 재생사이클과 재열사이클을 조합하여 병용하는 방식이다.

재열사이클

재열사이클은 보일러를 지나 과열된 증기를 고압 터빈에서 팽창시키는데 이 때 팽창된 증기를 보일러에 되돌려 보내서 재열기로 적당한 온도까지 재과열시킨 다음 다시 저압터빈으로 보내서 저압 팽창시키도록 하는 열사이클을 의미한다.

---

20 3. 전기기기

01 동기발전기 단절권의 특징이 아닌 것은?

① 코일 간격이 극 간격보다 작다.

② 전절권에 비해 합성 유기 기전력이 증가한다.

③ 전절권에 비해 코일 단이 짧게 되므로 재료가 절약된다.

④ 고조파를 제거해서 전절권에 비해 기전력의 파형이 좋아진다.

> **단절권의 특징**
> (1) 동량을 절감할 수 있어 발전기 크기가 축소된다.
> (2) 가격이 저렴하다.
> (3) 고조파가 제거되어 기전력의 파형이 개선된다.
> (4) 전절권에 비해 기전력의 크기가 저하한다.

02 전부하로 운전하고 있는 50[Hz], 4극의 권선형 유도전동기가 있다. 전부하에서 속도를 1,440[rpm]에서 1000[rpm]으로 변화시키려면 2차에 약 몇 [Ω]의 저항을 넣어야 하는가? (단, 2차 저항은 0.02[Ω]이다.)

① 0.147

② 0.18

③ 0.02

④ 0.024

> **권선형 유도전동기의 2차 외부삽입저항(R)**
> $f = 50$ [Hz], 극수 $p = 4$, $N = 1,440$ [rpm],
> $N' = 1,000$ [rpm], $r_2 = 0.02$ [Ω]이므로
> $$N_s = \frac{120f}{p} = \frac{120 \times 50}{4} = 1,500 \text{ [rpm]}$$
> $$s = \frac{N_s - N}{N_s} = \frac{1,500 - 1,440}{1,500} = 0.04$$
> $$s' = \frac{N_s - N'}{N_s} = \frac{1,500 - 1,000}{1,500} = 0.333$$
> $R = \left(\dfrac{s'}{s} - 1\right)r_2$ 식에서
> $$\therefore R = \left(\frac{s'}{s} - 1\right)r_2 = \left(\frac{0.333}{0.04} - 1\right) \times 0.02$$
> $$= 0.147 \text{ [Ω]}$$

03 단면적 10[cm²]인 철심에 200회의 권선을 감고, 이 권선에 60[Hz], 60[V]인 교류전압을 인가하였을 때 철심의 최대자속밀도는 약 몇 [Wb/m²]인가?

① 1.126×10^{-3}

② 1.126

③ 2.252×10^{-3}

④ 2.252

> **변압기의 유기기전력(E)**
> $E = 4.44f\phi_m N = 4.44f B_m SN$ [V] 식에서
> $S = 10$ [cm²], $N = 200$, $f = 60$ [Hz], $E = 60$ [V]
> 이므로 이 때 최대자속밀도 B_m은
> $$\therefore B_m = \frac{E}{4.44fSN} = \frac{60}{4.44 \times 60 \times 10 \times 10^{-4} \times 200}$$
> $$= 1.126 \text{ [Wb/m²]}$$

04 동기기의 안정도를 증진시키는 방법이 아닌 것은?

① 단락비를 크게 할 것

② 속응여자방식을 채용할 것

③ 정상 리액턴스를 크게 할 것

④ 영상 및 역상 임피던스를 크게 할 것

> **동기기의 안정도 개선책**
> (1) 단락비를 크게 한다.
> (2) 관성 모멘트 및 플라이 휠 효과를 크게 한다.
> (3) 조속기 성능을 개선한다.
> (4) 속응여자방식을 채용한다.
> (5) 동기 임피던스(또는 정상 임피던스)를 작게 한다.
> (6) 역상, 영상 임피던스를 크게 한다.

05 직류발전기를 병렬운전 할 때 균압모선이 필요한 직류기는?

① 직권발전기, 분권발전기
② 복권발전기, 직권발전기
③ 복권발전기, 분권발전기
④ 분권발전기, 단극발전기

직류발전기의 병렬운전조건

(1) 극성이 일치할 것
(2) 단자전압이 일치할 것
(3) 외부특성이 수하특성일 것
(4) 용량과는 무관하며 부하부담을 계자저항(R_f)으로 조정할 것
(5) 직권발전기와 과복권발전기에서는 균압선을 설치하여 전압을 평형시킬 것(안정한 운전을 위하여)

06 4극, 중권, 총 도체 수 500, 극당 자속이 0.01 [Wb]인 직류발전기가 100[V]의 기전력을 발생시키는데 필요한 회전수는 몇 [rpm]인가?

① 800
② 1,000
③ 1,200
④ 1,600

직류기의 유기기전력(E)

$E = \dfrac{pZ\phi N}{60a}$ [V] 식에서 극수 $p=4$, $Z=500$, $\phi=0.01$ [Wb], $a=p=4$ (중권), $E=100$ [V]이므로

$\therefore N = \dfrac{60aE}{pZ\phi} = \dfrac{60 \times 4 \times 100}{4 \times 500 \times 0.01} = 1,200$ [rpm]

07 포화되지 않은 직류발전기의 회전수가 4배로 증가되었을 때 기전력을 전과 같은 값으로 하려면 자속을 속도 변화 전에 비해 얼마로 하여야 하는가?

① $\dfrac{1}{2}$
② $\dfrac{1}{3}$
③ $\dfrac{1}{4}$
④ $\dfrac{1}{8}$

직류발전기의 유기기전력(E)

$E = \dfrac{Pz\phi N}{60a} = k\phi N$ [V] 식에서 유기기전력이 일정할 때 자속(ϕ)과 회전수(N)는 반비례 관계에 있으므로 회전수가 4배로 증가하면 자속은

$\therefore \dfrac{1}{4}$ 배로 감소한다.

08 2상 교류 서보모터를 구동하는데 필요한 2상 전압을 얻는 방법으로 널리 쓰이는 방법은?

① 2상 전원을 직접 이용하는 방법
② 환상 결선 변압기를 이용하는 방법
③ 여자권선에 리액터를 삽입하는 방법
④ 증폭기 내에서 위상을 조정하는 방법

2상 교류 서보모터

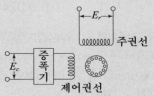

2상 교류 서보모터의 주권선에는 상용주파 또는 400 사이클의 일정 전압(E_r)으로 직접 공급되고 제어권선의 입력신호(E_c)는 증폭기를 거쳐 공급된다. 이 때 서보모터의 회전 방향은 주권선의 입력전압에 대한 제어권선의 입력전압의 위상에 의해서 결정된다.

$\therefore$ 2상 교류 서보모터의 2상 전압은 증폭기 내에서 위상을 조정하는 방법에 의해 얻어진다.

09 취급이 간단하고 기동시간이 짧아서 섬과 같이 전력계통에서 고립된 지역, 선박 등에 사용되는 소용량 전원용 발전기는?

① 터빈 발전기 ② 엔진 발전기
③ 수차 발전기 ④ 초전도 발전기

엔진 발전기

엔진 발전기의 구성은 엔진, 발전기, 연료공급장치, 조속기, 전압조정기 등으로 되어 있으며 계통 전력을 사용할 수 없는 지역이나 전기를 일시적으로 필요한 곳에만 공급할 목적으로 사용되는 발전기이다. 취급이 간단하고 기동시간이 짧으며 섬과 같이 고립된 지역이나 선박 등과 같은 소용량 전원 공급용 발전기이다.

10 권선형 유도전동기 2대를 직렬종속으로 운전하는 경우 그 동기속도는 어떤 전동기의 속도와 같은가?

① 두 전동기 중 적은 극수를 갖는 전동기
② 두 전동기 중 많은 극수를 갖는 전동기
③ 두 전동기의 극수의 합과 같은 극수를 갖는 전동기
④ 두 전동기의 극수의 합의 평균과 같은 극수를 갖는 전동기

권선형 유도전동기 2대를 직렬 종속접속시 동기속도 (N_s)

두 전동기의 극수를 p_1, p_2라 하면

$N_s = \dfrac{120f}{p_1+p_2}$ [rpm]이므로

∴ 두 전동기 극수의 합을 극수로 하는 전동기의 동기속도이다.

11 GTO 사이리스터의 특징으로 틀린 것은?

① 각 단자의 명칭은 SCR 사이리스터와 같다.
② 온(On) 상태에서 양방향 전류특성을 보인다.
③ 온(On) 드롭(Drop)은 약 2~4[V]가 되어 SCR 사이리스터 보다 약간 크다,
④ 오프(Off) 상태에서는 SCR 사이리스터처럼 양방향 전압저지능력을 갖고 있다.

GTO(Gate Turn-Off thyristor)

3단자 역방향 저지 사이리스터의 종류 중의 하나로 각 단자의 명칭은 사이리스터와 동일하며 게이트의 전원 극성을 조정하여 사이리스터를 턴온 또는 턴오프를 시킬 수 있는 반도체 사이리스터 소자이다. 이 때 GTO가 턴온 상태에서는 역방향 전류는 저지하는 능력을 지니며 게이트의 전원 극성을 역방향 전류 또는 부(-) 전압을 공급하여 턴오프 시킬 수 있다. 온(On) 드롭(Drop)은 SCR 사이리스터보다 약간 크고, 오프(Off) 상태에서는 SCR 사이리스터처럼 양방향 전압 저지능력을 갖고 있다.

12 3상 변압기의 병렬운전 조건으로 틀린 것은?

① 각 군의 임피던스가 용량에 비례할 것
② 각 변압기의 백분율 임피던스 강하가 같을 것
③ 각 변압기의 권수비가 같고 1차와 2차의 정격전압이 같을 것
④ 각 변압기의 상회전 방향 및 1차와 2차선 간전압의 위상 범위가 같을 것

변압기 병렬운전 조건

(1) 극성이 일치할 것
(2) 권수비 및 1차, 2차 정격전압이 같을 것
(3) 각 변압기의 저항과 리액턴스비가 일치할 것
(4) %저항 강하 및 %리액턴스 강하가 일치할 것. 또는 %임피던스 강하가 일치할 것
(5) 위상각 변위가 일치할 것(3상 결선일 때)
(6) 상회전 방향이 일치할 것(3상 결선일 때)

13 직류기의 권선을 단중 파권으로 감으면 어떻게 되는가?

① 저압 대전류용 권선이다.
② 균압환을 연결해야 한다.
③ 내부 병렬 회로수가 극수만큼 생긴다.
④ 전기자 병렬 회로수가 극수에 관계없이 언제나 2이다.

중권과 파권의 비교

비교항목	중권	파권
전기자 병렬회로수(a)	$a = p$ (극수)	$a = 2$
브러시 수(b)	$b = p$	$b = 2$
용도	저전압, 대전류용	고전압, 소전류용
균압접속	필요하다.	불필요하다.
다중도(m)	$a = pm$	$a = 2m$

14 동기발전기의 단자부근에서 단락 시 단락전류는?

① 서서히 증가하여 큰 전류가 흐른다.
② 처음부터 일정한 큰 전류가 흐른다.
③ 무시할 정도의 작은 전류가 흐른다.
④ 단락된 순간은 크나, 점차 감소한다.

동기발전기의 단락전류
동기발전기의 단자 부근에서 단락이 일어났다고 하면 단락된 순간 단락전류를 제한하는 성분은 누설리액턴스 뿐이므로 매우 큰 단락전류가 흐르기만 점차 전기자 반작용에 의한 리액턴스 성분이 증가되어 지속적인 단락전류가 흐르게 되며 단락전류는 점점 감소한다.

15 전력의 일부를 전원측에 반환할 수 있는 유도전동기의 속도제어법은?

① 극수 변환법
② 크레머 방식
③ 2차 저항 가감법
④ 세르비우스 방식

정지 세르비우스 방식
유도전동기의 속도와 역률을 제어하기 위하여 유도전동기의 2차 슬립 전력을 정류하여 그 직류 출력을 역변환 장치에 의해 교류 전원 주파수의 전력으로 바꾸어 전원에 반환하도록 한 것으로서 유도전동기의 속도제어 방법인 2차 여자법의 종류 중 하나이다.

16 단권변압기에서 1차 전압 100[V], 2차 전압 110[V]인 단권변압기의 자기용량과 부하용량의 비는?

① $\dfrac{1}{10}$ ② $\dfrac{1}{11}$

③ 10   ④ 11

단권변압기 용량(자기용량)
$V_h = 110$ [V], $V_l = 100$ [V]이므로
$\therefore \dfrac{자기용량}{부하용량} = \dfrac{V_h - V_l}{V_h} = \dfrac{110 - 100}{110} = \dfrac{1}{11}$

17 3상 유도전동기의 기계적 출력 P[kW], 회전수 N[rpm]인 전동기의 토크[N·m]는?

① $0.46\dfrac{P}{N}$

② $0.855\dfrac{P}{N}$

③ $975\dfrac{P}{N}$

④ $9549.3\dfrac{P}{N}$

유도전동기의 토크(τ)

기계적 출력 P[W], 회전자 속도 N[rpm], 2차 입력 P_2[W], 동기속도 N_s[rpm]라 하면

$\tau = 9.5493\dfrac{P}{N}$[N·m] $= 0.975\dfrac{P}{N}$[kg·m]

$\quad = 9.5493\dfrac{P_2}{N_s}$[N·m] $= 0.975\dfrac{P_2}{N_s}$[kg·m] 이므로

$\therefore \tau = 9.5493\dfrac{P\text{[W]}}{N} = 9549.3\dfrac{P\text{[kW]}}{N}$[N·m]

---

18 210/105[V]의 변압기를 그림과 같이 결선하고 고압측에 200[V]의 전압을 가하면 전압계의 지시는 몇 [V]인가? (단, 변압기는 가극성이다.)

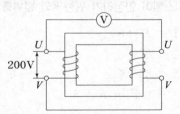

① 100

② 200

③ 300

④ 400

변압기의 극성에 따른 전압계의 지시값

가극성인 경우는 $V_1 + V_2$[V] 이고

감극성인 경우는 $V_1 - V_2$[V] 이므로

변압기 권수비 $a = 210/105$,

고압측 $V_1 = 200$[V]일 때

$a = \dfrac{V_1}{V_2}$ 식에서 $V_2 = \dfrac{V_1}{a}$[V]이다.

$V_2 = \dfrac{V_1}{a} = 200 \times \dfrac{105}{210} = 100$[V]

$\therefore$ 가극성 : $V_1 + V_2 = 200 + 100 = 300$[V]

---

19 평형 6상 반파정류회로에서 297[V]의 직류전압을 얻기 위한 입력측 각 상전압은 약 몇 [V]인가? (단, 부하는 순수 저항부하이다.)

① 110

② 220

③ 380

④ 440

6상 반파 정류회로

교류측(입력측) 전압 E, 직류측 전압 E_d일 때

6상 반파 정류회로의 교류측 전압 E는

$E = \dfrac{\pi}{3\sqrt{2}}E_d$[V] 식에 의하여 $E_d = 297$[V]일 때

$\therefore E = \dfrac{\pi}{3\sqrt{2}} \times 297 = 220$[V]

---

20 3상 분권 정류자 전동기에 속하는 것은?

① 톰슨 전동기

② 데리 전동기

③ 시라게 전동기

④ 애트킨슨 전동기

시라게 전동기

3상 분권정류자 전동기의 여러 종류 중에서 특성이 좋아 가장 많이 사용되고 있는 전동기로서 1차 권선을 회전자에 둔 권선형 유도전동기이다. 시라게 전동기는 직류분권전동기와 같이 정속도 및 가변속도 전동기이며 브러시의 이동에 의하여 속도제어와 역률개선을 할 수 있다.

---

⑳ 4. 회로이론 및 제어공학

01 전달함수가 $G(s) = \dfrac{10}{s^2+3s+2}$ 으로 표현되는 제어시스템에서 직류 이득은 얼마인가?

① 1　　　　　　② 2
③ 3　　　　　　④ 5

직류이득(g)

$G(s) = \dfrac{10}{s^2+3s+2}$ 식에서 $s = j\omega$로 취하면

$G(j\omega) = \dfrac{10}{(j\omega)^2+3(j\omega)+2}$ 일 때

직류에서는 $\omega = 0$이므로 직류이득(g)은

$\therefore g = |G(j\omega)|_{\omega=0} = \left| \dfrac{10}{(j\omega)^2+3(j\omega)+2} \right|_{\omega=0}$

$= 5$

02 시스템행렬 A가 다음과 같을 때 상태천이행렬을 구하면?

$$A = \begin{bmatrix} 0 & 1 \\ -2 & -3 \end{bmatrix}$$

① $\begin{bmatrix} 2e^t - e^{2t} & -e^t + e^{2t} \\ 2e^t - 2e^{2t} & -e^t - 2e^{2t} \end{bmatrix}$

② $\begin{bmatrix} 2e^{-t} - e^{-2t} & e^{-t} - e^{-2t} \\ -2e^{-t} + 2e^{-2t} & -e^{-t} - 2e^{2t} \end{bmatrix}$

③ $\begin{bmatrix} 2e^{-t} - e^{-2t} & -e^{-t} + e^{-2t} \\ 2e^{-t} - 2e^{-2t} & -e^{-t} - 2e^{-2t} \end{bmatrix}$

④ $\begin{bmatrix} 2e^{-t} - e^{-2t} & e^{-t} - e^{-2t} \\ -2e^{-t} + 2e^{-2t} & -e^{-t} + 2e^{-2t} \end{bmatrix}$

상태방정식의 천이행렬 : $\phi(t)$

$\phi(t) = \mathcal{L}^{-1}[\phi(s)] = \mathcal{L}^{-1}[sI-A]^{-1}$이므로

$(sI-A) = s\begin{bmatrix} 1 & 0 \\ 0 & 1 \end{bmatrix} - \begin{bmatrix} 0 & 1 \\ -2 & -3 \end{bmatrix}$

$= \begin{bmatrix} s & -1 \\ 2 & s+3 \end{bmatrix}$

$\phi(s) = (sI-A)^{-1} = \begin{bmatrix} s & -1 \\ 2 & s+3 \end{bmatrix}^{-1}$

$= \dfrac{1}{s(s+3)+2}\begin{bmatrix} s+3 & 1 \\ -2 & s \end{bmatrix}$

$= \begin{bmatrix} \dfrac{s+3}{s^2+3s+2} & \dfrac{1}{s^2+3s+2} \\ \dfrac{-2}{s^2+3s+2} & \dfrac{s}{s^2+3s+2} \end{bmatrix}$

$\therefore \phi(t) = \mathcal{L}^{-1}[\phi(s)]$

$= \begin{bmatrix} 2e^{-t} - e^{-2t} & e^{-t} - e^{-2t} \\ -2e^{-t} + 2e^{-2t} & -e^{-t} + 2e^{-2t} \end{bmatrix}$

03 Routh-Hurwitz 안전도 판별법을 이용하여 특성방정식이 $s^3 + 3s^2 + 3s + 1 + K = 0$으로 주어진 제어시스템이 안정하기 위한 K의 범위를 구하면?

① $-1 \leq K < 8$
② $-1 < K \leq 8$
③ $-1 < K < 8$
④ $K < -1$ 또는 $K > 8$

안정도 판별법(루스 판정법)

s^3	1	3
s^2	3	$1+K$
s^1	$\dfrac{9-(1+K)}{3}$	0
s^0	$1+K$	

제1열의 원소에 부호변화가 없어야 제어계가 안정할 수 있으므로 $9-(1+K) > 0$, $1+K > 0$ 이어야 한다.
따라서 $K > -1$이고, $K < 8$인 조건을 만족하기 위해서는

$\therefore -1 < K < 8$

04 근궤적의 성질 중 틀린 것은?

① 근궤적은 실수축을 기준으로 대칭이다.
② 점근선은 허수축 상에서 교차한다.
③ 근궤적의 가지 수는 특성방정식의 차수와 같다.
④ 근궤적은 개루프 전달함수의 극점으로부터 출발한다.

근궤적의 성질

(1) 근궤적은 극점에서 출발하여 영점에서 도착한다.
(2) 근궤적의 가지수(지로수)는 다항식의 차수와 같다. 또는 특성방정식의 차수와 같다. 근궤적의 가지수(지로수)는 특성방정식의 근의 수와 같거나 개루프 전달함수 $G(s)H(s)$ 의 극점과 영점 중 큰 개수와 같다.
(3) 근궤적인 실수축에 대하여 대칭이다.
(4) 근궤적의 복소수근은 공액복소수쌍을 이루게 된다.
(5) 근궤적은 개루프 전달함수 $G(s)H(s)$ 의 절대치가 1인 점들의 집합이다.
$|G(s)H(s)|=1$

05 그림과 같은 블록선도의 제어시스템에서 속도편차 상수 K_v는 얼마인가?

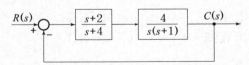

① 0
② 0.5
③ 2
④ ∞

제어계의 정상편차상수

개루프 전달함수 $G(s)H(s)=\dfrac{4(s+2)}{s(s+1)(s+4)}$ 이므로 1형 제어계이며 단위속도입력 또한 1형 입력이므로 속도편차상수(k_v)는 유한값을 갖는다.

$$\therefore k_v = \lim_{s \to 0} s\,G(s)H(s) = \lim_{s \to 0} \frac{4(s+2)}{(s+1)(s+2)}$$
$$= \frac{8}{4} = 2$$

06 그림의 신호 흐름 선도에서 $\dfrac{C(s)}{R(s)}$ 는?

① $-\dfrac{2}{5}$

② $-\dfrac{6}{19}$

③ $-\dfrac{12}{29}$

④ $-\dfrac{12}{37}$

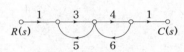

신호흐름선도의 전달함수(메이슨 정리)

$L_{11} = 3 \times 5 = 15$
$L_{12} = 4 \times 6 = 24$
$\Delta = 1-(L_{11}+L_{12}) = 1-(15+24) = -38$
$M_1 = 1 \times 3 \times 4 \times 1 = 12, \ \Delta_1 = 1$
$$\therefore G(s) = \frac{M_1 \Delta_1}{\Delta} = \frac{12}{-38} = -\frac{6}{19}$$

07 다음 논리식을 간단히 한 것은?

$$Y = \overline{A}\,BC\overline{D} + \overline{A}\,BCD + \overline{A}\,\overline{B}C\overline{D} + \overline{A}\,\overline{B}CD$$

① $Y = \overline{A}\,C$
② $Y = A\,\overline{C}$
③ $Y = AB$
④ $Y = BC$

논리식의 간소화

$Y = \overline{A}\,BC\overline{D} + \overline{A}\,BCD + \overline{A}\,\overline{B}C\overline{D} + \overline{A}\,\overline{B}CD$
$= \overline{A}\,BC(\overline{D}+D) + \overline{A}\,\overline{B}C(\overline{D}+D)$
$= \overline{A}\,C(B+\overline{B})$
$= \overline{A}\,C$

참고 불대수

$\overline{D}+D=1 \qquad\qquad B+\overline{B}=1$
$\overline{D} \cdot D=0 \qquad\qquad \overline{B} \cdot B=0$

08 전달함수가 $\dfrac{C(s)}{R(s)} = \dfrac{25}{s^2 + 6s + 25}$ 인 2차 제

어시스템의 감쇠 진동 주파수(ω_d)는 몇 [rad/sec]인가?

① 3
② 4
③ 5
④ 5

감쇠진동주파수(ω_d)

$\omega_d = \omega_n\sqrt{1-\zeta^2}$ 식에서 고유각주파수 ω_n,

제동비(또는 감쇠비) ζ 라 하면

$$\dfrac{C(s)}{R(s)} = \dfrac{25}{s^2+6s+25} = \dfrac{\omega_n{}^2}{s^2 2\zeta\omega_n s + \omega_n{}^2}$$

$\omega_n{}^2 = 25$, $2\zeta\omega_n = 6$, $\omega_n = 5$,

$\zeta = \dfrac{6}{2\omega_n} = \dfrac{6}{10} = 0.6$

$\therefore \omega_d = \omega_n\sqrt{1-\zeta^2} = 5\sqrt{1-0.6} = 4\,[\text{rad/sec}]$

---

09 폐루프 시스템에서 응답의 잔류 편차 또는 정상상태오차를 제거하기 위한 제어 기법은?

① 비례 제어
② 적분 제어
③ 미분 제어
④ on-off 제어

연속동작에 의한 분류

(1) 비례동작(P제어) : off-set(오프셋, 잔류편차, 정상편차, 정상오차)가 발생, 속응성(응답속도)이 나쁘다.
(2) 미분제어(D제어) : 진동을 억제하여 속응성(응답속도)을 개선한다. [진상보상]
(3) 적분제어(I제어) : 정상응답특성을 개선하여 off-set(오프셋, 잔류편차, 정상편차, 정상오차)를 제거한다. [지상보상]
(4) 비례미분적분제어(PID제어) : 최상의 최적제어로서 off-set를 제거하며 속응성 또한 개선하여 안정한 제어가 되도록 한다. [진·지상보상]

---

10 $e(t)$의 z변환을 $E(z)$라고 했을 때 $e(t)$의 초기값 $e(0)$는?

① $\displaystyle\lim_{z\to 1} E(z)$

② $\displaystyle\lim_{z\to \infty} E(z)$

③ $\displaystyle\lim_{z\to 1}(1 - z^{-1})E(z)$

④ $\displaystyle\lim_{z\to \infty}(1 - z^{-1})E(z)$

초기값 정리와 최종값 정리

(1) 초기값 정리

$$\lim_{k\to 0} f(kT) = f(0) = \lim_{z\to\infty} F(z)$$

(2) 최종값 정리

$$\lim_{k\to\infty} f(kT) = f(\infty) = \lim_{z\to 1}(1-z^{-1})F(z)$$

$\therefore e(0) = \displaystyle\lim_{z\to\infty} E(z)$

---

11 RL 직렬회로에 순시치 전압 $v(t) = 20 + 100\sin\omega t + 40\sin(3\omega t + 60°) + 40\sin 5\omega t\,[\text{V}]$ 를 가할 때 제5고조파 전류의 실효값 크기는 약 몇 [A]인가? (단, $R = 4[\Omega]$, $\omega L = 1[\Omega]$이다.)

① 4.4
② 5.66
③ 6.25
④ 8.0

제5고조파 전류의 실효값(I_5)

전압 파형에서 제5고조파는 $\sin 5\omega t$ 파형이므로 5고조파 전압의 최대값은 $E_{m5} = 40\,[\text{V}]$임을 알 수 있다. 제5고조파 임피던스를 Z_5라 하면

$Z_5 = R + j5\omega L = 4 + j5\times 1 = 4 + j5\,[\Omega]$이다.

$I_5 = \dfrac{E_{m5}}{\sqrt{2}\,Z_5}\,[\text{A}]$ 식에서

$\therefore I_5 = \dfrac{E_{m5}}{\sqrt{2}\,Z_5} = \dfrac{40}{\sqrt{2}\times\sqrt{4^2+5^2}} = 4.4\,[\text{A}]$

---

12 대칭 3상 전압이 공급되는 3상 유도 전동기에서 각 계기의 지시는 다음과 같다. 유도전동기의 역률은 약 얼마인가?

전력계(W_1): 2.84[kW]
전력계(W_2): 6.00[kW]
전압계(V): 200[V]
전류계(A): 30[A]

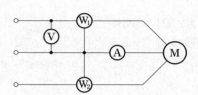

① 0.70 ② 0.75
③ 0.80 ④ 0.85

2전력계법에서 역률

$$\cos\theta = \frac{W_1 + W_2}{2\sqrt{W_1{}^2 + W_2{}^2 - W_1 W_2}}$$
$$= \frac{2.84 + 6}{2\sqrt{2.84^2 + 6^2 - 2.84 \times 6}} = 0.85$$

별해

$$\cos\theta = \frac{P}{S} = \frac{W_1 + W_2}{\sqrt{3}\,VI} = \frac{(2.84 + 6) \times 10^3}{\sqrt{3} \times 200 \times 30} = 0.85$$

13 불평형 3상 전류 $I_a = 25 + j4$[A], $I_b = -18 - j16$[A], $I_c = 7 + j15$[A]일 때 영상전류 I_0[A]는?

① $2.67 + j$ ② $2.67 + j2$
③ $4.67 + j$ ④ $4.67 + j2$

영상분 전류(I_0)

$$I_0 = \frac{1}{3}(I_a + I_b + I_c)$$
$$= \frac{1}{3}(25 + j4 - 18 - j16 + 7 + j15)$$
$$= 4.67 + j \text{ [A]}$$

14 회로의 단자 a와 b 사이에 나타나는 전압 V_{ab}는 몇 [V]인가?

① 3
② 9
③ 10
④ 12

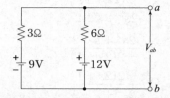

밀만의 정리

$$V_{ab} = \frac{\dfrac{V_1}{R_1} + \dfrac{V_2}{R_2}}{\dfrac{1}{R_1} + \dfrac{1}{R_2}} = \frac{\dfrac{9}{3} + \dfrac{12}{6}}{\dfrac{1}{3} + \dfrac{1}{6}} = 10 \text{ [V]}$$

15 4단자 정수 A, B, C, D 중에서 전압이득의 차원을 가진 정수는?

① A ② B
③ C ④ D

4단자 정수의 성질 및 차원
(1) A : 전압이득 또는 입·출력 전압비
(2) B : 임피던스 차원
(3) C : 어드미턴스 차원
(4) D : 전류이득 또는 입·출력 전류비

16 분포정수회로에서 직렬 임피던스를 Z, 병렬 어드미턴스를 Y라 할 때, 선로의 특성 임피던스 Z_c는?

① ZY ② $\sqrt{ZY}$
③ $\sqrt{\dfrac{Y}{Z}}$ ④ $\sqrt{\dfrac{Z}{Y}}$

분포정수회로
(1) 특성임피던스(Z_0)

$$Z_0 = \sqrt{\frac{Z}{Y}} = \sqrt{\frac{R + j\omega L}{G + j\omega C}} = \sqrt{\frac{L}{C}} \text{ [}\Omega\text{]}$$

(2) 전파정수(γ)

$$\gamma = \sqrt{ZY} = \sqrt{(R + j\omega L)(G + j\omega C)} = \alpha + j\beta$$

17 그림과 같은 회로의 구동점 임피던스[Ω]는?

① $\dfrac{2(2s+1)}{2s^2+s+2}$

② $\dfrac{2s^2+s-2}{-2(2s+1)}$

③ $\dfrac{-2(2s+1)}{2s^2+s-2}$

④ $\dfrac{2s^2+s+2}{2(2s+1)}$

1[Ω]

$\dfrac{1}{2}$[F] 2[H]

구동점 임피던스 $Z(s)$

$R=1\,[\Omega]$, $L=2\,[H]$, $C=\dfrac{1}{2}\,[F]$일 때

구동점 어드미턴스 $Y(s)$는

$Y(s)=Cs+\dfrac{1}{R+Ls}=\dfrac{1}{2}s+\dfrac{1}{1+2s}$

$=\dfrac{s(1+2s)+2}{2(1+2s)}=\dfrac{2s^2+s+2}{2(2s+1)}$이다.

$\therefore Z(s)=\dfrac{1}{Y(s)}=\dfrac{2(2s+1)}{2s^2+s+2}$

18 $\triangle$결선으로 운전 중인 3상 변압기에서 하나의 변압기 고장에 의해 V결선으로 운전하는 경우, V결선으로 공급할 수 있는 전력은 고장전 $\triangle$결선으로 공급할 수 있는 전력에 비해 약 몇 [%]인가?

① 86.6　　② 75.0

③ 66.7　　④ 57.7

변압기 V결선의 출력비와 이용률

(1) 출력비$=\dfrac{\text{V결선의 출력}}{\triangle\text{결선의 출력}}=\dfrac{\sqrt{3}\,TR}{3\,TR}=\dfrac{1}{\sqrt{3}}$

$=0.577\,[pu]=57.7\,[\%]$

(2) 이용률$=\dfrac{\sqrt{3}\,TR}{2\,TR}=\dfrac{\sqrt{3}}{2}=0.866=86.6\,[\%]$

$\therefore$ 출력비는 57.7 [%]이다.

19 그림의 교류 브리지 회로가 평형이 되는 조건은?

① $L=\dfrac{R_1R_2}{C}$

② $L=\dfrac{C}{R_1R_2}$

③ $L=R_1R_2C$

④ $L=\dfrac{R_2}{R_1}C$

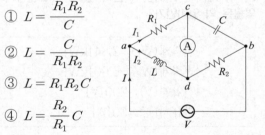

휘스톤브리지 평형회로

휘스톤브리지 회로가 평형이 되기 위한 조건식은

$R_1R_2=j\omega L\times\dfrac{1}{j\omega C}=\dfrac{L}{C}$을 만족하여야 한다.

$\therefore L=R_1R_2C$

20 $f(t)=t^n$의 라플라스 변환 식은?

① $\dfrac{n}{s^n}$　　② $\dfrac{n+1}{s^{n+1}}$

③ $\dfrac{n!}{s^{n+1}}$　　④ $\dfrac{n+1}{s^{n!}}$

라플라스 변환

$f(t)$	t	t^2	t^3	t^n
$F(s)$	$\dfrac{1}{s^2}$	$\dfrac{2}{s^3}$	$\dfrac{6}{s^4}$	$\dfrac{n!}{s^{n+1}}$

5. 전기설비기술기준

2021년 7월 한국전기설비규정 개정에 따라 기출문제를 개정된 내용으로 반영하여 일부 삭제 및 변형하였습니다

01 다음 ( )에 들어갈 내용으로 옳은 것은?

> 전차선로는 무선설비의 기능에 계속적이고 또한 중대한 장해를 주는 ( )가 생길 우려가 있는 경우에는 이를 방지하도록 시설하여야 한다.

① 전파   ② 혼촉
③ 단락   ④ 정전기

전기철도의 전자파 장해의 방지
(1) 전차선로는 무선설비의 기능에 계속적이고 또한 중대한 장해를 주는 전자파가 생길 우려가 있는 경우에는 이를 방지하도록 시설하여야 한다.
(2) (1)의 경우에 전차선로에서 발생하는 전자파 방사성 방해 허용기준은 궤도 중심선으로부터 측정안테나까지의 거리 10 [m] 떨어진 지점에서 6회 이상 측정하여야 한다.

02 옥내에 시설하는 저압전선에 나전선을 사용할 수 있는 경우는?

① 버스덕트 공사에 의하여 시설하는 경우
② 금속덕트 공사에 의하여 시설하는 경우
③ 합성수지관 공사에 의하여 시설하는 경우
④ 후강전선관 공사에 의하여 시설하는 경우

나전선의 사용 제한
옥내에 시설하는 저압전선에는 나전선을 사용하여서는 아니 된다. 다만, 다음 중 어느 하나에 해당하는 경우에는 그러하지 아니하다.
(1) 애자공사에 의하여 전개된 곳에 시설하는 경우
(2) 버스덕트공사에 의하여 시설하는 경우
(3) 라이팅덕트공사에 의하여 시설하는 경우
(4) 옥내에 시설하는 저압 접촉전선을 시설하는 경우
(5) 유희용 전차의 전원장치에 있어서 2차측 회로의 배선을 제3레일 방식에 의한 접촉전선을 시설하는 경우

03 사람이 상시 통행하는 터널 안의 배선(전기기계기구 안의 배선, 관등회로의 배선, 소세력 회로의 전선 및 출퇴 표시등 회로의 전선은 제외)의 시설기준에 적합하지 않은 것은? (단, 사용전압이 저압의 것에 한한다.)

① 합성수지관 공사로 시설하였다.
② 공칭단면적 2.5[mm²]의 연동선을 사용하였다.
③ 애자공사시 전선의 높이는 노면상 2[m]로 시설하였다.
④ 전로에는 터널의 입구 가까운 곳에 전용개폐기를 시설하였다.

사람이 상시 통행하는 터널 안의 배선의 시설
사람이 상시 통행하는 터널 안의 배선(전기기계기구 안의 배선, 관등회로의 배선, 소세력 회로의 전선을 제외한다)은 그 사용전압이 저압의 것에 한하고 또한 다음에 따라 시설하여야 한다.
(1) 케이블공사, 금속관공사, 합성수지관공사, 가요전선관공사, 애자공사에 의할 것.
(2) 공칭단면적 2.5 [mm²]의 연동선과 동등 이상의 세기 및 굵기의 절연전선(옥외용 비닐 절연전선 및 인입용 비닐 절연전선을 제외한다)을 사용하여 애자공사에 의하여 시설하고 또한 이를 노면상 2.5 [m] 이상의 높이로 할 것.
(3) 전로에는 터널의 입구에 가까운 곳에 전용 개폐기를 시설할 것.

04 그림은 전력선 반송통신용 결합장치의 보안장치이다. 여기에서 CC는 어떤 커패시터인가?

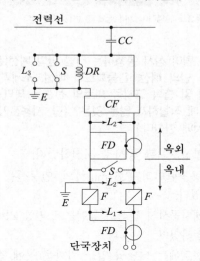

전력선

단국장치

① 결합 커패시터
② 전력용 커패시터
③ 정류용 커패시터
④ 축전용 커패시터

전력선 반송 통신용 결합장치의 보안장치
- FD : 동축케이블
- F : 정격전류 10[A] 이하의 포장퓨즈
- DR : 전류 용량 2[A] 이상의 배류선륜
- L_1 : 교류 300[V] 이하에서 동작하는 피뢰기
- L_2 : 동작전압이 교류 1,300[V]를 초과하고 1,600[V] 이하로 조정된 방전 캡
- L_3 : 동작전압이 교류 2[kV]를 초과하고 3[kV] 이하로 조정된 구상 방전 캡
- S : 접지용 개폐기
- CF : 결합필터
- CC : 결합 커패시터(결합안테나 포함)
- E : 접지

삭제문제

05 케이블 트레이공사에 사용하는 케이블 트레이에 대한 기준으로 틀린 것은?

① 안전율은 1.5 이상으로 하여야 한다.
② 비금속제 케이블 트레이는 수밀성 재료의 것이어야 한다.
③ 금속제 케이블 트레이 계통은 기계적 및 전기적으로 완전하게 접속하여야 한다.
④ 저압 옥내배선의 사용전압이 400V 이상인 경우에는 금속제 트레이에 특별 제3종 접지공사를 하여야 한다.

2021.1.1. 삭제된 기준임

06 지중전선로에 사용하는 지중함의 시설기준으로 틀린 것은?

① 지중함은 견고하고 차량 기타 중량물의 압력에 견디는 구조일 것
② 지중함은 그 안의 고인 물을 제거할 수 있는 구조로 되어있을 것
③ 지중함의 뚜껑은 시설자 이외의 자가 쉽게 열 수 없도록 시설할 것
④ 폭발성의 가스가 침입할 우려가 있는 것에 시설하는 지중함으로서 그 크기가 0.5[m³] 이상인 것에는 통풍장치 기타 가스를 방산시키기 위한 적당한 장치를 시설할 것

지중함의 시설
지중전선로에 사용하는 지중함은 다음에 따라 시설하여야 한다.
(1) 지중함은 견고하고 차량 기타 중량물의 압력에 견디는 구조일 것.
(2) 지중함은 그 안의 고인 물을 제거할 수 있는 구조로 되어 있을 것.
(3) 폭발성 또는 연소성의 가스가 침입할 우려가 있는 것에 시설하는 지중함으로서 그 크기가 1 [m³] 이상인 것에는 통풍장치 기타 가스를 방산시키기 위한 적당한 장치를 시설할 것.
(4) 지중함의 뚜껑은 시설자 이외의 자가 쉽게 열 수 없도록 시설할 것.

07 교량의 윗면에 시설하는 고압 전선로는 전선의 높이를 교량의 노면상 몇 [m] 이상으로 하여야 하는가?

① 3   ② 4
③ 5   ④ 6

특수장소에 시설하는 전선로

교량에 시설하는 전선로

구분	항목	저압 전선로	고압 전선로
교량의 윗면에 시설	전선의 높이	노면상 5 [m] 이상	노면상 5 [m] 이상
	전선의 종류	2.6 [mm] 이상의 경동선의 절연전선	케이블
	전선과 조영재의 이격거리	30 [cm] 이상 단, 케이블인 경우 15 [cm] 이상	60 [cm] 이상 단, 케이블인 경우 30 [cm] 이상
교량의 아랫면에 시설할 경우의 공사방법		합성수지관공사 금속관공사 가요전선관공사 케이블공사	–

08 목장에서 가축의 탈출을 방지하기 위하여 전기 울타리를 시설하는 경우 전선은 인장강도가 몇 [kN] 이상의 것이어야 하는가?

① 1.38   ② 2.78
③ 4.43   ④ 5.93

전기울타리

전기울타리는 목장·논밭 등 옥외에서 가축의 탈출 또는 야생짐승의 침입을 방지하기 위하여 시설하는 경우를 제외하고는 시설해서는 안 된다.
(1) 전기울타리용 전원장치에 전원을 공급하는 전로의 사용전압은 250 [V] 이하이어야 한다.
(2) 전기울타리는 사람이 쉽게 출입하지 아니하는 곳에 시설할 것.
(3) 전선은 인장강도 1.38 [kN] 이상의 것 또는 지름 2 [mm] 이상의 경동선일 것.
(4) 전선과 이를 지지하는 기둥 사이의 이격거리는 25 [mm] 이상일 것.

(5) 전선과 다른 시설물(가공 전선을 제외한다) 또는 수목과의 이격거리는 0.3 [m] 이상일 것.
(6) 전기울타리에 전기를 공급하는 전로에는 쉽게 개폐할 수 있는 곳에 전용 개폐기를 시설하여야 한다.
(7) 전기울타리 전원장치의 외함 및 변압기의 철심은 접지공사를 하여야 한다.
(8) 전기울타리의 접지전극과 다른 접지 계통의 접지전극의 거리는 2 [m] 이상이어야 한다.
(9) 가공전선로의 아래를 통과하는 전기울타리의 금속부분은 교차지점의 양쪽으로부터 5 [m] 이상의 간격을 두고 접지하여야 한다.

삭제문제
09 저압의 전선로 중 절연부분의 전선과 대지간의 절연저항은 사용전압에 대한 누설전류가 최대 공급전류의 얼마를 넘지 않도록 유지하여야 하는가?

① $\frac{1}{1000}$ ② $\frac{1}{2000}$
③ $\frac{1}{3000}$ ④ $\frac{1}{4000}$

2021.1.1. 삭제된 기준임

10 가공전선로의 지지물에 하중이 가하여지는 경우에 그 하중을 받는 지지물의 기초 안전율은 얼마 이상이어야 하는가? (단, 이상 시 상정하중은 무관)

① 1.5   ② 2.0
③ 2.5   ④ 3.0

가공전선로 지지물의 기초 안전율

가공전선로의 지지물에 하중이 가하여지는 경우에 그 하중을 받는 지지물의 기초의 안전율은 2(이상 시 상정하중이 가하여지는 경우의 그 이상시 상정하중에 대한 철탑의 기초에 대하여는 1.33) 이상이어야 한다.

삭제문제

11 제2종 특고압 보안공사 시 지지물로 사용하는 철탑의 경간을 400[m] 초과로 하려면 몇 [mm²] 이상의 경동연선을 사용하여야 하는가?

① 38   ② 55
③ 82   ④ 100

2021.1.1. 삭제된 기준임

변형문제

12 금속제 외함을 가진 저압의 기계기구로서 사람이 쉽게 접촉될 우려가 있는 곳에 시설하는 경우 전기를 공급받는 전로에 누전차단기를 설치하여야 하는 기계기구의 사용전압이 몇 [V]를 초과하는 경우인가?

① 30   ② 50
③ 100   ④ 150

누전차단기의 시설

금속제 외함을 가지는 사용전압이 50 [V]를 초과하는 저압의 기계 기구로서 사람이 쉽게 접촉할 우려가 있는 곳에 시설하는 것에 전기를 공급하는 전로. 다만, 다음의 어느 하나에 해당하는 경우에는 적용하지 않는다.

(1) 기계기구를 발전소·변전소·개폐소 또는 이에 준하는 곳에 시설하는 경우
(2) 기계기구를 건조한 곳에 시설하는 경우
(3) 대지전압이 150 [V] 이하인 기계기구를 물기가 있는 곳 이외의 곳에 시설하는 경우
(4) 「전기용품 및 생활용품 안전관리법」의 적용을 받는 이중 절연구조의 기계기구를 시설하는 경우
(5) 그 전로의 전원측에 절연변압기(2차 전압이 300 [V] 이하인 경우에 한한다)를 시설하고 또한 그 절연변압기의 부하측의 전로에 접지하지 아니하는 경우
(6) 기계기구가 고무·합성수지 기타 절연물로 피복된 경우
(7) 기계기구가 유도전동기의 2차측 전로에 접속되는 것일 경우
(8) 기계기구내에 「전기용품 및 생활용품 안전관리법」의 적용을 받는 누전차단기를 설치하고 또한 기계기구의 전원 연결선이 손상을 받을 우려가 없도록 시설하는 경우

---

13 사용전압이 35,000[V] 이하인 특고압 가공전선과 가공약전류 전선을 동일 지지물에 시설하는 경우, 특고압 가공전선로의 보안공사로 적합한 것은?

① 고압 보안공사
② 제1종 특고압 보안공사
③ 제2종 특고압 보안공사
④ 제3종 특고압 보안공사

특고압 가공전선과 가공약전류전선 등의 공용설치(특고압 공가)

(1) 사용전압이 35 [kV] 이하인 특고압 가공전선과 가공약전류전선 등을 동일 지지물에 시설하는 경우에는 다음에 따라야 한다.
  ㉠ 특고압 가공전선로는 제2종 특고압 보안공사에 의할 것.
  ㉡ 특고압 가공전선과 가공약전류전선 등 사이의 이격거리는 2 [m] 이상일 것. 다만, 특고압 가공전선이 케이블인 경우에는 0.5 [m] 까지 감할 수 있다.
  ㉢ 특고압 가공전선은 케이블인 경우를 제외하고는 인장강도 21.67 [kN] 이상의 연선 또는 단면적이 50 [mm²] 이상인 경동연선일 것.
(2) 사용전압이 35 [kV]를 초과하는 특고압 가공전선과 가공약전류전선 등은 동일 지지물에 시설하여서는 아니 된다.

---

14 과전류차단기로 시설하는 퓨즈 중 고압전로에 사용하는 비포장 퓨즈는 정격전류 2배 전류시 몇 분 안에 용단되어야 하는가?

① 1분   ② 2분
③ 5분   ④ 10분

고압 및 특고압 전로 중의 과전류차단기의 시설 및 시설 제한

과전류차단기로 시설하는 퓨즈 중 고압전로에 사용하는 포장 퓨즈(퓨즈 이외의 과전류차단기와 조합하여 하나의 과전류차단기로 사용하는 것을 제외한다)는 정격전류의 1.3배의 전류에 견디고 또한 2배의 전류로 120분 안에 용단되는 것, 그리고 비포장 퓨즈는 정격전류의 1.25배의 전류에 견디고 또한 2배의 전류로 2분 안에 용단되는 것이어야 한다.

변형문제

15 버스덕트공사에 의한 저압 옥내배선 시설공사에 대한 설명으로 틀린 것은?

① 덕트(환기형의 것을 제외)의 끝부분은 막지 말 것
② 덕트 상호 간 및 전선 상호 간은 견고하고 또한 전기적으로 완전하게 접속할 것.
③ 덕트(환기형의 것을 제외)의 내부에 먼지가 침입하지 아니하도록 할 것
④ 덕트를 조영재에 붙이는 경우 덕트 지지점간의 거리를 3 [m] 이하로 견고하게 붙인다.

버스덕트공사
덕트(환기형의 것을 제외한다)의 끝부분은 막을 것

16 발전소에서 계측하는 장치를 시설하여야 하는 사항에 해당하지 않는 것은?

① 특고압용 변압기의 온도
② 발전기의 회전수 및 주파수
③ 발전기의 전압 및 전류 또는 전력
④ 발전기의 베어링(수중 메탈을 제외한다) 및 고정자의 온도

계측장치
발전소에서는 다음의 사항을 계측하는 장치를 시설하여야 한다. 다만, 태양전지 발전소는 연계하는 전력계통에 그 발전소 이외의 전원이 없는 것에 대하여는 그러하지 아니하다.
(1) 발전기·연료전지 또는 태양전지 모듈(복수의 태양전지 모듈을 설치하는 경우에는 그 집합체)의 전압 및 전류 또는 전력
(2) 발전기의 베어링(수중 메탈을 제외한다) 및 고정자(固定子)의 온도
(3) 정격출력이 10,000 [kW]를 초과하는 증기터빈에 접속하는 발전기의 진동의 진폭(정격출력이 400,000 [kW] 이상의 증기터빈에 접속하는 발전기는 이를 자동적으로 기록하는 것에 한한다)
(4) 주요 변압기의 전압 및 전류 또는 전력
(5) 특고압용 변압기의 온도

삭제문제

17 사용전압이 특고압인 전기집진장치에 전원을 공급하기 위해 케이블을 사람이 접촉할 우려가 없도록 시설하는 경우 방식 케이블 이외의 케이블의 피복에 사용하는 금속체에는 몇 종 접지공사로 할 수 있는가?

① 제1종 접지공사
② 제2종 접지공사
③ 제3종 접지공사
④ 특별 제3종 접지공사

2021.1.1. 삭제된 기준임

18 최대사용전압이 7[kV]를 초과하는 회전기의 절연내력 시험은 최대사용전압의 몇 배의 전압(10,500[V] 미만으로 되는 경우에는 10,500[V])에서 10분간 견디어야 하는가?

① 0.92 ② 1
③ 1.1 ④ 1.25

회전기, 정류기의 절연내력시험

구분 종류	최대사용전압		시험전압	시험방법
회전기	발전기, 전동기, 조상기, 기타 회전기	7 [kV] 이하	1.5배 (최저 500 [V])	권선과 대지 사이에 연속하여 10분간 가한다.
		7 [kV] 초과	1.25배 (최저 10.5 [kV])	
	회전변류기		1배 (최저 500 [V])	

19 수소냉각식 발전기 및 이에 부속하는 수소냉각 장치의 시설에 대한 설명으로 틀린 것은?

① 발전기 안의 수소의 밀도를 계측하는 장치를 시설할 것

② 발전기 안의 수소의 순도가 85% 이하로 저하한 경우에 이를 경보하는 장치를 시설할 것

③ 발전기 안의 수소의 압력을 계측하는 장치 및 그 압력이 현저히 변동한 경우에 이를 경보하는 장치를 시설할 것

④ 발전기는 기밀구조의 것이고 또한 수소가 대기압에서 폭발하는 경우에 생기는 압력에 견디는 강도를 가지는 것일 것

수소냉각식 발전기 등의 시설

수소냉각식의 발전기·조상기 또는 이에 부속하는 수소냉각 장치는 다음 각 호에 따라 시설하여야 한다.

(1) 발전기 또는 조상기는 기밀구조의 것이고 또한 수소가 대기압에서 폭발하는 경우에 생기는 압력에 견디는 강도를 가지는 것일 것.

(2) 발전기축의 밀봉부에는 질소 가스를 봉입할 수 있는 장치 또는 발전기 축의 밀봉부로부터 누설된 수소 가스를 안전하게 외부에 방출할 수 있는 장치를 시설할 것.

(3) 발전기 내부 또는 조상기 내부의 수소의 순도가 85 [%] 이하로 저하한 경우에 이를 경보하는 장치를 시설할 것.

(4) 발전기 내부 또는 조상기 내부의 수소의 압력을 계측하는 장치 및 그 압력이 현저히 변동한 경우에 이를 경보하는 장치를 시설할 것.

(5) 발전기 내부 또는 조상기 내부의 수소의 온도를 계측하는 장치를 시설할 것.

(6) 발전기 내부 또는 조상기 내부로 수소를 안전하게 도입할 수 있는 장치 및 발전기안 또는 조상기안의 수소를 안전하게 외부로 방출할 수 있는 장치를 시설할 것.

(7) 수소를 통하는 관은 동관 또는 이음매 없는 강판이어야 하며 또한 수소가 대기압에서 폭발하는 경우에 생기는 압력에 견디는 강도의 것일 것.

(8) 수소를 통하는 관·밸브 등은 수소가 새지 아니하는 구조로 되어 있을 것.

(9) 발전기 또는 조상기에 붙인 유리제의 점검 창 등은 쉽게 파손되지 아니하는 구조로 되어 있을 것.

20 고압 가공전선로에 사용하는 가공지선은 지름 몇 [mm] 이상의 나경동선을 사용하여야 하는가?

① 2.6　　② 3.0
③ 4.0　　④ 5.0

가공전선로의 지지물에 시설하는 가공지선	
사용전압	가공지선의 규격
고압	인장강도 5.26 [kN] 이상의 것 또는 지름 4 [mm] 이상의 나경동선
특고압	인장강도 8.01 [kN] 이상의 것 또는 지름 5 [mm] 이상의 나경동선, 22 [mm^2] 이상의 나경동연선이나 아연도강연선, OPGW(광섬유 복합 가공지선) 전선

1. 전기자기학

01 평등 전계 중에 유전체 구에 의한 전속 분포가 그림과 같이 되었을 때 ϵ_1과 ϵ_2의 크기 관계는?

① $\epsilon_1 > \epsilon_2$
② $\epsilon_1 < \epsilon_2$
③ $\epsilon_1 = \epsilon_2$
④ $\epsilon_1 \leq \epsilon_2$

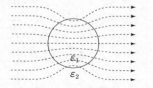

유전체 내의 경계조건

유전율이 서로 다른 유전체가 경계면을 이루고 있을 때 유전체 내의 전속선은 유전율이 큰 쪽으로 모이려는 성질이 있으며 전기력선은 유전율이 작은 쪽으로 모이려는 성질이 있다.

따라서 유전속의 분포가 ϵ_2에서 ϵ_1으로 향하고 있으며 ϵ_1쪽으로 모이려 하기 때문에 유전율은 ϵ_1이 ϵ_2보다 큰 값임을 알 수 있다.

∴ $\epsilon_1 > \epsilon_2$

02 커패시터를 제조하는데 4가지(A, B, C, D)의 유전재료가 있다. 커패시터 내의 전계를 일정하게 하였을 때, 단위체적당 가장 큰 에너지 밀도를 나타내는 재료부터 순서대로 나열한 것은? (단, 유전재료 A, B, C, D의 비유전율은 각각 $\epsilon_{rA} = 8$, $\epsilon_{rB} = 10$, $\epsilon_{rC} = 2$, $\epsilon_{rD} = 40$이다.)

① $C > D > A > B$ 　　② $B > A > D > C$
③ $D > A > C > B$ 　　④ $A > B > D > C$

유전체 내의 정전에너지 밀도(w)

$w = \dfrac{\rho_s^{\,2}}{2\epsilon} = \dfrac{D^2}{2\epsilon} = \dfrac{1}{2}\epsilon E^2 = \dfrac{1}{2}ED \,[\text{J/m}^3]$ 식에서
전계(E)가 일정할 경우 정전에너지 밀도의 공식은
$w = \dfrac{1}{2}\epsilon E^2 \,[\text{J/m}^3]$이므로 $w \propto \epsilon$임을 알 수 있다.

∴ 정전에너지 밀도는 유전율에 비례하므로 큰 재료부터의 순서는 $B > A > D > C$이다.

03 정상전류계에서 $\nabla \cdot i = 0$에 대한 설명으로 틀린 것은?

① 도체 내에 흐르는 전류는 연속이다.
② 도체 내에 흐르는 전류는 일정하다.
③ 단위 시간당 전하의 변화가 없다.
④ 도체 내에 전류가 흐르지 않는다.

전류의 연속성

도체 내에서 키르히호프의 제1법칙은 $\sum I = 0 \,[\text{A}]$이므로
$$\sum I = \int_s i \cdot n \, ds = \int_v \mathrm{div}\, i \, dv = \int_v \nabla \cdot i \, dv$$
$$= 0 \,[\text{A}]$$이다.

$\nabla \cdot i = \mathrm{div}\, i = 0$이란 도체 내에서는 전류의 발산이 일어나지 않으며 도체 내의 임의의 점으로 흘러들어가는 전류와 흘러나오는 전류는 서로 같다는 전류의 연속성을 의미한다.

따라서 도체 내에 흐르는 전류는 일정하며 단위시간당 전하의 변화도 없음을 알 수 있다.

정답　01 ①　02 ②　03 ④

04 진공 내의 점 (2, 2, 2)에 10^{-9}[C]의 전하가 놓여 있다. 점 (2, 5, 6)에서의 전계 E는 약 몇 [V/m]인가? (단, a_y, a_z는 단위벡터이다.)

① $0.278a_y + 2.888a_z$

② $0.216a_y + 0.288a_z$

③ $0.288a_y + 0.216a_z$

④ $0.291a_y + 0.288a_z$

전계의 세기(E)

점전하와 단위전하 사이의 거리를 r [m]라 하면

$\dot{r} = (2-2)a_x + (5-2)a_y + (6-2)a_z$

$\quad = 3a_y + 4a_z$ [m]이다.

전계의 세기 E는

$\dot{E} = \dfrac{Q}{4\pi\epsilon_0 r^2} \cdot a_n = 9 \times 10^9 \times \dfrac{Q}{r^2} \cdot a_n$ [V/m]일 때

$Q = 10^{-9}$ [C]

$r = \sqrt{3^2 + 4^2} = 5$ [m]

$a_n = \dfrac{\dot{r}}{r} = \dfrac{3a_y + 4a_z}{5}$ 이므로

$\dot{E} = 9 \times 10^9 \times \dfrac{Q}{r^2} \cdot a_n$

$\quad = 9 \times 10^9 \times \dfrac{10^{-9}}{5^2} \times \dfrac{3a_y + 4a_z}{5}$

$\quad = 0.216a_y + 0.288a_z$ [V/m]

---

05 방송국 안테나 출력이 W[W]이고 이로부터 진공 중에 r[m] 떨어진 점에서 자계의 세기의 실효치는 약 몇 [A/m]인가?

① $\dfrac{1}{r}\sqrt{\dfrac{W}{377\pi}}$

② $\dfrac{1}{2r}\sqrt{\dfrac{W}{377\pi}}$

③ $\dfrac{1}{2r}\sqrt{\dfrac{W}{188\pi}}$

④ $\dfrac{1}{r}\sqrt{\dfrac{2W}{377\pi}}$

포인팅 벡터를 S, 고유임피던스를 η, 전계의 세기를 E, 자계의 세기를 H, 안테나 출력을 W, 반경을 r이라 하면($\epsilon_s = 1$, $\mu_s = 1$)

$S = EH = \eta H^2 = \dfrac{E^2}{\eta} = \dfrac{W}{4\pi r^2}$ [W/m²]

$\eta = \sqrt{\dfrac{\mu}{\epsilon}} = \sqrt{\dfrac{\mu_0 \mu_s}{\epsilon_0 \epsilon_s}} = \sqrt{\dfrac{\mu_0}{\epsilon_0}} = 377$[Ω]이므로

$\therefore H = \sqrt{\dfrac{W}{4\pi r^2 \eta}} = \dfrac{1}{2r}\sqrt{\dfrac{W}{377\pi}}$ [A/m]

---

06 반지름이 a[m]인 원형 도선 2개의 루프가 z축 상에 그림과 같이 놓인 경우 I[A]의 전류가 흐를 때 원형 전류 중심 축 상의 자계 H [A/m]는? (단, a_z, a_ϕ는 단위벡터이다.)

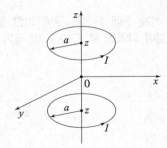

① $H = \dfrac{a^2 I}{(a^2 + z^2)^{3/2}} a_\phi$

② $H = \dfrac{a^2 I}{(a^2 + z^2)^{3/2}} a_z$

③ $H = \dfrac{a^2 I}{2(a^2 + z^2)^{3/2}} a_\phi$

④ $H = \dfrac{a^2 I}{2(a^2 + z^2)^{3/2}} a_z$

원형코일에 의한 자계의 세기

(1) 원형코일 중심축상 z [m] 떨어진 점의 자계의 세기

$H = \dfrac{NI}{2a} \sin^3\theta = \dfrac{NIa^2}{2(a^2 + z^2)^{\frac{3}{2}}}$ [AT/m]

(2) 원형코일 중심의 자계의 세기

$H_0 = \dfrac{NI}{2a}$ [AT/m]

$N = 2$이며 자계는 z방향을 가리키므로

$\therefore H = \dfrac{NIa^2}{2(a^2 + z^2)^{\frac{3}{2}}} a_z = \dfrac{2 \times Ia^2}{2(a^2 + z^2)^{\frac{3}{2}}} a_z$

$\quad = \dfrac{Ia^2}{(a^2 + z^2)^{\frac{3}{2}}} a_z$ [AT/m]

---

07 직교하는 무한 평판도체와 점전하에 의한 영상전하는 몇 개 존재하는가?

① 2
② 3
③ 4
④ 5

영상전하

오른쪽 그림처럼 직교하는 도체 평면상 P점에 점전가가 있는 경우 영상전하는 a점, b점, P′점에 나타나게 되며 각 점의 영상전하는 다음과 같다.

a점의 영상전하 $= -Q[C]$
b점의 영상전하 $= -Q[C]$
P′점의 영상전하 $= Q[C]$
∴ 영상전하의 수는 3개이다.

08 전하 $e[C]$, 질량 $m[kg]$인 전자가 전계 $E[V/m]$ 내에 놓여 있을 때 최초에 정지하고 있었다면 t초 후에 전자의 속도[m/s]는?

① $\dfrac{meE}{t}$
② $\dfrac{me}{E}t$
③ $\dfrac{mE}{e}t$
④ $\dfrac{Ee}{m}t$

전자의 속도(v)

질량 $m[kg]$인 전자가 가속도 $a[m/s^2]$로 운동할 때의 힘과 전계 내에서의 전하에 작용하는 힘은 에너지 보존의 법칙에 따라 같아야 한다. 따라서 전자의 속도를 v라 하면

$F_1 = ma = \dfrac{mv}{t}[N]$, $F_2 = Ee[N]$일 때

$F_1 = F_2$ 식에서

∴ $v = \dfrac{Ee}{m}t[m/s]$

09 그림과 같은 환상 솔레노이드 내의 철심 중심에서의 자계의 세기 $H[AT/m]$는? (단, 환상 철심의 평균 반지름은 $r[m]$, 코일의 권수는 N회, 코일에 흐르는 전류는 $I[A]$이다.)

① $\dfrac{NI}{\pi r}$
② $\dfrac{NI}{2\pi r}$
③ $\dfrac{NI}{4\pi r}$
④ $\dfrac{NI}{2r}$

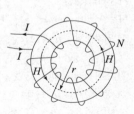

환상 솔레노이드에 의한 자계의 세기(H)

$H_{in} = \dfrac{NI}{l} = \dfrac{NI}{2\pi r}[AT/m]$, $H_{out} = 0[AT/m]$

솔레노이드 내부의 자계의 세기는

∴ $H_{in} = \dfrac{NI}{2\pi r}[AT/m]$

10 환상 솔레노이드의 단면적이 S, 평균 반지름이 r, 권선수가 N이고 누설자속이 없는 경우 자기인덕턴스의 크기는?

① 권선수 및 단면적에 비례한다.
② 권선수의 제곱 및 단면적에 비례한다.
③ 권선수의 제곱 및 평균 반지름에 비례한다.
④ 권선수의 제곱에 비례하고 단면적에 반비례한다.

환상 솔레노이드의 자기인덕턴스(L)

$L = \dfrac{N^2}{R_m} = \dfrac{\mu S N^2}{l} = \dfrac{\mu S N^2}{2\pi r}$[H]이므로

∴ 자기인덕턴스(L)는 코일권수(N)의 제곱 및 단면적(S)에 비례한다.

11 다음 중 비투자율(μ_r)이 가장 큰 것은?

① 금　　　　　② 은
③ 구리　　　　④ 니켈

자성체의 성질

비투자율 μ_s, 자화율 χ_m라 하면

(1) 역자성체 : $\mu_s < 1$, $\chi_m < 0$ (수소, 헬륨, 구리, 탄소, 금, 은 등)

(2) 상자성체 : $\mu_s > 1$, $\chi_m > 0$ (칼륨, 텅스텐, 산소 등)

(3) 강자성체 : $\mu_s \gg 1$, $\chi_m \gg 0$ (철, 니켈, 코발트 등)

∴ 비투자율이 가장 큰 것은 강자성체로서 니켈이다.

---

12 한 변의 길이가 l[m]인 정사각형 도체에 전류 I[A]가 흐르고 있을 때 중심점 P에서의 자계의 세기는 몇 [A/m]인가?

① $16\pi l I$

② $4\pi l I$

③ $\dfrac{\sqrt{3\pi}}{2l}I$

④ $\dfrac{2\sqrt{2}}{\pi l}I$

정n변형 회로의 중심 자계의 세기

반지름이 a[m]인 경우와 한 변의 길이가 l[m]인 정n변형 회로의 중심 자계의 세기를 H_0라 하면

$$H_0 = \frac{n I \tan\dfrac{\pi}{n}}{2\pi a} = \frac{nI}{\pi l}\sin\frac{\pi}{n}\tan\frac{\pi}{n}[\text{AT/m}]$$ 이므로

한 변의 길이가 l[m], 정사각형인 $n=4$일 때

$$\therefore H_0 = \frac{4I}{\pi l}\sin\frac{\pi}{4}\tan\frac{\pi}{4} = \frac{4I}{\pi l}\times\frac{1}{\sqrt{2}}\times 1$$

$$= \frac{2\sqrt{2}}{\pi l}I[\text{AT/m}]$$

---

13 간격이 3[cm]이고 면적이 30[cm^2]인 평판의 공기 콘덴서에 220[V]의 전압을 가하면 두 판 사이에 작용하는 힘은 약 몇 [N]인가?

① 6.3×10^{-6}　　② 7.14×10^{-7}
③ 8×10^{-5}　　　④ 5.75×10^{-4}

정전에너지(w) 및 정전력(f)

단위체적당 정전에너지(w)와 단위면적당 정전력(f)은 서로 같으며 공기 유전율 ϵ_0, 면전하밀도 ρ_s, 전속밀도 D, 전계의 세기 E, 전위 V, 간격 d라 하면

$$w = \frac{\rho_s^2}{2\epsilon_0} = \frac{D^2}{2\epsilon_0} = \frac{1}{2}\epsilon_0 E^2 = \frac{1}{2}ED[\text{J/m}^3]$$

$f = w$ [N/m^2]이므로 $E = \dfrac{V}{d}$ [V/m]일 때

$$f = \frac{1}{2}\epsilon_0 E^2 = \frac{1}{2}\epsilon_0\left(\frac{V}{d}\right)^2 [\text{N/m}^2]\text{이다.}$$

$$F = fS = \frac{1}{2}\epsilon_0\left(\frac{V}{d}\right)^2 S[\text{N}] \text{ 식에서}$$

$d = 3\times 10^{-2}$ [m], $S = 30\times 10^{-4}$ [m^2],
$V = 220$ [V] 이므로

$$\therefore F = \frac{1}{2}\epsilon_0\left(\frac{V}{d}\right)^2 S$$

$$= \frac{1}{2}\times 8.855\times 10^{-12}\times\left(\frac{220}{3\times 10^{-2}}\right)^2\times 30\times 10^{-4}$$

$$= 7.14\times 10^{-7} [\text{N}]$$

---

14 비유전율이 2이고, 비투자율이 2인 매질내에서의 전자파의 전파속도 v[m/s]와 진공 중의 빛의 속도 v_0[m/s] 사이의 관계는?

① $v = \dfrac{1}{2}v_0$　　　　② $v = \dfrac{1}{4}v_0$

③ $v = \dfrac{1}{6}v_0$　　　　④ $v = \dfrac{1}{8}v_0$

전파속도(v)

파장 λ, 주파수 f, 각속도 ω, 위상정수 β, 인덕턴스 L, 정전용량 C라 하면

$$v = \lambda f = \frac{\omega}{\beta} = \frac{1}{\sqrt{LC}} = \frac{1}{\sqrt{\epsilon\mu}}$$

$$= \frac{1}{\sqrt{\epsilon_0\mu_0}}\cdot\frac{1}{\sqrt{\epsilon_s\mu_s}} = \frac{3\times 10^8}{\sqrt{\epsilon_s\mu_s}} [\text{m/sec}] \text{ 식에서}$$

$\epsilon_s = 2$, $\mu_s = 2$, $v_0 = 3\times 10^8$ [m/sec] 이므로

$$\therefore v = \frac{3\times 10^8}{\sqrt{\epsilon_s\mu_s}} = \frac{v_0}{\sqrt{2\times 2}} = \frac{1}{2}v_0[\text{m/sec}]$$

---

15 영구자석의 재료로 적합한 것은?

① 잔류 자속밀도(B_r)는 크고, 보자력(H_c)는 작아야 한다.
② 잔류 자속밀도(B_r)는 작고, 보자력(H_c)는 커야 한다.
③ 잔류 자속밀도(B_r)와 보자력(H_c) 모두 작아야 한다.
④ 잔류 자속밀도(B_r)와 보자력(H_c) 모두 커야 한다.

영구자석과 전자석
(1) 영구자석의 성질
　　잔류자기와 보자력, 히스테리시스 곡선의 면적이 모두 크다.
(2) 전자석의 성질
　　잔류자기는 커야 하며 보자력과 히스테리시스 곡선의 면적은 작다.

16 전계 E[V/m], 전속밀도 D[C/m²], 유전율 $\epsilon = \epsilon_0 \epsilon_r$ [F/m], 분극의 세기 P[C/m²] 사이의 관계를 나타낸 것으로 옳은 것은?

① $P = D + \epsilon_0 E$
② $P = D - \epsilon_0 E$
③ $P = \dfrac{D + E}{\epsilon_0}$
④ $P = \dfrac{D - E}{\epsilon_0}$

분극전하에 의한 전계의 세기(E)
분극의 세기 P, 전속밀도 D, 분극률 χ 라 하면
$P = D - \epsilon_0 E = \epsilon E - \epsilon_0 E = \epsilon_0 \epsilon_r E - \epsilon_s E$
$\quad = \epsilon_0(\epsilon_r - 1)E = \chi E = \left(1 - \dfrac{1}{\epsilon_r}\right)D$[C/m²]이다.

17 동일한 금속 도선의 두 점 사이에 온도차를 주고 전류를 흘렸을 때 열의 발생 또는 흡수가 일어나는 현상은?

① 펠티에(Peltier) 효과
② 볼타(Volta) 효과
③ 제벡(Seebeck) 효과
④ 톰슨(Thomson) 효과

전기효과
(1) 펠티에(Peltier) 효과 : 두 종류의 도체로 접합된 폐회로에 전류를 흘리면 접합점에서 열의 흡수 또는 발생이 일어나는 현상. 전자냉동의 원리
(2) 볼타(Volta) 효과 : 서로 다른 두 종류의 금속을 접촉시킨 다음 얼마 후에 떼어서 보면 정(+) 및 부(−) 전하로 대전되는 현상
(3) 제벡(Seebeck) 효과 : 두 종류의 도체로 접합된 폐회로에 온도차를 주면 접합점에서 기전력차가 생겨 전류가 흐르게 되는 현상. 열전온도계나 태양열발전 등이 이에 속한다.
(4) 톰슨(Thomson) 효과 : 같은 도선에 온도차가 있을 때 전류를 흘리면 열의 흡수 또는 발생이 일어나는 현상

18 강자성체가 아닌 것은?

① 코발트
② 니켈
③ 철
④ 구리

자성체의 성질
비투자율 μ_s, 자화율 χ_m 라 하면
(1) 역자성체 : $\mu_s < 1$, $\chi_m < 0$ (수소, 헬륨, 구리, 탄소, 금, 은 등)
(2) 상자성체 : $\mu_s > 1$, $\chi_m > 0$ (칼륨, 텅스텐, 산소 등)
(3) 강자성체 : $\mu_s \gg 1$, $\chi_m \gg 0$ (철, 니켈, 코발트 등)

19 내구의 반지름이 2[cm], 외구의 반지름이 3[cm]인 동심 구 도체 간에 고유저항이 1.884×10^2 [Ω·m]인 저항 물질로 채워져 있을 때, 내외구 간의 합성 저항은 약 몇 [Ω]인가?

① 2.5   ② 5.0

③ 250   ④ 500

동심구도체의 저항(R)

$R = \dfrac{\rho}{4\pi}\left(\dfrac{1}{a} - \dfrac{1}{b}\right)$ [Ω] 식에서

$a = 2 \times 10^{-2}$ [m], $b = 3 \times 10^{-2}$ [m],

$\rho = 1.884 \times 10^2$ [Ω·m] 이므로

$\therefore R = \dfrac{\rho}{4\pi}\left(\dfrac{1}{a} - \dfrac{1}{b}\right)$

$\quad = \dfrac{1.884 \times 10^2}{4\pi}\left(\dfrac{1}{2 \times 10^{-2}} - \dfrac{1}{3 \times 10^{-2}}\right)$

$\quad = 250$ [Ω]

20 비투자율 $\mu_r = 800$, 원형 단면적이 $S = 10$[cm^2], 평균 자로 길이 $l = 16\pi \times 10^{-2}$[m]의 환상철심에 600회의 코일을 감고 이 코일에 1[A]의 전류를 흘리면 환상 철심 내부의 자속은 몇 [Wb]인가?

① 1.2×10^{-3} ② 1.2×10^{-5}

③ 2.4×10^{-3} ④ 2.4×10^{-5}

자기회로 내의 옴의 법칙

$\phi = \dfrac{F}{R_m} = \dfrac{NI}{R_m} = \dfrac{\mu SNI}{l} = \dfrac{\mu_0 \mu_s SNI}{l}$ [Wb]이므로

$\therefore \phi = \dfrac{\mu_0 \mu_s SNI}{l}$

$\quad = \dfrac{4\pi \times 10^{-7} \times 800 \times 10 \times 10^{-4} \times 600 \times 1}{16\pi \times 10^{-2}}$

$\quad = 1.2 \times 10^{-3}$ [Wb]

21 2. 전력공학

01 그림과 같은 유황곡선을 가진 수력지점에서 최대사용수량 OC로 1년간 계속 발전하는데 필요한 저수지의 용량은?

① 면적 OCPBA
② 면적 OCDBA
③ 면적 DEB
④ 면적 PCD

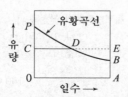

저수지의 용량

유황곡선이 최대사용수량을 기준으로 아래에 있는 경우 아래 부분의 면적은 수력발전에 필요한 부족수량임을 알 수 있다. 따라서 저수지의 용량은 이 부족수량을 저수할 수 있는 능력을 가져야 하므로 그래프에서 부족수량 면적인 DEB 부분이 바로 저수지의 용량이다.

02 고장전류의 크기가 커질수록 동작시간이 짧게 되는 특성을 가진 계전기는?

① 순한시 계전기
② 정한시 계전기
③ 반한시 계전기
④ 반한시 정한시 계전기

계전기의 한시특성

(1) 순한시계전기 : 정정된 최소동작전류 이상의 전류가 흐르면 즉시 동작하는 계전기
(2) 정한시계전기 : 정정된 값 이상의 전류가 흘렀을 때 동작 전류의 크기에는 관계없이 정해진 시간이 경과한 후에 동작하는 계전기
(3) 반한시계전기 : 정정된 값 이상의 전류가 흘렀을 때 동작하는 시간과 전류값이 서로 반비례하여 동작하는 계전기
(4) 정한시-반한시 계전기 : 어느 전류값까지는 반한시계전기의 성질을 띠지만 그 이상의 전류가 흐르는 경우 정한시계전기의 성질을 띠는 계전기

03 접지봉으로 탑각의 접지저항 값을 희망하는 접지저항 값까지 줄일 수 없을 때 사용하는 것은?

① 가공지선
② 매설지선
③ 크로스본드선
④ 차폐선

매설지선

탑각의 접지저항이 충분히 적어야 직격뢰를 대지로 안전하게 방전시킬 수 있으나 탑각의 접지저항이 너무 크면 대지로 흐르던 직격뢰가 다시 선로로 역류하여 철탑재나 애자련에 섬락이 일어나게 된다. 이를 역섬락이라 한다. 역섬락이 일어나면 뇌전류가 애자련을 통하여 전선로로 유입될 우려가 있으므로 이때 탑각에 방사형 매설지선을 포설하여 탑각의 접지저항을 낮춰주면 역섬락을 방지할 수 있게 된다.

04 3상 3선식 송전선에서 한 선의 저항이 10[Ω], 리액턴스가 20[Ω]이며, 수전단의 선간전압이 60[kV], 부하역률이 0.8인 경우에 전압강하율이 10[%]라 하면 이 송전선로로는 약 몇 [kW]까지 수전할 수 있는가?

① 10,000
② 12,000
③ 14,400
④ 18,000

수전단전력(P)

$R = 10[\Omega]$, $X = 20[\Omega]$, $V_R = 60[kV]$, $\cos\theta = 0.8$
$\epsilon = 10[\%]$일 때

$\epsilon = \dfrac{P}{V_R^2}(R + X\tan\theta) \times 100[\%]$ 이므로

$\therefore P = \dfrac{\epsilon \cdot V_R^2}{(R + X\tan\theta) \times 100}$

$= \dfrac{10 \times (60 \times 10^3)^2}{\left(10 + 20 \times \dfrac{0.6}{0.8}\right) \times 100}$

$= 14,400 \times 10^3 [W] = 14,400 [kW]$

05 배전선로의 주상변압기에서 고압측-저압측에 주로 사용되는 보호장치의 조합으로 적합한 것은?

① 고압측 : 컷아웃 스위치, 저압측 : 캐치홀더
② 고압측 : 캐치홀더, 저압측 : 컷아웃 스위치
③ 고압측 : 리클로저, 저압축 : 라인퓨즈
④ 고압측 : 라인퓨즈, 저압측 : 리클로저

주상변압기의 보호장치

주상에 변압기를 설치하여 저압선을 수용장소에 공급하는 배전용 주상변압기의 1차측은 고압 또는 특별고압이며 2차측은 저압이다. 이때 1차측 보호장치는 주로 cos(컷아웃 스위치)를 설치하며 2차측은 비접지측 전선에 catch holder(캐치홀더)를 설치한다.

06 % 임피던스에 대한 설명으로 틀린 것은?

① 단위를 갖지 않는다.
② 절대량이 아닌 기준량에 대한 비를 나타낸 것이다.
③ 기기 용량의 크기와 관계없이 일정한 범위의 값을 갖는다.
④ 변압기나 동기기의 내부 임피던스에만 사용할 수 있다.

%임피던스(%Z)

%임피던스는 계통에서 단락사고 발생시 정격전압에 대한 정격전류에 의한 전압강하비를 백분율로 계산한 값으로서 $\%Z = \dfrac{ZI_n}{E} \times 100 = \dfrac{\sqrt{3}\, ZI_n}{V} \times 100\,[\%]$ 이다.
또한 단락전류(I_s)에 대한 정격전류(I_n)비 또는 단락용량(P_s)에 대한 정격용량(P_n)비로 표현하기도 한다.

$\%Z = \dfrac{I_n}{I_s} \times 100 = \dfrac{P_n}{P_s} \times 100\,[\%]$

이때 %임피던스는 단락사고 발생점에서 전원측에 포함된 내부임피던스의 총 합으로 구할 수 있으며 발전기 내부의 동기임피던스 및 변압기 내부의 누설임피던스, 그리고 송전선로의 직렬 임피던스를 모두 포함한다.

07 연료의 발열량이 430 [kcal/kg]일 때, 화력발전소의 열효율[%]은? (단, 발전기 출력은 P_G[kW], 시간당 연료의 소비량은 B[kg/h]이다.)

① $\dfrac{P_G}{B} \times 100$

② $\sqrt{2} \times \dfrac{P_G}{B} \times 100$

③ $\sqrt{3} \times \dfrac{P_G}{B} \times 100$

④ $2 \times \dfrac{P_G}{B} \times 100$

화력발전소의 열효율(η)

$\eta = \dfrac{\text{발전기 출력[kW]} \times 860}{\text{연료 소비량[kg/h]} \times \text{발열량}} \times 100\,[\%]$ 식에서

$\therefore\ \eta = \dfrac{P_G \times 860}{B \times 430} \times 100 = 2 \times \dfrac{P_G}{B} \times 100\,[\%]$

08 수용가의 수용률을 나타낸 식은?

① $\dfrac{\text{합성최대수용전력[kW]}}{\text{평균전력[kW]}} \times 100\%$

② $\dfrac{\text{평균전력[kW]}}{\text{합성최대수용전력[kW]}} \times 100\%$

③ $\dfrac{\text{부하설비합계[kW]}}{\text{최대수용전력[kW]}} \times 100\%$

④ $\dfrac{\text{최대수용전력[kW]}}{\text{부하설비합계[kW]}} \times 100\%$

부하율, 수용률, 부등률

부하율 $= \dfrac{\text{평균전력}}{\text{최대전력}} \times 100\,[\%]$

수용률 $= \dfrac{\text{최대수용전력}}{\text{부하설비용량}} \times 100\,[\%]$

부등률 $= \dfrac{\text{개개의 최대수용전력의 합}}{\text{합성최대수용전력}}$

정답 05 ① 06 ④ 07 ④ 08 ④

09 화력발전소에서 증기 및 급수가 흐르는 순서는?

① 절탄기 → 보일러 → 과열기 → 터빈 → 복수기
② 보일러 → 절탄기 → 과열기 → 터빈 → 복수기
③ 보일러 → 과열기 → 절탄기 → 터빈 → 복수기
④ 절탄기 → 과열기 → 보일러 → 터빈 → 복수기

기력발전소의 증기 및 급수의 흐름

급수는 보일러에 보내지기 전에 절탄기에서 가열되며 가열된 물이 보일러에 공급되어 포화증기로 변화된다. 이 포화증기는 다시 과열기에서 과열되어 고온·고압의 과열증기로 바뀌어 터빈에 공급되고 다시 복수기를 거쳐 물로 변화된다. 이 물은 다시 급수펌프를 거쳐 급수 가열기에서 가열되며 가열된 급수는 절탄기로 보내진다. 이 과정을 지속적으로 반복한다.

∴ 절탄기 → 보일러 → 과열기 → 터빈 → 복수기

10 역률 0.8, 출력 320[kW]인 부하에 전력을 공급하는 변전소에 역률 개선을 위해 전력용 콘덴서 140[kVA]를 설치했을 때 합성역률은?

① 0.93   ② 0.95
③ 0.97   ④ 0.99

전력용콘덴서 용량(Q_c)

$Q_c = P(\tan\theta_1 - \tan\theta_2)$ [kVA] 식에서
$Q_c = 140$ [kVA], $P = 320$ [kVA], $\cos\theta_1 = 0.8$ 이므로

$\tan\theta_2 = \tan\theta_1 - \dfrac{Q_c}{P} = \dfrac{\sin\theta_1}{\cos\theta_1} - \dfrac{Q_c}{P} = \dfrac{0.6}{0.8} - \dfrac{140}{320}$
$= 0.3125$

$\therefore \cos\theta_2 = \cos\tan^{-1}0.3125 = 0.95$

11 용량 20[kVA]인 단상 주상 변압기에 걸리는 하루 동안의 부하가 처음 14시간 동안은 20[kW], 다음 10시간 동안은 10[kW]일 때, 이 변압기에 의한 하루 동안의 손실량[Wh]은? (단, 부하의 역률은 1로 가정하고, 변압기의 전 부하동손은 300[W], 철손은 100[W]이다.)

① 6,850   ② 7,200
③ 7,350   ④ 7,800

전손실량($P_l \cdot t$)

$P_c = 300$ [W], $P_i = 100$ [W], 부하율 $\dfrac{1}{m}$, 전력손실 P_l이라 할 때

14시간 동안은 전부하$\left(\dfrac{1}{m} = 1\right)$ 운전하고, 10시간 동안은 $\dfrac{1}{2}$ 부하$\left(\dfrac{1}{m} = \dfrac{1}{2}\right)$ 운전하고 있으므로

$P_l = \left(\dfrac{1}{m}\right)^2 P_c + P_i$ [W] 식에서

$\therefore P_l \cdot t = \left(\dfrac{1}{m}\right)^2 P_c \cdot t_1 + P_i \cdot t_2$
$= 300 \times 14 + \left(\dfrac{1}{2}\right)^2 \times 300 \times 10 + 100 \times 24$
$= 7,350$ [Wh]

참고

동손은 부하율에 따라 시간 t_1을 적용하고 철손은 무부하 손실로서 부하율에 관계없이 하루 24시간을 t_2로 적용한다.

12 통신선과 평행인 주파수 60[Hz]의 3상 1회선 송전선이 있다. 1선 지락 때문에 영상전류가 100[A] 흐르고 있다면 통신선에 유도되는 전자유도전압[V]은 약 얼마인가? (단, 영상전류는 전 전선에 걸쳐서 같으며, 송전선과 통신선과의 상호 인덕턴스는 0.06[mH/km], 그 평행 길이는 40[km]이다.)

① 156.6   ② 162.8
③ 230.2   ④ 271.4

전자유도전압(E_m)

$E_m = j\omega Ml \times 3I_0$ [V] 식에서
$f = 60$ [Hz], $I_0 = 100$ [A], $M = 0.06$ [mH/km], $l = 40$ [km]이므로

$\therefore E_m = \omega Ml \times 3I_0 = 2\pi fMl \times 3I_0$
$= 2\pi \times 60 \times 0.06 \times 10^{-3} \times 40 \times 3 \times 100$
$= 271.4$ [A]

13 케이블 단선사고에 의한 고장점까지의 거리를 정전용량측정법으로 구하는 경우, 건전상의 정전용량이 C, 고장점까지의 정전용량이 C_x, 케이블의 길이가 l일 때 고장점까지의 거리를 나타내는 식으로 알맞은 것은?

① $\dfrac{C}{C_x}l$ ② $\dfrac{2C_x}{C}l$

③ $\dfrac{C_x}{C}l$ ④ $\dfrac{C_x}{2C}l$

정전용량 측정법

케이블 내의 안쪽 반지름 a, 바깥쪽 내반지름 b, 케이블의 길이 l, 고장점 까지의 길이 x라 할 때 케이블 내의 정전용량 C, C_x는 각각

$$C = \frac{2\pi\epsilon l}{\ln\left(\dfrac{b}{a}\right)}[\text{F}], \quad C_x = \frac{2\pi\epsilon x}{\ln\left(\dfrac{b}{a}\right)}[\text{F}]\text{이다.}$$

$$\frac{2\pi\epsilon}{\ln\left(\dfrac{b}{a}\right)} = \frac{C}{l} = \frac{C_x}{x}[\text{F/m}] \text{ 식에서 고장점 } x\text{는}$$

$$\therefore\ x = \frac{C_x}{C}l\,[\text{m}]$$

14 전력 퓨즈(Power Fuse)는 고압, 특고압기기의 주로 어떤 전류의 차단을 목적으로 설치하는가?

① 충전전류   ② 부하전류
③ 단락전류   ④ 영상전류

전력퓨즈(Power Fuse)의 기능

(1) 부하전류를 안전하게 통전 시킨다.
(2) 단락전류를 차단하여 전로 및 기기를 보호한다.

15 송전선로에서 1선 지락 시에 건전상의 전압 상승이 가장 적은 접지방식은?

① 비접지방식   ② 직접접지방식
③ 저항접지방식   ④ 소호리액터접지방식

중성접 접지방식의 각 항목에 대한 비교표

종류 및 특징 / 항목	비접지	직접접지	저항접지	소호리액터접지
지락사고시 건전상의 전위 상승	크다	최저	약간 크다	최대
절연레벨	최고	최저(단절연)	크다	크다
지락전류	적다	최대	적다	최소
보호계전기 동작	곤란	가장 확실	확실	불확실
유도장해	작다	최대	작다	최소
안정도	크다	최소	크다	최대

16 기준 선간전압 23[kV], 기준 3상 용량 5000[kVA], 1선의 유도 리액턴스가 15[Ω]일 때 % 리액턴스는?

① 28.36[%]   ② 14.18[%]
③ 7.09[%]   ④ 3.55[%]

%리액턴스(%x)

$$\%x = \frac{xI_n}{E}\times 100 = \frac{\sqrt{3}\,xI_n}{V}\times 100\,[\%] \text{ 또는}$$

$$\%x = \frac{P[\text{kVA}]\,x[\Omega]}{10\{V[\text{kV}]\}^2}\,[\%]\text{이므로}$$

$V = 23\,[\text{kV}]$, $P = 5{,}000\,[\text{kVA}]$, $x = 15\,[\Omega]$일 때

$$\therefore\ \%x = \frac{Px}{10\,V^2} = \frac{5{,}000\times 15}{10\times 23^2} = 14.18\,[\%]$$

17 전력원선도의 가로축과 세로축을 나타내는 것은?

① 전압과 전류
② 전압과 전력
③ 전류와 전력
④ 유효전력과 무효전력

전력원선도

전력원선도는 가로축에 유효전력(P)을 두고 세로축에 무효전력(Q)을 두어서 송·수전단 전압간의 위상차의 변화에 대해서 전력의 변화를 원의 방정식으로 유도하여 그리게 된다.

(1) 전력원선도로 알 수 있는 사항
  ㉠ 송·수전단 전압간의 위상차
  ㉡ 송·수전할 수 있는 최대전력(=정태안정극한전력)
  ㉢ 송전손실 및 송전효율
  ㉠ 수전단의 역률
  ㉤ 조상용량
(2) 전력원선도 작성에 필요한 사항
  ㉠ 선로정수
  ㉡ 송·수전단 전압
  ㉢ 송·수전단 전압간 위상차

18 송전선로에서의 고장 또는 발전기 탈락과 같은 큰 외란에 대하여 계통에 연결된 각 동기기가 동기를 유지하면서 계속 안정적으로 운전할 수 있는지를 판별하는 안정도는?

① 동태안정도(dynamic stability)
② 정태안정도(steady-state stability)
③ 전압안정도(voltage stability)
④ 과도안정도(transient stability)

전력계통의 안정도

(1) 정태안정도 : 정상적인 운전상태에서 서서히 부하를 조금씩 증가했을 경우 계통에 미치는 안정도
(2) 과도안정도 : 부하가 갑자기 크게 변동하거나 사고가 발생한 경우 계통에 커다란 충격을 주게 되는데 이 때 계통에 미치는 안정도
(3) 동태안정도 : 고속자동전압조정기(AVR)로 동기기의 여자전류를 제어할 경우의 정태안정도

19 정전용량이 C_1이고, V_1의 전압에서 Q_r의 무효전력을 발생하는 콘덴서가 있다. 정전용량을 변화시켜 2배로 승압된 전압($2V_1$)에서도 동일한 무효전력 Q_r을 발생시키고자 할 때, 필요한 콘덴서의 정전용량 C_2는?

① $C_2 = 4C_1$
② $C_2 = 2C_1$
③ $C_2 = \dfrac{1}{2}C_1$
④ $C_2 = \dfrac{1}{4}C_1$

진상 무효전력(Q_r)

$$Q_r = \frac{V^2}{X_C} = \omega C V^2 \,[\text{VAR}] \text{ 식에서}$$

C_1, V_1에 대한 무효전력을 Q_{r1}이라 하고,
C_2, V_2에 대한 무효전력을 Q_{r2}라 할 때
$V_2 = 2V_1$, $Q_{r1} = Q_{r2}$인 조건을 만족하기 위한 정전용량 C_2 값은

$$\omega C_1 V_1^2 = \omega C_2 V_2^2 = \omega C_2 (2V_1)^2 \text{ 이므로}$$

$$\therefore \ C_2 = \frac{\omega C_1 V_1^2}{\omega (2V_1)^2} = \frac{1}{4}C_1$$

20 송전선로의 고장전류 계산에 영상 임피던스가 필요한 경우는?

① 1선 지락
② 3상 단락
③ 3선 단선
④ 선간 단락

영상임피던스(Z_0)

송전선로의 사고의 종류가 다양한 만큼 그 특성 또한 각양각색으로 매우 다양하다. 그 중에서 지락사고와 단락사고는 사고종류를 크게 2가지로 나눌 때 표현하며 두 사고의 커다란 차이점은 대지와 전기적인 접촉이 있는 경우와 없는 경우이다. 결론적으로 대지와 전기적인 접촉이 있는 경우인 지락사고는 영상임피던스가 필요하며 그렇지 않은 단락사고는 영상임피던스가 필요치 않다.

21 · 3. 전기기기

01 3,300/220[V]의 단상 변압기 3대를 $\triangle - Y$결선하고 2차측 선간에 15[kW]의 단상전열기를 접속하여 사용하고 있다. 결선을 $\triangle - \triangle$로 변경하는 경우 이 전열기의 소비전력은 몇 [kW]로 되는가?

① 5　　　　　　② 12
③ 15　　　　　　④ 21

변압기 결선에 따른 부하의 소비전력(P)

변압기를 $\triangle - Y$ 결선으로 한 경우 2차측 선간전압(V_L)은 상전압(V_P)보다 $\sqrt{3}$ 배 크게 나타나므로 전열기 15[kW]의 출력을 P라 하면 $P = \dfrac{V_L^2}{R} = 18$[kW]이다.

이 변압기의 결선을 $\triangle - \triangle$로 바꾸면 2차측의 정격전압은 상전압으로 나타나며 이 때 전열기의 출력을 P'라 하면

$$\therefore \; P' = \frac{V_P^2}{R} = \frac{V_L^2}{3R} = \frac{P}{3} = \frac{15}{3} = 5 \,[\text{kW}]$$

02 히스테리시스 전동기에 대한 설명으로 틀린 것은?

① 유도전동기와 거의 같은 고정자이다.
② 회전자 극은 고정자 극에 비하여 항상 각도 δ_h 만큼 앞선다.
③ 회전자가 부드러운 외면을 가지므로 소음이 적으며, 순조롭게 회전시킬 수 있다.
④ 구속 시부터 동기속도만을 제외한 모든 속도 범위에서 일정한 히스테리시스 토크를 발생한다.

히스테리시스 전동기

히스테리시스 동기전동기라고도 불리며 고정자는 유도전동기의 고정자와 동일하다. 고정자 자속이 회전하면 고정자와 회전자 간에 흡인력이 발생하여 회전자를 회전시키는 원리로서 히스테리시스 전동기의 특징은 다음과 같이 정리할 수 있다.
(1) 고정자가 유도전동기의 고정자와 같다.
(2) 회전자 극은 고정자 극에 비하여 항상 각도 δ_h 만큼 뒤진다.

(3) 회전자가 부드러운 외면을 가지므로 소음이 적으며, 순조롭게 회전시킬 수 있다.
(4) 구속 시부터 동기속도만을 제외한 모든 속도 범위에서 일정한 히스테리시스 토크를 발생한다.

03 직류기에서 계자자속을 만들기 위하여 전자석의 권선에 전류를 흘리는 것을 무엇이라 하는가?

① 보극　　　　　　② 여자
③ 보상권선　　　　④ 자화작용

여자(勵磁)

전기기기의 구조적인 특징은 철심에 코일을 감아 코일에 전류를 흘려줌으로서 코일에서 발생한 자속을 철심 내에 흐르도록 하여 철심을 하나의 자기회로로 사용하는 것이다. 이 때 자속을 발생시키기 위해 철심에 감은 권선에 전류를 흘리는 것을 여자(勵磁)라 한다.

04 사이클로 컨버터(Cyclo Converter)에 대한 설명으로 틀린 것은?

① DC-DC buck 컨버터와 동일한 구조이다.
② 출력주파수가 낮은 영역에서 많은 장점이 있다.
③ 시멘트공장의 분쇄기 등과 같이 대용량 저속 교류전동기 구동에 주로 사용된다.
④ 교류를 교류로 직접변환하면서 전압과 주파수를 동시에 가변하는 전력변환기이다.

사이클로컨버터

사이클로컨버터(Cycloconverter)는 입력전원의 주파수를 더 낮은 다른 주파수로 변환하는 주파수 변환장치로서 교류를 교류로 직접 변환하면서 전압과 주파수를 동시에 가변하는 전력변환기이다. 주로 시멘트 공장의 분쇄기 등과 같은 대용량 저속 교류전동기 구동에 사용된다.

정답 01 ①　02 ②　03 ②　04 ①

05 1차 전압은 3,300[V]이고 1차측 무부하 전류는 0.15[A], 철손은 330[W]인 단상 변압기의 자화전류는 약 몇 [A]인가?

① 0.112 　　　　② 0.145

③ 0.181 　　　　④ 0.231

> **변압기의 여자전류(무부하전류)**
>
> $V_1 = 3,300$ [V], $I_0 = 0.15$ [A], $P_i = 330$ [W]이므로 자화전류(I_ϕ)는
>
> $I_0 = \sqrt{I_i^2 + I_\phi^2} = \sqrt{\left(\dfrac{P_i}{V_1}\right)^2 + I_\phi^2}$ [A] 식에서
>
> $\therefore\ I_\phi = \sqrt{I_0^2 - \left(\dfrac{P_i}{V_1}\right)^2} = \sqrt{0.15^2 - \left(\dfrac{330}{3,300}\right)^2}$
>
> $\qquad = 0.112$ [A]

06 유도전동기의 안정 운전의 조건은? (단, T_m : 전동기 토크, T_L : 부하 토크, n : 회전수)

① $\dfrac{dT_m}{dn} < \dfrac{dT_L}{dn}$ 　　② $\dfrac{dT_m}{dn} = \dfrac{dT_L^2}{dn}$

③ $\dfrac{dT_m}{dn} > \dfrac{dT_L}{dn}$ 　　④ $\dfrac{dT_m}{dn} \neq \dfrac{dT_L^2}{dn}$

> **전동기 및 부하의 속도 – 토크 특성 곡선**
>
> 전동기의 발생토크(T_m)와 부하의 반항토크(T_L)가 만나는 교점이 안정운전점인 경우 그 이전의 특성은 기동특성으로서 전동기의 발생토크가 부하의 반항토크보다 커야 하며 교점을 기준으로 하여 그 이후에는 전동기의 발생토크가 부하의 반항토크보다 작아야 한다. 이러한 조건을 만족할 때 전동기의 운전이 안정되게 된다. 따라서 토크곡선은 전동기 발생토크가 하향곡선이며 부하의 반항토크는 상향곡선이 됨을 알 수 있다.
>
> $\therefore\ \dfrac{dT_m}{dn} < \dfrac{dT_L}{dn}$

07 3상 권선형 유도전동기 기동 시 2차측에 외부 가변저항을 넣는 이유는?

① 회전수 감소

② 기동전류 증가

③ 기동토크 감소

④ 기동전류 감소와 기동토크 증가

> **비례추이의 특징**
>
> 2차 저항이 증가하면
> (1) 최대토크는 변하지 않고 기동토크가 증가하며 반면 기동전류는 감소한다.
> (2) 최대토크를 발생시키는 슬립이 증가한다.
> (3) 기동역률이 좋아진다.
> (4) 전부하 효율이 저하되고 속도가 감소한다

08 극수 4이며 전기자 권선은 파권, 전기자 도체수가 250인 직류발전기가 있다. 이 발전기가 1,200[rpm]으로 회전할 때 600[V]의 기전력을 유기하려면 1극당 자속은 몇 [Wb]인가?

① 0.04 　　　　② 0.05

③ 0.06 　　　　④ 0.07

> **직류발전기의 유기기전력(E)**
>
> $E = \dfrac{pZ\phi N}{60a}$ [V] 식에서
>
> $p = 4$, 파권($a = 2$), $Z = 250$, $N = 1,200$ [rpm], $E = 600$ [V]일 때 자속 ϕ는
>
> $\therefore\ \phi = \dfrac{60aE}{pZN} = \dfrac{60 \times 2 \times 600}{4 \times 250 \times 1,200}$
>
> $\qquad = 0.06$ [Wb]

09 발전기 회전자에 유도자를 주로 사용하는 발전기는?

① 수차발전기   ② 엔진발전기

③ 터빈발전기   ④ 고주파발전기

동기기의 회전자에 의한 분류
(1) 회전계자형 : 전기자를 고정자로 하고, 계자극을 회전자로 한 것. 동기발전기는 대부분 회전계자형을 채용한다.
(2) 회전전기자형 : 계자극을 고정자로 하고, 전기자를 회전자로 한 것, 소용량의 특수한 것 이외에는 사용되지 않는다.
(3) 유도자형 : 계자극과 전기자를 모두 고정시키고 유도자라고 하는 권선이 없는 회전자를 가진 것. 주로 수백~20,000[Hz] 정도의 고주파발전기에 사용된다.

11 3상 유도전동기에서 회전자가 슬립 s로 회전하고 있을 때 2차 유기전압 E_{2s} 및 2차 주파수 f_{2s}와 s와의 관계는? (단, E_2는 회전자가 정지하고 있을 때 2차 유기기전력이며 f_1은 1차 주파수이다.)

① $E_{2s} = sE_2,\ f_{2s} = sf_1$

② $E_{2s} = sE_2,\ f_{2s} = \dfrac{f_1}{s}$

③ $E_{2s} = \dfrac{E_2}{s},\ f_{2s} = \dfrac{f_1}{s}$

④ $E_{2s} = (1-s)E_2,\ f_{2s} = (1-s)f_1$

유도전동기의 운전시 2차 전압(E_{2s})과 2차 주파수(f_{2s})
$$\therefore E_{2s} = sE_2,\ f_{2s} = sf_1$$

10 BJT에 대한 설명으로 틀린 것은?

① Bipolar Junction Thyristor의 약자이다.

② 베이스 전류로 컬렉터 전류를 제어하는 전류제어 스위치이다.

③ MOSFET, IGBT 등의 전압제어 스위치보다 훨씬 큰 구동전력이 필요하다.

④ 회로기호 B, E, C는 각각 베이스(Base), 에미터(Emitter), 컬렉터(Collector)이다.

BJT(Bipolar Junction Transistor)의 특징
BJT는 베이스 전류로 컬렉터 전류를 제어하는 전류제어 스위칭 소자로서 전압제어 스위칭 소자인 MOSFET, IGBT 보다 훨씬 큰 구동전력이 필요하다. 하지만 턴온 상태에서 전압강하는 MOSFET 보다 작아 전력손실이 적다는 특징을 갖는다. 단자 기호는 B-베이스(Base), E-에미터(Emitter), C-컬렉터(Collector)로 표현한다.

12 전류계를 교체하기 위해 우선 변류기 2차측을 단락시켜야 하는 이유는?

① 측정오차 방지

② 2차측 절연 보호

③ 2차측 과전류 보호

④ 1차측 과전류 방지

PT와 CT 점검
계기용변압기(PT)는 고압을 110[V]로 변성하는 기기를 말하며 계기용변류기(CT)는 대전류를 5[A] 이하로 변성하는 기기를 말한다. 이들 변성기를 점검할 때 주의사항은 반드시 CT 2차측을 단락상태로 두어야 한다는 사실이다. 왜냐하면 개방상태로 두었을 때 CT 2차 개방단자에 고압이 걸려 절연이 파괴되기 때문이다.

13 단자전압 220[V], 부하전류 50[A]인 분권발전기의 유도 기전력은 몇 [V]인가? (단, 여기서 전기자 저항은 0.2[Ω]이며, 계자전류 및 전기자 반작용은 무시한다.)

① 200
② 210
③ 220
④ 230

직류 분권발전기의 유기기전력(E)

$V = 220$ [V], $I = 50$ [A], $R_a = 0.2$ [Ω], $I_f = 0$[A]

이므로 분권발전기의 전기자전류 I_a는

$I_a = I + I_f = I$[A]이다.

∴ $E = V + R_a I_a = 220 + 0.2 \times 50 = 230$ [V]

14 기전력(1상)이 E_o이고 동기임피던스(1상)가 Z_s인 2대의 3상 동기발전기를 무부하로 병렬운전시킬 때 각 발전기의 기전력 사이에 δ_s의 위상차가 있으면 한쪽 발전기에서 다른 쪽 발전기로 공급되는 1상당의 전력[W]은?

① $\dfrac{E_o}{Z_s}\sin\delta_s$
② $\dfrac{E_o}{Z_s}\cos\delta_s$

③ $\dfrac{E_o^2}{2Z_s}\sin\delta_s$
④ $\dfrac{E_o^2}{2Z_s}\cos\delta_s$

수수전력(P)과 동기화력(P_s)

동기발전기의 병렬운전에서 위상이 다른 경우 유효순환전류(=동기화전류)가 흘러 발전기 상호간 전력을 주고받는 수수전력이 나타난다. 이 경우에 동기화전류에 의해서 발전기에서는 상차각의 변화를 원상태로 회복시키려는 힘이 생기는데 이를 동기화력이라 한다.

(1) 수수전력 $P = \dfrac{E_0^2}{2Z_s}\sin\delta_s$[W]

(2) 동기화력 $P_s = \dfrac{dP}{d\delta_s} = \dfrac{E_0^2}{2Z_s}\cos\delta_s$ [W]

∴ 수수전력 $P = \dfrac{E_0^2}{2Z_s}\sin\delta_s$[W]

15 전압이 일정한 모선에 접속되어 역률1로 운전하고 있는 동기전도기를 동기조상기로 사용하는 경우 여자전류를 증가시키면 이 전동기는 어떻게 되는가?

① 역률은 앞서고, 전기자 전류는 증가한다.
② 역률은 앞서고, 전기자 전류는 감소한다.
③ 역률은 뒤지고, 전기자 전류는 증가한다.
④ 역률은 뒤지고, 전기자 전류는 감소한다.

동기전동기의 위상특선곡선(V곡선)

역률 100[%]로 운전하고 있는 상태에서
(1) 계자전류 증가시(중부하시)
    계자전류가 증가하면 동기전동기가 과여자 상태로 운전되는 경우로서 역률이 진역률이 되어 콘덴서 작용으로 진상전류가 흐르게 된다. 또한 전기자전류는 증가한다.
(2) 계자전류 감소시(경부하시)
    계자전류가 감소되면 동기전동기가 부족여자 상태로 운전되는 경우로서 역률이 지역률이 되어 리액터 작용으로 지상전류가 흐르게 된다. 또한 전기자전류는 증가한다.

16 직류발전기의 전기자 반작용에 대한 설명으로 틀린 것은?

① 전기자 반작용으로 인하여 전기적 중성축을 이동시킨다.
② 정류자 편간 전압이 불균열하게 되어 섬락의 원인이 된다.
③ 전기자 반작용이 생기면 주자속이 왜곡되고 증가하게 된다.
④ 전기자 반작용이란, 전기자 전류에 의하여 생긴 자속에 계자에 의해 발생되는 주자속에 영향을 주는 현상을 말한다.

직류기의 전기자반작용

직류기의 전기자반작용이란 전기자 전류에 의한 자속이 계자극에 의한 주자속에 영향을 주어 자속 분포가 흐트러지는 현상으로 그 영향은 다음과 같다.
(1) 주자속이 감소한다. – 발전기 유기기전력 감소, 전동기 토크 감소
(2) 중성속이 이동한다. – 정류불량
(3) 정류자 편간 불꽃섬락 발생 – 정류불량

17 단상 변압기 2대를 병렬 운전할 경우, 각 변압기의 부하전류를 I_a, I_b, 1차측으로 환산한 임피던스를 Z_a, Z_b, 백분율 임피던스 강하를 z_a, z_b, 정격용량을 P_{an}, P_{bn}이라 한다. 이때 부하 분담에 대한 관계로 옳은 것은?

① $\dfrac{I_a}{I_b} = \dfrac{Z_a}{Z_b}$　　② $\dfrac{I_a}{I_b} = \dfrac{P_{bn}}{P_{an}}$

③ $\dfrac{I_a}{I_b} = \dfrac{z_b}{z_a} \times \dfrac{P_{an}}{P_{bn}}$　　④ $\dfrac{I_a}{I_b} = \dfrac{Z_a}{Z_b} \times \dfrac{P_{an}}{P_{bn}}$

변압기 병렬 운전 시 부하분담
각 변압기 용량을 P_{an}, P_{bn}이라 놓고 %임피던스 강하를 z_a, z_b라 놓으면 부하분담은 용량에 비례하고 %임피던스에 반비례한다. 따라서 각 변압기에 분담되는 전류를 I_a, I_b라 할 때 분담전류는 다음과 같다.

$$\therefore \frac{I_a}{I_b} = \frac{z_b}{z_a} \times \frac{P_{an}}{P_{bn}}$$

18 단상 유도전압조정기에서 단락권선의 역할은?

① 철손 경감　　② 절연 보호
③ 전압강하 경감　　④ 전압조정 용이

단상 유도전압조정기에 사용되는 권선
분로권선, 직렬권선, 단락권선이 사용되며 단락권선은 전압강하를 경감시키기 위해 사용한다.

19 동기리액턴스 $X_s = 10[\Omega]$, 전기자 권선저항 $r_a = 0.1[\Omega]$, 3상 중 1상의 유도기전력 $E = 6,400[V]$, 단자전압 $V = 4,000[V]$, 부하각 $\delta = 30°$ 이다. 비철극기인 3상 동기발전기의 출력은 약 몇 [kW]인가?

① 1,280　　② 3,840
③ 5,560　　④ 6,650

동기발전기의 출력(P)
동기발전기의 1상의 값으로 3상 출력을 구하는 경우 3배 크게 해주면 되므로

$$\therefore P = 3\frac{VE}{x_s}\sin\delta = 3 \times \frac{4,000 \times 6,400}{10} \times \sin 30°$$
$$= 3,840 [V]$$

20 60[Hz], 6극의 3상 권선형 유도전동기가 있다. 이 전동기의 정격 부하시 회전수는 1,140[rpm]이다. 이 전동기를 같은 공급전압에서 전부하토크로 기동하기 위한 외부저항은 몇 [Ω]인가? (단, 회전자 권선은 Y결선이며 슬립링간의 저항은 0.1[Ω]이다.)

① 0.5　　② 0.85
③ 0.95　　④ 1

권선형 유도전동기의 외부저항(R)
$f = 60[Hz]$, $p = 6$, $N = 1,140[rpm]$,
$r_2 = \dfrac{0.1}{2} = 0.05[\Omega]$일 때 동기속도 N_s와 슬립 s 는

$$N_s = \frac{120f}{p} = \frac{120 \times 60}{6} = 1,200[rpm]$$
$$s = \frac{N_s - N}{N_s} = \frac{1,200 - 1,140}{1,200} = 0.05$$이다.

이 때 전부하 토크로 기동하기 위한 권선형 유도전동기의 외부 등가저항 R 은

$$R = \left(\frac{1}{s} - 1\right)r_2[\Omega]$$ 식에서
$$\therefore R = \left(\frac{1}{s} - 1\right)r_2$$
$$= \left(\frac{1}{0.05} - 1\right) \times 0.05 = 0.95[\Omega]$$

21 4. 회로이론 및 제어공학

01 개루프 전달함수 $G(s)H(s)$로부터 근궤적을 작성할 때 실수축에서의 점근선의 교차점은?

$$G(s)H(s) = \frac{K(s-2)(s-3)}{s(s+1)(s+2)(s+4)}$$

① 2 ② 5

③ −4 ④ −6

점근선의 교차점(σ)

$\sigma =$

$$\frac{\sum G(s)H(s) \text{ 의 유한극점} - \sum G(s)H(s) \text{ 의 유한영점}}{n-m}$$

극점 : $s=0$, $s=-1$, $s=-2$, $s=-4 \rightarrow n=4$
영점 : $s=2$, $s=3 \rightarrow m=2$
$\sum G(s)H(s)$ 의 유한 극점$=0-1-2-4=-7$
$\sum G(s)H(s)$ 의 유한 영점$=2+5=5$

$$\therefore \sigma = \frac{-7-5}{4-2} = -6$$

02 특성 방정식이 $2s^4 + 10s^3 + 11s^2 + 5s + K = 0$으로 주어진 제어시스템이 안정하기 위한 조건은?

① $0 < K < 2$ ② $0 < K < 5$

③ $0 < K < 6$ ④ $0 < K < 10$

안정도 판별법(루스판정법)

$2s^4 + 10s^3 + 11s^2 + 5s + K = 0$인 특성방정식의 모든 계수가 양(+)의 값이어야 필요조건을 만족하므로 $K > 0$ 임을 알 수 있다. 루스수열을 전개해보면

s^4	2	11	K
s^3	10	5	0
s^2	$\frac{110-10}{10}=10$	K	0
s^1	$\frac{50-10K}{10}$	0	0
s^0	K	0	0

제1열의 원소에 부호변화가 없어야 제어계가 안정할 수 있으므로 $K > 0$, $50-10K > 0$ 이어야 한다.
따라서 $K > 0$, $K < 5$ 이어야 하므로 위 조건을 모두 만족하는 구간은
$\therefore 0 < K < 5$

03 신호흐름선도에서 전달함수 $\left(\dfrac{C(s)}{R(s)}\right)$는?

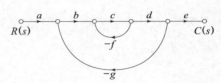

① $\dfrac{abcde}{1-cg-bcdg}$ ② $\dfrac{abcde}{1-cf+bcdg}$

③ $\dfrac{abcde}{1+cf-bcdg}$ ④ $\dfrac{abcde}{1+cf+bcdg}$

신호흐름선도의 전달함수(메이슨 정리)

$L_{11} = -cf$
$L_{12} = -bcdg$
$\Delta = 1-(L_{11}+L_{12}) = 1+cf+bcdg$
$M_1 = abcde$, $\Delta_1 = 1$

$$\therefore G(s) = \frac{M_1\Delta_1}{\Delta} = \frac{abcde}{1+cf+bcdg}$$

04 적분 시간 3[sec], 비례 감도가 3인 비례적분 동작을 하는 제어 요소가 있다. 이 제어 요소에 동작신호 $x(t) = 2t$를 주었을 때 조작량은 얼마인가? (단, 초기 조작량 $y(t)$는 0으로 한다.)

① $t^2 + 2t$
② $t^2 + 4t$
③ $t^2 + 6t$
④ $t^2 + 8t$

제어요소

비례적분요소의 전달함수 $G(s) = K\left(1 + \dfrac{1}{Ts}\right)$

식에서 적분시간 $T = 3$[sec], 비례감도 $K = 3$이므로

$$G(s) = 3\left(1 + \frac{1}{3s}\right) = 3 + \frac{1}{s}$$

동작신호 → 제어요소 → 조작량
$X(s)$　　$G(s)$　　$Y(s)$

$x(t) = 2t$일 때

$$X(s) = \mathcal{L}[x(t)] = \mathcal{L}[2t] = \frac{2}{s^2}$$

$$Y(s) = X(s)\,G(s) = \frac{2}{s^2}\left(3 + \frac{1}{s}\right) = \frac{6}{s^2} + \frac{2}{s^3}$$

$$\therefore y(t) = \mathcal{L}^{-1}[Y(s)] = t^2 + 6t$$

05 $\overline{A} + \overline{B} \cdot \overline{C}$와 등가인 논리식은?

① $\overline{A \cdot (B + C)}$
② $\overline{A + B \cdot C}$
③ $\overline{A \cdot B + C}$
④ $\overline{A \cdot B} + C$

드모르강 정리

$$\overline{A} + \overline{B}\,\overline{C} = \overline{\overline{\overline{A} + \overline{B}\,\overline{C}}} = \overline{A(B + C)}$$

참고

$$\overline{A \cdot B} = \overline{A} + \overline{B}$$
$$\overline{A + B} = \overline{A} \cdot \overline{B}$$

06 블록선도와 같은 단위 피드백 제어시스템의 상태방정식은? (단, 상태변수는 $x_1(t) = c(t)$, $x_2(t) = \dfrac{d}{dt}c(t)$로 한다.)

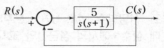

① $\dot{x}_1(t) = x_2(t)$
　$\dot{x}_2(t) = -5x_1(t) - x_2(t) + 5r(t)$
② $\dot{x}_1(t) = x_2(t)$
　$\dot{x}_2(t) = -5x_1(t) - x_2(t) - 5r(t)$
③ $\dot{x}_1(t) = -x_2(t)$
　$\dot{x}_2(t) = 5x_1(t) + x_2(t) - 5r(t)$
④ $\dot{x}_1(t) = -x_2(t)$
　$\dot{x}_2(t) = -5x_1(t) - x_2(t) + 5r(t)$

미분방정식과 상태방정식

블록선도의 전달함수 $\dfrac{C(s)}{R(s)}$ 는

$$\frac{C(s)}{R(s)} = \frac{\dfrac{5}{s(s+1)}}{1 + \dfrac{5}{s(s+1)}} = \frac{5}{s(s+1) + 5} \text{이다.}$$

$s^2 C(s) + s C(s) + 5C(s) = 5R(s)$일 때 양변 역라플라스 변환하면

$$\frac{d^2 c(t)}{dt^2} + \frac{dc(t)}{dt} + 5c(t) = 5r(t) \text{이다.}$$

$$\dot{x}_1(t) = \frac{d}{dt}c(t) = x_2(t)$$

$\dot{x}_2(t) + 5x_1(t) + x_2(t) = 5r(t)$이므로

$$\therefore \dot{x}_1(t) = x_2(t)$$
$$\therefore \dot{x}_2(t) = -5x_1(t) - x_2(t) + 5r(t)$$

07 2차 제어시스템의 감쇠율(damping ratio, ζ)이 $\zeta < 0$인 경우 제어시스템의 과도응답 특성은?

① 발산   ② 무제동
③ 임계제동   ④ 과제동

제동비와 안정도와의 관계
(1) $\zeta < 1$: 부족제동, 감쇠진동, 안정
(2) $\zeta = 1$: 임계제동, 임계진동, 안정
(3) $\zeta > 1$: 과제동, 비진동, 안정
(4) $\zeta = 0$: 무제동, 진동, 임계안정
(5) $\zeta < 0$: 발산, 불안정

08 $e(t)$의 z변환을 $E(z)$라고 했을 때 $e(t)$의 최종값 $e(\infty)$은?

① $\displaystyle \lim_{z \to 1} E(z)$

② $\displaystyle \lim_{z \to \infty} E(z)$

③ $\displaystyle \lim_{z \to 1} (1 - z^{-1}) E(z)$

④ $\displaystyle \lim_{z \to \infty} (1 - z^{-1}) E(z)$

초기값 정리와 최종값 정리
(1) 초기값 정리
$$\lim_{k \to 0} e(kT) = e(0) = \lim_{z \to \infty} E(z)$$
(2) 최종값 정리
$$\lim_{k \to \infty} e(kT) = e(\infty) = \lim_{z \to 1} (1 - z^{-1}) E(z)$$

09 블록선도의 제어시스템은 단위 램프 입력에 대한 정상상태 오차(정상편차)가 0.01이다. 이 제어시스템의 제어요소인 $G_{C1}(s)$의 k는?

$$G_{C1}(s) = k, \ G_{C2}(s) = \frac{1 + 0.1s}{1 + 0.2s},$$
$$G_p(s) = \frac{200}{s(s+1)(s+2)}$$

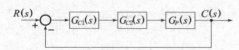

① 0.1   ② 1
③ 10   ④ 100

제어계의 정상편차
개루프 전달함수
$$G(s)H(s) = \frac{200k(1+0.1s)}{s(s+1)(s+2)(1+0.2s)} \text{ 이다.}$$
단위램프입력(=단위속도입력)은 1형 입력이고 개루프 전달함수 $G(s)H(s)$도 1형 제어계이므로 정상편차는 유한값을 갖는다. 1형 제어계의 속도편차상수(k_v)와 속도편차상수(e_v)는
$$k_v = \lim_{s \to 0} s G(s) H(s)$$
$$= \lim_{s \to 0} \frac{200k(1+0.1s)}{(s+1)(s+2)(1+0.2s)}$$
$$= \frac{200k}{2} = 100k$$
$$e_v = \frac{1}{k_v} = \frac{1}{100k} = 0.01 \text{이므로}$$
$$\therefore \ k = \frac{1}{100 \times 0.01} = 1$$

10 블록선도의 전달함수$\left(\dfrac{C(s)}{R(s)} \right)$는?

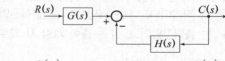

① $\dfrac{G(s)}{1 + H(s)}$ ② $\dfrac{G(s)}{1 + G(s)H(s)}$

③ $\dfrac{1}{1 + H(s)}$ ④ $\dfrac{1}{1 + G(s)H(s)}$

블록선도의 전달함수
$$C(s) = G(s)R(s) - H(s)C(s)$$
$$\{1 + H(s)\}C(s) = G(s)R(s)$$
$$\therefore \ \frac{C(s)}{R(s)} = \frac{G(s)}{1 + H(s)}$$

11
특성 임피던스가 400[Ω]인 회로 말단에 1,200[Ω]의 부하가 연결되어 있다. 전원 측에 20[kV]의 전압을 인가할 때 반사파의 크기[kV]는? (단, 선로에서의 전압 감쇠는 없는 것으로 간주한다.)

① 3.3
② 5
③ 10
④ 33

진행파의 반사와 투과

특성 임피던스 Z_1, 부하 임피던스 Z_2, 진입파 전압, 전류 e_i, i_i라 하면 반사파 전압, 전류 e_r, i_r과 투과파 전압, 전류 e_t, i_t는

$$e_r = \frac{Z_2 - Z_1}{Z_2 + Z_1} e_i, \quad i_r = -\frac{Z_2 - Z_1}{Z_2 + Z_1} i_i$$

$$e_t = \frac{2Z_2}{Z_2 + Z_1} e_i, \quad i_t = \frac{2Z_1}{Z_2 + Z_1} i_i \text{이다.}$$

$Z_1 = 400[\Omega]$, $Z_2 = 1,200[\Omega]$, $e_i = 20[kV]$일 때

$$\therefore e_r = \frac{Z_2 - Z_1}{Z_2 + Z_1} e_i = \frac{1,200 - 400}{1,200 + 400} \times 20$$

$$= 10[kV]$$

12
그림과 같은 H형의 4단자 회로망에서 4단자 정수(전송 파라미터) A는? (단, V_1은 입력전압이고, V_2는 출력전압이고, A는 출력 개방 시 회로망의 전압이득$\left(\dfrac{V_1}{V_2} \right)$이다.)

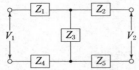

① $\dfrac{Z_1 + Z_2 + Z_3}{Z_3}$

② $\dfrac{Z_1 + Z_3 + Z_4}{Z_3}$

③ $\dfrac{Z_2 + Z_3 + Z_5}{Z_3}$

④ $\dfrac{Z_3 + Z_4 + Z_5}{Z_3}$

4단자 정수의 회로망 특성

$$\begin{bmatrix} A & B \\ C & D \end{bmatrix}$$

$$= \begin{bmatrix} 1 + \dfrac{Z_1 + Z_4}{Z_3} & Z_1 + Z_4 + Z_2 + Z_5 + \dfrac{(Z_1 + Z_4)(Z_2 + Z_5)}{Z_3} \\ \dfrac{1}{Z_3} & 1 + \dfrac{Z_2 + Z_5}{Z_3} \end{bmatrix}$$

$$\therefore A = 1 + \frac{Z_1 + Z_4}{Z_3} = \frac{Z_1 + Z_3 + Z_4}{Z_3}$$

13
$F(s) = \dfrac{2s^2 + s - 3}{s(s^2 + 4s + 3)}$ 의 라플라스 역변환은?

① $1 - e^{-t} + 2e^{-3t}$

② $1 - e^{-t} - 2e^{-3t}$

③ $-1 - e^{-t} - 2e^{-3t}$

④ $-1 + e^{-t} + 2e^{-3t}$

라플라스 역변환

$$F(s) = \frac{2s^2 + s - 3}{s(s^2 + 4s + 3)} = \frac{2s^2 + s - 3}{s(s+1)(s+3)}$$

$$= \frac{A}{s} + \frac{B}{s+1} + \frac{C}{s+3} \text{ 일 때}$$

해비사이드 전개를 이용하여 A, B, C를 구하면

$$A = sF(s)|_{s=0} = \frac{2s^2 + s - 3}{(s+1)(s+3)}\bigg|_{s=0}$$

$$= \frac{-3}{1 \times 3} = -1$$

$$B = (s+1)F(s)|_{s=-1} = \frac{2s^2 + s - 3}{s(s+3)}\bigg|_{s=-1}$$

$$= \frac{2 \times (-1)^2 + (-1) - 3}{-1 \times (-1+3)} = 1$$

$$C = (s+3)F(s)|_{s=-3} = \frac{2s^2 + s - 3}{s(s+1)}\bigg|_{s=-3}$$

$$= \frac{2 \times (-3)^2 + (-3) - 3}{-3 \times (-3+1)} = 2$$

$$F(s) = -\frac{1}{s} + \frac{1}{s+1} + \frac{2}{s+3}$$

$$\therefore f(t) = \mathcal{L}^{-1}[F(s)] = -1 + e^{-t} + 2e^{-3t}$$

정답 11 ③ 12 ② 13 ④

14 $\triangle$결선된 평형 3상 부하로 흐르는 선전류가 I_a, I_b, I_c일 때, 이 부하로 흐르는 영상분 전류 I_0[A]는?

① $3I_a$ ② I_a

③ $\dfrac{1}{3}I_a$ ④ 0

> **영상분**
> 3상 $\triangle$부하는 비접지식 회로로서 영상분 전류는 존재하지 않는다.

15 저항 $R=15[\Omega]$과 인덕턴스 $L=3[\text{mH}]$를 병렬로 접속한 회로의 서셉턴스의 크기는 약 몇 [℧]인가? (단, $\omega=2\pi\times10^5$)

① 3.2×10^{-2} ② 8.6×10^{-3}

③ 5.3×10^{-4} ④ 4.9×10^{-5}

> **서셉턴스(B)**
> R, L 병렬 회로의 어드미턴스 Y는
> $$Y=\frac{1}{R}-j\frac{1}{X_L}=\frac{1}{R}-j\frac{1}{\omega L}\,[\text{℧}] \text{ 식에서}$$
> $$Y=\frac{1}{R}-j\frac{1}{\omega L}=\frac{1}{15}-j\frac{1}{2\pi\times10^5\times3\times10^{-3}}$$
> $$=\frac{1}{15}-j\frac{1}{6\pi\times10^2}\,[\text{℧}]$$
> $Y=G-jB\,[\text{℧}]$ 이므로 서셉턴스 B는
> $$\therefore\ B=\frac{1}{6\pi\times10^2}=5.3\times10^{-4}\,[\text{℧}]$$

16 그림과 같이 $\triangle$회로를 Y회로로 등가 변환하였을 때 임피던스 $Z_a[\Omega]$는?

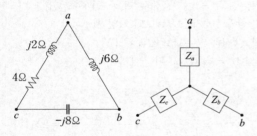

① 12 ② $-3+j6$

③ $4-j8$ ④ $6+j8$

> **$\triangle$결선과 Y결선의 등가 변환**
> $\triangle$결선의 각 상 임피던스를 Z_{ab}, Z_{bc}, Z_{ca}라 하면
> $Z_{ab}=j6[\Omega]$, $Z_{bc}=-j8[\Omega]$,
> $Z_{ca}=4+j2[\Omega]$ 이므로 이를 Y결선으로 등가 변환할 때 각 상의 임피던스 Z_a, Z_b, Z_c는
> $$Z_a=\frac{Z_{ab}\cdot Z_{ca}}{Z_{ab}+Z_{bc}+Z_{ca}}[\Omega],\ Z_b=\frac{Z_{ab}\cdot Z_{bc}}{Z_{ab}+Z_{bc}+Z_{ca}}[\Omega],$$
> $$Z_c=\frac{Z_{bc}\cdot Z_{ca}}{Z_{ab}+Z_{bc}+Z_{ca}}[\Omega] \text{ 식에서}$$
> $$\therefore\ Z_a=\frac{Z_{ab}\cdot Z_{ca}}{Z_{ab}+Z_{bc}+Z_{ca}}=\frac{j6(4+j2)}{j6-j8+4+j2}$$
> $$=-3+j6[\Omega]$$

17 회로에서 $t=0$초일 때 닫혀 있는 스위치 S를 열었다. 이때 $\dfrac{dv(0^+)}{dt}$의 값은? (단, C의 초기전압은 0[V]이다.)

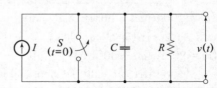

① $\dfrac{1}{RI}$ ② $\dfrac{C}{I}$

③ RI ④ $\dfrac{I}{C}$

> **$R-C$ 과도현상**
> $$I=C\frac{dV}{dt}+\frac{V}{R}\,[\text{A}] \text{ 식에서}$$
> $$\frac{dV}{dt}\bigg|_{t=0^+}=\frac{I}{C}\,[\text{A/F}] \text{ 이므로}$$
> $$\therefore\ \frac{dv(0^+)}{dt}=\frac{I}{C}\,[\text{A/F}]$$

18 회로에서 전압 V_{ab}[V]는?

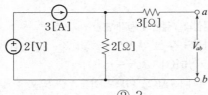

① 2   ② 3

③ 6   ④ 9

중첩의 원리

중첩의 원리를 이용하여 풀면 a, b 단자전압 V_{ab}는 저항 2[Ω]에 나타나는 전압이므로

3[A] 전류원을 개방하였을 때 $V_{ab}' = 0$ [V]

2[V] 전압원을 단락하였을 때

$V_{ab}'' = 2 \times 3 = 6$ [V]이다.

∴ $V_{ab} = V_{ab}' + V_{ab}'' = 0 + 6 = 6$ [V]

19 전압 및 전류가 다음과 같을 때 유효전력[W] 및 역률[%]은 각각 약 얼마인가?

$$v(t) = 100\sin\omega t - 50\sin(3\omega t + 30°)$$
$$+ 20\sin(5\omega t + 45°) \,[\text{V}]$$
$$i(t) = 20\sin(\omega t + 30°)$$
$$+ 10\sin(3\omega t - 30°) + 5\cos 5\omega t \,[\text{A}]$$

① 825[W], 48.6[%]

② 776.4[W], 59.7[%]

③ 1,120[W], 77.4[%]

④ 1,850[W], 89.6[%]

비정현파 유효전력(P) 역률($\cos\theta$)

$V_{m1} = 100$ [V], $V_{m3} = -50$ [V], $V_{m5} = 20$ [V]이며

$I_{m1} = 20$ [A], $I_{m3} = 10$ [A], $I_{m5} = 5$ [A]이므로 전압, 전류의 실효값 V, I는

$$V = \sqrt{\left(\frac{V_{m1}}{\sqrt{2}}\right)^2 + \left(\frac{V_{m3}}{\sqrt{2}}\right)^2 + \left(\frac{V_{m5}}{\sqrt{2}}\right)^2}$$
$$= \sqrt{\left(\frac{100}{\sqrt{2}}\right)^2 + \left(\frac{-50}{\sqrt{2}}\right)^2 + \left(\frac{20}{\sqrt{2}}\right)^2}$$
$$= 5\sqrt{258} \,[\text{V}]$$

$$I = \sqrt{\left(\frac{I_{m1}}{\sqrt{2}}\right)^2 + \left(\frac{I_{m3}}{\sqrt{2}}\right)^2 + \left(\frac{I_{m5}}{\sqrt{2}}\right)^2}$$
$$= \sqrt{\left(\frac{20}{\sqrt{2}}\right)^2 + \left(\frac{10}{\sqrt{2}}\right)^2 + \left(\frac{5}{\sqrt{2}}\right)^2}$$
$$= \frac{5\sqrt{42}}{2} \,[\text{A}]$$

따라서 피상전력 P_a는

$$P_a = VI = 5\sqrt{258} \times \frac{5\sqrt{42}}{2} = 1,301.2 \,[\text{VA}]이다.$$

그리고 전압의 주파수 성분은 기본파, 제3고조파, 제5고조파로 구성되어 있으며 전류의 주파수 성분도 전압과 같기 때문에 전류의 cos 파형만 sin파형으로 일치시키면 된다.

$$i = 20\sin(\omega t + 30°) + 10\sin(3\omega t - 30°)$$
$$+ 5\sin(5\omega t + 90°) \,[\text{A}]$$

따라서 소비전력 P는

$$\therefore P = \frac{1}{2}(100 \times 20 \times \cos 30°$$
$$- 50 \times 10 \times \cos 60° + 20 \times 5 \times \cos 45°)$$
$$= 776.4 \,[\text{W}]$$

$$\therefore \cos\theta = \frac{P}{P_a} \times 100 = \frac{776.4}{1,301.2} \times 100$$
$$= 59.7 \,[\%]$$

20 △ 결선된 대칭 3상 부하가 0.5[Ω]인 저항만의 선로를 통해 평형 3상 전압원에 연결되어있다. 이 부하의 소비전력이 1,800[W]이고 역률이 0.8(지상)일 때, 선로에서 발생하는 손실이 50[W]이면 부하의 단자전압[V]의 크기는?

① 627   ② 525

③ 326   ④ 225

△결선 부하의 단자전압[V]

역률 $\cos\theta = 0.8$, 전소비전력 $P = 1,800$ [W],

한 상의 선로저항 $R = 0.5$ [Ω]일 때

전소비전력 $P = \sqrt{3}\,VI\cos\theta$ [W],

전손실 $P_\ell = 3I^2 R$ [W] 식에서

$$I = \sqrt{\frac{P_\ell}{3R}} = \sqrt{\frac{50}{3 \times 0.5}} = 5.77 \,[\text{A}]$$

$$\therefore V = \frac{P}{\sqrt{3}\,I\cos\theta} = \frac{1,800}{\sqrt{3} \times 5.77 \times 0.8} = 225 \,[\text{V}]$$

21 5. 전기설비기술기준

01 사용전압이 22.9[kV]인 가공전선로의 다중접지한 중성선과 첨가 통신선의 이격거리는 몇 [cm] 이상이어야 하는가? (단, 특고압 가공전선로는 중성선 다중접지식의 것으로 전로에 지락이 생긴 경우 2초 이내에 자동적으로 이를 전로로부터 차단하는 장치가 되어 있는 것으로 한다.)

① 60
② 75
③ 100
④ 120

가공전선과 첨가 통신선과의 이격거리
가공전선로의 지지물에 시설하는 통신선은 다음에 따른다.
(1) 통신선은 가공전선의 아래에 시설할 것.
(2) 통신선과 저압 가공전선 또는 특고압 가공전선로의 다중접지를 한 중성선 사이의 이격거리는 0.6 [m] 이상일 것. 다만, 저압 가공전선이 절연전선 또는 케이블인 경우에 통신선이 절연전선과 동등 이상의 절연성능이 있는 것인 경우에는 0.3 [m](저압 가공전선이 인입선이고 또한 통신선이 첨가 통신용 제2종 케이블 또는 광섬유 케이블일 경우에는 0.15 [m]) 이상으로 할 수 있다.
(3) 통신선과 특고압 가공전선(25 [kV] 이하인 특고압 가공전선로의 다중 접지를 한 중성선은 제외한다) 사이의 이격거리는 1.2 [m](전로에 지락이 생겼을 때에 2초 이내에 자동적으로 이를 전로로부터 차단하는 장치가 되어 있는 25 [kV] 이하인 특고압 가공전선로(중성선 다중접지 방식)에 규정하는 특고압 가공전선은 0.75 [m]) 이상일 것. 다만, 특고압 가공전선이 케이블인 경우에 통신선이 절연전선과 동등 이상의 절연성능이 있는 것인 경우에는 0.3 [m] 이상으로 할 수 있다.

02 다음 (   )에 들어갈 내용으로 옳은 것은?

> 지중전선로는 기설 지중약전류전선로에 대하여 (ⓐ) 또는 (ⓑ)에 의하여 통신상의 장해를 주지 않도록 기설 약전류전선로로부터 충분히 이격시키거나 기타 적당한 방법으로 시설하여야 한다.

① ⓐ 누설전류, ⓑ 유도작용
② ⓐ 단락전류, ⓑ 유도작용
③ ⓐ 단락전류, ⓑ 정전작용
④ ⓐ 누설전류, ⓑ 정전작용

지중 약전류전선의 유도장해 방지
지중전선로는 기설 지중약전류전선로에 대하여 누설전류 또는 유도작용에 의하여 통신상의 장해를 주지 않도록 기설 지중약전류전선로로부터 충분히 이격시키거나 기타 적당한 방법으로 시설하여야 한다.

03 전격살충기의 전격격자는 지표 또는 바닥에서 몇 [m] 이상의 높은 곳에 시설하여야 하는가?

① 1.5
② 2
③ 2.8
④ 3.5

전격살충기
(1) 전격살충기의 전격격자(電擊格子)는 지표 또는 바닥에서 3.5 [m] 이상의 높은 곳에 시설할 것. 다만, 2차측 개방 전압이 7 [kV] 이하의 절연변압기를 사용하고 또한 보호격자의 내부에 사람의 손이 들어갔을 경우 또는 보호격자에 사람이 접촉될 경우 절연변압기의 1차측 전로를 자동적으로 차단하는 보호장치를 시설한 것은 지표 또는 바닥에서 1.8 [m] 까지 감할 수 있다.
(2) 전격살충기의 전격격자와 다른 시설물(가공전선은 제외한다) 또는 식물과의 이격거리는 0.3 [m] 이상일 것.
(3) 전격살충기에 전기를 공급하는 전로는 전용의 개폐기를 전격살충기에 가까운 장소에서 쉽게 개폐할 수 있도록 시설하여야 한다.
(4) 전격살충기를 시설한 장소는 위험표시를 하여야 한다.

04 사용전압이 154[kV]인 모선에 접속되는 전력용 커패시터에 울타리를 시설하는 경우 울타리의 높이와 울타리로부터 충전부분까지 거리의 합계는 몇 [m] 이상 되어야 하는가?

① 2   ② 3
③ 5   ④ 6

발전소 등의 울타리·담 등의 시설

울타리·담 등은 다음에 따라 시설하여야 한다.

(1) 울타리·담 등의 높이는 2 [m] 이상으로 하고 지표면과 울타리·담 등의 하단 사이의 간격은 0.15 [m] 이하로 할 것.

(2) 울타리·담 등과 고압 및 특고압의 충전부분이 접근하는 경우에는 울타리·담 등의 높이와 울타리·담 등으로부터 충전부분까지 거리의 합계는 아래 표에서 정한 값 이상으로 할 것.

사용전압	울타리·담 등의 높이와 울타리·담 등으로부터 충전부분까지 거리의 합계
35 [kV] 이하	5 [m]
35 [kV] 초과 160 [kV] 이하	6 [m]
160 [kV] 초과	10 [kV] 초과마다 12 [cm] 가산하여 6+(사용전압[kV]/10-16) 소수점 절상 ×0.12

05 사용전압이 22.9[kV]인 가공전선이 삭도와 제1차 접근상태로 시설되는 경우, 가공전선과 삭도 또는 삭도용 지주 사이의 이격거리는 몇 [m] 이상으로 하여야 하는가? (단, 전선으로는 특고압 절연전선을 사용한다.)

① 0.5   ② 1
③ 2   ④ 2.12

가공전선과 다른 가공전선·약전류전선·안테나·삭도 등과의 이격거리

저·고압 가공전선 및 특고압 가공전선이 다른 가공전선이나 약전류전선·안테나·삭도 등과 접근 또는 교차되는 경우 고압 가공전선은 고압 보안공사에 의하며, 특고압 가공전선이 1차 접근상태로 시설되는 경우에는 제3종 특고압 보안공사에 의하여야 한다. 저·고압 가공전선 및 특고압 가공전선과 가공전선과 다른 가공전선이나 약전류전선·안테나·삭도 등과의 이격거리는 아래 표의 값 이상으로 시설하여야 한다.

구분		이격거리
가공전선·약전류전선·안테나·삭도 등	저압 가공전선	저압 가공전선 상호간 0.6[m](어느 한쪽이 고압 절연전선, 특고압 절연전선, 케이블인 경우 0.3[m])
	고압 가공전선	저압 또는 고압 가공전선과 0.8[m](고압 가공전선이 케이블인 경우 0.4[m])
	25[kV] 이하 다중접지	나전선 2[m], 특고압 절연전선 1.5[m], 케이블 0.5[m](삭도와 접근 또는 교차하는 경우 나전선 2[m], 특고압 절연전선 1[m], 케이블 0.5[m])
	특고압 가공전선 60[kV] 이하	2[m]
	특고압 가공전선 60[kV] 초과	10 [kV]마다 12 [cm] 가산하여 2+(사용전압[kV]/10-6) 소수점 절상 ×0.12

06 사용전압이 22.9 [kV]인 가공전선로를 시가지에 시설하는 경우 전선의 지표상 높이는 몇 [m] 이상인가? (단, 전선은 특고압 절연전선을 사용한다.)

① 6   ② 7
③ 8   ④ 10

특고압 가공전선의 높이

구분	시설장소		전선의 높이
특별고압	시가지	35[kV] 이하	① 지표상 10 [m] ② 특별고압 절연전선 사용시 8 [m]
		35[kV] 초과 170[kV] 이하	10,000 [V]마다 12 [cm] 가산하여 ①, ②항 +(사용전압[kV]/10−3.5)×0.12 소수점 절상

07 저압 옥내배선에 사용하는 연동선의 최소 굵기는 몇 [mm²]인가?

① 1.5   ② 2.5
③ 4.0   ④ 6.0

저압 옥내배선의 사용전선
(1) 저압 옥내배선의 전선은 단면적 2.5 [mm²] 이상의 연동선 또는 이와 동등 이상의 강도 및 굵기의 것.
(2) 옥내배선의 사용 전압이 400 [V] 이하인 경우로 다음 중 어느 하나에 해당하는 경우에는 (1)항을 적용하지 않는다.
　㉠ 전광표시장치 기타 이와 유사한 장치 또는 제어회로 등에 사용하는 배선에 단면적 1.5 [mm²] 이상의 연동선을 사용하고 이를 합성수지관공사·금속관공사·금속몰드공사·금속덕트공사·플로어덕트공사 또는 셀룰러덕트공사에 의하여 시설하는 경우
　㉡ 전광표시장치 기타 이와 유사한 장치 또는 제어회로 등의 배선에 단면적 0.75 [mm²] 이상인 다심 케이블 또는 다심 캡타이어 케이블을 사용하고 또한 과전류가 생겼을 때에 자동적으로 전로에서 차단하는 장치를 시설하는 경우
　㉢ 진열장 또는 이와 유사한 것의 내부 배선 및 진열장 또는 이와 유사한 것의 내부 관등회로 배선의 규정에 의하여 단면적 0.75 [mm²] 이상인 코드 또는 캡타이어케이블을 사용하는 경우

08 "리플프리(Ripple-free)직류"란 교류를 직류로 변환할 때 리플성분의 실효값이 몇 [%] 이하로 포함된 직류를 말하는가?

① 3   ② 5
③ 10   ④ 15

용어
리플프리(Ripple-free)직류 : 교류를 직류로 변환할 때 리플성분의 실효값이 10 [%] 이하로 포함된 직류를 말한다.

09 저압 전로에서 정전이 어려운 경우 등 절연저항 측정이 곤란한 경우 저항성분의 누설전류가 몇 [mA] 이하이면 그 전로의 절연성능은 적합한 것으로 보는가?

① 1   ② 2
③ 3   ④ 4

전로의 절연저항
사용전압이 저압인 전로에서 정전이 어려운 경우 등 절연저항 측정이 곤란한 경우에는 누설전류를 1 [mA] 이하이면 그 전로의 절연성능은 적합한 것으로 본다.

10 수소냉각식 발전기 및 이에 부속하는 수소냉각 장치에 대한 시설기준으로 틀린 것은?

① 발전기 내부의 수소의 온도를 계측하는 장치를 시설할 것

② 발전기 내부의 수소의 순도가 70[%] 이하로 저하한 경우에 경보를 하는 장치를 시설할 것

③ 발전기는 기밀구조의 것이고 또한 수소가 대기압에서 폭발하는 경우에 생기는 압력에 견디는 강도를 가지는 것일 것

④ 발전기 내부의 수소의 압력을 계측하는 장치 및 그 압력이 현저히 변동한 경우에 이를 경보하는 장치를 시설할 것

수소냉각식 발전기 등의 시설
수소냉각식의 발전기·조상기 또는 이에 부속하는 수소 냉각 장치는 다음 각 호에 따라 시설하여야 한다.
(1) 발전기 또는 조상기는 기밀구조의 것이고 또한 수소가 대기압에서 폭발하는 경우에 생기는 압력에 견디는 강도를 가지는 것일 것.
(2) 발전기축의 밀봉부에는 질소 가스를 봉입할 수 있는 장치 또는 발전기 축의 밀봉부로부터 누설된 수소 가스를 안전하게 외부에 방출할 수 있는 장치를 시설할 것.
(3) 발전기 내부 또는 조상기 내부의 수소의 순도가 85[%] 이하로 저하한 경우에 이를 경보하는 장치를 시설할 것.
(4) 발전기 내부 또는 조상기 내부의 수소의 압력을 계측하는 장치 및 그 압력이 현저히 변동한 경우에 이를 경보하는 장치를 시설할 것.
(5) 발전기 내부 또는 조상기 내부의 수소의 온도를 계측하는 장치를 시설할 것.
(6) 발전기 내부 또는 조상기 내부로 수소를 안전하게 도입할 수 있는 장치 및 발전기안 또는 조상기안의 수소를 안전하게 외부로 방출할 수 있는 장치를 시설할 것.
(7) 수소를 통하는 관은 동관 또는 이음매 없는 강관이어야 하며 또한 수소가 대기압에서 폭발하는 경우에 생기는 압력에 견디는 강도의 것일 것.
(8) 수소를 통하는 관·밸브 등은 수소가 새지 아니하는 구조로 되어 있을 것.
(9) 발전기 또는 조상기에 붙인 유리제의 점검 창 등은 쉽게 파손되지 아니하는 구조로 되어 있을 것.

11 저압 절연전선으로 「전기용품 및 생활용품 안전관리법」의 적용을 받는 것 이외에 KS에 적합한 것으로서 사용할 수 없는 것은?

① 450/750[V] 고무절연전선

② 450/750[V] 비닐절연전선

③ 450/750[V] 알루미늄절연전선

④ 450/750[V] 저독성 난연 폴리올레핀절연전선

저압 절연전선의 종류
저압 절연전선은 「전기용품 및 생활용품 안전관리법」의 적용을 받는 것 이외에는 KS에 적합한 것으로서 450/750 [V] 비닐절연전선·450/750 [V] 저독성 난연 폴리올레핀 절연전선·450/750 [V] 저독성 난연 가교폴리올레핀 절연전선·450/750 [V] 고무절연전선을 사용하여야 한다.

12 전기철도차량에 전력을 공급하는 전차선의 가선방식에 포함되지 않는 것은?

① 가공방식   ② 강체방식

③ 제3레일방식   ④ 지중조가선방식

전기철도의 전차선 가선방식
전차선의 가선방식은 열차의 속도 및 노반의 형태, 부하 전류 특성에 따라 적합한 방식을 채택하여야 하며, 가공 방식, 강체방식, 제3레일방식을 표준으로 한다.

정답 10 ②   11 ③   12 ④

13 금속제 가요전선관 공사에 의한 저압옥내배선의 시설기준으로 틀린 것은?

① 가요전선관 안에는 전선에 접속점이 없도록 한다.
② 옥외용 비닐절연전선을 제외한 절연전선을 사용한다.
③ 점검할 수 없는 은폐된 장소에는 1종 가요전선관을 사용할 수 있다.
④ 2종 금속제 가요전선관을 사용하는 경우에 습기 많은 장소에 시설하는 때에는 비닐피복 2종 가요전선관으로 한다.

금속제 가요전선관공사

(1) 전선은 절연전선(옥외용 비닐 절연전선을 제외한다)일 것.
(2) 전선은 연선일 것. 다만, 단면적 10 [mm²](알루미늄선은 단면적 16 [mm²]) 이하의 것은 적용하지 않는다.
(3) 가요전선관 안에는 전선에 접속점이 없도록 할 것.
(4) 가요전선관은 2종 금속제 가요전선관일 것. 다만, 전개된 장소 또는 점검할 수 있는 은폐된 장소(옥내배선의 사용전압이 400 [V] 초과인 경우에는 전동기에 접속하는 부분으로서 가요성을 필요로 하는 부분에 사용하는 것에 한한다)에는 1종 가요전선관(습기가 많은 장소 또는 물기가 있는 장소에는 비닐 피복 1종 가요전선관에 한한다)을 사용할 수 있다.
(5) 2종 금속제 가요전선관을 사용하는 경우에 습기 많은 장소 또는 물기가 있는 장소에 시설하는 때에는 비닐 피복 2종 가요전선관일 것.
(6) 1종 금속제 가요전선관에는 단면적 2.5 [mm²] 이상의 나연동선을 전체 길이에 걸쳐 삽입 또는 첨가하여 그 나연동선과 1종 금속제가요전선관을 양쪽 끝에서 전기적으로 완전하게 접속할 것. 다만, 관의 길이가 4 [m] 이하인 것을 시설하는 경우에는 그러하지 아니하다.
(7) 관에는 접지공사를 할 것.

14 터널 안의 전로의 저압전선이 그 터널 안의 다른 저압전선(관등회로의 배선은 제외한다.)·약전류전선 등 또는 수관·가스관이나 이와 유사한 것과 접근하거나 교차하는 경우, 저압전선을 애자공사에 의하여 시설하는 때에는 이격거리가 몇 [cm] 이상이어야 하는가? (단, 전선이 나전선이 아닌 경우이다.)

① 10   ② 15
③ 20   ④ 25

터널 안 전로의 전선과 약전류전선 등 또는 관 사이의 이격거리

(1) 터널 안의 전로의 저압전선이 그 터널 안의 다른 저압전선(관등회로의 배선은 제외한다)·약전류전선 등 또는 수관·가스관이나 이와 유사한 것과 접근하거나 교차하는 경우 그 사이의 이격거리는 0.1 [m](전선이 나전선인 경우 0.3 [m]) 이상이어야 한다. 다만, 사이에 절연성의 격벽을 견고하게 시설하거나 저압전선을 충분한 길이의 난연성 및 내수성이 있는 견고한 절연관에 넣어 시설하는 때에는 그러하지 아니하다.
(2) 터널 안의 전로의 고압전선 또는 특고압전선이 그 터널 안의 다른 저압전선·고압전선(관등회로의 배선은 제외한다)·약전류전선 등 또는 수관·가스관이나 이와 유사한 것과 접근하거나 교차하는 경우 그 사이의 이격거리는 0.15 [m] 이상이어야 한다. 다만, 사이에 내화성이 있는 견고한 격벽을 설치하여 시설하는 경우 또는 고압전선을 내화성이 있는 견고한 관에 시설하는 경우에는 그러하지 아니하다.

15 전기철도의 설비를 보호하기 위해 시설하는 피뢰기의 시설기준으로 틀린 것은?

① 피뢰기는 변전소 인입측 및 급전선 인출측에 설치하여야 한다.

② 피뢰기는 가능한 한 보호하는 기기와 가깝게 시설하되 누설전류 측정이 용이하도록 지지대와 절연하여 설치한다.

③ 피뢰기는 개방형을 사용하고 유효보호거리를 증가시키기 위하여 방전개시전압 및 제한전압이 낮은 것을 사용한다.

④ 피뢰기는 가공전선과 직접 접속하는 지중케이블에서 낙뢰에 의해 절연파괴의 우려가 있는 케이블 단말에 설치하여야 한다.

> **전기철도 설비를 보호하기 위한 피뢰기의 시설기준**
>
> (1) 피뢰기 설치장소
> ㉠ 다음의 장소에 피뢰기를 설치하여야 한다.
>   가. 변전소 인입측 및 급전선 인출측
>   나. 가공전선과 직접 접속하는 지중케이블에서 낙뢰에 의해 절연파괴의 우려가 있는 케이블 단말
> ㉡ 피뢰기는 가능한 한 보호하는 기기와 가깝게 시설하되 누설전류 측정이 용이하도록 지지대와 절연하여 설치한다.
> (2) 피뢰기의 선정
> 피뢰기는 다음의 조건을 고려하여 선정한다.
> ㉠ 피뢰기는 밀봉형을 사용하고 유효 보호거리를 증가시키기 위하여 방전개시전압 및 제한전압이 낮은 것을 사용한다.
> ㉡ 유도뢰 서지에 대하여 2선 또는 3선의 피뢰기 동시동작이 우려되는 변전소 근처의 단락 전류가 큰 장소에는 속류차단능력이 크고 또한 차단성능이 회로조건의 영향을 받을 우려가 적은 것을 사용한다.

16 전선의 단면적이 38[mm²]인 경동연선을 사용하고 지지물로는 B종 철주 또는 B종 철근 콘크리트주를 사용하는 특고압 가공전선로를 제3종 특고압 보안공사에 의하여 시설하는 경우 경간은 몇 [m] 이하이어야 하는가?

① 100   ② 150
③ 200   ④ 250

> **가공전선로의 경간**
>
> | 구분 / 지지물종류 | A종주, 목주 | B종주 | 철탑 |
> |---|---|---|---|
> | 3종 특고압 보안공사 | 100[m] | 200[m] | 400[m] |
>
> 특고압 가공전선이 인장강도 58.84 [kN] 이상의 연선 또는 단면적 38 [mm²] 이상의 경동연선의 것을 사용하는 경우의 목주 및 A종주는 150 [m], 인장강도 21.67 [kN] 이상의 연선 또는 단면적 55 [mm²] 이상의 경동연선의 것을 사용하는 경우의 B종주는 250 [m], 인장강도 21.67 [kN] 이상의 연선 또는 단면적 55 [mm²] 이상의 경동연선의 것을 사용하는 경우의 철탑은 600 [m]이다.

17 태양광설비에 시설하여야 하는 계측기의 계측 대상에 해당하는 것은?

① 전압과 전류   ② 전력과 역률
③ 전류와 역률   ④ 역률과 주파수

> **태양광 설비의 계측장치**
> 태양광 설비에는 전압, 전류 및 전력을 계측하는 장치를 시설하여야 한다.

정답 15 ③ 16 ③ 17 ①

18 교통신호등 회로의 사용전압이 몇 [V]를 넘는 경우는 전로에 지락이 생겼을 경우 자동적으로 전로를 차단하는 누전차단기를 시설하는가?

① 60 　　　　② 150
③ 300 　　　　④ 450

교통신호등

(1) 교통신호등 제어장치의 2차측 배선의 최대사용전압은 300 [V] 이하이어야 한다.
(2) 교통신호등의 2차측 배선(인하선을 제외한다)은 전선에 케이블인 경우 이외에는 공칭단면적 2.5 [mm²] 연동선과 동등 이상의 세기 및 굵기의 450/750 [V] 일반용 단심 비닐절연전선 또는 450/750 [V] 내열성 에틸렌아세테이트 고무절연전선일 것.
(3) 제어장치의 2차측 배선 중 전선(케이블은 제외한다)을 조가용선으로 조가하여 시설하는 경우 조가용선은 인장강도 3.7 [kN]의 금속선 또는 지름 4 [mm] 이상의 아연도철선을 2가닥 이상 꼰 금속선을 사용할 것.
(4) 교통신호등 회로의 사용전선의 지표상 높이는 저압 가공전선의 기준에 따를 것.
(5) 교통신호등의 전구에 접속하는 인하선은 전선의 지표상의 높이를 2.5 [m] 이상으로 할 것.
(6) 교통신호등의 제어장치 전원측에는 전용개폐기 및 과전류차단기를 각 극에 시설하여야 한다.
(7) 교통신호등 회로의 사용전압이 150 [V]를 넘는 경우는 전로에 지락이 생겼을 경우 자동적으로 전로를 차단하는 누전차단기를 시설할 것.

19 가공전선로의 지지물에 시설하는 지선으로 연선을 사용할 경우, 소선(素線)은 몇 가닥 이상이어야 하는가?

① 2 　　　　② 3
③ 5 　　　　④ 9

지선의 시설

(1) 가공전선로의 지지물로 사용하는 철탑은 지선을 사용하여 그 강도를 분담시켜서는 안된다.
(2) 가공전선로의 지지물에 시설하는 지선은 다음에 따라야 한다.
　㉠ 지선의 안전율은 2.5 이상일 것. 이 경우에 허용인장하중의 최저는 4.31 [kN]으로 한다.
　㉡ 지선에 연선을 사용할 경우에는 다음에 의할 것.
　　가. 소선(素線) 3가닥 이상의 연선일 것.
　　나. 소선의 지름이 2.6 [mm] 이상의 금속선을 사용한 것일 것.
　　다. 지중부분 및 지표상 30 [cm]까지의 부분에는 내식성이 있는 것 또는 아연도금을 한 철봉을 사용하고 쉽게 부식하지 아니하는 근가에 견고하게 붙일 것.
　　라. 지선근가는 지선의 인장하중에 충분히 견디도록 시설할 것.
(3) 지선의 높이
　㉠ 도로를 횡단하여 시설하는 경우에는 지표상 5 [m] 이상으로 하여야 한다. 다만, 기술상 부득이한 경우로서 교통에 지장을 초래할 우려가 없는 경우에는 지표상 4.5 [m] 이상으로 할 수 있다.
　㉡ 보도의 경우에는 2.5 [m] 이상으로 할 수 있다.

20 저압전로의 보호도체 및 중성선의 접속 방식에 따른 접지계통의 분류가 아닌 것은?

① IT 계통 　　　② TN 계통
③ TT 계통 　　　④ TC 계통

계통접지의 구성
저압전로의 보호도체 및 중성선의 접속 방식에 따라 접지계통은 다음과 같이 분류한다.
(1) TN 계통
(2) TT 계통
(3) IT 계통

21

1. 전기자기학

01 두 종류의 유전율(ϵ_1, ϵ_2)을 가진 유전체가 서로 접하고 있는 경계면에 진전하가 존재하지 않을 때 성립하는 경계조건으로 옳은 것은? (단, E_1, E_2는 각 유전체에서의 전계이고, D_1, D_2는 각 유전체에서의 전속밀도이고, θ_1, θ_2는 각각 경계면의 법선벡터와 E_1, E_2가 이루는 각이다.)

① $E_1\cos\theta_1 = E_2\cos\theta_2$, $D_1\sin\theta_1 = D_2\sin\theta_2$,

$\dfrac{\tan\theta_1}{\tan\theta_2} = \dfrac{\epsilon_2}{\epsilon_1}$

② $E_1\cos\theta_1 = E_2\cos\theta_2$, $D_1\sin\theta_1 = D_2\sin\theta_2$,

$\dfrac{\tan\theta_1}{\tan\theta_2} = \dfrac{\epsilon_1}{\epsilon_2}$

③ $E_1\sin\theta_1 = E_2\sin\theta_2$, $D_1\cos\theta_1 = D_2\cos\theta_2$,

$\dfrac{\tan\theta_1}{\tan\theta_2} = \dfrac{\epsilon_2}{\epsilon_1}$

④ $E_1\sin\theta_1 = E_2\sin\theta_2$, $D_1\cos\theta_1 = D_2\cos\theta_2$,

$\dfrac{\tan\theta_1}{\tan\theta_2} = \dfrac{\epsilon_1}{\epsilon_2}$

유전체 내에서의 경계조건
(1) 전계의 세기는 경계면의 접선성분이 서로 같다.
$E_1\sin\theta_1 = E_2\sin\theta_2$
(2) 전속밀도는 경계면의 법선성분이 서로 같다.
$D_1\cos\theta_1 = D_2\cos\theta_2$ 또는
$\epsilon_1 E_1\cos\theta_1 = \epsilon_2 E_2\cos\theta_2$
(3) 굴절각 조건
$\dfrac{\epsilon_1}{\epsilon_2} = \dfrac{\tan\theta_1}{\tan\theta_2}$ 또는 $\epsilon_1\tan\theta_2 = \epsilon_2\tan\theta_1$

02 공기 중에서 반지름 0.03[m]의 구도체에 줄 수 있는 최대 전하는 약 몇 [C]인가? (단, 이 구도체의 주위 공기에 대한 절연내력은 5×10^6[V/m]이다.)

① 5×10^{-7}
② 2×10^{-6}
③ 5×10^{-5}
④ 2×10^{-4}

구도체의 절연내력=전계의 세기(E)

$E = \dfrac{Q}{4\pi\epsilon_0 a^2} = 9\times10^9 \times \dfrac{Q}{a^2}$ [V/m] 식에서

$a = 0.03$ [m], $E = 5\times10^6$ [V/m]일 때

$\therefore Q = 4\pi\epsilon_0 a^2 \cdot E = \dfrac{a^2 \cdot E}{9\times10^9}$

$= \dfrac{0.03^2 \times 5\times10^6}{9\times10^9} = 5\times10^{-7}$ [C]

03 진공 중의 평등자계 H_0 중에 반지름이 a[m]이고, 투자율이 μ인 구 자성체가 있다. 이 구 자성체의 감자율은? (단, 구 자성체 내부의 자계는 $H = \dfrac{3\mu_0}{2\mu_0 + \mu} H_0$이다.)

① 1
② $\dfrac{1}{2}$
③ $\dfrac{1}{3}$
④ $\dfrac{1}{4}$

감자율(N)
자성체 내에서의 자화의 세기 J는
$J = \mu_0(\mu_s - 1)H$

$= \mu_0(\mu_s - 1) \cdot \dfrac{3\mu_0}{2\mu_0 + \mu} H_0$ [Wb/m²],

$J = \dfrac{\mu_0(\mu_s - 1)}{1 + N(\mu_s - 1)} H_0$ [Wb/m²] 식에서

$\mu_0(\mu_s - 1) \cdot \dfrac{3\mu_0}{2\mu_0 + \mu} H_0 = \dfrac{\mu_0(\mu_s - 1)}{1 + N(\mu_s - 1)} H_0$

$\dfrac{3\mu_0}{2\mu_0 + \mu} = \dfrac{1}{1 + N(\mu_s - 1)}$ 이므로

$\mu = \mu_0\mu_s$를 대입하여 전개하면
$3\{1 + N(\mu_s - 1)\} = 2 + \mu_s$가 된다.

$\therefore N = \dfrac{1}{3}$

정답 01 ④ 02 ① 03 ③

04 유전율 ϵ, 전계의 세기 E인 유전체의 단위 체적당 축적되는 정전에너지는?

① $\dfrac{E}{2\epsilon}$ 　　　② $\dfrac{\epsilon E}{2}$

③ $\dfrac{\epsilon E^2}{2}$ 　　　④ $\dfrac{\epsilon^2 E^2}{2}$

유전체 내의 정전에너지 밀도(w)

$$w = \frac{\rho_s^{\,2}}{2\epsilon} = \frac{D^2}{2\epsilon} = \frac{1}{2}\epsilon E^2 = \frac{1}{2}ED\,[\text{J/m}^3]$$

05 단면적이 균일한 환상철심에 권수 N_A인 A코일과 권수 N_B인 B코일이 있을 때, B코일의 자기인덕턴스가 L_A[H]라면 두 코일의 상호 인덕턴스[H]는? (단, 누설자속은 0이다.)

① $\dfrac{L_A N_A}{N_B}$ 　　　② $\dfrac{L_A N_B}{N_A}$

③ $\dfrac{N_A}{L_A N_B}$ 　　　④ $\dfrac{N_B}{L_A N_A}$

상호인덕턴스(M)

이 문제의 이해를 돕기 위해 1차 코일의 권수와 자기인덕턴스를 각각 N_1, L_1이라 하고 2차 코일의 권수와 자기인덕턴스를 N_2, L_2라 하면
두 코일 간의 상호 인덕턴스 M은

$$M = \frac{N_1 N_2}{R_m} = \frac{\mu S N_1 N_2}{l} = \frac{L_1 N_2}{N_1} = \frac{L_2 N_1}{N_2}$$

$$= k\sqrt{L_A L_B}\,[\text{H}]\text{이 된다.}$$

이 문제에서는 $N_1 = N_A$, $L_1 = L_B$, $N_2 = N_B$, $L_2 = L_A$로 조건이 바뀌었음을 주의하여야 한다.

$$\therefore\ M = \frac{N_A N_B}{R_m} = \frac{\mu S N_A N_B}{l} = \frac{L_A N_A}{N_B} = \frac{L_B N_B}{N_A}$$

06 비투자율이 350인 환상철심 내부의 평균 자계의 세기가 342[AT/m]일 때 자화의 세기는 약 몇 [Wb/m²]인가?

① 0.12   　　　② 0.15

③ 0.18   　　　④ 0.21

자화의 세기(J)
자속밀도 B, 자계의 세기 H, 투자율 μ, 자화율 χ_m라 하면

$$J = B - \mu_0 H = \mu H - \mu_0 H = \mu_0(\mu_s - 1)H$$

$$= \chi_m H = \left(1 - \frac{1}{\mu_s}\right) B\,[\text{Wb/m}^2]\ \text{식에서}$$

$\mu_s = 350$, $H = 342\,[\text{AT/m}]$일 때

$$\therefore\ J = \mu_0(\mu_s - 1)H = 4\pi \times 10^{-7} \times (350 - 1) \times 342$$

$$= 0.15\,[\text{Wb/m}^2]$$

07 진공 중에 놓인 Q(C)의 전하에서 발산되는 전기력선의 수는?

① Q 　　　② ϵ_0

③ $\dfrac{Q}{\epsilon_0}$ 　　　④ $\dfrac{\epsilon_0}{Q}$

가우스의 발산정리(전기력선과 전속선)
(1) 전기력선의 개수(N)

$$N = \int_s E\,ds = \int_v \text{div}\,E\,dv = \frac{Q}{\epsilon_0}$$

(2) 전속선의 개수(Ψ)

$$\Psi = \int_s D\,ds = Q$$

08 비투자율이 50인 환상 철심을 이용하여 100[cm] 길이의 자기회로를 구성할 때 자기저항을 2.0×10^7[AT/Wb] 이하로 하기 위해서는 철심의 단면적을 약 몇 [m²] 이상으로 하여야 하는가?

① 3.6×10^{-4} 　　　② 6.4×10^{-4}

③ 8.0×10^{-4} 　　　④ 9.2×10^{-4}

자기회로 내의 옴의 법칙
투자율 μ, 단면적 S, 길이 l이라 하면 자기저항 R_m은

$$R_m = \frac{l}{\mu S} = \frac{l}{\mu_0 \mu_s S}\,[\text{AT/Wb}]\ \text{식에서}$$

$\mu_s = 50$, $l = 100\,[\text{cm}] = 1\,[\text{m}]$,
$R_m = 2.0 \times 10^7\,[\text{AT/Wb}]$ 이므로

$$\therefore\ S = \frac{l}{\mu_0 \mu_s R_m} = \frac{1}{4\pi \times 10^{-7} \times 50 \times 2.0 \times 10^7}$$

$$= 8.0 \times 10^{-4}\,[\text{AT/Wb}]$$

09 자속밀도가 10[Wb/m²]인 자계 중에 10[cm] 도체를 자계와 60°의 각도로 30[m/s]로 움직일 때, 이 도체에 유기되는 기전력은 몇 [V]인가?

① 15

② $15\sqrt{3}$

③ 1,500

④ $1,500\sqrt{3}$

유기기전력(플레밍의 오른손법칙)

$e = \int (v \times B) \cdot dl = vdl \times B = vBl\sin\theta[\text{V}]$일 때
$B = 10[\text{Wb/m}^2]$, $l = 10[\text{cm}] = 0.1[\text{m}]$, $\theta = 60°$,
$v = 30[\text{m/s}]$이므로
$\therefore e = vBl\sin\theta = 30 \times 10 \times 0.1 \times \sin 60°$
$\qquad = 15\sqrt{3}[\text{V}]$

10 전기력선의 성질에 대한 설명으로 옳은 것은?

① 전기력선은 등전위면과 평행하다.

② 전기력선은 도체 표면과 직교한다.

③ 전기력선은 도체 내부에 존재할 수 있다.

④ 전기력선은 전위가 낮은 점에서 높은 점으로 향한다.

전기력선의 성질

(1) 전기력선은 정(+)전하에서 시작하여 부(-)전하에서 끝난다. – 전계의 불연속성
    단, 전하가 없는 곳에서는 전기력선의 발생 및 소멸이 없다. – 전하가 없으면 연속성이다.
(2) 전기력선은 서로 반발하여 교차할 수 없다.
(3) 전기력선의 방향은 그 점의 전계의 방향과 같다.
(4) 전기력선의 밀도는 전계의 세기와 같다.
(5) 전기력선은 전위가 높은 점에서 낮은 점으로 향한다.
(6) 전기력선은 도체 표면(=등전위면)에 수직으로 만난다.
(7) 도체에 대전된 전하는 도체 표면에만 분포되며 전기력선은 대전도체 내부에는 존재하지 않는다.
(8) 전기력선은 자신만으로 폐곡선을 이룰 수 없다.
    – 전계의 비회전성=전계의 발산 성질
(9) 전기력선의 수는 $\dfrac{Q}{\epsilon_0}$개다.

11 평등자계와 직각방향으로 일정한 속도로 발사된 전자의 원운동에 관한 설명으로 옳은 것은?

① 플레밍의 오른손법칙에 의한 로렌츠의 힘과 원심력의 평형 원운동이다.

② 원의 반지름은 전자의 발사속도와 전계의 세기에 곱에 반비례한다.

③ 전자의 원운동 주기는 전자의 발사 속도와 무관하다.

④ 전자의 원운동 주파수는 전자의 질량에 비례한다.

전자의 원운동

플레밍의 왼손법칙에서 유도된 로렌쯔의 힘이 자계 중에 놓인 전자가 받는 힘이며 전자는 원운동을 하여 갖는 원심력과 평형을 이룬다.
전류 I, 자속밀도 B, 전자 e, 속도 v, 전자의 질량 m, 원운동 반경 r이라 하면

$F = IBl[\text{N}]$, $v = \dfrac{l}{t}[\text{m/sec}]$이므로

$F = IBl = \dfrac{e}{t}Bl = evB = \dfrac{mv^2}{r}[\text{N}]$ 임을 알 수 있다.

(1) 회전반경 : $r = \dfrac{mv}{Be}[\text{m}]$

(2) 각속도 : $\omega = \dfrac{Be}{m} = 2\pi f[\text{rad/sec}]$

(3) 주기 : $T = \dfrac{1}{f} = \dfrac{2\pi m}{Be}[\text{sec}]$

12 전계 E[V/m]가 두 유전체의 경계면에 평행으로 작용하는 경우 경계면에 단위면적당 작용하는 힘의 크기는 몇 [N/m²]인가? (단, ϵ_1, ϵ_2는 각 유전체의 유전율이다.)

① $f = E^2(\epsilon_1 - \epsilon_2)$

② $f = \dfrac{1}{E^2}(\epsilon_1 - \epsilon_2)$

③ $f = \dfrac{1}{2}E^2(\epsilon_1 - \epsilon_2)$

④ $f = \dfrac{1}{2E^2}(\epsilon_1 - \epsilon_2)$

유전체 내에서의 경계조건

경계면에 작용하는 힘(=맥스웰의 변형력)은

(1) 전계가 경계면에 수직인 경우($D_1 = D_2$이며

$\epsilon_1 > \epsilon_2$라 하면)

$f = \dfrac{1}{2}(E_2 - E_1)D = \dfrac{1}{2}\left(\dfrac{1}{\epsilon_2} - \dfrac{1}{\epsilon_1}\right)D^2$ [N/m²]

(2) 전계가 경계면에 수평인 경우($E_1 = E_2$이며

$\epsilon_1 > \epsilon_2$라 하면)

$f = \dfrac{1}{2}(D_1 - D_2)E = \dfrac{1}{2}(\epsilon_1 - \epsilon_2)E^2$ [N/m²]

(3) $\epsilon_1 > \epsilon_2$인 경우

$f > 0$이 되어 유전율이 큰 쪽에서 유전율이 작은 쪽으로 경계면에 힘이 작용함을 알 수 있다.

13 공기 중에 있는 반지름 a[m]의 독립 금속구의 정전용량은 몇 F인가?

① $2\pi\epsilon_0 a$ ② $4\pi\epsilon_0 a$

③ $\dfrac{1}{2\pi\epsilon_0 a}$ ④ $\dfrac{1}{4\pi\epsilon_0 a}$

구도체의 정전용량(C)

구도체의 전위 $V = \dfrac{Q}{4\pi\epsilon_0 a}$ [V]이므로

$\therefore C = \dfrac{Q}{V} = 4\pi\epsilon_0 a$ [F]

14 와전류가 이용되고 있는 것은?

① 수중 음파 탐지기

② 레이더

③ 자기 브레이크(magnetic brake)

④ 사이클로트론(cyclotron)

자기브레이크(자기제동)

자석의 자극 간 공극에 알루미늄 등의 금속판을 삽입하여 금속판의 이동으로 그 속에 발생하는 와전류와 자계 간에 발생하는 역토크를 제동시키는 것을 말한다. 제동 계수는 자계의 세기의 제곱에 비례한다.

적용 예로 철도 차량에 있어서 레일에 극히 가까운 위치에 전자석을 장치하고 이것에 전류를 보냄으로써 레일 내에 생기는 와전류에 의한 힘을 이용하여 브레이크를 거는 것을 말한다. 놀이공원에 설치된 롤러코스터와 자이로드롭 브레이크의 원리도 이와 마찬가지이다.

15 전계 $E = \dfrac{2}{x}\hat{x} + \dfrac{2}{y}\hat{y}$ [V/m]에서 점(3, 5)[m]를 통과하는 전기력선의 방정식은? (단, $\hat{x}$, $\hat{y}$는 단위벡터이다.)

① $x^2 + y^2 = 12$ ② $y^2 - x^2 = 12$

③ $x^2 + y^2 = 16$ ④ $y^2 - x^2 = 16$

전기력선의 방정식

$E = \dfrac{2}{x}\hat{x} + \dfrac{2}{y}\hat{y} = E_x\hat{x} + E_y\hat{y}$ [V/m] 식에서

$E_x = \dfrac{2}{x}$, $E_y = \dfrac{2}{y}$ 임을 알 수 있다.

전기력선 방정식 $\dfrac{dx}{E_x} = \dfrac{dy}{E_y}$ 식에서

$\dfrac{x}{2}dx = \dfrac{y}{2}dy$ 를 양변 적분하면

$\displaystyle\int x\,dx = \int y\,dy$ 식에서

$\dfrac{1}{2}(x^2 + k) = \dfrac{1}{2}y^2$를 얻는다.

$x = 3$, $y = 5$를 대입할 때 적분상수 k는

$k = y^2 - x^2 = 5^2 - 3^2 = 16$ 이므로

$\therefore y^2 - x^2 = 16$

16 전계 $E = \sqrt{2}\,E_e \sin\omega\left(t - \dfrac{x}{c}\right)$[V/m]의 평면 전자파가 있다. 진공 중에서 자계의 실효값은 몇 [A/m]인가?

① $\dfrac{1}{4\pi}E_e$ ② $\dfrac{1}{36\pi}E_e$

③ $\dfrac{1}{120\pi}E_e$ ④ $\dfrac{1}{360\pi}E_e$

고유임피던스(η)

$$\eta = \frac{E}{H} = \sqrt{\frac{\mu}{\epsilon}} = \sqrt{\frac{\mu_0}{\epsilon_0}} \cdot \sqrt{\frac{\mu_s}{\epsilon_s}} = 120\pi\sqrt{\frac{\mu_s}{\epsilon_s}}$$

$$= 377\sqrt{\frac{\mu_s}{\epsilon_s}}\ [\Omega]\ 식에서$$

$\mu_s = 1$, $\epsilon_s = 1$일 때 자계의 세기 H는

$$H = \frac{E}{\eta} = \frac{E}{120\pi} = \frac{E}{377}\ [\text{AT/m}]\ 이므로$$

자계의 실효값 H_e는

$$\therefore H_e = \frac{1}{120\pi}E_e\ [\text{AT/m}]$$

---

17 진공 중에 서로 떨어져 있는 두 도체 A, B가 있다. 도체 A에만 1[C]의 전하를 줄 때, 도체 A, B의 전위가 각각 3[V], 2[V]이었다. 지금 도체 A, B에 각각 1[C]과 2[C]의 전하를 주면 도체 A의 전위는 몇 [V]인가?

① 6 ② 7
③ 8 ④ 9

전위계수

$V_A = P_{AA}Q_A + P_{AB}Q_B\,[\text{V}]$,
$V_B = P_{BA}Q_A + P_{BB}Q_B\,[\text{V}]$ 식에서
$Q_A = 1\,[\text{C}]$, $Q_B = 0\,[\text{C}]$일 때 $V_A = 3\,[\text{V}]$,
$V_B = 2\,[\text{V}]$이면
$P_{AA} = V_A = 3$, $P_{BA} = V_B = 2$이다.
$Q_A = 1\,[\text{C}]$, $Q_B = 2\,[\text{C}]$일 때 V_A는
$$\therefore V_A = P_{AA}Q_A + P_{AB}Q_B = 3\times1 + 2\times2$$
$$= 7\,[\text{V}]$$

참고 전위계수의 성질
(1) $P_{AA} \geq P_{BB} > 0$
(2) $P_{AB} = P_{BA}$

---

18 한 변의 길이가 4[m]인 정사각형의 루프에 1[A]의 전류가 흐를 때, 중심점에서의 자속밀도 B는 약 몇 [Wb/m²]인가?

① 2.83×10^{-7} ② 5.65×10^{-7}
③ 11.31×10^{-7} ④ 14.14×10^{-7}

정n변형 회로의 중심 자계의 세기와 자속밀도

한 변의 길이가 l[m]인 정n변형 회로의 중심 자계의 세기를 H_0와 자속밀도 B_0는

$$H_0 = \frac{nI}{\pi l}\sin\frac{\pi}{n}\tan\frac{\pi}{n}\,[\text{AT/m}]$$

$$B_0 = \mu_0 H_0 = \frac{\mu_0 nI}{\pi l}\sin\frac{\pi}{n}\tan\frac{\pi}{n}\,[\text{Wb/m}^2]\ 식에서$$

$l = 4\,[\text{m}]$, $n = 4$, $I = 1\,[\text{A}]$일 때

$$\therefore B_0 = \frac{\mu_0 nI}{\pi l}\sin\frac{\pi}{n}\tan\frac{\pi}{n}$$

$$= \frac{4\pi\times10^{-7}\times4\times1}{\pi\times4}\sin\left(\frac{\pi}{4}\right)\times\tan\left(\frac{\pi}{4}\right)$$

$$= 4\times10^{-7}\times\sin45°\times\tan45°$$

$$= 2.83\times10^{-7}\,[\text{Wb/m}^2]$$

---

19 원점에 1 [μC]의 점전하가 있을 때 점 $P(2, -2, 4)$[m]에서의 전계의 세기에 대한 단위벡터는 약 얼마인가?

① $0.41a_x - 0.41a_y + 0.82a_z$
② $-0.33a_x + 0.33a_y - 0.66a_z$
③ $-0.41a_x + 0.41a_y - 0.82a_z$
④ $0.33a_x - 0.33a_y + 0.66a_z$

단위벡터($\hat{n}$)

원점에서 P점을 향한 벡터 성분 R은
$R = 2a_x - 2a_y + 4a_z$ 이므로 단위벡터 $\hat{n}$은
$\hat{n} = \dfrac{R}{|R|}$ 식에서
$|R| = \sqrt{2^2 + (-2)^2 + 4^2} = 2\sqrt{6}$ 일 때

$$\therefore \hat{n} = \frac{R}{|R|} = \frac{2a_x - 2a_y + 4a_z}{2\sqrt{6}}$$

$$= 0.41a_x - 0.41a_y + 0.82a_z$$

20 공기 중에서 전자기파의 파장이 3[m]라면 그 주파수는 몇 [MHz]인가?

① 100 ② 300
③ 1,000 ④ 3,000

전파속도(v)

파장 λ, 주파수 f, 각속도 ω, 위상정수 β, 인덕턴스 L, 정전용량 C, 유전율 ϵ, 투자율 μ라 하면

$$v = \lambda f = \frac{\omega}{\beta} = \frac{1}{\sqrt{LC}} = \frac{1}{\sqrt{\epsilon\mu}}$$

$$= \frac{1}{\sqrt{\epsilon_o \mu_o}} \cdot \frac{1}{\sqrt{\epsilon_s \mu_s}} = \frac{3 \times 10^8}{\sqrt{\epsilon_s \mu_s}} \, [\text{m/sec}] \text{ 식에서}$$

$\lambda = 3\,[\text{m}]$, 공기 중일 때 $\epsilon_s = 1$, $\mu_s = 1$ 이므로

$$\therefore f = \frac{3 \times 10^8}{\lambda \sqrt{\epsilon_s \mu_s}} = \frac{3 \times 10^8}{3 \times \sqrt{1 \times 1}} = 100 \times 10^6 \, [\text{Hz}]$$

$$= 100 \, [\text{MHz}]$$

21 2. 전력공학

01 비등수형 원자로의 특징에 대한 설명으로 틀린 것은?

① 증기 발생기가 필요하다.
② 저농축 우라늄을 연료로 사용한다.
③ 노심에서 비등을 일으킨 증기가 직접 터빈에 공급되는 방식이다.
④ 가압수형 원자로에 비해 출력밀도가 낮다.

비등수형 원자로의 특징
(1) 원자로 내부의 증기를 직접 이용하기 때문에 증기발생기나 열교환기가 필요 없으며 또한 가압수형과 같이 가압장치도 필요 없다.
(2) 연료는 저농축 우라늄을 사용한다.
(3) 노심에서 비등시킨 증기가 직접 터빈에 공급된다.
(4) 가압수형 원자로에 비해 출력밀도가 낮다.
(5) 방사능 때문에 증기는 완전히 기수 분리를 해야 하며 또한 급수는 양질의 것이 필요하다.
(6) 기포에 의한 자기 제어성이 있으나 출력 특성은 가압수형보다 불안정하다.
(7) 순환펌프로는 급수펌프만 있으면 되므로 동력이 적게 든다.

02 전력계통에서 내부 이상전압의 크기가 가장 큰 경우는?

① 유도성 소전류 차단 시
② 수차발전기의 부하 차단 시
③ 무부하 선로 충전전류 차단 시
④ 송전선로의 부하 차단기 투입 시

개폐서지에 의한 이상전압
선로 중간에 개폐기나 차단기가 동작할 때 무부하 충전전류를 개방하는 경우 이상전압이 최대로 나타나게 되며 상규대지전압의 약 3.5배 정도로 나타난다.

03 송전단 전압을 V_S, 수전단 전압을 V_r, 선로의 리액턴스를 X라 할 때 정상 시의 최대 송전전력의 개략적인 값은?

① $\dfrac{V_S - V_r}{X}$
② $\dfrac{V_S^2 - V_r^2}{X}$
③ $\dfrac{V_S(V_S - V_r)}{X}$
④ $\dfrac{V_S V_r}{X}$

정태안정극한전력
정태안정극한전력에 의한 송전용량은
$P = \dfrac{V_s V_r}{X}\sin\delta$[W]이므로 최대 송전전력의 개략적인 값은 $\sin\delta = 1$일 때 나타난다.
$\therefore P_m = \dfrac{V_s V_r}{X}$ [W]

04 망상(network)배전방식의 장점이 아닌 것은?

① 전압변동이 적다.
② 인축의 접지사고가 적어진다.
③ 부하의 증가에 대한 융통성이 크다.
④ 무정전 공급이 가능하다.

망상식(= 네트워크식)
(1) 무정전 공급이 가능해서 공급 신뢰도가 높다.
(2) 플리커 및 전압변동율이 작고 전력손실과 전압강하가 작다.
(3) 기기의 이용율이 향상되고 부하증가에 대한 적응성이 좋다.
(4) 변전소의 수를 줄일 수 있다.
(5) 가격이 비싸고 대도시에 적합하다.
(6) 인축의 감전사고가 빈번하게 발생한다.

정답 01 ① 02 ③ 03 ④ 04 ②

05 500[kVA]의 단상 변압기 상용3대(결선 $\Delta-\Delta$), 예비 1대를 갖는 변전소가 있다. 부하의 증가로 인하여 예비 변압기까지 동원해서 사용한다면 응할 수 있는 최대부하[kVA]는 약 얼마인가?

① 2,000 　　　　② 1,730
③ 1,500 　　　　④ 830

V결선

V결선은 변압기 2대를 이용하여 3상 운전하기 위한 변압기 결선으로서 4대를 이용할 경우 V결선 2Bank를 운전할 수 있게 된다.
변압기 1대의 용량을 P_T라 하면 V결선 1Bank 용량 P_V는 $P_V = \sqrt{3}\,P_T$[kVA]이므로 V결선 2Bank 용량 P_V'는 $P_V' = 2\sqrt{3}\,P_T$[kVA]이다.
$P_T = 500$[kVA], 변압기 4대를 이용하므로 2Bank 용량은
$$\therefore P_V' = 2\sqrt{3}\,P_T = 2\sqrt{3}\times 500 = 1,730\,[\text{kVA}]$$

06 배전용 변전소의 주변압기로 주로 사용되는 것은?

① 강압 변압기 　　② 체승 변압기
③ 단권 변압기 　　④ 3권선 변압기

배전용변전소

배전용변전소는 송전계통의 말단에 있는 변전소로서 송전전압을 배전전압으로 낮춰서 수용가에 전력을 공급해주는 변전소를 의미한다. 이때 전압을 낮추는 목적으로 사용하는 변압기를 강압용변압기 또는 체강용변압기라 한다.

07 3상용 차단기의 정격 차단 용량은?

① $\sqrt{3}\times$정격 전압$\times$정격 차단 전류
② $3\sqrt{3}\times$정격 전압$\times$정격 전류
③ $3\times$정격 전압$\times$정격 차단 전류
④ $\sqrt{3}\times$정격 전압$\times$정격 전류

차단기의 차단용량(=단락용량)

차단용량은 그 차단기가 적용되는 계통의 3상 단락용량(P_s)의 한도를 표시하고
P_s[MVA]$= \sqrt{3}\times$정격전압[kV]$\times$정격차단전류[kA]
식으로 표현한다.

08 3상 3선식 송전선로에서 각 선의 대지정전용량이 0.5096[μF]이고, 선간정전용량이 0.1295[μF]일 때, 1선의 작용정전용량은 약 몇 [μF]인가?

① 0.6 　　　　② 0.9
③ 1.2 　　　　④ 1.8

작용정전용량(C_w)

$C_s = 0.5096$[μF], $C_w = 0.1295$[μF]이고 3상3선식이므로
$$\therefore C_w = C_s + 3C_m = 0.5096 + 3\times 0.1295$$
$$= 0.9\,[\mu F]$$

09 그림과 같은 송전계통에서 S점에 3상 단락사고가 발생했을 때 단락전류[A]는 약 얼마인가? (단, 선로의 길이와 리액턴스는 각각 50[km], 0.6[Ω/km]이다.)

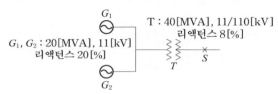

① 224 　　　　② 324
③ 454 　　　　④ 554

단락전류(I_s)

발전기와 변압기 및 송전선의 기준용량을 모두 100[MVA]로 잡으면
발전기측 임피던스 %Z_G, 변압기 %임피던스 %Z_T, 선로측 %임피던스 %Z_L은 각각
$$\%Z_G = \frac{1}{2}\times\frac{100}{20}\times 20 = 50\,[\%]$$
$$\%Z_T = \frac{100}{40}\times 8 = 20\,[\%]$$
$$\%Z_L = \frac{PZ}{10\,V^2} = \frac{100\times 10^3\times 0.6\times 50}{10\times 110^2} = 24.79\,[\%]$$
합성 %임피던스[%Z]는
%$Z = 50 + 20 + 24.79 = 94.79$[%] 이다.
단락전류를 계산하려면 고장점 정격전류가 필요하므로
$$I_s = \frac{100}{\%Z}\quad I_n = \frac{100}{\%Z}\times\frac{P_n}{\sqrt{3}\,V}\,[\text{A}]\ \text{식에서}$$
$$\therefore I_s = \frac{100}{\%Z}\times\frac{P_n}{\sqrt{3}\,V}$$
$$= \frac{100}{94.79}\times\frac{100\times 10^3}{\sqrt{3}\times 110} = 554\,[\text{A}]$$

10 전력계통의 전압을 조정하는 가장 보편적인 방법은?

① 발전기의 유효전력 조정
② 부하의 유효전력 조정
③ 계통의 주파수 조정
④ 계통의 무효전력 조정

조상설비

조상설비는 무효전력을 조절하여 송·수전단 전압이 일정하게 유지되도록 하는 조정 역할과 역률개선에 의한 송전손실의 경감, 전력시스템의 안정도 향상을 목적으로 하는 설비이다. 동기조상기, 병렬콘덴서(=전력용 콘덴서), 분로리액터가 이에 속한다.

11 역률 0.8(지상)의 2,800[kW] 부하에 전력용 콘덴서를 병렬로 접속하여 합성역률을 0.9로 개선하고자 할 경우, 필요한 전력용 콘덴서의 용량[kVA]은 약 얼마인가?

① 372 ② 558
③ 744 ④ 1,116

전력용 콘덴서의 용량(Q_c)

$\cos\theta_1 = 0.8$, $P = 2,800$ [kW], $\cos\theta_2 = 0.9$ 이므로

$\therefore Q_c = P(\tan\theta_1 - \tan\theta_2)$

$= P\left(\dfrac{\sqrt{1-\cos^2\theta_1}}{\cos\theta_1} - \dfrac{\sqrt{1-\cos^2\theta_2}}{\cos\theta_2}\right)$

$= 2,800 \times \left(\dfrac{\sqrt{1-0.8^2}}{0.8} - \dfrac{\sqrt{1-0.9^2}}{0.9}\right)$

$= 744$ [kVA]

12 컴퓨터에 의한 전력조류 계산에서 슬랙(slack) 모선의 초기치로 지정하는 값은? (단, 슬랙 모선을 기준 모선으로 한다.)

① 유효 전력과 무효 전력
② 전압 크기와 유효 전력
③ 전압 크기와 위상각
④ 전압 크기와 무효 전력

슬랙모선

전력계통의 조류계산에 있어서 발전기 모선에서는 유효전력과 모선전압의 크기를, 그리고 부하모선에서는 유효전력과 무효전력을 지정값으로 하였으나 실제 계산에서 송전손실을 알 수 없기 때문에 유효전력을 지정값으로 하기에는 정확한 계산을 유도해내기 매우 힘들다. 따라서 송전손실분을 흡수조정할 수 있는 모선으로서의 기능을 갖도록 swing 모선을 설정하게 되는데 이 swing 모선을 슬랙모선이라 한다.

모선의 종류	기준값(지정값)	미지값
발전기 모선	유효전력 모선전압의 크기	무효전력 모선전압의 위상각
부하(변전소) 모선	유효전력 무효전력	모선전압의 크기 모선전압의 위상각
슬랙모선	모선전압의 크기 모선전압의 위상각	유효전력, 무효전력 송전손실

13 직격뢰에 대한 방호설비로 가장 적당한 것은?

① 복도체 ② 가공지선
③ 서지흡수기 ④ 정전방전기

가공지선

(1) 직격뢰를 차폐하여 전선로를 보호한다.
(2) 직격뢰가 가공지선에 가해지는 경우 탑각을 통해 대지로 안전하게 방전되어야 하나 탑각접지저항이 너무 크면 역섬락이 발생할 우려가 있다. 때문에 매설지선을 매설하여 탑각접지저항을 저감시켜 역섬락을 방지한다.

14 저압배전선로에 대한 설명으로 틀린 것은?

① 저압 뱅킹 방식은 전압변동을 경감할 수 있다.
② 밸런서(balancer)는 단상 2선식에 필요하다.
③ 부하율(F)와 손실계수(H) 사이에는 1≥F ≥H≥F²≥0의 관계가 있다.
④ 수용률이란 최대수용전력을 설비용량으로 나눈 값을 퍼센트로 나타낸 것이다.

저압밸런서
단상 3선식은 중성선이 용단되면 전압불평형률이 발생하므로 중성선에 퓨즈를 삽입하면 안되며 부하 말단에 저압밸런서를 설치하여 전압밸런스를 유지한다.

15 증기터빈내에서 팽창 도중에 있는 증기를 일부 추기하여 그것이 갖는 열을 급수가열에 이용하는 열사이클은?

① 랭킨사이클
② 카르노사이클
③ 재생사이클
④ 재열사이클

열사이클
(1) 랭킨사이클 : 카르노 사이클을 증기 원동기에 적합하게끔 개량한 것으로서 증기를 작업 유체로 사용하는 기력발전소의 가장 기본적인 사이클로 되어 있다. 이것은 증기를 동작물질로 사용해서 카르노 사이클의 등온과정을 등압과정으로 바꾼 것이다.
(2) 카르노사이클 : 열역학적 사이클 가운데에서 가장 이상적인 가역 사이클로서 2개의 등온변화와 2개의 단열변화로 이루어지고 있으며 모든 사이클 중에서 최고의 열효율을 나타내는 사이클이다.
(3) 재생사이클 : 증기터빈에서 팽창 도중에 있는 증기를 일부 추기하여 그것이 갖는 열을 급수가열에 이용하여 열효율을 증가시키는 열사이클
(4) 재열사이클 : 증기터빈에서 팽창한 증기를 보일러에 되돌려보내서 재열기로 적당한 온도까지 재가열시킨 다음 다시 터번에 보내어 팽창시키도록 하여 열효율을 증가시키는 열사이클

16 단상 2선식 배전선로의 말단에 지상역률 $\cos\theta$ 인 부하 P[kW]가 접속되어 있고 선로 말단의 전압은 V[V]이다. 선로 한 가닥의 저항을 R[Ω]이라 할 때 송전단의 공급전력[kW]은?

① $P+\dfrac{P^2 R}{V\cos\theta}\times 10^3$

② $P+\dfrac{2P^2 R}{V\cos\theta}\times 10^3$

③ $P+\dfrac{P^2 R}{V^2\cos^2\theta}\times 10^3$

④ $P+\dfrac{2P^2 R}{V^2\cos^2\theta}\times 10^3$

송전선로의 특성값 계산
전력손실 P_l[kW], 부하전력 P[kW], 정격전압 V[V], 역률 $\cos\theta$, 전류 I[A], 저항 R[Ω], 리액턴스 X[Ω]라 하면 송전단 공급전력 P_S[kW]는

$P_S = P + P_l$ [kW] 식에서

$P_l = 2I^2 R = \dfrac{2P^2 R}{V^2\cos^2\theta}\times 10^3$ [kW] 이므로

$\therefore P_S = P + \dfrac{2P^2 R}{V^2\cos^2\theta}\times 10^3$ [kW]

17 선로, 기기 등의 절연 수준 저감 및 전력용 변압기의 단절연을 모두 행할 수 있는 중성점 접지방식은?

① 직접접지방식
② 소호리액터접지방식
③ 고저항접지방식
④ 비접지방식

직접접지방식
(1) 장점
  ㉠ 1선 지락고장시 건전상의 대지전압 상승이 거의 없고 중성점의 전위도 거의 영전위를 유지하므로 기기의 절연레벨을 저감시켜 단절연할 수 있다.
  ㉡ 아크지락이나 개폐서지에 의한 이상전압이 낮아 피뢰기의 책무 경감이나 피뢰기의 뇌전류 방전 효과를 증가시킬 수 있다.
  ㉢ 1선 지락고장시 지락전류가 매우 크기 때문에 지락계전기(보호계전기)의 동작을 용이하게 해 고장의 선택차단이 신속하며 확실하다.
(2) 단점
  ㉠ 1선 지락고장시 지락전류가 매우 크기 때문에 근접 통신선에 유도장해가 발생하며 계통의 안정도가 매우 나쁘다.
  ㉡ 차단기의 동작이 빈번하며 대용량 차단기를 필요로 한다.

18 최대수용전력이 3[kW]인 수용가가 3세대, 5[kW]인 수용가가 6세대라고 할 때, 이 수용가군에 전력을 공급할 수 있는 주상변압기의 최소 용량[kVA]은? (단, 역률은 1, 수용가간의 부등률은 1.30이다.)

① 25 ② 30
③ 35 ④ 40

변압기 용량(P_T)

변압기 용량 = $\dfrac{\text{설비용량}\times\text{수용률}}{\text{부등률}\times\text{역률}}$[kVA]이므로

∴ $P_T = \dfrac{3\times3+5\times6}{1.3} = 30\,[\text{kVA}]$

참고

조건에서 주어지지 않는 값은 모두 1로 적용한다.

19 부하전류 차단이 불가능한 전력개폐 장치는?

① 진공차단기 ② 유입차단기
③ 단로기 ④ 가스차단기

단로기(DS)

단로기는 고압선로에 사용하는 선로개폐기로서 소호장치가 없어 고장전류나 부하전류를 개폐하거나 차단할 수 없으며 오직 무부하시에만 무부하전류(충전전류와 여자전류)를 개폐할 수 있는 설비이다. 또한 기기 점검 및 수리를 위해 회로를 분리하거나 계통의 접속을 바꾸는데 사용된다.

20 가공송전선로에서 총 단면적이 같은 경우 단도체와 비교하여 복도체의 장점이 아닌 것은?

① 안정도를 증대시킬 수 있다.
② 공사비가 저렴하고 시공이 간편하다.
③ 전선표면의 전위경도를 감소시켜 코로나 임계전압이 높아진다.
④ 선로의 인덕턴스가 감소되고 정전용량이 증가해서 송전용량이 증대된다.

복도체의 특징

(1) 주된 사용 목적 : 코로나 방지
(2) 장점
  ㉠ 등가반지름이 등가되어 L이 감소하고 C가 증가한다. – 송전용량이 증가하고 안정도가 향상된다.
  ㉡ 전선 표면의 전위경도가 감소하고 코로나 임계전압이 증가하여 코로나 손실이 감소한다. – 송전효율이 증가한다.
  ㉢ 통신선의 유도장해가 억제된다.
  ㉣ 전선의 표면적 증가로 전선의 허용전류(안전전류)가 증가한다.
(3) 단점
  ㉠ 정전용량이 증가하면 패란티 현상이 생길 우려가 있으며 분로리액터를 설치하여 억제한다.
  ㉡ 직경이 증가하여 진동현상이 생길 우려가 있으며 댐퍼를 설치하여 억제한다.
  ㉢ 소도체간 정전흡인력이 발생하여 소도체간 충돌이나 꼬임현상이 생길 우려가 있으며 스페이서를 설치하여 억제한다.
  ㉣ 공사비가 비싸고 시공이 복잡하다.

21 3. 전기기기

01 부하전류가 크지 않을 때 직류 직권전동기 발생 토크는? (단, 자기회로가 불포화인 경우이다.)

① 전류에 비례한다.
② 전류에 반비례한다.
③ 전류의 제곱에 비례한다.
④ 전류의 제곱에 반비례한다.

직류 직권전동기의 토크 특성

$\tau = K\phi I_a \fallingdotseq KI_a^2 \propto I_a^2$ 식에서

$N \propto \dfrac{1}{I}$ 이므로 $\tau \propto I_a^2 \propto \dfrac{1}{N^2}$ 이다.

∴ 전류의 제곱에 비례한다.

02 동기전동기에 대한 설명으로 틀린 것은?

① 동기전동기는 주로 회전계자형이다.
② 동기전동기는 무효전력을 공급할 수 있다.
③ 동기전동기는 제동권선을 이용한 기동법이 일반적으로 많이 사용된다.
④ 3상 동기전동기의 회전방향을 바꾸려면 계자권선 전류의 방향을 반대로 한다.

동기전동기에 대한 이해

(1) 동기전동기는 주로 회전계자형을 채용한다.
(2) 동기전동기는 여자전류를 조정하여 무효전력을 공급할 수 있다.
(3) 동기전동기의 기동법은 제동권선을 이용한 자기기동법을 채용한다.
(4) 역률을 거의 1로 운전할 수 있으며 효율이 좋다.
(5) 기동토크가 작고 속도조정이 어렵다.
(6) 직류여자기가 필요하며 난조 발생이 빈번하다.
∴ 3상 동기전동기는 계자권선 전류 방향을 바꾸더라도 회전자계가 변하지 않기 때문에 역회전하지 않는다.

03 동기발전기에서 동기속도와 극수와의 관계를 옳게 표시한 것은? (단, N : 동기속도, P : 극수이다.)

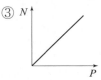

동기속도(N_s)

주파수 f, 극수 p 라 하면

$N_s = \dfrac{120f}{p}$ [rpm] 식에서 $N_s \propto \dfrac{1}{p}$ 이므로 동기속도(N_s)와 극수(p)는 반비례한다.

따라서 반비례 곡선은 ②이다.

04 어떤 직류전동기가 역기전력 200[V], 매분 1,200회전으로 토크 158.76[N·m]를 발생하고 있을 때의 전기자 전류는 약 몇 [A]인가? (단, 기계손 및 철손은 무시한다.)

① 90
② 95
③ 100
④ 105

직류전동기의 토크(τ)

$\tau = 0.975 \dfrac{P}{N} = 0.975 \dfrac{EI_a}{N}$ [kg·m] 또는

$\tau = 9.55 \dfrac{P}{N} = 9.55 \dfrac{EI_a}{N}$ [N·m] 식에서

$E = 200$ [V], $N = 1,200$ [rpm],

$\tau = 158.76$ [N·m]이므로 전기자전류 I_a는

∴ $I_a = \dfrac{\tau \cdot N}{9.55E} = \dfrac{158.76 \times 1,200}{9.55 \times 200} = 100$ [A]

05 일반적인 DC 서보모터의 제어에 속하지 않는 것은?

① 역률제어　　　　② 토크제어
③ 속도제어　　　　④ 위치제어

> **DC 서보모터의 기능**
> (1) 전압을 가변 할 수 있어야 한다. - 전압제어 및 전류 제어
> (2) 최대토크에서 견디는 능력이 커야 한다.
> (3) 고도의 속응성을 갖추어야 한다. - 위치제어와 속도 제어 및 토크제어
> (4) 안정성과 강인성이 있어야 한다.
> (5) Servo-lock 기능을 가져야 한다.

06 극수가 4극이고 전기자권선이 단중 중권인 직류발전기의 전기자전류가 40[A]이면 전기자권선의 각 병렬회로에 흐르는 전류[A]는?

① 4　　　　② 6
③ 8　　　　④ 10

> **단중 중권 직류발전기의 각 권선의 전기자전류**
> 전기자권선이 중권이면 병렬회로수(a)는 극수(p)와 같기 때문에 전기자권선의 각 병렬회로에 흐르는 전류는 전전류의 $\dfrac{1}{p}$ 배로 분배되어 흐르게 된다.
> 따라서 각 권선(병렬회로)에 흐르는 전류는
> $$\therefore \ \frac{I}{p} = \frac{40}{4} = 10 \,[\text{A}]$$

07 부스트(Boost)컨버터의 입력전압이 45[V]로 일정하고, 스위칭 주기가 20[kHz], 듀티비(Duty ratio)가 0.6, 부하저항이 10[Ω]일 때 출력전압은 몇 [V]인가? (단, 인덕터에는 일정한 정류가 흐르고 커패시터 출력전압의 리플성분은 무시한다.)

① 27　　　　② 67.5
③ 75　　　　④ 112.5

> **부스트 컨버터의 입·출력 전압비**
> $$\frac{V_{out}}{V_{in}} = \frac{1}{1-D}$$ 식에서
> $V_{in} = 45\,[\text{V}]$, $D = 0.6$ 이므로 출력전압 V_{out}는
> $$\therefore \ V_{out} = \frac{1}{1-D} V_{in} = \frac{1}{1-0.6} \times 45 = 112.5\,[\text{V}]$$

08 8극, 900[rpm] 동기발전기와 병렬 운전하는 6극 동기발전기의 회전수는 몇 [rpm]인가?

① 900　　　　② 1,000
③ 1,200　　　④ 1,400

> **동기속도(N_s)**
> $$N_s = \frac{120f}{p}\,[\text{rpm}]$$ 식에서
> 극수 $p = 8$, 회전수 $N_s = 900\,[\text{rpm}]$, 극수 $p' = 6$ 일 때 회전수 $N_s{'}$는 $N_s \propto \dfrac{1}{p}$ 이므로
> $$N_s{'} = \frac{p}{p'} N_s\,[\text{rpm}]$$ 이다.
> $$\therefore \ N_s{'} = \frac{p}{p'} N_s = \frac{8}{6} \times 900 = 1,200\,[\text{rpm}]$$

09 변압기 단락시험에서 변압기의 임피던스 전압이란?

① 1차 전류가 여자전류에 도달했을 때의 2차측 단자전압
② 1차 전류가 정격전류에 도달했을 때의 2차측 단자전압
③ 1차 전류가 정격전류에 도달했을 때의 변압기 내의 전압강하
④ 1차 전류가 2차 단락전류에 도달했을 때의 변압기 내의 전압강하

> **임피던스 전압(V_s)**
> 임피던스 전압(V_s)이란 변압기 2차측을 단락한 상태에서 변압기 1차측에 정격전류가 흐를 수 있도록 인가한 변압기 1차측 전압으로 $V_s = I_1 Z_{12}\,[\text{V}]$이다. 이는 변압기 누설임피던스($Z_{12}$)와 1차 정격전류($I_1$)의 곱에 의한 변압기 내부 전압강하로 표현할 수도 있다.

10 단상 정류자전동기의 일종인 단상 반발전동기에 해당되는 것은?

① 시라게전동기
② 반발유도전동기
③ 아트킨손형전동기
④ 단상 직권 정류자전동기

단상 반발전동기의 종류
(1) 애트킨슨 반발 전동기
(2) 톰슨 반발 전동기
(3) 데리 반발 전동기
(4) 보상 반발 전동기

11 와전류 손실을 패러데이 법칙으로 설명한 과정 중 틀린 것은?

① 와전류가 철심 내에 흘러 발열 발생
② 유도기전력 발생으로 철심에 와전류가 흐름
③ 와전류 에너지 손실량은 전류밀도에 반비례
④ 시변 자속으로 강자성체 철심에 유도기전력 발생

와전류 손실과 패러데이 법칙의 상관 관계
(1) 자기회로(철심)를 관통하는 자속이 시간적으로 변화할 때 이 변화를 방해하기 위해서 자기회로 내에 국부적으로 형성되는 폐회로에 와전류가 흘러 발열이 생긴다.
(2) 패러데이의 전자유도법칙에 의한 유도기전력의 발생으로 와전류가 흐른다.
(3) 시변 자속으로 강자성체 철심에 유도기전력이 발생한다.
(4) 와전류 에너지 손실량은 자속밀도의 제곱에 비례하며 또한 전류경로 크기에 비례한다.

12 10[kW], 3상 380[V] 유도전동기의 전부하전류는 약 몇 [A]인가? (단, 전동기의 효율은 85[%], 역률은 85[%]이다.)

① 15
② 21
③ 26
④ 36

3상 유도전동기의 출력(P)
$P = \sqrt{3}\,VI\cos\theta\,\eta\,[\text{W}]$ 식에서
$P = 10\,[\text{kW}]$, $V = 380\,[\text{V}]$, $\cos\theta = 0.85$, $\eta = 0.85$ 이므로 전부하전류 I는
$$\therefore I = \frac{P}{\sqrt{3}\,V\cos\theta\,\eta} = \frac{10\times10^3}{\sqrt{3}\times380\times0.85\times0.85}$$
$$= 21\,[\text{A}]$$

13 변압기의 주요시험 항목 중 전압변동률 계산에 필요한 수치를 얻기 위한 필수적인 시험은?

① 단락시험
② 내전압시험
③ 변압비시험
④ 온도상승시험

변압기의 시험
(1) 무부하 시험으로부터 구할 수 있는 것 : 여자전류(무부하전류), 철손(히스테리시스손 및 와류손), 여자어드미턴스 등
(2) 단락시험으로부터 구할 수 있는 것 : 임피던스 전압, 임피던스 와트(동손), 누설리액턴스, %임피던스(%저항강하 및 %리액턴스 강하), 전압변동률 등

14 2전동기설에 의하여 단상 유도전동기의 가상적 2개의 회전자 중 정방향에 회전하는 회전자 슬립이 s이면 역방향에 회전하는 가상적 회전자의 슬립은 어떻게 표시되는가?

① $1+s$
② $1-s$
③ $2-s$
④ $3-s$

단상 유도전동기의 2전동기설
(1) 고정자 권선(1차 권선)에는 교번자계가 발생한다.
(2) 회전자 권선(2차 권선)에는 1차 권선과 반대의 교번자계가 발생한다.
(3) 기동토크는 영(0)이다.
(4) 회전자계는 시계방향과 반시계방향의 두개의 회전자계로 구성된다.
(5) 2차 권선에는 sf_1과 $(2-s)f_1$의 두개의 주파수가 존재한다.

15 3상 농형 유도전동기의 전전압 기동토크는 전부하토크의 1.8배이다. 이 전동기에 기동보상기를 사용하여 기동전압을 전전압의 2/3로 낮추어 기동하면, 기동토크는 전부하토크 T와 어떤 관계인가?

① $3.0\,T$ ② $0.8\,T$

③ $0.6\,T$ ④ $0.3\,T$

토크(τ)와 공급전압(V)과의 관계

토크(τ)는 전부하토크의 1.8배이며 공급전압(V)의 제곱에 비례하므로 $V' = \dfrac{2}{3}V$이면

$$\therefore\ \tau' = \left(\frac{V'}{V}\right)^2 \times 1.8\tau = \left(\frac{\frac{2}{3}V}{V}\right)^2 \times 1.8\tau$$

$$= \left(\frac{2}{3}\right)^2 \times 1.8\tau = 0.8\tau$$

---

16 변압기에서 생기는 철손 중 와류손(Eddy Current Loss)은 철심의 규소강판 두께와 어떤 관계에 있는가?

① 두께에 비례

② 두께의 2승에 비례

③ 두께의 3승에 비례

④ 두께의 $\dfrac{1}{2}$승에 비례

와전류손(P_e)

와전류가 자기회로 내에 흐르면 줄열이 생겨 손실이 발생하는데 이 손실을 와전류손이라 한다.

$$P_e = K_e\, t^2 f^2 B_m^{\,2}\ [\text{W}]$$

와전류손은 주파수(f)의 제곱, 최대자속밀도(B_m)의 제곱, 철심 두께(t)의 제곱에 비례한다.

---

17 50[Hz], 12극의 3상 유도전동기가 10[HP]의 정격 출력을 내고 있을 때, 회전수는 약 몇 [rpm]인가? (단, 회전자 동손은 350[W]이고, 회전자 입력은 회전자 동손과 정격 출력의 합이다.)

① 468   ② 478

③ 488   ④ 500

유도전동기의 2차 효율(η_2)

$$\eta_2 = \frac{P_o}{P_2} = 1 - s = \frac{N}{N_s},\ \ P_2 = P_0 + P_{c2}\,[\text{W}],$$

$$N_s = \frac{120f}{p}\,[\text{rpm}]\ \text{식에서}$$

$f = 50\,[\text{Hz}]$, $p = 12$, $P_0 = 10\,[\text{HP}] = 10 \times 746\,[\text{W}]$,

$P_{c2} = 350\,[\text{W}]$일 때

$P_2 = P_0 + P_{c2} = 10 \times 746 + 350 = 7{,}810\,[\text{W}]$

$N_s = \dfrac{120f}{p} = \dfrac{120 \times 50}{12} = 500\,[\text{rpm}]$ 이므로

회전자 속도 N은

$$\therefore\ N = \frac{P_0}{P_2}N_s = \frac{10 \times 746}{7{,}810} \times 500 = 478\,[\text{rpm}]$$

---

18 변압기의 권수를 N이라고 할 때 누설리액턴스는?

① N에 비례한다.   ② N^2에 비례한다.

③ N에 반비례한다.   ④ N^2에 반비례한다.

변압기의 권수비(a)

$$a = \frac{N_1}{N_2} = \frac{E_1}{E_2} = \frac{I_2}{I_1} = \sqrt{\frac{Z_1}{Z_2}}$$

$$= \sqrt{\frac{R_1}{R_2}} = \sqrt{\frac{X_1}{X_2}}\ \text{식에서}$$

$$\frac{X_1}{X_2} = \left(\frac{N_1}{N_2}\right)^2\ \text{임을 알 수 있다.}$$

변압기 권선의 리액턴스(X)는 누설 리액턴스이므로

∴ 누설 리액턴스는 권수 N^2에 비례한다.

19 동기발전기의 병렬운전 조건에서 같지 않아도 되는 것은?

① 기전력의 용량　　② 기전력의 위상
③ 기전력의 크기　　④ 기전력의 주파수

동기발전기의 병렬운전조건
⑴ 기전력의 크기가 같을 것
⑵ 기전력의 위상이 같을 것
⑶ 기전력의 주파수가 같을 것
⑷ 기전력의 파형이 같을 것
⑸ 상회전 방향이 일치할 것

20 다이오드를 사용하는 정류회로에서 과대한 부하전류로 인하여 다이오드가 소손될 우려가 있을 때 가장 적절한 조치는 어느 것인가?

① 다이오드를 병렬로 추가한다.
② 다이오드를 직렬로 추가한다.
③ 다이오드 양단에 적당한 값의 저항을 추가한다.
④ 다이오드 양단에 적당한 값의 커패시터를 추가한다.

다이오드 직, 병렬 접속
다이오드를 사용한 정류회로에서 과전압으로부터 다이오드가 파손될 우려가 있을 때는 다이오드를 직렬로 추가하여 접속하면 전압이 분배되어 과전압을 낮출 수 있다. 또한 과전류로부터 다이오드가 파손될 우려가 있을 때는 다이오드를 병렬로 추가하여 접속하면 전류가 분배되어 과전류를 낮출 수 있다.

21 4. 회로이론 및 제어공학

01 전달함수가 $G_C(s) = \dfrac{s^2 + 3s + 5}{2s}$ 인 제어기가 있다. 이 제어기는 어떤 제어기인가?

① 비례 미분 제어기
② 적분 제어기
③ 비례 적분 제어기
④ 비례 미분 적분 제어기

전달함수의 요소

요소	전달함수
비례요소	$G(s) = K$
미분요소	$G(s) = Ts$
적분요소	$G(s) = \dfrac{1}{Ts}$

$G(s) = \dfrac{s^2 + 3s + 5}{2s} = \dfrac{1}{2}s + \dfrac{3}{2} + \dfrac{5}{2s}$ 식에서

$G(s) = \dfrac{3}{2}(1 + \dfrac{1}{3}s + \dfrac{1}{\frac{3}{5}s}) = K(1 + T_D s + \dfrac{1}{T_I s})$

임을 알 수 있다.

∴ 제어기는 비례 미분 적분 제어기를 의미한다.

02 다음 논리회로의 출력 Y는?

① A
② B
③ A+B
④ A·B

논리회로의 논리식

∴ $X = (A+B) \cdot B = (A+1) \cdot B = B$

참고 불대수

$B \cdot B = B$, $A + 1 = 1$, $B \cdot 1 = B$

03 그림과 같은 제어시스템이 안정하기 위한 k의 범위는?

① $k > 0$
② $k > 1$
③ $0 < k < 1$
④ $0 < k < 2$

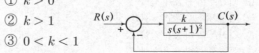

안정도 판별법(루스 판정법)

개루프 전달함수

$G(s)H(s) = \dfrac{k}{s(s+1)^2} = \dfrac{B(s)}{A(s)}$ 이므로

특성방정식

$F(s) = A(s) + B(s) = s(s+1)^2 + k$

$\quad = s^3 + 2s^2 + s + k = 0$

s^3	1	1
s^2	2	k
s^1	$\dfrac{2-k}{2}$	0
s^0	k	0

제1열의 원소에 부호변화가 없어야 제어계가 안정할 수 있으므로 $k < 2$, $k > 0$ 이어야 한다.

∴ $0 < k < 2$

정답 01 ④ 02 ② 03 ④

04 다음과 같은 상태방정식으로 표현되는 제어시스템의 특성방정식의 근(s_1, s_2)은?

$$\begin{bmatrix} \dot{x_1} \\ \dot{x_2} \end{bmatrix} = \begin{bmatrix} 0 & 1 \\ -2 & -3 \end{bmatrix} \begin{bmatrix} x_1 \\ x_2 \end{bmatrix} + \begin{bmatrix} 1 \\ 0 \end{bmatrix} u$$

① 1, −3

② −1, −2

③ −2, −3

④ −1, −3

상태방정식에서의 특성방정식

특성방정식은 $|sI-A|=0$ 이므로

$$(sI-A) = s\begin{bmatrix} 1 & 0 \\ 0 & 1 \end{bmatrix} - \begin{bmatrix} 0 & 1 \\ -2 & -3 \end{bmatrix}$$

$$= \begin{bmatrix} s & -1 \\ 2 & s+3 \end{bmatrix}$$

$$|sI-A| = \begin{vmatrix} s & -1 \\ 2 & s+3 \end{vmatrix} = s(s+3)+2$$

$$= s^2 + 3s + 2 = 0$$

$s^2 + 3s + 2 = (s+1)(s+2) = 0$ 이므로

특성방정식의 근은

$$\therefore s = -1, \ s = -2$$

05 그림의 블록선도와 같이 표현되는 제어시스템에서 $A=1$, $B=1$일 때, 블록선도의 출력 C는 약 얼마인가?

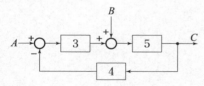

① 0.22

② 0.33

③ 1.22

④ 3.1

블록선도의 출력

$$C = \{(A-4C) \times 3 + B\} \times 5$$

$$= 15A - 60C + 5B$$

$$61C = 15A + 5B$$

$$\therefore C = \frac{15A+5B}{61} = \frac{15 \times 1 + 5 \times 1}{61} = 0.33$$

06 제어요소가 제어대상에 주는 양은?

① 동작신호

② 조작량

③ 제어량

④ 궤환량

제어계 구성요소의 정의

(1) 동작신호 : 목표값과 제어량 사이에서 나타나는 편차 값으로서 제어요소의 입력신호이다.

(2) 조작량 : 제어장치 또는 제어요소의 출력이면서 제어대상의 입력인 신호이다.

(3) 제어량 : 제어계의 출력으로서 제어대상에서 만들어지는 값이다.

(4) 궤환량 : 제어계의 출력인 제어량을 검출하여 비교부에 보내어지는 값이다.

07 전달함수가 $\dfrac{C(s)}{R(s)} = \dfrac{1}{3s^2 + 4s + 1}$ 인 제어시스템의 과도 응답 특성은?

① 무제동

② 부족제동

③ 임계제동

④ 과제동

2차계의 전달함수

$$G(s) = \frac{1}{3s^2 + 4s + 1} = \frac{\frac{1}{3}}{s^2 + \frac{4}{3}s + \frac{1}{3}} \text{ 이므로}$$

$$G(s) = \frac{\omega_n^2}{s^2 + 2\zeta\omega_n s + \omega_n^2} \text{ 식에서}$$

$2\zeta\omega_n = \dfrac{4}{3}$, $\omega_n^2 = \dfrac{1}{3}$일 때

$$\omega_n = \frac{1}{\sqrt{3}}, \ \zeta = \frac{2}{\sqrt{3}} = 1.15 \text{이다.}$$

$\therefore \zeta > 1$ 이므로 과제동되었다.

08 함수 $f(t) = e^{-at}$의 z 변환 함수 $F(z)$는?

① $\dfrac{2z}{z - e^{aT}}$ ② $\dfrac{1}{z + e^{aT}}$

③ $\dfrac{z}{z + e^{-aT}}$ ④ $\dfrac{z}{z - e^{-aT}}$

$f(t)$ 함수에 대한 z변환과 라플라스 변환

$f(t)$	$\mathcal{L}$ 변환	z변환
$u(t) = 1$	$\dfrac{1}{s}$	$\dfrac{z}{z-1}$
e^{-aT}	$\dfrac{1}{s+a}$	$\dfrac{z}{z-e^{-aT}}$
t	$\dfrac{1}{s^2}$	$\dfrac{T_z}{(z-1)^2}$
$\delta(t)$	1	1

09 제어시스템의 주파수 전달함수가 $G(j\omega) = j5\omega$ 이고, 주파수가 $\omega = 0.02$[rad/sec]일 때 이 제어 시스템의 이득[dB]은?

① 20 ② 10

③ −10 ④ −20

전달함수의 이득(g)

$G(j\omega) = j5\omega|_{\omega = 0.02} = j5 \times 0.02 = j0.1$

$\qquad = 0.1 \angle 90°$

$\therefore\ g = 20\log_{10}|G(j\omega)| = 20\log_{10}0.1$

$\qquad = -20\,[\text{dB}]$

10 그림과 같은 제어시스템의 폐루프 전달함수 $T(s) = \dfrac{C(s)}{R(s)}$에 대한 감도 S_K^T는?

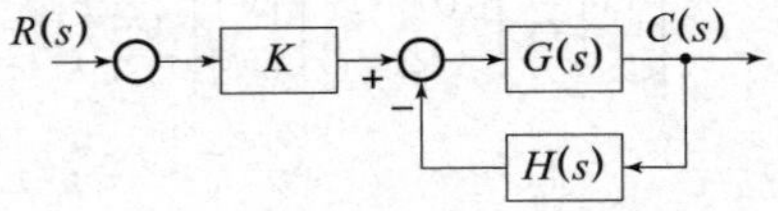

① 0.5 ② 1

③ $\dfrac{G}{1 + GH}$ ④ $\dfrac{-GH}{1 + GH}$

감도

전달함수 $T = \dfrac{C}{R} = \dfrac{KG(s)}{1 + G(s)H(s)}$ 이므로

감도 S_K^T는

$S_K^T = \dfrac{K}{T} \cdot \dfrac{dT}{dK}$

$\qquad = \dfrac{K\{1 + G(s)H(s)\}}{KG(s)} \cdot \dfrac{d}{dK}\left\{ \dfrac{KG(s)}{1 + G(s)H(s)} \right\}$

$\qquad = \dfrac{1 + G(s)H(s)}{G(s)} \cdot \dfrac{G(s)}{1 + G(s)H(s)} = 1$

11 그림 (a)와 같은 회로에 대한 구동점 임피던스의 극점과 영점이 각각 그림 (b)에 나타낸 것과 같고 $Z(0) = 1$일 때, 이 회로에서 $R[\Omega]$, $L[\mathrm{H}]$, $C[\mathrm{F}]$의 값은?

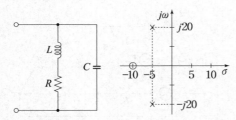

① $R = 1.0[\Omega]$, $L = 0.1[\mathrm{H}]$, $C = 0.0235[\mathrm{F}]$
② $R = 1.0[\Omega]$, $L = 0.2[\mathrm{H}]$, $C = 1.0[\mathrm{F}]$
③ $R = 2.0[\Omega]$, $L = 0.1[\mathrm{H}]$, $C = 0.0235[\mathrm{F}]$
④ $R = 2.0[\Omega]$, $L = 0.2[\mathrm{H}]$, $C = 1.0[\mathrm{F}]$

구동점 임피던스

그림 (a)에 대한 구동점 임피던스를 $Z_1(s)$라 하면

$$Z_1(s) = \cfrac{1}{\cfrac{1}{R+Ls} + Cs}$$

$$= \frac{Ls+R}{LCs^2 + RCs + 1} \ [\Omega] \text{이 된다},$$

그림 (b)에 대한 구동점 임피던스를 $Z_2(s)$라 하면

$$Z_2(s) = \frac{s+10}{(s+5+j20)(s+5-j20)}$$

$$= \frac{s+10}{(s+5)^2 + 20^2} = \frac{s+10}{s^2+10s+425} \ [\Omega] \text{이 된다},$$

$Z_1(s) = Z_2(s)$를 만족하기 위한 관계식을 유도하면

$$Z_1(s) = K \cdot \frac{s + \dfrac{R}{L}}{s^2 + \dfrac{R}{L}s + \dfrac{1}{LC}} \ [\Omega] \text{이 된다.}$$

여기서 $Z(0) = 1$인 조건에서 $Z_1(0)$를 구하면

$$Z_1(0) = \frac{0+R}{0+0+1} = R = 1 \ [\Omega]$$

$\dfrac{R}{L} = 10$, $\dfrac{1}{LC} = 425$이기 위한 L, C 값은

$$L = \frac{R}{10} = \frac{1}{10} = 0.1 \ [\mathrm{H}]$$

$$C = \frac{1}{425L} = \frac{1}{425 \times 0.1} = 0.0235 \ [\mathrm{F}]$$

$$\therefore R = 1 \ [\Omega], \ L = 0.1 \ [\mathrm{H}], \ C = 0.0235 \ [\mathrm{F}]$$

12 회로에서 저항 $1[\Omega]$에 흐르는 전류 $I[\mathrm{A}]$는?

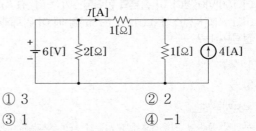

① 3 ② 2
③ 1 ④ −1

중첩의 원리

(전압원 단락) 6[V]의 전압원을 단락하면 2[Ω] 저항에는 전류가 흐르지 않게 되며 1[Ω] 두 저항은 서로 병렬접속이 된다. 따라서 전류 I_1는

$$I_1 = \frac{1}{2} \times (-4) = -2 \ [\mathrm{A}]$$

(전류원 개방) 4[A]의 전류원을 개방하면 1[Ω] 두 저항은 직렬이 되어 2[Ω] 저항과 병렬접속을 이룬다. 이때 전류 I_2는

$$I_2 = \frac{6}{2} = 3 \ [\mathrm{A}]$$

$$\therefore I = I_1 + I_2 = -2 + 3 = 1 \ [\mathrm{A}]$$

13 파형이 톱니파인 경우 파형률은 약 얼마인가?

① 1.155 ② 1.732
③ 1.414 ④ 0.577

파형의 파형률

파형	정현파	반파 정류파	구형파	반파 구형파	톱니파	삼각파
파형률	$\dfrac{\pi}{2\sqrt{2}}$	$\dfrac{\pi}{2}$	1	$\sqrt{2}$	$\dfrac{2}{\sqrt{3}}$	$\dfrac{2}{\sqrt{3}}$

$$\therefore \text{톱니파의 파형률} = \frac{2}{\sqrt{3}} = 1.155$$

14 무한장 무손실 전송선로의 임의의 위치에서 전압이 100[V]이었다. 이 선로의 인덕턴스가 $7.5\,[\mu H/m]$이고, 커패시턴스가 $0.012\,[\mu F/m]$일 때 이 위치에서 전류[A]는?

① 2   ② 4
③ 6   ④ 8

분포정수회로

무한장 무손실 전송선로에서 계통의 특성 임피던스 Z_0는 $Z_0 = \sqrt{\dfrac{L}{C}}\,[\Omega]$ 이므로 전압이 100 [V]인 임의의 위치에 대한 전류 I는 $I = \dfrac{V}{Z_0}\,[A]$로 구할 수 있다.

$V = 100\,[V]$, $L = 7.5\,[\mu H/m]$, $C = 0.012\,[\mu F/m]$ 일 때

$Z_0 = \sqrt{\dfrac{L}{C}} = \sqrt{\dfrac{7.5}{0.012}} = 25\,[\Omega]$ 이므로

$\therefore I = \dfrac{V}{Z_0} = \dfrac{100}{25} = 4\,[A]$

15 전압

$$v(t) = 14.14\sin\omega t + 7.07\sin\left(3\omega t + \dfrac{\pi}{6}\right)[V]$$의

실효값은 약 몇 [V]인가?

① 3.87   ② 11.2
③ 15.8   ④ 21.2

비정현파의 실효값

$V_{m1} = 14.14\,[V]$, $V_{m3} = 7.07\,[V]$ 이므로

$V = \sqrt{\left(\dfrac{V_{m1}}{\sqrt{2}}\right)^2 + \left(\dfrac{V_{m3}}{\sqrt{2}}\right)^2}\,[V]$ 식에서

$\therefore V = \sqrt{\left(\dfrac{14.14}{\sqrt{2}}\right)^2 + \left(\dfrac{7.07}{\sqrt{2}}\right)^2} = 11.2\,[V]$

16 그림과 같은 평형 3상회로에서 전원 전압이 $V_{ab} = 200\,[V]$이고 부하 한상의 임피던스가 $Z = 4 + j3\,[\Omega]$인 경우 전원과 부하사이 선전류 I_a는 약 몇 [A]인가?

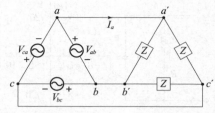

① $40\sqrt{3} \angle 36.87°$
② $40\sqrt{3} \angle -36.87°$
③ $40\sqrt{3} \angle 66.87°$
④ $40\sqrt{3} \angle -66.87°$

△결선의 선전류(I_L)와 상전류(I_P) 관계

$I_L = \sqrt{3}\,I_P \angle -30°\,[A]$인 관계에 있으므로 먼저 상전류를 계산한 다음 선전류 I_a 값을 구한다.

$I_P = \dfrac{V_{ab}}{Z} = \dfrac{200}{4 + j3} = 40 \angle -36.87°\,[A]$ 이므로

$\therefore I_L = \sqrt{3}\,I_P \angle -30°$
$= \sqrt{3} \times 40 \angle -36.87° -30°$
$= 40\sqrt{3} \angle -66.87°\,[A]$

17 정상상태에서 $t=0$초인 순간에 스위치 S를 열었다. 이 때 흐르는 전류 $i(t)$는?

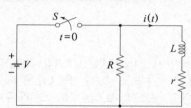

① $\dfrac{V}{R}e^{-\frac{R+r}{L}t}$ ② $\dfrac{V}{r}e^{-\frac{R+r}{L}t}$

③ $\dfrac{V}{R}e^{-\frac{L}{R+r}t}$ ④ $\dfrac{V}{r}e^{-\frac{L}{R+r}t}$

R–L 과도현상

스위치를 열기 직전과 직후의 상태 변화된 특성을 이해하면 쉽게 답을 구할 수 있다.

먼저 스위치를 열기 직전의 정상전류를 I_0, 스위치를 연 후의 특성값을 s라 하면 과도전류 $i(t)$는

$i(t)=I_0 e^{st}$ [A]임을 알 수 있다.

$I_0=\dfrac{V}{r}$ [A], $s=-\dfrac{R+r}{L}$ 이므로

$\therefore i(t)=I_0 e^{st}=\dfrac{V}{r}e^{-\frac{R+r}{L}t}$ [A]

18 선간전압이 150[V], 선전류가 $10\sqrt{3}$ [A], 역률이 80[%]인 평형 3상 유도성 부하로 공급되는 무효전력[var]은?

① 3,600   ② 3,000
③ 2,700   ④ 1,800

3상 무효전력(Q)

$Q=\sqrt{3}\,VI\sin\theta$ [Var] 식에서

$V=150$ [V], $I=10\sqrt{3}$ [A], $\cos\theta=0.8$일 때

$\sin\theta=\sqrt{1-\cos^2\theta}=\sqrt{1-0.8^2}=0.6$ 이므로

$\therefore Q=\sqrt{3}\,VI\sin\theta$
$\qquad =\sqrt{3}\times150\times10\sqrt{3}\times0.6=2,700$ [Var]

19 그림과 같은 함수의 라플라스 변환은?

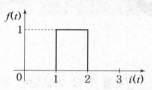

① $\dfrac{1}{s}(e^{s}-e^{2s})$ ② $\dfrac{1}{s}(e^{-s}-e^{-2s})$

③ $\dfrac{1}{s}(e^{-2s}-e^{-s})$ ④ $\dfrac{1}{s}(e^{-s}+e^{-2s})$

시간추이정리의 라플라스 변환

$f(t)=u(t-1)-u(t-2)$일 때

$\therefore \mathcal{L}[f(t)]=\mathcal{L}[u(t-1)-u(t-2)]$

$\qquad =\dfrac{1}{s}e^{-s}-\dfrac{1}{s}e^{-2s}$

$\qquad =\dfrac{1}{s}(e^{-s}-e^{-2s})$

20 상의 순서가 $a-b-c$인 불평형 3상 전류가 $I_a=15+j2$ [A], $I_b=-20-j14$ [A], $I_C=-3+j10$ [A]일 때 영상분 전류 I_0는 약 몇 [A]인가?

① $2.67+j0.38$ ② $2.02+j6.98$
③ $15.5-j3.56$ ④ $-2.67-j0.67$

영상분 전류(I_0)

$I_0=\dfrac{1}{3}(I_a+I_b+I_c)$

$\quad =\dfrac{1}{3}(15+j2-20-j14-3+j10)$

$\quad =-2.67-j0.67$ [A]

21 5. 전기설비기술기준

01 지중 전선로를 직접 매설식에 의하여 차량 기타 중량물의 압력을 받을 우려가 있는 장소에 시설하는 경우 매설 깊이는 몇 [m] 이상으로 하여야 하는가?

① 0.6　　　　② 1
③ 1.5　　　　④ 2

지중전선로의 시설

(1) 지중전선로는 전선에 케이블을 사용하고 또한 관로식·암거식(暗渠式) 또는 직접매설식에 의하여 시설하여야 한다.

(2) 지중전선로를 관로식 또는 암거식에 의하여 시설하는 경우에는 다음에 따라야 한다.

　㉠ 관로식에 의하여 시설하는 경우에는 매설 깊이를 1.0 [m] 이상으로 하되, 매설깊이가 충분하지 못한 장소에는 견고하고 차량 기타 중량물의 압력에 견디는 것을 사용할 것. 다만 중량물의 압력을 받을 우려가 없는 곳은 0.6 [m] 이상으로 한다.

　㉡ 암거식에 의하여 시설하는 경우에는 견고하고 차량 기타 중량물의 압력에 견디는 것을 사용할 것.

(3) 지중전선로를 직접매설식에 의하여 시설하는 경우에는 매설 깊이를 차량 기타 중량물의 압력을 받을 우려가 있는 장소에는 1.0 [m] 이상, 기타 장소에는 0.6 [m] 이상으로 하고 또한 지중전선을 견고한 트라프 기타 방호물에 넣어 시설하여야 한다. 다만, 저압 또는 고압의 지중전선에 콤바인덕트 케이블을 사용하여 시설하는 경우에는 지중전선을 견고한 트라프 기타 방호물에 넣지 아니하여도 된다.

02 돌침, 수평도체, 메시도체의 요소 중에 한가지 또는 이를 조합한 형식으로 시설하는 것은?

① 접지극시스템　　② 수뢰부시스템
③ 내부피뢰시스템　④ 인하도선시스템

수뢰부 시스템

(1) 수뢰부 시스템을 선정하는 경우 돌침, 수평도체, 메시도체의 요소 중에 한 가지 또는 이를 조합한 형식으로 시설하여야 한다.

(2) 수뢰부 시스템의 배치는 보호각법, 회전구체법, 메시법 중 하나 또는 조합된 방법으로 배치하여야 하며 건축물·구조물의 뾰족한 부분, 모서리 등에 우선하여 배치한다.

(3) 지상으로부터 높이 60 [m]를 초과하는 건축물·구조물에 측뢰 보호가 필요한 경우에는 수뢰부 시스템을 시설하여야 하며 전체 높이 60 [m]를 초과하는 건축물·구조물의 최상부로부터 20 [%] 부분에 한한다.

03 지중 전선로에 사용하는 지중함의 시설기준으로 틀린 것은?

① 조명 및 세척이 가능한 장치를 하도록 할 것
② 견고하고 차량 기타 중량물의 압력에 견디는 구조일 것
③ 그 안의 고인 물을 제거할 수 있는 구조로 되어 있을 것
④ 뚜껑은 시설자 이외의 자가 쉽게 열 수 없도록 시설할 것

지중함의 시설

지중전선로에 사용하는 지중함은 다음에 따라 시설하여야 한다.

(1) 지중함은 견고하고 차량 기타 중량물의 압력에 견디는 구조일 것.

(2) 지중함은 그 안의 고인 물을 제거할 수 있는 구조로 되어 있을 것.

(3) 폭발성 또는 연소성의 가스가 침입할 우려가 있는 것에 시설하는 지중함으로서 그 크기가 1 [m³] 이상인 것에는 통풍장치 기타 가스를 방산시키기 위한 적당한 장치를 시설할 것.

(4) 지중함의 뚜껑은 시설자 이외의 자가 쉽게 열 수 없도록 시설할 것.

정답 01 ② 02 ② 03 ①

04 전식방지대책에서 매설금속체측의 누설전류에 의한 전식의 피해가 예상되는 곳에 고려하여야 하는 방법으로 틀린 것은?

① 절연코팅
② 배류장치 설치
③ 변전소 간 간격 축소
④ 저준위 금속체를 접속

전기철도의 안전을 위한 보호 중 전식방지대책
⑴ 전기철도측의 전식방식 또는 전식예방을 위해서는 다음 방법을 고려하여야 한다.
  ㉠ 변전소 간 간격 축소
  ㉡ 레일본드의 양호한 시공
  ㉢ 장대레일채택
  ㉣ 절연도상 및 레일과 침목사이에 절연층의 설치
⑵ 매설 금속체측의 누설전류에 의한 전식의 피해가 예상되는 곳은 다음 방법을 고려하여야 한다.
  ㉠ 배류장치 설치
  ㉡ 절연코팅
  ㉢ 매설 금속체 접속부 절연
  ㉣ 저준위 금속체를 접속
  ㉤ 궤도와의 이격 거리 증대
  ㉥ 금속판 등의 도체로 차폐

05 일반 주택의 저압 옥내배선을 점검하였더니 다음과 같이 시설되어 있었을 경우 시설기준에 적합하지 않은 것은?

① 합성수지관의 지지점 간의 거리를 2[m]로 하였다.
② 합성수지관 안에서 전선의 접속점이 없도록 하였다.
③ 금속관공사에 옥외용 비닐절연전선을 제외한 절연전선을 사용하였다.
④ 인입구에 가까운 곳으로서 쉽게 개폐할 수 있는 곳에 개폐기를 각 극에 시설하였다.

합성수지관공사
관의 지지점 간의 거리는 1.5 [m] 이하로 하고, 또한 그 지지점은 관의 끝·관과 박스의 접속점 및 관 상호 간의 접속점 등에 가까운 곳에 시설할 것.

06 하나 또는 복합하여 시설하여야 하는 접지극의 방법으로 틀린 것은?

① 지중 금속구조물
② 토양에 매설된 기초 접지극
③ 케이블의 금속외장 및 그 밖에 금속피복
④ 대지에 매설된 강화콘크리트의 용접된 금속 보강재

접지시스템의 접지극의 시설
접지극은 다음의 방법 중 하나 또는 복합하여 시설하여야 한다.
⑴ 콘크리트에 매입 된 기초 접지극
⑵ 토양에 매설된 기초 접지극
⑶ 토양에 수직 또는 수평으로 직접 매설된 금속전극(봉, 전선, 테이프, 배관, 판 등)
⑷ 케이블의 금속외장 및 그 밖에 금속피복
⑸ 지중 금속구조물(배관 등)
⑹ 대지에 매설된 철근콘크리트의 용접된 금속 보강재. 다만, 강화콘크리트는 제외한다.

07 사용전압이 154[kV]인 전선로를 제1종 특고압 보안공사로 시설할 때 경동연선의 굵기는 몇 [mm²] 이상이어야 하는가?

① 55 ② 100
③ 150 ④ 200

제1종 특고압 보안공사

(1) 전선의 단면적

사용전압	인장강도 및 굵기
100 [kV] 미만	21.67 [kN] 이상의 연선 또는 단면적 55 [mm²] 이상의 경동연선 또는 동등 이상의 인장강도를 갖는 알루미늄 전선 이나 절연전선
100 [kV] 이상 300 [kV] 미만	58.84 [kN] 이상의 연선 또는 단면적 150 [mm²] 이상의 경동연선 또는 동등 이상의 인장강도를 갖는 알루미늄 전선 이나 절연전선
300 [kV] 이상	77.47 [kN] 이상의 연선 또는 단면적 200 [mm²] 이상의 경동연선 또는 동등 이상의 인장강도를 갖는 알루미늄 전선 이나 절연전선

(2) 전선로의 지지물에는 B종 철주·B종 철근 콘크리트 주 또는 철탑을 사용할 것.
(3) 특고압 가공전선에 지락 또는 단락이 생겼을 경우에 3초(사용전압이 100 [kV] 이상인 경우에는 2초) 이내에 자동적으로 이것을 전로로부터 차단하는 장 치를 시설할 것.
(4) 전선은 바람 또는 눈에 의한 요동으로 단락될 우려 가 없도록 시설할 것.

08 다음 ( )에 들어갈 내용으로 옳은 것은?

"동일 지지물에 저압 가공전선(다중접지된 중성선은 제외한다.)과 고압 가공전선을 시 설하는 경우 고압 가공전선을 저압 가공전선 의 (㉠)로 하고, 별개의 완금류에 시설해야 하며, 고압 가공전선과 저압 가공전선 사이 의 이격거리는 (㉡) [m] 이상으로 한다."

① ㉠ 아래 ㉡ 0.5 ② ㉠ 아래 ㉡ 1
③ ㉠ 위 ㉡ 0.5 ④ ㉠ 위 ㉡ 1

고·저압 가공전선의 병행설치(고·저압 병가)

(1) 저압 가공전선(다중접지된 중성선은 제외한다)과 고 압 가공전선을 동일 지지물에 시설하는 경우에는 다 음에 따라야 한다.
  ㉠ 저압 가공전선을 고압 가공전선의 아래로 하고 별 개의 완금류에 시설할 것.
  ㉡ 저압 가공전선과 고압 가공전선 사이의 이격거리 는 0.5 [m] 이상일 것.
(2) 다음 어느 하나에 해당되는 경우에는 ①항에 의하지 아니할 수 있다.
  ㉠ 고압 가공전선에 케이블을 사용하는 경우 이격거 리를 0.3 [m] 이상으로 하여 시설하는 경우
  ㉡ 저압 가공인입선을 분기하기 위하여 저압 가공전 선을 고압용의 완금류에 견고하게 시설하는 경우

09 전기설비기술기준에서 정하는 안전원칙에 대한 내용으로 틀린 것은?

① 전기설비는 감전, 화재 그 밖에 사람에게 위해를 주거나 물건에 손상을 줄 우려가 없 도록 시설하여야 한다.
② 전기설비는 다른 전기설비, 그 밖의 물건의 기능에 전기적 또는 자기적인 장해를 주지 않도록 시설하여야 한다.
③ 전기설비는 경쟁과 새로운 기술 및 사업의 도입을 촉진함으로써 전기사업의 건전한 발 전을 도모하도록 시설하여야 한다.
④ 전기설비는 사용목적에 적절하고 안전하게 작동하여야 하며, 그 손상으로 인하여 전기 공급에 지장을 주지 않도록 시설하여야 한다.

안전원칙
전기설비기술기준에서 정하는 안전원칙은 다음과 같다.
(1) 전기설비는 감전, 화재 그 밖에 사람에게 위해(危害) 를 주거나 물건에 손상을 줄 우려가 없도록 시설하 여야 한다.
(2) 전기설비는 사용목적에 적절하고 안전하게 작동하여 야 하며, 그 손상으로 인하여 전기공급에 지장을 주 지 않도록 시설하여야 한다.
(3) 전기설비는 다른 전기설비, 그 밖의 물건의 기능에 전기적 또는 자기적인 장해를 주지 않도록 시설하여 야 한다.

10 플로어덕트공사에 의한 저압 옥내배선에서 연선을 사용하지 않아도 되는 전선(동선)의 단면적은 최대 몇 [mm²]인가?

① 2 　　　　　② 4
③ 6 　　　　　④ 10

플로어덕트공사
(1) 전선은 절연전선(옥외용 비닐 절연전선을 제외한다)일 것.
(2) 전선은 연선일 것. 다만, 단면적 10 [mm²](알루미늄선은 단면적 16 [mm²]) 이하의 것은 적용하지 않는다.
(3) 플로어덕트 안에는 전선에 접속점이 없도록 할 것. 다만, 전선을 분기하는 경우에는 접속점을 쉽게 점검할 수 있을 때에는 그러하지 아니하다.
(4) 덕트 및 박스 기타의 부속품은 물이 고이는 부분이 없도록 시설하여야 한다.
(5) 박스 및 인출구는 마루 위로 돌출하지 아니하도록 시설하고 또한 물이 스며들지 아니하도록 밀봉할 것.
(6) 덕트의 끝부분은 막을 것.
(7) 덕트는 접지공사를 할 것.

11 풍력터빈에 설비의 손상을 방지하기 위하여 시설하는 운전상태를 계측하는 계측장치로 틀린 것은?

① 조도계 　　　　② 압력계
③ 온도계 　　　　④ 풍속계

풍력설비의 시설기준
풍력터빈에는 설비의 손상을 방지하기 위하여 운전 상태를 계측하는 계측장치로 회전속도계, 나셀(nacelle) 내의 진동을 감시하기 위한 진동계, 풍속계, 압력계 및 온도계를 시설하여야 한다.

12 전압의 종별에서 교류 600[V]는 무엇으로 분류하는가?

① 저압 　　　　　② 고압
③ 특고압 　　　　④ 초고압

전압의 구분
(1) 저압 : 교류는 1 [kV] 이하, 직류는 1.5 [kV] 이하인 것.
(2) 고압 : 교류는 1 [kV]를, 직류는 1.5 [kV]를 초과하고, 7 [kV] 이하인 것.
(3) 특고압 : 7 [kV]를 초과하는 것.

13 옥내 배선공사 중 반드시 절연전선을 사용하지 않아도 되는 공사방법은? (단, 옥외용 비닐절연전선은 제외한다.)

① 금속관공사 　　　② 버스덕트공사
③ 합성수지관공사 　④ 플로어덕트공사

나전선의 사용 제한
옥내에 시설하는 저압전선에는 나전선을 사용하여서는 아니 된다. 다만, 다음 중 어느 하나에 해당하는 경우에는 그러하지 아니하다.
(1) 애자공사에 의하여 전개된 곳에 다음의 전선을 시설하는 경우
ㄱ 전기로용 전선
ㄴ 전선의 피복 절연물이 부식하는 장소에 시설하는 전선
ㄷ 취급자 이외의 자가 출입할 수 없도록 설비한 장소에 시설하는 전선
(2) 버스덕트공사에 의하여 시설하는 경우
(3) 라이팅덕트공사에 의하여 시설하는 경우
(4) 옥내에 시설하는 저압 접촉전선을 시설하는 경우
(5) 유희용 전차의 전원장치에 있어서 2차측 회로의 배선을 제3레일 방식에 의한 접촉전선을 시설하는 경우

14 시가지에 시설하는 사용전압 170[kV] 이하인 특고압 가공전선로의 지지물이 철탑이고 전선이 수평으로 2 이상 있는 경우에 전선 상호 간의 간격이 4[m] 미만인 때에는 특고압 가공전선로의 경간은 몇 [m] 이하이어야 하는가?

① 100   ② 150
③ 200   ④ 250

가공전선로의 경간

구분 지지물종류	A종주, 목주	B종주	철탑
170 [kV] 이하 특고압 시가지	75[m] 목주 사용불가	150[m]	400[m] ※ 250[m]

※ 전선이 수평으로 2 이상 있는 경우에 전선 상호 간의 간격이 4 [m] 미만인 때에 적용한다.

15 사용전압이 170[kV] 이하의 변압기를 시설하는 변전소로서 기술원이 상주하여 감시하지는 않으나 수시로 순회하는 경우, 기술원이 상주하는 장소에 경보장치를 시설하지 않아도 되는 경우는?

① 옥내변전소에 화재가 발생한 경우
② 제어회로의 전압이 현저히 저하한 경우
③ 운전조작에 필요한 차단기가 자동적으로 차단한 후 재폐로한 경우
④ 수소냉각식 조상기는 그 조상기 안의 수소의 순도가 90[%] 이하로 저하한 경우

상주 감시를 하지 아니하는 변전소의 시설

변전소의 운전에 필요한 지식 및 기능을 가진 기술원이 그 변전소에 상주하여 감시를 하지 아니하는 사용전압이 170 [kV] 이하의 변압기를 시설하는 변전소로서 기술원이 수시로 순회하거나 그 변전소를 원격감시 제어하는 제어소에서 상시 감시하는 경우에는 아래와 같은 상황일 때 변전제어소 또는 기술원이 상주하는 장소에 경보장치를 시설하여야 한다.
(1) 운전조작에 필요한 차단기가 자동적으로 차단한 경우(차단기가 재폐로한 경우를 제외한다)
(2) 주요 변압기의 전원측 전로가 무전압으로 된 경우
(3) 제어 회로의 전압이 현저히 저하한 경우
(4) 옥내변전소에 화재가 발생한 경우

(5) 출력 3,000 [kVA]를 초과하는 특고압용 변압기는 그 온도가 현저히 상승한 경우
(6) 특고압용 타냉식변압기는 그 냉각장치가 고장난 경우
(7) 조상기는 내부에 고장이 생긴 경우
(8) 수소냉각식조상기는 그 조상기 안의 수소의 순도가 90 [%] 이하로 저하한 경우, 수소의 압력이 현저히 변동한 경우 또는 수소의 온도가 현저히 상승한 경우
(9) 가스절연기기(압력의 저하에 의하여 절연파괴 등이 생길 우려가 없는 경우를 제외한다)의 절연가스의 압력이 현저히 저하한 경우

16 특고압용 타냉식 변압기의 냉각장치에 고장이 생긴 경우를 대비하여 어떤 보호장치를 하여야 하는가?

① 경보장치   ② 속도조정장치
③ 온도시험장치   ④ 냉매흐름장치

특고압용 변압기의 보호장치

특고압용의 변압기에는 그 내부에 고장이 생겼을 경우에 보호하는 장치를 아래 표와 같이 시설하여야 한다. 다만, 변압기의 내부에 고장이 생겼을 경우에 그 변압기의 전원인 발전기를 자동적으로 정지하도록 시설한 경우에는 그 발전기의 전로로부터 차단하는 장치를 하지 아니하여도 된다.

뱅크용량의 구분	동작조건	장치의 종류
5,000 [kVA] 이상 10,000 [kVA] 미만	변압기 내부고장	자동차단장치 또는 경보장치
10,000 [kVA] 이상	변압기 내부고장	자동차단장치
타냉식변압기 (냉각방식을 말한다)	냉각장치에 고장이 생긴 경우	경보장치

정답 14 ④ 15 ③ 16 ①

17 특고압 가공전선로의 지지물로 사용하는 B종 철주, B종 철근콘크리트주 또는 철탑의 종류에서 전선로의 지지물 양쪽의 경간의 차가 큰 곳에 사용하는 것은?

① 각도형
② 인류형
③ 내장형
④ 보강형

특고압 가공전선로의 B종 철주B종 철근 콘크리트주 또는 철탑의 종류
(1) 직선형 : 전선로의 직선부분(3도 이하인 수평각도를 이루는 곳을 포함한다)에 사용하는 것.
(2) 각도형 : 전선로중 3도를 초과하는 수평각도를 이루는 곳에 사용하는 것.
(3) 인류형 : 전가섭선을 인류하는 곳에 사용하는 것.
(4) 내장형 : 전선로의 지지물 양쪽의 경간의 차가 큰 곳에 사용하는 것.
(5) 보강형 : 전선로의 직선부분에 그 보강을 위하여 사용하는 것.

18 아파트 세대 욕실에 "비데용 콘센트"를 시설하고자 한다. 다음의 시설방법 중 적합하지 않은 것은?

① 콘센트는 접지극이 없는 것을 사용한다.
② 습기가 많은 장소에 시설하는 콘센트는 방습장치를 하여야 한다.
③ 콘센트를 시설하는 경우에는 절연변압기(정격용량 3[kVA] 이하인 것에 한한다.)로 보호된 전로에 접속하여야 한다.
④ 콘센트를 시설하는 경우에는 인체감전보호용 누전차단기(정격감도전류 15[mA] 이하, 동작시간 0.03초 이하의 전류동작형의 것에 한한다.)로 보호된 전로에 접속하여야 한다.

콘센트의 시설
(1) 욕조나 샤워시설이 있는 욕실 또는 화장실 등 인체가 물에 젖어있는 상태에서 전기를 사용하는 장소에 콘센트를 시설하는 경우에는 다음에 따라 시설하여야 한다.
 ㉠ 「전기용품 및 생활용품 안전관리법」의 적용을 받는 인체감전보호용 누전차단기(정격감도전류 15[mA] 이하, 동작시간 0.03초 이하의 전류동작형의 것에 한한다) 또는 절연변압기(정격용량 3[kVA] 이하인 것에 한한다)로 보호된 전로에 접속하거나, 인체감전보호용 누전차단기가 부착된 콘센트를 시설하여야 한다.

 ㉡ 콘센트는 접지극이 있는 방적형 콘센트를 사용하여 접지하여야 한다.
 (2) 습기가 많은 장소 또는 수분이 있는 장소에 시설하는 콘센트 및 기계기구용 콘센트는 접지용 단자가 있는 것을 사용하여 접지하고 방습 장치를 하여야 한다.

19 고압 가공전선로의 가공지선에 나경동선을 사용하려면 지름 몇 [mm] 이상의 것을 사용하여야 하는가?

① 2.0
② 3.0
③ 4.0
④ 5.0

가공전선로의 지지물에 시설하는 가공지선

사용 전압	가공지선의 규격
고압	인장강도 5.26 [kN] 이상의 것 또는 지름 4 [mm] 이상의 나경동선
특고압	인장강도 8.01 [kN] 이상의 것 또는 지름 5 [mm] 이상의 나경동선, 22 [mm²] 이상의 나경동연선이나 아연도강연선, OPGW(광섬유 복합 가공지선) 전선

20 변전소의 주요 변압기에 계측장치를 시설하여 측정하여야 하는 것이 아닌 것은?

① 역률
② 전압
③ 전력
④ 전류

계측장치
변전소 또는 이에 준하는 곳에는 다음의 사항을 계측하는 장치를 시설하여야 한다. 다만, 전기철도용 변전소는 주요 변압기의 전압을 계측하는 장치를 시설하지 아니할 수 있다.
(1) 주요 변압기의 전압 및 전류 또는 전력
(2) 특고압용 변압기의 온도

21 1. 전기자기학

01 자기 인덕턴스가 각각 L_1, L_2인 두 코일의 상호 인덕턴스가 M일 때 결합 계수는?

① $\dfrac{M}{L_1 L_2}$　　　② $\dfrac{L_1 L_2}{M}$

③ $\dfrac{M}{\sqrt{L_1 L_2}}$　　　④ $\dfrac{\sqrt{L_1 L_2}}{M}$

결합계수[k]

$$k = \frac{M}{\sqrt{L_1 L_2}} = \frac{\sqrt{\phi_{12}\,\phi_{21}}}{\sqrt{\phi_1\,\phi_2}}$$

02 정상 전류계에서 J는 전류밀도, σ는 도전율, ρ는 고유저항, E는 전계의 세기일 때, 옴의 법칙의 미분형은?

① $J = \sigma E$　　　② $J = \dfrac{E}{\sigma}$

③ $J = \rho E$　　　④ $J = \rho \sigma E$

도체의 옴의 법칙

전계의 세기 E, 도전율 k, 고유저항 ρ라 할 때 전류밀도 J는

$$\therefore\ J = kE = \frac{E}{\rho}\ [\text{A/m}^2]$$

03 길이가 10[cm]이고 단면의 반지름이 1[cm]인 원통형 자성체가 길이 방향으로 균일하게 자화되어 있을 때 자화의 세기가 0.5[Wb/m²]이라면 이 자성체의 자기모멘트[Wb·m]는?

① 1.57×10^{-5}　　　② 1.57×10^{-4}

③ 1.57×10^{-3}　　　④ 1.57×10^{-2}

자화의 세기[J]

자극의 세기 m [Wb], 자기모멘트 M [Wb·m], 미소면적 ΔS[m²], 미소체적 Δv [m³]라 하면

$$J = \frac{m}{\Delta S} = \frac{M}{\Delta v}\ [\text{Wb/m}^2]\text{이다.}$$

단면의 반지름이 r [m]인 원통 단면적 S는

$S = \pi r^2$ [m²]이므로 체적 v는

$v = Sl = \pi r^2 l$ [m³]이 된다.

$l = 10$ [cm] $= 0.1$ [m], $r = 1$ [cm] $= 0.01$ [m],

$J = 0.5$ [Wb/m²]일 때

$v = \pi r^2 l = \pi \times 0.01^2 \times 0.1$

$\quad = 3.14 \times 10^{-5}$ [m³] 이므로

$\therefore\ M = \Delta v\,J = 3.14 \times 10^{-5} \times 0.5$

$\qquad = 1.57 \times 10^{-5}$ [Wb·m]

04 그림과 같이 공기 중 2개의 동심 구도체에서 내구(A)에만 전하 Q를 주고 외구(B)를 접지하였을 때 내구(A)의 전위는?

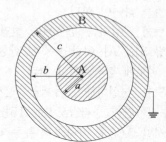

① $\dfrac{Q}{4\pi\epsilon_0}\left(\dfrac{1}{a} - \dfrac{1}{b} + \dfrac{1}{c}\right)$　② $\dfrac{Q}{4\pi\epsilon_0}\left(\dfrac{1}{a} - \dfrac{1}{b}\right)$

③ $\dfrac{Q}{4\pi\epsilon_0} \cdot \dfrac{1}{c}$　　　④ 0

동심구도체에 의한 전위

도체 A에만 $+Q$ [C]으로 대전하고 도체 B를 접지한 경우 도체 A의 전위 V_A는

$$\therefore\ V_1 = \frac{Q}{4\pi\epsilon_0}\left(\frac{1}{a} - \frac{1}{b}\right)[\text{V}]$$

참고 도체 B는 접지되어 있어 도체 B에는 전위가 나타나지 않는다.

정답 01 ③　02 ①　03 ①　04 ②

05 평행판 커패시터에 어떤 유전체를 넣었을 때 전속밀도가 4.8×10^{-7}[C/m²]이고 단위 체적당 정전에너지가 5.3×10^{-3}[J/m³]이었다. 이 유전체의 유전율은 약 몇 [F/m]인가?

① 1.15×10^{-11}　　② 2.17×10^{-11}
③ 3.19×10^{-11}　　④ 4.21×10^{-11}

유전체 내의 정전에너지밀도[w]

$w = \dfrac{\rho_s^2}{2\epsilon} = \dfrac{D^2}{2\epsilon} = \dfrac{1}{2}\epsilon E^2 = \dfrac{1}{2}ED$[J/m³] 식에서

$D = 4.8 \times 10^{-7}$[C/m²], $w = 5.3 \times 10^{-3}$[J/m³]일 때

$\therefore \epsilon = \dfrac{D^2}{2w} = \dfrac{(4.8 \times 10^{-7})^2}{2 \times 5.3 \times 10^{-3}} = 2.17 \times 10^{-11}$[F/m]

06 히스테리시스 곡선에서 히스테리시스 손실에 해당하는 것은?

① 보자력의 크기
② 잔류자기의 크기
③ 보자력과 잔류자기의 곱
④ 히스테리시스 곡선의 면적

히스테리시스 손실(자기이력 손실)

히스테리시스 곡선이란 자화의 현상이 자화를 발생시키는 자계에 늦어지는 현상으로서 곡선의 면적은 단위 체적당 에너지손실 즉, 자기이력 손실에 대응한다. 자기이력 손실은 자벽이동과 자구회전 동안에 맞게 되는 마찰을 극복하는데 있어서 열의 형태로 나타나는 에너지손실이다.

07 그림과 같이 극판의 면적이 S[m²]인 평행판 커패시터에 유전율이 각각 $\epsilon_1 = 4$, $\epsilon_2 = 2$인 유전체를 채우고 a, b 양단에 V[V]의 전압을 인가했을 때 ϵ_1, ϵ_2인 유전체 내부의 전계의 세기 E_1과 E_2의 관계식은? (단, σ[C/m²]는 면전하밀도이다.)

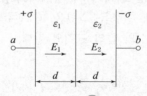

① $E_1 = 2E_2$　　② $E_1 = 4E_2$
③ $2E_1 = E_2$　　④ $E_1 = E_2$

유전체 내에서의 경계조건

극판 사이에 전압을 걸어주면 전하의 이동은 경계면에 수직인 방향으로 진행하게 되어 $\theta_1 = 0$이 되며 $\theta_2 = 0$이 되어 전속밀도가 연속적이 된다.

$D_1 \cos\theta_1 = D_2 \cos\theta_2$ 또는

$\epsilon_1 E_1 \cos\theta_1 = \epsilon_2 E_2 \cos\theta_2$이므로

$\theta_1 = 0$, $\theta_2 = 0$이면 $\epsilon_1 E_1 = \epsilon_2 E_2$가 된다.

$4E_1 = 2E_2$ 이므로

$\therefore 2E_1 = E_2$

08 간격이 d[m]이고 면적이 S[m²]인 평행판 커패시터의 전극 사이에 유전율이 ϵ인 유전체를 넣고 전극 간에 V[V]의 전압을 가했을 때, 이 커패시터의 전극판을 떼어내는데 필요한 힘의 크기[N]는?

① $\dfrac{1}{2\epsilon}\dfrac{V^2}{d^2 S}$　　② $\dfrac{1}{2\epsilon}\dfrac{dV^2}{S}$

③ $\dfrac{1}{2}\epsilon\dfrac{V}{d}S$　　④ $\dfrac{1}{2}\epsilon\dfrac{V^2}{d^2}S$

유전체 내의 정전력(F)

단위 면적당 정전력 f는 단위체적당 정전에너지 w와 같

으며 $f = \dfrac{\rho_s^2}{2\epsilon} = \dfrac{D^2}{2\epsilon} = \dfrac{1}{2}\epsilon E^2 = \dfrac{1}{2}ED$[N/m²]이다.

$\therefore F = f \times S = \dfrac{1}{2}\epsilon E^2 S = \dfrac{1}{2}\epsilon\left(\dfrac{V}{d}\right)^2 S$

$\qquad = \dfrac{1}{2}\epsilon\dfrac{V^2}{d^2}S$[N]

09 다음 중 기자력(magnetomotive force)에 대한 설명으로 틀린 것은?

① SI 단위는 암페어[A]이다.
② 전기회로의 기전력에 대응한다.
③ 자기회로의 자기저항과 자속의 곱과 동일하다.
④ 코일에 전류를 흘렸을 때 전류밀도와 코일의 권수의 곱의 크기와 같다.

기자력

기자력 F, 코일권수 N, 전류 I, 자기저항 R_m, 자속 ϕ, 자계의 세기 H, 길이 l이라 하면
$F = NI = R_m \phi = H \cdot l$ [AT]이므로
∴ 기자력은 코일에 흐르는 전류와 코일의 권수의 곱의 크기와 같다.

10 유전율 ϵ, 투자율 μ인 매질 내에서 전자파의 전파속도는?

① $\sqrt{\dfrac{\mu}{\epsilon}}$　　② $\sqrt{\mu\epsilon}$
③ $\sqrt{\dfrac{\epsilon}{\mu}}$　　④ $\dfrac{1}{\sqrt{\mu\epsilon}}$

전파속도(v)

파장 λ, 주파수 f, 각속도 ω, 위상정수 β, 인덕턴스 L, 정전용량 C, 유전율 ϵ, 투자율 μ라 하면
$$v = \lambda f = \frac{\omega}{\beta} = \frac{1}{\sqrt{LC}} = \frac{1}{\sqrt{\epsilon\mu}}$$
$$= \frac{1}{\sqrt{\epsilon_0\mu_0}} \cdot \frac{1}{\sqrt{\epsilon_s\mu_s}} = \frac{3\times10^8}{\sqrt{\epsilon_s\mu_s}} \text{ [m/sec]}$$

11 평균 반지름(r)이 20[cm], 단면적(S)이 6[cm^2]인 환상 철심에서 권선수(N)가 500회인 코일에 흐르는 전류(I)가 4[A]일 때 철심 내부에서의 자계의 세기(H)는 약 몇 [AT/m]인가?

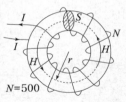

N=500

① 1,590　　② 1,700
③ 1,870　　④ 2,120

환상솔레노이드에 의한 자계의 세기(H)

$H_{in} = \dfrac{NI}{l} = \dfrac{NI}{2\pi r}$ [AT/m], $H_{out} = 0$ [AT/m] 식에서
$r = 20$ [cm] $= 0.2$ [m], $S = 6$ [cm^2], $N = 500$,
$I = 4$ [A]일 때
∴ $H_{in} = \dfrac{NI}{2\pi r} = \dfrac{500\times4}{2\pi\times0.2} = 1,590$ [AT/m]

12 패러데이관(Faraday tube)의 성질에 대한 설명으로 틀린 것은?

① 패러데이관 중에 있는 전속수는 그 관속에 진전하가 없으면 일정하며 연속적이다.
② 패러데이관의 양단에는 양 또는 음의 단위 진전하가 존재하고 있다.
③ 패러데이관 한 개의 단위 전위차 당 보유에너지는 $\dfrac{1}{2}J$이다.
④ 패러데이관의 밀도는 전속밀도와 같지 않다.

패러데이관의 성질

(1) 패러데이관 내의 전속선수는 일정하며 전속선수가 패러데이관의 수이기도 하다.
(2) 진전하가 없는 점에서는 패러데이관은 연속적이다.
(3) 패러데이관의 밀도는 전속밀도와 같다.
(4) 패러데이관 양단에 정(+), 부(−)의 단위 진전하가 있다.
(5) 패러데이관의 단위 전위차당 보유에너지는 1/2[J]이다.

13 공기 중 무한 평면도체의 표면으로부터 2[m] 떨어진 곳에 4[C]의 점전하가 있다. 이 점전하가 받는 힘은 몇 [N]인가?

① $\dfrac{1}{\pi\epsilon_0}$

② $\dfrac{1}{4\pi\epsilon_0}$

③ $\dfrac{1}{8\pi\epsilon_0}$

④ $\dfrac{1}{16\pi\epsilon_0}$

접지무한평면과 점전하(전기영상법)

점전하 Q[C]에 대한 영상전하는 $-Q$[C]이며 서로간의 거리는 $2d$[m]이므로 전기영상법에 의한 평면과 점전하 사이에 작용하는 힘 F는

$$F=\frac{Q_1 Q_2}{4\pi\epsilon\, r_1^{\,2}}=\frac{-Q^2}{4\pi\epsilon(2d)^2}\,[\text{N}]$$이다.

$d=2$[m], $Q=4$[C]일 때

$$F=\frac{-Q^2}{4\pi\epsilon_0(2d)^2}=-\frac{4^2}{4\pi\epsilon_0\times4\times2^2}=-\frac{1}{4\pi\epsilon_0}\,[\text{N}]$$

$$\therefore\ -\frac{1}{4\pi\epsilon_0}\,[\text{N}]\ \text{또는}\ \frac{1}{4\pi\epsilon_0}\,[\text{N}]$$

참고

$(-)$ 부호는 흡인력이 작용한다는 것을 의미한다.

14 반지름이 r[m]인 반원형 전류 I[A]에 의한 반원의 중심(O)에서 자계의 세기[AT/m]는?

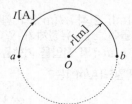

① $\dfrac{2I}{r}$

② $\dfrac{I}{r}$

③ $\dfrac{I}{2r}$

④ $\dfrac{I}{4r}$

반원형 코일 중심의 자계의 세기(H)

원형코일 중심의 자계의 세기를 H_0, 반원형 코일 중심의 자계의 세기를 H_θ라 하면 $H_0=\dfrac{I}{2r}$[AT/m]이며

$$\therefore\ H_\theta=\frac{1}{2}H_0=\frac{1}{2}\times\frac{I}{2r}=\frac{I}{4r}\,[\text{AT/m}]$$

15 진공 중에서 점(0, 1)[m]의 위치에 -2×10^{-9}[C]의 점전하가 있을 때, 점(2, 0)[m]에 있는 1[C]의 점전하에 작용하는 힘은 몇 [N]인가? (단, $\hat{x}$, $\hat{y}$는 단위벡터이다.).

① $-\dfrac{18}{3\sqrt{5}}\hat{x}+\dfrac{36}{3\sqrt{5}}\hat{y}$

② $-\dfrac{36}{5\sqrt{5}}\hat{x}+\dfrac{18}{5\sqrt{5}}\hat{y}$

③ $-\dfrac{36}{3\sqrt{5}}\hat{x}+\dfrac{18}{3\sqrt{5}}\hat{y}$

④ $\dfrac{36}{5\sqrt{5}}\hat{x}+\dfrac{18}{5\sqrt{5}}\hat{y}$

쿨롱의 법칙

점(0, 1)[m] 위치의 전하를 Q_1, 점 (2, 0)[m] 위치의 전하를 Q_2라 하면 $\hat{r}=\dfrac{1}{|r|}(2\hat{x}-\hat{y})$ 이므로

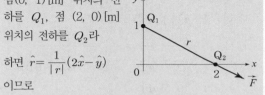

$|r|=\sqrt{1^2+2^2}=\sqrt{5}$[m], $Q_1=-2\times10^{-9}$[C], $Q_2=1$[C]일 때

$$\hat{F}=\frac{Q_1 Q_2}{4\pi\epsilon_0 r^2}\cdot\hat{r}=9\times10^9\times\frac{Q_1 Q_2}{r^2}\cdot\hat{r}\,[\text{N}]\ \text{식에서}$$

$$\therefore\ \hat{F}=9\times10^9\times\frac{Q_1 Q_2}{r^2}\cdot\hat{r}$$

$$=9\times10^9\times\frac{-2\times10^{-9}\times1}{(\sqrt{5})^2}\times\frac{1}{\sqrt{5}}(2\hat{x}-\hat{y})$$

$$=-\frac{36}{5\sqrt{5}}\hat{x}+\frac{18}{5\sqrt{5}}\hat{y}\,[\text{N}]$$

16 내압이 2.0[kV]이고 정전용량이 각각 0.01[μF], 0.02[μF], 0.04[μF]인 3개의 커패시터를 직렬로 연결했을 때 전체 내압은 몇 [V]인가?

① 1,750　　　　② 2,000

③ 3,500　　　　④ 4,000

콘덴서의 내압 계산

$V = 2$ [kV], $C_1 = 0.01$ [μF], $C_2 = 0.02$ [μF], $C_3 = 0.04$ [μF]인 경우 각 콘덴서의 최대 전하량을 Q_1, Q_2, Q_3라 하면

$Q_1 = C_1 V = 0.01 \times 2,000 = 20$ [μC]

$Q_2 = C_2 V = 0.02 \times 2,000 = 40$ [μC]

$Q_3 = C_3 V = 0.04 \times 2,000 = 80$ [μC]이다.

따라서 최대 전하량이 제일 작은 C_1 콘덴서가 파괴되지 않는 상태일 때 회로에 최대내압이 걸리며 이때 최대 전하량은 Q_1이 선택되므로

$$C = \frac{1}{\dfrac{1}{C_1} + \dfrac{1}{C_2} + \dfrac{1}{C_3}} = \frac{1}{\dfrac{1}{0.01} + \dfrac{1}{0.02} + \dfrac{1}{0.04}}$$

$$= 5.71 \times 10^{-3} \, [\mu\text{F}]$$

$$\therefore \ V = \frac{Q_1}{C} = \frac{20}{5.71 \times 10^{-3}} = 3,500 \, [\text{V}]$$

---

17 그림과 같이 단면적 S [m²]가 균일한 환상철심에 권수 N_1인 A코일과 권수 N_2인 B코일이 있을 때, A 코일의 자기 인덕턴스가 L_1 [H]이라면 두 코일의 상호 인덕턴스 M [H]는? (단, 누설자속은 0이다.)

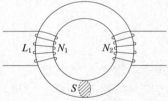

① $\dfrac{L_1 N_2}{N_1}$　　　　② $\dfrac{N_2}{L_1 N_1}$

③ $\dfrac{L_1 N_1}{N_2}$　　　　④ $\dfrac{N_1}{L_1 N_2}$

상호인덕턴스(M)

$$M = \frac{N_1 N_2}{R_m} = \frac{\mu S N_1 N_2}{l} = \frac{L_1 N_2}{N_1} = \frac{L_2 N_1}{N_2}$$

$$= k\sqrt{L_1 L_2} \, [\text{H}]$$

---

18 간격 d [m], 면적 S [m²]의 평행판 전극 사이에 유전율이 ϵ인 유전체가 있다. 전극 간에 $v(t) = V_m \sin\omega t$의 전압을 가했을 때, 유전체 속의 변위전류밀도[A/m²]는?

① $\dfrac{\epsilon \omega V_m}{d} \cos\omega t$　　　　② $\dfrac{\epsilon \omega V_m}{d} \sin\omega t$

③ $\dfrac{\epsilon V_m}{\omega d} \cos\omega t$　　　　④ $\dfrac{\epsilon V_m}{\omega d} \sin\omega t$

변위전류(I_d)

변위전류밀도 i_d라 하면

$$\therefore \ i_d = \frac{\partial D}{\partial t} = \epsilon \frac{\partial E}{\partial t} = \frac{\epsilon}{d} \cdot \frac{\partial v}{\partial t}$$

$$= \frac{\epsilon \omega V_m}{d} \cos\omega t \, [\text{A/m}^2]$$

---

19 속도 v의 전자가 평등자계 내에 수직으로 들어 갈 때, 이 전자에 대한 설명으로 옳은 것은?

① 구면위에서 회전하고 구의 반지름은 자계의 세기에 비례한다.

② 원운동을 하고 원의 반지름은 자계의 세기에 비례한다.

③ 원운동을 하고 원의 반지름은 자계의 세기에 반비례한다.

④ 원운동을 하고 원의 반지름은 전자의 처음 속도의 제곱에 비례한다.

전자의 원운동

플레밍의 왼손법칙에서 유도된 로렌쯔의 힘이 자계 중에 놓인 전자가 받는 힘이며 전자는 원운동을 하여 갖는 원심력과 평형을 이룬다.

전류 I, 자속밀도 B, 전자 e, 속도 v, 전자의 질량 m, 원운동 반경 r, 투자율 μ, 자계의 세기 H라 하면

$$F = IBl \text{ [N]}, \quad v = \frac{l}{t} \text{ [m/sec] 이므로}$$

$$F = IBl = \frac{e}{t} Bl = evB = \frac{mv^2}{r} \text{ [N]}$$

(1) 회전반경 : $r = \dfrac{mv}{Be} = \dfrac{mv}{\mu He}$ [m]

(2) 각속도 : $\omega = \dfrac{Be}{m} = \dfrac{\mu He}{m} = 2\pi f$ [rad/sec]

(3) 주기 : $T = \dfrac{1}{f} = \dfrac{2\pi m}{Be} = \dfrac{2\pi m}{\mu He}$ [sec]

∴ 원운동을 하고 원의 반지름(r)은 자계의 세기(H)에 반비례한다.

20 쌍극자 모멘트가 M [C·m]인 전기쌍극자에 의한 임의의 점 P에서의 전계의 크기는 전기쌍극자의 중심에서 축방향과 점 P를 잇는 선분 사이의 각이 얼마일 때 최대가 되는가?

① 0　　　　　② $\dfrac{\pi}{2}$

③ $\dfrac{\pi}{3}$　　　　　④ $\dfrac{\pi}{4}$

전기쌍극자에 의한 전계의 세기(E)

$E = \dfrac{M}{4\pi\epsilon_0 r^3}\sqrt{1+3\cos^2\theta}$ [V/m]이므로

(1) 최대치($E_{\max}$)

$$E_{\max} = \frac{M}{2\pi\epsilon_0 r^3}\bigg|_{\theta=0^\circ} \text{ [V/m]}$$

(2) 최소치($E_{\min}$)

$$E_{\min} = \frac{M}{4\pi\epsilon_0 r^3}\bigg|_{\theta=90^\circ} \text{ [V/m]}$$

∴ 전기쌍극자에 의한 전계의 세기가 최대가 되는 위상각은 0°이다.

21 2. 전력공학

01 동작 시간에 따른 보호 계전기의 분류와 이에 대한 설명으로 틀린 것은?

① 순한시 계전기는 설정된 최소동작전류 이상의 전류가 흐르면 즉시 동작한다.

② 반한시 계전기는 동작시간이 전류값의 크기에 따라 변하는 것으로 전류값이 클수록 느리게 동작하고 반대로 전류값이 작아질수록 빠르게 동작하는 계전기이다.

③ 정한시 계전기는 설정된 값 이상의 전류가 흘렀을 때 동작 전류의 크기와는 관계없이 항상 일정한 시간 후에 동작하는 계전기이다.

④ 반한시·정한시 계전기는 어느 전류값까지는 반한시성이지만 그 이상이 되면 정한시로 동작하는 계전기이다.

> **계전기의 한시특성**
> (1) 순한시계전기 : 정정된 최소동작전류 이상의 전류가 흐르면 즉시 동작하는 계전기
> (2) 정한시계전기 : 정정된 값 이상의 전류가 흘렀을 때 동작 전류의 크기에는 관계없이 정해진 시간이 경과한 후에 동작하는 계전기
> (3) 반한시계전기 : 정정된 값 이상의 전류가 흘렀을 때 동작하는 시간과 전류값이 서로 반비례하여 동작하는 계전기
> (4) 정한시-반한시 계전기 : 어느 전류값까지는 반한시 계전기의 성질을 띠지만 그 이상의 전류가 흐르는 경우 정한시계전기의 성질을 띠는 계전기

02 환상선로의 단락보호에 주로 사용하는 계전방식은?

① 비율차동계전방식 ② 방향거리계전방식
③ 과전류계전방식 ④ 선택접지계전방식

> **환상선로의 단락보호**
> (1) 전원이 1군데인 경우 : 방향단락계전방식을 사용한다.
> (2) 전원이 두 군데 이상인 경우 : 방향거리계전방식을 사용한다.

03 옥내배선을 단상 2선식에서 단상 3선식으로 변경하였을 때, 전선 1선당 공급전력은 약 몇 배 증가하는가? (단, 선간전압(단상 3선식의 경우는 중성선과 타선간의 전압), 선로전류(중성선의 전류 제외) 및 역률은 같다.)

① 0.71 ② 1.33
③ 1.41 ④ 1.73

> **배전방식의 전기적 특성 비교**
>
> | 구분 | 단상2선식 | 단상3선식 | 3상3선식 |
> |---|---|---|---|
> | 공급전력 | 100[%] | 133[%] | 115[%] |
> | 선로전류 | 100[%] | 50[%] | 58[%] |
> | 전력손실 | 100[%] | 25[%] | 75[%] |
> | 전선량 | 100[%] | 37.5[%] | 75[%] |

04 3상용 차단기의 정격차단용량은 그 차단기의 정격전압과 정격차단전류와의 곱을 몇 배한 것인가?

① $\dfrac{1}{\sqrt{2}}$ ② $\dfrac{1}{\sqrt{3}}$
③ $\sqrt{2}$ ④ $\sqrt{3}$

> **차단기의 차단용량(=단락용량)**
> 차단용량은 그 차단기가 적용되는 계통의 3상 단락용량 (P_s)의 한도를 표시하고
> P_s[MVA] = $\sqrt{3}$ ×정격전압[kV]×정격차단전류[kA]
> 식으로 표현한다.

05 유효낙차 100[m], 최대 유량 20[m³/s]의 수차가 있다. 낙차가 81[m]로 감소하면 유량[m³/s]은? (단, 수차에서 발생되는 손실 등은 무시하며 수차 효율은 일정하다.)

① 15
② 18
③ 24
④ 30

유속 v, 유량 Q, 단면적 A라 하면
$v = \sqrt{2gH}$ [m/s], $Q = Av$ [m³/s] 식에서
$Q = Av = A\sqrt{2gH}$ [m³/s] 임을 알 수 있다.
여기서 유량 Q와 유효낙차 H와의 관계는
$Q \propto \sqrt{H}$ 이므로
$H = 100$ [m], $Q = 20$ [m³/s], $H' = 81$ [m]일 때
$\therefore Q' = \sqrt{\dfrac{H'}{H}}\, Q = \sqrt{\dfrac{81}{100}} \times 20 = 18$ [m³/s]

06 단락용량 3,000[MVA]인 모선의 전압이 154[kV] 라면 등가 모선 임피던스[Ω]는 약 얼마인가?

① 5.81
② 6.21
③ 7.91
④ 8.71

단락용량(P_s)

$P_s = \dfrac{V^2}{Z} = \dfrac{100}{\%Z}\,P_n$ [kVA] 또는

$P_s = \sqrt{3} \times$정격전압$\times$정격차단전류[kVA]이므로
$P_s = 3{,}000$ [MVA], $V = 154$ [kV]일 때
임피던스 Z는
$\therefore Z = \dfrac{V^2}{P_s} = \dfrac{(154 \times 10^3)^2}{3{,}000 \times 10^6} = 7.91$ [Ω]

07 중성점 접지 방식 중 직접접지 송전방식에 대한 설명으로 틀린 것은?

① 1선 지락 사고 시 지락전류는 타 접지방식에 비하여 최대로 된다.
② 1선 지락 사고 시 지락계전기의 동작이 확실하고 선택차단이 가능하다.
③ 통신선에서의 유도장해는 비접지방식에 비하여 크다.
④ 기기의 절연레벨을 상승시킬 수 있다.

직접접지방식의 특징
(1) 장점
   ㉠ 1선 지락고장시 건전상의 대지전압 상승이 거의 없고(=이상전압이 낮다.) 중성점의 전위도 거의 영전위를 유지하므로 기기의 절연레벨을 저감시켜 단절연할 수 있다.
   ㉡ 아크지락이나 개폐서지에 의한 이상전압이 낮아 피뢰기의 책무 경감이나 피뢰기의 뇌전류 방전 효과를 증가시킬 수 있다.
   ㉢ 1선 지락고장시 지락전류가 매우 크기 때문에 지락계전기(보호계전기)의 동작을 용이하게 해 고장의 선택차단이 신속하며 확실하다.
(2) 단점
   ㉠ 1선 지락고장시 지락전류가 매우 크기 때문에 근접 통신선에 유도장해가 발생하며 계통의 안정도가 매우 나쁘다.
   ㉡ 차단기의 동작이 빈번하며 대용량 차단기를 필요로 한다.

08 송전선에 직렬콘덴서를 설치하였을 때의 특징으로 틀린 것은?

① 선로 중에서 일어나는 전압강하를 감소시킨다.
② 송전전력의 증가를 꾀할 수 있다.
③ 부하역률이 좋을수록 설치효과가 크다.
④ 단락사고가 발생하는 경우 사고전류에 의하여 과전압이 발생한다.

직렬콘덴서의 특징
(1) 장점
   ㉠ 계통의 전압강하를 줄인다.
   ㉡ 수전단의 전압변동률을 줄인다.
   ㉢ 정태안정도가 증가하고 송전전력이 커진다.
   ㉣ 부하의 역률이 나쁠수록 효과가 좋다.(시동이 빈번한 부하가 접속된 선로에 적용하는 것이 좋다.)
(2) 단점
   ㉠ 단락고장시 과전압이 발생한다.
   ㉡ 유도기와 동기기의 자기여자 및 난조 등의 이상현상을 일으킬 수 있다.

09 수압철관의 안지름이 4[m]인 곳에서의 유속이 4[m/s]이다. 안지름이 3.5[m]인 곳에서의 유속 [m/s]은 약 얼마인가?

① 4.2 ② 5.2
③ 6.2 ④ 7.2

연속의 정리

$Q = Av = A_1 v_1 = A_2 v_2 \, [\text{m}^3/\text{s}]$ 식에서

$A_1 = \pi r_1^2 = \dfrac{\pi d_1^2}{4} \, [\text{m}^2], \ A_2 = \pi r_2^2 = \dfrac{\pi d_2^2}{4} \, [\text{m}^2]$

이므로 $\dfrac{\pi d_1^2}{4} v_1 = \dfrac{\pi d_2^2}{4} v_2$ 임을 알 수 있다.

$d_1 = 4 \, [\text{m}], \ v_1 = 4 \, [\text{m/s}], \ d_2 = 3.5 \, [\text{m}]$일 때

$\therefore v_2 = \left(\dfrac{d_1}{d_2}\right)^2 v_1 = \left(\dfrac{4}{3.5}\right)^2 \times 4 = 5.2 \, [\text{m/s}]$

10 경간이 200[m]인 가공 전선로가 있다. 사용 전선의 길이는 경간보다 약 몇 [m] 더 길어야 하는가? (단, 전선의 1[m]당 하중은 2[kg], 인장하중은 4,000[kg] 이고, 풍압하중은 무시하며, 전선의 안전율은 2이다.)

① 0.33 ② 0.61
③ 1.41 ④ 1.73

실장(L)

$S = 200 \, [\text{m}], \ W = 2 \, [\text{kg/m}]$

$T = \dfrac{인장하중}{안전율} = \dfrac{4,000}{2} = 2,000 \, [\text{kg}]$

$D = \dfrac{WS^2}{8T} = \dfrac{2 \times 200^2}{8 \times 2,000} = 5 \, [\text{m}]$이므로

$L = S + \dfrac{8D^2}{3S} \, [\text{m}]$ 식에서

$\therefore \dfrac{8D^2}{3S} = \dfrac{8 \times 5^2}{3 \times 200} = 0.33 \, [\text{m}]$

11 송전선로에서 현수 애자련의 연면 섬락과 가장 관계가 먼 것은?

① 댐퍼
② 철탑 접지 저항
③ 현수 애자련의 개수
④ 현수 애자련의 소손

애자련의 연면섬락

송전선로의 탑각접지저항값이 너무 크면 가공지선으로 내습된 뇌전류가 철탑을 따라 대지로 흐르지 못하고 역섬락을 일으키게 된다. 이때 철탑과 전선 사이의 절연물인 현수애자의 절연상태가 불량하게 되면 애자 표면에 엷은 빛을 띠며 섬락이 일어나게 되는데 이를 연면섬락이라 한다. 연면섬락의 원인으로는
(1) 철탑의 접지저항이 큰 경우
(2) 현수애자련의 애자수가 충분하지 않은 경우
(3) 현수애자의 오손
(4) 현수애자의 수명이 다한 경우
(5) 소호환의 성능 저하
∴ 댐퍼는 전선의 진동을 억제하기 위한 설비이다.

12 전력계통의 중성점 다중 접지방식의 특징으로 옳은 것은?

① 통신선의 유도장해가 적다.
② 합성 접지 저항이 매우 높다.
③ 건전상의 전위 상승이 매우 높다.
④ 지락보호 계전기의 동작이 확실하다.

중성점 다중접지방식

우리나라는 배전전기방식을 계통전압 22.9[kV−Y] 3상 4선식 중성점 다중접지방식을 채용하고 있어서 중성선에 접지선을 여러 곳에 접속하여 접지저항을 저감시키고 있다. 중성점 다중접지방식의 특징은 직접접지방식의 특징과 같다.
(1) 장점
  ㉠ 1선 지락고장시 건전상의 대지전압 상승이 거의 없고(=이상전압이 낮다.) 중성점의 전위도 거의 영전위를 유지하므로 기기의 절연레벨을 저감시켜 단절연할 수 있다.
  ㉡ 아크지락이나 개폐서지에 의한 이상전압이 낮아 피뢰기의 책무 경감이나 피뢰기의 뇌전류 방전 효과를 증가시킬 수 있다.
  ㉢ 1선 지락고장시 지락전류가 매우 크기 때문에 지락계전기(보호계전기)의 동작을 용이하게 하여 고장의 선택차단이 신속하며 확실하다.
(2) 단점
  ㉠ 1선 지락고장시 지락전류가 매우 크기 때문에 근접 통신선에 유도장해가 발생하며 계통의 안정도가 매우 나쁘다.
  ㉡ 차단기의 동작이 빈번하며 대용량 차단기를 필요로 한다.

13 전력계통의 전압조정설비에 대한 특징으로 틀린 것은?

① 병렬콘덴서는 진상능력만을 가지며 병렬리액터는 진상능력이 없다.

② 동기조상기는 조정의 단계가 불연속적이나 직렬콘덴서 및 병렬리액터는 연속적이다.

③ 동기조상기는 무효전력의 공급과 흡수가 모두 가능하여 진상 및 지상용량을 갖는다.

④ 병렬리액터는 경부하시에 계통 전압이 상승하는 것을 억제하기 위하여 초고압 송전선 등에 설치된다.

동기조상기와 전력용콘덴서(=병렬콘덴서)

(1) 동기조상기
  ㉠ 계통에 진상전류와 지상전류를 모두 공급할 수 있다.
  ㉡ 연속적 조정이 가능하다.
  ㉢ 시송전(=시충전)이 가능하다.

(2) 병렬콘덴서
  부하와 콘덴서를 병렬로 접속한다.
  ㉠ 부하에 진상전류를 공급하여 부하의 역률을 개선한다.
  ㉡ 진상전류만을 공급한다.
  ㉢ 계단적으로 연속조정이 불가능하다.
  ㉣ 시송전(=시충전)이 불가능하다.

---

14 변압기 보호용 비율차동계전기를 사용하여 Δ-Y 결선의 변압기를 보호하려고 한다. 이때 변압기 1, 2차측에 설치하는 변류기의 결선 방식은? (단, 위상 보정기능이 없는 경우이다.)

① Δ-Δ   ② Δ-Y
③ Y-Δ   ④ Y-Y

비율차동계전기

변압기 내부고장을 검출하기 위하여 설치하는 계전기로서 외부 고장에 의한 오작동을 방지하기 위해서 비율차동계전기의 전용 변류기를 설치하고 있다. 이때 변류기의 결선을 변압기 결선과 반대로 바꾸어 결선하며 변류비 설정에도 주의를 기울여야 한다.

∴ 변압기 결선이 Δ-Y결선이므로 변류기 결선은 Y-Δ결선으로 연결한다.

---

15 송전선로에 단도체 대신 복도체를 사용하는 경우에 나타나는 현상으로 틀린 것은?

① 전선의 작용인덕턴스를 감소시킨다.
② 선로의 작용정전용량을 증가시킨다.
③ 전선 표면의 전위경도를 저감시킨다.
④ 전선의 코로나 임계전압을 저감시킨다.

복도체의 특징

(1) 주된 사용 목적
  코로나 방지

(2) 장점
  ㉠ 등가반지름이 등가되어 L이 감소하고 C가 증가한다. - 송전용량이 증가하고 안정도가 향상된다.
  ㉡ 전선 표면의 전위경도가 감소하고 코로나 임계전압이 증가하여 코로나 손실이 감소한다. - 송전효율이 증가한다.
  ㉢ 통신선의 유도장해가 억제된다.
  ㉣ 전선의 표면적 증가로 전선의 허용전류(안전전류)가 증가한다.

---

16 어느 화력발전소에서 40,000[kWh]를 발전하는데 발열량 860[kcal/kg]의 석탄이 60톤 사용된다. 이 발전소의 열효율[%]은 약 얼마인가?

① 56.7   ② 66.7
③ 76.7   ④ 86.7

발전소의 열효율(η)

$\eta = \dfrac{860\,W}{mH} \times 100\,[\%]$ 식에서 발생전력량(W)이 40,000[kWh], 발열량(H)이 860[kcal/kg], 연료소비량(m) 60[ton]이므로

$\therefore \eta = \dfrac{860\,W}{mH} \times 100 = \dfrac{860 \times 40,000}{60 \times 10^3 \times 860} \times 100$

$= 66.7\,[\%]$

---

17 가공송전선의 코로나 임계전압에 영향을 미치는 여러 가지 인자에 대한 설명 중 틀린 것은?

① 전선표면이 매끈할수록 임계전압이 낮아진다.
② 날씨가 흐릴수록 임계전압은 낮아진다.
③ 기압이 낮을수록, 온도가 높을수록 임계전압은 낮아진다.
④ 전선의 반지름이 클수록 임계전압은 높아진다.

코로나 임계전압(E_0)

코로나 방전이 개시되는 전압으로 코로나 임계전압이 높아야 코로나 방전을 억제할 수 있다.

$$E_0 = 24.3\, m_0 m_1 \delta d \log_{10} \frac{D}{r}\,[\text{kV}]$$

여기서, m_0는 전선의 표면계수, m_1은 날씨계수, δ는 상대공기밀도, d는 전선의 지름, D는 선간거리, r은 도체의 반지름이다. 다음은 코로나 임계전압을 높일 수 있는 여러 가지 상황에 대한 설명이다.
(1) 새 전선으로 교체하여 표면을 매끄럽게 한다.
(2) 날씨가 맑을수록 높아진다.
(3) 기압이 높고 온도가 낮을수록 상대공기밀도가 증가하여 코로나 임계전압이 높아진다.
(4) 복도체나 또는 굵은 전선을 사용한다.

18 송전선의 특성 임피던스의 특징으로 옳은 것은?

① 선로의 길이가 길어질수록 값이 커진다.
② 선로의 길이가 길어질수록 값이 작아진다.
③ 선로의 길이에 따라 값이 변하지 않는다.
④ 부하용량에 따라 값이 변한다.

특성임피던스(Z_0)

$Z = R + j\omega L\,[\Omega],\ \ Y = G + j\omega C\,[\mho]$일 때

$$Z_0 = \sqrt{\frac{Z}{Y}} = \sqrt{\frac{R + j\omega L}{G + j\omega C}} = \sqrt{\frac{L}{C}}\,[\Omega]\ \text{이므로}$$

∴ 특성임피던스는 선로의 길이에 따라 값이 변화하지 않는다.

19 송전 선로의 보호 계전 방식이 아닌 것은?

① 전류 위상 비교 방식
② 전류 차동 보호 계전 방식
③ 방향 비교 방식
④ 전압 균형 방식

송전선로의 보호계전방식

송전선로의 보호계전방식은 그 보호 대상인 선로의 길이가 길고 넓은 지역으로 뻗어있기 때문에 낙뢰 등 자연의 위협을 받기 쉽고 또 부하변동이라든지 수·화력발전력의 변화, 계통 접속의 변경, 시시각각의 조류변화 등으로 그 운전상태가 수시로 변화하고 있다. 이러한 운전조건 아래에서 고장구간 선택의 확실성, 고장차단 시간의 신속성, 계전기 동작의 신뢰성 등을 유지해야 할 송전선로의 보호는 기기라든지 모선의 보호와 비교해서 한층 더 어려운 점이 많다. 현재 사용되고 있는 송전선로의 보호계전방식은 다음과 같다.
(1) 전류차동원리를 이용한 방식
(2) 전류위상비교방식
(3) 방향비교방식
(4) 거리측정방식
(5) 전류균형방식
(6) 과전류방식

20 선로고장 발생 시 고장전류를 차단할 수 없어 리클로저와 같이 차단 기능이 있는 후비보호장치와 함께 설치되어야 하는 장치는?

① 배선용차단기　　② 유입개폐기
③ 컷아웃스위치　　④ 섹셔널라이저

섹셔널라이저

섹셔널라이저는 선로 고장시 후비보호장치인 리클로저나 재폐로 계전기가 장치된 차단기의 고장차단으로 선로가 정전상태일 때 자동으로 개방되어 고장구간을 분리시키는 선로개폐기로서 반드시 리클로저와 조합해서 사용해야 한다. 이것은 고장전류를 차단할 수 없으므로 반드시 차단기능이 있는 후비보호장치와 직렬로 설치되어야 한다.

21 3. 전기기기

01 3상 변압기를 병렬 운전하는 조건으로 틀린 것은?

① 각 변압기의 극성이 같을 것

② 각 변압기의 %임피던스 강하가 같을 것

③ 각 변압기의 1차와 2차 정격전압과 변압비가 같을 것

④ 각 변압기의 1차와 2차 선간전압의 위상변위가 다를 것

변압기 병렬운전 조건
(1) 단상과 3상 변압기의 공통 사항
 ㉠ 극성이 일치할 것
 ㉡ 권수비 및 1차, 2차 정격전압이 같을 것
 ㉢ 각 변압기의 저항과 리액턴스비가 일치할 것
 ㉣ %저항 강하 및 %리액턴스 강하가 일치할 것. 또는 %임피던스 강하가 일치할 것
(2) 3상 변압기에만 적용되는 사항
 ㉠ 위상각 변위가 일치할 것
 ㉡ 상회전 방향이 일치할 것

02 직류 직권전동기에서 분류 저항기를 직권권선에 병렬로 접속해 여자전류를 가감시켜 속도를 제어하는 방법은?

① 저항 제어

② 전압 제어

③ 계자 제어

④ 직·병렬 제어

직류전동기의 속도제어
(1) 전압제어(정토크제어) : 단자전압(V)을 가감함으로서 속도를 제어하는 방식으로 속도의 조정범위가 광범위하여 가장 많이 적용하고 있다.
(2) 계자제어(정출력제어) : 계자회로의 계자전류(여자전류)를 조정하여 자속을 가감하면 속도제어가 가능해진다.
(3) 저항제어 : 전기자권선과 직렬로 접속한 직렬저항을 가감하여 속도를 제어하는 방식

03 직류발전기의 특성곡선에서 각 축에 해당하는 항목으로 틀린 것은?

① 외부특성곡선 : 부하전류와 단자전압

② 부하특성곡선 : 계자전류와 단자전압

③ 내부특성곡선 : 무부하전류와 단자전압

④ 무부하특성곡선 : 계자전류와 유도기전력

직류발전기의 특성곡선
(1) 무부하포화곡선 : 횡축에 계자전류, 종축에 유기기전력(단자전압)을 취해서 그리는 특성곡선
(2) 외부특성곡선 : 횡축에 부하전류, 종축에 단자전압을 취해서 그리는 특성곡선
(3) 부하특성곡선 : 횡축에 계자전류, 종축에 단자전압을 취해서 그리는 특성곡선
(4) 계자조정곡선 : 횡축에 부하전류, 종축에 계자전류를 취해서 그리는 특성곡선

04 60[Hz], 600[rpm]의 동기전동기에 직결된 기동용 유도전동기의 극수는?

① 6

② 8

③ 10

④ 12

유도전동기로 동기전동기를 기동하는 경우 같은 극수로는 유도기가 동기기보다 $s N_s$만큼 늦기 때문에 유도전동기의 극수를 동기기의 극수보다 2극을 적게 한다.
동기속도 N_s는

$$N_s = \frac{120f}{p} \text{[rpm]} \text{ 이므로}$$

$f = 60$[Hz], $N_s = 600$[rpm] 일 때 동기기의 극수는

$$p = \frac{120f}{N_s} = \frac{120 \times 60}{600} = 12 \text{ 이다.}$$

∴ 유도전동기의 극수는 10극이다.

05 다이오드를 사용한 정류회로에서 다이오드를 여러 개 직렬로 연결하면 어떻게 되는가?

① 전력공급의 증대
② 출력전압의 맥동률을 감소
③ 다이오드를 과전류로부터 보호
④ 다이오드를 과전압으로부터 보호

다이오드를 사용한 정류회로에서 과전압으로부터 다이오드가 파손될 우려가 있을 때는 다이오드를 직렬로 추가하여 접속하면 전압이 분배되어 과전압을 낮출 수 있다. 또한 과전류로부터 다이오드가 파손될 우려가 있을 때는 다이오드를 병렬로 추가하여 접속하면 전류가 분배되어 과전류를 낮출 수 있다.

08 유도전동기의 슬립을 측정하려고 한다. 다음 중 슬립의 측정법이 아닌 것은?

① 수화기법
② 직류밀리볼트계법
③ 스트로보스코프법
④ 프로니브레이크법

유도전동기의 슬립측정법
유도전동기의 슬립측정법으로 D.C밀리볼트계법, 수화기법, 스트로보스코프법이 있으며 프로니브레이크법은 직류기의 토크 측정법에 속한다.

06 4극, 60[Hz]인 3상 유도전동기가 있다. 1,725[rpm]으로 회전하고 있을 때, 2차 기전력의 주파수[Hz]는?

① 2.5   ② 5
③ 7.5   ④ 10

유도전동기의 운전 시 2차 주파수(f_{2s})

극수 $p = 4$, $f_1 = 60$ [Hz], $N = 1,725$ [rpm]일 때

$$N_s = \frac{120f}{p} = \frac{120 \times 60}{4} = 1,800 \text{ [rpm]}$$

$$s = \frac{N_s - N}{N_s} = \frac{1,800 - 1,725}{1,800} = 0.0417 \text{이므로}$$

$$\therefore f_{2s} = sf_1 = 0.0417 \times 60 = 2.5 \text{ [Hz]}$$

09 정격출력 10,000[kVA], 정격전압 6,600[V], 정격역률 0.8인 3상 비돌극 동기발전기가 있다. 여자를 정격상태로 유지할 때 이 발전기의 최대 출력은 약 몇 [kW]인가? (단, 1상의 동기 리액턴스를 0.9[pu]라 하고 저항은 무시한다.)

① 17,089   ② 18,889
③ 21,259   ④ 23,619

PU법을 이용한 동기발전기의 최대 출력

$P = 10,000$ [kVA], $V_n = 6,600$ [V], $\cos\theta = 0.8$,

$\%x_s = 0.9$ [p.u]이므로

$$\sin\theta = \sqrt{1 - \cos^2\theta} = \sqrt{1 - 0.8^2} = 0.6$$

$$E = \sqrt{\cos^2\theta + (\sin\theta + \%x_s[\text{p.u}])^2}$$

$$= \sqrt{0.8^2 + (0.6 + 0.9)^2} = 1.7 \text{ [V]}$$

$$\therefore P_m = \frac{E}{\%x_s[\text{p.u}]} P = \frac{1.7}{0.9} \times 10,000$$

$$= 18,889 \text{ [kVA]}$$

07 직류 분권전동기의 전압이 일정할 때 부하토크가 2배로 증가하면 부하전류는 약 몇 배가 되는가?

① 1   ② 2
③ 3   ④ 4

직류 분권전동기의 토크 특성

토크 $\tau = K\phi I_a \propto I_a$ 이므로

∴ 부하토크가 2배로 증가하면 부하전류도 2배로 증가하게 된다.

10 단상 반파정류회로에서 직류전압의 평균값 210[V]를 얻는데 필요한 변압기 2차 전압의 실효 값은 약 몇 [V]인가? (단, 부하는 순 저항이고, 정류기의 전압강하 평균값은 15[V]로 한다.)

① 400   ② 433
③ 500   ④ 566

단상 반파정류회로
변압기 2차측 교류전압을 E, 정류기의 전압강하를 e 라 하면 단상 반파정류회로의 출력측 직류전압 E_d는

$$E_d = \frac{\sqrt{2}\,E}{\pi} - e = 0.45E - e\,[\text{V}] \text{ 이므로}$$

$E_d = 210\,[\text{V}]$, $e = 15\,[\text{V}]$일 때

$$\therefore E = \frac{E_d + e}{0.45} = \frac{210 + 15}{0.45} = 500\,[\text{V}]$$

11 변압기유에 요구되는 특성으로 틀린 것은?

① 점도가 클 것
② 응고점이 낮을 것
③ 인화점이 높을 것
④ 절연 내력이 클 것

변압기 절연유의 특징
⑴ 절연내력이 큰 것
⑵ 절연재료 및 금속에 화학작용을 일으키지 않을 것
⑶ 인화점이 높고 응고점이 낮을 것
⑷ 점도가 낮고(유동성이 풍부) 비열이 커서 냉각효과 가 클 것
⑸ 고온에 있어서 석출물이 생기거나 산화하지 않을 것
⑹ 증발량이 적을 것

12 100[kVA], 2300/115[V], 철손 1[kW], 전부하 동손 1.25[kW]의 변압기가 있다. 이 변압기는 매일 무부하로 10시간, $\frac{1}{2}$ 정격부하 역률 1에서 8시간, 전부하 역률 0.8(지상)에서 6시간 운전하고 있다면 전일효율은 약 몇 [%]인가?

① 93.3   ② 94.3
③ 95.3   ④ 96.3

전일효율(η)
전일 출력 P, 전일 철손 P_i, 전입 동손 P_c라 하면

$$P = \frac{1}{2} \times 100 \times 1 \times 8 + 100 \times 0.8 \times 6 = 880\,[\text{kW}]$$

$$P_i = 1 \times 24 = 24\,[\text{kW}]$$

$$P_c = \left(\frac{1}{2}\right)^2 \times 1.25 \times 8 + 1.25 \times 6 = 10\,[\text{kW}] \text{ 이므로}$$

$$\eta = \frac{P}{P + P_i + P_c} \times 100\,[\%] \text{ 식에서}$$

$$\therefore \eta = \frac{P}{P + P_i + P_c} \times 100 = \frac{880}{880 + 24 + 10} \times 100$$
$$= 96.3\,[\%]$$

13 3상 유도전동기에서 고조파 회전자계가 기본파 회전방향과 역방향인 고조파는?

① 제3고조파   ② 제5고조파
③ 제7고조파   ④ 제13고조파

고조파의 특성비교
⑴ 기본파와 상회전이 같은 고조파
　　$h = 2nm + 1$: 7고조파, 13고조파, …
⑵ 기본파와 상회전이 반대인 고조파
　　$h = 2nm - 1$: 5고조파, 11고조파, …
⑶ 회전자계가 없는 고조파
　　$h = 2nm$: 3고조파, 6고조파, 9고조파, …

14 직류 분권전동기의 기동 시에 정격전압을 공급하면 전기자 전류가 많이 흐르다가 회전속도가 점점 증가함에 따라 전기자 전류가 감소하는 원인은?

① 전기자반작용의 증가
② 전기자권선의 저항증가
③ 브러시의 접촉저항증가
④ 전동기의 역기전력상승

직류전동기의 속도특성

$E = k\phi N = V - R_a I_a$ [V] 식에서 직류전동기 기동시에 정격전압(V)을 인가하면 전기자 전류(I_a)가 증가하였다가 점차 감소하게 되면서 회전속도(N)가 증가하게 된다. 그 이유는 바로 전동기의 역기전력(E)이 증가하기 때문이다.

15 변압기의 전압변동률에 대한 설명으로 틀린 것은?

① 일반적으로 부하변동에 대하여 2차 단자전압의 변동이 작을수록 좋다.
② 전부하시와 무부하시의 2차 단자전압이 서로 다른 정도를 표시하는 것이다.
③ 인가전압이 일정한 상태에서 무부하 2차 단자전압에 반비례한다.
④ 전압변동률은 전등의 광도, 수명, 전동기의 출력 등에 영향을 미친다.

변압기의 전압변동률(ϵ)

2차측 정격전압, 2차측 무부하단자전압 V_{20}, %저항강하 p, %리액턴스강하 q, 역률 $\cos\theta$라 하면

$\epsilon = \dfrac{V_{20} - V_2}{V_2} \times 100 = p\cos\theta + q\sin\theta$ [%]이다.

따라서 변압기의 전압변동률은 무부하 2차 단자전압과 전부하시 정격전압의 차이에 비례하는 특성을 지니고 있으며 부하측 기계기구의 특성에 영향을 주는 중요한 성질이다.

16 1상의 유도기전력이 6,000[V]인 동기발전기에서 1분간 회전수를 900[rpm]에서 1,800[rpm]으로 하면 유도기전력은 약 몇 [V]인가?

① 6,000
② 12,000
③ 24,000
④ 36,000

동기발전기의 유도기전력과 속도 관계

동기발전기의 유도기전력 E과 동기속도 N_s는

$E = 4.44 f\phi N k_w$ [V], $N_s = \dfrac{120f}{p}$ [rpm] 식에서

동기속도가 900[rpm]에서 1,800[rpm]으로 2배 증가한 것은 주파수 f가 2배 증가했다는 것을 의미한다. 이 때 유도기전력은 주파수에 비례 관계에 있으므로 주파수가 2배 증가했다면 유도기전력도 2배 증가하게 된다.

$\therefore E' = 2E = 2 \times 6,000 = 12,000$ [V]

17 변압기 내부고장 검출을 위해 사용하는 계전기가 아닌 것은?

① 과전압 계전기
② 비율차동 계전기
③ 부흐홀츠 계전기
④ 충격 압력 계전기

변압기의 보호계전기

(1) 비율차동계전기　(2) 부흐홀츠계전기
(3) 가스검출계전기　(4) 압력계전기
(5) 온도계전기　　　(6) 과전류계전기

18 권선형 유도전동기의 2차 여자법 중 2차 단자에서 나오는 전력을 동력으로 바꿔서 직류전동기에 가하는 방식은?

① 회생방식
② 크레머방식
③ 플러깅방식
④ 세르비우스방식

2차 여자법

권선형 유도전동기의 속도제어 방법 중 하나로 2차 회로에 슬립주파수의 전압을 가하여 그 크기와 방향 또는 위상을 조정해서 광범위한 속도제어를 할 수 있다. 대표적인 방법으로 세르비우스 방법과 크레머 방법이 주로 쓰인다.

(1) 세르비우스 방법 : 권선형 유도전동기의 2차 출력을 전원측으로 회생시켜 되돌려 주는 방식
(2) 크레머 방법 : 권선형 유도전동기의 2차 출력을 기계적인 동력으로 바꿔서 직류전동기에 가하는 방식

정답　14 ④　15 ③　16 ②　17 ①　18 ②

19 동기조상기의 구조상 특징으로 틀린 것은?

① 고정자는 수차발전기와 같다.

② 안전 운전용 제동권선이 설치된다.

③ 계자 코일이나 자극이 대단히 크다.

④ 전동기 축은 동력을 전달하는 관계로 비교적 굵다.

동기조상기의 구조상 특이점

⑴ 고정자의 각 부분은 수차발전기와 같다.

⑵ 계자권선과 자극이 매우 크고 자극면에 제동권선을 설치하여 안정 운전이 되도록 해야 한다.

⑶ 전동기의 주 축은 기계적 동력을 전달할 필요가 없으므로 가늘다.

⑷ 기동을 용이하게 하기 위하여 고압유를 이용하여 회전자를 부양시키기도 한다.

20 75[W] 이하의 소출력 단상 직권정류자 전동기의 용도로 적합하지 않은 것은?

① 믹서   ② 소형공구

③ 공작기계   ④ 치과의료용

단상 직권정류자 전동기의 용도

75[W] 정도 이하의 소출력 단상 직권형은 의료기구용, 가정용 미싱, 소형공구, 믹서 등에 쓰인다.

4. 회로이론 및 제어공학

01 그림의 제어시스템이 안정하기 위한 K의 범위는?

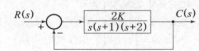

① $0 < K < 3$ ② $0 < K < 4$

③ $0 < K < 5$ ④ $0 < K < 6$

안정도 판별법(루스 판정법)

개루프 전달함수

$G(s)\,H(s) = \dfrac{2K}{s(s+1)(s+2)} = \dfrac{B(s)}{A(s)}$ 이므로

특성방정식

$F(s) = A(s) + B(s) = s(s+1)(s+2) + 2K$

$\quad = s^3 + 3s^2 + 2s + 2K = 0$

s^3	1	2
s^2	3	$2K$
s^1	$\dfrac{6-2K}{3}$	0
s^0	$2K$	0

제1열의 원소에 부호변화가 없어야 제어계가 안정할 수 있으므로 $6 - 2K > 0$, $K > 0$ 이어야 한다.

$\therefore\ 0 < K < 3$

02 블록선도의 전달함수가 $\dfrac{C(s)}{R(s)} = 10$과 같이 되기 위한 조건은?

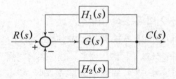

① $G(s) = \dfrac{1}{1 - H_1(s) - H_2(s)}$

② $G(s) = \dfrac{10}{1 - H_1(s) - H_2(s)}$

③ $G(s) = \dfrac{1}{1 - 10H_1(s) - 10H_2(s)}$

④ $G(s) = \dfrac{10}{1 - 10H_1(s) - 10H_2(s)}$

블록선도의 전달함수

$C = G(R - H_1 C - H_2 C) = GR - H_1 GC - H_2 G$

$(1 + H_1 G + H_2 G)C = GR$

전달함수 $G(s) = \dfrac{C}{R} = \dfrac{G}{1 + H_1 G + H_2 G} = 10$이 되기

위한 조건은

$G = 10 + 10H_1 G + 10H_2 G$ 이므로

$(1 - 10H_1 - 10H_2)G = 10$ 식에서

$\therefore\ G = \dfrac{10}{1 - 10H_1 - 10H_2}$

정답 01 ①   02 ④

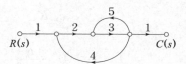

03 주파수 전달함수가 $G(j\omega) = \dfrac{1}{j100\omega}$인 제어 시스템에서 $\omega = 1.0$[rad/s]일 때의 이득(dB)과 위상각[°]은 각각 얼마인가?

① 20[dB], 90°   ② 40[dB], 90°

③ −20[dB], −90°   ④ −40[dB], −90°

전달함수의 이득(g)과 위상(ϕ)

$$G(j\omega) = \dfrac{1}{j100\omega}\bigg|_{\omega=1}$$

$$= \dfrac{1}{j100 \times 1} = \dfrac{1}{j100} = 0.01 \angle -90°$$

$\therefore g = 20\log_{10}|G(j\omega)| = 20\log_{10}0.01$

$\qquad = -40$ [dB]

$\therefore \phi = -90°$

04 개루프 전달함수가 다음과 같은 제어시스템의 근궤적이 $j\omega$ (허수)축과 교차할 때 K는 얼마인가?

$$G(s)H(s) = \dfrac{K}{s(s+3)(s+4)}$$

① 30   ② 48

③ 84   ④ 180

허수축과 교차하는 점

개루프 전달함수

$G(s)H(s) = \dfrac{K}{s(s+3)(s+4)} = \dfrac{B(s)}{A(s)}$ 이므로

특성방정식

$F(s) = A(s) + B(s) = s(s+3)(s+4) + K$

$\qquad = s^3 + 7s^2 + 12s + K = 0$

근궤적이 허수축과 교차하는 경우에는 임계안정 조건을 만족하는 경우이므로

s^3	1	12
s^2	7	K
s^1	$\dfrac{7 \times 12 - K}{7} = 0$	0
s^0	K	

루스 수열의 제1열 s^1행에서 영(0)이 되는 K의 값을 구하면 $7 \times 12 - K = 0$이다.

이 조건을 만족하는 K 값에서 근궤적이 허수축과 교차 하게 된다.

$\therefore K = 7 \times 12 = 84$

05 그림과 같은 신호흐름선도에서 $\dfrac{C(s)}{R(s)}$는?

① $-\dfrac{6}{38}$ ② $\dfrac{6}{38}$

③ $-\dfrac{6}{41}$ ④ $\dfrac{6}{41}$

신호흐름선도

$L_{11} = 3 \times 5 = 15$

$L_{12} = 2 \times 3 \times 4 = 24$

$\Delta = 1 - (L_{11} + L_{12}) = 1 - 15 - 24 = -38$

$M_1 = 1 \times 2 \times 3 \times 1 = 6,\ \Delta_1 = 1$

$\therefore G(s) = \dfrac{M_1\Delta_1}{\Delta} = -\dfrac{6}{38}$

06 단위계단 함수 $u(t)$를 z변환하면?

① $\dfrac{1}{z-1}$ ② $\dfrac{z}{z-1}$

③ $\dfrac{1}{Tz-1}$ ④ $\dfrac{Tz}{Tz-1}$

z변환과 라플라스 변환과의 관계

$f(t)$	$\mathcal{L}$ 변환	z변환
$u(t) = 1$	$\dfrac{1}{s}$	$\dfrac{z}{z-1}$
e^{-aT}	$\dfrac{1}{s+a}$	$\dfrac{z}{z-e^{-aT}}$
t	$\dfrac{1}{s^2}$	$\dfrac{Tz}{(z-1)^2}$
$\delta(t)$	1	1

07 제어요소의 표준 형식인 적분요소에 대한 전달 함수는? (단, K는 상수이다.)

① Ks ② $\dfrac{K}{s}$

③ K ④ $\dfrac{K}{1+Ts}$

전달함수의 요소

요소	전달함수
비례요소	$G(s) = K$
미분요소	$G(s) = Ts$
적분요소	$G(s) = \dfrac{1}{Ts}$
1차 지연 요소	$G(s) = \dfrac{1}{1+Ts}$
2차 지연 요소	$G(s) = \dfrac{\omega_n^2}{s^2 + 2\zeta\omega_n s + \omega_n^2}$
부동작 시간 요소	$G(s) = Ke^{-Ls} = \dfrac{K}{e^{Ls}}$

$\therefore G(s) = \dfrac{K}{s}$

08 그림의 논리회로와 등가인 논리식은?

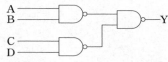

① $Y = A \cdot B \cdot C \cdot D$

② $Y = A \cdot B + C \cdot D$

③ $Y = \overline{A \cdot B} + \overline{C \cdot D}$

④ $Y = (\overline{A} \cdot \overline{B}) \cdot (\overline{C} \cdot \overline{D})$

논리회로의 논리식

$\therefore Y = \overline{\overline{A \cdot B} \cdot \overline{C \cdot D}} = A \cdot B + C \cdot D$

참고 드모르강 정리

(1) $\overline{A + B} = \overline{A} \cdot \overline{B}$

(2) $\overline{A \cdot B} = \overline{A} + \overline{B}$

09 다음과 같은 상태방정식으로 표현되는 제어시스템에 대한 특성방정식의 근(s_1, s_2)은?

$$\begin{bmatrix} \dot{x}_1 \\ \dot{x}_2 \end{bmatrix} = \begin{bmatrix} 0 & -3 \\ 2 & -5 \end{bmatrix} \begin{bmatrix} x_1 \\ x_2 \end{bmatrix} + \begin{bmatrix} 1 \\ 0 \end{bmatrix} u$$

① 1, -3 ② $-1, -2$

③ $-2, -3$ ④ $-1, -3$

상태방정식에서의 특성방정식

상태방정식 $\dot{x} = Ax(t) + Bu(t)$ 식에서 제어계의 계수 행렬 A는 $A = \begin{vmatrix} 0 & -3 \\ 2 & -5 \end{vmatrix}$ 이다.

특성방정식은 $|sI - A| = 0$ 이므로

$(sI - A) = s\begin{bmatrix} 1 & 0 \\ 0 & 1 \end{bmatrix} - \begin{bmatrix} 0 & -3 \\ 2 & -5 \end{bmatrix} = \begin{bmatrix} s & 3 \\ -2 & s+5 \end{bmatrix}$

$|sI - A| = \begin{vmatrix} s & 3 \\ -2 & s+5 \end{vmatrix} = s(s+5) + 6 = 0$

$s(s+5) + 6 = s^2 + 5s + 6 = (s+2)(s+3) = 0$

특성방정식의 근은 위의 조건을 만족하여야 하므로

$\therefore s_1 = -2, \ s_2 = -3$

10 블록선도의 제어시스템은 단위 램프 입력에 대한 정상상태 오차(정상편차)가 0.01이다. 이 제어시스템의 제어요소인 $G_{C1}(s)$의 k는?

$$G_{C1}(s) = k, \ G_{C2}(s) = \frac{1+0.1s}{1+0.2s}$$

$$G_P(s) = \frac{20}{s(s+1)(s+2)}$$

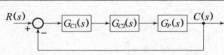

① 0.1   ② 1
③ 10   ④ 100

제어계의 정상편차

개루프 전달함수

$$G(s)H(s) = \frac{20K(1+0.1s)}{s(s+1)(s+2)(1+0.2s)} \ \text{이다.}$$

단위램프입력(=단위속도입력)은 1형 입력이고 개루프 전달함수 $G(s)H(s)$도 1형 제어계이므로 정상편차는 유한값을 갖는다. 1형 제어계의 속도편차상수(k_v)와 속도편차상수(e_v)는

$$k_v = \lim_{s \to 0} s G(s)H(s)s$$

$$= \lim_{s \to 0} \frac{20K(1+0.1s)}{(s+1)(s+2)(1+0.2s)}$$

$$= \frac{20K}{2} = 10K$$

$$e_v = \frac{1}{k_v} = \frac{1}{10K} = 0.01 \text{이므로}$$

$$\therefore K = \frac{1}{10 \times 0.01} = 10$$

---

11 평형 3상 부하에 선간전압의 크기가 200[V]인 평형 3상 전압을 인가했을 때 흐르는 선전류의 크기가 8.6[A]이고 무효전력이 1,298[var]이었다. 이때 이 부하의 역률은 약 얼마인가?

① 0.6   ② 0.7
③ 0.8   ④ 0.9

3상 무효전력(Q)

$V_L = 200$ [V], $I_L = 8.6$ [A], $Q = 1,298$ [Var]일 때

$Q = \sqrt{3} \, V_L I_L \sin\theta$ [Var] 식에서 무효율($\sin\theta$)을 구할 수 있다.

$$\sin\theta = \frac{Q}{\sqrt{3} \, V_L I_L} = \frac{1,298}{\sqrt{3} \times 200 \times 8.6} = 0.435$$

역률 $\cos\theta$는 $\cos\theta = \sqrt{1 - \sin^2\theta}$ 이므로

$$\therefore \cos\theta = \sqrt{1 - \sin^2\theta} = \sqrt{1 - 0.435^2} = 0.9$$

---

12 단위 길이당 인덕턴스 및 커패시턴스가 각각 L 및 C일 때 전송선로의 특성 임피던스는? (단, 전송선로는 무손실 선로이다.)

① $\sqrt{\dfrac{L}{C}}$ ② $\sqrt{\dfrac{C}{L}}$
③ $\dfrac{L}{C}$ ④ $\dfrac{C}{L}$

무손실선로의 특성

(1) 조건 : $R = 0, \ G = 0$

(2) 특성임피던스 : $Z_0 = \sqrt{\dfrac{L}{C}}$ [Ω]

(3) 전파정수 : $\gamma = j\omega\sqrt{LC} = j\beta$

$$\alpha = 0, \ \beta = \omega\sqrt{LC}$$

(4) 전파속도 : $v = \dfrac{1}{\sqrt{LC}} = \lambda f$ [m/sec]

---

13 각상의 전류가 $i_a(t) = 90\sin\omega t[\text{A}]$, $i_b(t) = 90\sin(\omega t - 90°)[\text{A}]$, $i_c(t) = 90\sin(\omega t + 90°)[\text{A}]$일 때 영상분 전류 [A]의 순시치는?

① $30\cos\omega t$ ② $30\sin\omega t$

③ $90\sin\omega t$ ④ $90\cos\omega t$

> **영상분의 순시치 계산(v_o)**
>
> 각 상전압의 위상이 a상은 $0°$, b상은 $+90°$, C상은 $-90°$이므로 b상과 c상의 위상차가 $180°$임을 알 수 있다.
>
> $v_b = 90\sin(\omega t - 90°)$, $v_c = 90\sin(\omega t + 90°)$에서 최대치가 모두 90이므로 $v_b + v_c = 0$이 된다.
>
> $v_o = \dfrac{1}{3}(v_a + v_b + v_c) = \dfrac{1}{3}v_a$이므로
>
> $\therefore v_o = \dfrac{1}{3} \times 90\sin\omega t = 30\sin\omega t$

14 내부 임피던스가 $0.3 + j2[\Omega]$인 발전기에 임피던스가 $1.1 + j3[\Omega]$인 선로를 연결하여 어떤 부하에 전력을 공급하고 있다. 이 부하의 임피던스가 몇 $[\Omega]$일 때 발전기로부터 부하로 전달되는 전력이 최대가 되는가?

① $1.4 - j5$ ② $1.4 + j5$

③ 1.4 ④ $j5$

> **최대전력전달조건**
>
> 발전기 내부임피던스 Z_g, 선로측 임피던스 Z_ℓ이라 하면 전원측 내부임피던스 합 Z_o는
>
> $Z_o = Z_g + Z_\ell = 0.3 + j2 + 1.1 + j3 = 1.4 + j5[\Omega]$
>
> 최대전력전달조건은 부하임피던스 Z_L를 $Z_L = Z_o{}^*[\Omega]$이어야 하므로(여기서 $Z_o{}^*$는 Z_o의 켤레복소수이다.)
>
> $\therefore Z_L = (1.4 + j5)^* = 1.4 - j5[\Omega]$

15 그림과 같은 파형의 라플라스 변환은?

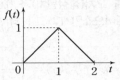

① $\dfrac{1}{s^2}(1 - 2e^s)$

② $\dfrac{1}{s^2}(1 - 2e^{-s})$

③ $\dfrac{1}{s^2}(1 - 2e^s + e^{2s})$

④ $\dfrac{1}{s^2}(1 - 2e^{-s} + e^{-2s})$

> **라플라스 변환**
>
> $f(t) = \begin{cases} t=0 \sim 1 \text{일 때} & f(t) = t \\ t=1 \sim 2 \text{일 때} & f(t) = -t + 2 \end{cases}$
>
> $\mathcal{L}[f(t)] = \displaystyle\int_0^1 te^{-st}dt + \int_1^2 (-t+2)e^{-st}dt$
>
> $= \left[\dfrac{te^{-st}}{-s}\right]_0^1 + \dfrac{1}{s}\displaystyle\int_0^1 e^{-st}dt$
>
> $\quad + \left[\dfrac{(-t+2)e^{-st}}{-s}\right]_1^2 - \dfrac{1}{s}\displaystyle\int_1^2 e^{-st}dt$
>
> $= -\dfrac{1}{s}e^{-s} - \dfrac{1}{s^2}e^{-s} + \dfrac{1}{s^2} + \dfrac{1}{s}e^{-s}$
>
> $\quad + \dfrac{e^{-2s}}{s^2} - \dfrac{e^{-s}}{s^2}$
>
> $= \dfrac{1}{s^2}(1 - 2e^{-s} + e^{-2s})$

16 어떤 회로에서 $t=0$초에 스위치를 닫은 후 $i = 2t + 3t^2$ [A]의 전류가 흘렀다. 30초까지 스위치를 통과한 총 전기량[Ah]은?

① 4.25 ② 6.75

③ 7.75 ④ 8.25

전기량 (Q)

$$Q = \int_0^t i\,dt = \int_0^{30} (3t^2 + 2t)\,dt$$

$$= [t^3 + t^2]_0^{30} = 30^3 + 30^2 = 27,900 \,[\text{C}]$$

$$= 27,900 \,[\text{A·sec}]$$

$$\therefore Q = 27,900 \times \frac{1}{3,600} \,[\text{Ah}] = 7.75 \,[\text{Ah}]$$

17 전압 $v(t)$를 RL 직렬회로에 인가했을 때 제3고조파 전류의 실효값(A)의 크기는? (단, $R = 8\,[\Omega]$, $\omega L = 2\,[\Omega]$, $v(t) = 100\sqrt{2}\sin\omega t + 200\sqrt{2}\sin 3\omega t + 50\sqrt{2}\sin 5\omega t\,[\text{V}]$이다.)

① 10 ② 14

③ 20 ④ 28

3고조파 전류의 실효값(I_3)

$$V_3 = \frac{V_{m3}}{\sqrt{2}} = \frac{200\sqrt{2}}{\sqrt{2}} = 200\,[\text{V}]\text{이므로}$$

$$I_3 = \frac{V_3}{\sqrt{R^2 + (3\omega L)^2}} = \frac{200}{\sqrt{8^2 + (3\times 2)^2}}$$

$$= 20\,[\text{A}]$$

18 회로에서 $t=0$초에 전압 $v_1(t) = e^{-4t}\,V$를 인가하였을 때 $v_2(t)$는 몇 [V]인가? (단, $R = 2\,[\Omega]$, $L = 1\,[\text{H}]$이다.)

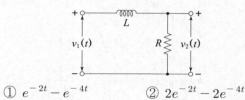

① $e^{-2t} - e^{-4t}$ ② $2e^{-2t} - 2e^{-4t}$

③ $-2e^{-2t} + 2e^{-4t}$ ④ $-2e^{-2t} - 2e^{-4t}$

미분방정식의 해

$$v_1(t) = L\frac{di(t)}{dt} + Ri(t)\,[\text{V}], \quad v_2(t) = Ri(t)\,[\text{V}]$$

위의 식을 라플라스 변환하면

$V_1(s) = LsI(s) + RI(s)$ 이므로

$R = 2\,[\Omega]$, $L = 1\,[\text{H}]$, $v_1(t) = e^{-4t}\,[\text{V}]$ 일 때

$$\frac{1}{s+4} = (s+2)I(s)$$ 이다.

$$I(s) = \frac{1}{(s+2)(s+4)}$$ 일 때 다시 역라플라스 변환하여 시간함수 $i(t)$를 유도하면

$$I(s) = \frac{1}{(s+2)(s+4)} = \frac{A}{s+2} + \frac{B}{s+4}$$

$$A = (s+2)\,I(s)\big|_{s=-2} = \frac{1}{s+4}\bigg|_{s=-2}$$

$$= \frac{1}{-2+4} = \frac{1}{2}$$

$$B = (s+4)\,I(s)\big|_{s=-4} = \frac{1}{s+2}\bigg|_{s=-4}$$

$$= \frac{1}{-4+2} = -\frac{1}{2}$$

$$I(s) = \frac{1}{2}\left(\frac{1}{s+2} - \frac{1}{s+4}\right)$$ 이므로

$$i(t) = \mathcal{L}^{-1}I(s) = \frac{1}{2}(e^{-2t} - e^{-4t})$$ 이다.

$$\therefore v_2(t) = Ri(t) = 2 \times \frac{1}{2}(e^{-2t} - e^{-4t})$$

$$= e^{-2t} - e^{-4t}\,[\text{V}]$$

19 동일한 저항 $R[\Omega]$ 6개를 그림과 같이 결선하고 대칭 3상 전압 $V[V]$를 가하였을 때 전류 I[A]의 크기는?

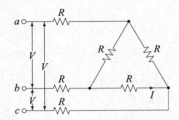

① $\dfrac{V}{R}$

② $\dfrac{V}{2R}$

③ $\dfrac{V}{4R}$

④ $\dfrac{V}{5R}$

Δ결선으로 이루어진 저항 R을 Y결선으로 변환하면 저항은 $\dfrac{1}{3}$배로 감소하므로 각 상의 합성저항(R_0)은

$R_0 = R + \dfrac{R}{3} = \dfrac{4}{3}R[\Omega]$이다.

Y결선의 선전류를 유도하면 I_L을 계산할 수 있다.

$$I_L = \frac{V}{\sqrt{3}\,R_0} = \frac{V}{\sqrt{3} \times \dfrac{4}{3}R} = \frac{\sqrt{3}\,V}{4R}\,[A]$$

Δ결선의 상전류는 선전류의 $\dfrac{1}{\sqrt{3}}$배 이므로

$$\therefore I_P = \frac{I_L}{\sqrt{3}} = \frac{V}{4R}\,[A]$$

20 어떤 선형 회로망의 4단자 정수가 $A=8$, $B=j2$, $D=1.625+j$일 때, 이 회로망의 4단자 정수 C는?

① $24 - j14$

② $8 - j11.5$

③ $4 - j6$

④ $3 - j4$

4단자 정수의 특성

4단자 정수 A, B, C, D 는 $AD - BC = 1$을 만족하여야 하므로

$$\therefore C = \frac{AD-1}{B} = \frac{8 \times (1.625+j2) - 1}{j2} = 4 - j6$$

21 5. 전기설비기술기준

01 저압 옥상전선로의 시설기준으로 틀린 것은?

① 전개된 장소에 위험의 우려가 없도록 시설할 것

② 전선은 지름 2.6[mm] 이상의 경동선을 사용할 것

③ 전선은 절연전선(옥외용 비닐절연전선은 제외)을 사용할 것

④ 전선은 상시 부는 바람 등에 의하여 식물에 접촉하지 아니하도록 시설하여야 한다.

저압 옥상전선로

(1) 저압 옥상전선로는 전개된 장소에 다음에 따르고 또한 위험의 우려가 없도록 시설하여야 한다.

㉠ 전선은 인장강도 2.30[kN] 이상의 것 또는 지름 2.6[mm] 이상의 경동선을 사용할 것.

㉡ 전선은 절연전선(OW전선을 포함한다.) 또는 이와 동등 이상의 절연효력이 있는 것을 사용할 것.

㉢ 전선은 조영재에 견고하게 붙인 지지주 또는 지지대에 절연성·난연성 및 내수성이 있는 애자를 사용하여 지지하고 또한 그 지지점 간의 거리는 15[m] 이하일 것.

㉣ 전선과 그 저압 옥상 전선로를 시설하는 조영재와의 이격거리는 2[m] (전선이 고압절연전선, 특고압 절연전선 또는 케이블인 경우에는 1[m]) 이상일 것.

(2) 저압 옥상전선로의 전선은 상시 부는 바람 등에 의하여 식물에 접촉하지 아니하도록 시설하여야 한다.

02 이동형의 용접 전극을 사용하는 아크 용접장치의 시설기준으로 틀린 것은?

① 용접변압기는 절연변압기일 것

② 용접변압기의 1차측 전로의 대지전압은 300[V] 이하일 것

③ 용접변압기의 2차측 전로에는 용접변압기에 가까운 곳에 쉽게 개폐할 수 있는 개폐기를 시설할 것

④ 용접변압기의 2차측 전로 중 용접변압기로부터 용접전극에 이르는 부분의 전로는 용접 시 흐르는 전류를 안전하게 통할 수 있는 것일 것

아크 용접기

이동형의 용접 전극을 사용하는 아크 용접장치는 다음에 따라 시설하여야 한다.

(1) 용접변압기는 절연변압기이고, 1차측 전로의 대지전압은 300 [V] 이하일 것.

(2) 용접변압기의 1차측 전로에는 용접변압기에 가까운 곳에 쉽게 개폐할 수 있는 개폐기를 시설할 것.

(3) 용접변압기의 2차측 전로 중 용접변압기로부터 용접전극에 이르는 부분 및 용접변압기로부터 피용접재에 이르는 부분은 다음에 의하여 시설할 것.

㉠ 전선은 용접용 케이블이고 용접변압기로부터 용접전극에 이르는 전로는 0.6/1 [kV] EP 고무 절연 클로로프렌 캡타이어 케이블일 것.

㉡ 전로는 용접시 흐르는 전류를 안전하게 통할 수 있는 것일 것.

㉢ 용접기 외함 및 피용접재 또는 이와 전기적으로 접속되는 받침대·정반 등의 금속체는 접지공사를 하여야 한다.

03 사용전압이 15[kV] 초과 25[kV] 이하인 특고압 가공전선로가 상호 간 접근 또는 교차하는 경우 사용전선이 양쪽 모두 나전선이라면 이격거리는 몇 [m] 이상이이야 하는가? (단, 중성선 다중접지 방식의 것으로서 전로에 지락이 생겼을 때에 2초 이내에 자동적으로 이를 전로로부터 차단하는 장치가 되어 있다.)

① 1.0   ② 1.2
③ 1.5   ④ 1.75

특고압 가공전선로가 상호간 접근 또는 교차하는 경우

25[kV] 이하인 특고압 가공전선이 다른 특고압 가공전선과 접근 또는 교차하는 경우의 이격거리는 아래 표에서 정한 값 이상일 것.(사용전압이 25[kV] 이하인 특고압 가공전선로는 중성선 다중접지식의 것으로서 전로에 지락이 생겼을 때 2초 이내에 자동적으로 이를 전로로부터 차단하는 장치가 되어 있는 것에 한한다.)

전선의 종류	이격거리
어느 한쪽 또는 양쪽이 나전선인 경우	1.5 [m]
양쪽이 특고압 절연전선인 경우	1 [m]
한쪽이 케이블이고 다른 한쪽이 케이블이거나 특고압 절연전선인 경우	0.5 [m]

04 최대사용전압이 1차 22,000[V], 2차 6,600[V]의 권선으로서 중성점 비접지식 전로에 접속하는 변압기의 특고압측 절연내력 시험전압은?

① 24,000[V]   ② 27,500[V]
③ 33,000[V]   ④ 44,000[V]

변압기 전로의 절연내력시험

권선의 최대사용전압	시험전압	시험방법
7 [kV] 이하	1.5배 (최저 500 [V])	시험되는 권선과 다른 권선, 철심 및 외함 간에 시험전압을 연속하여 10분간 가한다.
7 [kV] 초과 25[kV] 이하 중성점 다중접지식 전로에 접속	0.92배	
7 [kV] 초과 60 [kV] 이하	1.25배 (최저 10.5 [kV])	
60 [kV] 초과 비접지식 전로에 접속	1.25배	

∴ 시험전압 = 22,000×1.25 = 27,500 [V]

05 가공전선로의 지지물로 볼 수 없는 것은?

① 철주   ② 지선
③ 철탑   ④ 철근 콘크리트주

가공전선로에 시설하는 지지물의 종류

가공전선로의 지지물에는 목주·철주·철근 콘크리트주 또는 철탑을 사용할 것

06 점멸기의 시설에서 센서등(타임스위치 포함)을 시설하여야 하는 곳은?

① 공장   ② 상점
③ 사무실   ④ 아파트 현관

점멸기의 시설

다음의 경우에는 센서등(타임스위치를 포함한다)을 시설하여야 한다.
(1) 「관광 진흥법」과 「공중위생관리법」에 의한 관광숙박업 또는 숙박업(여인숙업을 제외한다)에 이용되는 객실의 입구등은 1분 이내에 소등되는 것.
(2) 일반주택 및 아파트 각 호실의 현관등은 3분 이내에 소등되는 것.

07 순시조건($t \leq 0.5$초)에서 교류 전기철도 급전시스템에서의 레일 전위의 최대 허용 접촉전압(실효값)으로 옳은 것은?

① 60[V] ② 65[V]
③ 440[V] ④ 670[V]

레일 전위의 위험에 대한 보호
교류 전기철도 급전시스템에서의 레일 전위의 최대 허용 접촉전압은 아래 표의 값 이하여야 한다. 단, 작업장 및 이와 유사한 장소에서는 최대 허용 접촉전압을 25[V](실효값)를 초과하지 않아야 한다.

시간 조건	최대 허용 접촉전압(실효값)
순시조건(t ≤ 0.5초)	670 [V]
일시적 조건 (0.5초 〈 t ≤ 300초)	65 [V]
영구적 조건(t 〉 300)	60 [V]

08 전기저장장치의 이차전지에 자동으로 전로로부터 차단하는 장치를 시설하여야 하는 경우로 틀린 것은?

① 과저항이 발생한 경우
② 과전압이 발생한 경우
③ 제어장치에 이상이 발생한 경우
④ 이차전지 모듈의 내부 온도가 급격히 상승할 경우

전기저장장치의 제어 및 보호장치 등
전기저장장치의 2차 전지는 다음에 따라 자동으로 전로로부터 차단하는 장치를 시설하여야 한다.
(1) 과전압 또는 과전류가 발생한 경우
(2) 제어장치에 이상이 발생한 경우
(3) 2차 전지 모듈의 내부 온도가 급격히 상승할 경우

09 뱅크용량이 몇 [kVA] 이상인 조상기에는 그 내부에 고장이 생긴 경우에 자동적으로 이를 전로로부터 차단하는 보호장치를 하여야 하는가?

① 10,000 ② 15,000
③ 20,000 ④ 25,000

조상설비의 보호장치
조상설비에는 그 내부에 고장이 생긴 경우에 보호하는 장치를 아래 표와 같이 시설하여야 한다.

설비종별	뱅크용량의 구분	자동적으로 전로로부터 차단하는 장치
전력용 커패시터 및 분로리액터	500 [kVA] 초과 15,000 [kVA] 미만	내부 고장, 과전류가 생긴 경우
	15,000 [kVA] 이상	내부 고장, 과전류, 과전압이 생긴 경우
조상기 (調相機)	15,000 [kVA] 이상	내부 고장이 생긴 경우

10 전주외등의 시설 시 사용하는 공사방법으로 틀린 것은?

① 애자공사 ② 케이블공사
③ 금속관공사 ④ 합성수지관공사

전주외등
이 규정은 대지전압 300[V] 이하의 형광등, 고압방전등, LED등 등을 배전선로의 지지물 등에 시설하는 경우에 적용한다.
(1) 기구는 광원의 손상을 방지하기 위하여 원칙적으로 갓 또는 글로브가 붙은 것.
(2) 기구는 전구를 쉽게 갈아 끼울 수 있는 구조일 것.
(3) 기구의 인출선은 도체단면적이 0.75[mm²] 이상일 것.
(4) 배선은 단면적 2.5[mm²] 이상의 절연전선 또는 이와 동등 이상의 절연효력이 있는 것을 사용하고 케이블공사, 합성수지관공사, 금속관공사에 의하여 시설할 것.
(5) 배선이 전주의 연한 부분은 1.5[m] 이내마다 새들(saddle) 또는 밴드로 지지할 것.
(6) 사용전압 400[V] 이하인 관등회로의 배선에 사용하는 전선은 케이블을 사용하거나 동등 이상의 절연성능을 가진 전선을 사용할 것.

11 농사용 저압 가공전선로의 지지점 간 거리는 몇 [m] 이하이어야 하는가?

① 30   ② 50
③ 60   ④ 100

농사용 저압 가공전선로
(1) 사용전압은 저압일 것.
(2) 전선은 인장강도 1.38[kN] 이상의 것 또는 지름 2[mm] 이상의 경동선일 것.
(3) 저압 가공전선의 지표상의 높이는 3.5[m] 이상일 것. 다만, 저압 가공전선을 사람이 쉽게 출입하지 못하는 곳에 시설하는 경우에는 3[m]까지로 감할 수 있다.
(4) 목주의 굵기는 말구 지름이 0.09[m] 이상일 것.
(5) 전선로의 지지점간 거리는 30[m] 이하일 것.
(6) 다른 전선로에 접속하는 곳 가까이에 그 저압 가공전선로 전용의 개폐기 및 과전류 차단기를 각 극(과전류 차단기는 중성극을 제외한다)에 시설할 것.

12 특고압 가공전선로에서 발생하는 극저주파 전계는 지표상 1[m]에서 몇 [kV/m] 이하이어야 하는가?

① 2.0   ② 2.5
③ 3.0   ④ 3.5

가공전선과 건조물의 조영재 사이의 이격거리
사용전압이 400 [kV] 이상의 특고압 가공전선이 건조물과 제2차 접근상태로 있는 경우에는 다음에 따라 시설하여야 한다.
(1) 전선높이가 최저상태일 때 가공전선과 건조물 상부 [지붕·챙(차양 : 遮陽)·옷말리는 곳 기타 사람이 올라갈 우려가 있는 개소를 말한다]와의 수직거리가 28 [m] 이상일 것.
(2) 건조물 최상부에서 전계(3.5 [kV/m]) 및 자계(83.3 [μT])를 초과하지 아니할 것.

13 단면적 55[mm^2]인 경동연선을 사용하는 특고압 가공전선로의 지지물로 장력에 견디는 형태의 B종 철근 콘크리트주를 사용하는 경우, 허용 최대 경간은 몇 [m]인가?

① 150   ② 250
③ 300   ④ 500

가공전선로의 경간

구분 지지물종류	A종주, 목주	B종주	철탑
표준경간	150[m]	250[m]	600[m] ㉠ 400[m]
	㉡ 300[m]	㉡ 500[m]	–

㉠ 특고압 가공전선로의 경간으로 철탑이 단주인 경우에 적용한다.
㉡ 고압 가공전선로의 전선에 인장강도 8.71[kN] 이상의 것 또는 단면적 22[mm^2] 이상의 경동연선의 것을 사용하는 경우, 특고압 가공전선로의 전선에 인장강도 21.67[kN] 이상의 것 또는 단면적 50[mm^2] 이상의 경동연선의 것을 사용하는 경우에 적용한다.

14 저압 옥측전선로에서 목조의 조영물에 시설할 수 있는 공사 방법은?

① 금속관공사
② 버스덕트공사
③ 합성수지관공사
④ 케이블공사(무기물절연(MI) 케이블을 사용하는 경우)

저압 옥측전선로
저압 옥측전선로의 공사방법은 다음과 같다.
(1) 애자공사(전개된 장소에 한한다)
(2) 합성수지관공사
(3) 금속관공사(목조 이외의 조영물에 시설하는 경우에 한한다.)
(4) 버스덕트공사[목조 이외의 조영물(점검할 수 없는 은폐된 장소는 제외한다.)에 시설하는 경우에 한한다.]
(5) 케이블공사(연피 케이블·알루미늄피 케이블 또는 미네럴 인슐레이션 케이블을 사용하는 경우에는 목조 이외의 조영물에 시설하는 경우에 한한다)

15 시가지에 시설하는 154[kV] 가공전선로를 도로와 제1차 접근상태로 시설하는 경우, 전선과 도로와의 이격거리는 몇 [m] 이상이어야 하는가?

① 4.4 ② 4.8
③ 5.2 ④ 5.6

가공전선과 도로 등과 접근

구분		이격거리
도로	35[kV] 초과	10 [kV]마다 15 [cm] 가산하여 3+(사용전압[kV]/10−3.5) ×0.15

$$\therefore\ 3+(154/10-3.5)\times0.15 = 3+12\times0.15$$
$$= 4.8\ [m]\ 이상$$

16 귀선로에 대한 설명으로 틀린 것은?

① 나전선을 적용하여 가공식으로 가설을 원칙으로 한다.
② 사고 및 지락 시에도 충분한 허용전류용량을 갖도록 하여야 한다.
③ 비절연보호도체, 매설접지도체, 레일 등으로 구성하여 단권변압기 중성점과 공통접지에 접속한다.
④ 비절연보호도체의 위치는 통신유도장해 및 레일전위의 상승의 경감을 고려하여 결정하여야 한다.

귀선로

(1) 귀선로는 비절연보호도체, 매설접지도체, 레일 등으로 구성하여 단권변압기 중성점과 공통접지에 접속한다.
(2) 비절연보호도체의 위치는 통신유도장해 및 레일전위의 상승의 경감을 고려하여 결정하여야 한다.
(3) 귀선로는 사고 및 지락 시에도 충분한 허용전류용량을 갖도록 하여야 한다.

17 변전소에 울타리·담 등을 시설할 때, 사용전압이 345[kV]이면 울타리·담 등의 높이와 울타리·담 등으로부터 충전부분까지의 거리의 합계는 몇 [m] 이상으로 하여야 하는가?

① 8.16 ② 8.28
③ 8.40 ④ 9.72

발전소 등의 울타리·담 등의 시설

울타리·담 등과 고압 및 특고압의 충전부분이 접근하는 경우에는 울타리·담 등의 높이와 울타리·담 등으로부터 충전부분까지 거리의 합계는 아래 표에서 정한 값 이상으로 할 것.

사용전압	울타리·담 등의 높이와 울타리·담 등으로부터 충전부분까지 거리의 합계
160 [kV] 초과	10 [kV] 초과마다 12 [cm] 가산하여 6+(사용전압[kV]/10−16) 소수점 절상 ×0.12

$$\therefore\ 거리의\ 합계 = 6+(345/10-16)\times0.12$$
$$= 6+19\times0.12 = 8.28\ [m]$$

18 큰 고장전류가 구리 소재의 접지도체를 통하여 흐르지 않을 경우 접지도체의 최소 단면적은 몇 [mm^2] 이상이어야 하는가? (단, 접지도체에 피뢰시스템이 접속되지 않는 경우이다.)

① 0.75 ② 2.5
③ 6 ④ 16

접지도체의 선정

(1) 접지도체의 단면적은 보호도체 최소 단면적에 의하며 큰 고장전류가 접지도체를 통하여 흐르지 않을 경우 접지도체의 최소 단면적은 다음과 같다.
 ㉠ 구리는 6 [mm^2] 이상
 ㉡ 철제는 50 [mm^2] 이상
(2) 접지도체에 피뢰시스템이 접속되는 경우, 접지도체의 단면적은 구리 16 [mm^2] 또는 철 50 [mm^2] 이상으로 하여야 한다.

19 전력보안 가공통신선을 횡단보도교 위에 시설하는 경우 그 노면상 높이는 몇 [m] 이상인가? (단, 가공전선로의 지지물에 시설하는 통신선 또는 이에 직접 접속하는 가공통신선은 제외한다.)

① 3   ② 4

③ 5   ④ 6

> **전력보안 가공통신선의 높이**
> (1) 도로(차도와 인도의 구별이 있는 도로는 차도) 위에 시설하는 경우에는 지표상 5[m] 이상. 다만, 교통에 지장을 줄 우려가 없는 경우에는 지표상 4.5[m] 까지로 감할 수 있다.
> (2) 철도 또는 궤도를 횡단하는 경우에는 레일면상 6.5[m] 이상.
> (3) 횡단보도교 위에 시설하는 경우에는 그 노면상 3[m] 이상.
> (4) (1)부터 (3)까지 이외의 경우에는 지표상 3.5[m] 이상.

20 케이블트레이 공사에 사용할 수 없는 케이블은?

① 연피 케이블

② 난연성 케이블

③ 캡타이어 케이블

④ 알루미늄피 케이블

> **케이블트레이공사**
> (1) 케이블트레이공사는 케이블을 지지하기 위하여 사용하는 금속재 또는 불연성 재료로 제작된 유닛 또는 유닛의 집합체 및 그에 부속하는 부속재 등으로 구성된 견고한 구조물을 말하며 사다리형, 편칭형, 메시형, 바닥밀폐형 기타 이와 유사한 구조물을 포함하여 적용한다.
> (2) 전선은 연피케이블, 알루미늄피 케이블 등 난연성 케이블 또는 기타 케이블(적당한 간격으로 연소(延燒) 방지 조치를 하여야 한다) 또는 금속관 혹은 합성수지관 등에 넣은 절연전선을 사용하여야 한다.

22 1. 전기자기학

01 면적이 0.02[m²], 간격이 0.03[m]이고, 공기로 채워진 평행평판의 커패시터에 1.0×10^{-6}[C]의 전하를 충전시킬 때, 두 판 사이에 작용하는 힘의 크기는 약 몇 [N]인가?

① 1.13   ② 1.41
③ 1.89   ④ 2.83

도체 내의 정전력(F)

$F = \dfrac{Q^2}{2\epsilon_0 S}$ [N] 식에서

$S = 0.02$ [m²], $d = 0.03$ [m],

$Q = 1.0 \times 10^{-6}$ [C]일 때

$\therefore F = \dfrac{Q^2}{2\epsilon_0 S} = \dfrac{(1 \times 10^{-6})^2}{2 \times 8.855 \times 10^{-12} \times 0.02}$

     $= 2.83$ [N]

02 자극의 세기가 7.4×10^{-5}[Wb], 길이가 10[cm]인 막대자석이 100[AT/m]의 평등자계 내에 자계의 방향과 30°로 놓여 있을 때 이 자석에 작용하는 회전력[N·m]은?

① 2.5×10^{-3} ② 3.7×10^{-4}
③ 5.3×10^{-5} ④ 6.2×10^{-6}

막대자석의 회전력(=토크)

$T = mlH\sin\theta$ [N·m] 식에서

$m = 7.4 \times 10^{-5}$ [Wb], $l = 10$ [cm],

$H = 100$ [AT/m], $\theta = 30°$일 때

$\therefore T = mlH\sin\theta$

     $= 7.4 \times 10^{-5} \times 10 \times 10^{-2} \times 100 \times \sin 30°$

     $= 3.7 \times 10^{-4}$ [N·m]

03 유전율이 $\epsilon = 2\epsilon_0$이고 투자율이 μ_0인 비도전성 유전체에서 전자파의 전계의 세기가

$E(z, t) = 120\pi\cos(10^9 t - \beta z)\hat{y}$ [V/m]일 때, 자계의 세기 H[A/m]는?(단, $\hat{x}$, $\hat{y}$는 단위벡터이다.)

① $-\sqrt{2}\cos(10^9 t - \beta z)\hat{x}$
② $\sqrt{2}\cos(10^9 t - \beta z)\hat{x}$
③ $-2\cos(10^9 t - \beta z)\hat{x}$
④ $2\cos(10^9 t - \beta z)\hat{x}$

전자파

자유공간에서 전계(E)와 자계(H)의 전자파가 진행할 때 자유공간에 분포된 매질에 따라 전자파의 진행을 방해하는 저항성분이 존재하는데 이를 자유공간의 고유임피던스(η)라 하며 전계는 y성분이고, 자계는 x성분이다.

$\eta = \dfrac{E}{H} = \sqrt{\dfrac{\mu}{\epsilon}} = \sqrt{\dfrac{\mu_0}{2\epsilon_0}} = \dfrac{377}{\sqrt{2}}$ [Ω] 일 때

$H = \dfrac{E}{\eta} = \dfrac{120\pi}{\dfrac{377}{\sqrt{2}}}\cos(10^9 t - \beta z)$

     $= \sqrt{2}\cos(10^9 t - \beta z)$ [A/m]이다.

전자파의 진행방향은 z방향으로서 $E \times H$ 방향과 일치하므로 $\hat{y} \times \hat{x} = -\hat{z}$ 또는 $\hat{y} \times -\hat{x} = \hat{z}$ 임을 알 수 있다. 따라서 자계의 방향은 $-\hat{x}$ 인

$\therefore H = -\sqrt{2}\cos(10^9 t - \beta z)\hat{x}$ [A/m]

04 자기회로에서 전기회로의 도전율 σ [℧/m]에 대응 되는 것은?

① 자속　　　　　　② 기자력
③ 투자율　　　　　④ 자기저항

전기회로와 자기회로의 대응관계

전기회로	자기회로
기전력 V [V]	기자력 F [AT]
전류 I [A]	자속 ϕ [Wb]
전기저항 R [Ω]	자기저항 R_m [AT/Wb]
도전율 σ [S/m]	투자율 μ [H/m]
전류밀도 i [A/m²]	자속밀도 B [Wb/m²]
전계의 세기 E [V/m]	자계의 세기 H [AT/m]
콘덕턴스 G [S]	퍼미언스 P_m [Wb/AT]

05 단면적이 균일한 환상철심에 권수 1,000회인 A코일과 권수 N_B회인 B코일이 감겨져 있다. A 코일의 자기 인덕턴스가 100[mH]이고, 두 코일 사이의 상호 인덕턴스가 20[mH]이고, 결합계수가 1일 때, B코일의 권수(N_B)는 몇 회인가?

① 100　　　　　　② 200
③ 300　　　　　　④ 400

상호 인덕턴스(M)

$$M = \frac{N_A N_B}{R_m} = \frac{\mu S N_A N_B}{l} = \frac{L_A N_B}{N_A} = \frac{L_B N_A}{N_B}$$
$$= k\sqrt{L_A L_B} \text{ [H] 식에서}$$
$N_A = 1,000$, $L_A = 100$ [H], $M = 20$ [mH],
$k = 1$일 때
$$\therefore N_B = \frac{M N_A}{L_A} = \frac{20 \times 1,000}{100} = 200$$

06 공기 중에서 1[V/m]의 전계의 세기에 의한 변 위전류밀도의 크기를 2[A/m²]으로 흐르게 하려면 전계의 주파수는 몇 [MHz]가 되어야 하는가?

① 9,000　　　　　② 18,000
③ 36,000　　　　④ 72,000

변위전류밀도(i_d)

$$i_d = \frac{\partial D}{\partial t} = \epsilon_0 \frac{\partial E}{\partial t} = \epsilon_0 \frac{\partial}{\partial t} E_m \sin \omega t$$
$$= \omega \epsilon_0 E_m \cos \omega t \text{ [A/m²] 식에서}$$
변위전류밀도와 전계의 세기를 실효값으로 표현하면
$$I_d = \omega \epsilon_0 E = 2\pi f \epsilon_0 E \text{[A/²m]이다.}$$
$E = 1$ [V/m], $I_d = 2$ [A/m²] 이므로
$$\therefore f = \frac{I_d}{2\pi \epsilon_0 E} = \frac{2}{2\pi \times 8.855 \times 10^{-12} \times 1}$$
$$= 36,000 \times 10^6 \text{ [Hz]} = 36,000 \text{ [MHz]}$$

07 내부 원통 도체의 반지름이 a [m], 외부 원통 도체의 반지름이 b [m]인 동축 원통 도체에서 내외 도체 간 물질의 도전율이 σ [℧/m]일 때 내외 도 체 간의 단위 길이당 컨덕턴스[℧/m]는?

① $\dfrac{2\pi\sigma}{\ln\dfrac{b}{a}}$　　　　② $\dfrac{2\pi\sigma}{\ln\dfrac{a}{b}}$

③ $\dfrac{4\pi\sigma}{\ln\dfrac{b}{a}}$　　　　④ $\dfrac{4\pi\sigma}{\ln\dfrac{a}{b}}$

동심원통도체(=동축 케이블)의 콘덕턴스(G)
내·외반지름이 각각 a, b인 동심원통 도체의 정전용량
을 C라 하면 $C = \dfrac{2\pi\epsilon l}{\ln\dfrac{b}{a}}$ [F]이다.

$$RC = \frac{C}{G} = \rho\epsilon = \frac{\epsilon}{\sigma} \text{ 식에서 콘덕턴스(G)는}$$
$$\therefore G = \frac{C\sigma}{\epsilon} = \frac{2\pi\sigma l}{\ln\dfrac{b}{a}} \text{ [℧]} = \frac{2\pi\sigma}{\ln\dfrac{b}{a}} \text{ [℧/m]}$$

08 z축 상에 놓인 길이가 긴 직선 도체에 10[A]의 전류가 $+z$ 방향으로 흐르고 있다. 이 도체 주위의 자속밀도가 $3\hat{x}-4\hat{y}$[Wb/m^2]일 때 도체가 받는 단위 길이당 힘[N/m]은?(단, $\hat{x}$, $\hat{y}$는 단위벡터이다.)

① $-40\hat{x}+30\hat{y}$ ② $-30\hat{x}+40\hat{y}$

③ $30\hat{x}+40\hat{y}$ ④ $40\hat{x}+30\hat{y}$

자계 내에 흐르는 전류에 의한 작용력(플레밍의 왼손법칙)

반원형 도선에 흐르는 전류의 방향이 $+y$축 방향이므로 전류벡터 $\dot{I}$ 는 $\dot{I}=10\,\hat{z}$ [A]이다.
플레밍의 왼손법칙을 이용하면
$F=I\times B$ [N/m]이므로

$$\therefore F=I\times B=\begin{vmatrix} \hat{x} & \hat{y} & \hat{z} \\ 0 & 0 & 10 \\ 3 & -4 & 0 \end{vmatrix}$$

$$=40\hat{x}+30\hat{y} \text{ [N]}$$

09 진공 중 한 변의 길이가 0.1[m]인 정삼각형의 3 정점 A, B, C에 각각 2.0×10^{-6}[C]의 점전하가 있을 때, 점 A의 전하에 작용하는 힘은 몇 [N]인가?

① $1.8\sqrt{2}$ ② $1.8\sqrt{3}$

③ $3.6\sqrt{2}$ ④ $3.6\sqrt{3}$

쿨롱의 법칙

정삼각형은 각 전하끼리의 거리가 모두 같으며 점전하 또한 크기가 같으므로 F_{AB}와 F_{AC}를 구하여 벡터해석으로 계산한다.
F_{AB}와 F_{AC} 사이의 각도가 60°이므로 A구에 작용하는 힘(F_A)은

$$F_A=\sqrt{F_{AB}^2+F_{AC}^2+2F_{AB}F_{AC}\cos\theta}\text{ [N]}$$

식에서 $F_{AB}=F_{AC}$일 때 $F_A=\sqrt{3}\,F_{AB}$ 이므로

$$F_A=\sqrt{3}\,F_{AB}=\sqrt{3}\times9\times10^9\frac{Q^2}{r^2}\text{ [N]}$$

이다.
$r=0.1$ [m], $Q=2\times10^{-6}$ [C]일 때

$$\therefore F_A=\sqrt{3}\times9\times10^9\frac{Q^2}{r^2}$$

$$=\sqrt{3}\times9\times10^9\times\frac{(2\times10^{-6})^2}{0.1^2}=3.6\sqrt{3}\text{ [N]}$$

10 투자율이 μ[H/m], 자계의 세기가 H[AT/m], 자속밀도가 B[Wb/m^2]인 곳에서의 자계 에너지 밀도[J/m^3]는?

① $\dfrac{B^2}{2\mu}$ ② $\dfrac{H^2}{2\mu}$

③ $\dfrac{1}{2}\mu H$ ④ BH

자기에너지(W)와 자기에너지밀도(w)

$$W=\frac{1}{2}LI^2=\frac{1}{2}N\phi I=\frac{(N\phi)^2}{2L}\text{ [J]}$$

$$w=\frac{B^2}{2\mu}=\frac{1}{2}\mu H^2=\frac{1}{2}HB\text{ [J/m}^3]$$

11 진공 내 전위함수가 $V=x^2+y^2$[V]로 주어졌을 때, $0\le x\le1$, $0\le y\le1$, $0\le z\le1$인 공간에 저장되는 정전에너지[J]는?

① $\dfrac{4}{3}\epsilon_0$ ② $\dfrac{2}{3}\epsilon_0$

③ $4\epsilon_0$ ④ $2\epsilon_0$

정전에너지(W)

$E=-\nabla V=-\operatorname{grad}V$ [V/m],

$W=\dfrac{1}{2}\displaystyle\int_{\text{vol}}\epsilon_0 E^2 dv$ [J] 식에서

$$E=-\operatorname{grad}V=-i\frac{\partial V}{\partial x}-j\frac{\partial V}{\partial y}$$

$$=-i\frac{\partial(x^2+y^2)}{\partial x}-j\frac{\partial(x^2+y^2)}{\partial y}$$

$$=-2xi-2yj\text{ [V/m]}$$ 이므로

$E^2=E\cdot E=4x^2+4y^2$ [V/m]이다.

$$W=\frac{1}{2}\int_{\text{vol}}\epsilon_0 E^2 dv$$

$$=\frac{1}{2}\epsilon_0\left\{\int_0^1 4x^2 dx+\int_0^1 4y^2 dy\right\}$$

$$=\frac{1}{2}\epsilon_0\left\{\left[\frac{4}{3}x^3\right]_0^1+\left[\frac{4}{3}y^3\right]_0^1\right\}$$

$$=\frac{1}{2}\epsilon_0\left(\frac{4}{3}+\frac{4}{3}\right)$$

$$=\frac{4}{3}\epsilon_0\text{ [J]}$$

12 전계가 유리에서 공기로 입사할 때 입사각 θ_1 과 굴절각 θ_2의 관계와 유리에서의 전계 E_1과 공기에서의 전계 E_2의 관계는?

① $\theta_1 > \theta_2,\ E_1 > E_2$

② $\theta_1 < \theta_2,\ E_1 > E_2$

③ $\theta_1 > \theta_2,\ E_1 < E_2$

④ $\theta_1 < \theta_2,\ E_1 < E_2$

유전체 내에서의 경계조건

(1) $\epsilon_1 > \epsilon_2$이면 $E_1 < E_2$, $D_1 > D_2$, $\theta_1 > \theta_2$이다.

(2) 유리의 유전율(ϵ_1)이 공기의 유전율(ϵ_2)보다 크다.

∴ $\epsilon_1 > \epsilon_2$ 이므로 $\theta_1 > \theta_2$, $E_1 < E_2$

13 진공 중 4[m] 간격으로 평행한 두 개의 무한평판 도체에 각각 +4[C/m²], −4[C/m²]의 전하를 주었을 때, 두 도체 간의 전위차는 약 몇 [V]인가?

① 1.36×10^{11}

② 1.36×10^{12}

③ 1.8×10^{11}

④ 1.8×10^{12}

평행판 전극 사이의 전계와 전위

면전하 밀도 ρ_s, 간격 d, 전계의 세기 E, 전위 V라 하면

$E = \dfrac{\rho_s}{\epsilon_o}$ [V/m], $V = Ed$ [V]이므로

$d = 4$ [m], $\rho_s = \pm 4$ [C/m²]일 때

∴ $V = Ed = \dfrac{\rho_s}{\epsilon_o} d = \dfrac{4}{8.855 \times 10^{-12}} \times 4$

$= 1.8 \times 10^{12}$ [V]

14 인덕턴스[H]의 단위를 나타낸 것으로 틀린 것은?

① $[\Omega \cdot s]$

② $[Wb/A]$

③ $[J/A^2]$

④ $[N/A \cdot m]$

인덕턴스(L)

인덕턴스는 여러 가지 형태의 식으로 표현되며 식에 의해서 단위 또한 여러 가지 표현을 갖게 된다.

(1) $L = \dfrac{N\phi}{I} = \dfrac{NBS}{I} = \dfrac{N\mu HS}{I}$ [H] 식에서

[H] = [Wb/A]

(2) $e = -L\dfrac{di}{dt}$ [V] 식에서 $L = -\dfrac{e}{di} dt$ [H]이므로

$[H] = \left[\dfrac{V}{A} \cdot sec\right] = [\Omega \cdot sec]$

(3) $W = \dfrac{1}{2} LI^2$ [J] 식에서 $L = \dfrac{2W}{I^2}$ [H]이므로

$[H] = [J/A^2]$

15 진공 중 반지름이 a[m]인 무한길이의 원통 도체 2개가 간격 d[m]로 평행하게 배치되어 있다. 두 도체 사이의 정전용량(C)을 나타낸 것으로 옳은 것은?

① $\pi\epsilon_0 \ln \dfrac{d-a}{a}$

② $\dfrac{\pi\epsilon_0}{\ln\dfrac{d-a}{a}}$

③ $\pi\epsilon_0 \ln \dfrac{a}{d-a}$

④ $\dfrac{\pi\epsilon_0}{\ln\dfrac{a}{d-a}}$

평행 원통 도체 사이의 정전용량(C)

반지름 a[m]인 원통 도체로부터 간격 d[m] 사이의 임의의 점 x[m] 되는 점의 전계의 세기 E를 표현하면

$E = \dfrac{\lambda}{2\pi\epsilon_0 x} + \dfrac{\lambda}{2\pi\epsilon_0(d-x)}$

$= \dfrac{\lambda}{2\pi\epsilon_0}\left\{\dfrac{1}{x} + \dfrac{1}{d-x}\right\}$ [V/m]이다.

이 때 두 원통 도체 사이의 전위차 V는

$V = -\int_{d-a}^{a} E dx = -\dfrac{\lambda}{2\pi\epsilon_0}\int_{d-a}^{a}\left\{\dfrac{1}{x} + \dfrac{1}{d-x}\right\}dx$

$= \dfrac{\lambda}{2\pi\epsilon_0}\left[\ln x + \ln(d-x)\right]_a^{d-a}$

$= \dfrac{\lambda}{2\pi\epsilon_0}\left[2 \times \ln\dfrac{d-a}{a}\right] = \dfrac{\lambda}{\pi\epsilon_0}\ln\dfrac{d-a}{a}$ [V]

$C = \dfrac{Q}{V} = \dfrac{\lambda l}{\dfrac{\lambda}{\pi\epsilon_0}\ln\dfrac{d-a}{a}} = \dfrac{\pi\epsilon_0 l}{\ln\dfrac{d-a}{a}}$ [F]

∴ $C = \dfrac{\pi\epsilon_0 l}{\ln\dfrac{d-a}{a}}$ [F] $= \dfrac{\pi\epsilon_0}{\ln\dfrac{d-a}{a}}$ [F/m]

정답 12 ③ 13 ④ 14 ④ 15 ②

16 진공 중에 4[m]의 간격으로 놓여진 평행 도선에 같은 크기의 왕복 전류가 흐를 때 단위 길이당 2.0×10^{-7}[N]의 힘이 작용하였다. 이 때 평행 도선에 흐르는 전류는 몇 [A]인가?

① 1   ② 2

③ 4   ④ 8

평행도선 사이의 작용력

$F = \dfrac{\mu_0 I_1 I_2}{2\pi d} = \dfrac{2 I_1 I_2}{d} \times 10^{-7}$ [N/m]일 때

$d = 4$ [m], $F = 2.0 \times 10^{-7}$ [N/m], $I_1 = I_2 = I$ 이므로

$F = \dfrac{2 I^2}{d} \times 10^{-7}$ [N/m] 식에서

$\therefore I = \sqrt{\dfrac{Fd}{2 \times 10^{-7}}} = \sqrt{\dfrac{2 \times 10^{-7} \times 4}{2 \times 10^{-7}}} = 2$ [A]

17 평행 극판 사이 간격이 d[m]이고 정전용량이 0.3[μF]인 공기 커패시터가 있다. 그림과 같이 두 극판 사이에 비유전율이 5인 유전체를 절반 두께만큼 넣었을 때 이 커패시터의 정전용량은 몇 [μF]이 되는가?

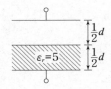

① 0.01   ② 0.05

③ 0.1   ④ 0.5

유전체 내의 평행판 전극의 직렬연결

공기콘덴서의 정전용량을 C라 하면

$C = \dfrac{\epsilon_0 S}{d} = 0.3$ [μF]이다.

콘덴서 판 간에 $\dfrac{1}{2}$인 두께를 유전체로 채운 경우 평행판 전극의 경계면과 단자가 수직을 이루고 있으므로 콘덴서는 직렬로 접속이 된다. 각 콘덴서의 정전용량을 C_1, C_2라 하고 합성정전용량을 C'라 하면

$C_1 = \dfrac{\epsilon_0 S}{\dfrac{d}{2}} = \dfrac{2\epsilon_0 S}{d} = 2 \times 0.3 = 0.6$ [μF]

$C_2 = \dfrac{\epsilon_0 \epsilon_r S}{\dfrac{d}{2}} = \dfrac{2\epsilon_0 \epsilon_r S}{d} = 2 \times 5 \times 0.3 = 3$ [μF]

$\therefore C' = \dfrac{1}{\dfrac{1}{C_1} + \dfrac{1}{C_2}} = \dfrac{C_1 \times C_2}{C_1 + C_2}$

$= \dfrac{0.6 \times 3}{0.6 + 3} = 0.5$ [μF]

18 반지름이 a[m]인 접지된 구도체와 구도체의 중심에서 거리 d[m] 떨어진 곳에 점전하가 존재할 때, 점전하에 의한 접지된 구도체에서의 영상전하에 대한 설명으로 틀린 것은?

① 영상전하는 구도체 내부에 존재한다.
② 영상전하는 점전하와 구도체 중심을 이은 직선상에 존재한다.
③ 영상전하의 전하량과 점전하의 전하량은 크기는 같고 부호는 반대이다.
④ 영상전하의 위치는 구도체의 중심과 점전하 사이 거리(d(m))와 구도체의 반지름(a(m))에 의해 결정된다.

전기영상법(접지구도체와 점전하)

접지구도체로부터 영상전하(Q')는

$Q' = -\dfrac{a}{d} Q$[C] 이므로

$\therefore$ 영상전하의 전하량은 점전하의 전하량의 $\dfrac{a}{d}$ 배이고 부호는 반대이다.

19 평등 전계 중에 유전체 구에 의한 전계 분포가 그림과 같이 되었을 때 ϵ_1과 ϵ_2의 크기 관계는?

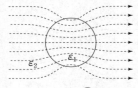

① $\epsilon_1 > \epsilon_2$ ② $\epsilon_1 < \epsilon_2$

③ $\epsilon_1 = \epsilon_2$ ④ 무관하다.

유전체 내에서의 경계조건

$\epsilon_1 > \epsilon_2$이면 $E_1 < E_2$, $D_1 > D_2$, $\theta_1 > \theta_2$이므로 전계 분포와 유전율은 반비례에 있다.

전계 분포가 유전체 ϵ_1 쪽으로 모이기 때문에 유전율은 ϵ_2가 더 크다는 것을 알 수 있다.

$\therefore \epsilon_1 < \epsilon_2$

---

20 어떤 도체에 교류 전류가 흐를 때 도체에서 나타나는 표피 효과에 대한 설명으로 틀린 것은?

① 도체 중심부보다 도체 표면부에 더 많은 전류가 흐르는 것을 표피 효과라 한다.
② 전류의 주파수가 높을수록 표피 효과는 작아진다.
③ 도체의 도전율이 클수록 표피 효과는 커진다.
④ 도체의 투자율이 클수록 표피 효과는 커진다.

표피효과(m)

도체에 교류전원이 인가된 경우 도체 내에 흐르는 전류는 도체 표면으로 갈수록 증가하는 현상이 생기는데 이를 표피효과라 한다.

$m = 2\pi \sqrt{\dfrac{2f\mu}{\rho}} = 2\pi \sqrt{2f\mu k}$ 식에 의해서

(1) 주파수가 높을수록 커진다.
(2) 투자율이 클수록 커진다.
(3) 도전율이 클수록 커진다.
(4) 고유저항이 작을수록 커진다.
(5) 전선의 단면적이 클수록 커진다.

---

22 2. 전력공학

01 소호리액터를 송전계통에 사용하면 리액터의 인덕턴스와 선로의 정전용량이 어떤 상태로 되어 지락전류를 소멸시키는가?

① 병렬공진 ② 직렬공진
③ 고임피던스 ④ 저임피던스

소호리액터 접지방식의 설명
이 방식은 중성점에 리액터를 접속하여 1선 지락고장시 L−C 병렬공진을 시켜 지락전류를 최소로 줄일 수 있는 것이 특징이다.

02 어느 발전소에서 40000[kWh]를 발전하는데 발열량 5000[kcal/kg]의 석탄을 20톤 사용하였다. 이 화력발전소의 열효율[%]은 약 얼마인가?

① 27.5 ② 30.4
③ 34.4 ④ 38.5

발전소의 열효율(η)
$\eta = \dfrac{860\,W}{mH} \times 100\,[\%]$ 식에서
$W = 40,000\,[\text{kWh}]$, $H = 5,000\,[\text{kcal/kg}]$,
$m = 20\,[\text{ton}]$일 때
$\therefore \eta = \dfrac{860\,W}{mH} \times 100 = \dfrac{860 \times 40,000}{20 \times 10^3 \times 5,000} \times 100$
$= 34.4\,[\%]$

03 송전전력, 선간전압, 부하역률, 전력손실 및 송전거리를 동일하게 하였을 경우 단상 2선식에 대한 3상 3선식의 총 전선량(중량)비는 얼마인가? (단, 전선은 동일한 전선이다.)

① 0.75 ② 0.94
③ 1.15 ④ 1.33

배전방식의 전기적 특성 비교

구분	단상2선식	단상3선식	3상3선식
공급전력	100[%]	133[%]	115[%]
선로전류	100[%]	50[%]	58[%]
전력손실	100[%]	25[%]	75[%]
전선량	100[%]	37.5[%]	75[%]

04 3상 송전선로가 선간단락(2선 단락)이 되었을 때 나타나는 현상으로 옳은 것은?

① 역상전류만 흐른다.
② 정상전류와 역상전류가 흐른다.
③ 역상전류와 영상전류가 흐른다.
④ 정상전류와 영상전류가 흐른다.

고장해석과 대칭분
(1) 지락사고 : 영상분, 정상분, 역상분으로 해석한다.
(2) 선간단락사고 : 정상분과 역상분으로 해석한다.
(3) 3상 단락사고 : 정상분으로 해석한다.
∴ 선간단락이 되면 정상전류와 역상전류가 흐른다.

05 중거리 송전선로의 4단자 정수가 $A = 1.0$, $B = \text{j}190$, $D = 1.0$ 일 때 C의 값은 얼마인가?

① 0 ② $-j120$
③ j ④ $j190$

4단자 정수의 특성
4단자 정수 A, B, C, D 는 $AD - BC = 1$을 만족하여야 하므로
$\therefore C = \dfrac{AD - 1}{B} = \dfrac{1 \times 1 - 1}{j190} = 0$

06 배전전압을 $\sqrt{2}$ 배로 하였을 때 같은 손실률로 보낼 수 있는 전력은 몇 배가 되는가?

① $\sqrt{2}$ 　　　　② $\sqrt{3}$

③ 2 　　　　　　④ 3

전압에 따른 특성값의 변화들

$V_d \propto \dfrac{1}{V}$, $\epsilon \propto \dfrac{1}{V^2}$, $P_l \propto \dfrac{1}{V^2}$, $A \propto \dfrac{1}{V^2}$ 이고

전력손실률이 일정할 때 $P \propto V^2$ 이므로

$V' = \sqrt{2}\,V\,[\text{V}]$일 때

$\therefore\ P' = \left(\dfrac{V'}{V}\right)^2 P = \left(\dfrac{\sqrt{2}\,V}{V}\right)^2 P = 2P$

---

07 다음 중 재점호가 가장 일어나기 쉬운 차단전류는?

① 동상전류 　　　② 지상전류
③ 진상전류 　　　④ 단락전류

재점호

차단기의 접점이 트립되고 난 후 접점 사이에서 소멸되었던 아크가 되살아남으로서 차단기 접점이 OFF되지 못하는 현상을 재점호라 한다. 재점호는 접점 사이의 유전체 내에 흐르는 아크전류로서 전류의 위상이 전압보다 90° 빠른 진상전류 성분을 띠며 정전용량(C)에 의한 충전전류가 원인이 되고 있다.

---

08 현수애자에 대한 설명이 아닌 것은?

① 애자를 연결하는 방법에 따라 클레비스(Clevis)형과 볼 소켓형이 있다.
② 애자를 표시하는 기호는 P이며 구조는 2~5층의 갓 모양의 자기편을 시멘트로 접착하고 그 자기를 주철재 base로 지지한다.
③ 애자의 연결개수를 가감함으로써 임의의 송전전압에 사용할 수 있다.
④ 큰 하중에 대하여는 2련 또는 3련으로 하여 사용할 수 있다.

현수애자

(1) 애자를 연결하는 방법에 따라 클레비스(clevis)형과 볼소켓(ball socket)형이 있다.
(2) 수 개 또는 수십 개를 일련으로 하여 애자련으로 사용한다.
(3) 송전전압에 맞는 애자의 수를 가감하면서 사용한다.
(4) 큰 하중에 대하여는 2련 또는 3련으로 하여 사용한다.
(5) 절연체는 경질자기나 경질유리를 사용하며 주철제의 cap과 강제의 pin을 자기 또는 유리에 시멘트로 붙인 것이다.
∴ 보기 ②는 핀애자에 대한 해설이다.

---

09 교류발전기의 전압조정 장치로 속응여자방식을 채택하는 이유로 틀린 것은?

① 전력계통에 고장이 발생할 때 발전기의 동기화력을 증가시킨다.
② 송전계통의 안정도를 높인다.
③ 여자기의 전압 상승률을 크게 한다.
④ 전압조정용 탭의 수동변환을 원활히 하기 위함이다.

속응여자방식

계통의 안정도를 증진시키기 위한 방법 중 하나로서 전압변동을 줄이기 위해 고속도 AVR(자동전압조정기)을 사용하는 방식을 속응여자방식이라 한다. 다음은 속응여자방식을 채용하는 이유를 설명한 것이다.
(1) 전력계통에 고장이 발생할 때 발전기의 동기화력을 증가시킨다.
(2) 송전계통의 안정도를 증진시킨다.
(3) 여자기의 전압상승률을 크게 한다.
(4) 전압조정용 탭의 자동변환을 원활히 한다.

---

10 차단기의 정격차단시간에 대한 설명으로 옳은 것은?

① 고장 발생부터 소호까지의 시간
② 트립코일 여자로부터 소호까지의 시간
③ 가동 접촉자의 개극부터 소호까지의 시간
④ 가동 접촉자의 동작 시간부터 소호까지의 시간

차단기의 정격차단시간
차단기의 정격차단시간이란 트립코일 여자로부터 차단기 접점의 아크소호까지의 시간을 말하며 3~8사이클 정도이다.

11 3상 1회선 송전선을 정삼각형으로 배치한 3상 선로의 작용인덕턴스를 구하는 식은? (단, D는 전선의 선간 거리[m], r은 전선의 반지름[m]이다.)

① $L = 0.5 + 0.4605 \log_{10} \dfrac{D}{r}$

② $L = 0.5 + 0.4605 \log_{10} \dfrac{D}{r^2}$

③ $L = 0.05 + 0.4605 \log_{10} \dfrac{D}{r}$

④ $L = 0.05 + 0.4605 \log_{10} \dfrac{D}{r^2}$

작용인덕턴스(L_e)
$L_e = 0.05 + 0.4605 \log_{10} \dfrac{D_e}{r}$ [mH/km] 식에서
송전선이 정삼각형 배치인 경우 각 선간거리는 모두 같게 되어 $D_1 = D_2 = D_3 = D$[m]이다.
이 때 등가선간 D_e는
$D_e = \sqrt[n]{D_1 \cdot D_2 \cdot D_3} = \sqrt[3]{D^3} = D$[m] 이므로
$\therefore L_e = 0.05 + 0.4605 \log_{10} \dfrac{D_e}{r}$
$\qquad = 0.05 + 0.4605 \log_{10} \dfrac{D}{r}$ [mH/km]

12 불평형 부하에서 역률[%]은?

① $\dfrac{\text{유효전력}}{\text{각 상의 피상전력의 산술 합}} \times 100$

② $\dfrac{\text{무효전력}}{\text{각 상의 피상전력의 산술 합}} \times 100$

③ $\dfrac{\text{무효전력}}{\text{각 상의 피상전력의 벡터 합}} \times 100$

④ $\dfrac{\text{유효전력}}{\text{각 상의 피상전력의 벡터 합}} \times 100$

종합역률($\cos \theta$)
종합역률은 각 부하의 유효분(P)의 합과 무효분(Q)의 합을 벡터로 피상분(S)을 유도하여 표현하여야 하므로
$P = P_1 + P_2$ [W]
$Q = Q_1 + Q_2 = P_1 \tan \theta_1 + P_2 \tan \theta_2$ [Var]
$S = \sqrt{P^2 + Q^2}$
$\quad = \sqrt{(P_1 + P_1)^2 + (P_1 \tan \theta_1 + P_2 \tan \theta_2)^2}$ [VA]
일 때
$\cos \theta = \dfrac{P}{S} \times 100$ [%] 이므로
$\therefore \dfrac{P_1 + P_2}{\sqrt{(P_1 + P_2)^2 + (P_1 \tan \theta_1 + P_2 \tan \theta_2)^2}} \times 100$
$\quad = \dfrac{\text{유효전력}}{\text{각 상의 피상전력의 벡터 합}} \times 100$ [%]

13 다음 중 동작속도가 가장 느린 계전 방식은?

① 전류 차동 보호계전방식

② 거리 보호계전방식

③ 전류 위상 비교 보호계전방식

④ 방향 비교 보호계전방식

각종 보호계전방식의 성능 비교

종류	동작속도	다상 재폐로 가능성	검출감도
전류차동 보호계전방식	빠르다	가능	높다
전류위상비교 보호계전방식	빠르다	가능	높다
방향비교 보호계전방식	빠르디	가능	높다
거리 보호계전방식	느리다	어렵다	낮다
과전류방식	느리다	어렵다	낮다

14 부하회로에서 공진 현상으로 발생하는 고조파 장해가 있을 경우 공진 현상을 회피하기 위하여 설치하는 것은?

① 진상용 콘덴서   ② 직렬 리액터

③ 방전코일   ④ 진공 차단기

직렬리액터

유도부하설비의 역률을 개선하기 위하여 전력용 콘덴서(진상용 콘덴서)를 부하와 병렬로 설치할 경우 병렬공진으로 부하의 무효전력을 줄임으로서 역률을 개선할 수 있게 된다. 이 때 콘덴서에는 제5고조파 전류가 유입되어 고조파 장해가 발생하게 된다. 이러한 병렬공진 현상과 고조파 전류 유입을 회피하기 위해서 전력용 콘덴서에 직렬로 리액터를 설치하게 되는데 이 설비를 직렬리액터라 한다. 직렬리액터 설치의 주목적은 제5고조파를 제거함에 있다.

15 경간이 200[m]인 가공 전선로가 있다. 사용전선의 길이는 경간보다 몇 [m] 더 길게 하면 되는가?(단, 사용전선의 1[m] 당 무게는 2[kg], 인장하중은 4,000[kg], 전선의 안전율은 2로 하고 풍압하중은 무시한다.)

① $\dfrac{1}{2}$ ② $\sqrt{2}$

③ $\dfrac{1}{3}$ ④ $\sqrt{3}$

실장(L)

$L = S + \dfrac{8D^2}{3S}$ [m] 식에서

$S = 200$ [m], $W = 2$ [kg/m],

수평장력 $T = \dfrac{\text{인장하중}}{\text{안전율}} = \dfrac{4,000}{2} = 2,000$ [kg],

이도 $D = \dfrac{WS^2}{8T} = \dfrac{2 \times 200^2}{8 \times 2,000} = 5$ [m]일 때

$\therefore \dfrac{8D^2}{3S} = \dfrac{8 \times 5^2}{3 \times 200} = \dfrac{1}{3}$ [m]

16 송전단 전압이 100[V], 수전단 전압이 90[V]인 단거리 배전선로의 전압강하율[%]은 약 얼마인가?

① 5   ② 11

③ 15   ④ 20

전압강하율(ϵ)

$\epsilon = \dfrac{V_s - V_R}{V_R} \times 100$ [%] 식에서

$V_s = 100$ [V], $V_R = 90$ [V]일 때

$\therefore \epsilon = \dfrac{V_s - V_R}{V_R} \times 100 = \dfrac{100 - 90}{90} \times 100 = 11$ [%]

17 다음 중 환상(루프) 방식과 비교할 때 방사상 배전선로 구성 방식에 해당되는 사항은?

① 전력 수요 증가 시 간선이나 분기선을 연장하여 쉽게 공급이 가능하다.
② 전압 변동 및 전력손실이 작다.
③ 사고 발생 시 다른 간선으로의 전환이 쉽다.
④ 환상방식 보다 신뢰도가 높은 방식이다.

방사상식(수지식=가지식) 배전방식의 특징
(1) 부하의 분포에 따라 수지상으로 분기선을 내는 방식으로 전력수요 증가시 간선이나 분기선을 연장하여 쉽게 공급이 가능하다.
(2) 전압변동이 심하다
(3) 전압강하와 전력손실이 크다.
(4) 사고발생시 정전범위가 넓어 전원 공급 신뢰도가 낮다.

18 초호각(Arcing horn)의 역할은?

① 풍압을 조절한다.
② 송전 효율을 높인다.
③ 선로의 섬락 시 애자의 파손을 방지한다.
④ 고주파수의 섬락전압을 높인다.

초호각(=아킹혼)
전선로 주위에 코로나 방전, 역섬락 등에 의해서 애자련에 이상전압이 가해지는 경우 애자의 자기부 또는 유리부에 손상을 주게 된다. 이 경우 애자련 상하부에 아크 유도장비를 설치하여 아크의 진행 또는 발생을 애자련에 직접 향하지 않도록 하고 있다. 이 설비를 초호각이라 한다. 초호각은 애자련을 보호할 목적으로 사용된다.

참고 **초호각과 유사어**
소호환, 아킹혼, 아킹링 등이 있다.

19 유효낙차 90[m], 출력 104500[kW], 비속도(특유속도) 210[m·kW]인 수차의 회전속도는 약 몇 [rpm]인가?

① 150   ② 180
③ 210   ④ 240

수차의 특유속도(=비속도 : N_s)

$$N_s = \frac{NP^{\frac{1}{2}}}{H^{\frac{5}{4}}} = \frac{N\sqrt{P}}{\sqrt[4]{H^5}} \ [\text{rpm}] \ \text{식에서}$$

$H = 90\,[\text{m}], \ P = 104,500\,[\text{kW}],$
$N_s = 210\,[\text{rpm}]$ 일 때

$$\therefore \ N = \frac{N_s \sqrt[4]{H^5}}{\sqrt{P}} = \frac{210 \times \sqrt[4]{90^5}}{\sqrt{104,500}} = 180\,[\text{rpm}]$$

20 발전기 또는 주변압기의 내부고장 보호용으로 가장 널리 쓰이는 것은?

① 거리 계전기
② 과전류 계전기
③ 비율차동 계전기
④ 방향단락 계전기

변압기 보호계전기
(1) 비율차동계전기(차동계전기) : 변압기 상간 단락에 의해 내부고장으로 1, 2차간 전류 위상각 변위가 발생하면 동작하는 계전기
(2) 부흐홀츠계전기 : 수은 접점을 사용하여 아크 방전 사고를 검출한다.
(3) 가스검출계전기
(4) 압력계전기

22

3. 전기기기

01 SCR을 이용한 단상 전파 위상제어 정류회로에서 전원전압은 실효값이 220[V], 60[Hz]인 정현파이며, 부하는 순 저항으로 10[Ω]이다. SCR의 점호각 a를 60°라 할 때 출력전류의 평균값[A]은?

① 7.54   ② 9.73
③ 11.43   ④ 14.86

단상 전파 위상제어 정류회로

(1) 순저항 부하 또는 RL 정상상태일 때

$$E_d = \frac{2\sqrt{2}}{\pi} E \left(\frac{1 + \cos\alpha}{2} \right) [V]$$

(2) 인덕턴스가 상당히 큰 RL 회로

$$E_d = \frac{2\sqrt{2}}{\pi} E \cos\alpha = 0.9 E \cos\alpha \ [V]$$

$E = 220 \ [V]$, $f = 60 \ [Hz]$, $R = 10 \ [Ω]$,
$\alpha = 60°$일 때

$$E_d = \frac{2\sqrt{2}}{\pi} E \left(\frac{1 + \cos\alpha}{2} \right)$$

$$= \frac{2\sqrt{2}}{\pi} \times 220 \times \left(\frac{1 + \cos 60°}{2} \right) = 148.5 \ [V]$$

$$\therefore I_d = \frac{E_d}{R} = \frac{148.5}{10} = 14.85 \ [A]$$

02 직류발전기가 90[%] 부하에서 최대효율이 된다면 이 발전기의 전부하에 있어서 고정손과 부하손의 비는?

① 0.81   ② 0.9
③ 1.0   ④ 1.1

최대효율조건

고정손(철손) P_i와 부하손(동손) P_c라 할 때

$\frac{1}{m}$ 부하시 최대효율이 되기 위한 조건은

$P_i = \left(\frac{1}{m} \right)^2 P_c$ 이므로 $\frac{1}{m} = 0.9$일 때

$P_i = 0.9^2 P_c = 0.81 P_c$가 된다.
따라서 고정손과 부하손의 비는

$$\therefore \frac{P_i}{P_c} = \frac{0.81 P_c}{P_c} = 0.81$$

03 정류기의 직류측 평균전압이 2000[V]이고 리플률이 3[%]인 경우, 리플전압의 실효값[V]은?

① 20   ② 30
③ 50   ④ 60

맥동률(리플률 : ν)

$$\nu = \frac{리플전압의 \ 실효값}{직류측 \ 평균전압} \times 100 \ [\%]$$ 식에서

직류측 평균전압이 2,000 [V], $\nu = 3 \ [\%]$ 이므로
리플전압의 실효값은

$$\therefore 리플전압의 \ 실효값 = \frac{\nu \times 직류분 \ 전압}{100}$$

$$= \frac{3 \times 2,000}{100} = 60 \ [V]$$

04 단상 직권 정류자전동기에서 보상권선과 저항도선의 작용에 대한 설명으로 틀린 것은?

① 보상권선은 역률을 좋게 한다.
② 보상권선은 변압기의 기전력을 크게 한다.
③ 보상권선은 전기자 반작용을 제거해 준다.
④ 저항도선은 변압기 기전력에 의한 단락 전류를 작게 한다.

단상 직권 정류자전동기의 보상권선과 저항도선의 작용

(1) 보상권선의 작용
   ㉠ 전기자 기자력을 상쇄시켜 전기자 반작용을 억제한다.
   ㉡ 누설리액턴스를 감소시켜 변압기 기전력을 적게 한다.
   ㉢ 역률을 좋게 한다.
(2) 저항도선의 작용 : 단락전류를 줄인다.

정답   01 ④   02 ①   03 ④   04 ②

05 3상 동기발전기에서 그림과 같이 1상의 권선을 서로 똑같은 2조로 나누어 그 1조의 권선전압을 E[V], 각 권선의 전류를 I[A]라 하고 지그재그 Y형(Zigzag Star)으로 결선하는 경우 선간전압[V], 선전류[A] 및 피상전력[VA]은?

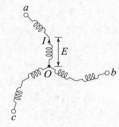

① $3E, I, \sqrt{3} \times 3E \times I = 5.2EI$
② $\sqrt{3}\,E, 2I, \sqrt{3} \times \sqrt{3}\,E \times 2I = 6EI$
③ $E, 2\sqrt{3}\,I, \sqrt{3} \times E \times 2\sqrt{3}\,I = 6EI$
④ $\sqrt{3}\,E, \sqrt{3}\,I, \sqrt{3} \times \sqrt{3}\,E \times \sqrt{3}\,I = 5.2EI$

> **3상 동기발전기의 지그재그 Y형 결선의 특징**
> $a-0$ 상에 접속된 두 권선의 위상차가 120°이므로
> V_{a0} 상전압은 $V_{a0} = \sqrt{3}\,E$ [V]이다.
> 또한 Y결선의 선간전압은 상전압의 $\sqrt{3}$ 배이므로
> $V_{ab} = \sqrt{3}\,V_{a0} = 3E$ [V]이다.
> 그리고 Y결선의 선전류는 상전류와 같다.
> ∴ 선간전압$= 3E$[V], 선전류$= I$[A]
> ∴ 피상전력$= \sqrt{3} \times$ 선간전압$\times$ 선전류
> $\qquad\qquad = \sqrt{3} \times 3E \times I = 5.2EI$[VA]

06 비돌극형 동기발전기 한 상의 단자전압을 V, 유도기전력을 E, 동기리액턴스를 X_s, 부하각이 δ이고, 전기자저항을 무시할 때 한 상의 최대출력 [W]은?

① $\dfrac{EV}{X_s}$ ② $\dfrac{3EV}{X_s}$

③ $\dfrac{E^2 V}{X_s}$ ④ $\dfrac{EV^2}{X_s}$

> **동기발전기의 출력(P)**
> (1) 비돌극형인 경우
> $$P = \frac{VE}{x_s}\sin\delta\,[\text{W}]$$
> (2) 돌극형인 경우
> $$P = \frac{VE}{x_s}\sin\delta + \frac{V^2(x_d - x_q)}{2x_d x_q}\sin 2\delta\,[\text{W}]$$
> 비돌극형 동기발전기의 최대출력(P_m)은 $\sin\delta = 1$일 때 성립하므로
> $$\therefore\ P_m = \frac{EV}{x_s}\,[\text{W}]$$

07 다음 중 비례추이를 하는 전동기는?

① 동기 전동기
② 정류자 전동기
③ 단상 유도전동기
④ 권선형 유도전동기

> **비례추이의 원리**
> 전동기 2차 저항을 증가시키면 최대토크는 변하지 않고 최대토크가 발생하는 슬립이 증가하여 결국 기동토크가 증가하게 된다. 이것을 토크의 비례추이라 하며 2차 저항을 증감시키기 위해서 유도전동기의 2차 외부회로에 가변저항기(기동저항기)를 접속하게 되는데 이는 권선형 유도전동기의 토크 및 속도제어에 사용된다.

08 단자전압 200[V], 계자저항 50[Ω], 부하전류 50[A], 전기자저항 0.15[Ω], 전기자 반작용에 의한 전압강하 3[V]인 직류 분권발전기가 정격속도로 회전하고 있다. 이 때 발전기의 유도기전력은 약 몇 [V]인가?

① 211.1   ② 215.1

③ 225.1   ④ 230.1

직류 분권발전기의 유기기전력(E)

$E = V + R_a I_a = V + R_a(I + I_f) + e_a$ [V],

$I_f = \dfrac{V}{R_f}$ [A] 식에서

$V = 200$ [V], $R_f = 50$ [Ω], $I = 50$ [A],

$R_a = 0.15$ [Ω], $e_a = 3$ [V]일 때

$I_f = \dfrac{V}{R_f} = \dfrac{200}{50} = 4$ [A] 이므로

∴ $E = V + R_a(I + I_f) + e_a$

$= 200 + 0.15 \times (50 + 4) + 3 = 211.1$ [V]

09 동기기의 권선법 중 기전력의 파형을 좋게 하는 권선법은?

① 전절권, 2층권   ② 단절권, 집중권

③ 단절권, 분포권   ④ 전절권, 집중권

동기기의 고조파를 제거하여 파형을 좋게 하는 방법

⑴ 단절권과 분포권을 채용한다.

⑵ 매극 매상의 슬롯수(q)를 크게 한다.

⑶ Y결선(성형결선)을 채용한다.

⑷ 공극의 길이를 크게 한다.

⑸ 자극의 모양을 적당히 설계한다.

⑹ 전기자 철심을 스큐슬롯(사구)으로 한다.

⑺ 전기자 반작용을 작게 한다.

10 변압기에 임피던스전압을 인가할 때의 입력은?

① 철손   ② 와류손

③ 정격용량   ④ 임피던스와트

변압기의 임피던스 전압과 임피던스 와트

⑴ 임피던스 전압 : 변압기 2차측을 단락한 상태에서 변압기 1차측에 정격전류가 흐를 수 있도록 인가한 변압기 1차측 전압으로 정격 전류에 의한 변압기 내부 전압강하로 표현할 수 있다.

⑵ 임피던스 와트 ; 변압기 2차측을 단락한 상태에서 임피던스 전압을 공급할 때 변압기의 입력 값으로 변압기 내부 동손을 의미한다.

11 불꽃 없는 정류를 하기 위해 평균 리액턴스 전압(A)과 브러시 접촉면 전압강하(B) 사이에 필요한 조건은?

① A > B   ② A < B

③ A = B   ④ A, B에 관계없다

직류기의 양호한 정류를 얻는 방법

⑴ 보극을 설치하여 평균 리액턴스 전압(A)을 줄인다.

⑵ 탄소브러시를 채용하여 브러시 접촉저항을 크게 하고 브러시 접촉면 전압강하(B)를 크게 한다.

    ∴ A < B

12 유도전동기 1극의 자속 Φ, 2차 유효전류 $I_2\cos\theta_2$, 토크 τ의 관계로 옳은 것은?

① $\tau \propto \Phi \times I_2\cos\theta_2$

② $\tau \propto \Phi \times (I_2\cos\theta_2)^2$

③ $\tau \propto \dfrac{1}{\Phi \times I_2\cos\theta_2}$

④ $\tau \propto \dfrac{1}{\Phi \times (I_2\cos\theta_2)^2}$

유도전동기의 토크(τ)

$\tau = \dfrac{P_0}{\omega} = \dfrac{60P_0}{2\pi N}$ [N·m], $P_0 = EI$ [W],

$E = 4.44f\phi w k_w$ [V] 식에서

$\tau = \dfrac{60P_0}{2\pi N} = \dfrac{60 \times 4.44f\phi w k_w I}{2\pi N}$ [N·m] 이므로

토크는 자속과 전류의 곱에 비례한다.

$I = I_2\cos\theta_2$ [A]라 할 때

∴ $\tau \propto \phi \times I_2\cos\theta_2$

13 회전자가 슬립 s로 회전하고 있을 때 고정자와 회전자의 실효 권수비를 α라 하면 고정자 기전력 E_1과 회전자 기전력 E_{2s}의 비는?

① $s\alpha$

② $(1-s)\alpha$

③ $\dfrac{\alpha}{s}$

④ $\dfrac{\alpha}{1-s}$

유도전동기의 권수비(α)

(1) 정지시($s=1$) 주파수 및 권수비

㉠ $f_2 = f_1$

㉡ $\alpha = \dfrac{E_1}{E_2} = \dfrac{N_1 k_{w1}}{N_2 k_{w2}}$

(2) 운전시 주파수 및 권수비

㉠ $f_{2s} = sf_1$

㉡ $\alpha' = \dfrac{E_1}{E_{2s}} = \dfrac{N_1 k_{w1}}{sN_2 k_{w2}} = \dfrac{\alpha}{s}$

14 직류 직권전동기의 발생 토크는 전기자 전류를 변화시킬 때 어떻게 변하는가?(단, 자기포화는 무시한다.)

① 전류에 비례한다.

② 전류에 반비례한다.

③ 전류의 제곱에 비례한다.

④ 전류의 제곱에 반비례한다.

직권전동기의 토크 특성(단자전압이 일정한 경우)

직권전동기는 전기자와 계자회로가 직렬접속되어 있어

$I = I_a = I_f \propto \phi$이므로

$\tau = k\phi I_a \propto I_a{}^2$임을 알 수 있다.

∴ 직권전동기의 토크(τ)는 전기자전류(I_a)의 제곱에 비례한다.

15 동기발전기의 병렬운전 중 유도기전력의 위상차로 인하여 발생하는 현상으로 옳은 것은?

① 무효전력이 생긴다.

② 동기화전류가 흐른다.

③ 고조파 무효순환전류가 흐른다.

④ 출력이 요동하고 권선이 가열된다.

동기발전기의 병렬운전조건

조건	다를 경우 나타나는 현상
기전력의 크기가 같을 것	무효순환전류(무효횡류)가 흐른다.
기전력의 위상이 같을 것	유효순환전류(유효횡류 또는 동기화전류)가 흐른다.
기전력의 주파수가 같을 것	동기화전류가 흐르고 난조가 발생한다.
기전력의 파형이 같을 것	고조파 순환전류 (무효순환전류)가 흐른다.
기전력의 상회전 방향이 같을 것	불평형 전압이 발생하여 동기 검정등의 밝기가 달라진다.

16 3상 유도기의 기계적 출력(P_o)에 대한 변환식으로 옳은 것은?(단, 2차 입력은 P_2, 2차 동손은 P_{2c}, 동기속도는 N_s, 회전자속도는 N, 슬립은 s 이다.)

① $P_o = P_2 + P_{2c} = \dfrac{N}{N_s} P_2 = (2-s)P_2$

② $(1-s)P_2 = \dfrac{N}{N_2} P_2 = P_o - P_{2c} = P_o - sP_2$

③ $P_o = P_2 - P_{2c} = P_2 - sP_2 = \dfrac{N}{N_s} P_2$
$\qquad = (1-s)P_2$

④ $P_o = P_2 + P_{2c} = P_2 + sP_2 = \dfrac{N}{N_s} P_2$
$\qquad = (1+s)P_2$

2차 입력(P_2), 2차 동손(P_{12}), 기계적 출력(P_o)

구분	$\times P_2$	$\times P_{c2}$	$\times P_0$
$P_2 =$	1	$\dfrac{1}{s}$	$\dfrac{1}{1-s}$
$P_{c2} =$	s	1	$\dfrac{s}{1-s}$
$P_0 =$	$1-s$	$\dfrac{1-s}{s}$	1

$\eta = \dfrac{P_o}{P_2} = \dfrac{N}{N_s} = 1 - s$ 식에서

$\therefore P_o = P_2 - P_{c2} = P_2 - sP_2 = (1-s)P_2$
$\qquad = \dfrac{N}{N_s} P_2 = \eta P_2$

17 변압기의 등가회로 구성에 필요한 시험이 아닌 것은?

① 단락시험　　　　② 부하시험
③ 무부하시험　　　④ 권선저항 측정

변압기의 시험

구분	시험방법
정수측정시험 (등가회로 작성)	(1) 권선저항측정시험 (2) 무부하시험 (3) 단락시험
온도상승시험	(1) 실부하법 (2) 반환부하법

18 단권변압기 두 대를 V결선하여 전압을 2,000[V]에서 2200[V]로 승압한 후 200[kVA]의 3상 부하에 전력을 공급하려고 한다. 이 때 단권변압기 1대의 용량은 약 몇 [kVA]인가?

① 4.2　　　　　　② 10.5
③ 18.2　　　　　 ④ 21

V결선 단권변압기 용량(자기용량)

$\dfrac{\text{자기용량}}{\text{부하용량}} = \dfrac{2}{\sqrt{3}} \cdot \dfrac{V_h - V_l}{V_h}$ 식에서

$V_h = 2,200$ [V], $V_l = 2,000$ [V],
부하용량 $= 200$ [kVA]일 때

자기용량 $= \dfrac{2}{\sqrt{3}} \cdot \dfrac{V_h - V_l}{V_h} \cdot$ 부하용량

$\qquad = \dfrac{2}{\sqrt{3}} \times \dfrac{2,200 - 2,000}{2,200} \times 200$

$\qquad = 20.99$ [kVA]

$\therefore$ 단권변압기 1대 용량 $= \dfrac{20.99}{2} = 10.5$ [kVA]

19 권수비 $a = \dfrac{6600}{220}$, 주파수 60[Hz], 변압기의 철심 단면적 0.02[m²], 최대자속밀도 1.2[Wb/m²]일 때 변압기의 1차측 유도기전력은 약 몇 [V]인가?

① 1,407　　　　　② 3,521
③ 42,198　　　　④ 49,814

유기기전력(E)

$E_1 = 4.44 f \phi_m N_1 = 4.44 f B_m S N_1$ [V] 식에서

$a = \dfrac{N_1}{N_2} = \dfrac{6,600}{220}$, $f = 60$ [Hz], $S = 0.02$ [m²],

$B_m = 1.2$ [Wb/m²]일 때

$\therefore E_1 = 4.44 f B_m S N_1$

$\qquad = 4.44 \times 60 \times 1.2 \times 0.02 \times 6,600$

$\qquad = 42,198$ [V]

정답 16 ③ 17 ② 18 ② 19 ③

20 회전형전동기와 선형전동기(Linear Motor)를
비교한 설명으로 틀린 것은?

① 선형의 경우 회전형에 비해 공극의 크기가
작다.

② 선형의 경우 직접적으로 직선운동을 얻을
수 있다.

③ 선형의 경우 회전형에 비해 부하관성의 영
향이 크다.

④ 선형의 경우 전원의 상 순서를 바꾸어 이동
방향을 변경한다.

선형전동기(Linear Motor)의 특징

⑴ 회전운동을 직선운동으로 바꿔주기 때문에 직접 직
선운동을 할 수 있다.

⑵ 원심력에 의한 가속제한이 없기 때문에 고속운동이
가능하다.

⑶ 마찰 없이 추진력을 얻을 수 있기 때문에 효율이 높다.

⑷ 기어·벨트 등의 동력 변환기구가 필요 없기 때문에
구조가 간단하고 신뢰성이 높다.

⑸ 회전형에 비해 공극의 크기가 크고 부하관성의 영향
이 크다.

⑹ 전원의 상 순서를 바꾸어 이동방향을 변경할 수
있다.

22 4. 회로이론 및 제어공학

01 $F(z) = \dfrac{(1-e^{-aT})z}{(z-1)(z-e^{-aT})}$ 의 역 z변환은?

① $1 - e^{-at}$ 　　② $1 + e^{-at}$

③ $t \cdot e^{-at}$ 　　④ $t \cdot e^{at}$

시간함수 $f(t)$, 라플라스함수 $F(s)$, z변환함수 $F(z)$

$f(t)$	$F(s)$	$F(z)$
$\delta(t)$	1	1
$u(t)$	$\dfrac{1}{s}$	$\dfrac{z}{z-1}$
e^{-at}	$\dfrac{1}{s+a}$	$\dfrac{z}{z-e^{-aT}}$
t	$\dfrac{1}{s^2}$	$\dfrac{Tz}{(z-1)^2}$
te^{-at}	$\dfrac{1}{(s+a)^2}$	$\dfrac{Tze^{-aT}}{(z-e^{-aT})^2}$
$1-e^{-aT}$	$\dfrac{a}{s(s+a)}$	$\dfrac{(1-e^{-aT})z}{(z-1)(z-e^{-aT})}$
$\sin\omega t$	$\dfrac{\omega}{s^2+\omega^2}$	$\dfrac{z\sin\omega T}{z^2-2z\cos\omega T+1}$
$\cos\omega t$	$\dfrac{s}{s^2+\omega^2}$	$\dfrac{z(z-\cos\omega T)}{z^2-2z\cos\omega T+1}$

02 다음의 특성 방정식 중 안정한 제어시스템은?

① $s^3 + 3s^2 + 4s + 5 = 0$

② $s^4 + 3s^3 - s^2 + s + 10 = 0$

③ $s^5 + s^3 + 2s^2 + 4s + 3 = 0$

④ $s^4 - 2s^3 - 3s^2 + 4s + 5 = 0$

안정도 필요조건

(1) 특성방정식의 모든 계수는 같은 부호를 갖는다.

(2) 특성방정식의 계수가 어느 하나라도 없어서는 안 된다.
   즉, 모든 계수가 존재해야 한다.

보기 중에서 이 두 가지 조건을 모두 만족하는 경우는
①번이며 루스수열을 전개하면 다음과 같다.

s^3	1	4	0
s^2	3	5	0
s^1	$\dfrac{3\times4-1\times5}{3}=\dfrac{7}{3}$	0	0
s^0	5	0	0

∴ 수열의 제1열 요소의 모든 부호가 (+)이기 때문에
보기 ①의 제어계는 안정하다.

03 그림의 신호흐름선도에서 전달함수 $\dfrac{C(s)}{R(s)}$ 는?

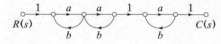

① $\dfrac{a^3}{(1-ab)^3}$ 　　② $\dfrac{a^3}{1-3ab+a^2b^2}$

③ $\dfrac{a^3}{1-3ab}$ 　　④ $\dfrac{a^3}{1-3ab+2a^2b^2}$

신호흐름선도의 전달함수(메이슨 정리)

$L_{11} = ab$, $L_{12} = ab$, $L_{13} = ab$

$L_{21} = L_{11} \cdot L_{13} = (ab)^2$,

$L_{22} = L_{12} \cdot L_{13} = (ab)^2$

$\Delta = 1 - (L_{11} + L_{12} + L_{13}) + (L_{21} + L_{22})$

$\quad = 1 - 3ab + 2(ab)^2$

$M_1 = a^3$, $\Delta_1 = 1$

∴ $G(s) = \dfrac{M_1 \Delta_1}{\Delta} = \dfrac{a^3}{1-3ab+2a^2b^2}$

정답　01 ①　02 ①　03 ④

04 그림과 같은 블록선도의 제어시스템에 단위계단 함수가 입력되었을 때 정상상태오차가 0.01이 되는 a의 값은?

① 0.2
② 0.6
③ 0.8
④ 1.0

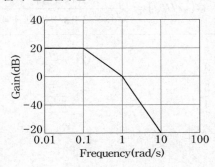

$U(s)$ $+$ $-$ $\dfrac{19.8}{s+a}$ $Y(s)$

제어계의 정상편차(정상상태오차 : e_p)

단위계단입력은 0형 입력이고 주어진 개루프 전달함수 $G(s)$도 0형 제어계이므로 정상편차는 유한값을 갖는다. 0형 제어계의 위치편차상수(k_p)와 위치정상편차(e_p)는

$$k_p = \lim_{s \to 0} G(s) = \lim_{s \to 0} \frac{19.8}{s+a} = \frac{19.8}{a}$$ 일 때

$$e_p = \frac{1}{1+k_p} = \frac{1}{1+\dfrac{19.8}{a}} = 0.01$$ 이므로

$$1 + \frac{19.8}{a} = \frac{1}{0.01} = 100$$ 이다.

$$\therefore \ a = \frac{19.8}{100-1} = 0.2$$

---

05 그림과 같은 보드선도의 이득선도를 갖는 제어시스템의 전달함수는?

① $G(s) = \dfrac{10}{(s+1)(s+10)}$

② $G(s) = \dfrac{10}{(s+1)(10s+1)}$

③ $G(s) = \dfrac{20}{(s+1)(s+10)}$

④ $G(s) = \dfrac{20}{(s+1)(10s+1)}$

보드선도의 이득곡선

절점주파수는 $\omega = 0.1$, $\omega = 1$ 이므로

$$G(s) = \frac{K}{(s+1)(10s+1)}$$ 임을 알 수 있다.

이득곡선의 구간을 세 구간으로 구분할 수 있다.
$\omega < 0.1$인 구간, $0.1 < \omega < 1$인 구간, $\omega > 1$인 구간일 때 각각의 이득과 기울기는

㉠ $\omega < 0.1$인 구간

$g = 20\log|G(j\omega)| = 20$ [dB] 이므로
$G(j\omega) = 10$ 이며

$$G(j\omega) = \left| \frac{K}{(1+j\omega)(1+j10\omega)} \right|_{\omega < 0.1} = K$$ 에서

$K = 10$임을 알 수 있다.

㉡ $0.1 < \omega < 10$인 구간

$g = 20\log|G(j\omega)| = -20$ [dB/dec] 이므로
$G(j\omega) = \dfrac{1}{\omega}$ 이며

$$G(j\omega) = \left| \frac{10}{(1+j\omega)(1+j10\omega)} \right|_{0.1 < \omega < 1}$$

$$= \frac{10}{10\omega} = \frac{1}{\omega}$$

㉢ $\omega > 1$인 구간

$g = 20\log|G(j\omega)| = -40$ [dB/dec] 이므로
$G(j\omega) = \dfrac{1}{\omega^2}$ 이며

$$G(j\omega) = \left| \frac{10}{(1+j\omega)(1+j10\omega)} \right|_{1 < \omega}$$

$$= \frac{10}{10\omega^2} = \frac{1}{\omega^2}$$

$$\therefore \ G(s) = \frac{10}{(s+1)(10s+1)}$$

---

06 그림과 같은 블록선도의 전달함수 $\dfrac{C(s)}{R(s)}$ 는?

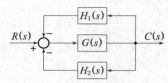

① $\dfrac{G(s)H_1(s)H_2(s)}{1+G(s)H_1(s)H_2(s)}$

② $\dfrac{G(s)}{1+G(s)H_1(s)H_2(s)}$

③ $\dfrac{G(s)}{1-G(s)(H_1(s)+H_2(s))}$

④ $\dfrac{G(s)}{1+G(s)(H_1(s)+H_2(s))}$

블록선도

$C=G(R-H_1C-H_2C)=GR-H_1GC-H_2G$

$(1+H_1G+H_2G)C=GR$

$\therefore \dfrac{C(s)}{R(s)}=\dfrac{G(s)}{1+H_1(s)G(s)+H_2(s)G(s)}$

$=\dfrac{G(s)}{1+G(s)\{H_1(s)+H_2(s)\}}$

07 그림과 같은 논리회로와 등가인 것은?

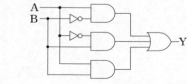

① $\begin{array}{c}A\\B\end{array}$ ⎤⎡—Y

② $\begin{array}{c}A\\B\end{array}$ ⎤⎡—Y

③ $\begin{array}{c}A\\B\end{array}$ ⎤⎡o—Y

④ $\begin{array}{c}A\\B\end{array}$ ⎤⎡o—Y

논리회로의 출력식

$Y=A\overline{B}+\overline{A}B+AB$

$=A\overline{B}+\overline{A}B+AB+AB$

$=A(\overline{B}+B)+B(\overline{A}+A)$

$=A+B$ 이므로

$\therefore$ OR 회로와 등가이다.

참고

(1) 불대수

  $A+\overline{A}=1,\ B+\overline{B}=1$

(2) 각 보기의 논리회로

  ① AND회로

  ② OR회로

  ③ NAND회로

  ④ NOR회로

08 다음의 개루프 전달함수에 대한 근궤적의 점근선이 실수축과 만나는 교차점은?

$$G(s)H(s)=\dfrac{K(s+3)}{s^2(s+1)(s+3)(s+4)}$$

① $\dfrac{5}{3}$

② $-\dfrac{5}{3}$

③ $\dfrac{5}{4}$

④ $-\dfrac{5}{4}$

점근선의 교차점(σ)

$\sigma=$

$\dfrac{\sum G(s)H(s)\text{의 유한극점}-\sum G(s)H(s)\text{의 유한영점}}{n-m}$

극점 : $s=0,\ s=0,\ s=-1,\ s=-3,\ s=-4$

  $\rightarrow n=5$개

영점 : $s=-3 \rightarrow m=1$개

$\sum G(s)H(s)$의 유한극점 $=0+0-1-3-4=-8$

$\sum G(s)H(s)$의 유한영점 $=-3$

$\therefore \sigma=\dfrac{-8-(-3)}{5-1}=-\dfrac{5}{4}$

정답 06 ④ 07 ② 08 ④

09 블록선도에서 ⓐ에 해당하는 신호는?

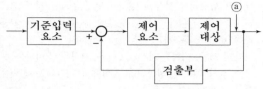

① 조작량　　　　　② 제어량
③ 기준입력　　　　④ 동작신호

피드백 제어계의 구성

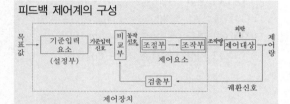

∴ 제어량 : 제어계의 출력신호이다.

10 다음의 미분방정식과 같이 표현되는 제어시스템이 있다. 이 제어시스템을 상태방정식 $\dot{x} = Ax + Bu$ 로 나타내었을 때 시스템 행렬 A는?

$$\frac{d^3 C(t)}{dt^3} + 5\frac{d^2 C(t)}{dt^2} + \frac{dC(t)}{dt} + 2C(t) = r(t)$$

① $\begin{bmatrix} 0 & 1 & 0 \\ 0 & 0 & 1 \\ -2 & -1 & -5 \end{bmatrix}$　　② $\begin{bmatrix} 1 & 0 & 0 \\ 0 & 1 & 0 \\ -2 & -1 & -5 \end{bmatrix}$

③ $\begin{bmatrix} 0 & 1 & 0 \\ 0 & 0 & 1 \\ 2 & 1 & 5 \end{bmatrix}$　　④ $\begin{bmatrix} 1 & 0 & 0 \\ 0 & 1 & 0 \\ 2 & 1 & 5 \end{bmatrix}$

상태방정식의 계수행렬

$\dot{x}(t) = Ax(t) + Bu(t)$ 식에서

$c(t) = x_1$

$\dot{c}(t) = \dot{x}_1 = x_2$

$\ddot{c}(t) = \ddot{x}_1 = \dot{x}_2 = x_3$

$\dddot{c}(t) = \dot{x}_3$

$\dot{x}_3 = -2x_1 - x_2 - 5x_3 + u$

$$\begin{bmatrix} \dot{x}_1 \\ \dot{x}_2 \\ \dot{x}_3 \end{bmatrix} = \begin{bmatrix} 0 & 1 & 0 \\ 0 & 0 & 1 \\ -2 & -1 & -5 \end{bmatrix} \begin{bmatrix} x_1 \\ x_2 \\ x_3 \end{bmatrix} + \begin{bmatrix} 0 \\ 0 \\ 1 \end{bmatrix} u$$

$$\therefore A = \begin{bmatrix} 0 & 1 & 0 \\ 0 & 0 & 1 \\ -2 & -1 & -5 \end{bmatrix}$$

11 $f_e(t)$가 우함수이고 $f_o(t)$가 기함수일 때 주기함수 $f(t) = f_e(t) + f_o(t)$ 에 대한 다음 식 중 틀린 것은?

① $f_e(t) = f_e(-t)$

② $f_o(t) = -f_o(-t)$

③ $f_o(t) = \frac{1}{2}[f(t) - f(-t)]$

④ $f_e(t) = \frac{1}{2}[f(t) - f(-t)]$

우함수와 기함수의 성질

우함수는 90° 축에 대칭함수로서 $f_e(t) = f_e(-t)$ 성질을 갖는다.

기함수는 원점 대칭함수로서 $f_o(t) = -f_o(-t)$ 성질을 갖는다.

$f(t) = f_e(t) + f_o(t)$ ················· (1)

$f(-t) = f_e(-t) + f_o(-t) = f_e(t) - f_o(t) \cdots$ (2)

식 (1)과 (2)를 합하면 $f(t) + f(-t) = 2f_e(t)$

식 (1)과 (2)를 빼면 $f(t) - f(-t) = 2f_o(t)$ 이므로

$f_e(t) = \frac{1}{2}[f(t) + f(-t)]$,

$f_o(t) = \frac{1}{2}[f(t) - f(-t)]$

12 3상 평형회로에 Y결선의 부하가 연결되어 있고, 부하에서의 선간전압이 $V_{ab} = 100\sqrt{3}\angle 0°$ [V]일 때 선전류가 $I_a = 20\angle -60°$[A]이었다. 이 부하의 한 상의 임피던스[Ω]는?(단, 3상 전압의 상순은 $a-b-c$이다.)

① $5\angle 30°$ ② $5\sqrt{3}\angle 30°$

③ $5\angle 60°$ ④ $5\sqrt{3}\angle 60°$

Y결선의 특징

3상 Y결선에서 선간전압(V_L)과 상전압(V_P)과의 관계는 $V_L = \sqrt{3}\,V_P \angle +30°$ [V]이므로

$V_a = \dfrac{V_{ab}}{\sqrt{3}}\angle -30°$ [V]일 때

$V_a = \dfrac{100\sqrt{3}}{\sqrt{3}}\angle -30° = 100\angle -30°$ [V]이다.

$Z_a = \dfrac{V_a}{I_a}$ [Ω] 식에서

$\therefore Z_a = \dfrac{V_a}{I_a} = \dfrac{100\angle -30°}{20\angle -60°} = 5\angle 30°$ [Ω]

13 그림의 회로에서 120[V]와 30[V]의 전압원(능동소자)에서의 전력은 각각 몇 [W]인가? (단, 전압원(능동소자)에서 공급 또는 발생하는 전력은 양수(+)이고, 소비 또는 흡수하는 전력은 음수(-)이다.)

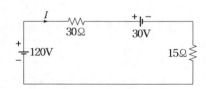

① 240[W],   60[W]

② 240[W],   -60[W]

③ -240[W],   60[W]

④ -240[W], -60[W]

회로해석

그림의 회로에서 전압원 120[V]와 30[V]는 각각 회로 내에 흐르는 전류를 기준으로 보았을 때 120[V]는 공급, 30[V]는 흡수하는 것을 알 수 있다.

그리고 저항 30[Ω]과 15[Ω]은 전력을 소비하는 성질을 갖기 때문에 전압원과 저항에서 나타나는 전력을 각각 표현해 보면 다음과 같다.

$I = \dfrac{V}{R} = \dfrac{120-30}{30+15} = 2$ [A] 이므로

(1) 120[V] 전원 : $120 \times 2 = 240$ [W]

(2) 30[V] 전원 : $-30 \times 2 = -60$ [W]

(3) 30[Ω] 저항 : $-2^2 \times 30 = -120$ [W]

(4) 15[Ω] 저항 : $-2^2 \times 15 = -60$ [W]

14 각 상의 전압이 다음과 같을 때 영상분 전압 [V]의 순시치는?(단, 3상 전압의 상순은 $a-b-c$이다.)

$$v_a(t) = 40\sin\omega t \,[V]$$
$$v_b(t) = 40\sin\left(\omega t - \frac{\pi}{2}\right)[V]$$
$$v_c(t) = 40\sin\left(\omega t + \frac{\pi}{2}\right)$$

① $40\sin\omega t$

② $\dfrac{40}{3}\sin\omega t$

③ $\dfrac{40}{3}\sin\left(\omega t - \dfrac{\pi}{2}\right)$ ④ $\dfrac{40}{3}\sin\left(\omega t + \dfrac{\pi}{2}\right)$

영상분의 순시치 계산(v_o)

각 상전압의 위상이 a상은 $0°$, b상은 $-90°$, c상은 $+90°$이므로 b상과 c상의 위상차가 $180°$임을 알 수 있다.

$v_b = 40\sin(\omega t + 90°)$, $v_c = 40\sin(\omega t - 90°)$에서 최대치가 모두 40 이므로 $v_b + v_c = 0$이 된다.

$v_o = \dfrac{1}{3}(v_a + v_b + v_c) = \dfrac{1}{3}v_a$이므로

$\therefore v_o = \dfrac{1}{3}\times 40\sin\omega t = \dfrac{40}{3}\sin\omega t\,[V]$

15 그림과 같이 3상 평형의 순저항 부하에 단상 전력계를 연결하였을 때 전력계가 W[W]를 지시하였다. 이 3상 부하에서 소모하는 전체전력[W]은?

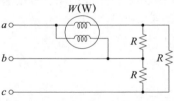

① $2W$ ② $3W$

③ $\sqrt{2}\,W$ ④ $\sqrt{3}\,W$

> **1전력계법**
> (1) 전전력 : $P = 2W = \sqrt{3}\,VI$[W]
> (2) 선전류 : $I = \dfrac{2W}{\sqrt{3}\,V}$ [A]

16 정전용량이 C[F]인 커패시터에 단위 임펄스의 전류원이 연결되어 있다. 이 커패시터의 전압 $v_C(t)$는? (단, $u(t)$는 단위계단함수이다.)

① $v_C(t) = C$ ② $v_C(t) = Cu(t)$

③ $v_C(t) = \dfrac{1}{C}$ ④ $v_C(t) = \dfrac{1}{C}u(t)$

> **커패시터의 특성값과 라플라스 변환**
> $i(t) = C\dfrac{v(t)}{dt} = \delta(t)$ [A] 식에서
> 양변 라플라스 변환하면
> $CsV(s) = 1$이 된다.
> $V(s) = \dfrac{1}{Cs} = \dfrac{1}{C} \cdot \dfrac{1}{s}$
> 식을 양변 역라플라스 변환하여 전개하여 커패시터의 전압을 구할 수 있다.
> $\therefore v_C(t) = \dfrac{1}{C}u(t)$

17 그림의 회로에서 $t = 0$[s]에 스위치(S)를 닫은 후 $t = 1$[s]일 때 이 회로에 흐르는 전류는 약 몇 [A]인가?

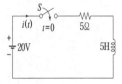

① 2.52   ② 3.16

③ 4.21   ④ 6.32

> **R-L 과도현상**
> R-L 과도현상이 전류를 $i(t)$라 하면
> $i(t) = \dfrac{E}{R}(1 - e^{-\frac{R}{L}t})$ [A] 식에서
> $E = 20$[V], $R = 5$[Ω], $L = 5$[H], $s = 1$[sec]일 때
> $\therefore i(t) = \dfrac{E}{R}(1 - e^{-\frac{R}{L}t}) = \dfrac{20}{5}(1 - e^{-\frac{5}{5}\times 1})$
> $\qquad = 2.52$ [A]

18 순시치 전류 $i(t) = I_m\sin(\omega t + \theta_I)$[A]의 파고율은 약 얼마인가?

① 0.577   ② 0.707

③ 1.414   ④ 1.732

> **파형의 파고율**
>
> | 파형 | 정현파 | 반파
정류파 | 구형파 | 반파
구형파 | 톱니파 | 삼각파 |
> |------|--------|--------|--------|--------|--------|--------|
> | 파고율 | $\sqrt{2}$ | 2 | 1 | $\sqrt{2}$ | $\sqrt{3}$ | $\sqrt{3}$ |
>
> $\therefore$ 파형은 정현파이므로 파고율 = $\sqrt{2} = 1.414$

19 그림의 회로가 정저항 회로로 되기 위한 L [mH]은?(단, $R = 10[\Omega]$, $C = 1,000[\mu F]$이다.)

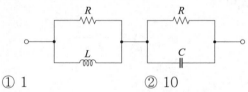

① 1   ② 10

③ 100   ④ 1,000

정저항 회로 조건

$R^2 = \dfrac{L}{C}$ 식에서

$R = 10[\Omega]$, $C = 1,000[\mu F]$일 때

$\therefore L = CR^2 = 1,000 \times 10^{-6} \times 10^2 = 0.1 \,[\mathrm{H}]$
$= 100 \,[\mathrm{mH}]$

20 분포정수회로에 있어서 선로의 단위 길이당 저항이 $100[\Omega/m]$, 인덕턴스가 $200[mH/m]$, 누설컨덕턴스가 $0.5[\mho/m]$일 때 일그러짐이 없는 조건(무왜형 조건)을 만족하기 위한 단위 길이당 커패시턴스는 몇 $[\mu F/m]$인가?

① 0.001   ② 0.1

③ 10   ④ 1,000

무왜형 선로조건

$LG = RC$ 식에서

$R = 100\,[\Omega/\mathrm{m}]$, $L = 200\,[\mathrm{mH/m}]$,

$G = 0.5\,[\mho/\mathrm{m}]$일 때

$\therefore C = \dfrac{LG}{R} = \dfrac{200 \times 10^{-3} \times 0.5}{100}$

$= 10^{-3}\,[\mathrm{F/m}] = 1,000\,[\mu F/\mathrm{m}]$

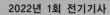
01 저압 가공전선이 안테나와 접근상태로 시설될 때 상호간의 이격거리는 몇 [cm] 이상이어야 하는가?(단, 전선이 고압 절연전선, 특고압 절연전선 또는 케이블이 아닌 경우이다.)

① 60 ② 80
③ 100 ④ 120

가공전선과 다른 가공전선·약전류전선·안테나 등과의 이격거리

대상	구분		이격거리
가공전선, 약전류전선, 안테나 등	저압 가공전선	나전선	0.6[m]
		케이블	0.3[m]
	고압 가공전선	나전선	0.8[m]
		케이블	0.4[m]

02 고압 가공전선으로 사용한 경동선은 안전율이 얼마 이상인 이도로 시설하여야 하는가?

① 2.0 ② 2.2
③ 2.5 ④ 3.0

각종 안전율에 대한 정리

구분	안전율
지지물	기초 안전율 2 이상 (이상시 상정하중에 대한 철탑의 기초에 대하여는 1.33 이상)
	무선용 안테나를 지지하는 지지물 1.5 이상
전선	2.5 이상 (경동선 또는 내열 동합금선 2.2 이상)
지선	2.5 이상

03 사용전압이 22.9[kV]인 특고압 가공전선과 그 지지물·완금류·지주 또는 지선 사이의 이격거리는 몇 [cm] 이상이어야 하는가?

① 15 ② 20
③ 25 ④ 30

특고압 가공전선과 지지물 등과의 이격거리

사용전압	이격거리 [m]
15[kV] 미만	0.15
15[kV] 이상 25[kV] 미만	0.2
25[kV] 이상 35[kV] 미만	0.25
35[kV] 이상 50[kV] 미만	0.3
50[kV] 이상 60[kV] 미만	0.35
60[kV] 이상 70[kV] 미만	0.4
70[kV] 이상 80[kV] 미만	0.45
80[kV] 이상 130[kV] 미만	0.65
130[kV] 이상 160[kV] 미만	0.9

04 급전선에 대한 설명으로 틀린 것은?

① 급전선은 비절연보호도체, 매설접지도체, 레일 등으로 구성하여 단권변압기 중성점과 공통접지에 접속한다.

② 가공식은 전차선의 높이 이상으로 전차선로 지지물에 병가하며, 나전선의 접속은 직선접속을 원칙으로 한다.

③ 선상승강장, 인도교, 과선교 또는 교량 하부 등에 설치할 때에는 최소 절연이격거리 이상을 확보하여야 한다.

④ 신설 터널 내 급전선을 가공으로 설계할 경우 지지물의 취부는 C찬넬 또는 매입전을 이용하여 고정하여야 한다.

전기철도의 급전선로

(1) 급전선은 나전선을 적용하여 가공식으로 가설을 원칙으로 한다. 다만, 전기적 이격거리가 충분하지 않거나 지락, 섬락 등의 우려가 있을 경우에는 급전선을 케이블로 하여 안전하게 시공하여야 한다.

(2) 가공식은 전차선의 높이 이상으로 전차선로 지지물에 병가하며, 나전선의 접속은 직선접속을 원칙으로 한다.

(3) 신설 터널 내 급전선을 가공으로 설계할 경우 지지물의 취부는 C찬넬 또는 매입전을 이용하여 고정하여야 한다.

(4) 선상승강장, 인도교, 과선교 또는 교량 하부 등에 설치할 때에는 최소 절연이격거리 이상을 확보하여야 한다.

05 진열장 내의 배선으로 사용전압 400[V] 이하에 사용하는 코드 또는 캡타이어 케이블의 최소 단면적은 몇 [mm²]인가?

① 1.25   ② 1.0

③ 0.75   ④ 0.5

진열장 또는 이와 유사한 것의 내부 배선

(1) 건조한 장소에 시설하고 또한 내부를 건조한 상태로 사용하는 진열장 또는 이와 유사한 것의 내부에 사용전압이 400[V] 이하의 배선을 외부에서 잘 보이는 장소에 한하여 코드 또는 캡타이어케이블로 직접 조영재에 밀착하여 배선할 수 있다.

(2) 배선은 단면적 0.75[mm²] 이상의 코드 또는 캡타이어케이블일 것.

06 최대사용전압이 23,000[V]인 중성점 비접지식 전로의 절연내력시험전압은 몇 [V]인가?

① 16,560   ② 21,160

③ 25,300   ④ 28,750

전로의 절연내력시험전압

전로의 최대사용전압		시험전압
7[kV] 이하		1.5배
7[kV] 초과 60[kV] 이하		1.25배
7[kV] 초과 25[kV] 이하 중성점 다중접지		0.92배
60[kV] 초과	비접지	1.25배
60[kV] 초과 170[kV] 이하	접지	1.1배
	직접접지	0.72배
170[kV] 초과	직접접지	0.64배

$\therefore 23,000 \times 1.25 = 28,750[V]$

07 지중전선로를 직접매설식에 의하여 시설할 때, 차량 기타 중량물의 압력을 받을 우려가 있는 장소인 경우 매설 깊이는 몇 [m] 이상으로 시설하여야 하는가?

① 0.6   ② 1.0

③ 1.2   ④ 1.5

관로식과 직접매설식에서 지중전선의 매설깊이

구분	매설 깊이
차량 기타 중량물의 압력을 받을 우려가 있는 장소	1.0[m] 이상
기타 장소	0.6[m] 이상

08 플로어덕트 공사에 의한 저압 옥내배선 공사 시 시설기준으로 틀린 것은?

① 덕트의 끝부분은 막을 것
② 옥외용 비닐절연전선을 사용할 것
③ 덕트 안에는 전선에 접속점이 없도록 할 것
④ 덕트 및 박스 기타의 부속품은 물이 고이는 부분이 없도록 시설하여야 한다.

플로어덕트공사
(1) 전선은 절연전선(옥외용 비닐절연전선을 제외한다) 일 것.
(2) 플로어덕트 안에는 전선에 접속점이 없도록 할 것. 다만, 전선을 분기하는 경우에는 접속점을 쉽게 점검할 수 있을 때에는 그러하지 아니하다.
(3) 덕트 및 박스 기타의 부속품은 물이 고이는 부분이 없도록 시설하여야 한다.
(4) 덕트의 끝부분은 막을 것.

09 중앙급전 전원과 구분되는 것으로서 전력소비지역 부근에 분산하여 배치 가능한 신·재생에너지 발전설비 등의 전원으로 정의되는 용어는?

① 임시전력원   ② 분전반전원
③ 분산형전원   ④ 계통연계전원

용어의 정의
분산형 전원이란 중앙급전 전원과 구분되는 것으로서 전력소비지역 부근에 분산하여 배치 가능한 전원을 말한다. 상용전원의 정전시에만 사용하는 비상용 예비전원은 제외하며, 신·재생에너지 발전설비, 전기저장장치 등을 포함한다.

10 애자공사에 의한 저압 옥측전선로는 사람이 쉽게 접촉될 우려가 없도록 시설하고, 전선의 지지점 간의 거리는 몇 [m] 이하이어야 하는가?

① 1   ② 1.5
③ 2   ④ 3

저압 옥측전선로의 전선과 이격거리
애자공사에 의해 사람이 접촉할 우려가 없도록 시설한 경우에는 다음에 따른다.

구분	내용
전선의 공칭단면적	4[mm²] 이상의 연동 절연전선 (옥외용 비닐절연전선 및 인입용 절연전선은 제외한다)
전선의 지지점간의 거리	2[m] 이하
전선과 식물 사이의 이격거리	0.2[m] 이상

11 저압 가공전선로의 지지물이 목주인 경우 풍압하중의 몇 배의 하중에 견디는 강도를 가지는 것이어야 하는가?

① 1.2   ② 1.5
③ 2   ④ 3

각종 안전율에 대한 총정리

구분	안전율
목주	저압 가공전선 1.2 이상 (보안공사시 1.5 이상)
	고압 가공전선 1.3 이상 (보안공사시 1.5 이상)
	특고압 가공전선 1.5 이상 (제2종 특고압 보안공사시 2 이상)
	저·고압 가공전선의 공용설치시 1.5 이상
	저·고압 가공전선이 교류전차선 위로 교차시 2 이상

12 교류 전차선 등 충전부와 식물 사이의 이격거리는 몇 [m] 이상이어야 하는가?(단, 현장여건을 고려한 방호벽 등의 안전조치를 하지 않은 경우이다.)

① 1   ② 3
③ 5   ④ 10

전자선 등과 식물 사이의 이격거리
교류 전차선 등 충전부와 식물 사이의 이격거리는 5[m] 이상이어야 한다. 다만, 5[m] 이상 확보하기 곤란한 경우에는 현장여건을 고려하여 방호벽 등 안전조치를 하여야 한다.

13 조상기에 내부 고장이 생긴 경우, 조상기의 뱅크용량이 몇 [kVA] 이상일 때 전로로부터 자동 차단하는 장치를 시설하여야 하는가?

① 5,000   ② 10,000
③ 15,000   ④ 20,000

조상설비의 보호장치
조상설비는 뱅크용량의 구분에 따른 아래와 같은 고장이 생긴 경우 자동적으로 전로로부터 차단하는 장치를 시설하여야 한다.

설비종별	뱅크용량의 구분	자동적으로 전로로부터 차단하는 장치
전력용 커패시터 및 분로리액터	500[kVA] 초과 15,000[kVA] 미만	내부고장 과전류
	15,000[kVA] 이상	내부고장 과전류 과전압
조상기 (調相機)	15,000[kVA] 이상	내부고장

14 고장보호에 대한 설명으로 틀린 것은?

① 고장보호는 일반적으로 직접접촉을 방지하는 것이다.
② 고장보호는 인축의 몸을 통해 고장전류가 흐르는 것을 방지하여야 한다.
③ 고장보호는 인축의 몸에 흐르는 고장전류를 위험하지 않는 값 이하로 제한하여야 한다.
④ 고장보호는 인축의 몸에 흐르는 고장전류의 지속시간을 위험하지 않는 시간까지로 제한하여야 한다.

고장보호
(1) 기본절연의 고장에 의한 간접접촉을 방지하는 것
(2) 노출도전부에 인축이 접촉하여 일어날 수 있는 위험으로부터 보호
(3) 인축의 몸을 통해 고장전류가 흐르는 것을 방지
(4) 인축의 몸에 흐르는 고장전류를 위험하지 않는 값 이하로 제한
(5) 인축의 몸에 흐르는 고장전류의 지속시간을 위험하지 않은 시간까지로 제한

15 네온방전등의 관등회로의 전선을 애자공사에 의해 자기 또는 유리제 등의 애자로 견고하게 지지하여 조영재의 아랫면 또는 옆면에 부착한 경우 전선 상호간의 이격거리는 몇 [mm] 이상이어야 하는가?

① 30   ② 60
③ 80   ④ 100

1[kV] 이하 방전등의 이격거리
관등회로의 배선을 애자공사로 할 경우는 전선에 사람이 쉽게 접촉될 우려가 없도록 아래 표에 의하여 시설하고, 그 밖의 사항은 애자공사의 규정에 따를 것.

공사 방법		애자 공사
전선 상호간의 거리		6[cm] 이상
전선과 조영재의 거리		2.5[cm] 이상 (습기가 많은 장소는 4.5[cm] 이상)
전선 지지점간의 거리	400[V] 초과 600[V] 이하의 것	2[m] 이하
	600[V] 초과 1[kV] 이하의 것	1[m] 이하

16 수소냉각식 발전기에서 사용하는 수소 냉각 장치에 대한 시설기준으로 틀린 것은?

① 수소를 통하는 관으로 동관을 사용할 수 있다.
② 수소를 통하는 관은 이음매가 있는 강판이어야 한다.
③ 발전기 내부의 수소의 온도를 계측하는 장치를 시설하여야 한다.
④ 발전기 내부의 수소의 순도가 85[%] 이하로 저하한 경우에 이를 경보하는 장치를 시설하여야 한다.

수소냉각식 발전기 등의 시설
(1) 계측장치 및 경보장치 등의 시설
  ㉠ 발전기 내부 또는 조상기 내부의 수소의 순도가 85[%] 이하로 저하한 경우에 이를 경보하는 장치를 시설할 것.
  ㉡ 발전기 내부 또는 조상기 내부의 수소의 압력을 계측하는 장치 및 그 압력이 현저히 변동한 경우에 이를 경보하는 장치를 시설할 것.
  ㉢ 발전기 내부 또는 조상기 내부의 수소의 온도를 계측하는 장치를 시설할 것.
(2) 구조 및 특징
  ㉠ 발전기 또는 조상기는 기밀구조의 것이고 또한 수소가 대기압에서 폭발하는 경우에 생기는 압력에 견디는 강도를 가지는 것일 것.
  ㉡ 수소를 통하는 관은 동관 또는 이음매 없는 강판이어야 하며 또한 수소가 대기압에서 폭발하는 경우에 생기는 압력에 견디는 강도의 것일 것.
  ㉢ 수소를 통하는 관·밸브 등은 수소가 새지 아니하는 구조로 되어 있을 것.

17 전력보안통신설비인 무선통신용 안테나 등을 지지하는 철주의 기초 안전율은 얼마 이상이어야 하는가? (단, 무선용 안테나 등이 전선로의 주위상태를 감시할 목적으로 시설되는 것이 아닌 경우이다.)

① 1.3 ② 1.5
③ 1.8 ④ 2.0

각종 안전율에 대한 총정리

구분	안전율
지지물	기초 안전율 2 이상 (이상시 상정하중에 대한 철탑의 기초에 대하여는 1.33 이상)
	무선용 안테나를 지지하는 지지물 1.5 이상

18 특고압 가공전선로의 지지물 양측의 경간의 차가 큰 곳에 사용하는 철탑의 종류는?

① 내장형 ② 보강형
③ 직선형 ④ 인류형

특고압 가공전선로의 지지물
특고압 가공전선로의 B종 철주·B종 철근 콘크리트주 또는 철탑의 종류

종류	설명
직선형	전선로의 직선부분(3도 이하인 수평각도를 이루는 곳을 포함한다)에 사용하는 것.
각도형	전선로 중 3도를 초과하는 수평각도를 이루는 곳에 사용하는 것.
인류형	전가섭선을 인류하는 곳에 사용하는 것.
내장형	전선로의 지지물 양쪽의 경간의 차가 큰 곳에 사용하는 것.
보강형	전선로의 직선부분에 그 보강을 위하여 사용하는 것.

19 사무실 건물의 조명설비에 사용되는 백열전등 또는 방전등에 전기를 공급하는 옥내전로의 대지전압은 몇 [V] 이하인가?

① 250
② 300
③ 350
④ 400

옥내전로의 대지전압의 제한

백열전등 또는 방전등(방전관·방전등용 안정기 및 방전관의 점등에 필요한 부속품과 관등회로의 배선을 말한다)에 전기를 공급하는 옥내의 전로(주택의 옥내전로를 제외한다)의 대지전압은 300[V] 이하여야 한다.

20 전기저장장치를 전용건물에 시설하는 경우에 대한 설명이다. 다음 (   )에 들어갈 내용으로 옳은 것은?

전기저장장치 시설장소는 주변 시설(도로, 건물, 가연물질 등)로부터 (㉠)m 이상 이격하고 다른 건물의 출입구나 피난계단 등 이와 유사한 장소로부터는 (㉡)m 이상 이격하여야 한다.

① ㉠ 3,   ㉡ 1
② ㉠ 2,   ㉡ 1.5
③ ㉠ 1,   ㉡ 2
④ ㉠ 1.5, ㉡ 3

전기저장장치

전기저장장치를 전용건물에 시설하는 경우 시설장소의 요구조건은 다음과 같다.

(1) 전기저장장치 시설장소의 바닥, 천장(지붕), 벽면 재료는 불연재료이어야 한다. 단, 단열재는 준불연재료를 사용할 수 있다.
(2) 전기저장장치 시설장소는 지표면을 기준으로 높이 22[m] 이내로 하고 해당 장소의 출구가 있는 바닥면을 기준으로 깊이 9[m] 이내로 하여야 한다.
(3) 전기저장장치 시설장소는 주변시설(도로, 건물, 가연물질 등)로부터 1.5[m] 이상 이격하고 다른 건물의 출입구나 피난계단 등 이와 유사한 장소로부터는 3[m] 이상 이격하여야 한다.

22 1. 전기자기학

01 $\epsilon_r = 81$, $\mu_r = 1$인 매질의 고유 임피던스는 약 몇 [Ω]인가? (단, ϵ_r은 비유전율이고, μ_r은 비투자율이다.)

① 13.9 ② 21.9
③ 33.9 ④ 41.9

고유임피던스(η)

$$\eta = \frac{E}{H} = \sqrt{\frac{\mu}{\epsilon}} = \sqrt{\frac{\mu_0}{\epsilon_0}} \cdot \sqrt{\frac{\mu_s}{\epsilon_s}}$$

$$= 120\pi\sqrt{\frac{\mu_s}{\epsilon_s}} = 377\sqrt{\frac{\mu_s}{\epsilon_s}}\ [\Omega]\ \text{식에서}$$

$\epsilon_s = 81$, $\mu_s = 1$일 때

$$\therefore\ \eta = 377\sqrt{\frac{\mu_s}{\epsilon_s}} = 377 \times \sqrt{\frac{1}{81}} = 41.9\ [\Omega]$$

02 강자성체의 B-H 곡선을 자세히 관찰하면 매끈한 곡선이 아니라 자속밀도가 어느 순간 급격히 계단적으로 증가 또는 감소하는 것을 알 수 있다. 이러한 현상을 무엇이라 하는가?

① 퀴리점(Curie point)
② 자왜현상(Magneto−striction)
③ 바크하우젠 효과(Barkhausen effect)
④ 자기여자 효과(Magnetic after effect)

자성체 내에서의 여러 가지 현상

(1) 퀴리점 : 강자성체가 상자성체로 변화하는 임계점으로서 온도에 의해 결정된다. 퀴리온도라고도 한다.
(2) 자왜현상 : 자성체에 왜력이 가해지면 자화의 세기가 변하고, 반대로 자화의 세기를 변화시키면 자기적 왜형이 일어나는 현상을 말한다.
(3) 바크하우젠 효과 : 자성체 내에서 자구의 자축이 서서히 회전하지 않고 어떤 순간에 급격히 자계의 방향으로 회전하여 자속밀도가 계단적으로 증가 또는 감소하는 현상을 말한다.
(4) 자기여자 효과 : 강자성체 및 페라이트에 자기장의 변화를 줄 때 이들 자성체의 자화변화가 시간적으로 늦은 현상을 말한다.

03 진공 중에 무한 평면도체와 d[m] 만큼 떨어진 곳에 선전하밀도 λ[C/m]의 무한 직선도체가 평행하게 놓여 있는 경우 직선 도체의 단위 길이당 받는 힘은 몇 [N/m]인가?

① $\dfrac{\lambda^2}{\pi\epsilon_0 d}$ ② $\dfrac{\lambda^2}{2\pi\epsilon_0 d}$

③ $\dfrac{\lambda^2}{4\pi\epsilon_0 d}$ ④ $\dfrac{\lambda^2}{16\pi\epsilon_0 d}$

무한 평면과 선전하

직선도체로부터 영상전하까지의 거리는 $d\,[\text{m}]$ 떨어져 있으므로 그 사이의 전계의 세기(E)는

$$E = \frac{\lambda}{2\pi\epsilon_0 R}\ [\text{V/m}],\ R = 2d\,[\text{m}],\ Q = \lambda l\,[\text{C}]\text{일 때}$$

$$E = \frac{\lambda}{2\pi\epsilon_0(2d)} = \frac{\lambda}{4\pi\epsilon_0 d}\ [\text{V/m}]\ \text{이므로}$$

$$\therefore\ F = QE = \frac{\lambda^2 l}{4\pi\epsilon_0 d}\ [\text{N}] = \frac{\lambda^2}{4\pi\epsilon_0 d}\ [\text{N/m}]$$

04 평행 극판 사이에 유전율이 각각 ϵ_1, ϵ_2인 유전체를 그림과 같이 채우고, 극판 사이에 일정한 전압을 걸었을 때 두 유전체 사이에 작용하는 힘은? (단, $\epsilon_1 > \epsilon_2$)

① ⓐ의 방향
② ⓑ의 방향
③ ⓒ의 방향
④ ⓓ의 방향

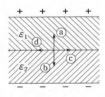

유전체 내에서의 경계면의 조건

경계면 사이에서 작용하는 힘은 유전율이 큰 쪽에서 유전율이 작은 쪽으로 향하므로 $\epsilon_1 > \epsilon_2$인 경우 경계면에 작용하는 힘의 방향은 ⓑ 방향이다.

05 정전용량이 20[μF]인 공기의 평행판 커패시터에 0.1[C]의 전하량을 충전하였다. 두 평행판 사이에 비유전율이 10인 유전체를 채웠을 때 유전체 표면에 나타나는 분극 전하량[C]은?

① 0.009   ② 0.01

③ 0.09   ④ 0.1

분극전하(Q_P)

$Q_P = \left(1 - \dfrac{1}{\epsilon_s}\right) Q$[C] 식에서

$C = 20\,[\mu\text{F}]$, $Q = 0.1\,[\text{C}]$, $\epsilon_s = 10$일 때

$\therefore\ Q_P = \left(1 - \dfrac{1}{\epsilon_s}\right) Q = \left(1 - \dfrac{1}{10}\right) \times 0.1 = 0.09\,[\text{C}]$

07 단면적이 균일한 환상철심에 권수 100회인 A코일과 권수 400회인 B코일이 있을 때 A코일의 자기 인덕턴스가 4[H]라면 두 코일의 상호 인덕턴스는 몇 [H]인가? (단, 누설자속은 0이다.)

① 4   ② 8

③ 12   ④ 16

상호 인덕턴스(M)

$M = \dfrac{N_A N_B}{R_m} = \dfrac{\mu S N_A N_B}{l} = \dfrac{L_A N_B}{N_A} = \dfrac{L_B N_A}{N_B}$

$= k\sqrt{L_A L_B}\,[\text{H}]$ 식에서

$N_A = 100$, $N_B = 400$, $L_A = 4\,[\text{H}]$일 때

$\therefore\ M = \dfrac{L_A N_B}{N_A} = \dfrac{4 \times 400}{100} = 16\,[\text{H}]$

06 유전율이 ϵ_1과 ϵ_2인 두 유전체가 경계를 이루어 평행하게 접하고 있는 경우 유전율이 ϵ_1인 영역에 전하 Q가 존재할 때 이 전하와 ϵ_2인 유전체 사이에 작용하는 힘에 대한 설명으로 옳은 것은?

① $\epsilon_1 > \epsilon_2$ 인 경우 반발력이 작용한다.

② $\epsilon_1 > \epsilon_2$ 인 경우 흡인력이 작용한다.

③ ϵ_1 과 ϵ_2에 상관없이 반발력이 작용한다.

④ ϵ_1 과 ϵ_2에 상관없이 흡인력이 작용한다.

유전체의 경계면의 조건

유전율이 서로 다른 두 유전체가 경계면을 이루고 있을 때 ϵ_1인 유전체에 전하가 놓여 있다면 $\epsilon_1 > \epsilon_2$ 인 경우 유전체 경계면에서는 ϵ_1에서 ϵ_2 유전체로 힘이 작용하게 된다. 이 때 경계면에 작용하는 힘은 ϵ_1 유전체에 존재하는 전하 Q가 ϵ_2 유전체를 밀어내는 방향으로 작용하기 때문에 전하 Q와 ϵ_2 유전체 사이에는 반발력이 작용함을 알 수 있다.

08 평균 자로의 길이가 10[cm], 평균 단면적이 2[cm²]인 환상 솔레노이드의 자기 인덕턴스를 5.4[mH] 정도로 하고자 한다. 이때 필요한 코일의 권선수는 약 몇 회인가? (단, 철심의 비투자율은 15,0000이다.)

① 6   ② 12

③ 24   ④ 29

환상 솔레노이드의 자기 인덕턴스(L)

$L = \dfrac{N^2}{R_m} = \dfrac{\mu S N^2}{l} = \dfrac{\mu_0 \mu_s S N^2}{l}\,[\text{H}]$ 식에서

$l = 10\,[\text{cm}]$, $S = 2\,[\text{cm}^2]$, $L = 5.4\,[\text{mH}]$,

$\mu_s = 15{,}000$일 때

$\therefore\ N = \sqrt{\dfrac{L\,l}{\mu_0 \mu_s S}}$

$= \sqrt{\dfrac{5.4 \times 10^{-3} \times 10 \times 10^{-2}}{4\pi \times 10^{-7} \times 15{,}000 \times 2 \times 10^{-4}}}$

$= 12$

09 투자율이 μ[H/m], 단면적이 S[m²], 길이가 l [m]인 자성체에 권선을 N회 감아서 I[A]의 전류를 흘렸을 때 이 자성체의 단면적 S[m²]를 통과하는 자속[Wb]은?

① $\mu \dfrac{I}{Nl} S$ ② $\mu \dfrac{NI}{Sl}$

③ $\dfrac{NI}{\mu S} l$ ④ $\mu \dfrac{NI}{l} S$

> **자기회로 내의 옴의 법칙**
>
> $F = NI = R_m \phi$ [AT], $R_m = \dfrac{l}{\mu S}$ [AT/Wb] 식에서
>
> $\therefore \phi = \dfrac{F}{R_m} = \dfrac{NI}{R_m} = \dfrac{\mu SNI}{l}$ [Wb]

10 그림은 커패시터의 유전체 내에 흐르는 변위전류를 보여준다. 커패시터의 전극 면적을 S[m²], 전극에 축적된 전하를 q[C], 전극의 표면전하 밀도를 σ[C/m²], 전극 사이의 전속밀도를 D[C/m²]라 하면 변위전류밀도 i_d[A/m²]는?

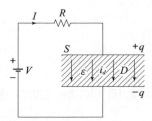

① $\dfrac{\partial D}{\partial t}$ ② $\dfrac{\partial q}{\partial t}$

③ $S\dfrac{\partial D}{\partial t}$ ④ $\dfrac{1}{S}\dfrac{\partial D}{\partial t}$

> **변위전류밀도(i_d)**
>
> 시간적으로 변화하는 전계가 자계를 발생시킬 수 있다는 원리로서 전속밀도의 시간적 변화가 변위전류밀도이며 변위전류밀도가 자계를 발생시킨다.
>
> $\therefore i_d = \dfrac{\partial D}{\partial t} = \epsilon \dfrac{\partial E}{\partial t}$ [A/m²]

11 진공 중에서 점$(1, 3)$[m]의 위치에 -2×10^{-9} [C]의 점전하가 있을 때 점$(2, 1)$[m]에 있는 1[C]의 점전하에 작용하는 힘은 몇 [N]인가? (단, $\hat{x}$, $\hat{y}$는 단위벡터이다.)

① $-\dfrac{18}{5\sqrt{5}}\hat{x} + \dfrac{36}{5\sqrt{5}}\hat{y}$

② $-\dfrac{36}{5\sqrt{5}}\hat{x} + \dfrac{18}{5\sqrt{5}}\hat{y}$

③ $-\dfrac{36}{5\sqrt{5}}\hat{x} - \dfrac{18}{5\sqrt{5}}\hat{y}$

④ $\dfrac{18}{5\sqrt{5}}\hat{x} + \dfrac{36}{5\sqrt{5}}\hat{y}$

> **쿨롱의 법칙**
>
> 점$(1, 3)$[m] 위치의 전하를 Q_1, 점 $(2, 1)$[m] 위치의 전하를 Q_2라 하면 단위벡터 $\vec{r}$ 은
>
> $\vec{r} = \dfrac{1}{|r|}\{(2-1)\hat{x} + (1-3)\hat{y}\}$
>
> $= \dfrac{1}{|r|}(\hat{x} - 2\hat{y})$ 이므로
>
> $|r| = \sqrt{1^2 + 2^2} = \sqrt{5}$ [m], $Q_1 = -2\times10^{-9}$[C],
>
> $Q_2 = 1$[C]일 때
>
> $\vec{F} = \dfrac{Q_1 Q_2}{4\pi\epsilon_0 r^2}\cdot\vec{r} = 9\times10^9 \times \dfrac{Q_1 Q_2}{r^2}\cdot\vec{r}$ [N] 식에서
>
> $\therefore \vec{F} = 9\times10^9 \times \dfrac{Q_1 Q_2}{r^2}\cdot\vec{r}$
>
> $= 9\times10^9 \times \dfrac{-2\times10^{-9}\times1}{(\sqrt{5})^2}\times\dfrac{1}{\sqrt{5}}(\hat{x} - 2\hat{y})$
>
> $= -\dfrac{18}{5\sqrt{5}}\hat{x} + \dfrac{36}{5\sqrt{5}}\hat{y}$ [N]

12 정전용량이 $C_0[\mu F]$인 평행판의 공기 커패시터가 있다. 두 극판 사이에 극판과 평행하게 절반을 비유전율이 ϵ_r인 유전체로 채우면 커패시터의 정전용량$[\mu F]$은?

① $\dfrac{C_0}{2\left(1+\dfrac{1}{\epsilon_r}\right)}$ ② $\dfrac{C_0}{1+\dfrac{1}{\epsilon_r}}$

③ $\dfrac{2C_0}{1+\dfrac{1}{\epsilon_r}}$ ④ $\dfrac{4C_0}{1+\dfrac{1}{\epsilon_r}}$

유전체 내의 평행판 전극의 직렬연결

공기콘덴서의 정전용량을 C_0 라 하면

$C=\dfrac{\epsilon_0 S}{d}\,[\mu F]$이다.

콘덴서 판 간에 절반 두께를 유전체로 채운 경우 평행판 전극의 경계면과 단자가 수직을 이루고 있으므로 콘덴서는 직렬로 접속된다. 각 콘덴서의 정전용량을 C_1, C_2라 하고 합성정전용량을 C 라 하면

$C_1=\dfrac{\epsilon_0 S}{\dfrac{d}{2}}=\dfrac{2\epsilon_0 S}{d}=2C_0\,[\mu F]$

$C_2=\dfrac{\epsilon_0 \epsilon_r S}{\dfrac{d}{2}}=\dfrac{2\epsilon_0 \epsilon_r S}{d}=2\epsilon_r C_0\,[\mu F]$

$\therefore\ C=\dfrac{1}{\dfrac{1}{C_1}+\dfrac{1}{C_2}}=\dfrac{1}{\dfrac{1}{2C_0}+\dfrac{1}{2\epsilon_r C_0}}$

$\quad=\dfrac{2C_0}{1+\dfrac{1}{\epsilon_r}}\,[\mu F]$

13 그림과 같이 점 O를 중심으로 반지름이 $a[m]$인 구도체 1과 안쪽 반지름이 $b[m]$이고 바깥쪽 반지름이 $c[m]$인 구도체 2가 있다. 이 도체계에서 전위계수 $P_{11}[1/F]$에 해당되는 것은?

① $\dfrac{1}{4\pi\epsilon}\dfrac{1}{a}$

② $\dfrac{1}{4\pi\epsilon}\left(\dfrac{1}{a}-\dfrac{1}{b}\right)$

③ $\dfrac{1}{4\pi\epsilon}\left(\dfrac{1}{b}-\dfrac{1}{c}\right)$

④ $\dfrac{1}{4\pi\epsilon}\left(\dfrac{1}{a}-\dfrac{1}{b}+\dfrac{1}{c}\right)$

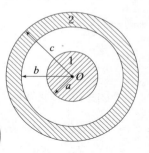

전위계수(P_{11})

도체 1에 $+Q[C]$의 전하를 줄 때 도체 1, 2의 전위 V_1, V_2는

$V_1=\dfrac{Q_1}{4\pi\epsilon}\left(\dfrac{1}{a}-\dfrac{1}{b}+\dfrac{1}{c}\right)[V]$, $V_2=\dfrac{Q_1}{4\pi\epsilon c}\,[V]$이고

$V_1=P_{11}Q_1+P_{12}Q_2\,[V]$,

$V_2=P_{21}Q_1+P_{22}Q_2\,[V]$ 식에서

$Q_2=0\,[C]$일 때

$\therefore\ P_{11}=\dfrac{V_1}{Q_1}=\dfrac{1}{4\pi\epsilon}\left(\dfrac{1}{a}-\dfrac{1}{b}+\dfrac{1}{c}\right)[V]$

14 자계의 세기를 나타내는 단위가 아닌 것은?

① $[A/m]$ ② $[N/Wb]$

③ $[H\cdot A/m^2]$ ④ $[Wb/H\cdot m]$

자계의 세기 단위

(1) $H=\dfrac{I}{l}=\dfrac{I}{2\pi r}$ 식에서 $[A/m]$

(2) $H=\dfrac{F}{m}$ 식에서 $[N/Wb]$

(3) $H=\dfrac{m}{4\pi\mu_0 r^2}$ 식에서 $[Wb/(H\cdot m)]$

$\therefore\ [H\cdot A/m^2]$는 자속밀도의 단위이다.

15 그림과 같이 평행한 무한장 직선의 두 도선에 I[A], $4I$[A]인 전류가 각각 흐른다. 두 도선 사이 점 P에서의 자계의 세기가 0이라면 $\dfrac{a}{b}$는?

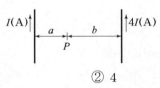

① 2

② 4

③ $\dfrac{1}{2}$

④ $\dfrac{1}{4}$

직선도체에 의한 자계의 세기(H)

위의 그림에서와 같이 I[A]가 흐르는 도선에서 a[m] 떨어진 P점의 자계의 세기(H_1)와 $4I$[A]가 흐르는 도선에서 b[m] 떨어진 P점의 자계의 세기(H_2)가 서로 반대방향으로 작용하므로 P점의 자계의 세기가 0이 되기 위해서는 $H_1 = H_2$ 조건을 만족하여야 한다.

$H_1 = \dfrac{I}{2\pi a}$ [AT/m], $H_2 = \dfrac{4I}{2\pi b}$ [AT/m]이므로

$\dfrac{I}{2\pi a} = \dfrac{4I}{2\pi b}$ 일 때

$\therefore \dfrac{a}{b} = \dfrac{1}{4}$

16 내압 및 정전용량이 각각 1,000[V]-2[μF], 700[V]-3[μF], 600[V]-4[μF], 300[V]-8[μF]인 4개의 커패시터가 있다. 이 커패시터들을 직렬로 연결하여 양단에 전압을 인가한 후 전압을 상승시키면 가장 먼저 절연이 파괴되는 커패시터는? (단, 커패시터의 재질이나 형태는 동일하다.)

① 1,000[V]−2[μF]

② 700[V]−3[μF]

③ 600[V]−4[μF]

④ 300[V]−8[μF]

콘덴서의 내압계산

각 콘덴서의 최대 전하량을 각각 Q_1, Q_2, Q_3, Q_4라 하면

$Q_1 = C_1 V_1 = 2 \times 1,000 = 2,000$ [μC]

$Q_2 = C_2 V_2 = 3 \times 700 = 2,100$ [μC]

$Q_3 = C_3 V_3 = 4 \times 600 = 2,400$ [μC]

$Q_4 = C_4 V_4 = 8 \times 300 = 2,400$ [μC]이다.

따라서 최대 전하량이 제일 작은 C_1 콘덴서가 최초로 파괴된다.

$\therefore$ 1,000[V]−2[μF]

17 반지름이 2[m]이고 권수가 120회인 원형코일 중심에서의 자계의 세기를 30[AT/m]로 하려면 원형코일에 몇 [A]의 전류를 흘려야 하는가?

① 1

② 2

③ 3

④ 4

원형코일 중심에서의 자계의 세기(H)

$H_0 = \dfrac{NI}{2a}$ [AT/m] 식에서

$a = 2$ [m], $N = 120$, $H = 30$ [AT/m]일 때

$\therefore I = \dfrac{2aH_0}{N} = \dfrac{2 \times 2 \times 30}{120} = 1$ [A]

18 내구의 반지름이 a=5[cm], 외구의 반지름이 b=10[cm]이고, 공기로 채워진 동심구형 커패시터의 정전용량은 약 몇 [pF]인가?

① 11.1   ② 22.2

③ 33.3   ④ 44.4

동심구도체의 정전용량(C)

$$C = \frac{Q}{V} = \frac{4\pi\epsilon_0}{\dfrac{1}{a} - \dfrac{1}{b}} = \frac{4\pi\epsilon_0 ab}{b-a}$$

$$= \frac{1}{9\times10^9} \times \frac{ab}{b-a} \text{ [F] 식에서}$$

$$\therefore C = \frac{1}{9\times10^9} \times \frac{ab}{b-a}$$

$$= \frac{1}{9\times10^9} \times \frac{5\times10^{-2} \times 10\times10^{-2}}{10\times10^{-2} - 5\times10^{-2}}$$

$$= 11.1\times10^{-12} \text{ [F]} = 11.1 \text{ [pF]}$$

19 자성체의 종류에 대한 설명으로 옳은 것은? (단, X_m는 자화율이고, μ_r은 비투자율이다.)

① $X_m > 0$이면, 역자성체이다.

② $X_m < 0$이면, 상자성체이다.

③ $\mu_r > 1$이면, 비자성체이다.

④ $\mu_r < 1$이면, 역자성체이다.

자성체의 성질

비투자율 μ_s, 자화율 χ_m라 하면

(1) 역자성체 : $\mu_s < 1$, $\chi_m < 0$
    (수소, 헬륨, 구리, 탄소, 금, 은 등)

(2) 상자성체 : $\mu_s > 1$, $\chi_m > 0$(칼륨, 텅스텐, 산소 등)

(3) 강자성체 : $\mu_s \gg 1$, $\chi_m \gg 0$(철, 니켈, 코발트 등)

20 구좌표계에서 $\nabla^2 r$의 값은 얼마인가?

(단, $r = \sqrt{x^2 + y^2 + z^2}$)

① $\dfrac{1}{r}$ ② $\dfrac{2}{r}$

③ r ④ $2r$

구좌표계에서의 라플라시안

구좌표계의 라플라시안 ∇^2의 표현은 다음과 같다.

$$\nabla^2 = \frac{1}{r^2}\frac{\partial}{\partial r}r^2\frac{\partial}{\partial r} + \frac{1}{r^2\sin\theta}\frac{\partial}{\partial r}\sin\theta\frac{\partial}{\partial\theta}$$

$$+ \frac{1}{r^2\sin^2\theta}\frac{\partial^2}{\partial\phi^2}$$

따라서 $\nabla^2 r$을 구좌표계에 그대로 표현해보면

$$\nabla^2 r = \frac{1}{r^2}\frac{\partial}{\partial r}r^2\frac{\partial r}{\partial r} + \frac{1}{r^2\sin\theta}\frac{\partial}{\partial\theta}\sin\theta\frac{\partial r}{\partial\theta}$$

$$+ \frac{1}{r^2\sin^2\theta}\frac{\partial^2 r}{\partial\phi^2} \text{ 이므로}$$

$$\therefore \nabla^2 r = \frac{1}{r^2}\frac{\partial}{\partial r}r^2\frac{\partial r}{\partial r} = \frac{1}{r^2}\times 2r = \frac{2}{r}$$

정답 18 ①   19 ④   20 ②

22 2. 전력공학

01 피뢰기의 충격방전 개시전압은 무엇으로 표시하는가?

① 직류전압의 크기
② 충격파의 평균치
③ 충격파의 최대치
④ 충격파의 실효치

피뢰기의 용어해설
충격파 방전개시전압 – 충격파 방전을 개시할 때 피뢰기 단자의 최대전압

02 전력용 콘덴서에 비해 동기조상기의 이점으로 옳은 것은?

① 소음이 적다.
② 진상전류 이외에 지상전류를 취할 수 있다.
③ 전력손실이 적다.
④ 유지보수가 쉽다.

조상설비의 비교

구분 \ 종류	동기조상기	전력용 콘덴서	분로 리액터
전류조정	진상, 지상	진상	지상
조정형식	연속적	단계적	단계적
전력손실	크다	작다	작다
전압유지능력	크다	작다	작다
유지보수	어렵다	쉽다	쉽다
소음	크다	작다	작다

03 단락보호방식에 관한 설명으로 틀린 것은?

① 방사상 선로의 단락 보호방식에서 전원이 양단에 있을 경우 방향단락계전기와 과전류계전기를 조합시켜서 사용한다.
② 전원이 1단에만 있는 방사상 송전 선로에서의 고장 전류는 모두 발전소로부터 방사상으로 흘러나간다.
③ 환상 선로의 단락 보호방식에서 전원이 두 군데 이상 있는 경우에는 방향거리계전기를 사용한다.
④ 환상 선로의 단락 보호방식에서 전원이 1단에만 있을 경우 선택단락계전기를 사용한다.

단락보호방식의 구분

구분		내용
방사상 선로	전원이 1단에 있는 경우	과전류계전기
	전원이 양단에 있는 경우	방향단락계전기와 과전류계전기의 조합
환상 선로	전원이 1단에 있는 경우	방향단락계전기
	전원이 양단에 있는 경우	방향거리계전기

04 밸런서의 설치가 가장 필요한 배전방식은?

① 단상 2선식
② 단상 3선식
③ 3상 3선식
④ 3상 4선식

저압밸런서
단상 3선식은 중성선이 용단되면 전압불평형이 발생하므로 중성선에 퓨즈를 삽입하면 안되며 부하 말단에 저압밸런서를 설치하여 전압밸런스를 유지한다.

05 부하전류가 흐르는 전로는 개폐할 수 없으나 기기의 점검이나 수리를 위하여 회로를 분리하거나, 계통의 접속을 바꾸는데 사용하는 것은?

① 차단기   ② 단로기
③ 전력용 퓨즈   ④ 부하 개폐기

단로기(DS)
(1) 소호장치가 없어 고장전류나 부하전류를 개폐하거나 차단할 수 없으며 오직 무부하시에만 무부하전류(충전전류와 여자전류)를 개폐할 수 있는 설비이다.
(2) 기기 점검 및 수리를 위해 회로를 분리하거나 계통의 접속을 바꾸는데 사용된다.

06 정전용량 0.01[μF/km], 길이 173.2[km], 선간전압 60[kV], 주파수 60[Hz]인 3상 송전선로의 충전전류는 약 몇 [A]인가?

① 6.3   ② 12.5
③ 22.6   ④ 37.2

충전전류(I_c)

$I_c = \omega C l E = \omega C l \dfrac{V}{\sqrt{3}}$ [A] 식에서

$C = 0.01 \, [\mu\text{F/km}], \ l = 173.2 \, [\text{km}], \ V = 60 \, [\text{kV}],$
$f = 60 \, [\text{Hz}]$일 때

$\therefore I_s = \omega C l \dfrac{V}{\sqrt{3}} = 2\pi f C l \dfrac{V}{\sqrt{3}}$

$= 2\pi \times 60 \times 0.01 \times 10^{-6} \times 173.2 \times \dfrac{60 \times 10^3}{\sqrt{3}}$

$= 22.6 \, [\text{A}]$

07 보호계전기의 반한시 · 정한시 특성은?

① 동작전류가 커질수록 동작시간이 짧게 되는 특성
② 최소 동작전류 이상의 전류가 흐르면 즉시 동작하는 특성
③ 동작전류의 크기에 관계없이 일정한 시간에 동작하는 특성
④ 동작전류가 커질수록 동작시간이 짧아지며, 어떤 전류 이상이 되면 동작전류의 크기에 관계없이 일정한 시간에서 동작하는 특성

정한시–반한시계전기
정한시 특성과 반한시 특성을 모두 지니고 있는 계전기로서 동작전류가 커질수록 동작시간이 짧아지며, 어떤 전류 이상이 되면 동작전류의 크기에 관계없이 일정한 시간에서 동작하는 특성을 갖는다.

08 전력계통의 안정도에서 안정도의 종류에 해당하지 않는 것은?

① 정태 안정도   ② 상태 안정도
③ 과도 안정도   ④ 동태 안정도

전력계통의 안정도
(1) 정태안정도 : 정상적인 운전 상태에서 서서히 부하를 조금씩 증가했을 경우 계통에 미치는 안정도
(2) 과도안정도 : 부하가 갑자기 크게 변동하거나 사고가 발생한 경우 계통에 커다란 충격을 주게 되는데 이때 계통에 미치는 안정도
(3) 동태안정도 : 고속자동전압조정기(AVR)로 동기기의 여자전류를 제어할 경우의 정태안정도

09 배전선로의 역률 개선에 따른 효과로 적합하지 않은 것은?

① 선로의 전력손실 경감
② 선로의 전압강하의 감소
③ 전원측 설비의 이용률 향상
④ 선로 절연의 비용 절감

역률개선 효과
부하의 역률을 개선하기 위해서 전력용 콘덴서(병렬콘덴서)를 설치하며 역률이 개선될 경우 다음과 같은 효과가 있다.
(1) 전력손실 경감
(2) 전압강하 경감
(3) 전력요금 감소
(4) 설비용량의 여유 증가

10 저압뱅킹 배전방식에서 캐스케이딩현상을 방지하기 위하여 인접 변압기를 연락하는 저압선의 중간에 설치하는 것으로 알맞은 것은?

① 구분퓨즈
② 리클로저
③ 섹셔널라이저
④ 구분개폐기

저압뱅킹방식의 캐스케이딩 현상과 구분퓨즈

구분	내용
저압뱅킹 방식	고압 배전선로에 접속된 2대 이상의 배전용 변압기 저압측을 병렬 접속하는 방식
캐스케이딩 현상	변압기 또는 선로의 사고에 의해서 뱅킹 내의 건전한 변압기의 일부 또는 전부가 연쇄적으로 회로로부터 차단되는 현상
구분퓨즈	캐스케이딩을 방지하기 위하여 인접변압기를 연락하는 저압선의 중간에 설치

11 승압기에 의하여 전압 V_e에서 V_h로 승압할 때, 2차 정격전압 e, 자기용량 W인 단상 승압기가 공급할 수 있는 부하용량은?

① $\dfrac{V_h}{e} \times W$

② $\dfrac{V_e}{e} \times W$

③ $\dfrac{V_e}{V_h - V_e} \times W$

④ $\dfrac{V_h - V_e}{V_e} \times W$

단상승압기

승압 전의 전원측 전압 V_e, 승압 후의 부하측 전압 V_h, 승압기 1차 정격전압 e', 승압기 2차 정격전압 e, 승압기 용량 W인 경우 부하용량 P는

$$V_h = V_e + \frac{e}{e'} V_e = V_e\left(1 + \frac{e}{e'}\right)$$

$$\therefore P = V_h i_2 = V_h \times \frac{W}{e} = \frac{V_h}{e} \times W$$

12 배기가스의 여열을 이용해서 보일러에 공급되는 급수를 예열함으로써 연료 소비량을 줄이거나 증발량을 증가시키기 위해서 설치하는 여열회수장치는?

① 과열기
② 공기 예열기
③ 절탄기
④ 재열기

절탄기

절탄기란 배기가스의 여열을 이용해서 보일러에 공급되는 급수를 예열함으로서 연료 소비량을 줄이거나 증발량을 증가시키기 위해서 설치하는 여열회수장치이다.

13 직렬콘덴서를 선로에 삽입할 때의 이점이 아닌 것은?

① 선로의 인덕턴스를 보상한다.
② 수전단의 전압강하를 줄인다.
③ 정태안정도를 증가한다.
④ 송전단의 역률을 개선한다.

직렬콘덴서의 특징

(1) 선로의 유도리액턴스(인덕턴스)를 보상한다.
(2) 수전단의 전압강하를 줄인다.
(3) 정태안정도를 증가시킨다.
(4) 송전전력의 증가를 꾀할 수 있다.
(5) 부하역률이 나쁠수록 설치효과가 좋다.
(6) 단락사고가 발생하는 경우 직렬공진을 일으킬 우려가 있다.
∴ 역률을 개선하기 위한 설비는 전력용 콘덴서(병렬콘덴서)이다.

14 전선의 굵기가 균일하고 부하가 균등하게 분산되어 있는 배전선로의 전력손실은 전체 부하가 선로 말단에 집중되어 있는 경우에 비하여 어느 정도가 되는가?

① $\dfrac{1}{2}$ ② $\dfrac{1}{3}$

③ $\dfrac{2}{3}$ ④ $\dfrac{3}{4}$

전압강하와 전력손실 비교

구분 종류	말단에 집중부하	균등분포(균등분산) 된 부하
전압강하	100[%]	$50[\%] = \dfrac{1}{2}$ 배
전력손실	100[%]	$33.3[\%] = \dfrac{1}{3}$ 배

16 직접접지방식에 대한 설명으로 틀린 것은?

① 1선 지락 사고시 건전상의 대지 전압이 거의 상승하지 않는다.
② 계통의 절연수준이 낮아지므로 경제적이다.
③ 변압기의 단절연이 가능하다.
④ 보호계전기가 신속히 동작하므로 과도안정도가 좋다.

직접접지방식의 특징

구분	특징
장점	(1) 1선 지락고장시 건전상의 대지전압 상승이 거의 상승하지 않는다. (2) 단선고장시 이상전압이 최저이다. (3) 계통의 절연수준이 낮아지므로 경제적이며 초고압 송전선에 적합하다. (4) 중성점 전위가 낮으므로 변압기의 단절연이 가능하다. (5) 보호계전기가 신속하게 동작하여 신뢰도가 높다.
단점	(1) 지락전류가 대단히 크다 (2) 근접 통신선에 유도장해가 발생한다. (3) 계통의 안정도가 나쁘다.

15 송전단 전압 161[kV], 수전단 전압 154[kV], 상차각 35°, 리액턴스 60[Ω]일 때 선로 손실을 무시하면 전송전력[MW]은 약 얼마인가?

① 356   ② 307
③ 237   ④ 161

정태안정극한전력

$P = \dfrac{E_s E_R}{X} \sin\delta$ [MW] 식에서

$E_s = 161$ [kV], $E_R = 154$ [kV], $\delta = 35°$,
$X = 60$ [Ω]일 때

$\therefore P = \dfrac{E_s E_R}{X} \sin\delta = \dfrac{161 \times 154}{60} \times \sin 35°$

    $= 237$ [MW]

17 그림과 같이 지지점 A, B, C에는 고저차가 없으며, 경간 AB와 BC 사이에 전선이 가설되어 그 이도가 각각 12[cm] 이다. 지지점 B에서 전선이 떨어져 전선의 이도가 D로 되었다면 D의 길이 [cm]는? (단, 지지점 B는 A와 C의 중점이며 지지점 B에서 전선이 떨어지기 전, 후의 길이는 같다.)

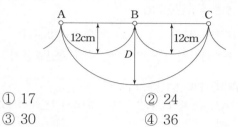

① 17
② 24
③ 30
④ 36

실장(L)과 이도(D)

$L = S + \dfrac{8D^2}{3S}$ [m], $D = \dfrac{WS^2}{8T}$ [m] 식에서

지지점 B에서 전선이 떨어지기 전과 후의 이도를 각각 D_1, D_2라 하면 실장은 변함이 없으므로 아래의 식이 성립한다.

$2\left(S + \dfrac{8D_1{}^2}{3S}\right) = 2S + \dfrac{8D_2{}^2}{3 \times 2S}$ [m] 이므로

$D_2 = 2D_1$ [m]임을 알 수 있다.

$D_1 = 12$ [cm]일 때

$\therefore D_2 = 2D_1 = 2 \times 12 = 24$ [cm]

---

18 수차의 캐비테이션 방지책으로 틀린 것은?

① 흡출수두를 증대시킨다.
② 과부하 운전을 가능한 한 피한다.
③ 수차의 비속도를 너무 크게 잡지 않는다.
④ 침식에 강한 금속재료로 러너를 제작한다.

캐비테이션의 방지대책

(1) 수차의 비속도를 너무 크게 잡지 않을 것
(2) 흡출수두를 너무 높게 취하지 않을 것
(3) 침식에 강한 재료로 러너를 제작하든지 부분적으로 보강할 것
(4) 러너 표면을 미끄럽게 가공 정도를 높일 것
(5) 과도한 부분 부하, 과부하 운전을 가능한 한 피할 것
(6) 토마계수를 크게 할 것
(7) 수차의 회전수를 적게 할 것

---

19 송전선로에 매설지선을 설치하는 목적은?

① 철탑 기초의 강도를 보강하기 위하여
② 직격뇌로부터 송전선을 차폐보호하기 위하여
③ 현수애자 1연의 전압 분담을 균일화하기 위하여
④ 철탑으로부터 송전선로로의 역섬락을 방지하기 위하여

매설지선

역섬락이 일어나면 뇌전류가 애자련을 통하여 전선로로 유입될 우려가 있으므로 이때 탑각에 방사형 매설지선을 포설하여 탑각의 접지저항을 낮춰주면 역섬락을 방지할 수 있게 된다.

---

20 1회선 송전선과 변압기의 조합에서 변압기의 여자 어드미턴스를 무시하였을 경우 송수전단의 관계를 나타내는 4단자 정수 C_0는?

(단, $A_0 = A + CZ_{ts}$
　　　$B_o = B + AZ_{tr} + DZ_{ts} + CZ_{tr}Z_{ts}$
　　　$D_0 = D + CZ_{tr}$

여기서 Z_{ts}는 송전단 변압기의 임피던스이며,
　　　Z_{tr}은 수전단 변압기의 임피던스이다.)

① C
② $C + DZ_{ts}$
③ $C + AZ_{ts}$
④ $CD + CA$

4단자 회로망의 종속접속

$\begin{bmatrix} A_0 & B_0 \\ C_0 & D_0 \end{bmatrix}$

$= \begin{bmatrix} 1 & Z_{ts} \\ 0 & 1 \end{bmatrix} \begin{bmatrix} A & B \\ C & D \end{bmatrix} \begin{bmatrix} 1 & Z_{tr} \\ 0 & 1 \end{bmatrix}$

$= \begin{bmatrix} A + Z_{ts}C & B + Z_{ts}D \\ C & D \end{bmatrix} \begin{bmatrix} 1 & Z_{tr} \\ 0 & 1 \end{bmatrix}$

$= \begin{bmatrix} A + Z_{ts}C & (A + Z_{ts}C)Z_{tr} + B + Z_{ts}D \\ C & CZ_{tr} + D \end{bmatrix}$

$\therefore C_0 = C$

---

22 3. 전기기기

01

단상 변압기의 무부하 상태에서 $V_1 = 200\sin(\omega t + 30°)$[V]의 전압이 인가되었을 때 $I_o = 3\sin(\omega t + 60°) + 0.7\sin(3\omega t + 180°)$[A]의 전류가 흘렀다. 이때 무부하손은 약 몇 [W]인가?

① 150   ② 259.8
③ 415.2   ④ 512

변압기의 무부하손

변압기 무부하 상태에서 전압은 기본파만 나타나고 여자전류는 기본파와 제3고조파가 함께 나타나는 조건에서 무부하손은 주파수가 동일한 조건을 갖는 기본파에 대한 손실만 계산된다.

$P_0 = \dfrac{1}{2} V_{1m} I_{1m} \cos\theta_1$ [W] 식에서

$V_{1m} = 200$ [V], $I_{1m} = 3$ [A],

$\theta_1 = |\theta_i - \theta_v| = |60° - 30°| = 30°$일 때

$\therefore P_0 = \dfrac{1}{2} V_{1m} I_{1m} \cos\theta_1$

$= \dfrac{1}{2} \times 200 \times 3 \times \cos 30° = 259.8$ [W]

02

단상 직권 정류자 전동기의 전기자 권선과 계자 권선에 대한 설명으로 틀린 것은?

① 계자권선의 권수를 적게 한다.
② 전기자 권선의 권수를 크게 한다.
③ 변압기 기전력을 적게 하여 역률 저하를 방지한다.
④ 브러시로 단락되는 코일 중의 단락전류를 크게 한다.

단상 직권 정류자전동기의 특징

(1) 전기자 권선수를 계자 권선수보다 많게 한다.
　 – 토크 증가, 역률 개선, 속도기전력 증가
(2) 변압기 기전력을 적게 하여 역률을 좋게 한다.
(3) 보상권선을 설치하여 전기자반작용을 감소시키고 역률을 개선한다.
(4) 브러시 접촉저항을 크게 하여 브러시로 단락되는 코일 중의 단락전류를 줄인다.

03

전부하시의 단자전압이 무부하시의 단자전압보다 높은 직류발전기는?

① 분권발전기   ② 평복권발전기
③ 과복권발전기   ④ 차동복권발전기

직류발전기의 전압변동률 : ϵ[%]

무부하시 단자전압 V_0[V], 전부하시 단자전압 V[V]라 하면

$\epsilon = \dfrac{V_0 - V}{V} \times 100$ [%] 식에서

(1) $\epsilon > 0$인 발전기는 타여자, 분권, 부족복권발전기이고 $V_0 > V$임을 알 수 있다.
(2) $\epsilon = 0$인 발전기는 평복권발전기이고 $V_0 = V$이다.
(3) $\epsilon < 0$인 발전기는 과복권, 직권발전기이고 $V_0 < V$임을 알 수 있다.
$\therefore$ 이 중에서 $V_0 < V$인 경우는 과복권발전기와 직권발전기이지만 실제로 무부하에서는 직권발전기는 발전이 불가능하기 때문에 조건에 만족하는 경우는 과복권발전기이다.

04

직류기의 다중 중권 권선법에서 전기자 병렬회로 수 a와 극수 P 사이의 관계로 옳은 것은? (단, m은 다중도이다.)

① $a = 2$ ② $a = 2m$
③ $a = P$ ④ $a = mP$

중권과 파권의 비교

비교항목	중권	파권
전기자병렬회로수(a)	$a = P$ (극수)	$a = 2$
브러시 수(b)	$b = P$	$b = 2$
용도	저전압, 대전류용	고전압, 소전류용
균압접속	필요하다.	불필요하다.
다중도(m)	$a = mP$	$a = 2m$

정답 01 ②   02 ④   03 ③   04 ④

05 슬립 s_t에서 최대 토크를 발생하는 3상 유도전동기에 2차측 한상의 저항을 r_2라 하면 최대 토크로 기동하기 위한 2차측 한 상에 외부로부터 가해 주어야 할 저항[Ω]은?

① $\dfrac{1-s_t}{s_t}r_2$ ② $\dfrac{1+s_t}{s_t}r_2$

③ $\dfrac{r_2}{1-s_t}$ ④ $\dfrac{r_2}{s_t}$

등가부하저항(=외부저항 : R)

기동시 2차 전류 $I_2{}'$는

$$I_2{}' = \frac{sE_2}{\sqrt{r_2{}^2+(s_t x_2)^2}} = \frac{E_2}{\sqrt{\left(\dfrac{r_2}{s_t}-r_2+r_2\right)^2+x_2{}^2}}$$

$$= \frac{E_2}{\sqrt{(R+r_2)^2+x_2^2}} \text{ [A] 식에서}$$

$$\therefore R = \frac{r_2}{s_t}-r_2 = \frac{1-s_t}{s_t}r^2 \text{ [Ω]}$$

06 단상 변압기를 병렬 운전할 경우 부하전류의 분담은?

① 용량에 비례하고 누설 임피던스에 비례
② 용량에 비례하고 누설 임피던스에 반비례
③ 용량에 반비례하고 누설 리액턴스에 비례
④ 용량에 반비례하고 누설 리액턴스의 제곱에 비례

변압기 병렬운전시 부하 분담

변압기 2대가 병렬운전하는 경우 부하 분담은 용량에 비례하고 %임피던스 강하(또는 누설 임피던스)에 반비례하며 변압기 용량을 초과하지 않아야 한다.

07 스텝 모터(step motor)의 장점으로 틀린 것은?

① 회전각과 속도는 펄스 수에 비례한다.
② 위치제어를 할 때 각도 오차가 적고 누적된다.
③ 가속, 감속이 용이하며 정·역전 및 변속이 쉽다.
④ 피드백 없이 오픈 루프로 손쉽게 속도 및 위치제어를 할 수 있다.

스텝 모터의 장점

(1) 가속, 감속이 용이하며 정·역전 변속이 쉽다.
(2) 브러시, 슬립링 등이 없고 부품수가 적어 유지보수 필요성이 작다.
(3) 위치제어를 할 때 각도오차가 적고 누적되지 않는다.
(4) 정지하고 있을 때 그 위치를 유지해 주는 토크가 크다.
(5) 피드백 루프가 필요 없이 오픈 루프로 손쉽게 속도 및 위치제어를 할 수 있다.
(6) 디지털 신호를 직접 제어할 수 있으므로 컴퓨터 등 다른 디지털 기기와 인터페이스가 쉽다.

08 380[V], 60[Hz], 4극, 10[kW]인 3상 유도전동기의 전부하 슬립이 4[%]이다. 전원 전압을 10[%] 낮추는 경우 전부하 슬립은 약 몇 [%]인가?

① 3.3 ② 3.6
③ 4.4 ④ 4.9

공급 전압(V)과 전부하 슬립(s)과의 관계

전부하 슬립(s)은 공급 전압(V)의 제곱에 반비례하므로

$V' = 0.9V$[V], $s=4$[%] 일 때

$\therefore s' = \left(\dfrac{V}{V'}\right)^2 s = \left(\dfrac{1}{0.9}\right)^2 \times 4 = 4.9$ [%]

09 3상 권선형 유도전동기의 기동 시 2차측 저항을 2배로 하면 최대토크 값은 어떻게 되는가?

① 3배로 된다.　　② 2배로 된다.

③ $\frac{1}{2}$ 로 된다.　　④ 변하지 않는다.

비례추이의 원리

권선형 유도전동기의 2차 저항을 증가시키면
(1) 최대토크는 변하지 않고 기동시 기동토크가 증가하며 반면 기동전류는 감소한다.
(2) 최대토크를 발생하는 슬립이 증가한다.
(3) 기동역률이 좋아진다.
(4) 전부하 효율이 저하되고 속도가 감소한다.

10 직류 분권전동기에서 정출력 가변속도의 용도에 적합한 속도제어법은?

① 계자제어　　② 저항제어
③ 전압제어　　④ 극수제어

직류전동기의 속도제어

(1) 전압제어(정토크제어)
　단자전압을 가감함으로서 속도를 제어하는 방식으로 속도의 조정범위가 광범위하고 운전 효율이 좋다.
(2) 계자제어(정출력제어)
　계자회로의 계자전류를 조정하여 자속을 가감하여 속도를 제어하는 방식
(3) 저항제어
　전기자권선과 직렬로 접속한 직렬저항을 가감하여 속도를 제어하는 방식

11 직류 분권전동기의 전기자전류가 10[A]일 때 5[N·m]의 토크가 발생하였다. 이 전동기의 계자의 자속이 80[%]로 감소되고, 전기자전류가 12[A] 로 되면 토크는 약 몇 [N·m]인가?

① 3.9　　② 4.3
③ 4.8　　④ 5.2

직류전동기의 토크(τ)

$\tau = \frac{EI_a}{\omega} = \frac{pZ\phi I_a}{2\pi a} = k\phi I_a \,[\text{N·m}]$ 식에서

$\tau \propto \phi I_a$ 이므로
$I_a = 10\,[\text{A}]$, $\tau = 5\,[\text{N·m}]$, $\phi' = 0.8\phi\,[\text{Wb}]$,
$I_a' = 12\,[\text{A}]$일 때

$\therefore \tau' = \frac{\phi' I_a'}{\phi I_a}\cdot\tau = \frac{0.8\phi\times12}{\phi\times10}\times5 = 4.8\,[\text{N·m}]$

12 권수비가 a인 단상변압기 3대가 있다. 이것을 1차에 $\triangle$, 2차에 Y로 결선하여 3상 교류 평형회로에 접속할 때 2차측의 단자전압을 $V[\text{V}]$, 전류를 $I[\text{A}]$라고 하면 1차측의 단자전압 및 선전류는 얼마인가? (단, 변압기의 저항, 누설리액턴스, 여자전류는 무시한다.)

① $\frac{aV}{\sqrt{3}}\,[\text{V}]$, $\frac{\sqrt{3}I}{a}\,[\text{A}]$

② $\sqrt{3}aV[\text{V}]$, $\frac{I}{\sqrt{3}a}\,[\text{A}]$

③ $\frac{\sqrt{3}V}{a}\,[\text{V}]$, $\frac{aI}{\sqrt{3}}\,[\text{A}]$

④ $\frac{V}{\sqrt{3}a}\,[\text{V}]$, $\sqrt{3}aI[\text{A}]$

변압기 Y-△ 결선의 1차 및 2차 전압, 전류 관계

구분		관계식
Y결선	전압관계	$V = \sqrt{3}E[\text{V}]$
	전류관계	$I_L = I_P[\text{A}]$
△결선	전압관계	$V = E[\text{V}]$
	전류관계	$I_L = \sqrt{3}I_P[\text{A}]$

변압기의 권수비는 상전압과 상전류의 비로 표현한다.

$a = \frac{E_{P1}}{E_{P2}} = \frac{I_{P2}}{I_{P1}}$ 식에서

$E_{P2} = \frac{V}{\sqrt{3}}\,[\text{V}]$, $I_{P2} = I\,[\text{A}]$ 이므로

$E_{P1} = aE_{P2} = \frac{aV}{\sqrt{3}}\,[\text{V}]$, $I_{P1} = \frac{I_{P2}}{a} = \frac{I}{a}\,[\text{A}]$이다.

$\therefore V_1 = E_{P1} = \frac{aV}{\sqrt{3}}\,[\text{V}]$

$\therefore I_1 = \sqrt{3}I_{P1} = \frac{\sqrt{3}I}{a}\,[\text{A}]$

13 3상 전원전압 220[V]를 3상 반파정류회로의 각 상에 SCR을 사용하여 정류제어 할 때 위상각을 60°로 하면 순 저항부하에서 얻을 수 있는 출력전압 평균값은 약 몇 [V]인가?

① 128.65 ② 148.55
③ 257.3 ④ 297.1

3상 반파정류회로

위상각 제어가 되는 3상 반파정류회로에서 직류측 전압은 다음과 같이 계산할 수 있다.
직류측 전압 E_d, 교류측 상전압 E_a, 교류측 선간전압 V_a일 때

$$E_d = \frac{3\sqrt{3}}{\sqrt{2}\,\pi} E_a \cos\alpha = 1.17 E_a \cos\alpha \, [\text{V}],$$

$$E_d = \frac{1.17}{\sqrt{3}} V_a \cos\alpha = 0.675 V_a \cos\alpha \, [\text{V}] \text{ 식에서}$$

$V_a = 220 \, [\text{V}]$, $\alpha = 60°$ 이므로

$$\therefore E_d = 0.675 V_a \cos\alpha = 0.675 \times 220 \times \cos 60°$$
$$= 74.25 \, [\text{V}]$$

참고 3상 전원전압을 상전압으로 계산하면
$E_a = 220 \, [\text{V}]$, $\alpha = 60°$ 이므로
$$\therefore E_d = 1.17 E_a \cos\alpha = 1.17 \times 220 \times \cos 60°$$
$$= 128.7 \, [\text{V}]$$

14 유도자형 동기발전기의 설명으로 옳은 것은?

① 전기자만 고정되어 있다.
② 계자극만 고정되어 있다.
③ 회전자가 없는 특수 발전기이다.
④ 계자극과 전기자가 고정되어 있다.

유도자형 동기발전기

계자극과 전기자를 모두 고정시키고 유도자라고 하는 권선이 없는 회전자를 가진 것. 주로 수백~20,000[Hz] 정도의 고주파발전기에 사용된다.

15 3상 동기발전기의 여자전류 10[A]에 대한 단자전압이 $1,000\sqrt{3}$ [V], 3상 단락전류가 50[A]인 경우 동기임피던스는 몇 [Ω]인가?

① 5 ② 11
③ 20 ④ 34

동기발전기의 단락전류(I_s)

동기임피던스 Z_s, 동기리액턴스 x_s, 유기기전력(상전압) E, 단자전압(선간전압) V 라 하면

$$I_s = \frac{E}{Z_s} \fallingdotseq \frac{E}{x_s} \, [\text{A}], \text{ 또는}$$

$$I_s = \frac{V}{\sqrt{3}\,Z_s} \fallingdotseq \frac{V}{\sqrt{3}\,x_s} \, [\text{A}] \text{이므로}$$

$$\therefore Z_s = \frac{V}{\sqrt{3}\,I_s} = \frac{1,000\sqrt{3}}{\sqrt{3}\times 50} = 20 \, [\Omega]$$

16 동기발전기에서 무부하 정격전압일 때의 여자전류를 I_{fo}, 정격부하 정격전압일 때의 여자전류를 I_{f1}, 3상 단락 정격전류에 대한 여자전류를 I_{fs} 라 하면 정격속도에서의 단락비 K는?

① $K = \dfrac{I_{fs}}{I_{fo}}$ ② $K = \dfrac{I_{fo}}{I_{fs}}$

③ $K = \dfrac{I_{fs}}{I_{f1}}$ ④ $K = \dfrac{I_{f1}}{I_{fs}}$

단락비(k_s)

무부하시 정격전압을 유지하는데 필요한 계자전류 I_{f0}, 3상 단락시 정격전류와 같은 단락전류를 흘리는데 필요한 계자전류 I_{fs}, 단락전류 I_s, 정격전류 I_n, %임피던스 %Z라 하면

$$\therefore k_s = \frac{I_{f0}}{I_{fs}} = \frac{I_s}{I_n} = \frac{100}{\%Z}$$

17 변압기의 습기를 제거하여 절연을 향상시키는 건조법이 아닌 것은?

① 열풍법 ② 단락법
③ 진공법 ④ 건식법

변압기의 건조법

변압기의 권선과 철심을 건조하고 그 안에 있는 습기를 제거하여 절연을 향상시키는 건조법으로 열풍법, 단락법, 진공법이 채용되고 있다.

18 극수 20, 주파수 60[Hz]인 3상 동기발전기의 전기자권선이 2층 중권, 전기자 전 슬롯 수 180, 각 슬롯 내의 도체 수 10, 코일피치 7 슬롯인 2중 성형결선으로 되어 있다. 선간전압 3,300[V]를 유도하는데 필요한 기본파 유효자속은 약 몇 [Wb]인가? (단, 코일피치와 자극피치의 비 $\beta = \dfrac{7}{9}$ 이다.)

① 0.004　　　　② 0.062
③ 0.053　　　　④ 0.07

동기발전기의 유기기전력(E)

$E = 4.44\,f\phi Nk_w\,[\text{V}]$, $V = \sqrt{3} \times 4.44\,f\phi Nk_w\,[\text{V}]$,

$k_d = \dfrac{\sin\dfrac{\pi}{2m}}{q\sin\dfrac{\pi}{2mq}}$, $k_p = \sin\dfrac{\beta\pi}{2}$,

$k_w = k_d \cdot k_p$ 식에서

$p = 20$, $f = 60\,[\text{Hz}]$, $m = 3$, 2층 중권,
전 슬롯수 = 180, 슬롯 내 도체수 = 10,

$V = 3,300\,[\text{V}]$, $\beta = \dfrac{7}{9}$ 일 때

한 상당 코일 권수 $N = \dfrac{180 \times 10}{2 \times 3 \times 2} = 150$,

매극 매상당 슬롯수 $q = \dfrac{180}{20 \times 3} = 3$,

$k_d = \dfrac{\sin\dfrac{\pi}{2 \times 3}}{3 \times \sin\dfrac{\pi}{2 \times 3 \times 3}} = 0.96$,

$k_p = \sin\dfrac{\dfrac{7}{9}\pi}{2} = \sin\dfrac{7\pi}{18} = 0.94$ 이므로

$\therefore \phi = \dfrac{V}{\sqrt{3} \times 4.44\,f N k_d \cdot k_p}$

$= \dfrac{3,300}{\sqrt{3} \times 4.44 \times 60 \times 150 \times 0.96 \times 0.94}$

$= 0.053\,[\text{Wb}]$

19 2방향성 3단자 사이리스터는 어느 것인가?

① SCR　　　　② SSS
③ SCS　　　　④ TRIAC

사이리스터의 분류

단자 수	단일방향성(역저지)	양방향성
2	Diode	SSS, DIAC
3	SCR, GTO, LASCR	TRIAC
4	SCS	—

20 일반적인 3상 유도전동기에 대한 설명으로 틀린 것은?

① 불평형 전압으로 운전하는 경우 전류는 증가하나 토크는 감소한다.
② 원선도 작성을 위해서는 무부하시험, 구속시험, 1차 권선저항 측정을 하여야한다.
③ 농형은 권선형에 비해 구조가 견고하며 권선형에 비해 대형전동기로 널리 사용된다.
④ 권선형 회전자의 3선 중 1선이 단선되면 동기속도의 50[%]에서 더 이상 가속되지 못하는 현상을 게르게스현상이라 한다.

3상 농형 유도전동기의 특징
(1) 구조간 간단하고 튼튼하다.
(2) 취급이 쉽다.
(3) 효율이 좋다.
(4) 보수가 용이하다.
(5) 중소형에 많이 사용된다.

22 4. 회로이론 및 제어공학

01 다음 블록선도의 전달함수 $\left(\dfrac{C(s)}{R(s)}\right)$는?

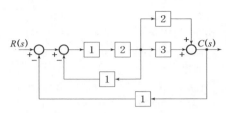

① $\dfrac{10}{9}$ ② $\dfrac{10}{13}$

③ $\dfrac{12}{9}$ ④ $\dfrac{12}{13}$

블록선도

$G(s) = \dfrac{\text{전향경로이득}}{1-\text{루프경로이득}}$ 식에서

전향경로이득$= 1 \times 2 \times 3 + 1 \times 2 \times 2 = 10$

루프경로이득$= -(1 \times 1 \times 2 \times 3) - (1 \times 1 \times 2 \times 2)$
$\qquad\qquad\quad - (1 \times 1 \times 2) = -12$

$\therefore G(s) = \dfrac{\text{전향경로이득}}{1-\text{루프경로이득}} = \dfrac{10}{1-(-12)}$

$\qquad\qquad = \dfrac{10}{13}$

---

02 전달함수가 $G(s) = \dfrac{1}{0.1s(0.01s+1)}$ 과 같은 제어시스템에서 $\omega = 0.1$[rad/s]일 때의 이득[dB]과 위상각[°]은 약 얼마인가?

① 40[dB], $-90°$ ② -40[dB], $90°$

③ 40[dB], $-180°$ ④ -40[dB], $-180°$

이득(g)과 위상(ϕ)

$G(j\omega) = \dfrac{1}{0.1(j\omega)\{0.01(j\omega)+1\}}\bigg|_{\omega=0.1}$

$\qquad = \dfrac{1}{j0.01(j0.001+1)}$

$\therefore g = 20\log \dfrac{1}{0.01 \times \sqrt{0.001^2+1}} = 40$ [dB]

$\therefore \phi = -90° - \tan^{-1}\left(\dfrac{0.001}{1}\right) = -90°$

---

03 다음의 논리식과 등가인 것은?

$$Y = (A+B)(\overline{A}+B)$$

① $Y = A$ ② $Y = B$

③ $Y = \overline{A}$ ④ $Y = \overline{B}$

논리식

$Y = (A+B)(\overline{A}+B) = A\overline{A} + AB + B\overline{A} + BB$
$\quad = (A+\overline{A}+1) \cdot B = B$

참고 불대수

$A \cdot \overline{A} = 0, \ A + \overline{A} = 1$

---

04 다음의 개루프 전달함수에 대한 근궤적이 실수축에서 이탈하게 되는 분리점은 약 얼마인가?

$$G(s)H(s) = \dfrac{K}{s(s+3)(s+8)}, \ K \geq 0$$

① -0.93 ② -5.74

③ -6.0 ④ -1.33

근궤적의 이탈점

특성방정식이

$1 + G(s)H(s) = 1 + KG_1(s)H_1(s) = 0$일 때

$G_1(s)H_1(s) = \dfrac{1}{s(s+3)(s+8)}$ 이므로

$K = -\dfrac{1}{G_1(s)H_1(s)}$ 식에서 $\dfrac{dK}{ds} = 0$인 조건을 만족하는 s값이 근궤적의 이탈점이다.

$\dfrac{dK}{ds} = \dfrac{d}{ds}(-s^3 - 11s^2 - 24s)$

$\qquad = -3s^2 - 22s - 24 = 0$

$3s^2 + 22s + 24 = (3s+4)(s+6) = 0$

$s = -\dfrac{4}{3} = -1.33, \ s = -6$

근궤적의 범위는 $0 \sim -3, \ -8 \sim -\infty$ 사이 이므로 이탈점은 이 범위 안에 놓이게 된다.

$\therefore s = -1.33$

---

05 $F(z) = \dfrac{(1-e^{-aT})z}{(z-1)(z-e^{-aT})}$ 의 역 z 변환은?

① $t \cdot e^{-at}$ ② $a^t \cdot e^{-at}$

③ $1+e^{-at}$ ④ $1-e^{-at}$

시간함수 $f(t)$, 라플라스함수 $F(s)$, z변환함수 $F(z)$

$f(t)$	$F(s)$	$F(z)$
$\delta(t)$	1	1
$u(t)$	$\dfrac{1}{s}$	$\dfrac{z}{z-1}$
e^{-at}	$\dfrac{1}{s+a}$	$\dfrac{z}{z-e^{-aT}}$
t	$\dfrac{1}{s^2}$	$\dfrac{Tz}{(z-1)^2}$
te^{-at}	$\dfrac{1}{(s+a)^2}$	$\dfrac{Tze^{-aT}}{(z-e^{-aT})^2}$
$1-e^{-aT}$	$\dfrac{a}{s(s+a)}$	$\dfrac{(1-e^{-aT})z}{(z-1)(z-e^{-aT})}$
$\sin\omega t$	$\dfrac{\omega}{s^2+\omega^2}$	$\dfrac{z\sin\omega T}{z^2-2z\cos\omega T+1}$
$\cos\omega t$	$\dfrac{s}{s^2+\omega^2}$	$\dfrac{z(z-\cos\omega T)}{z^2-2z\cos\omega T+1}$

06 기본 제어요소인 비례요소의 전달함수는? (단, K는 상수이다.)

① $G(s) = K$ ② $G(s) = Ks$

③ $G(s) = \dfrac{K}{s}$ ④ $G(s) = \dfrac{K}{s+K}$

전달함수의 요소

요소	전달함수
비례요소	$G(s) = K$
미분요소	$G(s) = Ts$
적분요소	$G(s) = \dfrac{1}{Ts}$
1차 지연 요소	$G(s) = \dfrac{1}{1+Ts}$
2차 지연 요소	$G(s) = \dfrac{\omega_n^2}{s^2+2\zeta\omega_n s+\omega_n^2}$
부동작 시간 요소	$G(s) = Ke^{-Ls} = \dfrac{K}{e^{Ls}}$

07 다음의 상태방정식으로 표현되는 시스템의 상태 천이 행렬은?

$$\begin{bmatrix} \dfrac{d}{dt}x_1 \\ \dfrac{d}{dt}x_2 \end{bmatrix} = \begin{bmatrix} 0 & 1 \\ -3 & -4 \end{bmatrix}\begin{bmatrix} x_1 \\ x_2 \end{bmatrix}$$

① $\begin{bmatrix} 1.5e^{-t}-0.5e^{-3t} & -1.5e^{-t}+1.5e^{-3t} \\ 0.5e^{-t}-0.5e^{-3t} & -0.5e^{-t}+1.5e^{-3t} \end{bmatrix}$

② $\begin{bmatrix} 1.5e^{-t}-0.5e^{-3t} & 0.5e^{-t}-0.5e^{-3t} \\ -1.5e^{-t}+1.5e^{-3t} & -0.5e^{-t}+1.5e^{-3t} \end{bmatrix}$

③ $\begin{bmatrix} 1.5e^{-t}-0.5e^{-4t} & 0.5e^{-t}-0.5e^{-4t} \\ -1.5e^{-t}+1.5e^{-4t} & -0.5e^{-t}+1.5e^{-4t} \end{bmatrix}$

④ $\begin{bmatrix} 1.5e^{-t}-0.5e^{-4t} & -1.5e^{-t}+1.5e^{-4t} \\ 0.5e^{-t}-0.5e^{-4t} & -0.5e^{-t}+1.5e^{-4t} \end{bmatrix}$

상태방정식의 천이행렬 : $\phi(t)$

$\phi(t) = \mathcal{L}^{-1}[\phi(s)] = \mathcal{L}^{-1}[sI-A]^{-1}$이므로

$(sI-A) = s\begin{bmatrix} 1 & 0 \\ 0 & 1 \end{bmatrix} - \begin{bmatrix} 0 & 1 \\ -3 & -4 \end{bmatrix}$

$\qquad = \begin{bmatrix} s & -1 \\ 3 & s+4 \end{bmatrix}$

$\phi(s) = (sI-A)^{-1} = \begin{bmatrix} s & -1 \\ 3 & s+4 \end{bmatrix}^{-1}$

$\qquad = \dfrac{1}{s(s+4)+3}\begin{bmatrix} s+4 & 1 \\ -3 & s \end{bmatrix}$

$\qquad = \begin{bmatrix} \dfrac{s+4}{s^2+4s+3} & \dfrac{1}{s^2+4s+3} \\ \dfrac{-3}{s^2+4s+3} & \dfrac{s}{s^2+4s+3} \end{bmatrix}$

$\therefore \phi(t) = \mathcal{L}^{-1}[\phi(s)]$

$\qquad = \begin{bmatrix} 1.5e^{-t}-0.5e^{-3t} & 0.5e^{-t}-0.5e^{-3t} \\ -1.5e^{-t}+1.5e^{-3t} & -0.5e^{-t}+1.5e^{-3t} \end{bmatrix}$

08 제어시스템의 전달함수가 $T(s) = \dfrac{1}{4s^2 + s + 1}$ 과 같이 표현될 때 이 시스템의 고유주파수(ω_n [rad/s])와 감쇠율(ζ)은?

① $\omega_n = 0.25$, $\zeta = 1.0$ ② $\omega_n = 0.5$, $\zeta = 0.25$

③ $\omega_n = 0.5$, $\zeta = 0.5$ ④ $\omega_n = 1.0$, $\zeta = 0.5$

> **2차계의 전달함수**
>
> $G(s) = \dfrac{1}{4s^2 + s + 1} = \dfrac{\frac{1}{4}}{s^2 + \frac{1}{4}s + \frac{1}{4}}$ 이므로
>
> $G(s) = \dfrac{\omega_n^2}{s^2 + 2\zeta\omega_n s + \omega_n^2}$ 식에서
>
> $2\zeta\omega_n = \dfrac{1}{4}$, $\omega_n^2 = \dfrac{1}{4}$ 일 때
>
> $\omega_n = \dfrac{1}{2}$, $\zeta = \dfrac{1}{4}$ 이다.
>
> $\therefore \omega_n = 0.5$, $\zeta = 0.25$

09 그림의 신호흐름선도를 미분방정식으로 표현한 것으로 옳은 것은? (단, 모든 초기 값은 0이다.)

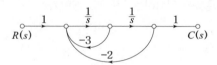

① $\dfrac{d^2 c(t)}{dt^2} + 3\dfrac{dc(t)}{dt} + 2c(t) = r(t)$

② $\dfrac{d^2 c(t)}{dt^2} + 2\dfrac{dc(t)}{dt} + 3c(t) = r(t)$

③ $\dfrac{d^2 c(t)}{dt^2} - 3\dfrac{dc(t)}{dt} - 2c(t) = r(t)$

④ $\dfrac{d^2 c(t)}{dt^2} - 2\dfrac{dc(t)}{dt} - 3c(t) = r(t)$

> **신호흐름선도와 미분방정식**
>
> 먼저 신호흐름선도의 전달함수를 구하면
>
> $G(s) = \dfrac{\text{전향경로이득}}{1 - \text{루프경로이득}}$ 식에서
>
> 전향경로이득 $= 1 \times \dfrac{1}{s} \times \dfrac{1}{s} \times 1 = \dfrac{1}{s^2}$
>
> 루프경로이득 $= -3 \times \dfrac{1}{s} - 2 \times \dfrac{1}{s} \times \dfrac{1}{s}$
>
> $\qquad\qquad = -\dfrac{3}{s} - \dfrac{2}{s^2}$ 일 때
>
> $\dfrac{C(s)}{R(s)} = \dfrac{\text{전향경로이득}}{1 - \text{루프경로이득}} = \dfrac{\dfrac{1}{s^2}}{1 - \left(-\dfrac{3}{s} - \dfrac{2}{s^2}\right)}$
>
> $\qquad = \dfrac{\dfrac{1}{s^2}}{1 + \dfrac{3}{s} + \dfrac{2}{s^2}} = \dfrac{1}{s^2 + 3s + 2}$ 이다.
>
> $(s^2 + 3s + 2)C(s) = R(s)$
> 위의 식을 미분방정식으로 표현하면 아래와 같다.
>
> $\therefore \dfrac{d^2 c(t)}{dt^2} + 3\dfrac{dc(t)}{dt} + 2c(t) = r(t)$

10 제어시스템의 특성방정식이 $s^4 + s^3 - 3s^2 - s + 2 = 0$와 같을 때, 이 특성방정식에서 s 평면의 오른쪽에 위치하는 근은 몇 개인가?

① 0　　　　　　　　② 1
③ 2　　　　　　　　④ 3

안정도판별법(루스판별법)

S^4	1	-3	2
S^3	1	-1	0
S^2	$\dfrac{-3+1}{1} = -2$	2	0
S^1	$\dfrac{2-2}{-2} = 0$	0	0

루스 수열 제1열의 S^1항에서 영(0)이 되었으므로 영(0) 대신 영(0)에 가까운 양(+)의 임의의 수 ϵ값을 취하여 계산에 적용한다.

S^4	1	-3	2
S^3	1	-1	0
S^2	$\dfrac{-3+1}{1} = -2$	2	0
S^1	ϵ	0	0
S^0	$\dfrac{2\epsilon - 0}{\epsilon} = 2$	0	0

∴ 루스 수열의 제1열 S^2항에서 (−)값이 나오므로 제1열의 부호 변화는 2번 생기게 되어 불안정 근의 수는 2개이며 S평면의 우반면에 불안정 근이 2개 존재하게 된다.

11 회로에서 6[Ω]에 흐르는 전류[A]는?

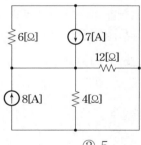

① 2.5　　　　　　　② 5
③ 7.5　　　　　　　④ 10

중첩의 원리

먼저 저항 12[Ω]과 4[Ω]은 병렬 접속되어 있으므로 합성하면 $R' = \dfrac{12 \times 4}{12 + 4} = 3[\Omega]$ 이므로

(1) 전류원 7[A]를 개방
전류원 8[A]에 의해 6[Ω]에 흐르는 전류 I'는
$$I' = \frac{3}{6+3} \times 8 = \frac{8}{3}[A]$$

(2) 전류원 8[A]를 개방
전류원 7[A]에 의해 6[Ω]에 흐르는 전류 I''는
$$I'' = \frac{3}{6+3} \times 7 = \frac{7}{3}[A]$$
I'와 I''의 전류 방향은 같으므로 6[Ω]에 흐르는 전체 전류 I는
$$\therefore I = I' + I'' = \frac{8}{3} + \frac{7}{3} = 5[A]$$

12 RL 직렬회로에서 시정수가 0.03[s], 저항이 14.7[Ω]일 때 이 회로의 인덕턴스[mH]는?

① 441　　　　　　　② 362
③ 17.6　　　　　　　④ 2.53

R–L과도현상

$\tau = \dfrac{L}{R} = \dfrac{N\phi}{RI}$ [sec] 식에서
$\tau = 0.03$ [sec], $R = 14.7$ [Ω]일 때
$\therefore L = \tau R = 0.03 \times 14.7$
$\qquad = 441 \times 10^{-3}$ [H] = 441 [mH]

13 상의 순서가 a-b-c인 불평형 3상 교류회로에서 각 상의 전류가 $I_a = 7.28\angle15.95°$ [A], $I_b = 12.81\angle-128.66°$ [A], $I_c = 7.21\angle123.69°$ [A]일 때 역상분 전류는 약 몇 [A]인가?

① $8.95\angle-1.14°$

② $8.95\angle1.14°$

③ $2.51\angle-96.55°$

④ $2.51\angle96.55°$

역상분 전류(I_2)

$$I_2 = \frac{1}{3}(I_a + \angle-120°I_b + \angle120°I_c)$$

$$= \frac{1}{3}\{7.28\angle15.95°$$

$$+1\angle-120° \times 12.81\angle-128.66°$$

$$+1\angle120° \times 7.21\angle123.69°\}$$

$$= 2.51\angle96.55° \text{ [A]}$$

14 그림과 같은 T형 4단자 회로의 임피던스 파라미터 Z_{22}는?

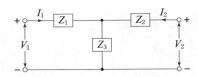

① Z_3

② $Z_1 + Z_2$

③ $Z_1 + Z_3$

④ $Z_2 + Z_3$

T형 회로망의 Z파라미터

$$\begin{bmatrix} Z_{11} & Z_{12} \\ Z_{21} & Z_{22} \end{bmatrix} = \begin{bmatrix} Z_1 + Z_3 & Z_3 \\ Z_3 & Z_2 + Z_3 \end{bmatrix}$$

$$\therefore Z_{22} = Z_2 + Z_3 \text{ [}\Omega\text{]}$$

15 그림과 같은 부하에 선간전압이 $V_{ab}=100\angle30°$ [V]인 평형 3상 전압을 가했을 때 선전류 I_a [A]는?

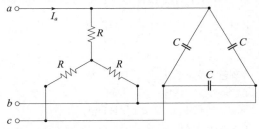

① $\dfrac{100}{\sqrt{3}}\left(\dfrac{1}{R} + j3\omega C\right)$

② $100\left(\dfrac{1}{R} + j\sqrt{3}\omega C\right)$

③ $\dfrac{100}{\sqrt{3}}\left(\dfrac{1}{R} + j\omega C\right)$

④ $100\left(\dfrac{1}{R} + j\omega C\right)$

선전류 계산

Y결선된 저항 R에 의한 선전류 I_Y, Δ결선된 정전용량 C에 의해 선전류 I_Δ라 하면

$$I_Y = \frac{V_L}{\sqrt{3}\,Z_R} = \frac{100}{\sqrt{3}\,R} \text{ [A]}$$

$$I_\Delta = \frac{\sqrt{3}\,V_L}{Z_C} = \frac{\sqrt{3}\,V_L}{\dfrac{1}{\omega C}} = 100\sqrt{3}\,\omega C \text{[A]}$$

저항에 흐르는 전류는 유효분이며, 정전용량에 흐르는 전류는 90° 앞선 진상전류이므로

$$\therefore I_L = I_Y + jI_\Delta = \frac{100}{\sqrt{3}\,R} + j100\sqrt{3}\,\omega C$$

$$= \frac{100}{\sqrt{3}}\left(\frac{1}{R} + j3\omega C\right) \text{[A]}$$

16 분포정수로 표현된 선로의 단위 길이당 저항이 0.5[Ω/km], 인덕턴스가 1[μH/km], 커패시턴스가 6[μF/km]일 때 일그러짐이 없는 조건(무왜형 조건)을 만족하기 위한 단위 길이당 컨덕턴스[℧/m]는?

① 1   ② 2

③ 3   ④ 4

무왜형 선로조건

$LG = RC$ 식에서

$R = 0.5\,[\Omega/\text{km}]$, $L = 1\,[\mu\text{H/km}]$,

$C = 6\,[\mu\text{F/km}]$ 일 때

$\therefore G = \dfrac{RC}{L} = \dfrac{0.5 \times 6 \times 10^{-6}}{1 \times 10^{-6}} = 3\,[\text{℧/km}]$

$\therefore R_{ab} = \dfrac{2 \times 3 + 3 \times 4 + 4 \times 2}{4} = \dfrac{13}{2}\,[\Omega]$

$\therefore R_{bc} = \dfrac{2 \times 3 + 3 \times 4 + 4 \times 2}{2} = 13\,[\Omega]$

$\therefore R_{ca} = \dfrac{2 \times 3 + 3 \times 4 + 4 \times 2}{3} = \dfrac{26}{3}\,[\Omega]$

17 그림 (a)의 Y결선 회로를 그림 (b)의 △결선회로로 등가 변환했을 때 R_{ab}, R_{bc}, R_{ca}는 각각 몇 [Ω]인가? (단, $R_a = 2[\Omega]$, $R_b = 3[\Omega]$, $R_c = 4[\Omega]$)

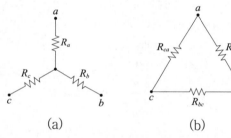

(a)   (b)

① $R_{ab} = \dfrac{6}{9}$, $R_{bc} = \dfrac{12}{9}$, $R_{ca} = \dfrac{8}{9}$

② $R_{ab} = \dfrac{1}{3}$, $R_{bc} = 1$, $R_{ca} = \dfrac{1}{2}$

③ $R_{ab} = \dfrac{13}{2}$, $R_{bc} = 13$, $R_{ca} = \dfrac{26}{3}$

④ $R_{ab} = \dfrac{11}{3}$, $R_{bc} = 11$, $R_{ca} = \dfrac{11}{2}$

Y결선 회로를 △결선 회로로 등가 변환

$R_{ab} = \dfrac{R_a R_b + R_b R_c + R_c R_a}{R_c}\,[\Omega]$,

$R_{bc} = \dfrac{R_a R_b + R_b R_c + R_c R_a}{R_a}\,[\Omega]$,

$R_{ca} = \dfrac{R_a R_b + R_b R_c + R_c R_a}{R_b}\,[\Omega]$ 식에서

18 다음과 같은 비정현파 교류 전압 $v(t)$와 전류 $i(t)$에 의한 평균전력은 약 몇 [W]인가?

$$v(t) = 200\sin100\pi t + 80\sin\left(300\pi t - \dfrac{\pi}{2}\right)[\text{V}]$$

$$i(t) = \dfrac{1}{5}\sin\left(100\pi t - \dfrac{\pi}{3}\right) + \dfrac{1}{10}\sin\left(300\pi t - \dfrac{\pi}{4}\right)[\text{A}]$$

① 6.414   ② 8.586

③ 12.828   ④ 24.212

비정현파의 소비전력(P)

$P = \dfrac{1}{2}(V_{m1}I_{m1}\cos\theta + V_{m3}I_{m3}\cos\theta_3)\,[\text{W}]$ 식에서

$V_{m1} = 200\angle 0°\,[\text{V}]$, $V_{m3} = 80\angle-90°\,[\text{V}]$,

$I_{m1} = \dfrac{1}{5}\angle-60°\,[\text{A}]$, $I_{m3} = \dfrac{1}{10}\angle-45°\,[\text{A}]$,

$\theta_1 = 0° - (-60°) = 60°$,

$\theta_3 = -45° + 90° = 45°$ 이므로

$\therefore P = \dfrac{1}{2}(V_{m1}I_{m1}\cos\theta_1 + V_{m3}I_{m3}\cos\theta_3)$

$= \dfrac{1}{2}\left(200 \times \dfrac{1}{5} \times \cos60° + 80 \times \dfrac{1}{10} \times \cos45°\right)$

$= 12.828\,[\text{W}]$

19 회로에서 $I_1 = 2e^{-j\frac{\pi}{6}}$ [A], $I_2 = 5e^{j\frac{\pi}{6}}$ [A], $I_3 = 5.0$ [A], $Z_3 = 1.0$ [Ω]일 때 부하(Z_1, Z_2, Z_3) 전체에 대한 복소 전력은 약 몇 [VA]인가?

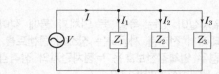

① $55.3 - j7.5$

② $55.3 + j7.5$

③ $45 - j6$

④ $45 + j26$

복소전력

$S = VI^*$ [VA] 식에서

$V = Z_3 I_3 = 1 \times 5 = 5$ [V],

$I = I_1 + I_2 + I_3 = 2\angle -30° + 5\angle 30° + 5$

　$= 11.06 + j1.5$ [A]일 때

∴ $S = VI^* = 5 \times (11.06 - j1.5)$

　　$= 55.3 - j7.5$ [VA]

---

20 $f(t) = \mathcal{L}^{-1}\left[\dfrac{s^2 + 3s + 2}{s^2 + 2s + 5}\right]$ 는?

① $\delta(t) + e^{-t}(\cos 2t - \sin 2t)$

② $\delta(t) + e^{-t}(\cos 2t + 2\sin 2t)$

③ $\delta(t) + e^{-t}(\cos 2t - 2\sin 2t)$

④ $\delta(t) + e^{-t}(\cos 2t + \sin 2t)$

역라플라스 변환

$F(s) = \dfrac{s^2 + 3s + 2}{s^2 + 2s + 5} = \dfrac{s^2 + 2s + 5 + s - 3}{s^2 + 2s + 5}$

　$= 1 + \dfrac{s + 1 - 4}{(s+1)^2 + 2^2}$

　$= 1 + \dfrac{s+1}{(s+1)^2 + 2^2} - \dfrac{2 \times 2}{(s+1)^2 + 2^2}$

∴ $f(t) = \mathcal{L}^{-1}[F(s)]$

　$= \delta(t) + e^{-t}(\cos 2t - 2\sin 2t)$

참고 복소추이정리

$f(t)$	$F(s)$
$e^{-at}\sin \omega t$	$\dfrac{\omega}{(s+a)^2 + \omega^2}$
$e^{-at}\cos \omega t$	$\dfrac{s+a}{(s+a)^2 + \omega^2}$

22

5. 전기설비기술기준

01 풍력터빈의 피뢰설비 시설기준에 대한 설명으로 틀린 것은?

① 풍력터빈에 설치한 피뢰설비(리셉터, 인하도선 등)의 기능저하로 인해 다른 기능에 영향을 미치지 않을 것

② 풍력터빈 내부의 계측 센서용 케이블은 금속관 또는 차폐케이블 등을 사용하여 뇌유도 과전압으로부터 보호할 것

③ 풍력터빈에 설치하는 인하도선은 쉽게 부식되지 않는 금속선으로서 뇌격전류를 안전하게 흘릴 수 있는 충분한 굵기여야 하며, 가능한 직선으로 시설할 것

④ 수뢰부를 풍력터빈 중앙부분에 배치하되 뇌격전류에 의한 발열에 용손(溶損)되지 않도록 재질, 크기, 두께 및 형상 등을 고려할 것

풍력터빈의 피뢰설비

(1) 수뢰부를 풍력터빈 선단부분 및 가장자리 부분에 배치하되 뇌격전류에 의한 발열에 용손(溶損)되지 않도록 재질, 크기, 두께 및 형상 등을 고려할 것

(2) 풍력터빈에 설치하는 인하도선은 쉽게 부식되지 않는 금속선으로서 뇌격전류를 안전하게 흘릴 수 있는 충분한 굵기여야 하며, 가능한 직선으로 시설할 것.

(3) 풍력터빈 내부의 계측 센서용 케이블은 금속관 또는 차폐케이블 등을 사용하여 뇌유도 과전압으로부터 보호할 것.

(4) 풍력터빈에 설치한 피뢰설비(리셉터, 인하도선 등)의 기능저하로 인해 다른 기능에 영향을 미치지 않을 것.

02 샤워시설이 있는 욕실 등 인체가 물에 젖어있는 상태에서 전기를 사용하는 장소에 콘센트를 시설할 경우 인체감전보호용 누전차단기의 정격감도전류는 몇 [mA] 이하인가?

① 5
② 10
③ 15
④ 30

콘센트의 시설

욕조나 샤워시설이 있는 욕실 또는 화장실 등 인체가 물에 젖어있는 상태에서 전기를 사용하는 장소에 콘센트를 시설하는 경우에는 인체감전보호용 누전차단기(정격감도전류 15[mA] 이하, 동작시간 0.03초 이하의 전류동작형의 것에 한한다) 또는 절연변압기(정격용량 3[kVA] 이하인 것에 한한다)로 보호된 전로에 접속하거나, 인체감전보호용 누전차단기가 부착된 콘센트를 시설하여야 한다.

03 강관으로 구성된 철탑의 갑종풍압하중은 수직투영면적 1[m²]에 대한 풍압을 기초로 하여 계산한 값이 몇 [Pa]인가? (단, 단주는 제외한다.)

① 1,255
② 1,412
③ 1,627
④ 2,157

갑종풍압하중

풍압을 받는 구분			구성재의 수직투영면적 1[m²]에 대한 풍압[Pa]
지지물	철탑	단주 (완철류는 제외) 원형의 것	588
		강관으로 구성되는 것 (단주는 제외)	1,255

04 한국전기설비규정에 따른 용어의 정의에서 감전에 대한 보호 등 안전을 위해 제공되는 도체를 말하는 것은?

① 접지도체　　　　② 보호도체
③ 수평도체　　　　④ 접지극도체

> **용어의 정의**
> (1) 접지도체 : 계통, 설비 또는 기기의 한 점과 접지극 사이의 도전성 경로 또는 그 경로의 일부가 되는 도체를 말한다.
> (2) 보호도체 : 감전에 대한 보호 등 안전을 위해 제공되는 도체를 말한다.

05 통신상의 유도 장해방지 시설에 대한 설명이다. 다음 ( )에 들어갈 내용으로 옳은 것은?

> 교류식 전기철도용 전차선로는 기설 가공약전류 전선로에 대하여 ( )에 의한 통신상의 장해가 생기지 않도록 시설하여야 한다.

① 정전작용　　　　② 유도작용
③ 가열작용　　　　④ 산화작용

> **전기철도의 통신상의 유도장해 방지 시설**
> 교류식 전기철도용 전차선로는 기설 가공약전류 전선로에 대하여 유도작용에 의한 통신상의 장해가 생기지 않도록 시설하여야 한다.

06 주택의 전기저장장치의 축전지에 접속하는 부하 측 옥내배선을 사람이 접촉할 우려가 없도록 케이블 배선에 의하여 시설하고 전선에 적당한 방호장치를 시설한 경우 주택의 옥내전로의 대지전압은 직류 몇 [V]까지 적용할 수 있는가? (단, 전로에 지락이 생겼을 때 자동적으로 전로를 차단하는 장치를 시설한 경우이다.)

① 150　　　　② 300
③ 400　　　　④ 600

> **전기저장장치의 옥내전로의 대지전압 제한**
> 주택의 전기저장장치의 축전지에 접속하는 부하측 옥내배선을 다음에 따라 시설하는 경우에 주택의 옥내전로의 대지전압은 직류 600[V] 이하이어야 한다.
> (1) 전로에 지락이 생겼을 때 자동적으로 전로를 차단하는 장치를 시설할 것
> (2) 사람이 접촉할 우려가 없는 은폐된 장소에 합성수지관공사, 금속관공사 및 케이블공사에 의하여 시설하거나, 사람이 접촉할 우려가 없도록 케이블배선에 의하여 시설하고 전선에 적당한 방호장치를 시설할 것

07 전압의 구분에 대한 설명으로 옳은 것은?

① 직류에서의 저압은 1,000[V] 이하의 전압을 말한다.
② 교류에서의 저압은 1,500[V] 이하의 전압을 말한다.
③ 직류에서의 고압은 3,500[V]를 초과하고 7,000[V] 이하인 전압을 말한다.
④ 특고압은 7,000[V]를 초과하는 전압을 말한다.

> **전압의 구분**
>
> | 구분 | 범위 |
> |---|---|
> | 저압 | 교류는 1[kV] 이하, 직류는 1.5[kV] 이하인 것. |
> | 고압 | 교류는 1[kV]를, 직류는 1.5[kV]를 초과하고, 7[kV] 이하인 것. |
> | 특고압 | 7[kV]를 초과하는 것. |

08 고압 가공전선로의 가공지선으로 나경동선을 사용할 때의 최소 굵기는 지름 몇 [mm] 이상인가?

① 3.2　　　　② 3.5
③ 4.0　　　　④ 5.0

> **가공전선로의 지지물에 시설하는 가공지선**
>
> | 사용전압 | 가공지선의 규격 |
> |---|---|
> | 고압 | 인장강도 5.26[kN] 이상의 것 또는 지름 4[mm] 이상의 나경동선 |
> | 특고압 | 인장강도 8.01[kN] 이상의 것 또는 지름 5[mm] 이상의 나경동선 |

09 특고압용 변압기의 내부에 고장이 생겼을 경우에 자동차단장치 또는 경보장치를 하여야 하는 최소 뱅크용량은 몇 [kVA]인가?

① 1,000   ② 3,000
③ 5,000   ④ 10,000

특고압용 변압기의 보호장치

특고압용의 변압기에는 그 내부에 고장이 생겼을 경우에 보호하는 장치를 아래 표와 같이 시설하여야 한다.

뱅크용량의 구분	동작조건	장치의 종류
5,000[kVA] 이상 10,000[kVA] 미만	변압기 내부고장	자동차단장치 또는 경보장치
10,000[kVA] 이상	변압기 내부고장	자동차단장치

10 합성수지관 및 부속품의 시설에 대한 설명으로 틀린 것은?

① 관의 지지점 간의 거리는 1.5[m] 이하로 할 것
② 합성수지제 가요전선관 상호 간은 직접 접속할 것
③ 접착제를 사용하여 관 상호 간을 삽입하는 깊이는 관의 바깥지름의 0.8배 이상으로 할 것
④ 접착제를 사용하지 않고 관 상호 간을 삽입하는 깊이는 관의 바깥지름의 1.2배 이상으로 할 것

합성수지관공사

합성수지제 휨(가요) 전선관 상호 간은 직접 접속하지 말 것.

11 사용전압이 22.9[kV]인 가공전선이 철도를 횡단하는 경우, 전선의 레일면상의 높이는 몇 [m] 이상인가?

① 5   ② 5.5
③ 6   ④ 6.5

특고압 가공전선의 높이

구분	시설장소	전선의 높이	
특고압	35[kV] 이하	도로횡단시	지표상 6[m] 이상
		철도, 궤도 횡단시	레일면상 6.5[m] 이상
		횡단 보도교 위	특고압 절연전선, 케이블인 경우 4[m] 이상
		기타	지표상 5[m] 이상

12 가공전선로의 지지물에 시설하는 통신선 또는 이에 직접 접속하는 가공 통신선이 철도 또는 궤도를 횡단하는 경우 그 높이는 레일면상 몇 [m] 이상으로 하여야 하는가?

① 3   ② 3.5
③ 5   ④ 6.5

가공전선로의 지지물에 시설하는 통신선(첨가 통신선) 또는 이에 직접 접속하는 가공통신선의 높이

시설장소	전선의 높이
도로 횡단시	지표상 6[m] 이상 다만, 교통에 지장을 줄 우려가 없는 경우 지표상 5[m]까지 감할 수 있다.
철도 또는 궤도 횡단시	레일면상 6.5[m] 이상
횡단보도교 위	저압 또는 고압의 가공전선로의 지지물에 시설하는 경우 노면상 3.5[m](통신선이 절연전선과 동등 이상의 절연성능이 있는 것인 경우에는 3[m]) 이상
	특고압 전선로의 지지물에 시설하는 통신선 또는 이에 직접 접속하는 가공통신선으로서 광섬유케이블을 사용하는 것을 그 노면상 4[m] 이상

13 전력보안 통신설비의 조가선은 단면적 몇 [mm²] 이상의 아연도강연선을 사용하여야 하는가?

① 16　　　　　　② 38
③ 50　　　　　　④ 55

전력보안 통신설비의 조가선의 시설기준

구분	내용
굵기	단면적 38[mm²] 이상의 아연도강연선을 사용할 것.
이격거리	조가선은 2조까지만 시설하여야 하며, 조가선 간의 이격거리는 조가선 2개가 시설될 경우 0.3[m]를 유지할 것.
이도	전주경간 50[m] 기준 0.4[m] 정도의 이도를 반드시 유지할 것.

14 가요전선관 및 부속품의 시설에 대한 내용이다. 다음 (   )에 들어갈 내용으로 옳은 것은?

> 1종 금속제 가요전선관에는 단면적 (   ) [mm²] 이상의 나연동선을 전체 길이에 걸쳐 삽입 또는 첨가하여 그 나연동선과 1종 금속제가요전선관을 양쪽 끝에서 전기적으로 완전하게 접속할 것. 다만, 관의 길이가 4[m] 이하인 것을 시설하는 경우에는 그러하지 아니하다.

① 0.75　　　　　② 1.5
③ 2.5　　　　　　④ 4

금속제 가요전선관공사
1종 금속제 가요전선관에는 단면적 2.5[mm²] 이상의 나연동선을 전체 길이에 걸쳐 삽입 또는 첨가하여 그 나연동선과 1종 금속제 가요전선관을 양쪽 끝에서 전기적으로 완전하게 접속할 것. 다만, 관의 길이가 4[m] 이하인 것을 시설하는 경우에는 그러하지 아니하다.

15 사용전압이 154[kV]인 전선로를 제1종 특고압 보안공사로 시설할 경우, 여기에 사용되는 경동연선의 단면적은 몇 [mm²] 이상이어야 하는가?

① 100　　　　　② 125
③ 150　　　　　④ 200

제1종 특고압 보안공사의 전선의 단면적

사용전압	인장강도 및 굵기
100[kV] 미만	21.67[kN] 이상의 연선 또는 단면적 55[mm²] 이상의 경동연선
100[kV] 이상 300[kV] 미만	58.84[kN] 이상의 연선 또는 단면적 150[mm²] 이상의 경동연선
300[kV] 이상	77.47[kN] 이상의 연선 또는 단면적 200[mm²] 이상의 경동연선

16 사용전압이 400[V] 이하인 저압 옥측전선로를 애자공사에 의해 시설하는 경우 전선 상호간의 간격은 몇 [m] 이상이어야 하는가? (단, 비나 이슬에 젖지 않는 장소에 사람이 쉽게 접촉될 우려가 없도록 시설한 경우이다.)

① 0.025　　　　② 0.045
③ 0.06　　　　　④ 0.12

저압 옥측전선로
애자공사에 의해 사람이 접촉할 우려가 없도록 시설한 경우 전선 상호간의 간격 및 전선과 조영재 사이의 이격거리

시설장소	전선 상호간		전선과 조영재간	
	400[V] 이하	400[V] 초과	400[V] 이하	400[V] 초과
비나 이슬에 젖지 않는 장소	6[cm]	6[cm]	2.5[cm]	2.5[cm]
비나 이슬에 젖는 장소	6[cm]	12[cm]	2.5[cm]	4.5[cm]

17 지중전선로는 기설 지중약전류전선로에 대하여 통신상의 장해를 주지 않도록 기설 약전류전선로로부터 충분히 이격시키거나 기타 적당한 방법으로 시설하여야 한다. 이때 통신상의 장해가 발생하는 원인으로 옳은 것은?

① 충전전류 또는 표피작용
② 충전전류 또는 유도작용
③ 누설전류 또는 표피작용
④ 누설전류 또는 유도작용

지중약전류전선의 유도장해 방지
지중전선로는 기설 지중약전류전선로에 대하여 누설전류 또는 유도작용에 의하여 통신상의 장해를 주지 않도록 기설 지중약전류전선로로부터 충분히 이격시키거나 기타 적당한 방법으로 시설하여야 하다.

18 최대사용전압이 10.5[kV]를 초과하는 교류의 회전기 절연내력을 시험하고자 한다. 이때 시험전압은 최대사용전압의 몇 배의 전압으로 하여야 하는가? (단, 회전변류기는 제외한다.)

① 1   ② 1.1
③ 1.25   ④ 1.5

절연내력시험전압

구분 종류	최대사용전압	시험전압
발전기 전동기 조상기	7[kV] 이하	1.5배 (최저 500[V])
	7[kV] 초과	1.25배 (최저 10.5[kV])

19 폭연성 분진 또는 화약류의 분말에 전기설비가 발화원이 되어 폭발할 우려가 있는 곳에 시설하는 저압 옥내배선의 공사방법으로 옳은 것은? (단, 사용전압이 400[V] 초과인 방전등을 제외한 경우이다.)

① 금속관공사
② 애자사용공사
③ 합성수지관공사
④ 캡타이어 케이블공사

위험장소에 시설하는 저압 옥내 전기설비의 공사방법

구분	공사방법
폭연성 분진 위험장소	금속관공사 또는 케이블공사(캡타이어케이블을 사용하는 것을 제외한다)
가연성 분진 위험장소	합성수지관공사(두께 2[mm] 미만의 합성수지전선관 및 난연성이 없는 콤바인덕트관을 사용하는 것을 제외한다)·금속관공사 또는 케이블공사

20 과전류차단기로 저압전로에 사용하는 범용의 퓨즈(「전기용품 및 생활용품 안전관리법」에서 규정하는 것을 제외한다)의 정격전류가 16[A]인 경우 용단전류는 정격전류의 몇 배인가? (단, 퓨즈(gG)인 경우이다.)

① 1.25   ② 1.5
③ 1.6   ④ 1.9

저압전로에 사용하는 과전류차단기(범용의 퓨즈)

정격전류의 구분	시간	정격전류의 배수	
		불용단전류	용단전류
4[A] 이하	60분	1.5배	2.1배
4[A] 초과 16[A] 미만	60분	1.5배	1.9배
16[A] 이상 63[A] 이하	60분	1.25배	1.6배
63[A] 초과 160[A] 이하	120분	1.25배	1.6배
160[A] 초과 400[A] 이하	180분	1.25배	1.6배
400[A] 초과	240분	1.25배	1.6배

※ 본 기출문제는 수험자의 기억을 바탕으로 하여 복원한 문제이므로 실제 문제와 다를 수 있음을 미리 알려드립니다.

01 어떤 막대철심이 있다. 단면적이 8.26×10^{-4}[m²], 길이가 5.28[mm], 비투자율이 6000이다. 이 철심의 자기저항은 약 몇 [AT/m]인가?

① 2.48×10^3 ② 4.48×10^3

③ 6.48×10^3 ④ 8.48×10^3

자기회로 내의 옴의 법칙

자기회로의 투자율을 μ, 단면적을 S, 길이를 l이라 하면 자기저항 R_m은

$$R_m = \frac{l}{\mu S} = \frac{l}{\mu_0 \mu_s S} \text{ [AT/Wb]이므로}$$

$S = 8.26 \times 10^{-4}$[m²], $l = 5.28 \times 10^{-3}$[m], $\mu_s = 600$일 때

$$\therefore R_m = \frac{l}{\mu_0 \mu_s S} = \frac{5.28 \times 10^{-3}}{4\pi \times 10^{-7} \times 600 \times 8.26 \times 10^{-4}}$$

$$= 8.48 \times 10^3 \text{ [AT/Wb]}$$

---

02 진공내에서 전위함수가 $V = x^2 + y^2$과 같이 주어질 때 점 (2, 2, 0)[m]에서 체적전하밀도 ρ는 몇 [C/m³]인가? (단, ϵ_0는 자유공간의 유전율이다.)

① $-4\epsilon_0$ ② $-2\epsilon_0$

③ $4\epsilon_0$ ④ $2\epsilon_0$

포아송 방정식

$\nabla^2 V = -\dfrac{\rho_v}{\epsilon_0}$ 일 때 $\nabla^2 V$는

$$\nabla^2 V = \frac{\partial^2 V}{\partial x^2} + \frac{\partial^2 V}{\partial y^2}$$

$$= \frac{\partial^2}{\partial x^2}(x^2 + y^2) + \frac{\partial^2}{\partial y^2}(x^2 + y^2)$$

$$= \frac{\partial}{\partial x}(2x) + \frac{\partial}{\partial y}(2y) = 2 + 2 = 4 \text{이다.}$$

$$\therefore \rho_v = -\epsilon_0 \nabla^2 V = -4\epsilon_0 \text{ [C/m³]}$$

---

03 임의의 단면을 가진 2개의 원주상의 무한히 긴 평행도체가 있다. 지금 도체의 도전율을 무한대라고 하면 C, L, ϵ 및 μ 사이의 관계는? (단, C는 두 도체간의 단위길이당 정전용량, L은 두 도체를 한 개의 왕복회로로 한 경우의 단위길이당 자기인덕턴스, ϵ은 두 도체 사이에 있는 매질의 유전율, μ는 두 도체 사이에 있는 매질의 투자율이다.)

① $\dfrac{C}{\epsilon} = \dfrac{L}{\mu}$ ② $\dfrac{1}{LC} = \epsilon \cdot \mu$

③ $LC = \epsilon \cdot \mu$ ④ $C \cdot \epsilon = L \cdot \mu$

평행도선의 자기인덕턴스(L)와 정전용량(C)의 관계

$$L = \frac{\mu_0 l}{\pi} \ln \frac{d}{a} \text{ [H]} = \frac{\mu_0}{\pi} \ln \frac{d}{a} \text{ [H/m]}$$

$$C = \frac{\pi \epsilon_0 l}{\ln \dfrac{d}{a}} \text{ [F]} = \frac{\pi \epsilon_0}{\ln \dfrac{d}{a}} \text{ [F/m] 이므로}$$

$$LC = \frac{\mu_0}{\pi} \ln \frac{d}{a} \times \frac{\pi \epsilon_0}{\ln \dfrac{d}{a}} = \mu_0 \epsilon_0$$

$\therefore$ 매질 내에서의 관계식은 $LC = \mu \epsilon$이다.

---

04 강자성체의 히스테리시스 루프의 면적은?

① 강자성체의 단위체적당 필요한 에너지이다.
② 강자성체의 단위면적당 필요한 에너지이다.
③ 강자성체의 단위길이당 필요한 에너지이다.
④ 강자성체의 전체체적에 필요한 에너지이다.

히스테리시스 곡선(자기이력곡선=B-H곡선)
(1) 히스테리시스 곡선은 횡축(가로축)에 자계(H), 종축(세로축)에 자속밀도(B)를 취하여 그리는 자기회로 내의 자화곡선을 말한다.
(2) 히스테리시스 곡선이 자계축과 만나는 점을 자성체가 갖는 보자력이라 하며 자속밀도축과 만나는 점을 자성체가 갖는 잔류자기라 한다.
(3) 히스테리시스 손실(P_h)은 철손(P_i) 중의 하나로
$$P_h = k_h f B_m^{1.6} \text{[W/m}^3\text{]}$$
여기서, k_h : 히스테리시스 상수, f : 주파수,
B_m : 최대자속밀도이다.
(4) 히스테리시스 루프의 면적이 나타내는 값은 자성체 내의 단위체적당 나타나는 에너지(W_h)를 의미하며
$$W_h = 4BH \text{[J/m}^3\text{]}$$

05 도전율이 5.8×10^7 [℧/m], 비투자율이 0.99인 구리에 50[Hz]의 주파수를 갖는 전류가 흐를 때, 표피두께는 몇 [mm]인가?

① 8.47 [mm]   ② 9.47 [mm]
③ 10.47 [mm]   ④ 11.47 [mm]

표피효과(m)와 침투깊이(δ)
(1) 표피효과(m)
$$m = 2\pi \sqrt{\frac{2f\mu}{\rho}} = 2\pi \sqrt{2f\mu k}$$
(2) 침투깊이(δ)
$$\delta = \sqrt{\frac{2}{\omega k \mu}} = \sqrt{\frac{1}{\pi f k \mu}} = \sqrt{\frac{\rho}{\pi f \mu}} \text{ [m]}$$
여기서, f는 주파수, μ는 투자율, ρ는 고유저항,
k는 도전율, ω는 각주파수이다.
$k = 5.8 \times 10^7$ [℧/m], $\mu_s = 0.99$,
$f = 50$ [Hz] 일 때
$$\therefore \delta = \sqrt{\frac{1}{\pi f \mu k}} = \sqrt{\frac{1}{\pi f \mu_0 \mu_s k}}$$
$$= \frac{1}{\sqrt{\pi \times 50 \times 4\pi \times 10^{-7} \times 0.99 \times 5.8 \times 10^7}}$$
$$= 9.47 \text{ [mm]}$$

06 서로 같은 2개의 구도체에 동일 양의 전하를 대전시킨 후 20[cm] 떨어뜨린 결과 구도체에 서로 8.6×10^{-4}[N]의 반발력이 작용한다. 구도체에 주어진 전하는?

① 약 5.2×10^{-8}[C]
② 약 6.2×10^{-8}[C]
③ 약 7.2×10^{-8}[C]
④ 약 8.2×10^{-8}[C]

쿨롱의 법칙
$$F = \frac{Q_1 Q_2}{4\pi\epsilon_0 r^2} = \frac{Q^2}{4\pi\epsilon_0 r^2} = 9 \times 10^9 \times \frac{Q^2}{r^2} \text{ [N]} \text{ 식에서}$$
$F = 8.6 \times 10^{-4}$ [N], $r = 20$ [cm],
$Q_1 = Q_2 = Q$[C]일 때
$$\therefore Q = \sqrt{\frac{Fr^2}{9 \times 10^9}} = \sqrt{\frac{8.6 \times 10^{-4} \times 0.2^2}{9 \times 10^9}}$$
$$= 6.2 \times 10^{-8} \text{ [C]}$$

07 내반경 a[m], 외반경 b[m]인 동축케이블에서 극간 매질의 도전율이 σ[S/m]일 때 단위 길이당 이 동축케이블의 컨덕턴스[S/m]는?

① $\dfrac{4\pi\sigma}{\ln\dfrac{b}{a}}$ ② $\dfrac{2\pi\sigma}{\ln\dfrac{b}{a}}$

③ $\dfrac{\pi\sigma}{\ln\dfrac{b}{a}}$ ④ $\dfrac{6\pi\sigma}{\ln\dfrac{b}{a}}$

동심원통도체(=동축 케이블)의 저항(R)과 콘덕턴스(G)
내·외반지름이 각각 a, b인 동심원통 도체의 정전용량을 C라 하면 $C = \dfrac{2\pi\epsilon l}{\ln\dfrac{b}{a}}$ [F]이다.

$RC = \dfrac{C}{G} = \rho\epsilon = \dfrac{\epsilon}{\sigma}$ 식에서 저항(R)과 콘덕턴스(G)를 각각 유도할 수 있다.
$$R = \frac{\epsilon}{C\sigma} = \frac{\epsilon}{2\pi\epsilon l \sigma} \ln\frac{b}{a} = \frac{1}{2\pi\sigma l} \ln\frac{b}{a} \text{ [}\Omega\text{]}$$
$$\therefore G = \frac{1}{R} = \frac{2\pi\sigma l}{\ln\dfrac{b}{a}} \text{ [S]} = \frac{2\pi\sigma}{\ln\dfrac{b}{a}} \text{ [S/m]}$$

08 간격이 d[m]이고 면적이 S[m²]인 평행판 커패시터의 전극 사이에 유전율이 ϵ인 유전체를 넣고 전극 간에 V[V]의 전압을 가했을 때, 이 커패시터의 전극판을 떼어내는데 필요한 힘의 크기[N]는?

① $\dfrac{1}{2\epsilon}\dfrac{V^2}{d^2 S}$ 　　　　② $\dfrac{1}{2\epsilon}\dfrac{d V^2}{S}$

③ $\dfrac{1}{2}\epsilon\dfrac{V}{d}S$ 　　　　④ $\dfrac{1}{2}\epsilon\dfrac{V^2}{d^2}S$

유전체 내의 정전력(F)

단위 면적당 정전력 f는 단위체적당 정전에너지 w와 같으며

$$f = \dfrac{\rho_s{}^2}{2\epsilon} = \dfrac{D^2}{2\epsilon} = \dfrac{1}{2}\epsilon E^2 = \dfrac{1}{2}ED\,[\text{N/m}^2]\text{이다.}$$

$$\therefore F = f \times S = \dfrac{1}{2}\epsilon E^2 S = \dfrac{1}{2}\epsilon\left(\dfrac{V}{d}\right)^2 S$$

$$= \dfrac{1}{2}\epsilon\dfrac{V^2}{d^2}S\,[\text{N}]$$

09 자유공간에서 정육각형의 꼭짓점에 동량, 동질의 점전하 Q가 각각 놓여 있을 때 정육각형 한 변의 길이가 a라 하면 정육각형 중심의 전계의 세기는?

① $\dfrac{Q}{4\pi\epsilon_o a^2}$ 　　　　② $\dfrac{3Q}{2\pi\epsilon_o a^2}$

③ $6Q$ 　　　　④ 0

점전하에 의한 전계의 세기(E)

전계의 세기는 벡터량으로서 그림에서와 같이 정육각형 각 정점에 같은 전하를 놓았을 때 중심에서의 전계의 세기 E_A, E_B, E_C, E_D, E_E, E_F는 다음과 같은 관계가 성립한다.

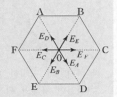

$E_A = -E_D$, $E_B = -E_E$, $E_C = -E_F$

따라서, 중심에서의 전계의 세기를 E라 하면

$\therefore E = E_A + E_B + E_C + E_D + E_E + E_F = 0\,[\text{V/m}]$

참고
정 n각형 각 정점에 같은 크기의 전하가 놓여있는 경우 도형 중심에서의 전계의 세기는 항상 0[V/m]이다.

10 내부장치 또는 공간을 물질로 포위시켜 외부 자계의 영향을 차폐시키는 방식을 자기차폐라 한다. 다음 중 자기차폐에 가장 좋은 것은?

① 강자성체 중에서 비투자율이 큰 물질
② 강자성체 중에서 비투자율이 작은 물질
③ 비투자율이 1보다 작은 역자성체
④ 비투자율에 관계없이 물질의 두께에만 관계되므로 되도록 두꺼운 물질

자기차폐

전자유도에 의한 방해작용을 방지할 목적으로 대상이 되는 장치 또는 시설을 투자율이 큰 자성재료를 이용해서 감싸게 되면 자계의 영향으로부터 차단하게 되는 현상

11 진공 중에서 점(1, 3)[m] 되는 곳에 -2×10^{-9}[C] 점전하가 있을 점 (2, 1)[m]에 있는 1[C]에 작용하는 힘[N]은?

① $-\dfrac{36}{5\sqrt{5}}a_x + \dfrac{18}{5\sqrt{5}}a_y$

② $-\dfrac{18}{5\sqrt{5}}a_x + \dfrac{36}{5\sqrt{5}}a_y$

③ $-\dfrac{36}{3\sqrt{5}}a_x + \dfrac{18}{3\sqrt{5}}a_y$

④ $\dfrac{36}{5\sqrt{5}}a_x + \dfrac{18}{5\sqrt{5}}a_y$

쿨롱의 법칙

점(1, 3)[m] 위치의 전하를 Q_1, 점 (2, 1)[m] 위치의 전하를 Q_2라 하면 단위벡터 $\vec{r}$ 은

$$\vec{r} = \dfrac{1}{|r|}\{(2-1)a_x + (1-3)a_y\}$$

$$= \dfrac{1}{|r|}(a_x - 2a_y)\text{ 이므로}$$

$|r| = \sqrt{1^2 + 2^2} = \sqrt{5}\,[\text{m}]$, $Q_1 = -2\times10^{-9}\,[\text{C}]$,
$Q_2 = 1\,[\text{C}]$일 때

$$\vec{F} = \dfrac{Q_1 Q_2}{4\pi\epsilon_0 r^2}\cdot\vec{r} = 9\times10^9 \times \dfrac{Q_1 Q_2}{r^2}\cdot\vec{r}\,[\text{N}]\text{ 식에서}$$

$$\therefore \vec{F} = 9\times10^9 \times \dfrac{Q_1 Q_2}{r^2}\cdot\vec{r}$$

$$= 9\times10^9 \times \dfrac{-2\times10^{-9}\times1}{(\sqrt{5})^2} \times \dfrac{1}{\sqrt{5}}(a_x - 2a_y)$$

$$= -\dfrac{18}{5\sqrt{5}}a_x + \dfrac{36}{5\sqrt{5}}a_y\,[\text{N}]$$

정답 **08** ④ 　**09** ④ 　**10** ① 　**11** ②

12 0.3[μF]인 평행판 공기 콘덴서가 있다. 전극 간에 그 간격의 절반 두께의 유리판을 넣었다면 콘덴서의 용량은 약 몇 [μF]인가? (단, 유리의 비유전율은 10이다.)

① 0.25   ② 0.35
③ 0.45   ④ 0.55

유전체 내의 평행판 전극의 직렬연결
공기콘덴서의 정전용량을 C 라 하면

$C = \dfrac{\epsilon_0 S}{d} = 0.3\,[\mu F]$ 이다.

콘덴서 판 간에 $\dfrac{1}{2}$ 인 두께를 유전체로 채운 경우 평행판 전극의 경계면과 단자가 수직을 이루고 있으므로 콘덴서는 직렬로 접속된다. 각 콘덴서의 정전용량을 C_1, C_2 라 하고 합성정전용량을 C' 라 하면

$C_1 = \dfrac{\epsilon_0 S}{\dfrac{d}{2}} = \dfrac{2\epsilon_0 S}{d} = 2C = 2 \times 0.3 = 0.6\,[\mu F]$

$C_2 = \dfrac{\epsilon_0 \epsilon_s S}{\dfrac{d}{2}} = \dfrac{2\epsilon_0 \epsilon_s S}{d} = 2\epsilon_s C$

$\quad\quad = 2 \times 10 \times 0.3 = 6\,[\mu F]$

$\therefore\ C' = \dfrac{1}{\dfrac{1}{C_1} + \dfrac{1}{C_2}} = \dfrac{C_1 C_2}{C_1 + C_2} = \dfrac{0.6 \times 6}{0.6 + 6}$

$\quad\quad = 0.55\,[\mu F]$

13 철심이 든 환상 솔레노이드의 권수는 500회, 평균 반지름은 10[cm], 철심의 단면적은 10[cm^2], 비투자율 4,000이다. 이 환상 솔레노이드에 2[A]의 전류를 흘릴 때 철심 내의 자속[Wb]은?

① 4×10^{-3} ② 4×10^{-4}
③ 8×10^{-3} ④ 8×10^{-4}

자기회로 내의 옴의 법칙
$N = 500$, $a = 10\,[cm]$, $S = 10\,[cm^2]$, $\mu_s = 4{,}000$, $I = 2\,[A]$일 때

$\phi = \dfrac{F}{R_m} = \dfrac{NI}{R_m} = \dfrac{\mu SNI}{l} = \dfrac{\mu_0 \mu_s SNI}{2\pi a}\,[Wb]$이므로

$\therefore\ \phi = \dfrac{\mu_0 \mu_s SNI}{2\pi a}$

$\quad\quad = \dfrac{4\pi \times 10^{-7} \times 4{,}000 \times 10 \times 10^{-4} \times 500 \times 2}{2\pi \times 10 \times 10^{-2}}$

$\quad\quad = 8 \times 10^{-3}\,[Wb]$

14 무한 평면에 일정한 전류가 표면에 한 방향으로 흐르고 있다. 평면으로부터 r만큼 떨어진 점과 $2r$만큼 떨어진 점과의 자계의 비는 얼마인가?

① 1   ② $\sqrt{2}$
③ 2   ④ 4

암페어의 주회법칙

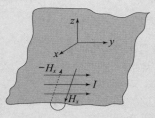

무한평면에 일정한 방향(y방향)으로 전류가 흐른다고 가정하면 자계의 세기는 x성분만 존재하는 것을 알 수 있다.
평면 내의 전류밀도는 균일하기 때문에 자계의 세기는 평면 양측에서 서로 같게 되며 방향은 암페어의 주회법칙에 의해서 반대방향이 된다.
∴ 평면 위, 아래의 자계의 비는 1이며 방향은 서로 반대방향이다.

15 유전율이 ϵ인 유전체 내에 있는 점전하 Q에서 발산되는 전기력선의 수는 총 몇 개인가?

① Q ② $\dfrac{Q}{\epsilon_o\epsilon_s}$

③ $\dfrac{Q}{\epsilon_s}$ ④ $\dfrac{Q}{\epsilon_o}$

가우스의 발산정리(전기력선과 전속선)

(1) 전기력선의 개수(N)

(진공 또는 공기중일 때)

$$N=\int_s E\,ds=\int_v \operatorname{div} E\,dv=\frac{Q}{\epsilon_0}$$

(유전체중일 때)

$$N=\frac{Q}{\epsilon_0\epsilon_s}=\frac{Q}{\epsilon}$$

(2) 전속선의 개수(Ψ)

$$\Psi=\int_s D\,ds=Q \text{ (매질과 관계없다.)}$$

16 한 공간 내의 전계의 세기가 $E=E_0\cos\omega t$ (ω는 각주파수)일 때, 이 공간 내의 변위전류밀도의 크기는?

① ωE_0에 비례한다.

② $\omega E_0{}^2$에 비례한다.

③ $\omega^2 E_0$에 비례한다.

④ $\omega^2 E_0{}^2$에 비례한다.

변위전류밀도(i_d)

$$i_d=\frac{\partial D}{\partial t}=\epsilon\frac{\partial E}{\partial t}=\epsilon\frac{\partial}{\partial t}(E_0\cos\omega t)$$

$$=-\omega\epsilon E_0\sin\omega t\,[\text{A/m}^2]\text{이므로}$$

∴ 변위전류밀도는 ωE_0에 비례한다.

17 진공 중의 점전하 Q[C]으로부터 거리 r[m] 떨어진 점에 있어서 전계의 세기[V/m]는?

① $\dfrac{Q}{2\pi\epsilon_0 r}$ ② $\dfrac{Q}{2\pi\epsilon_0 r^2}$

③ $\dfrac{Q}{4\pi\epsilon_0 r}$ ④ $\dfrac{Q}{4\pi\epsilon_0 r^2}$

점전하에 의한 전계의 세기와 전위

구분	공식
전계의 세시	$E=\dfrac{Q}{4\pi\epsilon_0 r^2}$ [V/m]
전위	$V=\dfrac{Q}{4\pi\epsilon_0 r}$ [V]

18 진공 중 3[m] 간격으로 두 개의 평행한 무한평판 도체에 각각 +4[C/m²], −4[C/m²]의 전하를 주었을 때, 두 도체 간의 전위차는 약 몇 [V] 인가?

① 1.5×10^{11} ② 1.5×10^{12}

③ 1.36×10^{11} ④ 1.36×10^{12}

평행판 전극 사이의 전계와 전위

면전하 밀도 ρ_s, 간격 d, 전계의 세기 E, 전위 V라 하면

$$E=\frac{\rho_s}{\epsilon_o}\,[\text{V/m}],\ V=Ed\,[\text{V}]\text{이므로}$$

$d=3\,[\text{m}]$, $\rho_s=4\,[\text{C/m}^2]$일 때

$$\therefore V=Ed=\frac{\rho_s}{\epsilon_o}d=\frac{4}{8.855\times10^{-12}}\times3$$

$$=1.36\times10^{12}\,[\text{V}]$$

19 면적 S [m²], 간격 d[m]인 평행판 공기콘덴서에 두께가 t[m]이고 비유전율이 ϵ_r인 유전체를 평행판 사이에 끼워 넣었다. 이 때 유전체를 삽입했을 때의 정전에너지는 유전체를 삽입하기 전의 몇 배인가? (단, 평행판 콘덴서의 전위는 일정하다.)

① $\dfrac{\epsilon_r d}{t + \epsilon_r (d-t)}$

② $\dfrac{t + \epsilon_r (d-t)}{\epsilon_r d}$

③ $\dfrac{\epsilon_0 t}{t + \epsilon_r (d-t)}$

④ $\dfrac{t + \epsilon_r (d-t)}{\epsilon_0 t}$

정전에너지(W)

평행판 공기콘덴서의 정전용량을 C_0, 유전체가 삽입된 평행판 콘덴서의 정전용량을 C_S라 하면

$C_0 = \dfrac{\epsilon_0 S}{d}$ [F],

$C_S = \dfrac{1}{\dfrac{d-t}{\epsilon_0 S} + \dfrac{t}{\epsilon_0 \epsilon_r S}} = \dfrac{\epsilon_0 \epsilon_r S}{\epsilon_r (d-t) + t}$ [F]

전위가 일정한 평행판 콘덴서의 정전에너지는

$W = \dfrac{1}{2} C V^2$ [J] 이므로 정전에너지와 정전용량은 비례관계에 있음을 알 수 있다.

$\therefore \dfrac{W'}{W} = \dfrac{C_S}{C_0} = \dfrac{\dfrac{\epsilon_0 \epsilon_r S}{\epsilon_r (d-t) + t}}{\dfrac{\epsilon_0 S}{d}}$

$= \dfrac{\epsilon_r d}{t + \epsilon_r (d-t)}$

20 권수가 25회인 코일에 100[A]인 전류를 흘리면 1[Wb]의 자속이 쇄교한다. 이 코일의 자기 인덕턴스를 1[H]로 유지하기 위해서는 코일의 권수를 몇 회로 조정하여야 하는가?

① 50 ② 75

③ 100 ④ 150

자기 인덕턴스

$LI = N\phi$ 식에서

$N = 25$, $I = 100$ [A], $\phi = 1$ [Wb]일 때

$L = \dfrac{N\phi}{I} = \dfrac{25 \times 1}{100} = 0.25$ [H]이다.

자기회로의 자기저항이 일정한 경우

$L = \dfrac{N^2}{R_m} = \dfrac{\mu S N^2}{l}$ [H] 식에서

자기 인덕턴스는 코일권수의 제곱에 비례하므로

$L' = 1$ [H]로 유지하는데 필요한 권수 N'는

$\therefore N' = \sqrt{\dfrac{L'}{L}} \times N = \sqrt{\dfrac{1}{0.25}} \times 25$

$= 50$ [H]

22 2. 전력공학(CBT시험 복원문제)

※ 본 기출문제는 수험자의 기억을 바탕으로 하여 복원한 문제이므로 실제 문제와 다를 수 있음을 미리 알려드립니다.

01 송전계통의 안정도를 향상시키기 위한 방법이 아닌 것은?

① 계통의 직렬 리액턴스를 감소시킨다.
② 속응여자방식을 채용한다.
③ 여러 개의 계통으로 계통을 분리시킨다.
④ 중간조상방식을 채택한다.

안정도 개선책

(1) 리액턴스를 줄인다. : 직렬콘덴서 설치
(2) 단락비를 증가시킨다. : 전압변동률을 줄인다.
(3) 중간조상방식을 채용한다. : 동기조상기 설치
(4) 속응여자방식을 채용한다. : 고속은 AVR 채용
(5) 재폐로 차단방식을 채용한다. : 고속도차단기 사용
(6) 계통을 연계한다.
(7) 소호리액터 접지방식을 채용한다.

02 전자계산기에 의한 전력조류 계산에서 슬랙(slack)모선의 지정값은? (단, 슬랙모선을 기준모선으로 한다.)

① 유효전력과 무효전력
② 모선 전압의 크기와 유효전력
③ 모선 전압의 크기와 무효전력
④ 모선 전압의 크기와 모선 전압의 위상각

슬랙모선

전력계통의 조류계산에 있어서 발전기 모선에서는 유효전력과 모선전압의 크기를, 그리고 부하모선에서는 유효전력과 무효전력을 지정값으로 하였으나 실제 계산에서 송전손실을 알 수 없기 때문에 유효전력을 지정값으로 하기에는 정확한 계산을 유도해내기 매우 힘들다. 따라서 송전 손실분을 흡수 조정할 수 있는 모선으로서의 기능을 갖도록 swing 모선을 설정하게 되는데 이 swing 모선을 슬랙모선이라 한다.

모선의 종류	기준값(지정값)	미지값
발전기 모선	유효전력 모선전압의 크기	무효전력 모선전압의 위상각
부하 (변전소) 모선	유효전력 무효전력	모선전압의 크기 모선전압의 위상각
슬랙모선	모선전압의 크기 모선전압의 위상각	유효전력, 무효전력 송전손실

03 공칭단면적 200[mm²], 전선무게 1.838[kg/m], 전선의 바깥지름 18.5[mm]인 경동연선을 경간 200[m]로 가설하는 경우 이도[m]는? (단, 경동연선의 인장하중은 7,910[kg], 빙설하중은 0.416[kg/m], 풍압하중은 1.525[kg/m]이고, 안전율은 2.2라 한다.)

① 3.28   ② 3.78
③ 4.28   ④ 4.78

이도(D)

$D = \dfrac{WS^2}{8T}$ [m],

$W = \sqrt{(W_1 + W_2)^2 + W_3^2}$ [kg/m],

$T = \dfrac{\text{인장하중}}{\text{안전율}}$ 식에서

$A = 200$ [mm²], $W_1 = 1.838$ [kg/m],
$W_2 = 0.416$ [kg/m], $W_3 = 1.525$ [kg/m],
$S = 200$ [m]일 때

$W = \sqrt{(1.838 + 0.416)^2 + 1.525^2}$
$\quad = 2.72$ [kg/m] 이므로

$\therefore D = \dfrac{WS^2}{8T} = \dfrac{2.72 \times 200^2}{8 \times \dfrac{7,910}{2.2}} = 3.78$ [m]

04 선로정수에 영향을 가장 많이 주는 것은?

① 전선의 배치　　　② 송전전압
③ 송전전류　　　　④ 역률

선로정수

송전선로는 저항(R), 인덕턴스(L), 정전용량(C), 누설 콘덕턴스(G)가 선로에 따라 균일하게 분포되어 있는 전기회로인데 송전선로를 이루는 이 4가지 정수를 선로정수라 한다. 선로정수는 전선의 종류, 굵기, 배치에 따라서 정해지며 전압, 전류, 역률, 기온 등에는 영향을 받지 않는 것을 기본으로 두고 있다.

05 그림과 같이 송전단 및 수전단의 변압기를 $\Delta - Y$ 및 $Y - \Delta$로 접속한 선간전압 20[kV]의 3상 송전선이 있다. 중성점은 각각 100[Ω], 200[Ω]의 저항접지이고 송전선의 1선이 그림과 같이 지락된 경우의 지락전류는 몇 [A]인가? (단, 주어지지 않은 기타 값들은 무시하고 계산한다.)

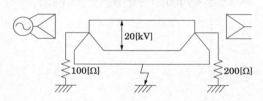

① 56.5　　　　　　② 86.6
③ 110　　　　　　④ 173

지락전류

대지전압을 E, 선간전압을 V라 할 때

$$I_g = \frac{E}{R_g} = \frac{V}{\sqrt{3}\,R_g} \text{ [A] 식에서}$$

$V = 20$ [kV]이고 지락점을 기준으로 양단 저항은 병렬 접속된 상태이므로 접지저항 R_g는

$$R_g = \frac{100 \times 200}{100 + 200} = \frac{200}{3} \text{ [Ω]이다.}$$

$$\therefore \ I_g = \frac{V}{\sqrt{3}\,R_g} = \frac{20 \times 10^3}{\sqrt{3} \times \frac{200}{3}} = 173 \text{ [A]}$$

06 다음 중 주택 및 아파트 표준부하로 옳은 것은?

① 20[VA/m²]　　　② 30[VA/m²]
③ 40[VA/m²]　　　④ 5[VA/m²]

표준부하

KEC 규정에서 정하고 있는 건축물의 종류에 대응한 표준부하는 다음과 같다.

건축물의 종류	표준부하[VA/m²]
공장, 공회당, 사원, 교회, 극장, 영화관, 연회장 등	10
기숙사, 여관, 호텔, 병원, 학교, 음식점, 다방, 대중목욕탕	20
사무실, 은행, 상점, 이발소, 미용원	30
주택, 아파트	40

07 과전류차단기로 시설하는 퓨즈 중 고압전로에 사용하는 비포장퓨즈는 정격전류의 1.25배의 전류에 견디고 또한 2배의 전류로 몇 분 안에 용단되어야 하는가?

① 1.1　　　　　　② 1.3
③ 1.5　　　　　　④ 2

고압전로에 사용하는 퓨즈

구분	이격거리
포장퓨즈	정격전류의 1.3배의 전류에 견디고 또한 2배의 전류로 120분 안에 용단되는 것
비포장퓨즈	정격전류의 1.25배의 전류에 견디고 또한 2배의 전류로 2분 안에 용단되는 것

08 선로의 길이가 20[km]인 154[kV] 3상 3선식, 2회선 송전선의 1선당 대지정전용량은 0.0043[μF/km]이다. 여기에 시설할 소호리액터의 용량은 약 몇 [kVA]인가?

① 1,338　　　　② 1,543
③ 1,537　　　　④ 1,771

소호리액터 접지의 소호리액터 용량(Q_L)

$Q_L = \omega C V^2 \times 10^{-3} = 2\pi f C V^2 \times 10^{-3}$ [kVA]

식에서

$l = 20$ [km], 154 [kV], 2회선,

$C = 0.0043$ [μF/km]일 때

$\therefore Q_L = 2\pi \times 60 \times 0.0043 \times 10^{-6} \times 20 \times 2$
$\qquad\qquad \times 154{,}000^2 \times 10^{-3}$
$\qquad = 1{,}537$ [kVA]

---

09 전력선과 통신선 사이에 그림과 같이 차폐선을 설치하며, 각 선 사이의 상호 임피던스를 각각 Z_{12}, Z_{1s}, Z_{2s}라 하고 차폐선 자기 임피던스를 Z_s라 할 때 저감계수를 나타낸 식은?

① $\left| 1 - \dfrac{Z_{1s} Z_{2s}}{Z_s Z_{12}} \right|$

② $\left| 1 - \dfrac{Z_{12} Z_{1s}}{Z_s Z_{2s}} \right|$

③ $\left| 1 - \dfrac{Z_s Z_{2s}}{Z_{12} Z_{1s}} \right|$

④ $\left| 1 - \dfrac{Z_s Z_{12}}{Z_{1s} Z_{2s}} \right|$

차폐선의 차폐계수(저감계수 : λ)

전력선의 영상전류 I_n, 차폐선의 유도전류 I_s라 하면

$I_s = \dfrac{Z_{1s} I_n}{Z_s}$ [A] 이므로

통신선에 유도되는 전압 V_2를 구하면

$V_2 = -Z_{12} I_n + Z_{2s} I_s = -Z_{12} I_n + Z_{2s} \dfrac{Z_{1s} I_n}{Z_s}$

$\qquad = -Z_{12} I_n \left(1 - \dfrac{Z_{1s} Z_{2s}}{Z_s Z_{12}} \right) = -Z_{12} I_n \lambda$ [V]

$\therefore \lambda = 1 - \dfrac{Z_{1s} Z_{2s}}{Z_s Z_{12}}$

---

10 발전기 또는 주변압기의 내부고장 보호용으로 가장 널리 쓰이는 것은?

① 거리계전기　　　　② 과전류계전기
③ 비율차동계전기　　④ 방향단락계전기

비율차동계전기(또는 차동계전기)

발전기 또는 변압기 상간 단락에 의한 내부고장으로 1, 2차간 전류 위상각 변위가 발생하면 동작하는 계전기

---

11 선택접지(지락) 계전기의 용도를 옳게 설명한 것은?

① 단일회선에서 접지고장 회선의 선택 차단
② 단일회선에서 접지전류의 방향 선택 차단
③ 병행 2회선에서 접지고장 회선의 선택 차단
④ 병행 2회선에서 접지사고의 지속시간 선택 차단

선택지락계전기(=선택접지계전기)

다회선(2회선 이상) 사용시 지락고장 회선만을 선택하여 신속히 차단할 수 있도록 하는 계전기

---

12 최소 동작전류값 이상이면 일정한 시간에 동작하는 한시특성을 갖는 계전기는?

① 정한시 계전기
② 반한시 계전기
③ 순한시 계전기
④ 반한시성 정한시 계전기

정한시계전기

정정된 값 이상의 전류가 흘렀을 때 동작 전류의 크기에는 관계없이 정해진 시간이 경과한 후에 동작하는 계전기

---

13 3상 3선식의 전선 소요량에 대한 3상 4선식의 전선 소요량의 비는 얼마인가? (단, 배전거리, 배전전력 및 전력손실은 같고, 4선식의 중성선의 굵기는 외선의 굵기와 같으며, 외선과 중성선간의 전압은 3선식의 선간전압과 같다.)

① $\dfrac{4}{9}$ 　　② $\dfrac{2}{3}$

③ $\dfrac{3}{4}$ 　　④ $\dfrac{1}{3}$

배전방식의 전기적 특성 비교

구분	전선중량비교
단상2선식	100[%]
단상3선식	$\dfrac{3}{8} = 37.5[\%]$
3상3선식	$\dfrac{3}{4} = 75[\%]$
3상4선식	$\dfrac{1}{3} = 33.3[\%]$

$$\therefore \frac{3상\ 4선식}{3상\ 3선식} = \frac{0.333}{0.75} = \frac{\dfrac{1}{3}}{\dfrac{3}{4}} = \frac{4}{9}$$

14 단상 2선식(110[V]) 저압 배전선로를 단상 3선식(110/220[V])으로 변경하였을 때 전선로의 전압강하율은 변경 전에 비해서 어떻게 되는가? (단, 부하용량은 변경 전후에 같고 역률은 1.0이며 평형 부하이다.)

① 1/4로 된다. 　　② 1/3로 된다.

③ 1/2로 된다. 　　④ 변하지 않는다.

전압에 따른 특성 값의 변화

전압강하율 $\delta \propto \dfrac{1}{V^2}$ 일 때

110[V]에서 220[V]로 2배 승압 되었으므로

$\therefore$ 전압 강하율 $\delta \propto \dfrac{1}{V^2} = \dfrac{1}{2^2} = \dfrac{1}{4}$ 배가 된다.

15 다음 중 고압배전계통의 구성 순서로 알맞은 것은?

① 배전변전소 → 간선 → 분기선 → 급전선

② 배전변전소 → 급전선 → 간선 → 분기선

③ 배전변전소 → 간선 → 급전선 → 분기선

④ 배전변전소 → 급전선 → 분기선 → 간선

고압배전계통의 구성

배전용 변전소로부터 간선에 이르는 전선을 급전선이라 하고 , 급전선과 분기선을 연결하는 선으로 부하가 접속되어있지 않은 전선을 간선이라 하며 간선으로 부터 분기하여 부하에 이르는 전선을 분기선이라 한다.

$\therefore$ 배전용 변전소 → 급전선 → 간선 → 분기선

16 수력발전설비에서 흡출관을 사용하는 목적은?

① 압력을 줄이기 위해서

② 물의 유선을 일정하게 하기 위하여

③ 속도변동률을 적게 하기 위하여

④ 낙차를 늘리기 위하여

흡출관

흡출관이란 수력발전소에서 러너 출구로부터 방수면까지의 사이를 관으로 연결하고 여기에 물을 충만시켜서 흘려줌으로써 낙차를 유효하게 늘리는 것을 의미하며 저낙차에 이용하는 카플란 수차에 필요하다.

정답 13 ① 14 ① 15 ② 16 ④

17 기력발전소에서 1톤의 석탄으로 발생할 수 있는 전력량은 약 몇 [kWh]인가? (단, 석탄의 발열량은 5500[kcal/kg]이고 발전소 효율을 33[%]로 한다.)

① 1,860 ② 2,110
③ 2,580 ④ 2,840

발전소의 열효율(η)

$\eta = \dfrac{860\,W}{mH} \times 100\,[\%]$ 식에서

연료소비량(m) 1[ton], 발열량(H) 5,500[kcal/kg], 효율(η)이 33[%]일 때 발생전력량(W)은

$\therefore W = \dfrac{\eta \cdot mH}{860 \times 100} = \dfrac{33 \times 1 \times 10^3 \times 5,500}{860 \times 100}$
$= 2,110\,[\text{kWh}]$

18 원자로에서 핵분열로 발생한 고속 중성자를 열 중성자로 바꾸는 작용을 하는 것은?

① 제어재 ② 냉각재
③ 감속재 ④ 반사재

원자로에 사용되는 재료

구분	설명
제어재	원자로 내에서 핵분열의 연쇄반응을 제어하고 증배율을 변화시키는 작용을 하는 것
냉각재	원자로 속에서 핵분열 반응으로 생기는 노심의 열을 제거하여 냉각하는 작용을 하는 것
감속재	원자로에서 핵분열로 발생한 고속 중성자를 열 중성자로 바꾸는 작용을 하는 것
반사재	원자로의 노심 내에서 발생한 중성자가 원자로 바깥으로 누출하는 것을 방지하기 위해 사용하는 재료

19 복도체 (또는 다도체)를 사용할 경우 송전용량이 증가하는 주된 이유는?

① 코로나가 발생하지 않는다.
② 선로의 작용인덕턴스는 감소하고 작용정전 용량은 증가한다.
③ 전압강하가 적어진다.
④ 무효전력이 적어진다.

복도체의 특징

(1) 주된 사용 목적 : 코로나 방지
(2) 장점
　㉠ 등가반지름이 등가되어 L이 감소하고 C가 증가한다. – 송전용량이 증가하고 안정도가 향상된다.
　㉡ 코로나 임계전압이 증가하여 코로나 손실이 감소한다. – 송전효율이 증가한다.
　㉢ 통신선의 유도장해가 억제된다.

20 전력계통의 주회로에 사용되는 것으로 고장전류와 같은 대전류를 차단할 수 있는 것은?

① 선로개폐기(LS)
② 단로기(DS)
③ 차단기(CB)
④ 유입개폐기(OS)

차단기의 역할

전력계통의 주회로 보호용 주 차단장치로서 고장전류를 차단하고 부하전류는 개폐할 수 있는 장치이다.

참고

선로개폐기, 단로기, 유입개폐기는 차단능력이 없는 개폐장치이다.

(1) 선로개폐기와 단로기는 무부하 전류만을 개폐할 수 있다.
(2) 유입개폐기는 통상의 부하전류를 개폐할 수 있다.

22 · 3. 전기기기(CBT시험 복원문제)

※ 본 기출문제는 수험자의 기억을 바탕으로 하여 복원한 문제이므로 실제 문제와 다를 수 있음을 미리 알려드립니다.

01 동기발전기의 단자 부근에서 단락이 일어났다고 하면 단락전류는 어떻게 되는가?

① 전류가 계속 증가한다.
② 큰 전류가 증가와 감소를 반복한다.
③ 처음에는 큰 전류이나 점차 감소한다.
④ 일정한 큰 전류가 지속적으로 흐른다.

동기발전기의 단락전류

동기발전기의 단자 부근에서 단락이 일어났다고 하면 단락된 순간 단락전류를 제한하는 성분은 누설리액턴스 뿐이므로 매우 큰 단락전류가 흐르기만 점차 전기자 반작용에 의한 리액턴스 성분이 증가되어 지속적인 단락전류가 흐르게 되며 단락전류는 점점 감소한다.

02 20[HP], 4극, 60[Hz]의 3상 유도전동기가 있다. 전부하 슬립이 4[%]이다. 전부하시의 토크[N·m]는 약 얼마인가? (단, 1[HP]은 746[W]이다.)

① 82.46
② 92.46
③ 8.41
④ 9.41

유도전동기의 토크(τ)

기계적 출력 P_0, 회전자 속도 N, 2차 입력 P_2, 동기속도 N_s라 하면

$$\tau = 9.55 \frac{P_0}{N} [\text{N·m}] = 0.975 \frac{P_0}{N} [\text{kg·m}]$$

$$= 9.55 \frac{P_2}{N_s} [\text{N·m}] = 0.975 \frac{P_2}{N_s} [\text{kg·m}] \text{이므로}$$

$P_0 = 20 [\text{HP}]$, 극수 $p = 4$, $f = 60 [\text{Hz}]$,
$s = 4 [\%]$일 때

$$N = (1-s)N_s = (1-s)\frac{120f}{p}$$

$$= (1-0.04) \times \frac{120 \times 60}{4} = 1728 [\text{rpm}]$$

을 대입하면

$$\therefore \ \tau = 9.55 \frac{P_0}{N} = 9.55 \times \frac{20 \times 746}{1,728} = 82.46 [\text{kg·m}]$$

03 변압기 결선에서 제3고조파 전압이 발생하는 결선은?

① Y-Y
② $\Delta - \Delta$
③ $\Delta - $Y
④ Y-Δ

변압기 Y-Y결선의 특징

(1) 1차, 2차 전압 및 1차, 2차 전류간에 위상차가 없다.

(2) 상전압이 선간전압의 $\frac{1}{\sqrt{3}}$ 배이므로 절연에 용이하며 고전압 송전에 용이하다.

(3) 중성점을 접지할 수 있으므로 이상전압으로부터 변압기를 보호할 수 있다.

(4) 제3고조파 순환 통로가 없으므로 선로에 제3고조파가 유입되어 인접 통신선에 유도장해를 일으킨다.

04 직류 직권전동기의 회전수를 반으로 줄이면 토크는 몇 배가 되는가?

① $\frac{1}{4}$
② $\frac{1}{2}$
③ 4
④ 2

직류 직권전동기의 토크 특성

$\tau = K\phi I_a \doteqdot KI_a^2 \propto I_a^2$ 식에서

$N \propto \frac{1}{I}$ 이므로 $\tau \propto I_a^2 \propto \frac{1}{N^2}$ 이다.

$\therefore$ 회전수를 반$\left(\frac{1}{2}\right)$으로 줄이면 토크는 4배 증가한다.

정답 01 ③ 02 ① 03 ① 04 ③

05 1차 전압 100[V], 2차 전압 200[V], 선로 출력 60[kVA]인 단권변압기의 자기용량은 몇 [kVA]인가?

① 30 ② 60
③ 300 ④ 600

단권변압기의 자기용량

자기용량 $= \dfrac{V_h - V_L}{V_h} \times$ 부하용량 식에서

$V_L = 100\,[\text{V}]$, $V_h = 200\,[\text{V}]$, $P = 60\,[\text{kVA}]$이므로

자기용량 $= \dfrac{V_h - V_L}{V_h} \times P = \dfrac{200 - 100}{200} \times 60$

$\qquad\qquad = 30\,[\text{kVA}]$

06 유도전동기의 2차측 저항을 2배로 하면 최대 토크는 몇 배로 되는가?

① 3배로 된다. ② 2배로 된다.
③ 변하지 않는다. ④ $\dfrac{1}{2}$로 된다.

최대토크(τ_m)

최대토크의 공식은 공급전압을 V_1, 2차 리액턴스를 x_2

라 할 때 $\tau_m = k \dfrac{V_1^{\,2}}{2x_2}$ 이므로

∴ 최대토크는 2차 리액턴스와 전압과 관계있으며 2차 저항과 슬립과는 무관하여 2차 저항 변화에 관계없이 항상 일정하다.

07 다음 중 DC 서보모터의 제어 기능에 속하지 않는 것은?

① 역률제어 기능 ② 전류제어 기능
③ 속도제어 기능 ④ 위치제어 기능

DC 서보모터의 기능

(1) 전압을 가변 할 수 있어야 한다. – 전압제어 및 전류 제어
(2) 최대토크에서 견디는 능력이 커야 한다.
(3) 고도의 속응성을 갖추어야 한다. – 위치제어 및 속도제어
(4) 안정성과 강인성이 있어야 한다.
(5) Servo-lock 기능을 가져야 한다.

08 동기기의 권선법 중 기전력의 파형이 좋게 되는 권선법은?

① 단절권, 분포권 ② 단절권, 집중권
③ 전절권, 집중권 ③ 전절권, 2층권

고조파를 제거하는 방법

(1) 단절권과 분포권을 채용한다.
(2) 매극 매상의 슬롯수(q)를 크게 한다.
(3) Y결선(성형결선)을 채용한다.
(4) 공극의 길이를 크게 한다.
(5) 자극의 모양을 적당히 설계한다.
(6) 전기자 철심을 스큐슬롯(사구)으로 한다.
(7) 전기자 반작용을 작게 한다.

09 브러시의 위치를 이동시켜 회전방향을 역회전 시킬 수 있는 단상 유도전동기는?

① 반발기동형 전동기
② 세이딩코일형 전동기
③ 분상기동형 전동기
④ 콘덴서 전동기

단상 반발전동기

단상 반발전동기는 회전자 권선을 브러시로 단락하고 고정자 권선을 전원에 접속해서 회전자에 전원을 공급하는 직권형의 교류정류자 전동기이다. 이 전동기는 기동, 역전 및 속도제어를 브러시의 이동만으로 할 수 있으며 기동 토크가 매우 크다.

10 10,000[kVA], 6,000[V], 60[Hz], 24극, 단락비 1.2인 3상 동기발전기의 동기 임피던스[Ω]는?

① 1
② 3
③ 10
④ 30

단락비(k_s), %동기 임피던스(%Z_s) 관계

정격용량 P[kVA], 정격전압 V[kV],
동기 임피던스 Z_s[Ω]일 때

$$k_s = \frac{100}{\%Z_s} = \frac{1}{\%Z_s[\text{p.u}]},$$

$$\%Z_s = \frac{100}{k_s} = \frac{P[\text{kVA}]Z_s[\Omega]}{10\{V[\text{kV}]\}^2} \ [\%] \ \text{식에서}$$

$P = 10,000$ [kVA], $V = 6$ [kV], 극수 $p = 24$,
$f = 60$ [Hz], $k_s = 1.2$이므로

$$\therefore \ Z_s = \frac{1,000 V^2}{k_s P} = \frac{1,000 \times 6^2}{1.2 \times 10,000} = 3.0$$

12 회전계자형 동기발전기의 설명으로 틀린 것은?

① 전기자권선은 전압이 높고 결선이 복잡하다.
② 대용량의 경우에도 전류는 작다.
③ 계자회로는 직류의 저압회로이며 소요전력도 적다.
④ 계자극은 기계적으로 튼튼하게 만들기 쉽다.

회전계자형을 채용하는 이유

(1) 계자는 전기자보다 철의 분포가 크기 때문에 기계적으로 튼튼하다.
(2) 계자는 전기자보다 결선이 쉽고 구조가 간단하다.
(3) 고압이 걸리는 전기자보다 저압인 계자가 조작하는 데 더 안전하다.
(4) 고압이 걸리는 전기자를 절연하는 데는 고정자로 두어야 용이해진다.

11 3상 유도전동기에서 회전자가 슬립 s로 회전하고 있을 때 2차 유기전압 E_{2s} 및 2차 주파수 f_{2s}와 s와의 관계는? (단, E_2는 회전자가 정지하고 있을 때 2차 유기기전력이며 f_1은 1차 주파수이다.)

① $E_{2s} = s E_2$, $f_{2s} = s f_1$

② $E_{2s} = s E_2$, $f_{2s} = \dfrac{f_1}{s}$

③ $E_{2s} = \dfrac{E_2}{s}$, $f_{2s} = \dfrac{f_1}{s}$

④ $E_{2s} = (1-s) E_2$, $f_{2s} = (1-s) f_1$

유도전동기의 운전시 2차 전압(E_{2s})과 2차 주파수(f_{2s})

$\therefore E_{2s} = s E_2$, $f_{2s} = s f_1$

13 직류 발전기의 부하포화곡선에서 나타내는 관계로 옳은 것은?

① 계자전류와 단자전압
② 계자전류와 부하전류
③ 부하전류와 단자전압
④ 부하전류와 유기기전력

직류발전기의 특성곡선

(1) 무부하포화곡선 : 횡축에 계자전류, 종축에 유기기전력(단자전압)을 취해서 그리는 특성곡선
(2) 외부특성곡선 : 횡축에 부하전류, 종축에 단자전압을 취해서 그리는 특성곡선
(3) 부하포화곡선 : 횡축에 계자전류, 종축에 단자전압을 취해서 그리는 특성곡선
(4) 계자조정곡선 : 횡축에 부하전류, 종축에 계자전류를 취해서 그리는 특성곡선

14 3상 분권 정류자 전동기에 속하는 것은?

① 톰슨 전동기 ② 데리 전동기
③ 시라게 전동기 ④ 애트킨슨 전동기

시라게 전동기
3상 분권정류자 전동기의 여러 종류 중에서 특성이 좋아 가장 많이 사용되고 있는 전동기로서 1차 권선을 회전자에 둔 권선형 유도전동기이다. 시라게 전동기는 직류 분권전동기와 같이 정속도 및 가변속도 전동기이며 브러시의 이동에 의하여 속도제어와 역률개선을 할 수 있다.

15 직류기에서 전기자 반작용을 방지하기 위한 보상권선의 전류 방향은?

① 계자 전류 방향과 같다.
② 계자 전류 방향과 반대이다.
③ 전기자 전류 방향과 같다.
④ 전기자 전류 방향과 반대이다.

보상권선
보상권선을 설치하여 전기자 전류와 반대 방향으로 흘리면 교차기자력이 줄어들어 전기자 반작용을 억제한다.

16 누설변압기의 특징으로 알맞은 것은?

① 고저항 특성 ② 정전류 특성
③ 정전압 특성 ④ 고역률 특성

자기누설 변압기
부하전류(I_2)가 증가하면 철심 내부의 누설 자속이 증가하여 누설 리액턴스에 의한 전압 강하가 임계점에서 급격히 증가하게 되는데 이 때문에 부하단자전압(V_2)은 수하특성을 갖게 되며 부하전류의 증가가 멈추게 된다. – 일정한 정전류 유지(수하특성)
(1) 용도 : 용접용 변압기, 네온관용 변압기
(2) 특징 : 전압변동률이 크고 역률과 효율이 나쁘다.

17 정격출력 50[kW], 4극 220[V], 60[Hz]인 3상 유도전동기가 전부하 슬립 0.04, 효율 90%로 운전되고 있을 때 다음 중 틀린 것은?

① 2차 효율 = 92[%]
② 1차 입력 = 55.56[kW]
③ 회전자 동손 = 2.08[kW]
④ 회전자 입력 = 52.08[kW]

유도전동기 이론
$P_0 = 50$[kW], 극수 $P = 4$, $V = 220$[V],
$f = 60$[Hz], $s = 0.04$, $\eta = 90$[%]일 때
(1) 2차 효율
$\eta_2 = (1-s) \times 100 = (1-0.04) \times 100 = 96$[%]
(2) 1차 입력
$P_1 = \dfrac{P_0}{\eta} = \dfrac{50}{0.9} = 55.56$[kW]
(3) 회전자 동손
$P_{c2} = \dfrac{s}{1-s} P_0 = \dfrac{0.04}{1-0.04} \times 50 = 2.08$[kW]
(4) 회전자 입력
$P_2 = \dfrac{1}{1-s} P_0 = \dfrac{1}{1-0.04} \times 50 = 52.08$[kW]

18 직류발전기의 정류 초기에 전류변화가 크며 이 때 발생되는 불꽃정류로 옳은 것은?

① 과정류 ② 직선정류
③ 부족정류 ④ 정현파정류

정류특성의 종류
(1) 과정류 : 정류주기의 초기에서 전류변화가 급격해지고 불꽃이 브러시의 전반부에서 발생한다.
(2) 직선정류 : 가장 이상적인 정류작용으로 불꽃 없는 양호한 정류특성을 지닌다.
(3) 부족정류 : 정류주기의 말기에서 전류변화가 급격해지고 평균 리액턴스 전압이 증가하여 정류가 불량해진다. 이 경우 불꽃이 브러시의 후반부에서 발생한다.
(4) 정현파정류 : 보극을 적당히 설치하면 전압정류로 유도되어 정현파정류가 되며 평균 리액턴스 전압을 감소시켜 불꽃 없는 양호한 정류특성을 지닌다.

19 전원전압이 100[V]인 단상 전파정류제어에서 점호각이 30°일 때 직류 평균전압은 약 몇 [V]인가?

① 54
② 64
③ 84
④ 94

단상 전파정류회로

위상제어가 가능한 경우 최대값 E_m, 실효값(=교류값) E, 평균값(=직류값) E_d, 점호각 α 라 하면

$E_d = \dfrac{E_m}{\pi}(1+\cos\alpha) = \dfrac{\sqrt{2}\,E}{\pi}(1+\cos\alpha)$ [V]이므로

$E = 100$ [V], $\alpha = 30°$일 때 출력전압(평균값)은

$\therefore E_d = \dfrac{\sqrt{2}\,E}{\pi}(1+\cos\alpha)$

$= \dfrac{\sqrt{2}\times100}{\pi}\times(1+\cos30°)$

$= 84\,[\mathrm{V}]$

---

20 3상 변압기 2차측의 E_W상만을 반대로 하고 $Y-Y$결선을 한 경우, 2차 상전압이 $E_U = 70$ [V], $E_V = 70$ [V], $E_W = 70$ [V]라면 2차 선간전압은 약 몇 [V]인가?

① $V_{U-V} = 121.2$ [V], $V_{V-W} = 70$ [V], $V_{W-U} = 70$ [V]

② $V_{U-V} = 121.2$ [V], $V_{V-W} = 210$ [V], $V_{W-U} = 70$ [V]

③ $V_{U-V} = 121.2$ [V], $V_{V-W} = 121.2$ [V], $V_{W-U} = 70$ [V]

④ $V_{U-V} = 121.2$ [V], $V_{V-W} = 121.2$ [V], $V_{W-U} = 121.2$ [V]

3상 변압기 Y결선 접속 벡터해석

$E_U = 70\angle 0°$ [V], $E_V = 70\angle -120°$ [V],

$E_W = 70\angle -60°$ [V] 이므로

$V_{U-V} = E_U \angle 0° - E_V \angle -120° = E_U \sqrt{3} \angle +30°$

$\qquad = 70\times\sqrt{3}\angle +30° = 121.2\angle +30°$ [V]

$V_{V-W} = E_V \angle -120° - E_W \angle -60° = E_V \angle -60°$

$\qquad = 70\angle -180°$ [V]

$V_{W-U} = E_W \angle -60° - E_U \angle 0° = E_V \angle 0°$

$\qquad = 70\angle -120°$ [V]

$\therefore V_{U-V} = 121.2$ [V], $V_{U-V} = 70$ [V],

$\qquad V_{W-U} = 70$ [V]

22

4. 회로이론 및 제어공학(CBT시험 복원문제)

※ 본 기출문제는 수험자의 기억을 바탕으로 하여 복원한 문제이므로 실제 문제와 다를 수 있음을 미리 알려드립니다.

01 다음과 같은 비정현파 전압 및 전류에 의한 전력을 구하면 몇 [W]인가?

$$v = 100\sin\omega t - 50\sin(3\omega t + 30°)$$
$$\quad + 20\sin(5\omega t + 45°)$$
$$i = 20\sin(\omega t + 30°) + 10\sin(3\omega t - 30°)$$
$$\quad + 5\cos 5\omega t$$

① 776 ② 726
③ 875 ④ 825

비정현파의 소비전력(P)

전압의 주파수 성분은 기본파, 제3고조파, 제5고조파로 구성되어 있으며 전류의 주파수 성분도 기본파, 제3고조파, 제5고조파로 이루어져 있으므로 전류의 cos 파형만 sin 파형으로 일치시키면 된다.

$V_{m1} = 100\angle 0°$ [V], $V_{m3} = -50\angle 30°$ [V],
$V_{m5} = 20\angle 45°$ [V],
$I_{m1} = 20\angle 30°$ [A], $I_{m3} = 10\angle -30°$ [A],
$I_{m5} = 5\angle 0° + 90° = 5\angle 90°$ [A]
$\theta_1 = 0° - (30°) = -30°$, $\theta_3 = 30° - (-30°) = 60°$,
$\theta_5 = 45° - 90° = -45°$

$\therefore P = \dfrac{1}{2}(V_{m1}I_{m1}\cos\theta + V_{m3}I_{m3}\cos\theta_3$
$\quad + V_{m5}I_{m5}\cos\theta_5)$
$\quad = \dfrac{1}{2}(100\times 20\times \cos 30° - 50\times 10\times \cos 60°$
$\quad\quad + 20\times 5\times \cos 45°)$
$\quad = 776$ [W]

02 불평형 3상 전압 $V_a = 9 + j6$,
$V_b = -13 - j15$, $V_c = -3 + j4$일 때 정상 전압 V_1은?

① $-7 + j5$ ② $-2.32 - j1.67$
③ $0.18 + j6.72$ ④ $11.15 + j0.95$

정상분 전압(V_1)

$V_1 = \dfrac{1}{3}(V_a + aV_b + a^2V_c)$ [V] 식에서

$a = 1\angle 120°$, $a^2 = 1\angle -120°$ 이므로

$\therefore V_1 = \dfrac{1}{3}[(9 + j6) + 1\angle 120°\times (-13 - j15)$
$\quad + 1\angle -129°\times (-3 + j4)]$
$\quad = 11.15 + j0.95$ [V]

03 그림과 같은 회로에서 E_1과 E_2가 다음과 같을 때 유도 리액턴스의 단자 전압은?

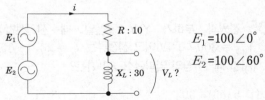

$E_1 = 100\angle 0°$
$E_2 = 100\angle 60°$

① 164 [V] ② 174 [V]
③ 200 [V] ④ 150 [V]

E_1과 E_2가 위상차 θ를 이루고 있을 때 백터의 합을 구해보면

$\dot{E_1} + \dot{E_2} = \sqrt{E_1^2 + E_2^2 + 2E_1E_2\cos\theta}$ [V] 식에서

$E_1 = E_2 = 100$ [V], $\theta = 60°$일 때

$\dot{E_1} + \dot{E_2} = \sqrt{100^2 + 100^2 + 2\times 100\times 100\times \cos 60°}$
$\quad = 100\sqrt{3}$ [V]이다.

$\dot{Z} = R + jX_L = 10 + j30$ [Ω] 이므로

$I = \dfrac{E}{Z} = \dfrac{100\sqrt{3}}{\sqrt{10^2 + 30^2}} = 5.48$ [A]일 때

$\therefore V_L = X_L I = 30\times 5.48 = 164$ [V]

04 최대눈금이 100[V]이고 내부저항 r이 30[kΩ] 인 전압계가 있다. 이 전압계로 600[V]를 측정하고자 한다면 배율기의 저항 R_s는 몇 [kΩ]이어야 하는가?

① 150 ② 60
③ 180 ④ 120

배율기

전압계의 측정 범위를 넓히기 위하여 전압계와 직렬로 접속하는 저항기를 배율기라 하며 이 때 배율과 배율기의 저항은 다음과 같다.

전압계의 최대눈금 V_v, 전압계의 내부저항 R_v,

측정전압 V_0, 배율 m, 배율기의 저항 R_s라 하면

$m = \dfrac{V_0}{V_v} = 1 + \dfrac{R_s}{R_v}$, $R_s = (m-1)R_v [\Omega]$ 식에서

$V_v = 100 [\text{V}]$, $R_v = r = 30 [\text{k}\Omega]$,

$V_0 = 600 [\text{V}]$일 때

$m = \dfrac{V_0}{V_v} = \dfrac{600}{100} = 6$ 이므로

$\therefore R_s = (m-1)R_v = (6-1) \times 30$
$\qquad = 150 [\text{k}\Omega]$

05 전원과 부하가 Y-Y 결선일 때 선간전압이 $V_{ab} = 300 \angle 0°$ [V]이고 선전류는 $I_a = 20 \angle -60°$ [A]일 때 한 상의 임피던스 Z [Ω]은?

① $5\sqrt{3} \angle 30°$
② $5 \angle 30°$
③ $5\sqrt{3} \angle 60°$
④ $5 \angle 60°$

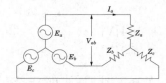

Y 결선의 특징

한 상의 임피던스를 구하기 위해서는 상전압과 상전류로 적용하여야 한다.

$Z = \dfrac{V_a}{I_a} [\Omega]$ 식에서 $V_a = \dfrac{V_{ab}}{\sqrt{3}} \angle -30° [\text{V}]$ 이므로

$V_a = \dfrac{300}{\sqrt{3}} \angle -30° [\text{V}]$일 때

$\therefore Z = \dfrac{V_a}{I_a} = \dfrac{\dfrac{300}{\sqrt{3}} \angle -30°}{20 \angle -60°} = 5\sqrt{3} \angle 30° [\Omega]$

06 함수 $f(t) = e^{-2t}\cos 3t$ 의 라플라스 변환은?

① $\dfrac{s+2}{(s+2)^2 + 3^2}$ ② $\dfrac{s-1}{(s-2)^2 + 3^3}$

③ $\dfrac{s}{(s+2)^2 + 3^2}$ ④ $\dfrac{s}{(s-2)^2 + 3^3}$

복소추이정리의 라플라스 변환

$f(t) = e^{-2t}\cos 3t$일 때

$\therefore \mathcal{L}[f(t)] = \mathcal{L}[e^{-2t}\cos 3t] = \dfrac{s+2}{(s+2)^2 + 3^2}$

참고 복소추이정리

$f(t)$	$F(s)$
te^{at}	$\dfrac{1}{(s-a)^2}$
$t^2 e^{at}$	$\dfrac{2}{(s-a)^3}$
$e^{at}\sin\omega t$	$\dfrac{\omega}{(s-a)^2 + \omega^2}$
$e^{at}\cos\omega t$	$\dfrac{s-a}{(s-a)^2 + \omega^2}$

07 특성 임피던스 400[Ω]의 회로 말단에 1200 [Ω]의 부하가 연결되어 있다. 전원측에 100[kV]의 전압을 인가할 때 반사파의 크기[kV]는? (단, 선로에서의 전압 감쇠는 없는 것으로 간주한다.)

① 50 ② 1
③ 10 ④ 5

반사파 전압(E_ρ)

$E_\rho = \rho E [\text{kV}]$, $\rho = \dfrac{Z_L - Z_0}{Z_L + Z_0}$ 식에서

$Z_0 = 400 [\Omega]$, $Z_L = 1,200 [\Omega]$,

전원측 전압 $E = 100 [\text{kV}]$일 때

$\rho = \dfrac{Z_L - Z_0}{Z_L + Z_0} = \dfrac{1,200 - 400}{1,200 + 400} = 0.5$ 이므로

$\therefore E_\rho = \rho E = 0.5 \times 100 = 50 [\text{kV}]$

08 어떤 코일의 임피던스를 측정하고자 직류전압 100[V]를 가했더니 500[W]가 소비되고, 교류전압 150[V]를 가했더니 720[W]가 소비되었다. 코일의 저항[Ω]과 리액턴스[Ω]는 각각 얼마인가?

① $R = 20$, $X_L = 15$

② $R = 15$, $X_L = 20$

③ $R = 25$, $X_L = 20$

④ $R = 30$, $X_L = 25$

교류전력

직류전압 $V_d = 100$ [V], 소비전력 $P_d = 500$ [W]일 때

$P_d = \dfrac{V_d^2}{R}$ [W]이므로 저항 R을 구하면

$R = \dfrac{V_d^2}{P_d} = \dfrac{100^2}{500} = 20\,[\Omega]$이다.

교류전압 $V_a = 150$ [V], 소비전력 $P_a = 720$ [W]일 때

$P_a = \dfrac{V_a^2 R}{R^2 + X^2}$ [W]이므로 리액턴스 X를 구하면

$X = \sqrt{\dfrac{V_a^2 R}{P_a} - R^2} = \sqrt{\dfrac{150^2 \times 20}{720} - 20^2} = 15\,[\Omega]$

$\therefore R = 20\,[\Omega]$, $X = 15\,[\Omega]$

---

09 전원과 부하가 다같이 $\Delta - \Delta$결선에서 $V_{ab} = 200$[V], $Z = 2 + j2\,[\Omega]$일 때 I_a(선전류)는 얼마인가?

① $122.47 \angle -75°$

② $122.47 \angle -15°$

③ $122.47 \angle 75°$

④ $122.47 \angle 15°$

Δ결선의 선전류

$I_a = \dfrac{\sqrt{3}\,V_{ab}}{Z} \angle -30°$ [A] 식에서

$Z = 2 + j2 = 2\sqrt{2} \angle 45°\,[\Omega]$일 때

$\therefore I_a = \dfrac{\sqrt{3} \times 200}{2\sqrt{2}} \angle -30° - 45°$

$= 122.47 \angle -75°$ [A]

---

10 비정현과 전류 $i(t) = 56\sin \omega t + 25\sin 2\omega t + 30\sin(3\omega t + 30°) + 40\sin(4\omega t + 60°)$으로 주어질 때 왜형률은 얼마인가?

① 1.4

② 1.0

③ 0.5

④ 0.1

비정현파의 왜형률(ϵ)

파형에서 기본파, 제2고조파, 제3고조파, 제4고조파의 최대치를 각각 I_{m1}, I_{m2}, I_{m3}, I_{m4}라 하면

$I_{m1} = 56$ [A], $I_{m2} = 25$ [A], $I_{m3} = 30$ [A], $I_{m4} = 40$ [A]이며

각 고조파의 왜형률을 ϵ_2, ϵ_3, ϵ_4라 하면

$\epsilon_2 = \dfrac{I_{m2}}{I_{m1}} = \dfrac{25}{56}$, $\epsilon_3 = \dfrac{I_{m3}}{I_{m1}} = \dfrac{30}{56}$, $\epsilon_4 = \dfrac{I_{m4}}{I_{m1}} = \dfrac{40}{56}$

이므로

$\therefore \epsilon = \sqrt{\epsilon_2^2 + \epsilon_3^2 + \epsilon_4^2}$

$= \sqrt{\left(\dfrac{25}{56}\right)^2 + \left(\dfrac{30}{56}\right)^2 + \left(\dfrac{40}{56}\right)^2} = 1$

---

11 그림과 같은 블록선도에 대한 등가 전달함수를 구하면?

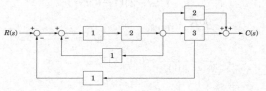

① $\dfrac{10}{9}$

② $\dfrac{10}{15}$

③ $\dfrac{10}{13}$

④ $\dfrac{10}{23}$

블록선도의 전달함수

$G(s) = \dfrac{\text{전향경로이득}}{1 - \text{루프경로이득}}$

식에서

전향경로이득 $= 1 \times 2 \times 3 + 1 \times 2 \times 2 = 10$

루프경로이득 $= -1 \times 1 \times 2 - 1 \times 1 \times 2 \times 3 = -8$

$\therefore G(s) = \dfrac{\text{전향경로이득}}{1 - \text{루프경로이득}} = \dfrac{10}{1 - (-8)} = \dfrac{10}{9}$

---

12 블록선도의 제어시스템은 단위램프입력에 대한 정상상태오차(정상편차)가 0.01이다. 이 제어시스템의 제어요소인 $G_{C1}(s)$의 k는?

$$G_{C1}(s) = K, \quad G_{C2}(s) = \frac{1+0.15s}{1+0.25s}$$

$$G_P(s) = \frac{200}{s(s+1)(s+2)}$$

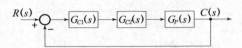

① 0.1 ② 1
③ 10 ④ 100

제어계의 정상편차
개루프 전달함수

$$G(s)H(s) = \frac{200K(1+0.15s)}{s(s+1)(s+2)(1+0.25s)}$$ 이다.

단위램프입력(=단위속도입력)은 1형 입력이고 개루프 전달함수 $G(s)H(s)$도 1형 제어계이므로 정상편차는 유한값을 갖는다. 1형 제어계의 속도편차상수(k_v)와 속도편차상수(e_v)는

$$k_v = \lim_{s\to 0} sG(s)H(s)$$

$$= \lim_{s\to 0} \frac{200K(1+0.15s)}{(s+1)(s+2)(1+0.25s)}$$

$$= \frac{200K}{2} = 100K$$

$$e_v = \frac{1}{k_v} = \frac{1}{100K} = 0.01 \text{ 이므로}$$

$$\therefore K = \frac{1}{100 \times 0.01} = 1$$

13 다음 신호흐름선도에서 특성방정식의 근은 얼마인가?

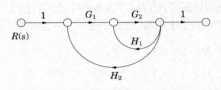

$$G_1 = (s+2), \quad H_1 = -(s+1)$$
$$G_2 = 1, \quad H_2 = -(s+1)$$

① −2, −2 ② −1, −2
③ −1, 2 ④ 1, 2

신호흐름선도의 전달함수

$$G(s) = \frac{\text{전향경로이득}}{1-\text{루프경로이득}} \text{ 식에서}$$

전향경로이득 $= 1 \times G_1 \times G_2 \times 1 = G_1 G_2$

루프경로이득 $= H_1 G_2 + H_2 G_1 G_2$

$$G(s) = \frac{\text{전향경로이득}}{1-\text{루프경로이득}}$$

$$= \frac{G_1 G_2}{1 - H_1 G_2 - H_2 G_1 G_2}$$

$$= \frac{s+2}{1 + (s+1) + (s+1)(s+2)}$$

$$= \frac{s+2}{s^2 + 4s + 4}$$

특성방정식은 전달함수의 분모를 0으로 하는 방정식을 의미하므로

특성방정식 $= s^2 + 4s + 4 = (s+2)^2 = 0$이다.

$\therefore$ 특성방정식의 근은 $s = -2$, $s = -2$

14 다음 그림에 대한 게이트는 어느 것인가?

① NOT
② NAND
③ OR
④ NOR

논리회로

논리회로의 출력식 Y는

$Y = \overline{A} \cdot \overline{B} = \overline{A+B}$ 이므로

∴ NOR 게이트이다.

참고 드모르강 법칙

$\overline{A \cdot B} = \overline{A} + \overline{B}$ → NAND 게이트

$\overline{A+B} = \overline{A} \cdot \overline{B}$ → NOR 게이트

15 어떤 시스템을 표시하는 미분방정식이

$$\frac{d^2 y(t)}{dt^2} + 3\frac{dy(t)}{dt} + 2y(t) = \frac{dx(t)}{dt} + x(t)$$인

경우 $x(t)$를 입력, $y(t)$를 출력이라면 이 시스템의 전달함수는? (단, 모든 초기조건은 0이다.)

① $\dfrac{s^2 + 3s + 2}{s+1}$ ② $\dfrac{2s+1}{s^2 + s + 1}$

③ $\dfrac{s+1}{s^2 + 3s + 2}$ ④ $\dfrac{s^2 + s + 1}{2s + 1}$

미분방정식을 이용한 전달함수

문제의 미분방정식을 양 변 모두 라플라스 변환하여 전개하면

$s^2 Y(s) + 3s Y(s) + 2Y(s) = sX(s) + X(s)$

$(s^2 + 3s + 2) Y(s) = (s+1) X(s)$

$\therefore G(s) = \dfrac{Y(s)}{X(s)} = \dfrac{s+1}{s^2 + 3s + 2}$

16 $e(t)$의 초기값 $e(t)$의 Z변환을 $E(z)$라 했을 때 다음 어느 방법으로 얻어지는가?

① $\lim\limits_{z \to 0} z E(z)$ ② $\lim\limits_{z \to 0} E(z)$

③ $\lim\limits_{z \to \infty} z E(z)$ ④ $\lim\limits_{z \to \infty} E(z)$

초기값 정리와 최종값 정리

(1) 초기값 정리

$$\lim_{k \to 0} e(kT) = e(0) = \lim_{z \to \infty} E(z)$$

(2) 최종값 정리

$$\lim_{k \to \infty} e(kT) = e(\infty) = \lim_{z \to 1} (1 - z^{-1}) E(z)$$

17 다음 피드백 제어계에서 시스템이 안정하기 위한 K의 범위는?

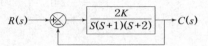

① $0 < K < 5$ ② $0 < K < 6$

③ $0 < K < 3$ ④ $0 < K < 4$

안정도 판별법(루스판정법)

제어계의 개루프 전달함수 $G(s) H(s)$ 가 주어지는 경우 특성방정식 $F(s) = 1 + G(s) H(s) = 0$ 을 만족하는 방정식을 세워야 한다.

$G(s) H(s) = \dfrac{B(s)}{A(s)}$ 인 경우 특성방정식 $F(s)$는

$F(s) = A(s) + B(s) = 0$ 으로 할 수 있다.

문제의 특성방정식은

$F(s) = s(s+1)(s+2) + 2K$

$\quad = s^3 + 3s^2 + 2s + 2K = 0$ 이므로

s^3	1	2
s^2	3	$2K$
s^1	$\dfrac{6-2K}{3}$	0
s^0	$2K$	

제1열의 원소에 부호변화가 없어야 제어계가 안정하므로 $6 - 2K > 0$, $2K > 0$이다.

$\therefore 0 < K < 3$

18 개루프 전달함수가 $G(s)H(s) = \dfrac{K}{s(s+2)(s+4)}$ 일 때 근궤적이 허수축과 교차하는 경우 교차점은?

① $\omega_d = 2.45$

② $\omega_d = 2.83$

③ $\omega_d = 3.46$

④ $\omega_d = 3.87$

허수축과 교차하는 점

제어계의 개루프 전달함수 $G(s)H(s)$ 가 주어지는 경우 특성방정식 $F(s) = 1 + G(s)H(s) = 0$ 을 만족하는 방정식을 세워야 한다.

$G(s)H(s) = \dfrac{B(s)}{A(s)}$ 인 경우 특성방정식 $F(s)$ 는

$F(s) = A(s) + B(s) = 0$ 으로 할 수 있다.

문제의 특성방정식은

$F(s) = s(s+2)(s+4) + K$

$= s^3 + 6s^2 + 8s + K = 0$ 이므로

s^3	1	8
s^2	6	K
s^1	$\dfrac{6 \times 8 - K}{6} = 0$	0
s^0	K	

루스 수열의 제1열 s^1 행에서 영(0)이 되는 K의 값을 구하여 보조방정식을 세운다.

$6 \times 8 - K = 0$ 이기 위해서는 $K = 48$ 이다.

보조방정식 $6s^2 + 48 = 0$ 식에서

$s^2 = -8$ 이므로 $s = j\omega = \pm j\sqrt{8}$ 일 때

∴ $\omega = \sqrt{8} = 2.83$

19 다음의 미분방정식으로 표시되는 시스템의 계수행렬 A 는 어떻게 표시되는가?

$$\dfrac{d^2 c(t)}{dt^2} + 3\dfrac{dc(t)}{dt} + 2c(t) = r(t)$$

① $\begin{bmatrix} 0 & 1 \\ -3 & -2 \end{bmatrix}$

② $\begin{bmatrix} -3 & -2 \\ 0 & 1 \end{bmatrix}$

③ $\begin{bmatrix} -2 & -3 \\ 0 & 1 \end{bmatrix}$

④ $\begin{bmatrix} 0 & 1 \\ -2 & -3 \end{bmatrix}$

상태방정식의 계수행렬

$\dot{x} = Ax + Bu$

$c(t) = x_1 = x_2$

$\ddot{c}(t) = \dot{x}_1 = \dot{x}_2$

$\dot{x}_2 = -2x_1 - 3x_2 + r(t)$

$\begin{bmatrix} \dot{x}_1 \\ \dot{x}_2 \end{bmatrix} = \begin{bmatrix} 0 & 1 \\ -2 & -3 \end{bmatrix} \begin{bmatrix} x_1 \\ x_2 \end{bmatrix} + \begin{bmatrix} 0 \\ 1 \end{bmatrix} u$

∴ $A = \begin{bmatrix} 0 & 1 \\ -2 & -3 \end{bmatrix}$

20 전달함수가 $\dfrac{C(s)}{R(s)} = \dfrac{36}{s^2 + 4.2s + 36}$ 인 2차 제어시스템의 감쇠 진동 주파수(ω_d)는 몇 [rad/sec]인가?

① 4.3

② 4

③ 6

④ 5.6

감쇠 진동 주파수(ω_d)

$\omega_d = \omega_n \sqrt{1 - \zeta^2}$ 식에서 고유각주파수 ω_n, 제동비(또는 감쇠비) ζ 라 하면

$\dfrac{C(s)}{R(s)} = \dfrac{36}{s^2 + 4.2s + 36} = \dfrac{\omega_n^2}{s^2 + 2\zeta\omega_n s + \omega_n^2}$ 일 때

$\omega_n^2 = 36$, $2\zeta\omega_n = 4.2$ 이므로

$\omega_n = 6$, $\zeta = \dfrac{6}{2\omega_n} = \dfrac{4.2}{2 \times 6} = 0.35$ 이다.

∴ $\omega_d = \omega_n \sqrt{1 - \zeta^2} = 6 \times \sqrt{1 - 0.35^2}$

$= 5.6 \, [\text{rad/sec}]$

정답 18 ② 19 ④ 20 ④

5. 전기설비기술기준(CBT시험 복원문제)

※ 본 기출문제는 수험자의 기억을 바탕으로 하여 복원한 문제이므로 실제 문제와 다를 수 있음을 미리 알려드립니다.

01 저·고압 가공전선이 철도를 횡단하는 경우 레일 면상 높이는 몇 [m] 이상이어야 하는가?

① 4[m] 　　　　② 5[m]
③ 5.5[m] 　　　④ 6.5[m]

저·고압 가공전선의 높이

구분	시설장소		전선의 높이
저·고압	도로횡단시		지표상 6[m] 이상
	철도 또는 궤도 횡단시		레일면상 6.5[m] 이상
	횡단 보도교	저압	노면상 3.5[m] 이상 절연전선, 다심형 전선, 케이블 사용시 노면상 3[m] 이상
		고압	노면상 3.5[m] 이상
	위의 장소 이외의 곳		지표상 5[m] 이상 다리의 하부 기타 이와 유사한 장소에 시설하는 저압의 전기철도용 급전선은 지표상 3.5[m]까지 감할 수 있다.

02 저압 옥상전선로에 시설하는 전선은 인장강도 2.30[kN] 이상의 것 또는 지름이 몇 [mm] 이상의 경동선이어야 하는가?

① 1.6 　　　　② 2.0
③ 2.6 　　　　④ 3.2

저압 옥상전선로

구분	내용
시설 방법	전개된 장소에 위험의 우려가 없도록 시설하여야 한다.
전선	인장강도 2.30[kN] 이상, 지름 2.6[mm] 이상의 경동선
	절연전선(옥외용 비닐절연전선을 포함) 또는 이와 동등 이상의 절연효력이 있는 것

구분	내용
지지점 간의 거리	15[m] 이하
전선과 조영재와의 이격거리	2[m] 이상 (전선이 고압절연전선, 특고압 절연전선 또는 케이블인 경우에는 1[m] 이상)
식물과의 거리	상시 부는 바람에 의하여 식물에 접촉하지 아니하도록 시설

03 사용전압이 35[kV] 이하인 특고압 가공전선과 저압 가공전선을 동일 지지물에 시설하는 경우 전선 상호간 이격거리는 몇 [m] 이상이어야 하는가? (단, 특고압 가공전선으로는 케이블을 사용한다.)

① 0.5 　　　　② 1.0
③ 1.5 　　　　④ 2.0

저·고압 및 35[kV] 이하의 특고압 가공전선의 병행설치

(1) 시설기준

동일 지지물에 저압, 고압, 특고압 가공전선을 병행하여 설치하는 경우로서 전압이 높은 가공전선을 위로 설치하고 별도의 완금류에 시설하여야 한다. 단, 저압 가공인입선을 분기하기 위하여 저압 가공전선을 고압용의 완금류에 견고하게 시설하는 경우에는 그러하지 아니하다.

(2) 가공전선의 상호간 이격거리

사용전압	이격거리
저압 및 고압	0.5[m] 이상 고압 가공전선에 케이블 사용 시 0.3[m] 이상
35[kV] 이하 특고압과 저·고압	1.2[m] 이상 특고압 가공전선이 케이블이고 저압 가공전선이 절연전선이거나 케이블인 때 또는 고압 가공전선이 고압 절연전선, 특고압 절연전선 또는 케이블인 때는 0.5[m]까지로 감할 수 있다.

04 수소냉각식 발전기 및 이에 부속하는 수소냉각 장치에 대한 시설기준으로 틀린 것은?

① 발전기 내부의 수소의 온도를 계측하는 장치를 시설할 것

② 발전기 내부의 수소의 순도가 80[%] 이하로 저하한 경우에 경보를 하는 장치를 시설할 것

③ 발전기는 기밀구조의 것이고 또한 수소가 대기압에서 폭발하는 경우에 생기는 압력에 견디는 강도를 가지는 것일 것

④ 발전기 내부의 수소의 압력을 계측하는 장치 및 그 압력이 현저히 변동한 경우에 이를 경보하는 장치를 시설할 것

수소냉각식 발전기 등의 시설

(1) 계측장치 및 경보장치 등의 시설

  ㉠ 발전기 내부 또는 조상기 내부의 수소의 순도가 85[%] 이하로 저하한 경우에 이를 경보하는 장치를 시설할 것.

  ㉡ 발전기 내부 또는 조상기 내부의 수소의 압력을 계측하는 장치 및 그 압력이 현저히 변동한 경우에 이를 경보하는 장치를 시설할 것.

  ㉢ 발전기 내부 또는 조상기 내부의 수소의 온도를 계측하는 장치를 시설할 것.

  ㉣ 발전기축의 밀봉부에는 질소 가스를 봉입할 수 있는 장치 또는 발전기 축의 밀봉부로부터 누설된 수소 가스를 안전하게 외부에 방출할 수 있는 장치를 시설할 것.

(2) 구조 및 특징

  ㉠ 발전기 또는 조상기는 기밀구조의 것이고 또한 수소가 대기압에서 폭발하는 경우에 생기는 압력에 견디는 강도를 가지는 것일 것.

  ㉡ 수소를 통하는 관·밸브 등은 수소가 새지 아니하는 구조로 되어 있을 것.

05 애자공사에 의한 고압 옥내배선을 할 때 전선을 조영재의 면을 따라 붙이는 경우, 전선의 지지점간의 거리는 몇 [m] 이하이어야 하는가?

① 2[m] ② 3[m]
③ 4[m] ④ 5[m]

애자공사의 이격거리

전압종별 구분	저압	고압
전선 상호간의 간격	6[cm] 이상	8[cm] 이상
전선과 조영재 이격거리	400[V] 이하 : 2.5[cm] 이상 400[V] 초과 : 4.5[cm] 이상 단, 건조한 장소 : 2.5[cm] 이상	5[cm] 이상
전선의 지지점 간의 거리	400[V] 초과인 것은 6[m] 이하 단, 전선을 조영재의 윗면 또는 옆면에 따라 붙일 경우에는 2[m] 이하	6[m] 이하 단, 전선을 조영재의 면을 따라 붙이는 경우에는 2[m] 이하

06 발·변전소의 주요 변압기에 반드시 시설하여야 하는 계측장치로 알맞게 나열한 것은?

① 전압계, 전류계, 주파수계

② 전압계, 전류계, 역률계

③ 전압계, 전류계, 전력계

④ 역률계, 전류계, 전력계

발전소와 변전소의 계측장치

계측장치	대상
발전기·연료전지 또는 태양전지 모듈의 전압 및 전류 또는 전력	발전소
발전기의 베어링 및 고정자의 온도	발전소
주요 변압기의 전압 및 전류 또는 전력 (단, 전기철도용 변전소 주요 변압기는 전류 또는 전력)	발전소 변전소
특고압용 변압기의 온도	발전소 변전소

07 금속제 가요전선관공사에 의한 저압 옥내배선의 시설기준으로 틀린 것은?

① 가요전선관 안에는 전선에 접속점이 없도록 한다.
② 전선은 옥외용 비닐절연전선을 사용한다.
③ 점검할 수 있는 은폐된 장소에는 1종 가요전선관을 사용할 수 있다.
④ 2종 금속제 가요전선관을 사용하는 경우에 습기 많은 장소에 시설하는 때에는 비닐피복 2종 가요전선관으로 한다.

금속제 가요전선관공사

구분	내용
전선	(1) 전선은 절연전선(옥외용 비닐절연전선을 제외한다)일 것. (2) 전선은 연선일 것. 다만, 단면적 10[mm^2](알루미늄선은 단면적 16[mm^2]) 이하의 것은 적용하지 않는다. (3) 전선은 금속제 가요전선관 안에서 접속점이 없도록 할 것.
관 재료	2종 금속제 가요전선관(습기 많은 장소 또는 물기가 있는 장소에 시설하는 때에는 비닐 피복 2종 가요전선관)일 것. 다만, 전개된 장소 또는 점검할 수 있는 은폐된 장소에는 1종 가요전선관(습기가 많은 장소 또는 물기가 있는 장소에는 비닐 피복 1종 가요전선관)을 사용할 수 있다.

08 저압 가공전선과 건조물의 상부 조영재와의 위쪽 이격거리는 몇 [m] 이상이어야 하는가? (단, 전선은 케이블인 경우이다.)

① 2.0 　　　　② 1.5
③ 1.0 　　　　④ 0.5

가공전선과 건조물의 조영재 사이의 이격거리
가공전선이 건조물의 조영재 위쪽에서 접근하는 경우

사용전압	나전선	절연전선	케이블
저압 및 고압	2[m] 이상	저압 1[m] 이상	1[m] 이상
35[kV] 이하 특고압	3[m] 이상	2.5[m] 이상	1.2[m] 이상
35[kV] 초과	35[kV] 이하 규정 + (사용전압[kV]/10−3.5)×0.15[m] 이상 소수점 절상		

09 변전소에서 154[kV]급으로 변압기를 옥외에 시설할 때 취급자 이외의 사람이 들어가지 않도록 시설하는 울타리는 울타리 높이와 울타리에서 충전부분까지의 거리의 합계를 몇 [m] 이상으로 하여야 하는가?

① 5 　　　　② 5.5
③ 6 　　　　④ 6.5

울타리·담 등의 높이와 울타리·담 등으로부터 충전부분까지 거리의 합계

사용전압	울타리·담 등의 높이와 울타리·담 등으로부터 충전부분까지 거리의 합계
35[kV] 이하	5 [m]
35[kV] 초과 160[kV] 이하	6 [m]
160[kV] 초과	10 [kV] 초과마다 12 [cm] 가산하여 $x+y=6+($사용전압$[kV]/10-16)$ 소수점 절상 ×0.12

10 연료전지설비의 설치장소에 대한 안전 요구사항에 해당되는 내용이 아닌 것은?

① 연료전지를 설치할 주위의 벽 등은 화재에 안전하게 시설하여야 한다.
② 가연성 물질과 안전거리를 충분히 확보하여야 한다.
③ 침수 등의 우려가 없는 곳에 시설하여야 한다.
④ 연료전지 주위에 나뭇가지 등으로 열을 차단하여야 한다.

연료전지설비

설치장소의 안전 요구사항
(1) 연료전지를 설치할 주위의 벽 등은 화재에 안전하게 시설하여야 한다.
(2) 가연성물질과 안전거리를 충분히 확보하여야 한다.
(3) 침수 등의 우려가 없는 곳에 시설하여야 한다.

구분	내용
지지점간 거리	3[m](취급자 이외의 자가 출입할 수 없도록 설비한 곳에서 수직으로 붙이는 경우에는 6[m]) 이하로 하고 또한 견고하게 붙일 것.
기타	(1) 안쪽 면 및 바깥 면에는 산화 방지를 위하여 아연도금 또는 이와 동등 이상의 효과를 가지는 도장을 한 것일 것. (2) 덕트의 본체와 구분하여 뚜껑을 설치하는 경우에는 쉽게 열리지 아니하도록 시설할 것. (3) 덕트의 끝부분은 막을 것. 또한, 덕트 안에 먼지가 침입하지 아니하도록 할 것. (4) 덕트 상호간의 견고하고 또한 전기적으로 완전하게 접속할 것. (5) 덕트는 접지시스템의 규정에 따라 접지공사를 할 것.

11 금속덕트공사에 의한 저압 옥내배선공사 시설에 적합하지 않은 것은?

① 전선은 옥외용 비닐절연전선을 사용하였다.
② 덕트 끝부분은 막고 내부에 먼지가 침입하지 않도록 하며 물이 고이지 않도록 시설하였다.
③ 덕트를 조영재에 붙이는 경우 덕트 지지점 간의 거리를 3[m] 이하로 견고하게 붙였다.
④ 덕트는 접지시스템의 규정에 따라 접지공사를 하였다.

금속덕트공사

구분	내용
전선	(1) 전선은 절연전선(옥외용 비닐절연전선을 제외한다)일 것. (2) 금속덕트에 넣은 전선의 단면적(절연피복의 단면적을 포함한다)의 합계는 덕트의 내부 단면적의 20[%](전광표시장치 기타 이와 유사한 장치 또는 제어회로 등의 배선만을 넣는 경우에는 50[%]) 이하일 것.

12 전기철도에서 사용하는 용어 중 전기철도차량의 집전장치와 접촉하여 전력을 공급하기 위한 전선을 무엇이라 하는가?

① 조가선   ② 전차선
③ 급전선   ④ 귀선

전기철도설비 용어

(1) 조가선 : 전차선이 레일면상 일정한 높이를 유지하도록 행어이어, 드로퍼 등을 이용하여 전차선 상부에서 조가하여 주는 전선을 말한다.
(2) 전차선 : 전기철도차량의 집전장치와 접촉하여 전력을 공급하기 위한 전선을 말한다.
(3) 급전선 : 전기철도차량에 사용할 전기를 변전소로부터 전차선에 공급하는 전선을 말한다.
(4) 귀선 : 전기철도차량에 공급된 전력을 변전소로 되돌리기 위한 전선을 말한다.

13 특고압 가공전선로의 경간은 지지물이 철탑인 경우 몇 [m] 이하이어야 하는가? (단, 단주가 아닌 경우이다.)

① 400 　　　　② 500

③ 600 　　　　④ 700

가공전선로의 최대경간

구분　　지지물 종류	A종주, 목주	B종주	철탑
표준경간	150[m]	250[m]	600[m]

14 고압 가공인입선이 케이블 이외의 것으로서 그 전선의 아래쪽에 위험표시를 하였다면 전선의 지표상 높이는 몇 [m]까지로 감할 수 있는가?

① 2.5 　　　　② 3.5

③ 4.5 　　　　④ 5.5

가공인입선의 높이

구분		전선의 높이
도로를 횡단	저압	노면상 5[m] 이상 (교통에 지장 없을 때 3[m] 이상)
	고압	지표상 6[m] 이상
철도 또는 궤도를 횡단	저압 고압	레일면상 6.5[m] 이상
횡단보도교 위에 시설	저압	노면상 3[m] 이상
	고압	노면상 3.5[m] 이상
기타	저압	지표상 4[m] 이상 (교통에 지장 없을 때 2.5[m] 이상)
	고압	지표상 5[m] 이상 (전선 아래쪽에 위험표시를 한 경우 지표상 3.5[m]까지 감할 수 있다.)

15 접지공사의 접지극을 시설할 때 동결 깊이를 감안하여 지하 몇 [cm] 이상의 깊이로 매설하여야 하는가? (단, 접지도체를 철주 기타의 금속체를 따라서 시설하는 경우가 아니다.)

① 60 　　　　② 75

③ 90 　　　　④ 100

접지시스템의 접지극의 매설

접지극의 매설은 다음에 의한다.

(1) 접지극은 매설하는 토양을 오염시키지 않아야 하며, 가능한 다습한 부분에 설치한다.

(2) 접지극은 지표면으로부터 지하 0.75 [m] 이상으로 하되 동결 깊이를 감안하여 매설 깊이를 정해야 한다.

(3) 접지도체를 철주 기타의 금속체를 따라서 시설하는 경우에는 접지극을 철주의 밑면으로부터 0.3 [m] 이상의 깊이에 매설하는 경우 이외에는 접지극을 지중에서 그 금속체로부터 1 [m] 이상 떼어 매설하여야 한다.

16 발전소의 개폐기 또는 차단기에 사용하는 압축 공기장치의 주 공기탱크에 시설하는 압력계의 최고 눈금의 범위로 옳은 것은?

① 사용압력의 1배 이상 2배 이하

② 사용압력의 1.15배 이상 2배 이하

③ 사용압력의 1.5배 이상 3배 이하

④ 사용압력의 2배 이상 3배 이하

개폐기 또는 차단기에 사용하는 압축공기장치의 시설

(1) 공기압축기는 최고 사용압력의 1.5배의 수압(1.25배의 기압)을 연속하여 10분간 가하여 시험을 하였을 때에 이에 견디고 또한 새지 아니할 것.

(2) 공기탱크는 사용 압력에서 공기의 보급이 없는 상태로 개폐기 또는 차단기의 투입 및 차단을 연속하여 1회 이상 할 수 있는 용량을 가지는 것일 것.

(3) 내식성을 가지지 아니하는 재료를 사용하는 경우에는 외면에 산화방지를 위한 도장을 할 것.

(4) 주 공기탱크 또는 이에 근접한 곳에는 사용압력의 1.5배 이상, 3배 이하의 최고 눈금이 있는 압력계를 시설할 것.

17 사용전압이 154 [kV]인 가공 송전선의 시설에서 전선과 식물과의 이격거리는 일반적인 경우에 몇 [m] 이상으로 하여야 하는가?

① 2.8   ② 3.2
③ 3.6   ④ 4.2

가공전선과 식물의 이격거리

구분		이격거리
특고압 가공전선	60 [kV] 이하	2 [m]
	60 [kV] 초과	2+(사용전압[kV]/10-6)×0.12 소수점 절상

2+(15.4-6)×0.12=2+9.4×0.12
∴ 2+10×0.12=3.2[m]

참고
( ) 안의 수치는 소수점 절상하여 계산하여야 하기 때문에 9.4를 10으로 적용하여 계산하여야 함.

18 저압 또는 고압의 가공전선로와 기설 가공약전류 전선로가 병행할 때 유도작용에 의한 통신상의 장해가 생기지 않도록 전선과 기설 가공약전류전선 간의 이격거리는 몇 [m] 이상이어야 하는가? (단, 전기철도용 급전선로는 제외한다.)

① 2   ② 3
③ 4   ④ 6

유도장해 방지
(1) 저·고압 가공전선로의 이격거리
저압 가공전선로 또는 고압 가공전선로와 기설 가공약전류전선로가 병행하는 경우에는 유도작용에 의하여 통신상의 장해가 생기지 않도록 전선과 기설 약전류전선간의 이격거리는 2[m] 이상이어야 한다. (단, 전기철도용 급전선로는 제외한다.)
(2) 특고압 가공전선로의 유도전류 제한
특고압 가공전선로는 기설 가공 전화선로에 대하여 상시 정전유도작용에 의한 통신상의 장해가 없도록 시설하여야 한다.

사용전압	유도전류 제한 사항
60[kV] 이하	전화선로의 길이 12[km] 마다 유도전류가 2[μA]를 넘지 아니하도록 할 것.
60[kV] 초과	전화선로의 길이 40[km] 마다 유도전류가 3[μA]을 넘지 아니하도록 할 것.

19 특고압 전로의 다중접지 지중 배전계통에 사용하는 동심중성선 전력케이블에 대한 설명 중 틀린 것은?

① 도체는 연동선 또는 알루미늄선을 소선으로 구성한 원형 압출연선으로 할 것
② 절연체는 동심원상으로 동시압출(3중 동시압출)한 내부 반도전층, 절연층 및 외부 반도전층으로 구성하여야 하며, 습식 방식으로 가교할 것
③ 중성선은 반도전성 부풀음 테이프 위에 형성하여야 하며, 꼬임방향은 Z 또는 S-Z꼬임으로 할 것
④ 최대사용전압은 25.8[kV] 이하일 것

동심중성선 전력케이블
특고압 전로의 다중접지 지중 배전계통에 사용하는 동심중성선 전력케이블은 다음에 적합한 것을 사용하여야 한다.
(1) 최대사용전압은 25.8[kV] 이하일 것
(2) 도체는 연동선 또는 알루미늄선을 소선으로 구성한 원형 압출연선으로 할 것
(3) 절연체는 동심원상으로 동시압출(3중 동시압출)한 내부 반도전층, 절연층 및 외부 반도전층으로 구성하여야 하며, 건식 방식으로 가교할 것
(4) 중성선은 반도전성 부풀음 테이프 위에 형성하여야 하며, 꼬임방향은 Z 또는 S-Z꼬임으로 할 것

20 다음 중 수상전선로를 시설하는 경우에 대한 설명으로 알맞은 것은?

① 사용전압이 고압인 경우에 클로로프렌 캡타이어 케이블을 사용한다.

② 가공전선로의 전선과 접속하는 경우, 접속점이 육상에 있는 경우에는 지표상 5[m] 이상의 높이로 지지물에 견고하게 붙인다.

③ 가공전선로의 전선과 접속하는 경우, 접속점이 수면상에 있는 경우, 사용전압이 고압인 경우에는 수면상 4[m]의 높이로 지지물에 견고하게 붙인다.

④ 고압 수상전선로에 지락이 생길 때를 대비하여 전로를 수동으로 차단하는 장치를 시설한다.

수상전선로

(1) 전선의 종류

구분	전선의 종류
저압	클로로프렌 캡타이어케이블
고압	캡타이어케이블

(2) 수상전선과 가공전선의 접속점의 높이

구분	높이
접속점이 육상에 있는 경우	지표상 5[m] 이상. 다만, 수상전선로의 사용전압이 저압인 경우에 도로상 이외의 곳에 있을 때에는 지표상 4[m]까지 감할 수 있다.
접속점이 수면상에 있을 경우	저압인 경우에는 수면상 4[m] 이상
	고압인 경우에는 수면상 5[m] 이상

(3) 보호장치

수상전선로에는 이와 접속하는 가공전선로에 전용개폐기 및 과전류 차단기를 각 극에 시설하고 또한 수상전선로의 사용전압이 고압인 경우에는 전로에 지락이 생겼을 때에 자동적으로 전로를 차단하기 위한 장치를 시설하여야 한다.

23 1. 전기자기학(CBT시험 복원문제)

※ 본 기출문제는 수험자의 기억을 바탕으로 하여 복원한 문제이므로 실제 문제와 다를 수 있음을 미리 알려드립니다.

01 공기 중에 있는 반지름 a[m]의 독립 금속구의 정전용량은 몇 F인가?

① $2\pi\epsilon_0 a$ ② $4\pi\epsilon_0 a$

③ $\dfrac{1}{2\pi\epsilon_0 a}$ ④ $\dfrac{1}{4\pi\epsilon_0 a}$

구도체의 정전용량(C)

구도체의 전위 $V = \dfrac{Q}{4\pi\epsilon_0 a}$ [V]이므로

$\therefore C = \dfrac{Q}{V} = 4\pi\epsilon_0 a$ [F]

02 서로 다른 두 종류의 금속 도체로 하나의 폐회로를 만들고 여기에 전류를 흘리면 두 금속의 양 접속점에서 어느 한 쪽은 온도가 올라가고, 다른 한 쪽은 온도가 내려가서 열의 발생 또는 흡수가 생기는 현상을 표현하는 효과로 알맞은 것은?

① 핀치(Pinch) 효과

② 펠티에(Peltier) 효과

③ 톰슨(Thomson) 효과

④ 제벡(Seebeck) 효과

전기효과

(1) 핀치(Pinch) 효과 : 유동적인 도체에 대전류가 흐르면 이 전류에 의한 자계와 전류와의 사이에 작용하는 힘이 중심을 향해 발생하여 도전체가 수축하고 저항이 증가되어 결국 전류가 흐르지 못하게 되는 현상

(2) 펠티에(Peltier) 효과 : 두 종류의 도체로 접합된 폐회로에 전류를 흘리면 접합점에서 열의 흡수 또는 발생이 일어나는 현상. 전자냉동의 원리

(3) 톰슨(Thomson) 효과 : 같은 도선에 온도차가 있을 때 전류를 흘리면 열의 흡수 또는 발생이 일어나는 현상

(4) 제벡(Seebeck) 효과 : 두 종류의 도체로 접합된 폐회로에 온도차를 주면 접합점에서 기전력차가 생겨 전류가 흐르게 되는 현상. 열전온도계나 태양열발전 등이 이에 속한다.

03 진공 중에 서로 떨어져 있는 두 도체 A, B가 있다. 도체 A에만 1[C]의 전하를 줄 때, 도체 A, B의 전위가 각각 3[V], 2[V]이었다. 지금 도체 A, B에 각각 3[C]과 1[C]의 전하를 주면 도체 A의 전위는 몇 [V]인가?

① 6 ② 9

③ 11 ④ 13

전위계수

$V_A = P_{AA}Q_A + P_{AB}Q_B$ [V],

$V_B = P_{BA}Q_A + P_{BB}Q_B$ [V] 식에서

$Q_A = 1$ [C], $Q_B = 0$ [C]일 때

$V_A = 3$ [V], $V_B = 2$ [V]이면

$P_{AA} = V_A = 3$, $P_{BA} = V_B = 2$이다.

$Q_A' = 3$ [C], $Q_B' = 1$ [C]일 때 V_A'는

$\therefore V_A' = P_{AA}Q_A' + P_{AB}Q_B' = 3 \times 3 + 2 \times 1$

$= 11$ [V]

참고 **전위계수의 성질**

(1) $P_{AA} \geq P_{BB} > 0$

(2) $P_{AB} = P_{BA}$

04 정상 전류계에서 J는 전류밀도, σ는 도전율, ρ는 고유저항, E는 전계의 세기일 때, 옴의 법칙의 미분형은?

① $J = \sigma E$ ② $J = \dfrac{E}{\sigma}$

③ $J = \rho E$ ④ $J = \rho\sigma E$

도체의 옴의 법칙

전계의 세기 E, 도전율 σ, 고유저항 ρ라 할 때 전류밀도 J는

$\therefore J = \sigma E = \dfrac{E}{\rho}$ [A/m²]

정답 01 ② 02 ② 03 ③ 04 ①

05 자속밀도 10[Wb/m²] 자계 중에서 10[cm] 도체를 자계와 30°의 각도로 30[m/s]로 움직일 때, 도체에 유기되는 기전력은 몇 [V]인가?

① 15
② $15\sqrt{3}$
③ 1,500
④ $1,500\sqrt{3}$

유기기전력(e) : 플레밍의 오른손법칙
$B = 10\,[\text{Wb/m}^2]$, $l = 10\,[\text{cm}]$,
$\theta = 30°$, $v = 30\,[\text{m/s}]$일 때
$$\therefore e = vBl\sin\theta$$
$$= 30 \times 10 \times 10 \times 10^{-2} \times \sin 30° = 15\,[\text{V}]$$

06 히스테리시스 곡선에서 히스테리시스 손실에 해당하는 것은?

① 보자력의 크기
② 잔류자기의 크기
③ 보자력과 잔류자기의 곱
④ 히스테리시스 곡선의 면적

히스테리시스 손실(자기이력 손실)
히스테리시스 곡선이란 자화의 현상이 자화를 발생시키는 자계에 늦어지는 현상으로서 곡선의 면적은 단위 체적당 에너지손실 즉, 자기이력 손실에 대응한다. 자기이력 손실은 자벽이동과 자구회전 동안에 맞게 되는 마찰을 극복하는데 있어서 열의 형태로 나타나는 에너지손실이다.

07 반지름이 r[m]인 반원형 전류 I[A]에 의한 반원의 중심(O)에서 자계의 세기[AT/m]는?

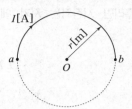

① $\dfrac{2I}{r}$
② $\dfrac{I}{r}$
③ $\dfrac{I}{2r}$
④ $\dfrac{I}{4r}$

반원형 코일 중심의 자계의 세기(H)
원형코일 중심의 자계의 세기를 H_0, 반원형 코일 중심의 자계의 세기를 H_θ라 하면 $H_0 = \dfrac{I}{2r}$ [AT/m]이며
$$\therefore H_\theta = \frac{1}{2}H_0 = \frac{1}{2} \times \frac{I}{2r} = \frac{I}{4r}\ [\text{AT/m}]$$

08 일반적인 전자계에서 성립되는 맥스웰의 기본방정식이 아닌 것은? (단, i_c는 전류밀도, ρ는 공간전하밀도이다.)

① $\nabla \times H = i_c + \dfrac{\partial D}{\partial t}$
② $\nabla \times E = -\dfrac{\partial B}{\partial t}$
③ $\nabla \cdot D = \rho$
④ $i_c = \nabla \cdot E$

맥스웰 방정식
(1) 패러데이–노이만의 전자유도법칙에서 유도된 전자방정식
$$\text{rot } E = \nabla \times E = -\frac{\partial B}{\partial t} = -\mu\frac{\partial H}{\partial t}$$
(2) 암페어의 주회적분법칙에서 유도된 전자방정식
$$\text{rot } H = \nabla \times H = i_c + i_d = i_c + \frac{\partial D}{\partial t} = i_c + \epsilon\frac{\partial E}{\partial t}$$
(3) 가우스의 발산정리에 의해서 유도된 전자방정식
$$\text{div } D = \nabla \cdot D = \rho_v, \quad \text{div } B = \nabla \cdot B = 0$$

09 자기 인덕턴스 L[H]인 코일에 전류 I[A]를 흘렸을 때, 자계의 세기가 H[A/m]이다. 이 코일에 전류 $\frac{I}{2}$[A]를 흘리면 저장되는 자기 에너지밀도[J/m³]는?

① $\frac{1}{2}LI^2$ ② $\frac{1}{8}LI^2$

③ $\frac{1}{2}\mu_0 H^2$ ④ $\frac{1}{8}\mu_0 H^2$

> 자기 에너지(W)와 자기 에너지밀도(w)
>
> $W = \frac{1}{2}LI^2 = \frac{1}{2}N\phi I = \frac{(N\phi)^2}{2L}$ [J]
>
> $w = \frac{1}{2}\mu_0 H^2 = \frac{1}{2}HB = \frac{B^2}{2\mu_0}$ [J/m³]
>
> $H = \frac{I}{l}$ [A/m]이므로 $H \propto I$ 일 때 전류를 $\frac{I}{2}$[A]로 흘리면 W', w'는 각각
>
> $W' = \frac{1}{2}L\left(\frac{I}{2}\right)^2 = \frac{1}{8}LI^2$ [J]
>
> $w' = \frac{1}{2}\mu_0\left(\frac{H}{2}\right)^2 = \frac{1}{8}\mu_0 H^2$ [J/m³]
>
> $\therefore w' = \frac{1}{8}\mu_0 H^2$ [J/m³]

10 유전율이 각각 다른 두 유전체가 서로 경계를 이루며 접해 있다. 다음 중 옳은 것은? (단, 이 경계면에는 진전하분포가 없다고 한다.)

① 경계면에서 전계의 법선성분은 연속이다.
② 경계면에서 전속밀도의 접선성분은 연속이다.
③ 경계면에서 전계와 전속밀도는 굴절한다.
④ 경계면에서 전계와 전속밀도는 불변이다.

> 유전체 내에서의 경계면의 조건
> 유전율이 서로 다른 두 유전체가 접해 있을 때 경계면에서 전계와 전속밀도는 굴절하게 되는데 이를 경계면의 법칙이라 한다. 이 때 경계면의 조건은 다음과 같다.
> (1) 전계의 세기는 경계면의 접선성분이 서로 같다.
> $E_1 \sin\theta_1 = E_2 \sin\theta_2$
> (2) 전속밀도는 경계면의 법선성분이 서로 같다.
> $D_1 \cos\theta_1 = D_2 \cos\theta_2$ 또는
> $\epsilon_1 E_1 \cos\theta_1 = \epsilon_2 E_2 \cos\theta_2$
> (3) 굴절각 조건
> $\dfrac{\epsilon_1}{\epsilon_2} = \dfrac{\tan\theta_1}{\tan\theta_2}$ 또는 $\epsilon_1 \tan\theta_2 = \epsilon_2 \tan\theta_1$

11 전위경도 V 와 전계 E 의 관계식은?

① $E = \mathrm{grad}\, V$ ② $E = \mathrm{div}\, V$
③ $E = -\mathrm{grad}\, V$ ④ $E = -\mathrm{div}\, V$

> 전위경도(∇V)와 전계(E)와의 관계
>
> $V = -\displaystyle\int_\infty^r E \cdot dl$ [V], $\nabla V = -E$ 식에서 전계 E는
>
> $\therefore E = -\nabla V = -\mathrm{grad}\, V$ [V/m]

12 다음 정전계에 관한 식 중에서 틀린 것은? (단, D는 전속밀도, V 는 전위, ρ는 공간(체적)전하밀도, ϵ은 유전율이다.)

① 가우스의 정리 : $\mathrm{div}\, D = \rho$

② 포아송의 방정식 : $\nabla^2 V = \dfrac{\rho}{\epsilon}$

③ 라플라스의 방정식 : $\nabla^2 V = 0$

④ 발산의 정리 : $\displaystyle\oint_s D \cdot ds = \int_v \mathrm{div}\, D\, dv$

> 포아송 방정식과 라플라스 방정식
> (1) 포아송 방정식
> $\nabla^2 V = -\dfrac{\rho_v}{\epsilon_0}$
> (2) 라플라스 방정식
> $\nabla^2 V = 0$

13 질량(m)이 10^{-10}[kg]이고, 전하량(Q)이 10^{-8}[C]인 전하가 전기장에 의해 가속되어 운동하고 있다. 가속도가 $a = 10^2 i + 10^2 j$[m/s²]일 때 전기장의 세기 E [V/m]는?

① $E = 10^4 i + 10^5 j$

② $E = i + 10j$

③ $E = i + j$

④ $E = 10^{-6} i + 10^{-4} j$

> 전하의 운동력과 전기장의 세기
> 전하의 운동력을 F 라 하면 $F = ma = Eq$ [N]이므로
> $\therefore E = \dfrac{ma}{q} = \dfrac{10^{-10} \times (10^2 i + 10^2 j)}{10^{-8}} = i + j$ [V/m]

14 간격 d[m]의 평행판 도체에 V[kV]의 전위차를 주었을 때 음극 도체판을 초속도 0으로 출발한 전자 e[C]이 양극 도체판에 도달할 때의 속도는 몇 [m/s]인가? (단, m[kg]은 전자의 질량이다.)

① $\sqrt{\dfrac{eV}{m}}$ 　　② $\sqrt{\dfrac{2eV}{m}}$

③ $\sqrt{\dfrac{eV}{2m}}$ 　　④ $\dfrac{2eV}{m}$

전기에너지와 전자의 운동에너지

평행판 도체 사이에 전위차(V)를 주게 되면 전자(e)에 가해지는 에너지(W_1)와 전자의 운동에너지(W_2)는 서로 같게 된다.

$$W_1 = eV[\text{J}], \ W_2 = \frac{1}{2}mv^2[\text{J}]$$

여기서, m은 전자의 질량, v는 전자의 이동속도이다.

$W_1 = W_2$일 때 $eV = \dfrac{1}{2}mv^2$이므로

$$\therefore v = \sqrt{\frac{2eV}{m}} \ [\text{m/sec}]$$

15 그림과 같이 비투자율이 μ_{s1}, μ_{s2}인 각각 다른 자성체를 접하여 놓고 θ_1을 입사각이라 하고, θ_2를 굴절각이라 한다. 경계면에 자하가 없는 경우 미소 폐곡면을 취하여 이곳에 출입하는 자속수를 구하면?

① $\displaystyle\int_l B \cdot n\, dl = 0$

② $\displaystyle\int_s B \cdot n\, ds = 0$

③ $\displaystyle\int_s B \cdot ds = 0$

④ $\displaystyle\int_s B \cdot n\sin\theta\, ds = 0$

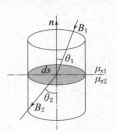

자속의 연속성

자성체 내에서 키르히호프의 제1법칙은 $\sum\phi = 0$[Wb]이므로

$$\sum\phi = \int_s B \cdot n\, ds = \int_v \text{div}\, B\, dv$$

$$= \int_v \nabla \cdot B\, dv = 0 \ [\text{Wb}]\text{이다.}$$

$\therefore \displaystyle\int_s B \cdot n\, ds = \int_v div\, B\, dv = 0$ [Wb]이란 자성체 내에서 자속은 발산하지 않으며 경계면을 기준으로 법선성분(수직성분)은 연속임을 의미한다. 이것을 자속의 연속성이라 한다.

16 대지면에 높이 h로 평행하게 가설된 매우 긴 선전하가 지면으로부터 받는 힘은?

① h^2에 비례한다.　　② h^2에 반비례한다.

③ h에 비례한다.　　④ h에 반비례한다.

접지무한평면과 선전하

직선도체로부터 영상전하까지의 거리는 $2h$[m] 떨어져 있으므로 그 사이의 전계의 세기(E)는

$$E = -\frac{\rho_L}{2\pi\epsilon_0 r} = -\frac{\rho_L}{2\pi\epsilon_0 (2h)} = -\frac{\rho_L}{4\pi\epsilon_0 h} \ [\text{V/m}]$$

따라서 작용력 F는

$$\therefore F = QE = -\frac{\rho_L^2\, l}{4\pi\epsilon_0 h} \ [\text{N}] = -\frac{\rho_L^2}{4\pi\epsilon_0 h} \ [\text{N/m}]$$

$$= -9 \times 10^9 \times \frac{\rho_L^2}{h} \ [\text{N/m}]$$

$\therefore$ 작용력(지면으로부터 받는 힘)은 높이 h에 반비례한다.

17 액체 유전체를 포함한 콘덴서 용량이 C[F]인 것에 V[V]의 전압을 가했을 경우에 흐르는 누설전류[A]는? (단, 유전체의 유전율은 ϵ[F/m], 고유저항은 ρ[Ω·m]이다.)

① $\dfrac{\rho\epsilon}{CV}$ 　　② $\dfrac{C}{\rho\epsilon V}$

③ $\dfrac{CV}{\rho\epsilon}$ 　　④ $\dfrac{\rho\epsilon V}{C}$

전기저항(R)과 정전용량(C)의 관계

$RC = \rho\epsilon = \dfrac{\epsilon}{k}$ 또는 $\dfrac{C}{G} = \rho\epsilon = \dfrac{\epsilon}{k}$ 이므로

누설전류 I는 $I = \dfrac{V}{R} = \dfrac{CV}{\rho\epsilon}$ [A]이다.

18 -1.2[C]의 점전하가 $5a_x + 2a_y - 3a_z$[m/s]인 속도로 운동한다. 이 점전하가 $B = -4a_x + 4a_y + 3a_z$ [wb/m²]인 자계 내에서 운동하고 있을 때 이 점전하에 작용하는 힘은 약 몇[N]인가? (단, a_x, a_y, a_z는 방향을 지시하는 단위벡터이다.)

① $-21.6a_x + 3.6a_y - 33.6a_z$

② $21.6a_x - 3.6a_y + 33.6a_z$

③ $-21.6a_x - 3.6a_y - 33.6a_z$

④ $21.6a_x + 3.6a_y + 33.6a_z$

로렌쯔의 힘(F)

자속밀도가 B[Wb/m²]인 자장 내에서 전하 q[C]이 속도 v[m/sec]로 이동할 때 전하에 작용하는 힘을 로렌쯔의 힘이라 하며 $F = qv \times B$[N]이다. 벡터의 외적 정리를 이용하여 구해보면

$$F = qv \times B = -1.2 \begin{vmatrix} a_x & a_y & a_z \\ 5 & 2 & -3 \\ -4 & 4 & 3 \end{vmatrix}$$

$$= -1.2\{(2) \times (3) - (-3) \times (4)\}a_x$$
$$\quad -1.2\{(-3) \times (-4) - (5) \times (3)\}a_y$$
$$\quad -1.2\{(5) \times (4) - (2) \times (-4)\}a_z$$

$$\therefore F = -21.6a_x + 3.6a_y - 33.6a_z \text{ [N]}$$

19 구형단면의 반지름이 d[m]인 자성체가 있다. 이 자성체의 자화의 세기를 J[Wb/m²]라 할 때 자기모멘트를 표현한 식으로 알맞은 것은?

① $\pi d^2 J$

② $4\pi d^2 J$

③ $\frac{4}{3}\pi d^3 J$

④ $\frac{3}{4}\pi d^3 J$

자화의 세기

$J = \frac{m}{\Delta s} = \frac{M}{\Delta v}$ [Wb/m²] 식에서

구 형태의 체적은 반지름이 r[m]일 때

$\Delta v = \frac{4}{3}\pi r^3$[m³] 이므로

자기모멘트 M 은

$$\therefore M = \Delta v \cdot J = \frac{4}{3}\pi r^3 J \text{ [Wb/m²]}$$

20 전류 분포가 도체의 표면 부근에 집중해서 전류가 흐르는 현상을 표피효과라 하는데 표피효과에 대한 설명으로 잘못된 것은?

① 도체에 교류가 흐르면 표면에서부터 중심으로 들어갈수록 전류밀도가 작아진다.

② 표피효과는 고주파일수록 심하다.

③ 표피효과는 도체의 전도도가 클수록 심하다.

④ 표피효과는 도체의 투자율이 작을수록 심하다.

표피효과의 특징

(1) 주파수가 높을수록 표피효과는 커진다.

(2) 투자율이 클수록 표피효과는 커진다.

(3) 도전율이 클수록 표피효과는 커진다.

(4) 도체의 단면적(전선의 굵기)이 클수록 표피효과는 커진다.

(5) 고유저항이 클수록 표피효과는 작아진다.

23 2. 전력공학(CBT시험 복원문제)

※ 본 기출문제는 수험자의 기억을 바탕으로 하여 복원한 문제이므로 실제 문제와 다를 수 있음을 미리 알려드립니다.

01 3상 1회선 송전선을 정삼각형으로 배치한 3상 선로의 작용인덕턴스를 구하는 식은? (단, D는 전선의 선간거리[m], r은 전선의 반지름[m]이다.)

① $L = 0.5 + 0.4605\log_{10}\dfrac{D}{r}$

② $L = 0.5 + 0.4605\log_{10}\dfrac{D}{r^2}$

③ $L = 0.05 + 0.4605\log_{10}\dfrac{D}{r}$

④ $L = 0.05 + 0.4605\log_{10}\dfrac{D}{r^2}$

작용인덕턴스(L_e)

$L_e = 0.05 + 0.4605\log_{10}\dfrac{D_e}{r}$ [mH/km] 식에서

송전선이 정삼각형 배치인 경우 각 선간거리는 모두 같게 되어 $D_1 = D_2 = D_3 = D$[m]이다.

이 때 등가선간 D_e는

$D_e = \sqrt[n]{D_1 \cdot D_2 \cdot D_3} = \sqrt[3]{D^3} = D$[m] 이므로

$\therefore \ L_e = 0.05 + 0.4605\log_{10}\dfrac{D_e}{r}$

$= 0.05 + 0.4605\log_{10}\dfrac{D}{r}$ [mH/km]

---

02 송전단 전압 160[kV], 수전단 전압 150[kV], 상차각 45°, 리액턴스 50[Ω]일 때 선로 손실을 무시하면 전송전력[MW]은 약 얼마인가?

① 356

② 339

③ 237

④ 161

정태안정극한전력

$P = \dfrac{E_s E_R}{X}\sin\delta$ [MW] 식에서

$E_s = 160$[kV], $E_R = 150$[kV], $\delta = 45°$,

$X = 50$[Ω]일 때

$\therefore \ P = \dfrac{E_s E_R}{X}\sin\delta = \dfrac{160 \times 150}{50} \times \sin 45°$

$= 339$[MW]

---

03 통신선과 평행인 주파수 60[Hz]의 3상 1회선 송전선이 있다. 1선 지락사고 때문에 영상전류가 110[A]가 흐르고 있다면 통신선에 유도되는 전자유도전압[V]은 약 얼마인가? (단, 영상전류는 전 전선에 동일한 전류가 흐르며, 송전선과 통신선과의 상호 인덕턴스는 0.05[mH/km], 그 평행 길이는 55[km]이다.)

① 156

② 232

③ 342

④ 456

전자유도전압(E_m)

$E_m = j\omega Ml \times 3I_0$ [V] 식에서

$f = 60$[Hz], $I_0 = 110$[A], $M = 0.05$[mH/km],

$l = 55$[km]이므로

$\therefore \ E_m = \omega Ml \times 3I_0 = 2\pi f Ml \times 3I_0$

$= 2\pi \times 60 \times 0.05 \times 10^{-3} \times 55 \times 3 \times 110$

$= 342$[A]

---

04 케이블 단선사고에 의한 고장점까지의 거리를 정전용량측정법으로 구하는 경우, 건전상의 정전용량이 C, 고장점까지의 정전용량이 C_x, 케이블의 길이가 l일 때 고장점까지의 거리를 나타내는 식으로 알맞은 것은?

① $\dfrac{C}{C_x}l$

② $\dfrac{2C_x}{C}l$

③ $\dfrac{C_x}{C}l$

④ $\dfrac{C_x}{2C}l$

정전용량 측정법

케이블 내의 안쪽 반지름 a, 바깥쪽 내반지름 b, 케이블의 길이 l, 고장점 까지의 길이 x라 할 때 케이블 내의 정전용량 C, C_x는 각각

$C = \dfrac{2\pi\epsilon l}{\ln\left(\dfrac{b}{a}\right)}$ [F], $C_x = \dfrac{2\pi\epsilon x}{\ln\left(\dfrac{b}{a}\right)}$ [F]이다.

$\dfrac{2\pi\epsilon}{\ln\left(\dfrac{b}{a}\right)} = \dfrac{C}{l} = \dfrac{C_x}{x}$ [F/m] 식에서 고장점 x는

$\therefore \ x = \dfrac{C_x}{C}\, l$ [m]

---

05 전력계통의 전압조정과 무관한 것은?

① 발전기의 조속기
② 발전기의 전압조정장치
③ 전력용 콘덴서
④ 전력용 분로리액터

전력계통의 전압조정
전력계통의 무효전력을 조정하여 전압을 조정하게 되는
데 발전기의 전압조정장치, 동기조상기, 전력용콘덴서,
분로리액터 등을 사용하여 조정할 수 있다. 발전기의 조
속기는 발전기의 회전속도를 조정하는 장치이다.

06 선로고장 발생 시 고장전류를 차단할 수 없어
리클로저와 같이 차단 기능이 있는 후비보호장치
와 함께 설치되어야 하는 장치는?

① 배선용차단기   ② 유입개폐기
③ 컷아웃스위치   ④ 섹셔널라이저

섹셔널라이저
섹셔널라이저는 선로 고장시 후비보호장치인 리클로저
나 재폐로 계폐기가 장치된 차단기의 고장차단으로 선
로가 정전상태일 때 자동으로 개방되어 고장구간을 분
리시키는 선로개폐기로서 반드시 리클로저와 조합해서
사용해야 한다. 이것은 고장전류를 차단할 수 없으므로
반드시 차단기능이 있는 후비보호장치와 직렬로 설치되
어야 한다.

07 다음 중 전로의 중성점을 접지하는 주목적으로
볼 수 없는 것은?

① 전로의 보호장치의 확실한 동작의 확보
② 송전선로의 전력손실 경감
③ 이상 전압의 억제
④ 대지전압의 저하

전로의 중성점접지 목적
(1) 이상전압 억제
(2) 대지전압 저하
(3) 보호계전기의 동작을 확실하게 하기 위함

08 증기의 엔탈피란?

① 증기 1[kg]의 잠열
② 증기 1[kg]의 현열
③ 증기 1[kg]의 보유열량
④ 증기 1[kg]의 증발열을 그 온도로 나눈 것

엔탈피와 엔트로피
(1) 엔탈피
    단위무게 1[kg]의 물 또는 증기가 보유하고 있는 보
    유열량
(2) 엔트로피
    증기 1[kg]의 증발열을 온도로 나눈 계수

09 모선 보호에 사용되는 계전방식이 아닌 것은?

① 위상 비교방식
② 선택접지 계전방식
③ 방향거리 계전방식
④ 전류차동 보호방식

모선보호용 계전방식
(1) 전류차동계전방식(=비율차동계전방식)
(2) 전압차동계전방식
(3) 위상비교계전방식
(4) 방향비교계전방식(방향거리계전기를 사용)

10 송전계통의 안정도 향상 대책이 아닌 것은?

① 전압 변동을 적게 한다.
② 고속도 재폐로 방식을 채용한다.
③ 중간 조상 방식을 채용한다.
④ 계통의 직렬 리액턴스를 증가시킨다.

안정도 개선책
(1) 리액턴스를 줄인다. : 직렬콘덴서 설치
(2) 단락비를 증가시킨다. : 전압변동률을 줄인다.
(3) 중간조상방식을 채용한다. : 동기조상기 설치
(4) 속응여자방식을 채용한다. : 고속은 AVR 채용
(5) 재폐로 차단방식을 채용한다. : 고속도차단기 사용
(6) 계통을 연계한다.
(7) 소호리액터 접지방식을 채용한다.

11 정격전압 7.2[kV], 정격차단용량 100[MVA]인 3상 차단기의 정격 차단전류는 약 몇 [kA]인가?

① 4 ② 6
③ 7 ④ 8

정격차단전류(=단락전류)

$P_s = \sqrt{3}\, V I_s\,[MVA]$ 식에서

$V_s = 7.2\,[kV]$, $P_s = 100\,[MVA]$일 때

$\therefore I_s = \dfrac{P_s}{\sqrt{3}\,V_s} = \dfrac{100}{\sqrt{3}\times 7.2} = 8\,[kA]$

12 수차의 유효낙차와 안내 날개, 그리고 노즐의 열린 정도를 일정하게 놓은 상태에서 조속기가 동작하지 않게 하고, 전부하 정격속도로 운전 중에 무부하로 하였을 경우에 도달하는 최고속도를 무엇이라 하는가?

① 특유속도(specific speed)

② 동기속도(synchronous speed)

③ 무구속 속도(runaway speed)

④ 임펄스 속도(impulse speed)

무구속 속도란 지정된 유효낙차에서 발전기의 부하를 차단하였을 때의 수차 회전수의 상승한도를 의미한다.

13 전력계통에서 내부 이상전압의 크기가 가장 큰 경우는?

① 유도성 소전류 차단 시

② 수차발전기의 부하 차단 시

③ 무부하 선로 충전전류 차단 시

④ 송전선로의 부하 차단기 투입 시

개폐서지에 의한 이상전압

선로 중간에 개폐나 차단기가 동작할 때 무부하 충전전류를 개방하는 경우 이상전압이 최대로 나타나게 되며 상규대지전압의 약 3.5배 정도로 나타난다.

14 공칭단면적 200[mm²], 전선무게 1.838[kg/m], 전선의 외경 18.5[mm]인 경동선을 경간 200[m]로 가설하는 경우의 이도는 약 몇 [m]인가? (단, 경동연선의 전선 인장하중은 7,910[kg], 빙설하중은 0.416[kg/m], 풍압하중은 1.525[kg/m], 안전율은 2.0이다.)

① 3.44[m] ② 3.78[m]
③ 4.28[m] ④ 4.78[m]

이도(D)

전선의 하중

$W = \sqrt{(전선자중 + 빙설하중)^2 + 풍압하중^2}$

$= \sqrt{(1.838 + 0.416)^2 + 1.525^2} = 2.72\,[kg/m]$,

수평장력 $T = \dfrac{전선의\ 인장하중}{안전율} = \dfrac{7,910}{2} = 3,955\,[kg]$,

경간 $S = 200\,[m]$일 때

$\therefore D = \dfrac{WS^2}{8T} = \dfrac{2.72 \times 200^2}{8 \times 3955} = 3.44\,[m]$

15 전력 계통의 주파수 변동은 주로 무엇의 변화에 기인하는가?

① 유효전력 ② 무효전력
③ 계통전압 ④ 계통 임피던스

전력계통의 주파수 변동

전력 계통의 주파수는 발전기의 회전수에 의해 결정되므로 부하의 유효전력의 변화에 기인한다. 즉, 부하의 유효전력이 증가하면 주파수는 감소하고 반대로 유효전력이 감소하면 주파수는 증가하게 되는데 이 때 속도를 일정하게 유지하기 위해서 발전기 조속기(가버너)의 개폐 동작이 이루어지게 된다. 하지만 주파수가 일정한 계통에서 발전기 조속기(가버너)의 개폐 동작이 오히려 주파수 변동을 초래하는 경우도 있다.

16 공통중성선 다중접지 3상 4선식 배전선로에서 고압측(1차측) 중성선과 저압측(2차측) 중성선을 전기적으로 연결하는 주목적은?

① 저압측의 단락사고를 검출하기 위함
② 저압측의 접지사고를 검출하기 위함
③ 주상변압기의 중성선측 부싱(bushing)을 생략하기 위함
④ 고저압 혼촉시 수용가에 침입하는 상승전압을 억제하기 위함

변압기의 중성점 접지
3상 4선식 다중접지식 배전선로의 고압측과 저압측 중성선을 전기적으로 연결하는 이유는 고저압 혼촉사고시 저압측 전위 상승을 억제하기 위함이다.

17 특유속도가 가장 작은 수차는?

① 펠턴 수차
② 프란시스 수차
③ 프로펠러 수차
④ 카플란 수차

수차의 특유속도

종류		특유속도의 한계치	
펠턴 수차		$12 \leq N_s \leq 23$	
프란시스 수차	저속도형	65~150	$N_s \leq \dfrac{20,000}{H+20}+30$
	중속도형	150~250	
	고속도형	250~350	
사류 수차		150~250	$N_s \leq \dfrac{20,000}{H+20}+40$
카플란 수차 프로펠러 수차		350~800	$N_s \leq \dfrac{20,000}{H+20}+50$

18 전력계통에 설치되는 조상설비에 대한 설명 중 틀린 것은?

① 송·수전단 전압을 일정하게 유지하도록 조정하는 설비이다.
② 역률을 개선하여 전력손실을 경감시키는 설비이다.
③ 이상전압으로부터 선로 및 기기를 보호하는 설비이다.
④ 전력계통의 안정도를 향상시킨다.

조상설비의 역할
(1) 송·수전단 전압이 일정하게 유지되도록 하는 조정 역할을 한다.
(2) 역률 개선에 의한 송전 손실의 경감 역할을 한다.
(3) 전력 시스템의 안정도 향상을 목적으로 하는 설비이다.
∴ 이상전으로부터 선로 및 기기를 보호하는 설비는 피뢰기의 역할이다.

19 어떤 변전소의 총 부하용량은 전등 600[kW], 동력 800[kW]이다. 각 수용률은 전등 60[%], 동력 80[%]이고, 각 수용가간의 부등률은 전등 1.2, 동력 1.6이며, 전등부하와 동력부하간의 부등률은 1.4라 할 때 변전소에 공급하는 최대전력은 몇 [kW]인가? (단, 선로의 전력손실은 10[%]이다.)

① 450
② 500
③ 550
④ 600

합성최대수용전력

합성최대수용전력 = $\dfrac{\text{부하용량} \times \text{수용률}}{\text{부등률}}$ [kW] 식에서

전등 최대수용전력 = $\dfrac{600 \times 0.6}{1.2} = 300$ [kW],

동력 최대수용전력 = $\dfrac{800 \times 0.8}{1.6} = 400$ [kW]일 때

전등과 동력간의 부등률이 1.4, 선로의 손실이 10[%]이므로 합성최대수용전력은

∴ 합성최대수용전력 = $\dfrac{300+400}{1.4} \times 1.1 = 550$ [kW]

정답 16 ④ 17 ① 18 ③ 19 ③

20 선로정수에 영향을 가장 많이 주는 것은?

① 전선의 배치 ② 송전전압

③ 송전전류 ④ 역률

선로정수

송전선로는 저항(R), 인덕턴스(L), 정전용량(C), 누설 콘덕턴스(G)가 선로에 따라 균일하게 분포되어 있는 전기회로인데 송전선로를 이루는 이 4가지 정수를 선로정수라 한다. 선로정수는 전선의 종류, 굵기, 배치에 따라서 정해지며 전압, 전류, 역률, 기온 등에는 영향을 받지 않는 것을 기본으로 두고 있다.

23 3. 전기기기(CBT시험 복원문제)

※ 본 기출문제는 수험자의 기억을 바탕으로 하여 복원한 문제이므로 실제 문제와 다를 수 있음을 미리 알려드립니다.

01 직류기에서 전기자 반작용을 방지하기 위한 보상권선의 전류 방향은?

① 계자 전류 방향과 같다.
② 계자 전류 방향과 반대이다.
③ 전기자 전류 방향과 같다.
④ 전기자 전류 방향과 반대이다.

> **직류기의 전기자반작용 방지대책**
> (1) 가장 효과적인 방법으로 계자극 표면에 보상권선을 설치하여 전기자전류와 반대방향으로 전류를 흘리면 교차기자력을 상쇄시켜 전기자반작용을 억제한다.
> (2) 보극을 설치한다.
> (3) 브러시를 새로운 중성축으로 이동시켜 직류발전기는 회전 방향으로 이동시키고 직류전동기는 회전 반대 방향으로 이동시킨다.

02 부하전류가 크지 않을 때 직류 직권전동기 발생 토크는? (단, 자기회로가 불포화인 경우이다.)

① 전류에 비례한다.
② 전류에 반비례한다.
③ 전류의 제곱에 비례한다.
④ 전류의 제곱에 반비례한다.

> **직류 직권전동기의 토크 특성**
> $\tau = K\phi I_a \fallingdotseq K I_a^2 \propto I_a^2$ 식에서
> $N \propto \dfrac{1}{I}$ 이므로 $\tau \propto I_a^2 \propto \dfrac{1}{N^2}$ 이다.
> ∴ 직류 직권전동기의 토크는 전류의 제곱에 비례한다.

03 12[kW], 3상 220[V] 유도전동기의 전부하전류는 약 몇 [A]인가? (단, 전동기의 효율은 90[%], 역률은 85[%]이다.)

① 28.5 ② 31.2
③ 38.5 ④ 41.2

> **3상 유도전동기의 출력(P)**
> $P = \sqrt{3}\, VI\cos\theta\,\eta$ [W] 식에서
> $P = 12$ [kW], $V = 220$ [V], $\cos\theta = 0.85$,
> $\eta = 0.9$ 이므로 전부하전류 I는
> ∴ $I = \dfrac{P}{\sqrt{3}\, V\cos\theta\,\eta} = \dfrac{12 \times 10^3}{\sqrt{3} \times 220 \times 0.85 \times 0.9}$
> $= 41.2$ [A]

04 5[kVA], 3,000/200[V]의 변압기의 단락시험에서 임피던스 전압 120[V], 임피던스 와트 150[W]라 하면 %저항강하는 약 몇 [%]인가?

① 2 ② 3
③ 4 ④ 5

> **%저항 강하(p)**
> $p = \dfrac{I_2 r_2}{V_2} \times 100 = \dfrac{I_1 r_{12}}{V_1} \times 100 = \dfrac{I_1^2 r_{12}}{V_1 I_1} \times 100$
> $= \dfrac{P_s}{P_n} \times 100$ [%]
> 여기서, P_s는 임피던스와트(동손), P_n은 정격용량이다.
> $P_n = 5$ [kVA], $a = \dfrac{3,000}{200}$, $V_s = 120$ [V],
> $P_s = 150$ [W]이므로
> ∴ $p = \dfrac{P_s}{P_n} \times 100 = \dfrac{150}{5 \times 10^3} \times 100 = 3$ [%]

정답 01 ④ 02 ③ 03 ④ 04 ②

05 변압기 결선방식 중 3상에서 6상으로 변환할 수 없는 것은?

① 2중 성형
② 환상 결선
③ 대각 결선
④ 스코트 결선

상수변환

3상 전원을 6상 전원으로 변환하는 결선은 다음과 같다.
(1) 포크결선 : 6상측 부하를 수은정류기 사용
(2) 환상결선
(3) 대각결선
(4) 2차 2중 Y결선 및 △결선
∴ 스코트 결선은 3상 전원을 2상 전원으로 변환하는 방법이다.

06 부하 급변 시 부하각과 부하 속도가 진동하는 난조 현상을 일으키는 원인이 아닌 것은?

① 전기자 회로의 저항이 너무 작은 경우
② 원동기의 토크에 고조파가 포함된 경우
③ 원동기의 조속기 감도가 너무 예민한 경우
④ 관성모멘트가 작은 경우

난조의 원인

(1) 부하의 급격한 변화
(2) 관성모멘트가 작은 경우
(3) 조속기 성능이 너무 예민한 경우
(4) 계자회로에 고조파가 유입된 경우
(5) 전기자 회로의 저항이 너무 큰 경우

07 직류기의 온도상승 시험 방법 중 반환부하법의 종류가 아닌 것은?

① 카프법
② 홉킨슨법
③ 스코트법
④ 블론델법

직류기의 온도상승 시험법

구분	내용
실부하법	발전기와 전동기에 직접 부하를 걸어서 온도를 측정하는 방법으로 소용량의 경우에 사용된다.
반환부하법	(1) 동일 정격의 발전기와 전동기를 기계적으로 연결하여 주고 받는 전력에 의해 발생되는 손실분만을 측정하는 경제적이며 가장 많이 사용되고 있는 온도 측정법이다. (2) 카프법, 홉킨슨법, 블론델법이 있다.

08 우리나라의 동기발전기는 대부분 회전계자형의 것을 사용하고 있다. 이 때 회전계자형을 사용하는 경우에 대한 이유로 틀린 것은?

① 기전력의 파형을 개선한다.
② 전기자가 고정자이므로 고압 대전류용에 좋고, 절연하기 쉽다.
③ 계자가 회전자지만 저압 소용량의 직류이므로 구조가 간단하다.
④ 전기자보다 계자극을 회전자로 하는 것이 기계적으로 튼튼하다.

회전계자형을 채용하는 이유

(1) 계자는 전기자보다 철의 분포가 크기 때문에 기계적으로 튼튼하다.
(2) 계자는 전기자보다 결선이 쉽고 구조가 간단하다.
(3) 고압이 걸리는 전기자보다 저압인 계자가 조작하는 데 더 안전하다.
(4) 고압이 걸리는 전기자를 절연하는 데는 고정자로 두어야 용이해진다.

09 정류자형 주파수변환기의 회전자에 주파수 f_1의 교류를 가할 때 시계방향으로 회전자계가 발생하였다. 정류자 위의 브러시 사이에 나타나는 주파수 f_c를 설명한 것 중 틀린 것은? (단, n: 회전자의 속도, n_s: 회전자계의 속도, s: 슬립이다.)

① 회전자를 정지시키면 $f_c = f_1$인 주파수가 된다.

② 회전자를 반시계방향으로 $n = n_s$의 속도로 회전시키면, $f_c = 0\,[Hz]$가 된다.

③ 회전자를 반시계방향으로 $n < n_s$의 속도로 회전시키면, $f_c = sf_1\,[Hz]$가 된다.

④ 회전자를 시계방향으로 $n < n_s$의 속도로 회전시키면, $f_c < f_1$인 주파수가 된다.

정류자형 주파수변환기

회전자에 공급된 주파수 f_1, 브러시 사이의 2차 주파수 f_c라 하면 $f_c = sf_1$ 식에서 슬립 $s = \dfrac{n_s - n}{n_s}$ 이므로

(1) 회전자를 정지시키면 $n = 0$일 때 $s = 1$이므로 $f_c = f_1$이다.

(2) 회전자를 반시계 방향으로 $n = n_s$의 속도로 회전시키면 $s = 0$이 되어 $f_c = 0$이 된다.

(3) 회전자를 반시계 방향으로 $n < n_s$의 속도로 회전시키면 $1 > s > 0$이 되어 $f_c = sf_1$이 된다.

(4) 회전자를 시계 방향으로 $n < n_s$의 속도로 회전시키면 $2 > s > 1$이 되어 $f_c > f_1$이 된다.

10 다음 중 서보모터가 갖추어야 할 조건이 아닌 것은?

① 기동토크가 클 것

② 토크 – 속도곡선이 수하특성을 가질 것

③ 회전자를 굵고 짧게 할 것

④ 전압이 0이 되었을 때 신속하게 정지할 것

서보모터의 특징

서보모터는 입력으로 위치, 방향, 각도, 거리 등을 지정하면 입력된 값에 정확하게 제어되는 전동기를 말한다. 서보모터가 갖추어야 할 성질과 특징은 다음과 같다.

(1) 빈번한 시동, 정지, 역전 등의 가혹한 상태에 견디도록 견고하고 큰 돌입전류에 견딜 것.

(2) 시동토크가 크고, 회전부의 관성모멘트는 작아야 하며 전기적 시정수는 짧을 것.

(3) 발생토크는 입력신호에 비례하고, 그 비가 클 것.

(4) 토크-속도 곡선이 수하특성을 가질 것.

(5) 회전자는 가늘고 길게 할 것.

(6) 전압이 0이 되었을 때 신속하게 정지할 것.

(7) 교류 서보모터에 비해 직류 서보모터의 시동토크가 매우 클 것.

11 송전계통에 접속한 무부하의 동기전동기를 동기조상기라 한다. 이때 동기조상기의 계자를 과여자로 해서 운전할 경우 옳지 않은 것은?

① 콘덴서로 작용한다.

② 위상이 뒤진 전류가 흐른다.

③ 송전선의 역률을 좋게 한다.

④ 송전선의 전압강하를 감소시킨다.

동기전동기의 위상특선곡선(V곡선)

(1) 계자전류 증가시(중부하시) : 계자전류가 증가하면 동기전동기가 과여자 상태로 운전되는 경우로서 역률이 진역률이 되어 콘덴서 작용으로 진상전류가 흐르게 된다. 또한 전기자전류는 증가한다.

(2) 계자전류 감소시(경부하시) : 계자전류가 감소되면 동기전동기가 부족여자 상태로 운전되는 경우로서 역률이 지역률이 되어 리액터 작용으로 지상전류가 흐르게 된다. 또한 전기자전류는 증가한다.

12 반작용전동기(reaction motor)에 관한 설명 중 틀린 것은?

① 여자를 약하게 하면 뒤진 전류가 흐르고 전기자 반작용은 계자를 강화시키는 작용을 한다.

② 뒤진 전류가 흐를 때는 직류여자가 없어도 계자가 여자되므로 계자권선이 없다.

③ 3상 교류를 가하면 전기자 전류의 무효분은 계자자속을 만들어 전류의 유효분 사이의 토크가 발생한다.

④ 직류여자를 필요로 하고, 철극성 때문에 동기속도 이하로 회전한다.

반작용전동기

돌극형 동기전동기로서 고정자의 회전자계로부터 돌극 부분에 유도되는 회전력을 이용하여 동기속도로 회전하는 전동기를 말하며 특징은 다음과 같다.

(1) 여자를 약하게 하면 전기자에 뒤진 전류가 흐르고 전기자반작용은 계자를 강화시키는 작용(증자작용)을 한다.

(2) 뒤진 전류가 흐를 때에는 직류여자가 없어도 계자가 여자 되므로 계자권선이 필요 없다.

(3) 3상 교류를 인가하면 전기자전류의 무효분은 계자자속을 만들어 전류의 유효분 사이의 토크를 발생한다.

13 3상 유도전동기의 기동법으로 사용되지 않는 것은?

① Y−△기동법

② 기동보상기법

③ 2차저항에 의한 기동법

④ 극수변환 기동법

3상 유도전동기의 기동법

(1) 농형 유도전동기
  ㉠ 전전압 기동법 : 5.5[kW] 이하에 적용
  ㉡ Y−△ 기동법 : 5.5[kW]~15[kW] 범위에 적용
  ㉢ 리액터 기동법 : 15[kW] 넘는 경우에 적용
  ㉣ 기동보상기법 : 단권변압기를 이용하는 방법으로 15[kW] 넘는 경우에 적용

(2) 권선형 유도전동기
  ㉠ 2차 저항 기동법(기동저항기법) : 비례추이원리 적용
  ㉡ 게르게스법

∴ 극수변환법은 속도제어법이다.

14 동기 전동기에 관한 설명 중 옳지 않은 것은?

① 기동 토크가 작다.

② 역률을 조정할 수 없다.

③ 난조가 일어나기 쉽다.

④ 여자기가 필요하다.

동기전동기의 장·단점

장점	단점
(1) 속도가 일정하다.	(1) 기동토크가 작다.
(2) 역률 조정이 가능하다.	(2) 속도 조정이 곤란하다.
(3) 효율이 좋다.	(3) 직류여자기가 필요하다.
(4) 공극이 크고 튼튼하다.	(4) 난조 발생이 빈번하다.

15 동기 각속도 ω_0, 회전자 각속도 ω인 유도전동기의 2차 효율은?

① $\dfrac{\omega_0}{\omega}$ ② $\dfrac{\omega}{\omega_0}$

③ $\dfrac{\omega_0 - \omega}{\omega_0}$ ④ $\dfrac{\omega_0 - \omega}{\omega}$

> 유도전동기의 2차 효율(η_2)
>
> 기계적 출력 P_0, 2차 입력 P_2, 슬립 s,
> 회전자 속도 N, 동기속도(고정자 속도) N_s라 할 때
> $N = \omega$, $N_s = \omega_0$이므로
>
> $\therefore \eta_2 = \dfrac{P_0}{P_2} = 1 - s = \dfrac{N}{N_s} = \dfrac{\omega}{\omega_0}$

16 두 대 이상의 동기발전기를 병렬운전 하려고 할 때 동기발전기의 병렬운전에 필요한 조건이 아닌 것은?

① 기전력의 크기가 같을 것
② 기전력의 위상이 같을 것
③ 기전력의 주파수가 같을 것
④ 기전력의 용량이 같을 것

> 동기발전기의 병렬운전조건
> (1) 기전력의 크기가 같을 것
> (2) 기전력의 위상이 같을 것
> (3) 기전력의 주파수가 같을 것
> (4) 기전력의 파형이 같을 것
> (5) 상회전이 일치할 것

17 변압기 여자회로의 어드미턴스 Y_0[℧]를 구하면? (단, I_0는 여자전류, I_i는 철손전류, I_ϕ는 자화전류, g_0는 콘덕턴스, V_1는 인가전압이다.)

① $\dfrac{I_0}{V_1}$ ② $\dfrac{I_i}{V_1}$

③ $\dfrac{I_\phi}{V_1}$ ④ $\dfrac{g_0}{V_1}$

> 여자어드미턴스(Y_0)
>
> $I_i = g_0 V_1$ [A], $I_\phi = b_0 V_1$ [A],
> $I_0 = I_i - j I_\phi = g_0 V_1 - j b_0 V_1$
> $\quad = (g_0 - j b_0) V_1 = Y_0 V_1$ [A] 이므로
>
> $\therefore Y_0 = g_0 - j b_0 = \dfrac{I_0}{V_1}$ [℧]

18 직류발전기를 3상 유도전동기에서 구동하고 있다. 이 발전기의 출력이 P[kW]일 때 전동기의 입력은 약 몇 [kW]인가? (단 발전기의 효율은 η_g[%], 전동기의 효율은 η_m[%]로 한다.)

① $\eta_g \eta_m P$ ② $\dfrac{\eta_g P}{\eta_m}$

③ $\dfrac{P}{\eta_g \eta_m}$ ④ $\dfrac{\eta_m P}{\eta_g}$

> 전동기의 입력
>
> $\eta = \eta_g \eta_m = \dfrac{P}{P_{in}}$ 식에서
> 전동기의 입력 P_{in}은
>
> $\therefore P_{in} = \dfrac{P}{\eta_g \eta_m}$ [kW]

19 직류발전기의 회전수는 246[rpm], 극당 자속수는 0.02[Wb], 슬롯수는 192, 각 슬롯내의 도체수는 6, 극수는 6이다. 유기기전력은 몇 [V]인가? (단, 전기자 권선은 파권이다.)

① 193   ② 253
③ 283   ④ 333

직류발전기의 유기기전력(E)과 자속수(ϕ)

$E = \dfrac{pZ\phi N}{60a}$ [V] 식에서

$N = 246$ [rpm], $\phi = 0.02$ [Wb], 슬롯수 = 192, 슬롯내부 도체 수 = 6, 자극수 $p = 6$극, 파권($a = 2$) 이므로
총 도체수 Z = 슬롯수 × 슬롯내부 도체수
$\qquad\qquad = 192 \times 6 = 1{,}152$일 때

$\therefore E = \dfrac{pZ\phi N}{60a} = \dfrac{6 \times 1{,}152 \times 0.02 \times 246}{60 \times 2}$
$\qquad = 283$ [V]

---

20 변압기에서 컨서베이터의 용도는?

① 통풍장치
② 변압기유의 열화방지
③ 강제순환
④ 코로나 방지

변압기 절연유의 열화방지 대책
(1) 콘서베이터방식 : 변압기 본체로부터 유관을 통하여 콘서베이터를 설치함으로서 변압기 절연유와 공기가 접촉하는 것을 방지해 준다.
(2) 질소봉입방식
(3) 브리더방식

---

23 4. 회로이론 및 제어공학(CBT시험 복원문제)

※ 본 기출문제는 수험자의 기억을 바탕으로 하여 복원한 문제이므로 실제 문제와 다를 수 있음을 미리 알려드립니다.

01 전원과 부하가 △결선된 3상 평형회로가 있다. 전원전압이 200[V], 부하 1상의 임피던스가 $6+j8$ [Ω]일 때 선전류[A]는?

① 20

② $20\sqrt{3}$

③ $\dfrac{20}{\sqrt{3}}$

④ $\dfrac{\sqrt{3}}{20}$

△결선의 선전류(I_Δ)

$I_\Delta = \dfrac{\sqrt{3}\,V_P}{Z} = \dfrac{\sqrt{3}\,V_L}{Z}$ [A] 식에서

$V_L = 200$ [V], $Z = 6+j8$ [Ω] 이므로

$\therefore I_\Delta = \dfrac{\sqrt{3}\,V_L}{Z} = \dfrac{\sqrt{3}\times 200}{\sqrt{6^2+8^2}} = 20\sqrt{3}$ [A]

02 어떤 회로 내에 공급되는 전압과 흐르는 전류가 각각 $100\sqrt{2}\cos\left(314t - \dfrac{\pi}{6}\right)$[V],

$3\sqrt{2}\cos\left(314t + \dfrac{\pi}{6}\right)$[A]일 때 소비되는 전력[W]은?

① 100

② 150

③ 250

④ 300

유효전력(=소비전력 : P)

전압과 전류의 파형 및 주파수가 모두 일치하므로

$V_m = 100\sqrt{2} \angle -30°$ [V], $I_m = 3\sqrt{2} \angle 30°$ [A]

일 때

$V = \dfrac{100\sqrt{2}}{\sqrt{2}} = 100$ [V], $I = \dfrac{3\sqrt{2}}{\sqrt{2}} = 3$ [A],

$\theta = 30° - (-30°) = 60°$이므로

$\therefore P = VI\cos\theta = 100 \times 3 \times \cos 60° = 150$ [W]

참고 $-\dfrac{\pi}{6}$ [rad]$= -30°$이고 $\dfrac{\pi}{6}$ [rad]$= 30°$이다.

03 전류의 대칭분을 I_0, I_1, I_2 유기기전력을 E_a, E_b, E_c 단자전압의 대칭분을 V_0, V_1, V_2라 할 때 3상 교류발전기의 기본식 중 정상분 V_1값은?(단, Z_0, Z_1, Z_2는 영상, 정상, 역상 임피던스이다.)

① $-Z_0 I_0$

② $-Z_2 I_2$

③ $E_a - Z_1 I_1$

④ $E_b - Z_2 I_2$

발전기 기본식

$V_0 = -Z_0 I_0$ [V]

$V_1 = E_a - Z_1 I_1$ [V]

$V_2 = -Z_2 I_2$ [V]

04 다음은 비정현파 전압과 전류의 순시치를 표현한 것이다.

$v = 100\sqrt{2}\sin\omega t + 50\sqrt{2}\sin\left(3\omega t + \dfrac{\pi}{6}\right)$[V],

$i = 40\sqrt{2}\sin\left(3\omega t - \dfrac{\pi}{6}\right) + 100\sqrt{2}\sin 5\omega t$[A]일 때 소비 전력[kW]은?

① 2

② 1

③ 4.9

④ 5.2

전압의 주파수 성분은 기본파와 제3고조파로 구성되어 있으며 전류의 주파수 성분은 제3고조파와 제5고조파로 구성되어 있으므로 주파수 성분이 일치하는 제3고조파에 해당되는 소비전력만 계산된다.

$V_{m1} = 100\sqrt{2} \angle 0°$ [V], $V_{m3} = 50\sqrt{2} \angle 30°$ [V],

$I_{m3} = 40\sqrt{2} \angle -30°$ [A], $I_{m5} = 100\sqrt{2} \angle 0°$ [A]

$\theta_3 = 30° - (-30°) = 60°$이므로

$\therefore P = \dfrac{1}{2} V_{m3} I_{m3} \cos\theta_3$

$= \dfrac{1}{2} \times 50\sqrt{2} \times 40\sqrt{2} \times \cos 60° \times 10^{-3}$

$= 1$ [kW]

정답 01 ② 02 ② 03 ③ 04 ②

05 $F(s) = \dfrac{2s+15}{s^3+s^2+3s}$ 일 때 $f(t)$의 최종값은?

① 2 ② 3

③ 5 ④ 15

최종값 정리

$f(\infty) = \lim_{t \to \infty} f(t) = \lim_{s \to 0} sF(s)$

$= \lim_{s \to 0} \dfrac{s(2s+15)}{s^3+s^2+3s} = \lim_{s \to 0} \dfrac{2s+15}{s^2+s+3}$

$= \dfrac{15}{3} = 5$

06 선로의 단위 길이 당 인덕턴스, 저항, 정전용량, 누설 컨덕턴스를 각각 L, R, C, G라 하면 전파 정수는?

① $\dfrac{\sqrt{(R+j\omega L)}}{(G+j\omega C)}$

② $\sqrt{(R+j\omega L)(G+j\omega C)}$

③ $\sqrt{\dfrac{(R+j\omega C)}{(G+j\omega L)}}$

④ $\sqrt{\dfrac{(G+j\omega C)}{(R+j\omega L)}}$

분포정수회로

(1) 특성임피던스(Z_0)

$Z_0 = \sqrt{\dfrac{Z}{Y}} = \sqrt{\dfrac{R+j\omega L}{G+j\omega C}} = \sqrt{\dfrac{L}{C}} \, [\Omega]$

(2) 전파정수(γ)

$\gamma = \sqrt{ZY} = \sqrt{(R+j\omega L)(G+j\omega C)} = \alpha + j\beta$

07 비정현파 전압이 $V = \sqrt{2}\,100\sin\omega t$ $+ \sqrt{2}\,50\sin 2\omega t + \sqrt{2}\,30\sin 3\omega t$[V]일 때 실효치는 약 몇 [V]인가?

① 13.4 ② 38.6

③ 115.7 ④ 180.3

비정현파의 실효값

$v = \sqrt{2}\,100\sin\omega t + \sqrt{2}\,50\sin 2\omega t$

$+ \sqrt{2}\,30\sin 3\omega t$ [V]에서

$V_1 = 100$ [V], $V_2 = 50$ [V], $V_3 = 30$ [V]이므로

$\therefore \ V = \sqrt{V_1^2 + V_2^2 + V_3^2} = \sqrt{100^2+50^2+30^2}$

$= 115.7$ [V]

08 $R = 5$[Ω], $L = 1$[H]의 직렬회로에 직류 10[V] 를 가할 때 순간의 전류식은?

① $5(1-e^{-5t})$ ② $2e^{-5t}$

③ $5e^{-5t}$ ④ $2(1-e^{-5t})$

R-L 과도현상

스위치를 닫을 때 회로에 흐르는 전류 $i(t)$는

$\therefore \ i(t) = \dfrac{E}{R}(1-e^{-\frac{R}{L}t}) = \dfrac{10}{5}(1-e^{-\frac{5}{1}t})$

$= 2(1-e^{-5t})$ [A]

09 권수가 2,000회이고 저항이 12[Ω]인 솔레노 이드에 전류 10[A]를 흘릴 때, 자속이 6×10^{-2} [Wb]가 발생하였다. 이 회로의 시정수[sec]는?

① 1 ② 0.1

③ 0.01 ④ 0.001

R-L 과도현상의 시정수(τ)

$\tau = \dfrac{L}{R} = \dfrac{N\phi}{RI}$ [sec] 식에서

$N = 2,000$, $R = 12$ [Ω], $I = 10$ [A],

$\phi = 6 \times 10^{-2}$ [Wb]일 때

$\therefore \ \tau = \dfrac{N\phi}{RI} = \dfrac{2,000 \times 6 \times 10^{-2}}{12 \times 10} = 1$ [sec]

10 전류 $\sqrt{2}\,I\sin(\omega t+\theta)$[A]와 기전력 $\sqrt{2}\,V\cos(\omega t-\phi)$[V] 사이의 위상차는?

① $\dfrac{\pi}{2}-(\phi-\theta)$ ② $\dfrac{\pi}{2}-(\phi+\theta)$

③ $\dfrac{\pi}{2}+(\phi+\theta)$ ④ $\dfrac{\pi}{2}+(\phi-\theta)$

위상차

전류, 전압의 순시값을 $i(t)$, $v(t)$라 하여 파형을 일치시키면

$i(t)=\sqrt{2}\,I\sin(\omega t+\theta)$ [A]

$v(t)=\sqrt{2}\,V\cos(\omega t-\phi)$

$\qquad =\sqrt{2}\,V\sin\left(\omega t-\phi+\dfrac{\pi}{2}\right)$ [V]

이므로 전류의 위상 θ와 전압의 위상 $-\phi+\dfrac{\pi}{2}$의 위상차는

$\therefore$ 위상차 $=-\phi+\dfrac{\pi}{2}-\theta=\dfrac{\pi}{2}-(\phi+\theta)$

참고

$\cos\omega t=\sin\left(\omega t+\dfrac{\pi}{2}\right)$이므로

$\cos(\omega t-\phi)=\sin\left(\omega t-\phi+\dfrac{\pi}{2}\right)$이다.

11 블록선도의 전달함수 $\left(\dfrac{C(s)}{R(s)}\right)$는?

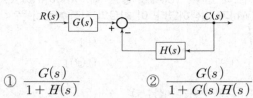

① $\dfrac{G(s)}{1+H(s)}$ ② $\dfrac{G(s)}{1+G(s)H(s)}$

③ $\dfrac{1}{1+H(s)}$ ④ $\dfrac{1}{1+G(s)H(s)}$

블록선도의 전달함수

$C(s)=G(s)R(s)-H(s)C(s)$

$\{1+H(s)\}C(s)=G(s)R(s)$

$\therefore\ \dfrac{C(s)}{R(s)}=\dfrac{G(s)}{1+H(s)}$

12 다음의 상태방정식으로 표현되는 시스템의 상태천이행렬은?

$$\begin{bmatrix}\dfrac{d}{dt}x_1 \\[2mm] \dfrac{d}{dt}x_2\end{bmatrix}=\begin{bmatrix}0 & 1 \\ -3 & -4\end{bmatrix}\begin{bmatrix}x_1 \\ x_2\end{bmatrix}$$

① $\begin{bmatrix}1.5e^{-t}-0.5e^{-3t} & -1.5e^{-t}+1.5e^{-3t} \\ 0.5e^{-t}-0.5e^{-3t} & -0.5e^{-t}+1.5e^{-3t}\end{bmatrix}$

② $\begin{bmatrix}1.5e^{-t}-0.5e^{-3t} & 0.5e^{-t}-0.5e^{-3t} \\ -1.5e^{-t}+1.5e^{-3t} & -0.5e^{-t}+1.5e^{-3t}\end{bmatrix}$

③ $\begin{bmatrix}1.5e^{-t}-0.5e^{-4t} & 0.5e^{-t}-0.5e^{-4t} \\ -1.5e^{-t}+1.5e^{-4t} & -0.5e^{-t}+1.5e^{-4t}\end{bmatrix}$

④ $\begin{bmatrix}1.5e^{-t}-0.5e^{-4t} & -1.5e^{-t}+1.5e^{-4t} \\ 0.5e^{-t}-0.5e^{-4t} & -0.5e^{-t}+1.5e^{-4t}\end{bmatrix}$

상태방정식의 천이행렬 : $\phi(t)$

$\phi(t)=\mathcal{L}^{-1}[\phi(s)]=\mathcal{L}^{-1}[sI-A]^{-1}$이므로

$(sI-A)=s\begin{bmatrix}1 & 0 \\ 0 & 1\end{bmatrix}-\begin{bmatrix}0 & 1 \\ -3 & -4\end{bmatrix}$

$\qquad =\begin{bmatrix}s & -1 \\ 3 & s+4\end{bmatrix}$

$\phi(s)=(sI-A)^{-1}=\begin{bmatrix}s & -1 \\ 3 & s+4\end{bmatrix}^{-1}$

$\qquad =\dfrac{1}{s(s+4)+3}\begin{bmatrix}s+4 & 1 \\ -3 & s\end{bmatrix}$

$\qquad =\begin{bmatrix}\dfrac{s+4}{s^2+4s+3} & \dfrac{1}{s^2+4s+3} \\[3mm] \dfrac{-3}{s^2+4s+3} & \dfrac{s}{s^2+4s+3}\end{bmatrix}$

$\therefore\ \phi(t)=\mathcal{L}^{-1}[\phi(s)]$

$\qquad =\begin{bmatrix}1.5e^{-t}-0.5e^{-3t} & 0.5e^{-t}-0.5e^{-3t} \\ -1.5e^{-t}+1.5e^{-3t} & -0.5e^{-t}+1.5e^{-3t}\end{bmatrix}$

13 제어시스템의 특성방정식이 $s^4 + s^3 - 3s^2 - s + 2 = 0$와 같을 때, 이 특성방정식에서 s 평면의 오른쪽에 위치하는 근은 몇 개인가?

① 0   ② 1
③ 2   ④ 3

안정도판별법(루스판별법)

S^4	1	-3	2
S^3	1	-1	0
S^2	$\dfrac{-3+1}{1}=-2$	2	0
S^1	$\dfrac{2-2}{-2}=0$	0	0

루스 수열 제1열의 S^1항에서 영(0)이 되었으므로 영(0) 대신 영(0)에 가까운 양(+)의 임의의 수 ε값을 취하여 계산에 적용한다.

S^4	1	-3	2
S^3	1	-1	0
S^2	$\dfrac{-3+1}{1}=-2$	2	0
S^1	ε	0	0
S^0	$\dfrac{2\varepsilon-0}{\varepsilon}=2$	0	0

∴ 루스 수열의 제1열 S^2항에서 (−)값이 나오므로 제1열의 부호 변화는 2번 생기게 되어 불안정 근의 수는 2개이며 S평면의 우반면에 불안정 근이 2개 존재하게 된다.

14 개루프 전달함수가 $G(s)H(s) = \dfrac{K}{s(s+3)(s+2)}$ 일 때 근궤적이 허수축과 교차하는 경우 교차점은?

① $\omega_d = 2.45$ ② $\omega_d = 2.83$
③ $\omega_d = 3.46$ ④ $\omega_d = 3.87$

허수축과 교차하는 점

제어계의 개루프 전달함수 $G(s)H(s)$ 가 주어지는 경우 특성방정식 $F(s) = 1 + G(s)H(s) = 0$ 을 만족하는 방정식을 세워야 한다.

$G(s)H(s) = \dfrac{B(s)}{A(s)}$ 인 경우 특성방정식 $F(s)$ 는

$F(s) = A(s) + B(s) = 0$ 으로 할 수 있다.

문제의 특성방정식은

$F(s) = s(s+3)(s+2) + K$
$= s^3 + 5s^2 + 6s + K = 0$ 이므로

s^3	1	6
s^2	5	K
s^1	$\dfrac{5 \times 6 - K}{5} = 0$	0
s^0	K	

루스 수열의 제1열 S^1행에서 영(0)이 되는 K의 값을 구하여 보조방정식을 세운다.

$5 \times 6 - K = 0$ 이기 위해서는 $K = 30$이다.

보조방정식 $5s^2 + 30 = 0$ 식에서

$s^2 = -6$ 이므로 $s = j\omega = \pm j\sqrt{6}$ 일 때

∴ $\omega = \sqrt{6} = 2.45$

15

1차 지연요소의 전달함수가 $G(s) = \dfrac{k}{s+10}$ 인 제어계의 절점 주파수는 몇 [rad/s]인가?

① 1   ② 10

③ 0.1   ④ 0.01

절점주파수와 절점주파수의 이득

절점주파수는 $G(j\omega)$ 의 실수부와 허수부가 서로 같게 되는 조건을 만족할 때의 주파수 ω값으로 정의된다.

$G(j\omega) = \dfrac{k}{j\omega + 10}$ 일 때

$\therefore \omega = 10\,[rad/s]$

16

과도 응답이 소멸되는 정도를 나타내는 감쇠비 (decay ratio)는?

① 최대오버슈트를 제2 오버슈트로 나눈 값이다.
② 제3 오버슈트를 제2 오버슈트로 나눈 값이다.
③ 제2 오버슈트를 최대오버슈트로 나눈 값이다.
④ 제2 오버슈트를 제3 오버슈트로 나눈 값이다.

감쇠비 = 제동비(ζ)

감쇠비란 제어계의 응답이 목표값을 초과하여 진동을 오래하지 못하도록 제동을 걸어주는 값으로서 제동비라고도 한다.

$\zeta = \dfrac{\text{제2오버슈트}}{\text{최대오버슈트}}$ 식으로 표현하며 $\zeta = 1$을 기준으로 하여 다음과 같이 구분한다.

⑴ $\zeta > 1$: 과제동 → 비진동 곡선을 나타낸다.
⑵ $\zeta = 1$: 임계제동 → 임계진동곡선을 나타낸다.
⑶ $\zeta < 1$: 부족제동 → 감쇠진동곡선을 나타낸다.
⑷ $\zeta = 0$: 무제동 → 무제동진동곡선을 나타낸다.

17

그림의 신호흐름선도에서 y_2 / y_1의 값은?

① $\dfrac{a^3}{(1-ab)^3}$ ② $\dfrac{a^3}{(1-3ab+a^2 b^2)}$

③ $\dfrac{a^3}{1-3ab}$ ④ $\dfrac{a^3}{1-3ab+2a^2 b^2}$

신호흐름선도의 전달함수(메이슨 정리)

$L_{11} = ab,\ L_{12} = ab,\ L_{13} = ab$

$L_{21} = L_{11} \cdot L_{12} = (ab)^2,$

$L_{22} = L_{11} \cdot L_{13} = (ab)^2$

$L_{23} = L_{12} \cdot L_{13} = (ab)^2$

$L_{31} = L_{11} \cdot L_{12} \cdot L_{13} = (ab)^3$

$\Delta = 1 - (L_{11} + L_{12} + L_{13})$
$\qquad + (L_{21} + L_{22} + L_{23}) - L_{31}$
$\quad = 1 - 3ab + 3(ab)^2 - (ab)^3 = (1-ab)^3$

$M_1 = a^3,\ \Delta_1 = 1$

$\therefore\ G(s) = \dfrac{M_1 \Delta_1}{\Delta} = \dfrac{a^3}{(1-ab)^3}$

18

다음 중 논리식 $L = \overline{A}\,\overline{B} + \overline{A}B + AB$ 을 간단히 하면?

① $A + B$ ② $\overline{A} + B$

③ $A + \overline{B}$ ④ $\overline{A} + \overline{B}$

불대수를 이용한 논리식의 간소화

$\overline{A}\,B + \overline{A}\,\overline{B} = \overline{A}\,B,\ \overline{A} + A = 1,\ \overline{B} + B = 1,$
$1 \cdot \overline{A} = \overline{A},\ 1 \cdot B = B$ 식을 이용하여 정리하면

$\overline{A}\,\overline{B} + \overline{A}\,B + AB = \overline{A}\,\overline{B} + \overline{A}\,B + \overline{A}\,B + AB$
$\qquad\qquad = \overline{A}(\overline{B} + B) + B(\overline{A} + A)$
$\qquad\qquad = \overline{A} + B$

19 그림과 같은 블록선도에서 전달함수 $\dfrac{C(s)}{R(s)}$ 를 구하면?

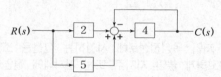

① $\dfrac{1}{8}$ ② $\dfrac{5}{28}$

③ $\dfrac{28}{5}$ ④ 8

> 블록선도의 전달함수 $G(s)$
> $C = \{R(2+5) - C\} \times 4 = 28R - 4C$
> $5C = 28R$
> $\therefore\ G(s) = \dfrac{C}{R} = \dfrac{28}{5}$

20 $F(z) = \dfrac{(1-e^{-aT})z}{(z-1)(z-e^{-aT})}$ 의 역 z변환은?

① $1 - e^{-at}$ ② $1 + e^{-at}$

③ $t \cdot e^{-at}$ ④ $t \cdot e^{at}$

시간함수 $f(t)$, 라플라스함수 $F(s)$, z변환함수 $F(z)$		
$f(t)$	$F(s)$	$F(z)$
$\delta(t)$	1	1
$u(t)$	$\dfrac{1}{s}$	$\dfrac{z}{z-1}$
e^{-at}	$\dfrac{1}{s+a}$	$\dfrac{z}{z-e^{-aT}}$
t	$\dfrac{1}{s^2}$	$\dfrac{Tz}{(z-1)^2}$
te^{-at}	$\dfrac{1}{(s+a)^2}$	$\dfrac{Tze^{-aT}}{(z-e^{-aT})^2}$
$1-e^{-aT}$	$\dfrac{a}{s(s+a)}$	$\dfrac{(1-e^{-aT})z}{(z-1)(z-e^{-aT})}$
$\sin\omega t$	$\dfrac{\omega}{s^2+\omega^2}$	$\dfrac{z\sin\omega T}{z^2-2z\cos\omega T+1}$
$\cos\omega t$	$\dfrac{s}{s^2+\omega^2}$	$\dfrac{z(z-\cos\omega T)}{z^2-2z\cos\omega T+1}$

23 5. 전기설비기술기준(CBT시험 복원문제)

※ 본 기출문제는 수험자의 기억을 바탕으로 하여 복원한 문제이므로 실제 문제와 다를 수 있음을 미리 알려드립니다.

01 공통접지공사 적용 시 선도체의 단면적이 16 [mm²]인 경우 보호도체(PE)에 적합한 단면적은? (단, 보호도체의 재질이 선도체와 같은 경우)

① 4   ② 6
③ 10   ④ 16

보호도체의 최소 단면적

선도체의 단면적 S ([mm²], 구리)	보호도체의 최소 단면적 ([mm²], 구리) 보호도체의 재질이 선도체와 같은 경우
$S \leq 16$	S
$16 < S \leq 35$	16^a
$S > 35$	$S^a/2$

02 저압 옥상전선로에 시설하는 전선은 조영재에 견고하게 붙인 지지주 또는 지지대에 절연성·난연성 및 내수성이 있는 애자를 사용하여 지지하고 또한 지지점 간의 거리는 몇 [m] 이하로 하여야 하는가?

① 10   ② 15
③ 20   ④ 25

저압 옥상전선로

구분	내용
시설 방법	전개된 장소에 위험의 우려가 없도록 시설하여야 한다.
전선	인장강도 2.30[kN] 이상, 지름 2.6[mm] 이상의 경동선 절연전선(옥외용 비닐절연전선을 포함) 또는 이와 동등 이상의 절연효력이 있는 것
지지점 간의 거리	15[m] 이하
전선과 조영재와의 이격거리	2[m] 이상 (전선이 고압절연전선, 특고압 절연전선 또는 케이블인 경우에는 1[m] 이상)
식물과의 거리	상시 부는 바람에 의하여 식물에 접촉하지 아니하도록 시설

03 전기철도 변전소의 급전용변압기는 교류 전기철도의 경우 어떤 변압기 적용을 원칙으로 하는가?

① 3상 정류기용 변압기
② 3상 스코트결선 변압기
③ 3상 흡상변압기
④ 3상 단권변압기

변전소의 급전용변압기
(1) 직류 전기철도 : 3상 정류기용 변압기
(2) 교류 전기철도 : 3상 스코트결선 변압기

04 전기철도차량에 전력을 공급하는 전차선의 가선방식에 포함되지 않는 것은?

① 가공방식　　② 강체방식
③ 제3레일방식　④ 지중조가선방식

전기철도의 전차선 가선방식
전차선의 가선방식은 열차의 속도 및 노반의 형태, 부하 전류 특성에 따라 적합한 방식을 채택하여야 하며, 가공방식, 강체방식, 제3레일방식을 표준으로 한다.

05 사용전압이 170[kV] 이하의 변압기를 시설하는 변전소로서 기술원이 상주하여 감시하지는 않으나 수시로 순회하는 경우, 기술원이 상주하는 장소에 경보장치를 시설하지 않아도 되는 경우는?

① 조상기는 내부에 고장이 생긴 경우
② 제어회로의 전압이 현저히 저하한 경우
③ 운전조작에 필요한 차단기가 수동적으로 차단한 후 재폐로한 경우
④ 옥내변전소에 화재가 발생한 경우

상주 감시를 하지 아니하는 변전소의 시설
변전소의 운전에 필요한 지식 및 기능을 가진 기술원이 그 변전소에 상주하여 감시를 하지 아니하는 사용전압이 170[kV] 이하의 변압기를 시설하는 변전소로서 기술원이 수시로 순회하거나 그 변전소를 원격감시 제어하는 제어소에서 상시 감시하는 경우에는 아래와 같은 상황일 때 변전제어소 또는 기술원이 상주하는 장소에 경보장치를 시설하여야 한다.
(1) 운전조작에 필요한 차단기가 자동적으로 차단한 경우(차단기가 재폐로한 경우를 제외한다)
(2) 주요 변압기의 전원측 전로가 무전압으로 된 경우
(3) 제어 회로의 전압이 현저히 저하한 경우
(4) 옥내변전소에 화재가 발생한 경우
(5) 특고압용 타냉식변압기는 그 냉각장치가 고장난 경우
(6) 조상기는 내부에 고장이 생긴 경우

06 전기철도의 차량과 전차선로나 충전부 비절연부분 간의 공기 절연이격거리는 단상 교류의 공칭전압이 25,000[V]인 경우 동적인 상태에서 몇 [mm] 이상 확보하여야 하는가?

① 25[mm]　　② 100[mm]
③ 170[mm]　④ 270[mm]

전기철도의 전차선로의 충전부와 차량 간의 절연이격거리

시스템 종류	공칭전압[V]	동적[mm]	정적[mm]
직류	750	25	25
	1,500	100	150
단상교류	25,000	170	270

07 배전선로의 지지물에 시설하는 전주외등에서 기구의 인출선은 도체 단면적이 몇 [mm²] 이상이어야 하는가?

① 1.5
② 0.75
③ 2.5
④ 4.0

전주외등

이 규정은 대지전압 300[V] 이하의 형광등, 고압방전등, LED등 등을 배전선로의 지지물 등에 시설하는 경우에 적용한다.

(1) 기구는 광원의 손상을 방지하기 위하여 원칙적으로 갓 또는 글로브가 붙은 것.
(2) 기구는 전구를 쉽게 갈아 끼울 수 있는 구조일 것.
(3) 기구의 인출선은 도체단면적이 0.75[mm²] 이상일 것.
(4) 배선은 단면적 2.5[mm²] 이상의 절연전선 또는 이와 동등 이상의 절연효력이 있는 것을 사용하고 케이블공사, 합성수지관공사, 금속관공사에 의하여 시설할 것.
(5) 배선이 전주의 연한 부분은 1.5[m] 이내마다 새들(saddle) 또는 배드로 지지할 것.
(6) 사용전압 400[V] 이하인 관등회로의 배선에 사용하는 전선은 케이블을 사용하거나 동등 이상의 절연성능을 가진 전선을 사용할 것.

08 전동기의 과부하 보호장치의 시설에서 전원측 전로에 시설한 배선용차단기의 정격전류가 몇 [A] 이하의 것이면 이 전로에 접속하는 단상전동기에는 과부하 보호장치를 생략할 수 있는가? (단, 전동기의 정격 출력이 0.2[kW] 이하인 것을 제외한다)

① 16
② 20
③ 30
④ 50

저압전로 중의 전동기 보호용 과전류 보호장치의 시설

옥내에 시설하는 전동기(정격 출력이 0.2[kW] 이하인 것을 제외한다)에는 전동기가 손상될 우려가 있는 과전류가 생겼을 때에 자동적으로 이를 저지하거나 이를 경보하는 장치를 하여야 한다. 다만, 다음의 어느 하나에 해당하는 경우에는 그러하지 아니하다.

(1) 전동기를 운전 중 상시 취급자가 감시할 수 있는 위치에 시설하는 경우
(2) 전동기의 구조나 부하의 성질로 보아 전동기가 손상될 수 있는 과전류가 생길 우려가 없는 경우
(3) 단상전동기로써 그 전원측 전로에 시설하는 과전류 차단기의 정격전류가 16[A](배선용차단기는 20[A]) 이하인 경우

09 최대사용전압 6.6[kV]인 전로의 절연내력을 시험할 때 시험전압을 연속하여 몇 분간 가하였을 때 이에 견디어야 하는가?

① 5분
② 10분
③ 15분
④ 30분

저·고압 및 특고압 전로의 절연내력시험

저·고압 및 특고압의 전로는 아래 표에서 정한 시험전압을 전로와 대지 사이(다심케이블은 심선 상호 간 및 심선과 대지 사이)에 연속하여 10분간 가하여 절연내력을 시험하였을 때에 이에 견디어야 한다.

전로의 최대사용전압		시험전압	최저시험전압
7[kV] 이하		1.5배	–
7[kV] 초과 60[kV] 이하		1.25배	10.5[kV]
7[kV] 초과 25[kV] 이하 중성점 다중접지		0.92배	
60[kV] 초과	비접지	1.25배	–
60[kV] 초과 170[kV] 이하	접지	1.1배	75[kV]
	직접접지	0.72배	–
170[kV] 초과	직접접지	0.64배	–

10 가공 전선로의 지지물에 시설하는 지선의 시설 기준으로 틀린 것은?

① 지선의 안전율은 2.5 이상일 것
② 소선은 최소 2가닥 이상의 연선일 것
③ 도로를 횡단하여 시설하는 지선의 높이는 일반적으로 지표상 5[m] 이상으로 할 것
④ 지중부분 및 지표상 30[cm]까지의 부분은 아연도금을 한 철봉 등 부식하기 어려운 재료를 사용할 것

지선의 시설

⑴ 가공전선로의 지지물 중 철탑은 지선을 사용하여 그 강도를 분담시켜서는 안된다.
⑵ 지선의 안전율은 2.5 이상, 허용인장하중은 4.31[kN] 이상으로 한다.
⑶ 지선에 연선을 사용할 경우에는 다음에 의할 것.
　㉠ 소선(素線) 3가닥 이상의 연선일 것.
　㉡ 소선의 지름이 2.6[mm] 이상의 금속선을 사용한 것일 것.
　㉢ 지중부분 및 지표상 30[cm]까지의 부분에는 내식성이 있는 것 또는 아연도금을 한 철봉을 사용하고 쉽게 부식하지 아니하는 근가에 견고하게 붙일 것.
　㉣ 지선근가는 지선의 인장하중에 충분히 견디도록 시설할 것.
⑷ 지선의 높이
　㉠ 도로를 횡단하여 시설하는 경우에는 지표상 5[m] 이상으로 하여야 한다. 다만, 교통에 지장을 초래할 우려가 없는 경우에는 지표상 4.5[m] 이상으로 할 수 있다.
　㉡ 보도의 경우에는 2.5[m] 이상으로 할 수 있다.

11 수중조명등에 전기를 공급하기 위해서는 절연변압기를 사용하고, 그 사용전압은 절연변압기 1차측과 2차측을 각각 몇 [V] 이하로 하여야 하는가?

① 300, 300　② 300, 150
③ 400, 300　④ 400, 150

수중조명등

⑴ 수중조명등에 전기를 공급하기 위해서는 절연변압기를 사용하고, 그 사용전압은 절연변압기 1차측 전로 400[V] 이하, 2차측 전로 150[V] 이하로 하여야 한다. 또한 2차측 전로는 비접지로 하여야 한다.
⑵ 수중조명등의 절연변압기의 2차측 전로에는 개폐기 및 과전류차단기를 각 극에 시설 하여야 한다.
⑶ 수중조명등의 절연변압기는 그 2차측 전로의 사용전압이 30[V] 이하인 경우는 1차 권선과 2차권선 사이에 금속제의 혼촉방지판을 설치하고 접지공사를 하여야 한다.
⑷ 수중조명등의 절연변압기의 2차측 전로의 사용전압이 30[V]를 초과하는 경우에는 그 전로에 지락이 생겼을 때에 자동적으로 전로를 차단하는 정격감도전류 30[mA] 이하의 누전차단기를 시설하여야 한다.

12 가공전선로의 지지물에 하중이 가하여지는 경우에 그 하중을 받는 지지물의 기초 안전율은 얼마 이상이어야 하는가? (단, 이상 시 상정하중은 무관)

① 1.5 　　　　② 2.0
③ 2.5 　　　　④ 3.0

각종 안전율에 대한 총정리

구분	안전율
지지물	기초 안전율 2 이상 (이상시 상정하중에 대한 철탑의 기초에 대하여는 1.33 이상)
	무선용 안테나를 지지하는 지지물 1.5 이상
전선	2.5 이상 (경동선 또는 내열 동합금선 2.2 이상)
지선	2.5 이상
케이블트레이배선	1.5 이상

13 사람이 상시 통행하는 터널 안의 배선(전기기계기구 안의 배선, 관등회로의 배선, 소세력 회로의 전선은 제외)은 사용전압이 저압인 것에 한하고 공칭단면적은 몇 [mm²]의 연동선을 사용하여야 하는가? (단, 옥외용 비닐절연전선 및 인입용 비닐절연전선은 제외한다.)

① 1.5 　　　　② 2.5
③ 4.0 　　　　④ 0.75

사람이 상시 통행하는 터널 안의 배선의 시설

사람이 상시 통행하는 터널 안의 배선(전기기계기구 안의 배선, 관등회로의 배선, 소세력 회로의 전선을 제외한다)은 그 사용전압이 저압의 것에 한하고 또한 다음에 따라 시설하여야 한다.

(1) 케이블공사, 금속관공사, 합성수지관공사, 가요전선관공사, 애자공사에 의할 것.

(2) 공칭단면적 2.5[mm²]의 연동선과 동등 이상의 세기 및 굵기의 절연전선(옥외용 비닐 절연전선 및 인입용 비닐 절연전선을 제외한다)을 사용하여 애자공사에 의하여 시설하고 또한 이를 노면상 2.5[m] 이상의 높이로 할 것.

(3) 전로에는 터널의 입구에 가까운 곳에 전용 개폐기를 시설할 것.

14 애자공사에 의한 고압 옥내배선에 사용되는 연동선의 최소 굵기는 몇 [mm²]인가?

① 2.5 ② 4
③ 6 ④ 8

애자공사

	저압	고압
굵기	저압 옥내배선의 전선 규격에 따른다.	6[mm²] 이상의 연동선
전선 상호간의 간격	6[cm] 이상	8[cm] 이상
전선과 조영재 이격거리	사용전압 400[V] 미만 : 2.5 [cm] 이상 사용전압 400[V] 이상 : 4.5[cm] 이상 단, 건조한 장소 : 2.5[cm] 이상	5 [cm] 이상
전선의 지지점간의 거리	400[V] 이상인 것은 6[m] 이하 단, 전선을 조영재의 윗면 또는 옆면에 따라 붙일 경우에는 2 [m] 이하	6[m] 이하 단, 전선을 조영재의 면을 따라 붙이는 경우에는 2 [m] 이하

15 최대사용전압이 10[kV]인 중성점 비접지식 전로의 절연내력시험전압은 몇 [kV]인가?

① 10 ② 12.5
③ 9.2 ④ 15

전로의 절연내력시험전압

전로의 최대사용전압		시험전압	최저시험전압
7[kV] 이하		1.5배	변압기와 기구 등의 전로 500[V]
7[kV] 초과 60[kV] 이하		1.25배	10.5[kV]
7[kV] 초과 25[kV] 이하 중성점 다중접지		0.92배	–
60[kV] 초과	비접지	1.25배	–
60[kV] 초과 170[kV] 이하	접지	1.1배	75[kV]
	직접 접지	0.72배	–
170[kV] 초과	직접 접지	0.64배	–

∴ 절연내력시험전압= $10 \times 1.25 = 12.5$ [kV]

16 과전류차단기로 저압전로에 사용하는 주택용 배선용차단기를 조명, 콘센트, 소형 전동기 등에 설치할 때 차단기 정격전류에 대해서 순시트립 전류의 범위로 알맞은 것은?

① $1I_n$ 초과 ~ $3I_n$ 이하
② $3I_n$ 초과 ~ $5I_n$ 이하
③ $5I_n$ 초과 ~ $10I_n$ 이하
④ $10I_n$ 초과 ~ $20I_n$ 이하

보호장치의 특성

과전류차단기로 저압전로에 사용하는 주택용 차단기는 다음에 적합한 것이어야 한다.

(1) 순시트립에 따른 구분

형	순시트립범위
B	$3I_n$ 초과 ~ $5I_n$ 이하
C	$5I_n$ 초과 ~ $10I_n$ 이하
D	$10I_n$ 초과 ~ $20I_n$ 이하

비고

1. 순시트립전류에 따른 차단기 분류
Type-B : 전기난방, 온수기, 스토브 등
Type-C : 조명, 콘센트, 소형 전동기 등
Type-D : 돌입전류가 매우 큰 부하 및 변압기 등
2. I_n : 차단기 정격전류

(2) 과전류트립 동작시간 및 특성

정격전류의 구분	시간	절격전류의 배수 (모든 극에 통전)	
		부동작 전류	동작 전류
63[A] 이하	60분	1.13배	1.45배
63[A] 초과	120분	1.13배	1.45배

17 케이블트렌치에 의한 옥내배선 공사를 다음과 같이 시공하였다. 옳지 않은 것은?

① 케이블트렌치의 바닥 또는 측면에는 전선의 하중에 충분히 견디는 구조로 할 것.
② 케이블트렌치의 뚜껑, 받침대 등 금속재는 내식성의 재료이거나 방식처리를 할 것.
③ 케이블트렌치는 외부에서 고형물이 들어가지 않도록 IP2X 이상으로 시설할 것.
④ 케이블트렌치 굴곡부 안쪽의 반경은 통과하는 전선의 허용곡률반경 이하로 할 것.

케이블트렌치공사

(1) 케이블은 배선 회로별로 구분하고 2[m] 이내의 간격으로 받침대 등을 시설할 것.
(2) 케이블트렌치 내부에는 전기배선설비 이외의 수관·가스관 등 다른 시설물을 설치하지 말 것.
(3) 케이블트렌치의 바닥 또는 측면에는 전선의 하중에 충분히 견디고 전선에 손상을 주지 않는 받침대를 설치할 것.
(4) 케이블트렌치 굴곡부 안쪽의 반경은 통과하는 전선의 허용곡률반경 이상이어야 하고 배선의 절연피복을 손상시킬 수 있는 돌기가 없는 구조일 것.
(5) 케이블트렌치의 바닥 및 측면에는 방수처리하고 물이 고이지 않도록 할 것.
(6) 케이블트렌치는 외부에서 고형물이 들어가지 않도록 IP2X 이상으로 시설할 것.

18 2차측 개방전압이 7[kV] 이하인 절연변압기를 사용하고 절연변압기의 1차측 전로를 자동적으로 차단하는 보호장치를 시설한 경우의 전격살충기는 전격자가 지표상 또는 마루 위 몇 [m] 이상의 높이에 시설하여야 하는가?

① 1.5   ② 1.8
③ 2.5   ④ 3.5

전격살충기

고장시 흐르는 전류를 안전하게 통할 수 있는 경우전격살충기의 전격격자는 다음에 따라 시설하여야 한다.

구분	내용
지표 또는 바닥에서의 높이	3.5[m] 이상
	2차측 개방 전압이 7[kV] 이하의 절연변압기를 사용하고 또한 보호격자의 내부에 사람의 손이 들어갔을 경우 또는 보호격자에 사람이 접촉될 경우 절연변압기의 1차측 전로를 자동적으로 차단하는 보호장치를 시설한 것은 1.8[m] 까지 감할 수 있다.

19 전력보안 가공통신선을 조가선에 시설할 경우 조가선의 단면적은 몇 [mm²] 이상의 아연도강연선을 사용하여야 하는가?

① 22   ② 38
③ 16   ④ 6

조가선의 시설기준

전력보안 가공통신선은 반드시 조가선에 시설하여야 하며 조가선의 시설기준은 다음과 같다.

구분		내용
굵기		단면적 38[mm²] 이상의 아연도강연선을 사용할 것.
이격거리		조가선은 2조까지만 시설하여야 하며, 조가선 간의 이격거리는 조가선 2개가 시설될 경우 0.3[m]를 유지할 것.
이도		전주경간 50[m] 기준 0.4[m] 정도의 이도를 반드시 유지할 것.
접지	접지도체	조가선은 매 500[m] 마다 단면적 16[mm²](지름 4[mm]) 이상의 연동선과 접지선 서비스 커넥터 등을 이용하여 접지할 것.
	시공방법	전력용 접지와 별도의 독립접지할 것.
	접지극	지표면에서 0.75[m] 이상의 깊이에 타 접지극과 1[m] 이상 이격하여 시설할 것.

20 고압 지중전선이 지중 약전류전선 등과 접근하거나 교차하는 경우에 상호의 이격거리가 몇 [cm]이하인 때에는 두 전선이 직접 접촉하지 아니하도록 조치하여야 하는가?

① 15 　　　② 20
③ 30 　　　④ 40

지중전선과 지중약전류전선 등 또는 관과의 접근 또는 교차

구분		이격거리
지중전선과 지중약전류전선	저압 또는 고압	0.3[m] 이하
	특고압	0.6[m] 이하
특고압 지중전선이 가연성이나 유독성의 유체를 내포하는 관과 접근 또는 교차하는 경우		1 [m] 이하

[주] 표의 이격거리는 지중전선과 지중약전류전선 사이 또는 관 사이에 견고한 내화성의 격벽을 설치하는 경우 이외에는 지중전선을 견고한 불연성 또는 난연성의 관에 넣어 그 관이 지중약전류전선 또는 가연성이나 유독성의 유체를 내포하는 관과 직접 접촉하지 아니하도록 하여야 한다.

정답 20 ③

23 1. 전기자기학(CBT시험 복원문제)

※ 본 기출문제는 수험자의 기억을 바탕으로 하여 복원한 문제이므로 실제 문제와 다를 수 있음을 미리 알려드립니다.

01 자계의 시간적 변화에 의해 유도기전력이 발생하여 코일에 유도전류가 흐르는 현상을 발견한 사람은 누구인가?

① 노이만　　　　② 가우스
③ 패러데이　　　④ 렌츠

전자유도법칙

(1) 노이만 공식 : 서로 근접해 있는 두 개의 폐쇄된 코일 중 어느 한쪽 코일에 전류가 흐르면 다른 코일에 전압이 유기되는 전압을 상호유도라 하며 이 때 기전력에 비례하는 상호유도계수 또는 상호인덕턴스 M의 공식을 노이만 공식이라 한다.

(2) 가우스 법칙 : 어떤 폐곡면을 통과하는 전속은 그 곡면 내에 있는 총 전하량과 같다.

(3) 패러데이 법칙 : 자계의 시간적 변화에 의해 유도기전력이 발생하여 코일에 유도전류가 흐른다.

(4) 렌쯔의 법칙 : 코일에 유기되는 기전력의 방향은 자속의 증가를 방해하는 방향과 같다.

03 유전체 A, B의 접합면에 전하가 없을 때, 각 유전체 중 전계의 방향이 그림과 같다면, 전계 E_2는 어떻게 되는가?

① $\dfrac{\cos\theta_2}{\cos\theta_1}E_1$

② $\dfrac{\sin\theta_1}{\sin\theta_2}E_1$

③ $\dfrac{\tan\theta_1}{\tan\theta_2}E_1$

④ $\dfrac{\cos\theta_1}{\cos\theta_2}E_1$

유전체 내에서의 경계조건

전계의 세기는 경계면의 접선성분이 서로 같으므로
$E_1\sin\theta_1 = E_2\sin\theta_2$ 식에서

$$\therefore E_2 = \frac{\sin\theta_1}{\sin\theta_2}E_1 \ [\text{V/m}]$$

02 단면적 4[cm²]의 철심에 6×10^{-4}[Wb]의 자속을 통하게 하려면 2,800[AT/m]의 자계가 필요하다. 이 철심의 비투자율은 약 얼마인가?

① 346　　　　② 375
③ 407　　　　④ 427

자기회로내의 자속밀도(B)

$B = \mu H = \mu_0\mu_s H = \dfrac{\phi}{S}$ [Wb/m²] 식에서

$S = 4$ [cm²], $\phi = 6\times10^{-4}$ [Wb],
$H = 2,800$ [AT/m]일 때

$$\therefore \mu_s = \frac{\phi}{\mu_0 SH} = \frac{6\times10^{-4}}{4\pi\times10^{-7}\times4\times10^{-4}\times2,800}$$
$$= 427$$

04 유전율이 9인 유전체 내 전계의 세기가 100[V/m]일 때 유전체 내에 저장되는 에너지밀도는 몇 [J/m³]인가?

① 5.5×10^2　　　② 4.5×10^4
③ 9×10^4　　　　④ 4.5×10^5

유전체 내의 정전에너지 밀도(w_e)

$w_e = \dfrac{{\rho_s}^2}{2\epsilon} = \dfrac{D^2}{2\epsilon} = \dfrac{1}{2}\epsilon E^2 = \dfrac{1}{2}ED$ [J/m³] 식에서

$\epsilon = 9$, $E = 100$ [V/m]일 때

$$\therefore w_e = \frac{1}{2}\epsilon E^2 = \frac{1}{2}\times9\times100^2 = 4.5\times10^4 \ [\text{J/m}^3]$$

05 유전체에서의 변위전류에 대한 설명으로 옳은 것은?

① 유전체의 굴절률이 2배가 되면 변위전류의 크기도 2배가 된다.

② 변위전류의 크기는 투자율의 값에 비례한다.

③ 변위전류는 자계를 발생시킨다.

④ 전속밀도의 공간적 변화가 변위전류를 발생시킨다.

맥스웰 방정식

암페어의 주회적분법칙에서 유도된 전자방정식은

$\text{rot } H = \nabla \times H = i + i_d = i + \dfrac{\partial D}{\partial t} = i + \epsilon \dfrac{\partial E}{\partial t}$ 이며

여기서 i_d를 변위전류밀도라 하여 전속밀도의 시간적 변화량으로 정의한다. 이로써 유전체 내를 흐르는 전류를 변위전류라 하며 이 또한 주위에 자계를 발생시키는 것을 알 수 있다.

07 비투자율이 2,500인 철심의 자속밀도가 5[Wb/m²]이고 철심의 부피가 4×10^{-6}[m³]일 때, 이 철심에 저장된 자기에너지는 몇 [J]인가?

① $\dfrac{1}{\pi} \times 10^{-2}$[J]   ② $\dfrac{3}{\pi} \times 10^{-2}$[J]

③ $\dfrac{4}{\pi} \times 10^{-2}$[J]   ④ $\dfrac{5}{\pi} \times 10^{-2}$[J]

자기에너지

자속밀도를 B, 투자율을 μ, 자계의 세기를 H라 하면 체적 내의 자기에너지 W는

$$W = w \times 체적 = \dfrac{B^2}{2\mu} \times 체적 [\text{J}] 이다.$$

여기서 w는 체적 내의 자기에너지밀도[J/m³]이다.

$\mu_s = 2500$, $B = 5$[Wb/m²],

체적$= 4 \times 10^{-5}$[m³]일 때

$$\therefore W = \dfrac{B^2}{2\mu} \times 체적 = \dfrac{B^2}{2\mu_0 \mu_s} \times 체적$$

$$= \dfrac{5^2}{2 \times 4\pi \times 10^{-7} \times 2,500} \times 4 \times 10^{-6}$$

$$= \dfrac{5}{\pi} \times 10^{-2} [\text{J}]$$

06 반사계수 $\rho = 0.8$일 때 정재파비 s를 데시벨[dB]로 표시하면?

① $10 \log_{10} \dfrac{1}{9}$ ② $10 \log_{14} 9$

③ $20 \log_{10} \dfrac{1}{9}$ ④ $20 \log_{10} 9$

정재파비(s)

$s = \dfrac{1 + |\rho|}{1 - |\rho|} = \dfrac{1 + 0.8}{1 - 0.8} = 9$

$\therefore$ 이득 $g = 20 \log_{10} s = 20 \log_{10} 9$ [dB]

08 극판간격 d[m], 면적 S[m²], 유전율 ϵ[F/m]이고, 정전용량이 C[F]인 평행판 콘덴서에 $v = V_m \sin \omega t$[V]의 전압을 가할 때의 변위전류[A]는?

① $\omega C V_m \cos \omega t$ ② $C V_m \sin \omega t$

③ $-C V_m \sin \omega t$ ④ $-\omega C V_m \cos \omega t$

변위전류(I_d)

변위전류밀도 i_d라 하면

$i_d = \dfrac{\partial D}{\partial t} = \epsilon \dfrac{\partial E}{\partial t} = \dfrac{\epsilon}{d} \cdot \dfrac{\partial v}{\partial t} = \dfrac{\omega \epsilon}{d} V_m \cos \omega t$ [A/m²]

$\therefore I_d = i_d S = \omega \dfrac{\epsilon S}{d} V_m \cos \omega t = \omega C V_m \cos \omega t$ [A]

09 내도체의 반지름이 $\dfrac{1}{4\pi\epsilon}$ [cm], 외도체의 반지름이 $\dfrac{1}{\pi\epsilon}$ [cm]인 동심구 사이를 유전율이 ϵ [F/m]인 매질로 채웠을 때 도체 사이의 정전용량은?

① $\dfrac{1}{2}$ [F]

② 10^{-2}

③ $\dfrac{3}{4}$ [F]

④ $\dfrac{4}{3}\times 10^{-2}$ [F]

동심구도체의 정전용량(C)
동심구도체의 내구의 반지름이 a, 외구의 반지름이 b인 경우

$$C=\dfrac{Q}{V}=\dfrac{4\pi\epsilon}{\dfrac{1}{a}-\dfrac{1}{b}}=\dfrac{4\pi\epsilon ab}{b-a}\ [\text{F}]\ \text{식에서}$$

$a=\dfrac{1}{4\pi\epsilon}$ [cm], $b=\dfrac{1}{\pi\epsilon}$ [cm]일 때

$$\therefore\ C=\dfrac{4\pi\epsilon}{\dfrac{1}{a}-\dfrac{1}{b}}=\dfrac{4\pi\epsilon}{4\pi\epsilon\times 10^2-\pi\epsilon\times 10^2}$$
$$=\dfrac{4}{3}\times 10^{-2}\ [\text{F}]$$

11 1[kV]로 충전된 어떤 콘덴서의 정전에너지가 1[J]일 때, 이 콘덴서의 크기는 몇 [μF]인가?

① $2[\mu\text{F}]$

② $4[\mu\text{F}]$

③ $6[\mu\text{F}]$

④ $8[\mu\text{F}]$

정전에너지(W)
전하량 Q, 콘덴서 C, 전위차 V라 하면

$$W=\dfrac{1}{2}QV=\dfrac{1}{2}CV^2=\dfrac{Q^2}{2C}\ [\text{J}]\ \text{식에서}$$

$V=1$ [kV], $W=1$ [J]일 때

$$\therefore\ C=\dfrac{2W}{V^2}=\dfrac{2\times 1}{(10^3)^2}=2\times 10^{-6}\ [\text{F}]=2\ [\mu\text{F}]$$

10 무한히 넓은 도체 평면판에 면밀도 σ[C/m²]의 전하가 분포되어 있는 경우 전력선은 면(面)에 수직으로 나와 평행하게 발산한다. 이 평면의 전계의 세기는 몇 [V/m]인가?

① $\dfrac{\sigma}{\epsilon_0}$

② $\dfrac{\sigma}{2\epsilon_0}$

③ $\dfrac{\sigma}{2\pi\epsilon_0}$

④ $\dfrac{\sigma}{4\pi\epsilon_0}$

면전하에 의한 전계의 세기(E)
(1) 구도체 표면전하밀도가 σ [C/m²]인 경우

$$E=\dfrac{\sigma}{\epsilon_0}\ [\text{V/m}]$$

(2) 평면(평판)도체 표면전하밀도가 σ [C/m²]인 경우

$$E=\dfrac{\sigma}{2\epsilon_0}\ [\text{V/m}]$$

12 반지름 2[mm]의 두 개의 무한히 긴 원통 도체가 중심 간격 2[m]로 진공 중에 평행하게 놓여 있을 때 1[km]당 정전용량은 약 몇 [μF]인가?

① $1\times 10^{-3}\,[\mu\text{F/km}]$

② $2\times 10^{-3}\,[\mu\text{F/km}]$

③ $4\times 10^{-3}\,[\mu\text{F/km}]$

④ $6\times 10^{-3}\,[\mu\text{F/km}]$

평행한 두 원통도체의 정전용량(C)
반지름 a, 간격 d, 도체 길이 l, 단위 길이당 정전용량 C'라 하면 $C'=\dfrac{\pi\epsilon_0}{\ln\dfrac{d}{a}}$ [F/m] 식에서

$a=2$ [mm], $d=2$ [m]일 때

$$\therefore\ C'=\dfrac{\pi\epsilon_0}{\ln\dfrac{d}{a}}=\dfrac{\pi\times 8.855\times 10^{-12}}{\ln\left(\dfrac{2}{2\times 10^{-3}}\right)}$$
$$=4\times 10^{-12}\ [\text{F/m}]=4\times 10^{-3}\,[\mu\text{F/km}]$$

13 면적이 S [m²]이고 극간의 거리가 d [m]인 평행판 콘덴서에 비유전율 ϵ_s의 유전체를 채울 때 정전용량은 몇 [F]인가? (단, 진공의 유전율은 ϵ_0이다.)

① $\dfrac{2\epsilon_0\epsilon_s S}{d}$ ② $\dfrac{\epsilon_0\epsilon_s S}{\pi d}$

③ $\dfrac{\epsilon_0\epsilon_s S}{d}$ ④ $\dfrac{2\pi\epsilon_0\epsilon_s S}{d}$

유전체 내 평행판 콘덴서의 정전용량(C)

$$\therefore C = \frac{\epsilon S}{d} = \frac{\epsilon_0\epsilon_s S}{d} \text{ [F]}$$

---

14 그림과 같이 비투자율이 μ_{s1}, μ_{s2}인 각각 다른 자성체를 접하여 놓고 θ_1을 입사각이라 하고, θ_2를 굴절각이라 한다. 경계면에 자하가 없는 경우 미소 폐곡면을 취하여 이곳에 출입하는 자속수를 구하면?

① $\displaystyle\int_l B \cdot n\, dl = 0$

② $\displaystyle\int_s B \cdot n\, ds = 0$

③ $\displaystyle\int_v B \cdot dv = 0$

④ $\displaystyle\int_s B \cdot n\sin\theta\, ds = 0$

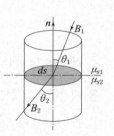

자속의 연속성

자성체 내에서 키르히호프의 제1법칙은 $\sum \phi = 0$ [Wb]이므로

$$\sum \phi = \int_s B \cdot n\, ds = \int_v \text{div}\, B\, dv$$

$$= \int_v \nabla \cdot B\, dv = 0 \text{ [Wb]}이다.$$

$\therefore \displaystyle\int_s B \cdot n\, ds = \int_v div\, B\, dv = 0$ [Wb]이란 자성체 내에서 자속은 발산하지 않으며 경계면을 기준으로 법선성분(수직성분)은 연속임을 의미한다. 이것을 자속의 연속성이라 한다.

---

15 진공 중에 반지름이 $\dfrac{1}{50}$ [m]인 도체구 A와 내외 반지름이 $\dfrac{1}{25}$ [m] 및 $\dfrac{1}{20}$ [m]인 도체구 B를 동심(동심)으로 놓고 도체구 A에 $Q_A = 4\times10^{-10}$ [C]의 전하를 대전시키고 도체구 B의 전하를 0으로 했을 때 도체구 A의 전위는 약 몇 [V]인가?

① 112   ② 132
③ 162   ④ 182

동심구도체에 의한 전위

A도체에만 $+Q$ [C]으로 대전된 경우 A도체 전위는

$$V_A = \frac{Q}{4\pi\epsilon_0}\left(\frac{1}{a} - \frac{1}{b} + \frac{1}{c}\right) \text{ [V]} \text{ 식에서}$$

$a = \dfrac{1}{50}$ [m], $b = \dfrac{1}{25}$ [m], $c = \dfrac{1}{20}$ [m],

$Q_A = 4\times10^{-10}$ [C] 이므로

$$\therefore V_A = \frac{Q}{4\pi\epsilon_0}\left(\frac{1}{a} - \frac{1}{b} + \frac{1}{c}\right)$$

$$= 9\times10^9\times4\times10^{-10}\times(50-25+20)$$

$$= 162 \text{ [V]}$$

---

16 플레밍의 왼손의 법칙에서 수식 $F = B \times I \times l$ [N] 중 F에 대한 설명으로 옳은 것은?

① 발전기 정류자에 가해지는 힘이다.
② 발전기 브러시에 가해지는 힘이다.
③ 전동기 계자극에 가해지는 힘이다.
④ 전동기 전기자에 가해지는 힘이다.

플레밍의 왼손의 법칙

$$F = \int (I \times B) \cdot dl = IBl\sin\theta \text{ [N] 식으로부터}$$

자계 중에서 전류가 흐르는 도체를 운동시키면 도체에 힘이 작용하게 된다는 것을 알 수 있다. 이 법칙을 플레밍의 왼손의 법칙이라 하며 전동기의 전기자 도체에 힘이 작용하여 회전하게 되는 것을 설명할 수 있다.

---

17 자심재료의 히스테리시스 곡선의 특징으로 잘못된 것은?

① 세로축은 자속밀도이다.
② 자화력이 0일 때 세로축과 만나는 점을 잔류자기라 한다.
③ 잔류자기를 0으로 하기 위해서는 반대 방향의 자화력을 가해야 한다.
④ 자화의 경력과 관계없이 자속밀도는 일정하다.

히스테리시스 곡선(B‒H 곡선)
(1) 횡축(가로축)에 자계, 종축(세로축)에 자속밀도를 취하여 그리는 자화곡선
(2) 자계축과 만나는 점을 보자력, 자속밀도축과 만나는 점을 잔류자기라 한다.
(3) 자화의 경력이 있으면 잔류자기와 보자력이 생기므로 곡선은 변형된다.
(4) 잔류자기를 상쇄시키려면 역방향 자화력을 가한다.

18 한 변의 길이가 l[m]인 정사각형 회로에 I[A]가 흐르고 있을 때 그 정사각형 중심의 자계의 세기는 몇 [A/m]인가?

① $\dfrac{I}{2\pi l}$　　② $\dfrac{2\sqrt{2}\,I}{\pi l}$

③ $\dfrac{\sqrt{3}\,I}{\pi l}$　　④ $\dfrac{\sqrt{2}\,I}{2\pi l}$

정n변형 회로의 중심 자계의 세기(H)
한 변의 길이가 l[m]인 정n변형 중심 자계의 세기를 H_0라 하면
$$H_0 = \frac{nI}{\pi l}\sin\frac{\pi}{n}\tan\frac{\pi}{n}\;[\text{AT/m}] \text{ 식에서}$$
한 변의 길이가 l인 정사각형은 $n=4$ 이므로
$$\therefore\; H_0 = \frac{4I}{\pi l}\sin\frac{\pi}{4}\tan\frac{\pi}{4} = \frac{4I}{\pi l}\times\frac{1}{\sqrt{2}}\times 1$$
$$= \frac{2\sqrt{2}\,I}{\pi l}\;[\text{AT/m}]$$

19 그림과 같이 회로 C에 전류 I[A]가 흐를 때 C의 미소 부분 dl에 의하여 거리 r만큼 떨어진 P점에서의 자계의 세기 dH[AT/m]는? (단, θ는 dl과 거리 r이 이루는 각이다)

① $\dfrac{Idl\sin\theta}{4\pi r}$

② $\dfrac{Idl\sin\theta}{r^2}$

③ $\dfrac{Idl\sin\theta}{4\pi r^2}$

④ $\dfrac{4\pi\,Idl\sin\theta}{r^2}$

비오‒사바르 법칙
미소전류소에 의한 임의의 점 P에서의 자계 크기는 전류와 선소의 크기에 비례하고, 점 P와 선소를 잇는 선분과 선소 사이의 각에 대한 $\sin\theta$에 비례하며, 점 P와 선소 사이의 직선거리의 제곱에 반비례한다.
$$\therefore\; dH = \frac{I\times a_r}{4\pi r^2}\,dl = \frac{Idl\sin\theta}{4\pi r^2}\;[\text{AT/m}]$$

20 균일하게 원형단면을 흐르는 전류 I[A]에 의한, 반지름 a[m], 길이 l[m], 비투자율 μ_s인 원통도체의 내부 인덕턴스는 몇 [H]인가?

① $10^{-7}\mu_s l$　　② $3\times 10^{-7}\mu_s l$

③ $\dfrac{1}{4a}\times 10^{-7}\mu_s l$　　④ $\dfrac{1}{2}\times 10^{-7}\mu_s l$

원통도체(원주형도체)에 의한 자기 인덕턴스
$L = \dfrac{\mu l}{8\pi}$ [H] $= \dfrac{\mu}{8\pi}$ [H/m] 식에서
$\mu_0 = 4\pi\times 10^{-7}$ [H/m] 이므로
$$\therefore\; L = \frac{\mu l}{8\pi} = \frac{\mu_0\mu_s l}{8\pi} = \frac{4\pi\times 10^{-7}\mu_s l}{8\pi}$$
$$= \frac{1}{2}\times 10^{-7}\mu_s l\;[\text{H}]$$

23 2. 전력공학(CBT시험 복원문제)

※ 본 기출문제는 수험자의 기억을 바탕으로 하여 복원한 문제이므로 실제 문제와 다를 수 있음을 미리 알려드립니다.

01 망상(network) 배전방식에 대한 설명으로 옳은 것은?

① 부하 증가에 대한 융통성이 적다.

② 전압 변동이 대체로 크다.

③ 인축에 대한 감전 사고가 적어서 농촌에 적합하다.

④ 방사상식보다 무정전 공급의 신뢰도가 더 높다.

망상식(= 네트워크식)

(1) 무정전 공급이 가능해서 공급 신뢰도가 높다.

(2) 플리커 및 전압변동율이 작고 전력손실과 전압강하가 작다.

(3) 기기의 이용율이 향상되고 부하증가에 대한 적응성이 좋다.

(4) 변전소의 수를 줄일 수 있다.

(5) 가격이 비싸고 대도시에 적합하다.

(6) 인축의 감전사고가 빈번하게 발생한다.

02 1년 365일 중 185일은 이 양 이하로 내려가지 않는 유량은?

① 평수량   ② 풍수량

③ 고수량   ④ 저수량

하천유량의 크기

(1) 갈수량(갈수위) : 1년 365일 중 355일은 이것보다 내려가지 않는 유량 또는 수위

(2) 저수량(저수위) : 1년 365일 중 275일은 이것보다 내려가지 않는 유량 또는 수위

(3) 평수량(평수위) : 1년 365일 중 185일은 이것보다 내려가지 않는 유량 또는 수위

(4) 풍수량(풍수위) : 1년 365일 중 중 95일은 이것보다 내려가지 않는 유량 또는 수위

03 변전소에서 비접지 선로의 접지 보호용으로 사용되는 계전기에 영상전류를 공급하는 것은?

① CT   ② GPT

③ ZCT   ④ PT

ZCT(영상변류기)

영상변류기(ZCT)는 방향지락계전기(DGR)나 선택지락계전기(SGR)와 조합하여 사용하며 지락사고시 영상전류를 검출하여 차단기를 트립시킬 수 있도록 하는 변성기이다. 접지변압기(GPT)는 지락과전압계전기(OVGR)와 조합하여 사용되는 변성기로 영상전압을 검출할 때 필요한 설비이다.

04 송전선의 특성 임피던스는 저항과 누설 콘덕턴스를 무시하면 어떻게 표시되는가? (단, L 은 선로의 인덕턱스, C 는 선로의 정전용량이다.)

① $\sqrt{\dfrac{L}{C}}$ ② $\sqrt{\dfrac{C}{L}}$

③ $\dfrac{L}{C}$ ④ $\dfrac{C}{L}$

특성임피던스(Z_0)

$Z = R + j\omega L \,[\Omega]$, $Y = G + j\omega C \,[\mho]$ 일 때

$\therefore Z_0 = \sqrt{\dfrac{Z}{Y}} = \sqrt{\dfrac{R + j\omega L}{G + j\omega C}} = \sqrt{\dfrac{L}{C}} \,[\Omega]$

정답 01 ④ 02 ① 03 ③ 04 ①

05 송전선의 1선 지락사고로 영상전류가 흐를 때 통신선에 유기되는 전자유도전압을 알맞게 설명한 것은?

① 통신선의 길이와 상호인덕턴스의 곱에 반비례한다.
② 통신선의 길이와 상호인덕턴스의 곱에 비례한다.
③ 통신선의 길이와는 무관하고 상호인덕턴스에 비례한다.
④ 통신선의 길이에 비례하고 상호인덕턴스와는 무관하다.

전자유도전압(E_m)
$E_m = j\omega Ml \times 3I_0$ [V] 식에서
∴ 전자유도전압은 통신선의 길이와 상호인덕턴스와의 곱에 비례한다.

06 파동임피던스가 300[Ω]인 가공송전선 1[km]당의 인덕턴스는 약 몇 [mH/km]인가?

① 4
② 3
③ 2
④ 1

특성임피던스(=파동임피던스 : Z_0)와 전파속도(v)
$Z_0 = \sqrt{\dfrac{L}{C}}$ [Ω], $v = \dfrac{1}{\sqrt{LC}}$ [m/s]이므로
$L = \dfrac{Z_0}{v}$ [H/m], $C = \dfrac{1}{Z_0 v}$ [F/m] 식에서
$Z_0 = 300$ [Ω], $v = 3 \times 10^8$ [m/s]일 때
∴ $L = \dfrac{Z_0}{v} = \dfrac{300}{3 \times 10^8} = 1 \times 10^{-6}$ [H/m]
$= 1$ [mH/km]

07 변압기의 층간단락 보호계전기로 가장 적당한 것은?

① 비율차동 계전기
② 방향 계전기
③ 과전압 계전기
④ 거리 계전기

보호계전기
(1) 비율차동계전기 : 변압기의 내부고장을 검출하여 동작하는 계전기로서 변압기의 상간단락 또는 층간단락 보호계전기로 사용된다.
(2) 방향계전기 : 전압벡터를 기준으로 전류의 방향이 일정범위 안에 있을 때 동작하는 계전기로서 전력방향 계전기라고도 한다.
(3) 과전압계전기 : 일정값 이상의 전압이 걸렸을 때 동작하는 보호계전기이다.
(4) 거리계전기 : 계전기가 설치된 위치로부터 고장점까지의 거리에 비례해서 한시에 동작하는 계전기로 임피던스 계전기라고도 한다.

08 하천의 유황곡선이 거의 수평을 그릴 때 의미를 설명한 것이다. 가장 알맞은 것은?

① 하천의 유량변동이 거의 없다는 것을 말한다.
② 하천의 유량변동이 심하다는 것을 말한다.
③ 하전에 유량이 많다는 것을 말한다.
④ 하전에 유량이 적다는 것을 말한다.

유황곡선
유황곡선이란 유량도를 이용하여 횡축에 일수를 잡고 종축에 유량을 취하여 매일의 유량 중 큰 것부터 작은 순으로 1년분을 배열하여 그린 곡선이다. 이 곡선으로부터 하천의 유량 변동상태와 연간 총 유출량 및 풍수량, 평수량, 갈수량 등을 알 수 있게 된다.
∴ 유황곡선이 거의 수평을 그리는 것은 하전의 유량이 일정하여 유량변동이 거의 없다는 것을 말한다.

09 수변전설비에서 1차측에 설치하는 차단기의 용량은 어느 것에 의하여 정하는가?

① 변압기 용량   ② 수전계약용량
③ 공급측 단락용량   ④ 부하설비용량

차단기의 차단용량(=단락용량)

차단용량은 그 차단기가 적용되는 계통의 3상 단락용량 (P_s)의 한도를 표시하고

P_s [MVA] $= \sqrt{3} \times$ 정격전압[kV] $\times$ 정격차단전류[kA]

식으로 표현한다.

이때 정격전압은 계통의 최고전압을 표시하며 정격차단전류는 단락전류를 기준으로 한다. 또한 차단용량의 크기를 정하는 기준이기도 하다. 단락전류는 단락지점을 기준으로 한 경우 공급측 계통에 흐르게 되며 그 전류로 공급측 전원용량의 크기나 공급측 전원단락용량을 결정하게 된다.

---

10 1상의 대지정전용량 C [F], 주파수 f [Hz]인 3상 송전선의 소호리액터 공진탭의 리액턴스는 몇 [Ω] 인가? (단, 소호리액터를 접속시키는 변압기의 리액턴스는 x_t [Ω]이다.)

① $\dfrac{1}{3\omega C} + \dfrac{x_t}{3}$ ② $\dfrac{1}{3\omega C} - \dfrac{x_t}{3}$

③ $\dfrac{1}{3\omega C} + 3x_t$ ④ $\dfrac{1}{3\omega C} - 3x_t$

소호리액터접지의 소호리액터(x_L)

1선 지락사고시 병렬공진되기 때문에 등가회로를 이용하면 $3x_L + x_t = x_c$이다.

$\therefore x_L = \omega L = \dfrac{x_c}{3} - \dfrac{x_t}{3} = \dfrac{1}{3\omega C} - \dfrac{x_t}{3}$ [Ω]

---

11 정격전압 25.8[kV], 정격차단용량 1000[MVA]인 3상 차단기의 정격차단전류는 약 몇 [kA]인가?

① 12.5   ② 22.4
③ 35.6   ④ 41.2

차단기의 정격차단용량(P_s)

차단기의 정격차단용량 P_s [MVA], 차단기의 정격전압 V [kV], 차단기의 정격차단전류 I_s [kA]라 할 때

$P_s = \sqrt{3} \, V I_s$ [MVA] 식에서

$V = 25.8$ [kV], $P_s = 1000$ [MVA] 이므로

$\therefore I_s = \dfrac{P_s}{\sqrt{3} \, V} = \dfrac{1000}{\sqrt{3} \times 25.8} = 22.4$ [kA]

---

12 송전선로에 복도체를 사용하는 이유로 가장 알맞은 것은?

① 철탑의 하중을 평형 시키기 위해서이다.
② 선로의 진동을 없애기 위해서이다.
③ 선로를 뇌격으로부터 보호하기 위해서이다.
④ 코로나를 방지하고 인덕턴스를 감소시키기 위해서이다.

복도체의 특징

(1) 주된 사용 목적 : 코로나 방지
(2) 장점
  ㉠ 등가반지름이 등가되어 L 이 감소하고 C 가 증가한다. - 송전용량이 증가하고 안정도가 향상된다.
  ㉡ 코로나 임계전압이 증가하여 코로나 손실이 감소한다. - 송전효율이 증가한다.
  ㉢ 통신선의 유도장해가 억제된다.

---

13 케이블의 전력 손실과 관계가 없는 것은?

① 철손 ② 유전체손
③ 시스손 ④ 도체의 저항손

전력케이블의 손실
전력케이블은 도체를 유전체로 절연하고 케이블 가장자리를 연피로 피복하여 접지를 하게 되면 외부 유도작용을 차폐하는 기능을 갖게 된다. 이때 도체에 흐르는 전류에 의해서 도체에 저항손실이 생기며 유전체 내에서 유전체 손실이 발생한다. 또한 도체에 흐르는 전류로 전자유도작용이 생겨 연피에 전압이 나타나게 되고 와류가 흘러 연피손(또는 시스손)이 발생하게 된다.
∴ 철손은 케이블의 전력손실과 관계가 없다.

14 최소 동작전류값 이상이면 일정한 시간에 동작하는 한시특성을 갖는 계전기는?

① 정한시 계전기
② 반한시 계전기
③ 순한시 계전기
④ 반한시성 정한시 계전기

계전기의 한시특성
(1) 순한시계전기 : 정정된 최소동작전류 이상의 전류가 흐르면 즉시 동작하는 계전기
(2) 정한시계전기 : 정정된 값 이상의 전류가 흘렀을 때 동작 전류의 크기에는 관계없이 정해진 시간이 경과한 후에 동작하는 계전기
(3) 반한시계전기 : 정정된 값 이상의 전류가 흘렀을 때 동작하는 시간과 전류값이 서로 반비례하여 동작하는 계전기
(4) 정한시-반한시 계전기 : 어느 전류값까지는 반한시 계전기의 성질을 띠지만 그 이상의 전류가 흐르는 경우 정한시계전기의 성질을 띠는 계전기

15 전력계통의 주회로에 사용되는 것으로 고장전류와 같은 대전류를 차단할 수 있는 것은?

① 선로개폐기(LS)
② 단로기(DS)
③ 차단기(CB)
④ 유입개폐기(OS)

개폐기 및 차단기
(1) 선로개폐기와 단로기는 아크를 소호할 수 있는 능력이 없으므로 부하전류를 개폐할 수 없을 뿐만 아니라 고장전류를 차단할 수도 없다.
(2) 유입개폐기는 고장전류를 차단할 수 있는 능력은 없으나 통상의 부하전류를 개폐할 수 있다.
(3) 차단기는 아크를 소호할 수 있어 부하전류를 개폐할 수 있고 또는 고장전류를 차단할 수 있다.

16 공통중성선 다중접지 3상 4선식 배전선로에서 고압측(1차측) 중성선과 저압측(2차측) 중성선을 전기적으로 연결하는 주목적은?

① 저압측의 단락사고를 검출하기 위함
② 저압측의 접지사고를 검출하기 위함
③ 주상변압기의 중성선측 부싱(bushing)을 생략하기 위함
④ 고저압 혼촉시 수용가에 침입하는 상승전압을 억제하기 위함

전로의 중성점접지
다중접지 3상 4선식 배전선로에서 고압측 중성선과 저압측 중성선을 전기적으로 연결하는 것은 고압과 저압이 혼촉할 경우 저압측 전로에 전위가 상승하게 되는데 이러한 저압측 수용가에 침입하는 상승전압을 억제하기 위함이다.

17 송전선로의 고장전류의 계산에 영상임피던스가 필요한 경우는?

① 3상 단락　　② 3선 단선
③ 1선 지락　　④ 선간 단락

사고의 종류와 대칭분의 관계
(1) 지락사고 : 영상임피던스, 정상임피던스, 역상임피던스로 사고를 계산한다.
(2) 선간단락사고 : 정상임피던스, 역상임피던스로 사고를 계산한다.
(3) 3상 단락 : 정상임피던스로 사고를 계산한다.
(4) 3선 단선 : 정상임피던스로 사고를 계산한다.

19 화력발전소에서 가장 큰 손실은?

① 소내용 동력
② 송풍기 손실
③ 복수기에서의 손실
④ 연도 배출가스 손실

화력발전소의 손실
손실의 주된 것은 보일러에서는 배열가스가 굴뚝으로부터 방산하는 열량과 배열 가스내의 수증기가 가지고 나가는 열량이 가장 크며 터빈에서는 복수기의 냉각수가 가지고 가는 열량이 매우 커서 화력발전소의 최대손실이 되고 있다. 터빈과 복수기의 손실이 40~45[%] 정도가 된다는 것은 이 때문이다.

18 전력원선도에서 구할 수 없는 것은?

① 정태안정 극한전력
② 송·수전단 전압간의 상차각
③ 선로손실과 송전효율
④ 과도안정 극한전력

전력원선도
(1) 전력원선도로 알 수 있는 사항
　㉠ 송·수전단 전압간의 위상차
　㉡ 송·수전할 수 있는 최대전력(=정태안정극한전력)
　㉢ 송전손실 및 송전효율
　㉣ 수전단의 역률
　㉤ 조상용량
(2) 전력원선도 작성에 필요한 사항
　㉠ 선로정수
　㉡ 송·수전단 전압
　㉢ 송·수전단 전압간 위상차

20 송전전력, 송전거리, 전선의 비중 및 전력손실률이 일정하다고 하면 전선의 단면적 $A[\mathrm{mm}^2]$와 송전전압 $V[\mathrm{kV}]$와의 관계로 옳은 것은?

① $A \propto V$　　② $A \propto V^2$
③ $A \propto \dfrac{1}{\sqrt{V}}$　　④ $A \propto \dfrac{1}{V^2}$

전력손실률(k)
$$k = \frac{P_l}{P} \times 100 = \frac{PR}{V^2\cos^2\theta} \times 100$$
$$= \frac{P\rho l}{V^2\cos^2\theta A} \times 100\,[\%] \text{ 식에서}$$
$A \propto \dfrac{1}{V^2}$ 임을 알 수 있다.
∴ A(전선의 단면적)는 V^2에 반비례한다. 또는 A는 $\dfrac{1}{V^2}$에 비례한다.

23 3. 전기기기(CBT시험 복원문제)

※ 본 기출문제는 수험자의 기억을 바탕으로 하여 복원한 문제이므로 실제 문제와 다를 수 있음을 미리 알려드립니다.

01 단상 유도전동기의 기동에 브러시를 필요로 하는 것은?

① 분상 기동형
② 반발 기동형
③ 콘덴서 분상 기동형
④ 세이딩 코일 기도형

> **단상 유도전동기의 반발기동형**
> 회전자는 직류전동기의 전기자와 거의 같은 모양이며 기동 시에는 브러시를 통해 외부에서 단락된 반발전동기로 기동하므로 큰 기동토크를 얻을 수 있게 된다. 또한 기동 후 동기속도의 2/3 정도의 속도에 이르면 원심력에 의해 단락편이 이동하여 농형 단상 유도전동기로 운전하게 된다. 이 전동기는 기동, 역전 및 속도제어를 브러시의 이동만으로 할 수 있는 특징을 지니고 있다.

02 직류 복권발전기를 병렬운전할 때, 반드시 필요한 것은?

① 과부하계전기
② 균압선
③ 용량이 같을 것
④ 외부특성곡선이 일치할 것

> **균압선 접속**
> 직류발전기를 병렬운전하려면 단자전압이 같아야 하는데 직권계자권선을 가지고 있는 직권발전기나 과복권발전기는 직권계자권선에서의 전압강하 불균일로 단자전압이 서로 다른 경우가 발생한다. 이 때문에 직권계자권선 말단을 굵은 도선으로 연결해 놓으면 단자전압을 균일하게 유지할 수 있다. 이 도선을 균압선이라 하며 직류발전기 병렬운전을 안정하게 하기 위함이 그 목적이다.

03 전원전압 220[V]인 3상 반파정류회로에 SCR을 사용하여 위상제어를 할 때 제어각이 $10°$이면 직류출력전압은 약 몇 [V]인가?

① 117
② 146
③ 216
④ 234

> **3상 반파 정류회로**
> 3상 반파 정류회로의 직류전압은
> $$E_d = 1.17 E_a \cos \alpha \,[\text{V}], \quad E_a = \frac{V_a}{\sqrt{3}} \,[\text{V}] \text{ 식에서}$$
> $V_a = 220\,[\text{V}], \ \alpha = 10° \text{ 이므로}$
> $$\therefore E_d = 1.17 \times \frac{V_a}{\sqrt{3}} \cos \alpha$$
> $$= 1.17 \times \frac{220}{\sqrt{3}} \cos 10° = 146\,[\text{V}]$$

04 5[kVA], 3,000/200[V]의 변압기의 단락시험에서 임피던스 전압 120[V], 임피던스 와트 150[W]라 하면 %저항강하는 약 몇 [%]인가?

① 2
② 3
③ 4
④ 5

> **%저항강하(p)**
> 임피던스 와트(P_s)란 임피던스 전압을 인가한 상태에서 발생하는 변압기 내부 동손(저항손)을 의미하며 $P_s = I_1^2 r_{12}\,[\text{W}]$이다.
> 또한 임피던스 와트는 %저항강하(p)를 계산하는데 필요한 값으로서 정격용량(P_n)과의 비로서 정의된다.
> $$p = \frac{I_2 r_2}{V_2} \times 100 = \frac{I_1 r_{12}}{V_1} \times 100 = \frac{I_1^2 r_{12}}{V_1 I_1} \times 100$$
> $$= \frac{P_s}{P_n} \times 100\,[\%] \text{ 식에서}$$
> 권수비 $a = \frac{V_1}{V_2} = \frac{3,300}{210}$, 용량 $P_n = 5\,[\text{kVA}]$,
> $V_s = 120\,[\text{V}], \ P_s = P_c = 150\,[\text{W}]$ 이므로
> $$\therefore p = \frac{P_s}{P_n} \times 100 = \frac{150}{5 \times 10^3} \times 100 = 3\,[\%]$$

05 임피던스 전압강하가 5[%]인 변압기가 운전 중 단락되었을 때 단락전류는 정격전류의 몇 배가 되는가?

① 2   ② 5
③ 10   ④ 20

단락전류(I_s)

단락비 k_s, 단락전류 I_s, 정격전류 I_n, %임피던스 %Z 관계는

$k_s = \dfrac{100}{\%Z} = \dfrac{I_s}{I_n}$ 식에서

$\%Z = 5\,[\%]$ 이므로

$\therefore I_s = \dfrac{100}{\%Z} I_n = \dfrac{100}{5} I_n = 20 I_n$

07 정격용량 10,000[kVA], 정격전압 6,000[V], 극수 12, 주파수 60[Hz], 1상의 동기 임피던스가 2[Ω]인 3상 동기발전기가 있다. 이 발전기의 단락비는 얼마인가?

① 1.0   ② 1.2
③ 1.4   ④ 1.8

단락비(K_s), %동기임피던스(%Z_s) 관계

$K_s = \dfrac{100}{\%Z_s} = \dfrac{1}{\%Z_s\,[\text{p.u}]}$,

$\%Z_s = \dfrac{100}{K_s} = \dfrac{P[\text{kVA}]\,Z_s[\Omega]}{10\{V[\text{kV}]\}^2}\,[\%]$ 식에서

$P = 10,000\,[\text{kVA}]$, $V = 6\,[\text{kV}]$, $Z_s = 2\,[\Omega]$ 이므로

$\therefore K_s = \dfrac{1,000\,V^2}{P Z_s} = \dfrac{1,000 \times 6^2}{10,000 \times 2} = 1.8$

06 권선형 유도전동기의 전부하 운전 시 슬립이 4[%]이고 2차 정격전압이 150[V]이면 2차 유도기전력은 몇 [V]인가?

① 9   ② 8
③ 7   ④ 6

유도전동기의 운전시 유기기전력(E_{2s})과 주파수(f_{2s})

$E_{2s} = s E_2\,[\text{V}]$, $f_{2s} = s f_1\,[\text{Hz}]$ 식에서

$s = 4\,[\%]$, $E_2 = 150\,[\text{V}]$ 이므로

$\therefore E_{2s} = s E_2 = 0.04 \times 150 = 6\,[\text{V}]$

08 200[V], 60[Hz], 6극 10[kW]의 3상 유도전동기가 있다. 회전자 기전력의 주파수가 6[Hz]일 때 전부하시의 회전수는 몇[rpm]인가?

① 960   ② 1,000
③ 1,140   ④ 1,200

유도전동기의 회전자 주파수(f_{2s})

$N_s = \dfrac{120 f}{p}\,[\text{rpm}]$, $f_{2s} = s f_1\,[\text{Hz}]$,

$N = (1-s) N_s\,[\text{rpm}]$ 식에서

$V = 200\,[\text{V}]$, $f_1 = 60\,[\text{Hz}]$, $p = 6$, $P_0 = 10\,[\text{kW}]$,

$f_{2s} = 3\,[\text{Hz}]$일 때

$N_s = \dfrac{120 f}{p} = \dfrac{120 \times 60}{6} = 1,200\,[\text{rpm}]$,

$s = \dfrac{f_{2s}}{f_1} = \dfrac{3}{60} = 0.05$ 이므로

$\therefore N = (1-s) N_s = (1-0.05) \times 1,200$

$\qquad = 1,140\,[\text{rpm}]$

09 단상 반파 정류회로의 정류효율은?

① $\dfrac{4}{\pi^2}\times100\,[\%]$ ② $\dfrac{\pi^2}{4}\times100\,[\%]$

③ $\dfrac{8}{\pi^2}\times100\,[\%]$ ④ $\dfrac{\pi^2}{8}\times100\,[\%]$

단상 반파 정류회로의 정류효율(η)
교류의 입력전력 P_a, 직류의 출력전력 P_d라 하면

$\eta = \dfrac{P_d}{P_a}\times100\,[\%]$ 식에서

$P_a = I^2R = \left(\dfrac{I_m}{2}\right)^2 R = \dfrac{I_m^2}{4}R$

$P_d = I_d^2R = \left(\dfrac{I_m}{\pi}\right)^2 R = \dfrac{I_m^2}{\pi^2}R$ 이므로

$\therefore\ \eta = \dfrac{P_d}{P_a}\times100 = \dfrac{\dfrac{I_m^2}{\pi^2}R}{\dfrac{I_m^2}{4}R}\times100 = \dfrac{4}{\pi^2}\times100\,[\%]$

11 단상 직권 정류자전동기에서 주자속의 최대치를 ϕ_m, 자극수를 P, 전기자 병렬회로수를 a, 전기자 총도체수를 Z, 전기자의 속도를 N [rpm]이라 하면 속도기전력의 실효값 E_r[V]은? (단, 주자속은 정현파이다.)

① $E_r = \sqrt{2}\,\dfrac{P}{a}Z\dfrac{N}{60}\phi_m$

② $E_r = \dfrac{1}{\sqrt{2}}\dfrac{P}{a}ZN\phi_m$

③ $E_r = \dfrac{P}{a}Z\dfrac{N}{60}\phi_m$

④ $E_r = \dfrac{1}{\sqrt{2}}\dfrac{P}{a}Z\dfrac{N}{60}\phi_m$

속도기전력(E)
$E = \dfrac{PZ\phi N}{60a} = \dfrac{1}{\sqrt{2}}\cdot\dfrac{PZ\phi_m N}{60a}\,[\text{V}]$

10 변류비 100/5[A]의 변류기(CT)와 변류기 2차측에 접속된 전류계를 사용해서 부하전류를 측정한 경우 전류계의 지시가 4[A]이었다. 이때 부하전류는 몇 [A]인가?

① 20[A] ② 40[A]
③ 60[A] ④ 80[A]

변류기(CT)
변류기의 변류비는 CT비$=\dfrac{I_1}{I_2}$ 이므로 CT 2차측 전류계에 흐르는 전류를 알면 CT 1차측 부하전류를 알 수 있다.
CT비$=100/5$, $I_2 = 4$ [A] 이므로

$\therefore\ I_1 = \text{CT비}\times I_2 = \dfrac{100}{5}\times4 = 80$ [A]

12 동기전동기에 관한 설명 중 옳은 것은?

① 기동 토크가 크다.
② 역률을 조정할 수 있다.
③ 난조가 일어나지 않는다.
④ 여자기가 필요 없다.

동기전동기의 장·단점

장점	단점
(1) 속도가 일정하다.	(1) 기동토크가 작다.
(2) 역률 조정이 가능하다.	(2) 속도 조정이 곤란하다.
(3) 효율이 좋다.	(3) 직류여자기가 필요하다.
(4) 공극이 크고 튼튼하다.	(4) 난조 발생이 빈번하다.

13 유도전동기를 60[Hz], 600[rpm]인 동기전동기에 직결하여 동기전동기를 기동하는 경우 유도전동기의 적당한 극수는?

① 4극
② 8극
③ 10극
④ 12극

유도전동기의 극수
같은 극수로 기동할 경우 유도기는 동기속도보다 sN_s 만큼 늦기 때문에 유도전동기의 극수를 동기전동기의 극수보다 2극 적은 것을 사용하여야 한다. 따라서 동기전동기의 극수를 구해 보면

$N_s = \dfrac{120f}{p}$ [rpm] 식에서

$f = 60$ [Hz], $N = 600$ [rpm]일 때

$p = \dfrac{120f}{N_s} = \dfrac{120 \times 60}{600} = 12$극 이므로

∴ 유도전동기의 극수는 10극이다.

14 60[Hz] 6극 10[kW]인 유도전동기가 슬립 5[%]로 운전할 때 2차의 동손이 500[W]이다. 이 전동기의 전부하시의 토크[N·m]는?

① 약 4.3
② 약 8.5
③ 약 41.8
④ 약 83.7

유도전동기의 토크(τ)
기계적 출력 P_0, 회전자 속도 N, 2차 입력 P_2, 동기속도 N_s라 하면

$\tau = 9.55 \dfrac{P_0}{N}$ [N·m] $= 0.975 \dfrac{P_0}{N}$ [kg·m]

$\quad = 9.55 \dfrac{P_2}{N_s}$ [N·m] $= 0.975 \dfrac{P_2}{N_s}$ [kg·m] 식에서

$f = 60$ [Hz], 극수 $p = 6$, $P_0 = 10$ [kW], $s = 5$ [%], $P_{c2} = 500$ [W]일 때

$N = (1-s)N_s = (1-s)\dfrac{120f}{p}$

$\quad = (1-0.05) \times \dfrac{120 \times 60}{6} = 1,140$ [rpm] 이므로

∴ $\tau = 9.55 \dfrac{P_0}{N} = 9.55 \times \dfrac{10 \times 10^3}{1,140} = 83.7$ [N·m]

15 포화하고 있지 않은 직류발전기의 회전수가 4배 증가되었을 때 기전력을 전과 같은 값으로 하려면 여자를 속도변화 전에 비해 얼마로 하여야 하는가?

① $\dfrac{1}{2}$
② $\dfrac{1}{3}$
③ $\dfrac{1}{4}$
④ $\dfrac{1}{8}$

직류발전기의 유기기전력(E)
$E = K\phi N$ [V]이므로 기전력이 일정한 경우 ϕ(자속 : 여자)와 N(회전수)은 반비례 관계가 성립된다.

∴ $\phi \propto \dfrac{1}{N}$이면 ϕ는 $\dfrac{1}{4}$배 감소한다.

16 동기발전기의 안정도를 증진시키기 위한 대책이 아닌 것은?

① 속응 여자 방식을 사용한다.
② 정상 임피던스를 작게 한다.
③ 역상·영상 임피던스를 작게 한다.
④ 회전자의 플라이 휠 효과를 크게 한다.

동기기의 안정도 개선책
⑴ 단락비를 크게 한다.
⑵ 관성 모멘트 및 플라이 휠 효과를 크게 한다.
⑶ 조속기 성능을 개선한다.
⑷ 속응여자방식을 채용한다.
⑸ 동기 임피던스(또는 정상 임피던스)를 작게 한다.
⑹ 역상, 영상 임피던스를 크게 한다.

정답 13 ③ 14 ④ 15 ③ 16 ③

17 변압기 여자회로의 어드미턴스 $Y_0[\mho]$를 구하면? (단, I_0는 여자전류, I_i는 철손전류, I_ϕ는 자화전류, g_0는 콘덕턴스, V_1는 인가전압이다.)

① $\dfrac{I_0}{V_1}$ ② $\dfrac{I_i}{V_1}$

③ $\dfrac{I_\phi}{V_1}$ ④ $\dfrac{g_0}{V_1}$

> 여자어드미턴스(Y_0)
>
> $I_i = g_0 V_1 \, [\mathrm{A}], \; I_\phi = b_0 V_1 \, [\mathrm{A}],$
> $I_0 = I_i - j I_\phi = g_0 V_1 - j \, b_0 V_1$
> $= (g_0 - j \, b_0) V_1 = Y_0 V_1 \, [\mathrm{A}]$ 식에서
> $\therefore \; Y_0 = g_0 - j \, b_0 = \dfrac{I_0}{V_1} \, [\mho]$

18 부하전류가 크지 않을 때 직류 직권전동기 발생토크는? (단, 자기회로가 불포화인 경우이다.)

① 전류의 제곱에 반비례한다.
② 전류에 반비례한다.
③ 전류에 비례한다.
④ 전류의 제곱에 비례한다.

> 직권전동기의 토크 특성(단자전압이 일정한 경우)
>
> 직권전동기는 전기자와 계자회로가 직렬접속되어 있어
> $I = I_a = I_f \propto \phi$ 이므로
> $\tau = k \phi I_a \propto I_a^2$임을 알 수 있다.
> $\therefore$ 직권전동기의 토크(τ)는 전기자전류(I_a)의 제곱에 비례한다.

19 2대의 3상 동기발전기가 무부하 병렬운전하고 있을 때 대응하는 기전력 사이에 60°의 위상차가 있다면 한 쪽 발전기에서 다른 쪽 발전기에 공급되는 전력은 약 몇 [kW]인가? (단, 각 발전기의 기전력(선간)은 3,300[V], 동기 리액턴스는 5[Ω]이고, 전기자 저항은 무시한다.)

① 181   ② 314
③ 363   ④ 720

> 수수전력(P)
>
> $\delta = 60°, \; V = 3,300 \, [\mathrm{V}], \; x_s = 5 \, [\Omega]$이므로
> $\therefore \; P_s = \dfrac{E_A^2}{2x_s} \sin\delta = \dfrac{\left(\dfrac{V}{\sqrt{3}}\right)^2}{2x_s} \sin\delta$
> $= \dfrac{\left(\dfrac{3,300}{\sqrt{3}}\right)^2}{2 \times 5} \times \sin 60° \times 10^{-3} = 314 \, [\mathrm{kW}]$

20 직류발전기의 정류 초기에 전류변화가 크며 이 때 발생되는 불꽃정류로 옳은 것은?

① 과정류   ② 직선정류
③ 부족정류   ④ 정현파정류

> 정류특성의 종류
>
> (1) 직선정류 : 가장 이상적인 정류특성으로 불꽃없는 양호한 정류곡선이다.
> (2) 정현파 정류 : 보극을 적당히 설치하면 전압정류로 유도되어 정현파 정류가 되며 평균리액턴스전압을 감소시키고 불꽃없는 양호한 정류를 얻을 수 있다.
> (3) 부족정류 : 정류주기의 말기에서 전류변화가 급격해지고 평균리액턴스전압이 증가하며 정류가 불량해진다. 이 경우 불꽃이 브러시의 후반부에서 발생한다.
> (4) 과정류 : 정류주기의 초기에서 전류변화가 급격해지고 불꽃이 브러시의 전반부에서 발생한다.

23 4. 회로이론 및 제어공학(CBT시험 복원문제)

※ 본 기출문제는 수험자의 기억을 바탕으로 하여 복원한 문제이므로 실제 문제와 다를 수 있음을 미리 알려드립니다.

01 2단자 임피던스 함수 $Z(s)$가

$$Z(s) = \frac{(s+3)}{(s+4)(s+5)}$$ 일 때의 영점은?

① 4, 5
② -4, -5
③ 3
④ -3

> **극점과 영점**
> 영점이란 $Z(s) = 0\,[\Omega]$을 만족해야 하므로 $s+3=0$ 이 되어야 한다.
> $\therefore\ s = -3$

03 그림과 같은 RLC회로에서 입력전압 $e_i(t)$, 출력 전류가 $i(t)$인 경우 이 회로의 전달함수 $\dfrac{I(s)}{E_i(s)}$는?

① $\dfrac{Cs}{RCs^2 + LCs + 1}$

② $\dfrac{1}{RCs^2 + LCs + 1}$

③ $\dfrac{Cs}{LCs^2 + RCs + 1}$

④ $\dfrac{1}{LCs^2 + RCs + 1}$

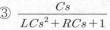

> **전달함수 $G(s)$**
> $$E_i(s) = \left(R + Ls + \frac{1}{Cs}\right)I(s)$$
> $$\therefore\ G(s) = \frac{I(s)}{E_i(s)} = \frac{1}{R + Ls + \dfrac{1}{Cs}}$$
> $$= \frac{Cs}{LCs^2 + RCs + 1}$$

02 대칭 n상에서 선전류와 상전류 사이의 위상차 는 어떻게 되는가?

① $\dfrac{n}{2}\left(1 - \dfrac{\pi}{2}\right)$ [rad]

② $\dfrac{\pi}{2}\left(1 - \dfrac{\pi}{2}\right)$ [rad]

③ $1\left(1 - \dfrac{2}{n}\right)$ [rad]

④ $\dfrac{\pi}{2}\left(1 - \dfrac{2}{n}\right)$ [rad]

> **다상교류의 위상관계**
> 대칭 n상에서 선전류와 상전류 사이의 위상관계는 $\dfrac{\pi}{2}\left(1 - \dfrac{2}{n}\right)$ 만큼의 위상차가 발생한다.

정답 01 ④ 02 ④ 03 ③

04 RL 직렬회로에 직류전압 5[V]를 $t=0$에서 인가하였더니 $i(t)=50(1-e^{-20\times10^{-3}t})$ [mA]$(t\geq0)$이었다. 이 회로의 저항을 처음 값의 2배로 하면 시정수는 얼마가 되겠는가?

① 10[msec] ② 40[msec]

③ 5[sec] ④ 25[sec]

R-L 과도현상

R-L 과도현상의 전류를 $i(t)$라 하면

$i(t)=\dfrac{E}{R}(1-e^{-\frac{R}{L}t})$

$\quad=50(1-e^{-20\times10^{-3}t})$ [A] 식에서

시정수는 $\tau=\dfrac{L}{R}$ [sec] 이므로

$\tau=\dfrac{1}{20\times10^{-3}}=50$ [sec]임을 알 수 있다.

또한 시정수는 저항에 반비례 하므로 저항을 2배로 증가시키면 시정수는 처음의 절반으로 감소하게 된다.

$\therefore \tau'=\dfrac{\tau}{2}=\dfrac{50}{2}=25$ [sec]

06 선로의 직렬 임피던스 $Z=R+j\omega L[\Omega]$, 병렬 어드미턴스가 $Y=G+j\omega C$ [℧]일 때 선로의 저항 R과 콘덕턴스 G가 동시에 0이 되었을 때 전파정수는?

① $j\omega\sqrt{LC}$ ② $j\omega\sqrt{\dfrac{C}{L}}$

③ $j\omega\sqrt{L^2C}$ ④ $j\omega\sqrt{\dfrac{L}{C^2}}$

무손실선로의 전파정수

$R=0$, $G=0$인 조건은 무손실 선로를 의미하므로 전파정수에 대입하면

$\therefore \gamma=\sqrt{ZY}=\sqrt{(R+j\omega L)(G+j\omega C)}$

$\quad=j\omega\sqrt{LC}$

05 2전력계법을 이용한 평형 3상 회로의 전력이 각각 500[W] 및 300[W]로 측정되었을 때, 부하의 역률은 약 몇 [%]인가?

① 70.7 ② 87.7

③ 89.2 ④ 91.8

2전력계법에서 역률

$\cos\theta=\dfrac{W_1+W_2}{2\sqrt{W_1{}^2+W_2{}^2-W_1W_2}}\times100$

$\quad=\dfrac{500+300}{2\sqrt{500^2+300^2-500\times300}}\times100$

$\quad=91.8$ [%]

07 대칭좌표법에서 불평형률을 나타내는 것은?

① $\dfrac{영상분}{정상분}\times100$ ② $\dfrac{정상분}{역상분}\times100$

③ $\dfrac{정상분}{영상분}\times100$ ④ $\dfrac{역상분}{정상분}\times100$

불평형률

대칭좌표법에서 불평형률이란 정상분에 대하여 역상분의 크기에 의해 결정되는 계수이며 고장이나 사고의 정도 또는 3상의 밸런스를 표현하는 척도라 할 수 있다.

$\therefore$ 불평형률 $=\dfrac{역상분}{정상분}\times100$[%]

08 회로에서 6[Ω]에 흐르는 전류[A]는?

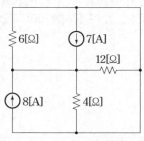

① 2.5   ② 5
③ 7.5   ④ 10

중첩의 원리

먼저 저항 12[Ω]과 4[Ω]은 병렬 접속되어 있으므로

합성하면 $R' = \dfrac{12 \times 4}{12 + 4} = 3\,[\Omega]$ 이므로

(1) 전류원 7[A]를 개방

전류원 8[A]에 의해 6[Ω]에 흐르는 전류 I'는

$$I' = \frac{3}{6+3} \times 8 = \frac{8}{3}\,[A]$$

(2) 전류원 8[A]를 개방

전류원 7[A]에 의해 6[Ω]에 흐르는 전류 I''는

$$I'' = \frac{3}{6+3} \times 7 = \frac{7}{3}\,[A]$$

I'와 I''의 전류 방향은 같으므로 6[Ω]에 흐르는 전체 전류 I는

$$\therefore\ I = I' + I'' = \frac{8}{3} + \frac{7}{3} = 5\,[A]$$

09 그림과 같은 회로의 역률은 얼마인가?

① $1 + (\omega RC)^2$

② $\sqrt{1 + (\omega RC)^2}$

③ $\dfrac{1}{\sqrt{1 + (\omega RC)^2}}$

④ $\dfrac{1}{1 + (\omega RC)^2}$

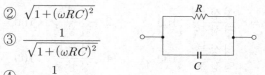

R–C 병렬회로의 역률($\cos\theta$)

$$\cos\theta = \frac{X_C}{\sqrt{R^2 + X_C^2}}$$

$$= \frac{\dfrac{1}{\omega C}}{\sqrt{R^2 + \left(\dfrac{1}{\omega C}\right)^2}} = \frac{1}{\sqrt{1 + (\omega RC)^2}}$$

10 전압 $v(t) = 14.14\sin\omega t + 7.07\sin\left(3\omega t + \dfrac{\pi}{6}\right)$[V]의 실효값은 약 몇 [V]인가?

① 3.87   ② 11.2
③ 15.8   ④ 21.2

비정현파의 실효값

$v = 14.14\sin\omega t + 7.07\sin\left(3\omega t + \dfrac{\pi}{6}\right)$[V]일 때

$V_{m1} = 14.14\,[V]$, $V_{m3} = 7.07\,[V]$ 이므로

실효값 V는

$$\therefore\ V = \sqrt{\left(\frac{V_{m1}}{\sqrt{2}}\right)^2 + \left(\frac{V_{m3}}{\sqrt{2}}\right)^2}$$

$$= \sqrt{\left(\frac{14.14}{\sqrt{2}}\right)^2 + \left(\frac{7.07}{\sqrt{2}}\right)^2} = 11.2\,[V]$$

11 자동제어의 추치제어에 속하지 않는 것은?

① 프로세스제어   ② 추종제어
③ 비율제어   ④ 프로그램제어

자동제어계의 목표값에 의한 분류

(1) 정치제어 : 목표값이 시간에 관계없이 항상 일정한 제어
   예) 연속식 압연기

(2) 추치제어 : 목표값의 크기나 위치가 시간에 따라 변하는 것을 제어

   ㉠ 추종제어 : 제어량에 의한 분류 중 서보 기구에 해당하는 값을 제어한다.
      예) 비행기 추적레이더, 유도미사일

   ㉡ 프로그램제어 : 미리 정해진 시간적 변화에 따라 정해진 순서대로 제어한다.
      예) 무인 엘리베이터, 무인 자판기, 무인 열차

   ㉢ 비율제어

정답 08 ②   09 ③   10 ②   11 ①

12 그림과 같은 회로는 어떤 논리회로인가?

① AND 회로
② NAND 회로
③ OR 회로
④ NOR 회로

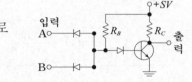

논리회로

트랜지스터는 베이스(B) 입력단자에 "H"가 가해지면 컬렉터(K) +단자와 이미터(E) −단자가 도통되어 출력의 레벨은 "L"이 된다. 따라서 출력레벨이 "H"가 되기 위해서는 B는 "L"이 되어야 하므로 입력 A, B는 둘 중 어느 하나라도 "L" 상태를 유지하고 있어야 한다.

A	B	AND	NAND
0	0	0	1
0	1	0	1
1	0	0	1
1	1	1	0

∴ 위 조건을 만족하는 논리회로는 NAND회로이다.

13 어떤 제어계의 전달함수가 $G(s) = \dfrac{2s+1}{s^2+s+1}$ 로 표시될 때, 이 계에 입력 $x(t)$를 가했을 경우 출력 $y(t)$를 구하는 미분방정식으로 알맞은 것은?

① $\dfrac{d^2y}{dt^2} + \dfrac{dy}{dt} + y = 2\dfrac{dy}{dx} + x$

② $\dfrac{d^2y}{dt^2} + \dfrac{dy}{dt} + y = 2\dfrac{dx}{dt} + x$

③ $\dfrac{d^2x}{dt} + \dfrac{dy}{dt} + y = 2\dfrac{dx}{dt} + x$

④ $\dfrac{d^2y}{dt} + \dfrac{dy}{dx} + y = 2\dfrac{dx}{dt} + x$

미분방정식

$$\frac{Y(s)}{X(s)} = \frac{2s+1}{s^2+s+1}$$

$s^2Y(s) + sY(s) + Y(s) = 2sX(s) + X(s)$

위 식을 양 변 모두 라플라스 역변환하면

$$\therefore \frac{d^2y}{dt^2} + \frac{dy}{dt} + y = 2\frac{dx}{dt} + x$$

14 전달함수 $G(s) = \dfrac{10}{s^2+3s+2}$ 으로 표시되는 제어계통에서 직류 이득은 얼마인가?

① 1
② 2
③ 3
④ 5

직류이득(g)

$G(j\omega) = \dfrac{10}{(j\omega)^2 + 3(j\omega) + 2}$ 일 때

직류에서는 $\omega = 0$이므로 직류이득(g)은

$$\therefore g = |G(j\omega)|_{\omega=0} = \left| \frac{10}{(j\omega)^2 + 3(j\omega) + 2} \right|_{\omega=0}$$

$$= 5$$

15 전달함수 $\dfrac{C(s)}{R(s)} = \dfrac{1}{4s^2+3s+1}$ 인 제어계는 다음 중 어느 경우인가?

① 과제동
② 부족제동
③ 임계제동
④ 무제동

2차계의 전달함수

$$G(s) = \frac{1}{4s^2+3s+1} = \frac{\frac{1}{4}}{s^2 + \frac{3}{4}s + \frac{1}{4}}$$ 이므로

$$G(s) = \frac{\omega_n^2}{s^2 + 2\zeta\omega_n s + \omega_n^2}$$ 식에서

$2\zeta\omega_n = \dfrac{3}{4}$, $\omega_n^2 = \dfrac{1}{4}$ 일 때

$\omega_n = \dfrac{1}{2}$, $\zeta = \dfrac{3}{4} = 0.75$이다.

∴ $\zeta < 1$ 이므로 부족제동되었다.

16 $G(s)H(s) = \dfrac{K}{s^2(s+1)^2}$ 에서 근궤적의 수는?

① 4   ② 2
③ 1   ④ 0

근궤적의 수

근궤적의 가지수(지로수)는 다항식의 차수와 같거나 특성방정식의 차수와 같다. 또는 특성방정식의 근의 수와 같다. 또한 개루프 전달함수 $G(s)H(s)$ 의 극점과 영점 중 큰 개수와 같다.

극점 : $s=0$, $s=0$, $s=-1$, $s=-1 \rightarrow n=4$
영점 : $m=0$
∴ 근궤적의 수 = 4개

17 다음의 신호 흐름 선도에서 $\dfrac{C}{R}$ 는?

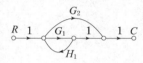

① $\dfrac{G_1 + G_2}{1 - G_1 H_1}$ ② $\dfrac{G_1 G_2}{1 - G_1 H_1}$

③ $\dfrac{G_1 + G_2}{1 + G_1 H_1}$ ④ $\dfrac{G_1 G_2}{1 + G_1 H_1}$

신호흐름선도의 전달함수(메이슨 정리)

$L_{11} = G_1 H_1$, $\Delta = 1 - L_{11} = 1 - G_1 H_1$
$M_1 = G_1$, $M_2 = G_2$, $\Delta_1 = 1$, $\Delta_2 = 1$
∴ $G(s) = \dfrac{M_1 \Delta_1 + M_2 \Delta_2}{\Delta} = \dfrac{G_1 + G_2}{1 - G_1 H_1}$

참고 메이슨 정리

L_{11} : 각각의 루프이득
Δ : 1 - (각각의 루프이득의 합) + (두 개의 비접촉 루프이득의 곱의 합) - (세 개의 비접촉 루프이득의 곱의 합) + ⋯
M_1 : 전향이득
Δ_1 : 전향이득과 비접촉 루프이득의 Δ
$G(s) = \dfrac{M_1 \Delta_1}{\Delta}$

18 다음과 같은 $I(s)$ 의 초기값 $i(0^+)$가 바르게 구해진 것은?

$$I(s) = \dfrac{12}{s(s+6)}$$

① 2   ② 12
③ 0   ④ 6

초기값 정리

$i(0) = \lim\limits_{t \to 0} i(t) = \lim\limits_{s \to \infty} s\,I(s) = \lim\limits_{s \to \infty} \dfrac{12s}{2s(s+6)}$
$= \lim\limits_{s \to \infty} \dfrac{12}{2(s+6)} = \dfrac{12}{\infty} = 0$

19 다음은 주어진 함수에 대한 라플라스 변환의 결과를 제시한 것이다. 이 중에서 틀린 것은?

① $\mathcal{L}[e^{-at}] = \dfrac{1}{s+a}$ ② $\mathcal{L}[\delta(t-T)] = e^{-Ts}$

③ $\mathcal{L}[u(t-T)] = \dfrac{1}{s}e^{-Ts}$ ④ $\mathcal{L}[t^n] = \dfrac{n!}{s}$

라플라스 변환

∴ $\mathcal{L}[t^n] = \dfrac{n!}{s^{n+1}}$

20 단위 피드백 제어계의 개루프 전달함수가 $G(s)H(s)$일 때 제어계의 특성방정식을 알맞게 표현된 것은?

① $G(s)H(s) = 1$ ② $G(s)H(s) = -1$
③ $G(s) + H(s) = 0$ ④ $G(s) - H(s) = 0$

제어계의 특성방정식

단위 피드백 제어계의 개루프 전달함수가 $G(s)H(s)$ 인 경우 종합 전달함수 $G_0(s)$는

$G_0(s) = \dfrac{G(s)H(s)}{1 + G(s)H(s)}$ 식에서

제어계의 특성방정식은 종합 전달함수의 분모항이 0이 되는 방정식을 의미하므로
특성방정식은 $1 + G(s)H(s) = 0$이 된다.
∴ $G(s)H(s) = -1$

정답 16 ①   17 ①   18 ③   19 ④   20 ②

5. 전기설비기술기준(CBT시험 복원문제)

01 철도, 궤도 또는 자동차도의 전용터널 안의 터널 내 전선로의 시설방법으로 틀린 것은?

① 저압전선으로 지름 2.0[mm]의 경동선을 사용하였다.

② 고압전선은 케이블공사로 하였다.

③ 저압전선을 애자공사에 의하여 시설하고 이를 궤조면상 또는 노면상 2.5[m] 이상으로 하였다.

④ 저압전선을 가요전선관 공사에 의하여 시설하였다.

철도 · 궤도 또는 자동차도 전용터널 안의 전선로

구분	내용
저압전선	(1) 애자공사에 의하여 인장강도 2.3[kN] 이상의 절연전선 또는 지름 2.6[mm] 이상의 경동선의 절연전선을 사용하고 또한 이를 레일면상 또는 노면상 2.5[m] 이상의 높이로 유지할 것. (2) 케이블공사, 금속관공사, 합성수지관공사, 가요전선관공사, 애자공사에 의할 것.
고압전선	(1) 애자공사에 의하여 인장강도 5.26[kN] 이상의 것 또는 지름 4[mm] 이상의 경동선의 고압 절연전선 또는 특고압 절연전선을 사용하고 또한 이를 레일면상 또는 노면상 3[m] 이상의 높이로 유지할 것. (2) 전선은 케이블공사, 애자공사에 의할 것. (3) 케이블을 조영재의 옆면 또는 아랫면에 따라 붙일 경우에는 케이블의 지지점간의 거리를 2[m](수직으로 붙일 경우에는 6[m]) 이하로 할 것.

02 수소냉각식의 발전기, 조상기는 발전기 안 또는 조상기 안의 수소의 순도가 몇 [%] 이하로 저하한 경우에 이를 경보하는 장치를 시설하여야 하는가?

① 70 　　　　② 75

③ 80 　　　　④ 85

수소냉각식 발전기 등의 시설

계측장치 및 경보장치 등의 시설

(1) 발전기 내부 또는 조상기 내부의 수소의 순도가 85[%] 이하로 저하한 경우에 이를 경보하는 장치를 시설할 것.

(2) 발전기 내부 또는 조상기 내부의 수소의 압력을 계측하는 장치 및 그 압력이 현저히 변동한 경우에 이를 경보하는 장치를 시설할 것.

(3) 발전기 내부 또는 조상기 내부의 수소의 온도를 계측하는 장치를 시설할 것.

(4) 발전기축의 밀봉부에는 질소 가스를 봉입할 수 있는 장치 또는 발전기 축의 밀봉부로부터 누설된 수소 가스를 안전하게 외부에 방출할 수 있는 장치를 시설할 것.

03 지중전선로를 직접 매설식에 의하여 시설하는 경우에 차량 등 중량물의 압력을 받을 우려가 있는 장소에는 매설 깊이를 몇 [m] 이상으로 하여야 하는가?

① 0.6 ② 0.8
③ 1.0 ④ 1.2

지중전선로의 시설

관로식과 직접매설식에서 지중전선의 매설깊이

구분	매설깊이
차량 기타 중량물의 압력을 받을 우려가 있는 장소	1.0[m] 이상
기타 장소	0.6[m] 이상

[주] 직접매설식은 지중전선을 견고한 트라프 기타 방호물에 넣어 시설하여야 한다. 다만, 저압 또는 고압의 지중전선에 콤바인덕트 케이블을 사용하여 시설하는 경우에는 지중전선을 견고한 트라프 기타 방호물에 넣지 아니하여도 된다.

04 고압가공전선과 약전류전선이 접근하여 시설될 때 전선과 약전류전선과의 수평이격거리는 몇 [cm] 이상이어야 하는가? (단, 가공전선에는 케이블을 사용하지 않는다고 한다.)

① 40 ② 60
③ 80 ④ 100

가공전선과 다른 가공전선·약전류전선·안테나 등과의 이격거리

대상	구분		이격거리
가공전선, 약전류전선, 안테나 등	저압 가공전선	나전선	0.6[m]
		케이블	0.3[m]
	고압 가공전선	나전선	0.8[m]
		케이블	0.4[m]

05 저압 옥상전선로에 시설하는 전선은 인장강도 2.30[kN] 이상의 것 또는 지름이 몇 [mm] 이상의 경동선이어야 하는가?

① 1.6 ② 2.0
③ 2.6 ④ 3.2

저압 옥상전선로

구분	내용
시설 방법	전개된 장소에 위험의 우려가 없도록 시설하여야 한다.
전선	인장강도 2.30[kN] 이상, 지름 2.6[mm] 이상의 경동선
	절연전선(옥외용 비닐절연전선을 포함) 또는 이와 동등 이상의 절연효력이 있는 것
지지점 간의 거리	15[m] 이하
전선과 조영재와의 이격거리	2[m] 이상 (전선이 고압절연전선, 특고압 절연전선 또는 케이블인 경우에는 1[m] 이상)
식물과의 거리	상시 부는 바람에 의하여 식물에 접촉하지 아니하도록 시설

06 단상 교류의 공칭전압이 25,000[V]인 전차선로의 차량과 전차선로나 충전부 비절연 부분간의 공기 절연이격거리는 정적인 상태일 때 몇 [mm] 이상 확보하여야 하는가?

① 100[mm] ② 150[mm]
③ 270[mm] ④ 170[mm]

전차선로의 충전부와 차량 간의 절연이격

종류	공칭전압[V]	동적[mm]	정적[mm]
직류	750	25	25
	1,500	100	150
단상교류	25,000	170	270

07 사무실 건물의 조명설비에 사용되는 백열전등 또는 방전등에 전기를 공급하는 옥내전로의 대지전압은 몇 [V] 이하이어야 하는가?

① 250 ② 300
③ 350 ④ 400

옥내전로의 대지전압의 제한

백열전등 또는 방전등(방전관·방전등용 안정기 및 방전관의 점등에 필요한 부속품과 관등회로의 배선을 말한다)에 전기를 공급하는 옥내의 전로(주택의 옥내전로를 제외한다)의 대지전압은 300[V] 이하여야 한다.

08 다음 중 욕실 등 인체가 물에 젖어있는 상태에서 물을 사용하는 장소에 콘센트를 시설하는 경우에 적합한 누전차단기는?

① 정격감도전류 15[mA] 이하, 동작시간 0.03초 이하의 전압동작형 누전차단기
② 정격감도전류 15[mA] 이하, 동작시간 0.03초 이하의 전류동작형 누전차단기
③ 정격감도전류 15[mA] 이하, 동작시간 0.3초 이하의 전압동작형 누전차단기
④ 정격감도전류 15[mA] 이하, 동작시간 0.3초 이하의 전류동작형 누전차단기

콘센트의 시설

욕조나 샤워시설이 있는 욕실 또는 화장실 등 인체가 물에 젖어있는 상태에서 전기를 사용하는 장소에 콘센트를 시설하는 경우에는 인체감전보호용 누전차단기(정격감도전류 15[mA] 이하, 동작시간 0.03초 이하의 전류동작형의 것에 한한다) 시설하여야 한다.

09 사용전압이 22.9[kV]인 특고압 가공전선이 도로를 횡단하는 경우, 지표상 높이는 최소 몇 [m] 이상 인가?

① 4.5 ② 5
③ 5.5 ④ 6

특고압 가공전선의 높이

구분	시설장소	전선의 높이	
특고압	35[kV] 이하	도로횡단시	지표상 6[m] 이상
		철도, 궤도 횡단시	레일면상 6.5[m] 이상
		횡단 보도교 위	특고압 절연전선, 케이블인 경우 4[m] 이상
		기타	지표상 5[m] 이상

10 사용전압이 400[V] 이하인 경우의 저압보안공사에 전선으로 경동선을 사용할 경우 지름은 몇 [mm] 이상인가?

① 2.6 ② 3.5
③ 4.0 ④ 5.0

저·고압 보안공사

구분	전선의 높이
전선의 굵기	인장강도 8.01[kN] 이상의 것 또는 지름 5[mm] 이상의 경동선 (400[V] 이하인 경우에는 인장강도 5.26[kN] 이상의 것 또는 지름 4[mm] 이상의 경동선)
목주인 경우	풍압하중에 대한 안전율이 1.5 이상
	목주의 굵기는 말구의 지름 0.12[m] 이상

11 옥내에 시설하는 사용전압 400[V] 초과 1,000[V] 이하인 전개된 장소로서 건조한 장소가 아닌 기타의 장소의 관등회로 배선공사로서 적합한 것은?

① 애자공사
② 합성수지몰드공사
③ 금속몰드공사
④ 금속덕트공사

1[kV] 이하 방전등

관등회로의 사용전압이 400[V] 초과이고, 1[kV] 이하인 배선은 그 시설장소에 따라 합성수지관공사·금속관공사·가요전선관공사이나 케이블공사 또는 아래 표 중 어느 하나의 방법에 의하여야 한다.

시설장소의 구분		공사 방법
전개된 장소	건조한 장소	애자공사·합성수지몰드공사 또는 금속몰드공사
	기타의 장소	애자공사
점검할 수 있는 은폐된 장소	건조한 장소	금속몰드공사

12 지중 또는 수중에 시설되는 금속체의 부식 방지를 위한 전기부식 방지 회로의 사용전압은 직류 몇 [V] 이하로 하여야 하는가?

① 24[V]   ② 48[V]
③ 60[V]   ④ 100[V]

전기부식방지 시설

구분		내용
전기부식방지용 전원장치		절연변압기
전기부식방지 회로의 사용전압		직류 60[V] 이하
지중에 매설하는 양극의 매설깊이		0.75[m] 이상
전위차	10[V] 이하	수중에 시설하는 양극과 그 주위 1[m] 이내의 거리에 있는 임의 점과의 사이
	5[V] 이하	지표 또는 수중에서 1[m] 간격의 임의의 2점간

13 저압 옥측전선로의 공사에서 목조 조영물에 시설이 가능한 공사는?

① 금속피복을 한 케이블공사
② 합성수지관공사
③ 금속관공사
④ 버스덕트공사

저압 옥측전선로의 공사방법

공사방법	제한사항
애자공사	전개된 장소에 한한다.
합성수지관 공사	–
금속관공사	목조 이외의 조영물에 시설하는 경우에 한한다.
버스덕트공사	목조 이외의 조영물(점검할 수 없는 은폐된 장소는 제외한다.)에 시설하는 경우에 한한다.
케이블공사	연피 케이블·알루미늄피 케이블 또는 미네럴 인슐레이션 케이블을 사용하는 경우에는 목조 이외의 조영물에 시설하는 경우에 한한다

14 시가지에 시설하는 22.9[kV] 특고압 가공전선으로 경동연선을 사용하려면 단면적은 몇 [mm²] 이상이어야 하는가?

① 55　　　　　　② 100
③ 150　　　　　④ 200

특고압 가공전선의 굵기

구분		제한사항
시가지 외		8.71[kN] 이상의 연선 또는 22[mm²] 이상의 경동연선 또는 동등 이상의 인장강도를 갖는 알루미늄 전선이나 절연전선
시가지	100[kV] 미만	21.67[kN] 이상의 연선 또는 55[mm²] 이상의 경동연선
	100[kV] 이상 170[kV] 이하	58.84[kN] 이상의 연선 또는 150[mm²] 이상의 경동연선
	170[kV] 초과	240[mm²] 이상의 강심알루미늄선 또는 이와 동등 이상의 인장강도 및 내(耐)아크 성능을 가지는 연선

15 특고압 가공전선로의 지지물 중 전선로의 지지물 양쪽의 경간의 차가 큰 곳에 사용하는 철탑은?
① 내장형 철탑
② 인류형 철탑
③ 보강형 철탑
④ 각도형 철탑

특고압 가공전선로의 지지물

특고압 가공전선로의 B종 철주·B종 철근 콘크리트주 또는 철탑의 종류

종류	설명
직선형	전선로의 직선부분(3도 이하인 수평각도를 이루는 곳을 포함한다)에 사용하는 것.
각도형	전선로 중 3도를 초과하는 수평각도를 이루는 곳에 사용하는 것.
인류형	전가섭선을 인류하는 곳에 사용하는 것.
내장형	전선로의 지지물 양쪽의 경간의 차가 큰 곳에 사용하는 것.
보강형	전선로의 직선부분에 그 보강을 위하여 사용하는 것.

16 고압 지중전선이 지중 약전류전선 등과 접근하거나 교차하는 경우에 상호의 이격거리가 몇 [cm] 이하인 때에는 두 전선이 직접 접촉하지 아니하도록 조치하여야 하는가?
① 15
② 20
③ 30
④ 40

지중전선과 지중약전류전선 등 또는 관과의 접근 또는 교차

구분		이격거리
지중전선과 지중약전류전선	저압 또는 고압	0.3[m] 이하
	특고압	0.6[m] 이하
특고압 지중전선이 가연성이나 유독성의 유체를 내포하는 관과 접근 또는 교차하는 경우		1 [m] 이하

[주] 표의 이격거리는 지중전선과 지중약전류전선 사이 또는 관 사이에 견고한 내화성의 격벽을 설치하는 경우 이외에는 지중전선을 견고한 불연성 또는 난연성의 관에 넣어 그 관이 지중약전류전선 또는 가연성이나 유독성의 유체를 내포하는 관과 직접 접촉하지 아니하도록 하여야 한다.

17 점검할 수 없는 은폐된 장소로 400[V] 이하의 건조한 장소의 옥내배선 공사로 알맞은 것은?

① 금속덕트공사 ② 플로어덕트공사
③ 라이팅덕트공사 ④ 버스덕트공사

저압 옥내배선 시설장소에 따른 공사방법

(1) 사용전압에 관계없이 적용

공사방법	노출장소		은폐장소			
			점검가능		점검불가능	
	건조한 곳	습기, 물기 있는 곳	건조한 곳	습기, 물기 있는 곳	건조한 곳	습기, 물기 있는 곳
금속덕트공사	○	×	○	×	×	×
버스덕트공사	○	×	○	×	×	×

(2) 사용전압이 400[V] 이하의 건조한 장소에 한한다.

공사방법	노출장소		은폐장소			
			점검가능		점검불가능	
	건조한 곳	습기, 물기 있는 곳	건조한 곳	습기, 물기 있는 곳	건조한 곳	습기, 물기 있는 곳
플로어덕트공사	×	×	×	×	○	×
라이팅덕트공사	○	×	○	×	×	×

18 저압 절연전선으로 「전기용품 및 생활용품 안전관리법」의 적용을 받는 것 이외에 KS에 적합한 것으로서 사용할 수 없는 것은?

① 450/750[V] 비닐절연전선
② 450/750[V] 폴리 캡타이어 절연전선
③ 450/750[V] 저독성 난연 폴리올레핀절연 전선
④ 450/750[V] 고무절연전선

저압 전선의 종류

구분		종류
저압	절연전선	450/750[V] 비닐절연전선, 450/750[V] 고무절연전선, 450/750[V] 저독성 난연 폴리올레핀 절연전선, 450/750[V] 저독성 난연 가교폴리올레핀 절연전선
	케이블	0.6/1[kV] 연피케이블, 클로로프렌외장케이블, 비닐외장케이블, 폴리에틸렌외장케이블, 저독성 난연 폴리올레핀외장케이블(FR-CO), 무기물절연케이블(MI), 금속외장케이블, 300/500[V] 연질 비닐시스케이블, 유선텔레비전용 급전겸용 동축 케이블

19 변전소에 울타리 · 담 등을 시설할 때, 사용전압이 345[kV]인 변전소의 울타리 높이를 2.5[m]로 시설할 때 충전부에서 울타리까지의 거리는 몇 [m] 이상으로 하여야 하는가?

① 5.78   ② 4.78
③ 6.78   ④ 3.78

울타리 · 담 등의 높이와 울타리 · 담 등으로부터 충전부분까지 거리의 합계

사용 전압	울타리 · 담 등의 높이와 울타리 · 담 등으로부터 충전부분까지 거리의 합계
160[kV] 초과	10 [kV] 초과마다 12 [cm] 가산하여 $x + y$ $= 6 + (사용전압[kV]/10 - 16) \times 0.12$ 소수점 절상

$6 + (34.5 - 16) \times 0.12 = 6 + 18.5 \times 0.12$
$6 + 19 \times 0.12 = 8.28$ [m] 이므로
$y = 2.5$ [m]일 때 충전부에서 울타리까지의 거리 x는
$x = 8.28 - 2.5 = 5.78$ [m] 이다.

참고 ( ) 안의 수치는 소수점 절상하여 계산하여야 하기 때문에 18.5를 19로 적용하여 계산하여야 함.

20 주택의 전기저장장치의 축전지에 접속하는 부하 측 옥내배선을 사람이 접촉할 우려가 없도록 케이블 배선에 의하여 시설하고 전선에 적당한 방호장치를 시설한 경우 주택의 옥내전로의 대지전압은 직류 몇 [V]까지 적용할 수 있는가? (단, 전로에 지락이 생겼을 때 자동적으로 전로를 차단하는 장치를 시설한 경우이다.)

① 150   ② 300
③ 400   ④ 600

전기저장장치의 옥내전로의 대지전압 제한

주택의 전기저장장치의 축전지에 접속하는 부하측 옥내배선을 다음에 따라 시설하는 경우에 주택의 옥내전로의 대지전압은 직류 600[V] 이하이어야 한다.
(1) 전로에 지락이 생겼을 때 자동적으로 전로를 차단하는 장치를 시설할 것
(2) 사람이 접촉할 우려가 없는 은폐된 장소에 합성수지관공사, 금속관공사 및 케이블공사에 의하여 시설하거나, 사람이 접촉할 우려가 없도록 케이블배선에 의하여 시설하고 전선에 적당한 방호장치를 시설할 것

23 1. 전기자기학(CBT시험 복원문제)

※ 본 기출문제는 수험자의 기억을 바탕으로 하여 복원한 문제이므로 실제 문제와 다를 수 있음을 미리 알려드립니다.

01 자속밀도가 0.3[Wb/m²]인 평등자계 내에 5[A]의 전류가 흐르고 있는 길이 2[m]인 직선도체를 자계의 방향에 대하여 60°의 각도로 놓았을 때 이 도체가 받는 힘은 약 몇 [N]인가?

① 1.3

② 2.6

③ 4.7

④ 5.2

플레밍의 왼손법칙

$F = Idl \times B = IBl\sin\theta$ [N] 식에서

$B = 0.3$ [Wb/m²], $I = 5$ [A],

$l = 2$ [m], $\theta = 60°$ 이므로

∴ $F = IBl\sin\theta = 5 \times 0.3 \times 2 \times \sin 60° = 2.6$ [N]

02 다음 중 정전계와 정자계의 대응관계가 성립되는 것은?

① $\operatorname{div} D = \rho_v \quad \Rightarrow \quad \operatorname{div} B = \rho_m$

② $\nabla^2 V = \dfrac{\rho_v}{\epsilon_0} \quad \Rightarrow \quad \nabla^2 A = \dfrac{i}{\mu_0}$

③ $W = \dfrac{1}{2} CV^2 \Rightarrow W = \dfrac{1}{2} LI^2$

④ $F = 9 \times 10^9 \dfrac{Q_1 Q_2}{R^2} a_R \quad \Rightarrow$

$F = 6.33 \times 10^{-4} \dfrac{m_1 m_2}{R^2} a_R$

정전계와 정자계의 대응관계

(1) $\operatorname{div} D = \rho_v \rightarrow \operatorname{div} B = 0$

(2) $\nabla^2 V = -\dfrac{\rho_v}{\epsilon_0} \rightarrow \nabla^2 A = -\mu_0 i$

(3) $W = \dfrac{1}{2} CV^2 \rightarrow W = \dfrac{1}{2} LI^2$

(4) $F = 9 \times 10^9 \dfrac{Q_1 Q_2}{R^2} a_R \rightarrow$

$F = 6.33 \times 10^4 \dfrac{m_1 m_2}{R^2} a_R$

03 단면적 S[m²], 단위 길이당 권수가 n_0[회/m]인 무한히 긴 솔레노이드의 자기인덕턴스[H/m]를 구하면?

① $\mu S n_0$

② $\mu S n_0^2$

③ $\mu S^2 n_0$

④ $\mu S^2 n_0^2$

무한장 솔레노이드의 자기인덕턴스(L)

$L = \mu S n_0^2$ [H/m]

04 자기인덕턴스 L[H]인 코일에 전류 I[A]를 흘렸을 때, 자계의 세기가 H[AT/m]였다. 이 코일을 진공 중에서 자화시키는데 필요한 에너지밀도[J/m³]는?

① $\dfrac{1}{2} LI^2$

② LI^2

③ $\dfrac{1}{2} \mu_0 H^2$

④ $\mu_0 H^2$

자기에너지

(1) 자기회로 내의 자기에너지(W)

$W = \dfrac{1}{2} LI^2 = \dfrac{1}{2} \phi I = \dfrac{\phi^2}{2L}$ [J]

(2) 단위체적당 자기에너지=에너지밀도(w)

$w = \dfrac{B^2}{2\mu_0} = \dfrac{1}{2} \mu_0 H^2 = \dfrac{1}{2} HB$ [J/m³]

정답 01 ② 02 ③ 03 ② 04 ③

05 무한히 넓은 두 장의 도체판을 d[m]의 간격으로 평행하게 놓은 후, 두 판 사이에 V[V]의 전압을 가한 경우 도체판의 단위 면적당 작용하는 힘은 몇 [N/m²]인가?

① $f = \epsilon_0 \dfrac{V^2}{d}$

② $f = \dfrac{1}{2}\epsilon_0 \dfrac{V^2}{d}$

③ $f = \dfrac{1}{2}\epsilon_0 \left(\dfrac{V}{d}\right)^2$

④ $f = \dfrac{1}{2}\dfrac{1}{\epsilon_0}\left(\dfrac{V}{d}\right)^2$

> **유전체 내의 정전에너지(w) 및 정전력(f)**
> 유전체 내의 단위체적당 정전에너지(w)와 단위면적당 정전력(f)은 서로 같으며 공기 유전율 ϵ_0, 면전하밀도 ρ_s, 전속밀도 D, 전계의 세기 E, 전위 V, 간격 d라 하면
> $$w = \frac{\rho_s^2}{2\epsilon_0} = \frac{D^2}{2\epsilon_0} = \frac{1}{2}\epsilon_0 E^2 = \frac{1}{2}ED\,[\mathrm{J/m^3}]$$ 식에서
> $f = w\,[\mathrm{N/m^2}]$ 이므로 $E = \dfrac{V}{d}\,[\mathrm{V/m}]$일 때
> $$\therefore f = \frac{1}{2}\epsilon_0 E^2 = \frac{1}{2}\epsilon_0 \left(\frac{V}{d}\right)^2 [\mathrm{N/m^2}]$$

06 패러데이의 법칙에 대한 설명으로 가장 알맞은 것은?

① 전자유도에 의하여 회로에 발생되는 기전력은 자속 쇄교수의 시간에 대한 증가율에 반비례한다.

② 전자유도에 의하여 회로에 발생되는 기전력은 자속의 변화를 방해하는 방향으로 기전력이 유도된다.

③ 정전유도에 의하여 회로에 발생하는 기자력은 자속의 변화방향으로 유도된다.

④ 전자유도에 의하여 회로에 발생하는 기전력은 자속 쇄교수의 시간 변화율에 비례한다.

> **전자유도법칙**
> (1) 패러데이법칙 : 회로에 발생하는 유기기전력은 자속 쇄교수의 시간에 대한 감쇠율에 비례한다.
> $$e = -N\frac{d\phi}{dt}\,[\mathrm{V}]$$
> (2) 렌쯔의 법칙 : 유기기전력의 방향은 자속의 변화를 방해하는 방향으로 유도된다.

07 공극(air gap)이 δ [m]인 강자성체로 된 환상 영구자석에서 성립하는 식은? (단, l[m]는 영구자석의 길이이며 $l \gg \delta$ 이고, 자속 밀도와 자계의 세기를 각각 B [Wb/m²], H [AT/m]이라 한다.)

① $\dfrac{B}{H} = -\dfrac{l\mu_0}{\delta}$

② $\dfrac{B}{H} = -\dfrac{\delta\mu_0}{l}$

③ $\dfrac{B}{H} = \dfrac{\delta\mu_0}{l}$

④ $\dfrac{B}{H} = \dfrac{l\mu_0}{\delta}$

> **자기회로에서 기자력(F)**
> 자기회로의 외부 기자력을 F_{out}, 내부 기자력을 F_{in}이라 하면 코일권수 N, 전류 I, 자속밀도 B, 자계의 세기 H, 자석의 길이 l, 공극의 길이 δ일 때
> $$F_{\text{out}} = NI\,[\mathrm{AT}], \quad F_{\text{in}} = Hl + \frac{B}{\mu_0}\delta\,[\mathrm{AT}]$$이다.
> 영구자석은 외부 기자력이 영(0)이므로
> $F_{\text{in}} = F_{\text{out}} = 0\,[\mathrm{AT}]$일 때
> $Hl + \dfrac{B}{\mu_0}\delta = 0$ 식에서
> $$\therefore \frac{B}{H} = -\frac{l\mu_0}{\delta}$$

08 전위함수가 $V = 3xy + 2z^2 + 4$ 일 때 전계의 세기는?

① $-3yi - 3xj - 4zk$

② $3yi + 3xj + 4zk$

③ $-3yi + 3xj - 4zk$

④ $3yi - 3xj + 4zk$

> **전계의 세기(E)**
> $$E = -\operatorname{grad}V = -\nabla V$$
> $$= -\frac{\partial V}{\partial x}i - \frac{\partial V}{\partial y}j - \frac{\partial V}{\partial z}k\,[\mathrm{V/m}]$$ 이므로
> $\therefore$
> $$E = -\frac{\partial}{\partial x}(3xy + 2z^2 + 4)i - \frac{\partial}{\partial y}(3xy + 2z^2 + 4)j$$
> $$-\frac{\partial}{\partial z}(3xy + 2z^2 + 4)k$$
> $$= -3yi - 3xj - 4zk\,[\mathrm{V/m}]$$

정답 05 ③ 06 ④ 07 ① 08 ①

09 전하 q[C]이 공기 중의 자계 T[AT/m]에 수직 방향으로 v[m/s] 속도로 돌입하였을 때 받는 힘은 몇 [N]인가?

① $\dfrac{qH}{\mu_0 v}$　　　　　② $\dfrac{1}{\mu_0} qvH$

③ qvH　　　　　　　④ $\mu_0 qvH$

로렌쯔의 힘(F)

$F = q(E + v \times B)$ [N] 식에서 전계 E가 주어지지 않는 경우이므로 $F = q(v \times B)$ [N]이다.

$B = \mu_0 H$[Wb/m^2], 수직 방향이므로 $\theta = 90°$일 때

$\therefore\ F = q(v \times B) = qvB\sin\theta = \mu_0 qvH\sin 90°$

$\qquad = \mu_0 qvH$[N]

---

10 0.2[μF]인 평행판 공기 콘덴서가 있다. 전극 간에 그 간격의 절반 두께의 유리판을 넣었다면 콘덴서의 용량은 약 몇 [μF]인가? (단, 유리의 비유전율은 10이다.)

① 0.26　　　　　② 0.36

③ 0.46　　　　　④ 0.56

유전체 내의 평행판 전극의 직렬연결

공기콘덴서의 정전용량을 C라 하면

$C = \dfrac{\epsilon_0 S}{d} = 0.2$ [μF]이다.

콘덴서 판 간에 $\dfrac{1}{2}$인 두께를 유전체로 채운 경우 평행판 전극의 경계면과 단자가 수직을 이루고 있으므로 콘덴서는 직렬로 접속된다. 각 콘덴서의 정전용량을 C_1, C_2라 하고 합성정전용량을 C'라 하면

$C_1 = \dfrac{\epsilon_0 S}{\dfrac{d}{2}} = \dfrac{2\epsilon_0 S}{d} = 2C = 2 \times 0.2 = 0.4$ [μF]

$C_2 = \dfrac{\epsilon_0 \epsilon_s S}{\dfrac{d}{2}} = \dfrac{2\epsilon_0 \epsilon_s S}{d} = 2\epsilon_s C$

$\qquad = 2 \times 10 \times 0.2 = 4$ [μF]

$\therefore\ C' = \dfrac{1}{\dfrac{1}{C_1} + \dfrac{1}{C_2}} = \dfrac{C_1 C_2}{C_1 + C_2} = \dfrac{0.4 \times 4}{0.4 + 4}$

$\qquad = 0.36$ [μF]

---

11 한 변의 길이가 a[m]인 정삼각형 회로에 I[A]가 흐르고 있을 때 그 정삼각형 중심의 자계의 세기는 몇 [A/m]인가?

① $\dfrac{9I}{2\pi a}$　　　　　② $\dfrac{2\sqrt{2}\,I}{\pi a}$

③ $\dfrac{\sqrt{3}\,I}{\pi a}$　　　　　④ $\dfrac{\sqrt{2}\,I}{2\pi a}$

정n변형 회로의 중심 자계의 세기(H)

한 변의 길이가 a[m]인 정n변형 중심 자계의 세기를 H_0라 하면

$H_0 = \dfrac{nI}{\pi a} \sin\dfrac{\pi}{n} \tan\dfrac{\pi}{n}$ [AT/m] 식에서

한 변의 길이가 a인 정삼각형은 $n = 3$ 이므로

$\therefore\ H_0 = \dfrac{3I}{\pi a} \sin\dfrac{\pi}{3} \tan\dfrac{\pi}{3} = \dfrac{3I}{\pi a} \times \dfrac{\sqrt{3}}{2} \times \sqrt{3}$

$\qquad = \dfrac{9I}{2\pi a}$ [AT/m]

---

12 전속밀도에 대한 설명으로 가장 옳은 것은?

① 전속은 스칼라량이기 때문에 전속밀도도 스칼라량이다.

② 전속밀도는 전계의 세기의 방향과 반대 방향이다.

③ 전속밀도는 유전체 내에 분극의 세기와 같다.

④ 전속밀도는 유전체와 관계없이 크기는 일정하다.

전속밀도의 성질

① 전속밀도는 벡터량이다.

② $D = \epsilon_0 E$이므로 전속밀도의 방향과 전계의 세기는 같은 방향이다.

③ $P = D - \epsilon_0 E$이므로 전속밀도가 분극의 세기보다 약간 크다.

④ $D = \epsilon_0 E = \dfrac{Q}{4\pi r^2} = \dfrac{Q}{S}$ [C/m^2]이므로 유전체와 관계없이 크기가 일정하다.

---

13 평등자계와 직각방향으로 일정한 속도로 발사된 전자의 원운동에 관한 설명으로 옳은 것은?

① 플레밍의 오른손법칙에 의한 로렌츠의 힘과 원심력의 평형 원운동이다.

② 원의 반지름은 전자의 발사속도와 전계의 세기에 곱에 반비례한다.

③ 전자의 원운동 주기는 전자의 발사 속도와 무관하다.

④ 전자의 원운동 주파수는 전자의 질량에 비례한다.

전자의 원운동

플레밍의 왼손법칙에서 유도된 로렌쯔의 힘이 자계 중에 놓인 전자에 작용하는 힘이며 전자는 원운동을 하여 갖는 원심력과 평형을 이룬다.

전류 I, 자속밀도 B, 전자 e, 속도 v, 전자의 질량 m, 원운동 반경 r이라 하면

$F = IBl$ [N], $v = \dfrac{l}{t}$ [m/sec]이므로

$F = IBl = \dfrac{e}{t} Bl = evB = \dfrac{mv^2}{r}$ [N] 임을 알 수 있다.

(1) 회전반경 : $r = \dfrac{mv}{Be}$ [m]

(2) 각속도 : $\omega = \dfrac{Be}{m} = 2\pi f$ [rad/sec]

(3) 주기 : $T = \dfrac{1}{f} = \dfrac{2\pi m}{Be}$ [sec]

14 벡터 포텐샬 $A = 3x^2 y a_x + 2x a_y - z^3 a_z$ [Wb/m]일 때의 자계의 세기 H[A/m]는?
(단, μ는 투자율이라 한다.)

① $\dfrac{1}{\mu}(2 - 3x^2)a_y$ ② $\dfrac{1}{\mu}(3 - 2x^2)a_y$

③ $\dfrac{1}{\mu}(2 - 3x^2)a_z$ ④ $\dfrac{1}{\mu}(3 - 2x^2)a_z$

자계의 세기(H)

$A = A_x a_x + A_y a_y + A_z a_z$

$= 3x^2 y a_x + 2x a_y - z^3 a_z$ [Wb/m] 이므로

$A_x = 3x^2 y$, $A_y = 2x$, $A_z = -z^3$이다.

$rot A = B = \mu H$[Wb/m²] 식에서

$$rot A = \begin{vmatrix} a_x & a_y & a_z \\ \dfrac{\partial}{\partial x} & \dfrac{\partial}{\partial y} & \dfrac{\partial}{\partial z} \\ 3x^2 y & 2x & -z^3 \end{vmatrix}$$

$= o \cdot a_x + o \cdot a_y + \left\{ \dfrac{\partial(2x)}{\partial x} - \dfrac{\partial(3x^2 y)}{\partial y} \right\} a_z$

$= (2 - 3x^2)a_z$ [Wb/m]이다.

$\therefore H = \dfrac{1}{\mu} rot A = \dfrac{1}{\mu}(2 - 3x^2)a_z$ [AT/m]

15 단면적 4[cm²]의 철심에 6×10^{-4} [Wb]의 자속을 통하게 하려면 2,800[AT/m]의 자계가 필요하다. 이 철심의 비투자율은 약 얼마인가?

① 346   ② 375

③ 407   ④ 426

자기회로내의 자속밀도(B)

$B = \mu H = \mu_0 \mu_s H = \dfrac{\phi}{S}$ [Wb/m²] 식에서

$S = 4$ [cm²], $\phi = 6 \times 10^{-4}$ [Wb],

$H = 2,800$ [AT/m] 이므로

$\therefore \mu_s = \dfrac{\phi}{\mu_0 SH} = \dfrac{6 \times 10^{-4}}{4\pi \times 10^{-7} \times 4 \times 10^{-4} \times 2,800}$

$= 426$

16 점전하에 의한 전위 함수가 $V = \dfrac{1}{x^2 + y^2}$ [V]일 때 grad V는?

① $-\dfrac{ix + jy}{(x^2 + y^2)^2}$
② $-\dfrac{i2x + j2y}{(x^2 + y^2)^2}$

③ $-\dfrac{i2x}{(x^2 + y^2)^2}$
④ $-\dfrac{j2y}{(x^2 + y^2)^2}$

전위경도(grad V)

grad $V = \nabla V = \dfrac{\partial V}{\partial x} i + \dfrac{\partial V}{\partial y} j$ 식에서

$\dfrac{\partial V}{\partial x} = \dfrac{\partial}{\partial x}\left(\dfrac{1}{x^2 + y^2}\right) = \dfrac{-2x}{(x^2 + y^2)^2}$

$\dfrac{\partial V}{\partial y} = \dfrac{\partial}{\partial y}\left(\dfrac{1}{x^2 + y^2}\right) = \dfrac{-2y}{(x^2 + y^2)^2}$ 이므로

$\therefore$ grad $V = -\dfrac{i2x + j2y}{(x^2 + y^2)^2}$

17 정전계에서 도체에 정(+)의 전하를 주었을 때의 설명으로 틀린 것은?

① 도체 표면의 곡률 반지름이 작은 곳에 전하가 많이 분포한다.
② 도체 외측의 표면에만 전하가 분포한다.
③ 도체 표면에서 수직으로 전기력선이 출입한다.
④ 도체 내에 있는 공동면에도 전하가 골고루 분포한다.

도체의 성질

(1) 대전도체 내부에는 전하가 존재하지 않는다. 또한 전하는 대전도체 외부 표면에만 분포된다.
(2) 도체 표면에서 수직으로 전기력선과 만난다. 또한 도체 표면에서 전계는 수직이다.
(3) 도체 내부와 표면의 전위는 항상 같다. 또한 도체 내부의 전계는 0이다.
(4) 도체 표면의 곡률이 클수록 곡률 반지름은 작아지므로 전하밀도가 높아져서 전하가 많이 모이려는 성질이 생긴다. 또한 곡률이 작을수록 곡률 반지름이 커지므로 전하밀도가 작다.

18 비오-사바르의 법칙으로 구할 수 있는 것은?

① 전계의 세기
② 자계의 세기
③ 전위
④ 자위

비오 - 사바르 법칙

비오 - 사바르 법칙은 자유공간에서 미소 전류에 의한 자계의 세기를 구하는 법칙으로 다음과 같다.

$H = \oint \dfrac{Idl \times a_r}{4\pi r^2} = \dfrac{I \triangle l \sin\theta}{4\pi r^2}$ [AT/m]

(1) 전류(I)와 미소 선소의 길이($\triangle l$)의 곱에 비례한다.
(2) 거리(r)의 제곱에 반비례한다.
(3) 미소 선소 $\triangle l$과 거리 r이 이루는 각도 θ에 대해서 정현항($\sin\theta$)에 비례한다.

19 유전율이 다른 두 유전체의 경계면에 작용하는 힘은? (단, 유전체의 경계면과 전계 방향은 수직이다.)

① 유전율의 차이에 비례
② 유전율의 차이에 반비례
③ 경계면의 전계 세기의 제곱에 비례
④ 경계면의 면전하밀도의 제곱에 비례

유전체 내에서의 경계조건

경계면에 작용하는 힘(=맥스웰의 변형력)은 전계가 경계면에 수직인 경우($D_1 = D_2$이며 $\epsilon_1 > \epsilon_2$라 하면)

$f = \dfrac{1}{2}(E_2 - E_1)D = \dfrac{1}{2}\left(\dfrac{1}{\epsilon_2} - \dfrac{1}{\epsilon_1}\right)D^2$ [N/m²],

$D = \rho_s$ [C/m²] 식에서

$\therefore$ 경계면에 작용하는 힘은 전속밀도(D)의 제곱에 비례하거나 또는 면전하밀도(ρ_s)의 제곱에 비례한다.

20 두 종류의 금속으로 된 회로에 전류를 통하면 각 접속점에서 열의 흡수 또는 발생이 일어나는 현상은?

① 톰슨 효과
② 제벡 효과
③ 볼타 효과
④ 펠티에 효과

펠티에 효과

두 종류의 도체로 접합된 폐회로에 전류를 흘리면 접합점에서 열의 흡수 또는 발생이 일어나는 현상. 전자냉동의 원리

23 2. 전력공학(CBT시험 복원문제)

※ 본 기출문제는 수험자의 기억을 바탕으로 하여 복원한 문제이므로 실제 문제와 다를 수 있음을 미리 알려드립니다.

01 가공지선의 설치 목적이 아닌 것은?

① 전압강하의 방지
② 직격뢰에 대한 차폐
③ 유도뢰에 대한 정전차폐
④ 통신선에 대한 전자유도 장해 경감

가공지선
(1) 직격뢰를 차폐하여 전선로를 보호하고 정전차폐 및 전자차폐효과도 있다.
(2) 유도뢰에 대한 정전차폐 및 통신선의 유도장해를 경감시킨다.

02 1대의 주상변압기에 역률(뒤짐) $\cos\theta_1$, 유효전력 P_1[kW]의 부하와 역률(뒤짐) $\cos\theta_2$, 유효전력 P_2[kW]의 부하가 병렬로 접속되어 있을 때 주상 변압기의 2차측에서 본 부하의 종합역률은 어떻게 되는가?

① $\dfrac{P_1+P_2}{\sqrt{(P_1+P_2)^2+(P_1\tan\theta_1+P_2\tan\theta_2)^2}}$

② $\dfrac{P_1+P_2}{\sqrt{(P_1+P_2)^2+(P_1\sin\theta_1+P_2\sin\theta_2)^2}}$

③ $\dfrac{P_1+P_2}{\dfrac{P_1}{\cos\theta_1}+\dfrac{P_2}{\cos\theta_2}}$

④ $\dfrac{P_1+P_2}{\dfrac{P_1}{\sin\theta_1}+\dfrac{P_2}{\sin\theta_2}}$

종합역률($\cos\theta$)
유효전력
$P=P_1+P_2$ [W]
무효전력
$Q=Q_1+Q_2=P_1\tan\theta_1+P_2\tan\theta_2$ [Var]
피상전력
$S=\sqrt{P^2+Q^2}$
$\quad=\sqrt{(P_1+P_2)^2+(P_1\tan\theta_1+P_2\tan\theta_2)^2}$ [VA]
$\therefore\ \cos\theta=\dfrac{P}{S}$
$\quad=\dfrac{P_1+P_2}{\sqrt{(P_1+P_2)^2+(P_1\tan\theta_1+P_2\tan\theta_2)^2}}$

03 전선의 표피효과에 관한 설명으로 옳은 것은?

① 전선이 굵을수록, 주파수가 낮을수록 커진다.
② 전선이 굵을수록, 주파수가 높을수록 커진다.
③ 전선이 가늘수록, 주파수가 낮을수록 커진다.
④ 전선이 가늘수록, 주파수가 높을수록 커진다.

표피효과(m)
$m=2\pi\sqrt{\dfrac{2f\mu}{\rho}}=2\pi\sqrt{2f\mu k}$ 식에서
∴ 표피효과는 주파수, 투자율, 도전율, 전선의 굵기에 비례하며 고유저항에 반비례한다.

04 각 수용가의 수용설비용량이 50[kW], 100[kW], 80[kW], 60[kW], 150[kW]이며, 각각의 수용률이 0.6, 0.6, 0.5, 0.5, 0.4이고 부등률이 1.3일 때 변압기 용량은 몇 [kVA]가 필요한가? (단, 평균부하 역률은 80[%]라고 한다.)

① 142   ② 165
③ 183   ④ 212

변압기 용량(P_T)
변압기 용량$=\dfrac{설비용량\times수용률}{부등률\times역률}$[kVA]이므로
$\therefore\ P_T$
$=\dfrac{50\times0.6+100\times0.6+80\times0.5+60\times0.5+150\times0.4}{1.3\times0.8}$
$=212$ [kVA]

05 수력발전소에서 흡출관을 사용하는 목적은?

① 압력을 줄인다.
② 유효낙차를 늘린다.
③ 속도 변동률을 작게 한다.
④ 물의 유선을 일정하게 한다.

흡출관이란 러너 출구로부터 방수면까지의 사이를 관으로 연결하고 여기에 물을 충만시켜서 흘려줌으로써 낙차를 유효하게 늘리는 것을 의미하며 저낙차에 이용하는 카플란 수차에 필요하다.

06 총 낙차 80.9[m], 사용 수량 30[m³/s]인 발전소가 있다. 수로의 길이가 3,800[m], 수로의 구배가 $\frac{1}{2,000}$, 수압 철관의 손실 낙차를 1[m]라고 하면 이 발전소의 출력은 약 몇 [kW]인가? (단, 수차 및 발전기의 종합 효율은 83[%]라 한다.)

① 15,000
② 19,000
③ 24,000
④ 28,000

발전기 출력(P_g)
발전기 출력 $P_g = 9.8QH\eta$ [kW] 식에서

손실수두 $H_l = 1 + 3800 \times \dfrac{1}{2,000} = 2.9$ [m]

유효낙차 $H = $총낙차$ - H_l = 80.9 - 2.9 = 78$ [m]
사용수량 $Q = 30$ [m³/s], 종합효율 $\eta = 83$ [%]이므로
$\therefore P_g = 9.8QH\eta = 9.8 \times 30 \times 78 \times 0.83$
$= 19,000$ [kW]

07 다음 중 부하전류의 차단에 사용되지 않는 것은?

① ABB
② OCB
③ VCB
④ DS

단로기(DS)
단로기는 고압선로에 사용하는 선로개폐기로서 소호장치가 없어 고장전류나 부하전류를 개폐하거나 차단할 수 없으며 오직 무부하시에만 무부하전류(충전전류와 여자전류)를 개폐할 수 있는 설비이다. 또한 기기점검 및 수리를 위해 회로를 분리하거나 계통의 접속을 바꾸는데 사용된다.

08 다음 중 송전선의 코로나손과 가장 관계가 깊은 것은?

① 상대공기밀도
② 송전선의 정전용량
③ 송전거리
④ 송전선 전압변동률

코로나 손실(Peek식)
$$P = \frac{241}{\delta}(f+25)\sqrt{\frac{d}{2D}}(E-E_0)^2$$
$$\times 10^{-5} \text{[kW/km/1선]}$$
여기서, δ는 상대공기밀도, f는 주파수, d는 전선의 지름, D는 선간거리, E는 대지전압, E_0는 코로나 임계전압이다.

09 3상 전원에 접속된 △결선의 콘덴서를 Y결선으로 바꾸면 진상용량은 어떻게 되는가?

① $\sqrt{3}$ 배로 된다.
② $\frac{1}{3}$로 된다.
③ 3배로 된다.
④ $\frac{1}{\sqrt{3}}$로 된다.

진상용량(=충전용량 : Q_c)
정전용량(C)을 △결선한 경우 충전용량을 Q_Δ, Y결선한 경우 충전용량을 Q_Y라 하면
$$Q_\Delta = 3I_c V = 3 \times \omega CV \times V = 3\omega CV^2 \text{[VA]}$$
$$Q_Y = 3I_c \frac{V}{\sqrt{3}} = 3 \times \omega C \frac{V}{\sqrt{3}} \times \frac{V}{\sqrt{3}}$$
$$= \omega CV^2 \text{[VA]}$$
$$Q_Y = \omega CV^2 = \frac{1}{3}Q_\Delta \text{[VA]}$$
$\therefore$ △결선을 Y결선으로 바꾸면 $\frac{1}{3}$배가 된다.

10 다음 중 고압배전계통의 구성 순서로 알맞은 것은?

① 배전변전소 → 간선 → 분기선 → 급전선

② 배전변전소 → 급전선 → 간선 → 분기선

③ 배전변전소 → 간선 → 급전선 → 분기선

④ 배전변전소 → 급전선 → 분기선 → 간선

고압배전계통의 구성

배전용변전소로부터 부하에 전력을 공급하는 데에는 여러 가지 방식이 있지만 우선 그 기준으로서 선로전류의 대소에 따라 급전선, 간선 및 분기선으로 나눌 수 있다.

∴ 배전용 변전소 → 급전선 → 간선 → 분기선

11 가스절연개폐장치인 GIS(Gas Insulated Switch Gear)를 채용할 때, 다음 중 GIS 내에 설치하지 않는 장치는?

① 전력용 변압기   ② 계기용 변성기

③ 차단기   ④ 단로기

가스절연개폐장치 : GIS(Gas Insulated Switch Gear)

금속용기(Enclosure)내에 모선, 개폐장치(단로기와 차단기), 변성기(PT와 CT), 피뢰기 등을 내장시키고 절연 성능과 소호특성이 우수한 SF_6 가스로 충전, 밀폐하여 절연을 유지시키는 개폐장치이다.

12 송전계통의 한 부분이 그림과 같이 3상변압기로 1차측은 Δ로, 2차측은 Y로 중성점이 접지되어 있을 경우, 1차측에 흐르는 영상전류는?

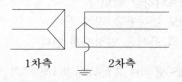

1차측   2차측

① 1차측 선로에서 ∞이다.

② 1차측 선로에서 반드시 0이다.

③ 1차측 변압기 내부에서는 반드시 0이다.

④ 1차측 변압기 내부와 1차측 선로에서 반드시 0이다.

영상전류

영상전류는 계통에서 지락사고가 발생하는 경우로서 변압기나 발전기 결선이 Y결선으로 되어있으며 중성점이 접지되어 있어야 선로에 영상전류가 흐르게 된다. 따라서 변압기 Δ-Y결선에서 Y결선에 중성점이 접지되어 있으므로 변압기 2차측에는 선로상에 모두 영상전류가 흐르게 된다. 그러나 Δ결선된 변압기 1차측에는 선로에는 나타날 수 없으며 Δ결선 내부순환전류에 영상전류가 포함되어 있다. 따라서 1차측 선로에는 반드시 영(0)이다.

13 화력발전소에서 절탄기의 용도는?

① 보일러에 공급되는 급수를 예열한다.

② 포화증기를 과열한다.

③ 연소용 공기를 예열한다.

④ 석탄을 건조한다.

절탄기

연도가스의 여열을 이용하여 보일러 급수를 가열하는 설비이다.

정답 10 ②   11 ①   12 ②   13 ①

14 장거리 송전선로에서 4단자 정수 $A\,B\,C\,D$의 성질 중 성립되는 조건은?

① $A = D$
② $A = C$
③ $B = C$
④ $B = A$

장거리 송전선로

장거리 송전선로는 송전단에서의 특성임피던스 Z_{01}과 수전단에서의 특성임피던스 Z_{02}가 서로 같은 선로로서 $Z_{01} = Z_{02} = Z_0$인 조건을 만족한다. 이를 대칭조건이라 하며 대칭조건일 때에는 4단자 정수 중 $A = D$인 조건이 성립된다.

참고

$Z_{01} = \sqrt{\dfrac{AB}{CD}}$, $Z_{02} = \sqrt{\dfrac{BD}{AC}}$ 식에서

$Z_{01} = Z_{02} = \sqrt{\dfrac{B}{C}}$ 이므로

$\therefore\ A = D$ 이다.

16 3상 1회선 송전선을 정삼각형으로 배치한 3상 선로의 작용인덕턴스를 구하는 식은? (단, D는 전선의 선간 거리[m], r은 전선의 반지름[m]이다.)

① $L = 0.5 + 0.4605 \log_{10} \dfrac{D}{r}$

② $L = 0.5 + 0.4605 \log_{10} \dfrac{D}{r^2}$

③ $L = 0.05 + 0.4605 \log_{10} \dfrac{D}{r}$

④ $L = 0.05 + 0.4605 \log_{10} \dfrac{D}{r^2}$

작용인덕턴스(L_e)

$L_e = 0.05 + 0.4605 \log_{10} \dfrac{D_e}{r}$ [mH/km] 식에서

송전선이 정삼각형 배치인 경우 각 선간거리는 모두 같게 되어 $D_1 = D_2 = D_3 = D$[m]이다.

이 때 등가선간 D_e는

$D_e = \sqrt[n]{D_1 \cdot D_2 \cdot D_3} = \sqrt[3]{D^3} = D$[m] 이므로

$\therefore\ L_e = 0.05 + 0.4605 \log_{10} \dfrac{D_e}{r}$

$\qquad = 0.05 + 0.4605 \log_{10} \dfrac{D}{r}$ [mH/km]

15 전력용 콘덴서에 의하여 얻을 수 있는 전류는?

① 지상전류
② 진상전류
③ 동상전류
④ 영상전류

전력용콘덴서(=병렬콘덴서)

부하와 콘덴서를 병렬로 접속한다.
(1) 부하에 진상전류를 공급하여 부하의 역률을 개선한다.
(2) 진상전류만을 공급한다.
(3) 계단적이며 연속조정이 불가능하다.
(4) 시송전이 불가능하다.

17 전력계통의 전압을 조정하는 가장 보편적인 방법은?

① 발전기의 유효전력 조정
② 부하의 유효전력 조정
③ 계통의 주파수 조정
④ 계통의 무효전력 조정

조상설비

조상설비는 무효전력을 조절하여 송·수전단 전압이 일정하게 유지되도록 하는 조정 역할과 역률개선에 의한 송전손실의 경감, 전력시스템의 안정도 향상을 목적으로 하는 설비이다. 동기조상기, 병렬콘덴서(=전력용 콘덴서), 분로리액터가 이에 속한다.

18 선로의 길이가 20[km]인 154[kV] 3상 3선식, 2회선 송전선의 1선당 대지정전용량은 0.0043[μF/km]이다. 여기에 시설할 소호리액터의 용량은 약 몇 [kVA]인가?

① 1,338   ② 1,543
③ 1,537   ④ 1,771

소호리액터 접지의 소호리액터 용량(Q_L)

$Q_L = \omega C V^2 \times 10^{-3}$

$= 2\pi f C V^2 \times 10^{-3}$ [kVA] 식에서

$l = 20$ [km], 154 [kV], 2회선,

$C = 0.0043$ [μF/km] 이므로

$\therefore Q_L = 2\pi \times 60 \times 0.0043 \times 10^{-6} \times 20 \times 2$

$\times 154,000^2 \times 10^{-3}$

$= 1,537$ [kVA]

20 다음 중 송전계통에서 안정도 증진과 관계없는 것은?

① 리액턴스 감소
② 재폐로방식의 채용
③ 속응여자방식의 채용
④ 차폐선의 채용

안정도 개선책
(1) 리액턴스를 줄인다.
(2) 단락비를 증가시킨다.
(3) 중간조상방식을 채용한다.
(4) 속응여자방식을 채용한다.
(5) 재폐로 차단방식을 채용한다.
(6) 계통을 연계한다.
(7) 소호리액터 접지방식을 채용한다.

19 수조에 대한 설명 중 틀린 것은?

① 수로 내의 수위의 이상 상승을 방지한다.
② 수로식 발전소의 수로 처음 부분과 수압관 아래 부분에 설치한다.
③ 수로에서 유입하는 물속의 투사를 침전시켜서 배사문으로 배사하고 부유물을 제거한다.
④ 상수조는 최대사용수량의 1~2분 정도의 조정용량을 가질 필요가 있다.

수조
수조는 상수조와 조압수조(서지탱크)로 나누어진다.
(1) 상수조
 ㉠ 수로식 발전소의 수로 끝 부분과 수압관 앞 부분에 설치한다.
 ㉡ 수로에서 유입하는 물속의 투사를 침전시켜서 배사문으로 배사하고 부유물을 제거한다.
 ㉢ 최대사용수량의 1~2분 정도의 조정용량을 가질 필요가 있다.
(2) 조압수조
 ㉠ 수로 내의 수위의 이상 상승을 방지한다.
 ㉡ 부하가 급격하게 변화하였을 때 생기는 수격작용을 완화한다.
 ㉢ 수차의 사용 유량 변동에 의한 서징작용을 흡수한다.

23 3. 전기기기(CBT시험 복원문제)

※ 본 기출문제는 수험자의 기억을 바탕으로 하여 복원한 문제이므로 실제 문제와 다를 수 있음을 미리 알려드립니다.

01 3,000[V], 60[Hz], 8극 100[kW]의 3상 유도전동기가 있다. 전부하에서 2차 동손이 3[kW], 기계손이 2[kW]라면 전부하 회전수는 약 몇 [rpm]인가?

① 498   ② 593
③ 874   ④ 984

> $V = 3,000\,[\text{V}]$, $f = 60\,[\text{Hz}]$, 극수 $p = 8$,
> $P_0 = 100\,[\text{kW}]$, $P_{c2} = 3\,[\text{kW}]$, 기계손 $P_l = 2\,[\text{kW}]$일 때 기계손은 기계적 출력에 포함시켜야 하므로
> $P_{c2} = \dfrac{s}{1-s}(P_0 + P_l)$ 식에 대입하여 풀면
> $3 = \dfrac{s}{1-s}(100+2)$ 식에서 $s = 0.028$이다.
> $\therefore N = (1-s)N_s = (1-s)\dfrac{120f}{p}$
> $\quad = (1-0.028) \times \dfrac{120 \times 60}{8} = 874\,[\text{rpm}]$

02 단락비가 1.2인 발전기의 퍼센트 동기임피던스 [%]는 약 얼마인가?

① 120   ② 83
③ 1.2   ④ 0.83

> **단락비(K_s)**
> 퍼센트 동기임피던스 $\%Z_s\,[\%]$, 퍼센트 동기임피던스 p.u $\%Z_s\,[\text{p.u}]$일 때
> $K_s = \dfrac{100}{\%Z_s} = \dfrac{1}{\%Z_s\,[\text{p.u}]}$ 이므로 $K_s = 1.2$인 경우
> $\therefore \%Z_s = \dfrac{100}{K_s} = \dfrac{100}{1.2} = 83\,[\%]$

03 그림은 단상 직권 정류자 전동기의 개념도이다. C를 무엇이라고 하는가?

① 제어권선
② 보상권선
③ 보극권선
④ 단층권선

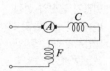

> **단상직권정류자 전동기의 개념도**
> 단상직권정류자 전동기는 역률을 좋게 하기 위해서 계자권선의 권수를 적게 하고, 극히 소출력 이외는 보상권선을 설치하여 전기자 기자력을 소거하고, 리액턴스를 감소하는 것과 동시에 고저항의 도선을 써서 정류를 좋게 한다. 그림의 개념도에서 A는 전기자, F는 계자권선, C는 보상권선이다.

04 어떤 단상 변압기의 2차 무부하 전압이 240[V]이고, 정격 부하시의 2차 단자 전압이 230[V]이다. 전압 변동률은 약 얼마인가?

① 4.35[%]   ② 5.15[%]
③ 6.65[%]   ④ 7.35[%]

> **변압기의 전압변동률(ϵ)**
> $\epsilon = \dfrac{V_{20} - V_2}{V_2} \times 100\,[\%]$ 식에서
> $V_{20} = 240\,[\text{V}]$, $V_2 = 230\,[\text{V}]$일 때
> $\therefore \epsilon = \dfrac{V_{20} - V_2}{V_2} \times 100 = \dfrac{240 - 230}{230} \times 100$
> $\quad = 4.35\,[\%]$

05

변압기 1차측 사용 탭이 22900[V]인 경우 2차측 전압이 360[V]였다면 2차측 전압을 380[V]로 하기 위해서는 1차측의 탭을 몇 [V]로 선택해야 하는가?

① 21900
② 20500
③ 24100
④ 22900

변압기 탭전압 선정

변압기의 탭전압을 선정하는 경우 지렛대의 원리에 의해서 변압기 2차측 탭전압이 높아지는 경우 변압기 1차측 탭전압은 낮아지므로

$V_{1t} = 22900$ [V], $V_{2t} = 360$ [V],

$V_{2t}' = 380$ [V]인 경우

$V_{1t}' = \dfrac{V_{2t}}{V_{2t}'} V_{1t} = \dfrac{360}{380} \times 22900$

$\quad = 21694$ [V] 이다.

∴ 탭전압은 21900[V]를 선택한다.

참고 변압기 1차측 탭전압

23900[V], 22900[V], 21900[V], 20900[V], 19900[V],

06

유도전동기의 2차 효율은? (단, s는 슬립이다.)

① $\dfrac{1}{s}$
② s
③ $1-s$
④ s^2

유도전동기의 2차 효율(η_2)

기계적 출력 P_0, 2차 입력 P_2, 슬립 s, 회전자 속도 N, 동기속도(고정자 속도) N_s라 할 때

∴ $\eta_2 = \dfrac{P_0}{P_2} = 1 - s = \dfrac{N}{N_s}$

07

그림은 일반적인 반파정류회로이다. 변압기 2차 전압의 실효값을 E[V]라 할 때, 직류전류 평균값 [A]은? (단, 정류기의 전압강하는 무시한다.)

① $\dfrac{E}{R}$
② $\dfrac{E}{2R}$
③ $\dfrac{2\sqrt{2}\,E}{\pi R}$
④ $\dfrac{\sqrt{2}\,E}{\pi R}$

단상 반파정류회로

위상제어가 되지 않는 경우의 직류전압은

$E_d = \dfrac{\sqrt{2}\,E}{\pi}$ [V]이므로 직류전류 I_d는

∴ $I_d = \dfrac{E_d}{R} = \dfrac{\sqrt{2}\,E}{\pi R}$ [A]

08

동기리액턴스 $x_s = 10$[Ω], 전기자 저항 $r_a = 0.1$[Ω]인 Y결선 3상 동기발전기가 있다. 1상의 단자전압은 $V = 4,000$[V]이고 유기기전력 $E = 6,400$[V]이다. 부하각 $\delta = 30°$라고 하면 발전기의 3상 출력[kW]은 약 얼마인가?

① 1,250
② 2,830
③ 3,840
④ 4,650

동기발전기의 출력(P)

동기발전기의 1상의 값으로 3상 출력을 구하는 경우 3배 크게 해주면 되므로

∴ $P = 3\dfrac{VE}{x_s}\sin\delta = 3 \times \dfrac{4,000 \times 6,400}{10} \times \sin 30°$

$\quad = 3,840$ [V]

09 1차측 권수가 1,500인 변압기의 2차측에 16 [Ω]의 저항을 접속하니 1차측에서는 8[kΩ]으로 환산되었다. 2차측 권수는?

① 약 67   ② 약 87
③ 약 107   ④ 약 207

변압기 권수비(a)

$$a = \frac{N_1}{N_2} = \frac{E_1}{E_2} = \frac{I_2}{I_1} = \sqrt{\frac{Z_1}{Z_2}}$$

$$= \sqrt{\frac{r_1}{r_2}} = \sqrt{\frac{x_1}{x_2}} = \sqrt{\frac{L_1}{L_2}} \text{ 이므로}$$

$N_1 = 1,500$, $r_2 = 16[\Omega]$, $r_1 = 8[\text{k}\Omega]$일 때

$$\therefore N_2 = \sqrt{\frac{r_2}{r_1}} \cdot N_1 = \sqrt{\frac{16}{8 \times 10^3}} \times 1,500 = 67$$

10 그림과 같은 단상브리지 정류회로(혼합브리지)에서 직류 평균전압[V]은?

① $\dfrac{2\sqrt{2}E}{\pi}\left(\dfrac{1+\cos\alpha}{2}\right)$

② $\dfrac{\sqrt{2}E}{\pi}\left(\dfrac{1+\cos\alpha}{2}\right)$

③ $\dfrac{2\sqrt{2}E}{\pi}\left(\dfrac{1-\cos\alpha}{2}\right)$

④ $\dfrac{\sqrt{2}E}{\pi}\left(\dfrac{1-\cos\alpha}{2}\right)$

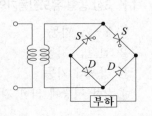

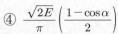

단상브리지 전파정류회로

(1) 위상제어가 되는 경우 직류전압(E_d)

$$E_d = \frac{2\sqrt{2}E}{\pi}\left(\frac{1+\cos\alpha}{2}\right)[\text{V}]$$

(2) 위상제어가 되지 않는 경우 직류전압(E_d)

$$E_d = \frac{2\sqrt{2}E}{\pi}[\text{V}]$$

(3) 최대역전압(PIV)

$$PIV = 2\sqrt{2}E = \pi E_d[\text{V}]$$

11 직류발전기의 단자전압을 조정하려면 어느 것을 조정하여야 하는가?

① 기동저항   ② 계자저항
③ 방전저항   ④ 전기자저항

직류발전기의 계자전류를 조정하여 유기기전력에 의해 흐르는 전기자 전류가 전압강하를 발생시켜 결국 단자전압이 변하게 된다. 계자전류는 계자저항의 크기에 따라 변하므로 단자전압은 계자저항에 의해 조정되는 것이다.

12 50[Hz]로 설계된 3상 유도전동기를 60[Hz]에 사용하는 경우 단자전압을 110[%]로 높일 때 최대토크는 어떠한가?

① 1.2배로 증가한다.
② 0.8배로 감소한다.
③ 2배 증가한다.
④ 거의 변하지 않는다.

유도전동기의 최대토크

$$\tau_m = k\frac{V_1^2}{2x_2} = k\frac{V_1^2}{2(2\pi fL_2)}[\text{N}\cdot\text{m}] \text{ 식에서}$$

최대토크는 전압의 제곱에 비례하고 주파수에 반비례하므로

$$\tau_m' = \frac{1.1^2}{\left(\frac{60}{50}\right)}\tau_m = \tau_m[\text{N}\cdot\text{m}]$$임을 알 수 있다.

$\therefore$ 거의 변하지 않는다.

13 전기철도에 가장 적합한 직류전동기는?

① 분권전동기   ② 직권전동기
③ 복권전동기   ④ 자여자분권전동기

직권전동기의 토크 – 속도 특성
직권전동기는 부하에 따라 속도변동이 심하여 가변속도 전동기라 하며 또한 토크 변동도 심하여 기동횟수가 빈번하고 큰 기동토크를 필요로 하는 부하에 적당하다. 전차용 전동기, 권상기, 기중기, 크레인 등에 사용된다.

14 이상적인 변압기의 무부하에서 위상관계로 옳은 것은?

① 자속과 여자전류는 동위상이다.
② 자속은 인가전압 보다 90° 앞선다.
③ 인가전압은 1차 유기기전력 보다 90° 앞선다.
④ 1차 유기기전력과 2차 유기기전력의 위상은 반대이다.

이상적인 변압기의 무부하 특성

$\phi = \phi_m \sin \omega t$ [Wb]일 때

$e_1 = -N_1 \dfrac{d\phi}{dt} = \omega N_1 \phi_m \sin(\omega t - 90°)$ [V] 이므로

(1) 자속은 여자전류와 동상이며 유기기전력보다 90° 앞선다.
(2) 인가전압은 1차 유기기전력과 방향이 반대이므로 180° 앞선다. 따라서 자속은 인가전압보다 90° 뒤진다.
(3) 1차 유기기전력과 2차 유기기전력의 위상은 같다.

16 1차 전압 6,600[V], 2차 전압 220[V], 주파수 60[Hz], 1차 권수 1,000회의 변압기가 있다. 최대 자속은 약 몇 [Wb]인가?

① 0.020 ② 0.025
③ 0.030 ④ 0.032

변압기의 유기기전력(E)

$E_1 = 4.44 f \phi_m N_1$ [V] 식에서
$E_1 = 6,600$ [V], $E_2 = 220$ [V], $f = 60$ [Hz],
$N_1 = 1,000$ 이므로

$\therefore \phi_m = \dfrac{E_1}{4.44 f N_1} = \dfrac{6,600}{4.44 \times 60 \times 1,000}$
$= 0.025$ [Wb]

15 전부하 회전수가 1732[rpm]인 직류 직권전동기에서 토크가 전부하 토크의 $\dfrac{3}{4}$으로 기동할 때 회전수는 약 몇 [rpm]으로 회전하는가?

① 2000 ② 1865
③ 1732 ④ 1675

직류 직권전동기의 토크-속도 특성

직류 직권전동기의 토크는 $\tau \propto \dfrac{1}{N^2}$ 의 관계에 있으므로

$N = 1732$ [rpm], $\tau' = \dfrac{3}{4}\tau$ [N·m]일 때 N'는

$N' = \sqrt{\dfrac{\tau}{\tau'}}\, N$ [rpm] 식에서

$\therefore N' = \sqrt{\dfrac{\tau}{\tau'}}\, N = \sqrt{\tau \times \dfrac{4}{3}\tau} \times 1732$
$= 2000$ [rpm]

17 3상 농형 유도전동기의 기동방법으로 틀린 것은?

① Y-Δ 기동
② 전전압 기동
③ 리액터 기동
④ 2차 저항에 의한 기동

유도전동기의 기동법

(1) 농형 유도전동기
  ㉠ 전전압 기동법 : 5.5[kW] 이하에 적용
  ㉡ Y-Δ 기동법 : 5.5[kW]~15[kW] 범위에 적용
  ㉢ 리액터 기동법 : 15[kW] 넘는 경우에 적용
  ㉣ 기동보상기법 : 단권변압기를 이용하는 방법으로 15[kW] 넘는 경우에 적용
(2) 권선형 유도전동기
  ㉠ 2차 저항 기동법(기동저항기법) : 비례추이원리 적용
  ㉡ 게르게스법

18 4극, 60[Hz]인 3상 유도전동기의 동기와트가 1[kW]일 때 토크[N·m]는?

① 5.31[N·m] ② 4.31[N·m]

③ 3.31[N·m] ④ 2.31[N·m]

유도전동기의 토크(τ)

$N_s = \dfrac{120f}{p}[\text{rpm}]$,

$\tau = 9.5493\dfrac{P_2}{N_s}[\text{N}\cdot\text{m}] = 0.975\dfrac{P_2}{N_s}[\text{kg}\cdot\text{m}]$ 식에서

$p = 4$, $f = 60[\text{Hz}]$, $P_2 = 1[\text{kW}]$ 이므로

$N_s = \dfrac{120f}{p} = \dfrac{120 \times 60}{4} = 1800[\text{rpm}]$일 때

$\therefore \tau = 9.5493\dfrac{P_2}{N_s} = 9.5493 \times \dfrac{1 \times 10^3}{1800}$

$= 5.31[\text{N}\cdot\text{m}]$

19 3상 동기 발전기에서 권선 피치와 자극 피치의 비를 $\dfrac{13}{15}$의 단절권으로 하였을 때의 단절권 계수는?

① $\sin\dfrac{13}{15}\pi$ ② $\sin\dfrac{13}{30}\pi$

③ $\sin\dfrac{15}{26}\pi$ ④ $\sin\dfrac{15}{13}\pi$

단절권 계수(k_p)

$k_p = \sin\dfrac{\beta\pi}{2}$ 식에서

$\beta = \dfrac{13}{15}$ 이므로

$\therefore k_p = \sin\dfrac{\beta\pi}{2} = \sin\dfrac{\frac{13}{15}\pi}{2} = \sin\dfrac{13}{30}\pi$

20 단락비가 큰 동기기의 특징이 아닌 것은?

① 안정도가 높다.

② 전압변동률이 크다.

③ 효율이 떨어진다.

④ 전기자 반작용이 작다.

"단락비가 크다" 는 의미

(1) 돌극형의 철기계이다. – 수차 발전기

(2) 극수가 많고 공극이 크다.

(3) 계자 기자력이 크고 전기자 반작용이 작다.

(4) 동기 임피던스가 작고 전압 변동률이 작다.

(5) 안정도가 좋다.

(6) 선로의 충전용량이 크다.

(7) 철손이 커지고 효율이 떨어진다.

(8) 중량이 무겁고 가격이 비싸다.

23 4. 회로이론 및 제어공학(CBT시험 복원문제)

※ 본 기출문제는 수험자의 기억을 바탕으로 하여 복원한 문제이므로 실제 문제와 다를 수 있음을 미리 알려드립니다.

01 4단자 정수 A, B, C, D로 출력측을 개방시켰을 때 입력측에서 본 구동점 임피던스 $Z_{11} = \left. \dfrac{V_1}{I_1} \right|_{I_2 = 0}$ 를 표시한 것 중 옳은 것은?

① $Z_{11} = \dfrac{A}{C}$ ② $Z_{11} = \dfrac{B}{D}$

③ $Z_{11} = \dfrac{A}{B}$ ④ $Z_{11} = \dfrac{B}{C}$

> 4단자 정수와 Z파라미터의 관계
> 임피던스 파라미터 Z_{11}, Z_{12}, Z_{21}, Z_{22}와 4단자 정수 A, B, C, D와의 관계는
> $\therefore Z_{11} = \dfrac{A}{C}$, $Z_{12} = Z_{21} = \dfrac{1}{C}$, $Z_{22} = \dfrac{D}{C}$

02 한 상의 임피던스가 $6 + j8\,[\Omega]$인 △부하에 대칭 선간전압 200[V]를 인가할 때 3상 전력은 몇 [W]인가?

① 2,400   ② 3,600

③ 7,200   ④ 10,800

> △결선의 소비전력(P_Δ)
> $P_\Delta = \dfrac{3V_L^2 R}{R^2 + X_L^2}$ [W] 식에서
> $Z = R + jX_L = 6 + j8\,[\Omega]$일 때
> $R = 6\,[\Omega]$, $X_L = 8\,[\Omega]$, $V_L = 200\,[\mathrm{V}]$ 이므로
> $\therefore P_\Delta = \dfrac{3V_L^2 R}{R^2 + X_L^2} = \dfrac{3 \times 200^2 \times 6}{6^2 + 8^2} = 7,200\,[\mathrm{W}]$

03 그림과 같은 $R-C$병렬회로에서 전원전압이 $e(t) = 3e^{-5t}$인 경우 이 회로의 임피던스는?

① $\dfrac{j\omega RC}{1 + j\omega RC}$

② $\dfrac{R}{1 - 5RC}$

③ $\dfrac{R}{1 + RCs}$

④ $\dfrac{1 + j\omega RC}{R}$

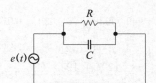

> R-C 병렬의 임피던스
> $e(t) = 3e^{-5t} = 3e^{j\omega t}\,[\mathrm{V}]$ 이므로
> $j\omega = -5$임을 알 수 있다.
> $\therefore Z = \dfrac{1}{\dfrac{1}{R} + j\omega C} = \dfrac{R}{1 + j\omega CR} = \dfrac{R}{1 - 5RC}\,[\Omega]$

04 회로에서 전압 V_{ab}[V]는?

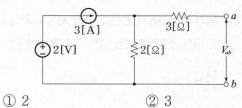

① 2   ② 3

③ 6   ④ 9

> 중첩의 원리
> 중첩의 원리를 이용하여 풀면 a, b 단자전압 V_{ab}는 저항 2[Ω]에 나타나는 전압이므로
> 3[A] 전류원을 개방하였을 때 $V_{ab}' = 0\,[\mathrm{V}]$
> 2[V] 전압원을 단락하였을 때
> $V_{ab}'' = 2 \times 3 = 6\,[\mathrm{V}]$이다.
> $\therefore V_{ab} = V_{ab}' + V_{ab}'' = 0 + 6 = 6\,[\mathrm{V}]$

정답 01 ① 02 ③ 03 ② 04 ③

05 위상정수가 $\dfrac{\pi}{8}$[rad/m]인 선로의 1[MHz]에 대한 전파속도는 몇 [m/s]인가?

① 1.6×10^7　　② 3.2×10^7
③ 5.0×10^7　　④ 8.0×10^7

전파속도(v)

$v = \dfrac{\omega}{\beta} = \dfrac{2\pi f}{\beta}$ [m/s] 식에서

$\beta = \dfrac{\pi}{8}$ [rad/m], $f = 1$ [MHz] 이므로

$\therefore v = \dfrac{2\pi f}{\beta} = \dfrac{2\pi \times 10^6}{\pi/8} = 1.6 \times 10^7$ [m/s]

07 선간 전압이 V_{ab}[V]인 3상 평형 전원에 대칭 부하 R[Ω]이 그림과 같이 접속되어 있을 때, a, b 두 상 간에 접속된 전력계의 지시 값이 W[W]라면 C상 전류의 크기[A]는?

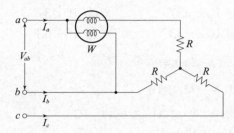

① $\dfrac{W}{3 V_{ab}}$　　② $\dfrac{2W}{3 V_{ab}}$

③ $\dfrac{2W}{\sqrt{3}\, V_{ab}}$　　④ $\dfrac{\sqrt{3}\, W}{V_{ab}}$

1전력계법
(1) 전전력 : $P = 2W = \sqrt{3}\, VI$[W]
(2) 선전류 : $I = \dfrac{2W}{\sqrt{3}\, V}$ [A]

06 RL직렬회로에서 $R = 20$[Ω], $L = 40$[mH]이다. 이 회로의 시정수[sec]는?

① 2　　② 2×10^{-3}
③ $\dfrac{1}{2}$　　④ $\dfrac{1}{2} \times 10^{-3}$

R–L과도현상의 시정수(τ)

R–L직렬연결에서 시정수 τ는 $\tau = \dfrac{L}{R}$ [sec]이므로

$\therefore \tau = \dfrac{L}{R} = \dfrac{40 \times 10^{-3}}{20} = 2 \times 10^{-3}$ [sec]

08 상의 순서가 $a - b - c$인 불평형 3상 전류가 $I_a = 15 + j2$[A], $I_b = -20 - j14$[A], $I_C = -3 + j10$[A]일 때 영상분 전류 I_0는 약 몇 [A]인가?

① $2.67 + j0.38$　　② $2.02 + j6.98$
③ $15.5 - j3.56$　　④ $-2.67 - j0.67$

영상분 전류(I_0)

$I_0 = \dfrac{1}{3}(I_a + I_b + I_c)$

$= \dfrac{1}{3}(15 + j2 - 20 - j14 - 3 + j10)$

$= -2.67 - j0.67$ [A]

09 두 코일 A, B의 저항과 리액턴스가 A코일은 3[Ω], 5[Ω]이고, B코일은 5[Ω], 1[Ω]일 때 두 코일을 직렬로 접속하여 100[V]의 전압을 인가시 회로에 흐르는 전류 I는 몇 [A]인가?

① $10\angle-37°$
② $10\angle37°$
③ $10\angle-53°$
④ $10\angle53°$

R, X 직렬회로의 전류

$I=\dfrac{V}{Z}$ [A] 식에서

$Z_A=3+j5\,[\Omega]$, $Z_B=5+j\,[\Omega]$,

$V=100\,[V]$ 이므로

$Z=Z_A+Z_B=3+j5+5+j=8+j6$

$=\sqrt{8^2+6^2}\angle\tan^{-1}\left(\dfrac{6}{8}\right)=10\angle37°\,[\Omega]$ 일 때

$\therefore\ I=\dfrac{V}{Z}=\dfrac{100}{10\angle37°}=10\angle-37°\,[A]$

11 상태방정식 $\dot{X}=AX+BU$ 에서 $A=\begin{bmatrix}0&1\\-2&-3\end{bmatrix}$, $B=\begin{bmatrix}0\\1\end{bmatrix}$일 때 고유값은?

① $-1,\ -2$
② $1,\ 2$
③ $-2,\ -3$
④ $2,\ 3$

상태방정식에서의 특성방정식

특성방정식은 $|sI-A|=0$ 이므로

$(sI-A)=s\begin{bmatrix}1&0\\0&1\end{bmatrix}-\begin{bmatrix}0&1\\-2&-3\end{bmatrix}$

$\qquad\quad=\begin{bmatrix}s&-1\\2&s+3\end{bmatrix}$

$|sI-A|=\begin{vmatrix}s&-1\\2&s+3\end{vmatrix}=s(s+3)+2$

$\qquad\qquad=s^2+3s+2=0$

$s^2+3s+2=(s+1)(s+2)=0$ 이므로

특성방정식의 근(고유값)은

$\therefore\ s=-1,\ s=-2$

10 그림의 대칭 T회로의 일반 4단자 정수가 다음과 같다. A=D=1.2, B=44[Ω], C=0.01[℧]일 때, 임피던스 $Z\,[\Omega]$의 값은?

① 1.2
② 12
③ 20
④ 44

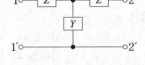

4단자 정수(A, B, C, D)

$\begin{bmatrix}A&B\\C&D\end{bmatrix}=\begin{bmatrix}1+ZY&Z(1+ZY)\\Y&1+ZY\end{bmatrix}$

$C=Y=0.01\,[℧]$, $A=D=1+ZY=1.2$ 이므로

$\therefore\ Z=\dfrac{1.2-1}{Y}=\dfrac{1.2-1}{0.01}=20\,[\Omega]$

12 일정 입력에 대해 잔류편차가 있는 제어계는?

① 비례제어계
② 적분제어계
③ 비례적분제어계
④ 비례적분미분제어계

연속동작에 의한 분류

(1) 비례동작(P제어) : off-set(오프셋, 잔류편차, 정상편차, 정상오차)가 발생, 속응성(응답속도)이 나쁘다.

(2) 미분제어(D제어) : 진동을 억제하여 속응성(응답속도)을 개선한다. [진상보상]

(3) 적분제어(I제어) : 정상응답특성을 개선하여 off-set(오프셋, 잔류편차, 정상편차, 정상오차)를 제거한다. [지상보상]

(4) 비례미분적분제어(PID제어) : 최상의 최적제어로서 off-set를 제거하며 속응성 또한 개선하여 안정한 제어가 되도록 한다. [진·지상보상]

13 Routh 안정도 판별법에 의한 방법 중 불안정한 제어계의 특성방정식은?

① $s^3 + 2s^2 + 3s + 4 = 0$

② $s^3 + s^2 + 5s + 4 = 0$

③ $s^3 + 4s^2 + 5s + 2 = 0$

④ $s^3 + 3s^2 + 2s + 8 = 0$

안정도 판별법(루스 판정법)

안정도 필요조건을 만족하는 3차 특성방정식의 안정도 판별법은 특별해를 이용하여 풀면 간단히 구할 수 있다.

3차 특성방정식의 안정도 판별법 특별해

$as^3 + bs^2 + cs + d = 0$일 때

(1) $bc > ad$: 안정

(2) $bc = ad$: 임계안정

(3) $bc < ad$: 불안정

따라서

① $2 \times 3 > 1 \times 4$: 안정

② $1 \times 5 > 1 \times 4$: 안정

③ $4 \times 5 > 1 \times 2$: 안정

④ $3 \times 2 < 1 \times 8$: 불안정

---

14 그림과 같은 블록선도에 대한 등가 종합 전달 함수(C/R)는?

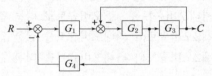

① $\dfrac{G_1 G_2 G_3}{1 + G_1 G_2 + G_1 G_2 G_3}$

② $\dfrac{G_1 G_2 G_3}{1 + G_2 G_2 + G_1 G_2 G_3}$

③ $\dfrac{G_1 G_2 G_4}{1 + G_1 G_2 + G_1 G_2 G_4}$

④ $\dfrac{G_1 G_2 G_3}{1 + G_2 G_3 + G_1 G_2 G_4}$

블록선도의 전달함수 : $G(s)$

$$C(s) = \left\{ \left(R - \frac{C}{G_3} G_4 \right) G_1 - C \right\} G_2 G_3$$

$$= G_1 G_2 G_3 R - G_1 G_2 G_4 C - G_2 G_3 C$$

$$(1 + G_2 G_3 + G_1 G_2 G_4) C = G_1 G_2 G_3 R$$

$$\therefore \ G(s) = \frac{C}{R} = \frac{G_1 G_2 G_3}{1 + G_2 G_3 + G_1 G_2 G_4}$$

별해 블록선도의 전달함수

$$G(s) = \frac{\text{전향 경로 이득}}{1 - \text{루프 경로 이득}}$$

전향 경로 이득 $= G_1 G_2 G_3$,

루프 경로 이득 $= - G_2 G_3 - G_1 G_2 G_4$ 이므로

$$G(s) = \frac{G_1 G_2 G_3}{1 - (- G_2 G_3 - G_1 G_2 G_4)}$$

$$= \frac{G_1 G_2 G_3}{1 + G_2 G_3 + G_1 G_2 G_4}$$

---

15 제어계의 과도응답에서 감쇠비란?

① 제2오버슈트를 최대오버슈트로 나눈 값이다.
② 최대오버슈트를 제2오버슈트로 나눈 값이다.
③ 제2오버슈트와 최대오버슈트를 곱한 값이다.
④ 제2오버슈트와 최대오버슈트를 더한 값이다.

> 감쇠비 = 제동비(ζ)
>
> 감쇠비란 제어계의 응답이 목표값을 초과하여 진동을 오래하지 못하도록 제동을 걸어주는 값으로서 제동비라 고도 한다.
>
> $\zeta = \dfrac{\text{제2오버슈트}}{\text{최대오버슈트}}$ 식으로 표현하며 $\zeta = 1$을 기준으로 하여 다음과 같이 구분한다.
>
> (1) $\zeta > 1$: 과제동 → 비진동 곡선을 나타낸다.
> (2) $\zeta = 1$: 임계제동 → 임계진동곡선을 나타낸다.
> (3) $\zeta < 1$: 부족제동 → 감쇠진동곡선을 나타낸다.
> (4) $\zeta = 0$: 무제동 → 무제동진동곡선을 나타낸다.

16 2차계 전달함수 $G(s) = \dfrac{\omega_n^2}{s^2 + 2\zeta\omega_n s + \omega_n^2}$인

제어계의 단위 임펄스응답은? (단, $\zeta = 1$, $\omega_n = 1$ 인 조건이다.)

① e^{-t} ② $1 - e^{-t}$

③ te^{-t} ④ $\dfrac{1}{2}t^2$

> 임펄스 응답
>
> 입력 $r(t)$, 출력 $c(t)$라 하면 $r(t) = \delta(t)$ 이므로
> $R(s) = \mathcal{L}[r(t)] = \mathcal{L}[\delta(t)] = 1$이다.
>
> $C(s) = G(s)R(s) = G(s) = \dfrac{1}{(s+1)^2}$ 이므로
>
> 임펄스 응답 $c(t)$는
> $\therefore c(t) = \mathcal{L}^{-1}[C(s)] = te^{-at}$

17 (a)와 (b)의 블록선도가 서로 등가일 때, 블록 A의 전달함수는?

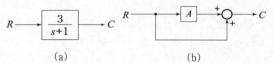

(a)   (b)

① $\dfrac{1}{s+1}$ ② $\dfrac{-1}{s+1}$

③ $\dfrac{s-2}{s+1}$ ④ $\dfrac{2-s}{s+1}$

> 블록선도의 전달함수 : $G(s)$
>
> $G_a(s) = \dfrac{3}{s+1}$, $G_b(s) = A+1$일 때
>
> $G_a(s) = G_b(s)$ 이므로
>
> $\dfrac{3}{s+1} = A+1$ 식에서
>
> $\therefore A = \dfrac{3}{s+1} - 1 = \dfrac{3-s-1}{s+1} = \dfrac{2-s}{s+1}$

정답 15 ① 16 ③ 17 ④

18 다음 시퀀스 회로는 어떤 회로의 동작을 하는가?

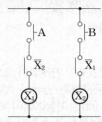

① 자기유지회로   ② 인터록회로
③ 순차제어회로   ④ 단안정회로

인터록회로

A 입력을 먼저 ON 조작하면 X_1 출력이 여자되어 X_1 b 접점이 개방되므로 B 입력을 ON 조작하여도 X_2 출력은 여자 될 수 없다. 반대로 B 입력을 먼저 ON 조작하면 X_2 출력이 여자되어 X_2 b접점이 개방되므로 A 입력을 ON 조작하여도 X_1 출력은 여자 될 수 없다. 이와 같이 출력 중 어느 하나의 출력이 먼저 동작할 때 다른 출력은 동작될 수 없도록 금지하는 회로를 인터록 회로라 한다.

19 다음 이산치 제어계의 블록선도의 전달함수는?

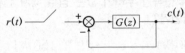

① $G(z)$ ② $\dfrac{G(z)}{1+G(z)}$

③ $G(z)+1$ ④ $\dfrac{G(z)}{1-G(z)}$

이산치 제어계의 블록선도 전달함수

$\dfrac{C(z)}{R(z)} = \dfrac{\text{전향경로이득}}{1-\text{루프경로이득}}$ 식에서

전향경로이득$= G(z)$,
루프경로이득$= -G(z)$ 이므로

$\therefore \dfrac{C(z)}{R(z)} = \dfrac{G(z)}{1-\{-G(z)\}} = \dfrac{G(z)}{1+G(z)}$

20 자동제어계가 미분동작을 하는 경우 보상회로는 어떤 보상회로에 속하는가?

① 진 · 지상보상   ② 진상보상
③ 지상보상   ④ 동상보상

보상회로

(1) 진상보상회로 : 출력전압의 위상이 입력전압의 위상 보다 앞선 회로이다.

$G(s) = \dfrac{s+b}{s+a} ≒ s$: 미분회로

(2) 지상보상회로 : 출력전압의 위상이 입력전압의 위상 보다 뒤진 회로이다.

$G(s) = \dfrac{s+b}{s+a} ≒ \dfrac{1}{Ts}$: 적분회로

$\therefore$ 미분동작을 하는 제어계는 진상보상회로이다.

23 5. 전기설비기술기준(CBT시험 복원문제)

※ 본 기출문제는 수험자의 기억을 바탕으로 하여 복원한 문제이므로 실제 문제와 다를 수 있음을 미리 알려드립니다.

01 수소냉각식의 발전기, 조상기는 발전기 안 또는 조상기 안의 수소의 순도가 몇 [%] 이하로 저하한 경우에 이를 경보하는 장치를 시설하여야 하는가?

① 70
② 75
③ 80
④ 85

> **수소냉각식 발전기의 계측장치 및 경보장치 등의 시설**
> (1) 발전기 내부 또는 조상기 내부의 수소의 순도가 85[%] 이하로 저하한 경우에 이를 경보하는 장치를 시설할 것.
> (2) 발전기 내부 또는 조상기 내부의 수소의 압력을 계측하는 장치 및 그 압력이 현저히 변동한 경우에 이를 경보하는 장치를 시설할 것.
> (3) 발전기 내부 또는 조상기 내부의 수소의 온도를 계측하는 장치를 시설할 것.
> (4) 발전기축의 밀봉부에는 질소 가스를 봉입할 수 있는 장치 또는 발전기 축의 밀봉부로부터 누설된 수소 가스를 안전하게 외부에 방출할 수 있는 장치를 시설할 것.

02 지중전선로를 직접매설식에 의하여 시설할 때, 차량 기타 중량물의 압력을 받을 우려가 있는 장소인 경우 매설 깊이는 몇 [m] 이상으로 시설하여야 하는가?

① 0.6
② 1.0
③ 1.2
④ 1.5

> **관로식과 직접매설식에서 지중전선의 매설깊이**
>
> | 구분 | 매설깊이 |
> |---|---|
> | 차량 기타 중량물의 압력을 받을 우려가 있는 장소 | 1.0[m] 이상 |
> | 기타 장소 | 0.6[m] 이상 |
>
> [주] 직접매설식은 지중전선을 견고한 트라프 기타 방호물에 넣어 시설하여야 한다. 다만, 저압 또는 고압의 지중전선에 콤바인덕트 케이블을 사용하여 시설하는 경우에는 지중전선을 견고한 트라프 기타 방호물에 넣지 아니하여도 된다.

03 고압 가공전선이 안테나와 접근상태로 시설되는 경우에 가공전선과 안테나 사이의 수평 이격거리는 최소 몇 [cm] 이상이어야 하는가? (단, 가공전선으로는 케이블을 사용하지 않는다고 한다.)

① 60
② 80
③ 100
④ 120

> **가공전선과 다른 가공전선·약전류전선·안테나 등과의 이격거리**
>
> | 대상 | 구분 | | 이격거리 |
> |---|---|---|---|
> | 가공전선, 약전류전선, 안테나 등 | 고압 가공전선 | 나전선 | 0.8[m] |
> | | | 케이블 | 0.4[m] |

04 백열전등 또는 방전등 및 이에 부속하는 전선은 사람이 접촉할 우려가 없는 경우 대지 전압은 최대 몇 [V]인가?

① 100[V]
② 150[V]
③ 300[V]
④ 400[V]

> **옥내전로의 대지전압의 제한**
> 백열전등 또는 방전등(방전관·방전등용 안정기 및 방전관의 점등에 필요한 부속품과 관등회로의 배선을 말한다)에 전기를 공급하는 옥내의 전로(주택의 옥내전로를 제외한다)의 대지전압은 300[V] 이하여야 한다.

05 다음 중 옥내에 시설하는 저압전선으로 나전선을 사용할 수 있는 배선공사는?

① 합성수지관 공사 ② 금속관 공사
③ 버스덕트 공사 ④ 케이블 공사

나전선의 사용 제한

다음 중 어느 하나에 해당하는 경우에는 나전선을 사용할 수 있다.
(1) 애자공사에 의하여 전개된 곳에 다음의 전선을 시설하는 경우
 ㉠ 전기로용 전선
 ㉡ 전선의 피복 절연물이 부식하는 장소에 시설하는 전선
 ㉢ 취급자 이외의 자가 출입할 수 없도록 설비한 장소에 시설하는 전선
(2) 버스덕트공사에 의하여 시설하는 경우
(3) 라이팅덕트공사에 의하여 시설하는 경우
(4) 옥내에 시설하는 저압 접촉전선을 시설하는 경우
(5) 유희용 전차의 전원장치에 있어서 2차측 회로의 배선을 제3레일 방식에 의한 접촉전선을 시설하는 경우

06 345[kV]의 전압을 변압하는 변전소가 있다. 이 변전소에 울타리를 시설하고자 하는 경우, 울타리의 높이와 울타리로부터 충전부분까지의 거리의 합계는 몇 [m] 이상으로 하여야 하는가?

① 7.42[m] ② 8.28[m]
③ 10.15[m] ④ 12.31[m]

울타리·담 등의 높이와 울타리·담 등으로부터 충전부분까지 거리의 합계

사용전압	울타리·담 등의 높이와 울타리·담 등으로부터 충전부분까지 거리의 합계
160[kV] 초과	10 [kV] 초과마다 12 [cm] 가산하여 $x+y=6+(사용전압[kV]/10-16)\times0.12$ 소수점 절상

$6+(34.5-16)\times0.12=6+18.5\times0.12$
$\therefore\ 6+19\times0.12=8.28\,[m]$

참고 ( ) 안의 수치는 소수점 절상하여 계산하여야 하기 때문에 18.5를 19로 적용하여 계산하여야 함.

07 지중 또는 수중에 시설되는 금속체의 부식방지를 위한 전기부식방지 회로의 사용전압은 직류 몇 [V] 이하로 하여야 하는가?

① 24[V] ② 48[V]
③ 60[V] ④ 100[V]

전기부식방지 시설

구분		내용
전기부식방지용 전원장치		절연변압기
전기부식방지 회로의 사용전압		직류 60[V] 이하
지중에 매설하는 양극의 매설깊이		0.75[m] 이상
전위차	10[V] 이하	수중에 시설하는 양극과 그 주위 1[m] 이내의 거리에 있는 임의 점과의 사이
	5[V] 이하	지표 또는 수중에서 1[m] 간격의 임의의 2점간

08 태양전지 발전소에 시설하는 태양전지 모듈, 전선 및 개폐기의 시설에 대한 설명으로 잘못된 것은?

① 태양전지 모듈에 접속하는 부하측 전로에는 개폐기를 시설할 것
② 옥측에 시설하는 경우 금속관공사, 합성수지관공사, 애자공사로 배선할 것
③ 태양전지 모듈을 병렬로 접속하는 전로에 과전류차단기를 시설할 것
④ 전선은 공칭단면적 2.5[mm²] 이상의 연동선을 사용할 것

태양광 발전설비의 시설규정

구분	내용
안전요구사항	태양전지 모듈, 전선, 개폐기 및 기타 기구는 충전부분이 노출되지 않도록 시설하여야 한다.
전기배선	(1) 모듈의 출력배선은 극성별로 확인할 수 있도록 표시할 것. (2) 전선은 공칭단면적 2.5[mm²] 이상의 연동선 (3) 옥내 및 옥측 또는 옥외에 시설할 경우에는 합성수지관공사, 금속관공사, 금속제 가요전선관공사, 케이블공사 규정에 준하여 시설하여야 한다.
개폐기	태양전지 모듈에 접속하는 부하측의 태양전지 어레이에서 전력변환장치에 이르는 전로에는 그 접속점에 근접하여 개폐기를 시설할 것.
과전류차단기	모듈을 병렬로 접속하는 전로에는 그 전로에 단락전류가 발생할 경우에 전로를 보호하는 과전류차단기를 시설하여야 한다.

09 고압 가공전선을 교통이 번잡한 도로를 횡단하여 시설하는 경우 지표상 높이를 몇 [m] 이상으로 하여야 하는가?

① 5.0   ② 5.5
③ 6.0   ④ 6.5

저·고압 가공전선의 높이

구분	시설장소		전선의 높이
저·고압	도로 횡단시		지표상 6[m] 이상
	철도 또는 궤도 횡단시		레일면상 6.5[m] 이상
	횡단보도교 위	저압	노면상 3.5[m] 이상 / 절연전선, 다심형 전선, 케이블 사용시 노면상 3[m] 이상
		고압	노면상 3.5[m] 이상
	위의 장소 이외의 곳	지표상 5[m] 이상	다리의 하부 기타 이와 유사한 장소에 시설하는 저압의 전기철도용 급전선은 지표상 3.5[m] 까지 감할 수 있다.

10 사용전압이 170[kV]을 초과하는 특고압 가공전 선로를 시가지에 시설하는 경우 전선의 단면적은 몇 [mm²] 이상의 강심알루미늄 또는 이와 동등 이상의 인장강도 및 내 아크 성능을 가지는 연선을 사용하여야 하는가?

① 22 ② 55
③ 150 ④ 240

가공전선의 굵기

구분		인장강도 및 굵기
특고압	시가지 외	8.71[kN] 이상의 연선 또는 22[mm²] 이상의 경동연선 또는 동등 이상의 인장강도를 갖는 알루미늄 전선이나 절연전선
	시가지 — 100[kV] 미만	21.67[kN] 이상의 연선 또는 55[mm²] 이상의 경동연선
	시가지 — 100[kV] 이상 170[kV] 이하	58.84[kN] 이상의 연선 또는 150[mm²] 이상의 경동연선
	시가지 — 170[kV] 초과	240[mm²] 이상의 강심 알루미늄선 또는 이와 동등 이상의 인장강도 및 내(耐)아크 성능을 가지는 연선

11 사용전압이 400[V] 이하인 경우의 저압보안공 사에 전선으로 경동선을 사용할 경우 지름은 몇 [mm] 이상인가?

① 2.6 ② 3.5
③ 4.0 ④ 5.0

저 · 고압 보안공사

구분	내용
전선의 굵기	인장강도 8.01[kN] 이상의 것 또는 지름 5[mm] 이상의 경동선 (400[V] 이하인 경우에는 인장강도 5.26[kN] 이상의 것 또는 지름 4[mm] 이상의 경동선)
목주인 경우	풍압하중에 대한 안전율이 1.5 이상
	목주의 굵기는 말구의 지름 0.12[m] 이상

12 과전류에 대한 보호장치 중 단락 보호장치는 분기점에 설치하여야 한다. 다만, 분기점과 분기회 로의 단락 보호장치의 설치점 사이에 다른 분기회 로 또는 콘센트의 접속이 없고 단락, 화재 및 인체 에 대한 위험성이 최소화 될 경우, 분기회로의 단 락 보호장치는 분기회로의 분기점으로부터 몇 [m] 까지 이동하여 설치할 수 있는가?

① 3[m] ② 5[m]
③ 8[m] ④ 10[m]

과전류에 대한 단락 보호장치의 설치방법
단락 보호장치는 분기점과 분기회로의 단락 보호장치의 설치점 사이에 다른 분기회로 또는 콘센트의 접속이 없 고 단락, 화재 및 인체에 대한 위험성이 최소화 될 경 우, 분기회로의 단락 보호장치는 분기회로의 분기점으로 부터 3 [m]까지 이동하여 설치할 수 있다.

13 옥내에 시설하는 사용전압이 400 [V] 초과 1,000[V] 이하인 전개된 장소로서 건조한 장소가 아닌 기타 장소의 관등회로 배선공사로서 적합한 것은?

① 애자공사
② 금속몰드공사
③ 금속덕트공사
④ 합성수지몰드공사

1 [kV] 이하 방전등

관등회로의 사용전압이 400[V] 초과이고, 1[kV] 이하인 배선은 그 시설장소에 따라 합성수지관공사·금속관공사·가요전선관공사나 케이블공사 또는 아래 표 중 어느 하나의 방법에 의하여야 한다.

		저압	고압
전개된 장소	건조한 장소	애자공사·합성수지 몰드공사 또는 금속몰드공사	
	기타의 장소	애자공사	
점검할 수 있는 은폐된 장소	건조한 장소	금속몰드공사	

14 주택의 전기저장장치의 축전지에 접속하는 부하 측 옥내배선을 사람이 접촉할 우려가 없도록 케이블 배선에 의하여 시설하고 전선에 적당한 방호장치를 시설한 경우 주택의 옥내전로의 대지전압은 직류 몇 [V]까지 적용할 수 있는가? (단, 전로에 지락이 생겼을 때 자동적으로 전로를 차단하는 장치를 시설한 경우이다.)

① 150
② 300
③ 400
④ 600

전기저장장치의 옥내전로의 대지전압 제한

주택의 전기저장장치의 축전지에 접속하는 부하측 옥내배선을 다음에 따라 시설하는 경우에 주택의 옥내전로의 대지전압은 직류 600[V] 이하이어야 한다.
(1) 전로에 지락이 생겼을 때 자동적으로 전로를 차단하는 장치를 시설할 것
(2) 사람이 접촉할 우려가 없는 은폐된 장소에 합성수지관공사, 금속관공사 및 케이블공사에 의하여 시설하거나, 사람이 접촉할 우려가 없도록 케이블배선에 의하여 시설하고 전선에 적당한 방호장치를 시설할 것

15 특고압 전로의 다중접지 지중 배전계통에 사용하는 동심중성선 전력케이블에 대한 설명 중 틀린 것은?

① 도체는 연동선 또는 알루미늄선을 소선으로 구성한 원형 압출연선으로 할 것
② 절연체는 동심원상으로 동시압출(3중 동시압출)한 내부 반도전층, 절연층 및 외부 반도전층으로 구성하여야 하며, 습식 방식으로 가교할 것
③ 중성선은 반도전성 부풀음 테이프 위에 형성하여야 하며, 꼬임방향은 Z 또는 S-Z꼬임으로 할 것
④ 최대사용전압은 25.8[kV] 이하일 것

동심중성선 전력케이블

특고압 전로의 다중접지 지중 배전계통에 사용하는 동심중성선 전력케이블은 다음에 적합한 것을 사용하여야 한다.
(1) 최대사용전압은 25.8[kV] 이하일 것
(2) 도체는 연동선 또는 알루미늄선을 소선으로 구성한 원형 압출연선으로 할 것
(3) 절연체는 동심원상으로 동시압출(3중 동시압출)한 내부 반도전층, 절연층 및 외부 반도전층으로 구성하여야 하며, 건식 방식으로 가교할 것
(4) 중성선은 반도전성 부풀음 테이프 위에 형성하여야 하며, 꼬임방향은 Z 또는 S-Z꼬임으로 할 것

16 두 개 이상의 전선을 병렬로 사용하는 각 전선의 굵기는 동선일 때 몇 [mm²] 이상으로 하고, 전선은 같은 도체, 같은 재료, 같은 길이 및 같은 굵기의 것을 이용하여야 하는가?

① 35
② 50
③ 70
④ 100

전선의 접속

두 개 이상의 전선을 병렬로 사용하는 각 전선의 굵기는 동선 50[mm²] 이상 또는 알루미늄 70[mm²] 이상으로 하고, 전선은 같은 도체, 같은 재료, 같은 길이 및 같은 굵기의 것을 사용할 것.

정답 13 ① 14 ④ 15 ② 16 ②

17 단상 교류 25000[V]인 전기철도의 전차선로에서 건조물과 전차선, 급전선 및 집진장치의 충전부 비절연 부분 간의 공기 절연 이격거리는 비오염 지역의 정적일 때 몇 [mm] 이상을 확보하여야 하는가?

① 270
② 220
③ 320
④ 170

전차선로의 충전부와 건조물 간의 절연이격

시스템 종류	공칭 전압 [V]	동적 [mm]		정적 [mm]	
		비오염	오염	비오염	오염
단상 교류	25,000	170	220	270	320

18 저압 절연전선으로 「전기용품 및 생활용품 안전관리법」의 적용을 받는 것 이외에 KS에 적합한 것으로서 사용할 수 없는 것은?

① 450/750[V] 비닐절연전선
② 450/750[V] 폴리 캡타이어 절연전선
③ 450/750[V] 저독성 난연 폴리올레핀절연전선
④ 450/750[V] 고무절연전선

저압 전선의 종류

구분		종류
저압	절연 전선	450/750[V] 비닐절연전선, 450/750[V] 고무절연전선, 450/750[V] 저독성 난연 폴리올레핀 절연전선, 450/750[V] 저독성 난연 가교폴리올레핀 절연전선
	케이블	0.6/1[kV] 연피케이블, 클로로프렌 외장케이블, 비닐외장케이블, 폴리에틸렌외장케이블, 저독성 난연 폴리올레핀외장케이블(FR-CO), 무기물절연케이블(MI), 금속외장케이블, 300/500[V] 연질 비닐시스케이블, 유선텔레비전용 급전겸용 동축 케이블

19 저압전로에 사용하는 주택용 배선용차단기의 경우 63[A]를 초과할 때 120분 내에 동작되는 전류의 배수로 알맞은 것은?

① 1.05
② 1.3
③ 1.13
④ 1.45

주택용 배선용차단기

정격전류의 구분	시간	정격전류의 배수 (모든 극에 통전)	
		부동작 전류	동작 전류
63[A] 이하	60분	1.13배	1.45배
63[A] 초과	120분	1.13배	1.45배

20 발열선을 도로, 주차장 또는 조영물의 조영재에 고정시켜 시설하는 경우 발열선에 전기를 공급하는 전로의 대지전압은 몇 [V] 이하이어야 하는가?

① 100
② 150
③ 200
④ 300

전기온상 등 및 도로 등의 전열장치
도로 등의 전열장치는 발열선을 도로, 주차장 또는 조영물의 조영재에 고정시켜 시설하는 경우를 말한다.

구분	내용
대지전압	발열선에 전기를 공급하는 전로의 대지전압은 300[V] 이하일 것.
발열선의 온도	80[℃] 이하 도로 또는 옥외 주차장에 금속피복을 한 발열선을 시설할 경우에는 발열선의 온도를 120[℃] 이하

24 1. 전기자기학(CBT시험 복원문제)

※ 본 기출문제는 수험자의 기억을 바탕으로 하여 복원한 문제이므로 실제 문제와 다를 수 있음을 미리 알려드립니다.

01 진공 중 4[m] 간격으로 두 개의 평행한 무한 평판 도체에 각각 +4[C/m²], −4[C/m²]의 전하를 주었을 때, 두 도체 간의 전위차는 약 몇 [V]인가?

① 1.8×10^{12} ② 1.8×10^{11}

③ 1.36×10^{12} ④ 1.36×10^{11}

평행판 전극 사이의 전위차

$V = \dfrac{\rho_s}{\epsilon_0} d$ [V] 식에서

$d = 4$ [m], $\rho_s = 4$ [C/m²] 이므로

$\therefore \ V = \dfrac{\rho_s}{\epsilon_o} d = \dfrac{4}{8.855 \times 10^{-12}} \times 4$

$= 1.8 \times 10^{12}$ [V]

---

02 반지름 2[mm]의 두 개의 무한히 긴 원통 도체가 중심 간격 2[m]로 진공 중에 평행하게 놓여 있을 때 1[km]당 정전용량은 약 몇 [μF]인가?

① 1×10^{-3} [μF] ② 2×10^{-3} [μF]

③ 4×10^{-3} [μF] ④ 6×10^{-3} [μF]

평행한 두 원통도체

$C = \dfrac{\pi \epsilon_0 l}{\ln \dfrac{d}{a}}$ [F] $= \dfrac{\pi \epsilon_0}{\ln \dfrac{d}{a}}$ [F/m] 식에서

$a = 2$ [mm], $d = 2$ [m], $l = 1$ [km]일 때

$\therefore \ C = \dfrac{\pi \epsilon_0 l}{\ln \dfrac{d}{a}} = \dfrac{\pi \times 8.855 \times 10^{-12} \times 10^3}{\ln \left(\dfrac{2}{2 \times 10^{-3}} \right)}$

$= 4 \times 10^{-9}$ [F] $= 4 \times 10^{-3}$ [μF]

---

03 $x > 0$인 영역에 비유전율 $\epsilon_{r1} = 3$인 유전체, $x < 0$인 영역에 비유전율 $\epsilon_{r2} = 5$인 유전체가 있다. $x < 0$인 영역에서 전계 $E_2 = 20a_x + 30a_y - 40a_z$ [V/m] 일 때 $x > 0$인 영역에서의 전속밀도는 몇 [C/m²]인가?

① $10(10a_x + 9a_y - 12a_z) \epsilon_0$

② $20(5a_x - 10a_y + 6a_z) \epsilon_0$

③ $50(5a_x - 10a_y + 6a_z) \epsilon_0$

④ $50(2a_x - 3a_y + 4a_z) \epsilon_0$

유전체의 경계면의 조건

x축의 (+), (−) 부분이 유전체로 나누어져 있으므로 y축과 z축은 유전체의 경계면이 되어 접선방향이 되고 x축이 법선방향을 나타낸다.

(1) 전계의 세기는 경계면의 접선성분이 서로 같다.

$E_1 \sin \theta_1 = E_2 \sin \theta_2$

따라서 $\dfrac{D_{y1}}{\epsilon_1} = \dfrac{D_{y2}}{\epsilon_2}$, $\dfrac{D_{z1}}{\epsilon_1} = \dfrac{D_{z2}}{\epsilon_2}$

(2) 전속밀도는 경계면의 법선성분이 서로 같다.

$D_1 \cos \theta_1 = D_2 \cos \theta_2$

따라서 $D_{x1} = D_{x2}$

$\therefore \ D_1 = \epsilon_2 E_{x2} a_x + \epsilon_1 E_{y2} a_y + \epsilon_1 E_{z2} a_z$

$= 5\epsilon_0 \times 20 a_x + 3\epsilon_0 \times 30 a_y - 3\epsilon_0 \times 40 a_z$

$= 100 \epsilon_0 a_x + 90 \epsilon_0 a_y - 120 \epsilon_0 a_z$

$= 10(10 a_x + 9 a_y - 12 a_z) \epsilon_0$

---

04 전계 E [V/m], 전속밀도 D [C/m²], 유전율 $\epsilon = \epsilon_0 \epsilon_s$ [F/m], 분극의 세기 P [C/m²]의 관계는?

① $P = D + \epsilon_0 E$ ② $P = D - \epsilon_0 E$

③ $P = \dfrac{D + E}{\epsilon_0}$ ④ $P = \dfrac{D - E}{\epsilon_0}$

분극의 세기

$P = \epsilon_0 (\epsilon_s - 1) E = \epsilon_0 \epsilon_s E - \epsilon_o E$

$= \epsilon E - \epsilon_o E = D - \epsilon_o E$ [C/m²]

정답 01 ① 02 ③ 03 ① 04 ②

05 전류 4π[A]가 흐르고 있는 무한직선도체에 의해 자계가 4[A/m]인 점은 직선도체로부터 거리가 몇 [m]인가?

① 0.5[m] ② 1[m]

③ 3[m] ④ 4[m]

무한장 직선도체에 의한 자계의 세기

$H = \dfrac{I}{2\pi r}$ [AT/m] 식에서

$I = 4\pi$ [A], $H = 4$ [A/m] 이므로

$\therefore \ r = \dfrac{I}{2\pi H} = \dfrac{4\pi}{2\pi \times 4} = 0.5$ [m]

06 속도 v의 전자가 평등자계 내에 수직으로 들어갈 때, 이 전자에 대한 설명으로 옳은 것은?

① 구면 위에서 회전하고 구의 반지름은 자계의 세기에 비례한다.

② 원운동을 하고 원의 반지름은 자계의 세기에 비례한다.

③ 원운동을 하고 원의 반지름은 자계의 세기에 반비례한다.

④ 원운동을 하고 원의 반지름은 전자의 처음 속도의 제곱에 비례한다.

전자의 원운동

평등 자계 내에 전자를 입사시킬 때 전자의 입사 방향이 자계와 평행한 경우 전자는 직선 운동을 하며 전자의 입사 방향이 자계와 수직인 경우 전자는 원운동을 하게 된다.

구분	공식
반지름(r)	$r = \dfrac{mv}{Bq} = \dfrac{mv}{\mu_0 Hq}$ [m]
각속도(ω)	$\omega = \dfrac{Bq}{m} = \dfrac{\mu_0 Hq}{m}$ [rad/sec]
주기(T)	$T = \dfrac{2\pi m}{Bq} = \dfrac{2\pi m}{\mu_0 Hq}$ [sec]

07 자극의 세기가 8×10^{-6}[Wb], 길이가 3[cm]인 막대자석을 120[AT/m]의 평등자계 내에 자력선과 30°의 각도로 놓으면 이 막대자석이 받는 회전력은 몇 [N·m]인가?

① 3.02×10^{-5} ② 3.02×10^{-4}

③ 1.44×10^{-5} ④ 1.44×10^{-4}

막대자석의 회전력

$T = m l H \sin\theta$ [N·m] 식에서

$m = 8 \times 10^{-6}$ [Wb], $l = 3$ [cm], $H = 120$ [AT/m], $\theta = 30°$ 이므로

$\therefore \ T = m l H \sin\theta$

$= 8 \times 10^{-6} \times 3 \times 10^{-2} \times 120 \times \sin 30°$

$= 1.44 \times 10^{-5}$ [N·m]

08 인덕턴스의 단위 [H]와 같지 않은 것은?

① J/A·s ② Ω·s

③ Wb/A ④ J/A²

인덕턴스(L)

인덕턴스는 여러 가지 형태의 식으로 표현되며 식에 의해서 단위 또한 여러 가지 표현을 갖게 된다.

(1) $L = \dfrac{N\phi}{I} = \dfrac{NBS}{I} = \dfrac{N\mu HS}{I}$ [H] 식에서

$[H] = \left[\dfrac{Wb}{A} \right]$

(2) $e = -L\dfrac{di}{dt}$ [V] 식에서 $L = -\dfrac{e}{di} dt$ [H]이므로

$[H] = \left[\dfrac{V}{A} \cdot sec \right] = [\Omega \cdot sec]$

(3) $W = \dfrac{1}{2} L I^2$ [J] 식에서 $L = \dfrac{2W}{I^2}$ [H]이므로

$[H] = \left[\dfrac{J}{A^2} \right]$

09 자화율(magnetic susceptibility) χ는 상자성체에서 일반적으로 어떤 값을 갖는가?

① $\chi = 0$ ② $\chi = 1$

③ $\chi < 0$ ④ $\chi > 0$

자성체의 성질

비투자율 μ_s, 자화율 χ_m라 하면

(1) 역자성체(반자성체) : $\mu_s < 1$, $\chi_m < 0$

     (수소, 헬륨, 구리, 탄소, 안티몬, 비스무트, 은 등)

(2) 상자성체 : $\mu_s > 1$, $\chi_m > 0$

     (칼륨, 텅스텐, 산소, 백금, 알루미늄 등)

(3) 강자성체 : $\mu_s \gg 1$, $\chi_m \gg 0$

     (철, 니켈, 코발트)

11 자계의 벡터 포텐셜(vector potential)을 A[Wb/m]라 할 때 도체 주위에서 자계 B[Wb/m^2]가 시간적으로 변화하면 도체에 발생하는 전계의 세기 E[V/m]는?

① $E = -\dfrac{\partial A}{\partial t}$ ② $\mathrm{rot}\, E = -\dfrac{\partial A}{\partial t}$

③ $\mathrm{rot}\, E = -\dfrac{\partial B}{\partial t}$ ④ $E = \mathrm{rot}\, B$

자기 벡터 포텐셜(A)

$\mathrm{rot}\, E = -\dfrac{\partial B}{\partial t} = -rot\left(\dfrac{\partial A}{\partial t}\right)$ 식에서

$B = rot\, A$ [Wb/m^2] 이므로

$\therefore\ E = -\dfrac{\partial A}{\partial t}$

10 저항 10[Ω]의 코일을 지나는 자속이 $\phi = 5\sin 10t$ [Wb]일 때, 유도기전력에 의한 전류[A]의 최대값은?

① 1[A]   ② 2[A]

③ 5[A]   ④ 10[A]

유도기전력

$\phi = 5\sin 10t = \phi_m \sin\omega t$ [Wb] 식에서

$\phi_m = 5$ [Wb], $\omega = 10$ [rad/s], $N = 1$일 때

유도기전력의 최대값 E_m은

$E_m = \omega\phi_m N = 10 \times 5 \times 1 = 50$ [V]이다.

$R = 10$ [Ω]일 때 전류의 최대값 I_m은

$\therefore\ I_m = \dfrac{E_m}{R} = \dfrac{50}{10} = 5$ [A]

12 반지름 a인 접지된 구형도체와 점전하가 유전율 ϵ인 공간에서 각각 원점과 $(d, 0, 0)$인 점에 있다. 구형도체를 제외한 공간의 전계를 구할 수 있도록 구형도체를 영상전하로 대치할 때의 영상점전하의 위치는?

① $\left(-\dfrac{a^2}{d}, 0, 0\right)$ ② $\left(\dfrac{a^2}{d}, 0, 0\right)$

③ $\left(0, +\dfrac{a^2}{d}, 0\right)$ ④ $\left(\dfrac{d^2}{4a}, 0, 0\right)$

접지구도체와 점전하

영상전하(Q')의 크기와 위치

(1) 영상전하의 크기 : $Q' = -\dfrac{a}{d} Q$ [C]

(2) 영상전하의 위치 : $\left(+\dfrac{a^2}{d}, 0, 0\right)$ [m]

13 공기 중에서 무한 평면 도체 표면 아래의 1[m] 떨어진 곳에 4[C]의 전하가 있다. 전하가 받는 힘의 크기[N]는?

① 3.6×10^{10}　　② 4.6×10^{10}

③ 5.6×10^{10}　　④ 6.6×10^{10}

접지 무한평면과 점전하

$F = \dfrac{Q^2}{16\pi\epsilon_0 d^2} = 9 \times 10^9 \times \dfrac{Q^2}{4d^2}$ [N] 식에서

$d = 1$ [m], $Q = 4$ [C] 이므로

$\therefore\ F = 9 \times 10^9 \times \dfrac{Q^2}{4d^2} = 9 \times 10^9 \times \dfrac{4^2}{4 \times 1^2}$

$\quad = 3.6 \times 10^{10}$ [N]

14 그림과 같이 비투자율이 μ_{s1}, μ_{s2}인 각각 다른 자성체를 접하여 놓고 θ_1을 입사각이라 하고, θ_2를 굴절각이라 한다. 경계면에 자하가 없을 경우 미소 폐곡면을 취하여 이곳에 출입하는 자속수를 구하면?

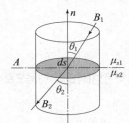

① $\displaystyle\int B \cdot n ds = 0$　　② $\displaystyle\int B \cdot n dl = 0$

③ $\displaystyle\int B \cdot n \sin\theta ds = 0$　　④ $\displaystyle\int B \cdot ds = 0$

자속의 연속성

자성체 내에서 키르히호프의 제1법칙은 $\sum \phi = 0$ [Wb] 이므로

$\sum \phi = \displaystyle\int_s B \cdot n ds = \int_v \mathrm{div}\, B dv$

$\quad = \displaystyle\int_v \nabla \cdot B dv = 0$ [Wb]이다.

$\therefore\ \displaystyle\int_s B \cdot n ds = \int_v div\, B dv = 0$ [Wb]이란 자성체 내에서 자속은 발산하지 않으며 경계면을 기준으로 법선성분(수직성분)은 연속임을 의미한다.
이것을 자속의 연속성이라 한다.

15 그림과 같은 유전속의 분포에서 ϵ_1과 ϵ_2의 관계는?

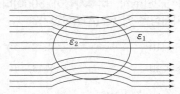

① $\epsilon_1 > \epsilon_2$　　② $\epsilon_2 > \epsilon_1$

③ $\epsilon_1 = \epsilon_2$　　④ $\epsilon_1 > 0,\ \epsilon_2 > 0$

유전체의 경계면의 조건

$\epsilon_1 > \epsilon_2$ 이면 $E_1 < E_2$, $D_1 > D_2$, $\theta_1 > \theta_2$ 일 때 유전율과 전속밀도는 비례관계에 있으므로 유전속이 유전율 ϵ_2에서 증가할 때 유전율도 ϵ_2가 ϵ_1보다 크다는 것을 알 수 있다.

$\therefore\ \epsilon_2 > \epsilon_1$

16 무손실 매질에서 고유 임피던스 $\eta = 60\pi$, 비투자율 $\mu_s = 1$, 자계 $H = -0.1\cos(\omega t - z)\hat{x} + 0.5\sin(\omega t - z)\hat{y}$ [AT/m]일 때 각주파수[rad/s]는?

① 6×10^8　　② 3×10^8

③ 0.5×10^8　　④ 1.5×10^8

전자파

전자파 자계의 세기는

$H = -0.1\cos(\omega t - \beta z)\hat{x} + 0.5\sin(\omega t - \beta z)\hat{y}$ [AT/m]
식으로 표현되므로 위상정수 $\beta = 1$ [rad/m]이다.

전파속도 $v = \dfrac{\omega}{\beta} = \dfrac{1}{\sqrt{\epsilon\mu}}$ [m/sec],

고유 임피던스 $\eta = \sqrt{\dfrac{\mu}{\epsilon}} = 120\pi\sqrt{\dfrac{\mu_s}{\epsilon_s}}$ [Ω] 식에서

각주파수 $\omega = \dfrac{\beta}{\sqrt{\epsilon\mu}} = \dfrac{3 \times 10^8}{\sqrt{\epsilon_s\mu_s}}$ [rad/sec] 이므로

$\epsilon_s = \dfrac{(120\pi)^2\mu_s}{\eta^2} = \dfrac{(120\pi)^2 \times 1}{(60\pi)^2} = 4$ 일 때

$\therefore\ \omega = \dfrac{3 \times 10^8}{\sqrt{\epsilon_s\mu_s}} = \dfrac{3 \times 10^8}{\sqrt{4 \times 1}} = 1.5 \times 10^8$ [rad/sec]

17 어떤 막대철심이 있다. 단면적이 8.26×10^{-4}[m²], 길이가 5.28[mm], 비투자율이 600이다. 이 철심의 자기저항은 약 몇 [AT/m]인가?

① 2.48×10^3　　　　② 4.48×10^3

③ 6.48×10^3　　　　④ 8.48×10^3

자기회로 내의 옴의 법칙

$R_m = \dfrac{l}{\mu S} = \dfrac{l}{\mu_0 \mu_s S}$ [AT/Wb] 식에서

$S = 8.26 \times 10^{-4}$[m²], $l = 5.28 \times 10^{-3}$[m],

$\mu_s = 600$ 이므로

$\therefore R_m = \dfrac{l}{\mu_0 \mu_s S}$

$= \dfrac{5.28 \times 10^{-3}}{4\pi \times 10^{-7} \times 600 \times 8.26 \times 10^{-4}}$

$= 8.48 \times 10^3$ [AT/Wb]

18 진공내에서 전위함수가 $V = x^2 + y^2$과 같이 주어질 때 점 (2, 2, 0)[m]에서 체적전하밀도 ρ는 몇 [C/m³]인가? (단, ϵ_0는 자유공간의 유전율이다.)

① $-4\epsilon_0$　　　　② $-\dfrac{4}{\epsilon_0}$

③ $-\dfrac{2}{\epsilon_0}$　　　　④ $2\epsilon_0$

포아송의 방정식

$\nabla^2 V = -\dfrac{\rho_v}{\epsilon_0}$ 식에서

$\nabla^2 V = \dfrac{\partial^2 V}{\partial x^2} + \dfrac{\partial^2 V}{\partial y^2}$

$= \dfrac{\partial^2}{\partial x^2}(x^2 + y^2) + \dfrac{\partial^2}{\partial y^2}(x^2 + y^2)$

$= \dfrac{\partial}{\partial x}(2x) + \dfrac{\partial}{\partial y}(2y) = 2 + 2 = 4$이다.

$\therefore \rho_v = -\epsilon_0 \nabla^2 V = -4\epsilon_0$ [C/m³]

19 액체 유전체를 포함한 콘덴서 용량이 C[F]인 것에 V[V]의 전압을 가했을 경우에 흐르는 누설전류[A]는? (단, 유전체의 유전율은 ϵ[F/m], 고유저항은 ρ[Ω·m]이다.)

① $\dfrac{\rho\epsilon}{CV}$　　　　② $\dfrac{C}{\rho\epsilon V}$

③ $\dfrac{CV}{\rho\epsilon}$　　　　④ $\dfrac{\rho\epsilon V}{C}$

전기저항(R)과 정전용량(C)의 관계

$RC = \rho\epsilon = \dfrac{\epsilon}{k}$ 또는 $\dfrac{C}{G} = \rho\epsilon = \dfrac{\epsilon}{k}$ 이므로

누설전류 I는

$\therefore I = \dfrac{V}{R} = \dfrac{CV}{\rho\epsilon}$ [A]

20 자기회로와 전기회로의 대응으로 틀린 것은?

① 자속 ↔ 전류

② 기자력 ↔ 기전력

③ 투자율 ↔ 유전율

④ 자계의 세기 ↔ 전계의 세기

전기회로와 자기회로 대응관계

전기회로	자기회로
기전력 V[V]	기자력 F[AT]
전류 I[A]	자속 ϕ[Wb]
전기저항 R[Ω]	자기저항 R_m[AT/Wb]
도전율 σ[S/m]	투자율 μ[H/m]
전류밀도 i[A/m2]	자속밀도 B[Wb/m²]
전계의 세기 E[V/m]	자계의 세기 H[AT/m]
콘덕턴스 G[S]	퍼미언스 P_m[Wb/AT]

여기서, 퍼미언스는 자기저항의 역수이다.

정답 17 ④　18 ①　19 ③　20 ③

24 2. 전력공학(CBT시험 복원문제)

※ 본 기출문제는 수험자의 기억을 바탕으로 하여 복원한 문제이므로 실제 문제와 다를 수 있음을 미리 알려드립니다.

01 1대의 주상변압기에 역률(뒤짐) $\cos\theta_1$, 유효전력 P_1[kW]의 부하와 역률(뒤짐) $\cos\theta_2$, 유효전력 P_2[kW]의 부하가 병렬로 접속되어 있을 때 주상 변압기의 2차측에서 본 부하의 종합역률은 어떻게 되는가?

① $\dfrac{P_1+P_2}{\sqrt{(P_1+P_2)^2+(P_1\tan\theta_1+P_2\tan\theta_2)^2}}$

② $\dfrac{P_1+P_2}{\sqrt{(P_1+P_2)^2+(P_1\sin\theta_1+P_2\sin\theta_2)^2}}$

③ $\dfrac{P_1+P_2}{\dfrac{P_1}{\cos\theta_1}+\dfrac{P_2}{\cos\theta_2}}$

④ $\dfrac{P_1+P_2}{\dfrac{P_1}{\sin\theta_1}+\dfrac{P_2}{\sin\theta_2}}$

종합역률($\cos\theta$)

(1) 유효전력
$P=P_1+P_2$ [W]

(2) 무효전력
$Q=Q_1+Q_2=P_1\tan\theta_1+P_2\tan\theta_2$ [Var]

(3) 피상전력
$S=\sqrt{P^2+Q^2}$
$=\sqrt{(P_1+P_2)^2+(P_1\tan\theta_1+P_2\tan\theta_2)^2}$ [VA]

$\therefore \cos\theta=\dfrac{P}{S}$
$=\dfrac{P_1+P_2}{\sqrt{(P_1+P_2)^2+(P_1\tan\theta_1+P_2\tan\theta_2)^2}}$

02 개폐장치 중에서 고장전류의 차단능력이 없는 것은?

① 진공차단기　　　　② 유입개폐기
③ 리클로저　　　　　④ 전력퓨즈

유입개폐기

유입개폐기는 통상의 부하전류를 개폐할 수 있는 개폐기로서 배전선로의 고장 또는 보수 점검시 정전구간을 축소시키기 위해 사용되는 구분개폐기이다. 반면 단로기는 부하전류를 개폐할 수 있는 기능이 없으며 무부하시에만 전로를 개폐할 수 있도록 한 개폐기이다. 유입개폐나 단로기는 고장전류 차단능력이 없는 개폐기이다.

03 파동임피던스 $Z_1=500$[Ω]인 선로의 종단에 파동임피던스 $Z_2=1,000$[Ω]의 변압기가 접속되어 있다. 지금 선로에서 파고 $e_1=600$[kV]의 전압이 진입할 경우 접속점에서의 전압 반사파 파고는 몇 [kV]인가?

① 200[kV]　　　　　② 300[kV]
③ 400[kV]　　　　　④ 500[kV]

진행파의 반사와 투과

파동임피던스 Z_1, Z_2, 진입파 전압, 전류 e_i, i_i라 하면 반사파 전압, 전류 e_r, i_r과 투과파전압, 전류 e_t, i_t는

$e_r=\dfrac{Z_2-Z_1}{Z_2+Z_1}e_i,\ i_r=-\dfrac{Z_2-Z_1}{Z_2+Z_1}i_i$

$e_t=\dfrac{2Z_2}{Z_2+Z_1}e_i,\ i_t=\dfrac{2Z_1}{Z_2+Z_1}i_i$이다.

$Z_1=500$[Ω], $Z_2=1,000$[Ω], $e_i=600$[kV]일 때

$\therefore e_r=\dfrac{Z_2-Z_1}{Z_2+Z_1}e_i=\dfrac{1,000-500}{1,000+500}\times600$
$=200$[kV]

04 중성점 직접 접지방식에 대한 설명으로 틀린 것은?

① 계통의 과도 안정도가 나쁘다.
② 변압기의 단절연(斷絶緣)이 가능하다.
③ 1선 지락 시 건전상의 전압은 거의 상승하지 않는다.
④ 1선 지락전류가 적어 차단기의 차단능력이 감소된다.

직접접지방식

(1) 장점
  ㉠ 1선 지락고장시 건전상의 대지전압 상승이 거의 없고(=이상전압이 낮다.) 중성점의 전위도 거의 영전위를 유지하므로 기기의 절연레벨을 저감시켜 단절연할 수 있다.
  ㉡ 아크지락이나 개폐서지에 의한 이상전압이 낮아 피뢰기의 책무 경감이나 피뢰기의 뇌전류 방전 효과를 증가시킬 수 있다.
  ㉢ 1선 지락고장시 지락전류가 매우 크기 때문에 지락계전기(보호계전기)의 동작을 용이하게 하여 고장의 선택차단이 신속하며 확실하다.
(2) 단점
  ㉠ 1선 지락고장시 지락전류가 매우 크기 때문에 근접 통신선에 유도장해가 발생하며 계통의 안정도가 매우 나쁘다.
  ㉡ 차단기의 동작이 빈번하며 대용량 차단기를 필요로 한다.

05 유황곡선으로부터 알 수 없는 것은?

① 월별 하천 유량   ② 풍수량
③ 갈수량   ④ 평수량

유황곡선

유황곡선이란 유량도를 이용하여 횡축에 일수를 잡고 종축에 유량을 취하여 매일의 유량 중 큰 것부터 작은 순으로 1년분을 배열하여 그린 곡선이다. 이 곡선으로부터 하천의 유량 변동상태와 연간 총 유출량 및 풍수량, 평수량, 갈수량 등을 알 수 있게 된다.

06 두 개의 가공 송전선로의 어느 하나의 도체에 전압 V_1[V]를 인가 시 Q_1[C]의 전하가 흐르고, 또한 다른 하나의 도체에 V_2[V]를 인가 시 Q_2[C]의 전하가 흐른다고 한다. 이 때 정전용량계수를 k, 정전유도계수를 k'라 하면 대지정전용량은 어떻게 표현되는가?

① $k+k'$ ② k
③ k' ④ $k-k'$

대지정전용량 계산

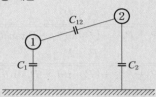

$$Q_1 = k_{11} V_1 + k_{12} V_2 = k_{11} V_1 + k_{12} V_2 + k_{12} V_1 - k_{12} V_1$$
$$= (k_{11} + k_{12}) V_1 - k_{12} (V_1 - V_2)$$
$$= C_1 V_1 - C_{12} (V_1 - V_2)$$
$$Q_2 = k_{21} V_1 + k_{22} V_2 = k_{21} V_1 + k_{21} V_2 - k_{21} V_1 + k_{22} V_2$$
$$= -k_{21} (V_2 - V_1) + (k_{22} + k_{21}) V_2$$
$$= C_{21} (V_2 - V_1) + C_2 V_2$$

대지정전용량 C_1, C_2는

$C_1 = k_{11} + k_{12}$, $C_2 = k_{22} + k_{21}$ 식에서
k_{11}, k_{22}는 정전용량계수,
k_{12}, k_{21}은 정전유도계수 이므로
∴ 대지정전용량$= k + k'$

07 배선계통에서 사용하는 고압용 차단기의 종류가 아닌 것은?

① 기중차단기(ACB)   ② 공기차단기(ABB)
③ 진공차단기(VCB)   ④ 유입차단기(OCB)

전압에 따른 차단기 분류

고압	특고압	초고압
자기차단기 유입차단기 진공차단기	유입차단기 진공차단기 가스차단기 공기차단기	가스차단기 공기차단기

∴ 기중차단기(ACB)는 저압용 차단기이다.

정답 04 ④ 05 ① 06 ① 07 ①

08 어느 변전소 모선에서의 계통 전체의 합성 임피던스가 30[%]일 때, 정격전압 154[kV], 정격전류 300[A]에 대한 계통의 단락용량은 몇 [MVA]인가?

① 226.7   ② 267.7
③ 126.7   ④ 167.7

단락용량(P_s)

$P_s = \dfrac{100}{\%Z}P_n$ [MVA], $P_n = \sqrt{3}\,VI$ [MVA] 식에서

$\%Z = 30$ [%], $V = 154$ [kV], $I = 300$ [A] 이므로

$P_n = \sqrt{3}\,VI = \sqrt{3} \times 154 \times 0.3 = 80$ [MVA]일 때

$\therefore \; P_s = \dfrac{100}{\%Z}P_n = \dfrac{100}{30} \times 80 = 266.7$ [MVA]

10 총낙차 80.9[m], 사용 수량 30[m³/s]인 발전소가 있다. 수로의 길이가 3,800[m], 수로의 구배가 $\dfrac{1}{2,000}$, 수압 철관의 손실 낙차를 1[m]라고 하면 이 발전소의 출력은 약 몇 [kW]인가?
(단, 수차 및 발전기의 종합 효율은 83[%]라 한다.)

① 15,000   ② 19,000
③ 24,000   ④ 28,000

발전기 출력(P_g)

발전기 출력 $P_g = 9.8QH\eta$ [kW] 식에서

손실수두 $H_l = 1 + 3800 \times \dfrac{1}{2,000} = 2.9$ [m]

위치수두 $H = $총낙차$ - H_l = 80.9 - 2.9 = 78$ [m]

사용수량 $Q = 30$ [m³/s], 종합효율 $\eta = 83$ [%]이므로

$\therefore \; P_g = 9.8QH\eta = 9.8 \times 30 \times 78 \times 0.83$
$\qquad\quad = 19,000$ [kW]

09 계전기의 반한시 특성이란?

① 동작전류가 클수록 동작 시간이 길어진다.
② 동작전류가 흐르는 순간에 동작한다.
③ 동작전류에 관계없이 동작 시간은 일정하다.
④ 동작전류가 크면 동작 시간은 짧아진다.

계전기의 한시특성

(1) 순한시계전기 : 정정된 최소동작전류 이상의 전류가 흐르면 즉시 동작하는 계전기
(2) 정한시계전기 : 정정된 값 이상의 전류가 흘렀을 때 동작 전류의 크기에는 관계없이 정해진 시간이 경과한 후에 동작하는 계전기
(3) 반한시계전기 : 정정된 값 이상의 전류가 흘렀을 때 동작하는 시간과 전류값이 서로 반비례하여 동작하는 계전기
(4) 정한시-반한시 계전기 : 어느 전류값까지는 반한시 계전기의 성질을 띠지만 그 이상의 전류가 흐르는 경우 정한시계전기의 성질을 띠는 계전기

11 송전선로의 코로나 임계전압이 높아지는 경우가 아닌 것은?

① 상대 공기 밀도가 적다.
② 전선의 반지름과 선간거리가 크다.
③ 날씨가 맑다.
④ 낡은 전선을 새 전선으로 교체하였다.

코로나 임계전압(E_0)

코로나 방전이 개시되는 전압으로 코로나 임계전압이 높아야 코로나 방전을 억제할 수 있다.

$E_0 = 24.3\,m_0 m_1 \delta d \log_{10} \dfrac{D}{r}$ [kV]

여기서, m_0는 전선의 표면계수, m_1은 날씨계수, δ는 상대공기밀도, d는 전선의 지름, D는 선간거리, r은 도체의 반지름이다.

∴ 코로나 임계전압이 높아지는 경우는 새 전선을 사용하는 경우나 맑은 날씨인 경우, 상대공기밀도가 높은 경우, 전선의 지름이 큰 경우, 선간거리가 큰 경우가 이에 속한다.

12 원자로의 제어재가 구비하여야 할 조건으로 옳지 않은 것은?

① 중성자의 흡수 단면적이 적어야 한다.
② 높은 중성자속에서 장시간 그 효과를 간직하여야 한다.
③ 내식성이 크고, 기계적 가공이 쉬워야 한다.
④ 열과 방사선에 대하여 안정적이어야 한다.

> **제어재가 갖추어야 할 조건**
> (1) 중성자 흡수 단면적이 클 것
> (2) 열과 방사선에 대하여 안정할 것
> (3) 높은 중성자속 중에서 장시간 그 효과를 간직할 것
> (4) 원자의 질량이 작을 것
> (5) 내식성이 크고 기계적 가공이 용이할 것

13 송전단 전압을 V_s, 수전단 전압을 V_r, 선로의 리액턴스를 X 라 할 때 정상 시의 최대 송전전력은 부하각이 몇 [°]일 때 발생하는가?

① 60°
② 90°
③ 30°
④ 45°

> **정태안정극한전력**
> $$P = \frac{V_s V_r}{X} \sin\delta \,[\text{W}]$$ 식에서
> $\sin\delta = 1$일 때 송전력이 최대로 발생하므로
> ∴ $\delta = 90°$이다.

14 변성기의 정격부담을 표시하는 단위는?

① W
② S
③ dyne
④ VA

> **변성기의 정격부담(P)**
> 부담이란 계기용변성기 2차측 외부 부하 임피던스가 소비하는 피상전력을 말한다.
> 수식으로는 $P = VI = I^2 Z = \dfrac{V^2}{Z}\,[\text{VA}]$로 표현된다.

15 단상 2선식 송전선로는 $0.2 + j0.5\,[\Omega]$인 선로 임피던스를 통해 부하에 100[A]가 공급되고 있다. 부하는 역률 100[%]인 순저항 부하가 접속되어 있을 때 송전 무효전력은 몇 [kVar]인가?

① 2
② 5
③ 15
④ 20

> **송전 무효전력(Q_s)**
> 부하는 순저항 부하로서 역률이 100[%]인 부하이기 때문에 부하의 무효전력은 0이다.
> 이 때 송전선의 임피던스가 $0.2 + j0.5\,[\Omega]$인 경우 송전선로에서 무효전력이 발생하게 된다.
> $Q_s = I^2 X \times 10^{-3}\,[\text{kVar}]$ 식에서
> $Z = R + jX = 0.2 + j0.5\,[\Omega]$ 이므로
> $X = 0.5\,[\Omega]$, $I = 100\,[\text{A}]$일 때
> ∴ $Q_s = I^2 X \times 10^{-3} = 100^2 \times 0.5 \times 10^{-3}$
> $\qquad = 5\,[\text{kVar}]$

16 그림과 같이 4각형으로 배치된 4도체 송전선이 있다. 소도체의 반지름 1[cm], 한 변의 길이 40[cm]일 때, 소도체간의 기하평균거리[cm]는?

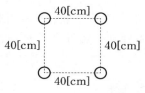

① 42.9
② 44.9
③ 46.9
④ 48.9

> **등가선간거리=기하평균거리(D_e)**
> 4개의 도체가 정사각형 배치인 경우 도체간 거리는
> $D_1 = d$, $D_2 = d$, $D_3 = d$, $D_4 = d$, $D_5 = \sqrt{2}\,d$,
> $D_6 = \sqrt{2}\,d$이므로
> $D_e = \sqrt[6]{D_1 \cdot D_2 \cdot D_3 \cdot D_4 \cdot D_5 \cdot D_6}$
> $\quad = \sqrt[6]{d \cdot d \cdot d \cdot d \cdot \sqrt{2}\,d \cdot \sqrt{2}\,d}$
> $\quad = \sqrt[6]{2}\,d\,[\text{m}]$이다. 따라서 $d = 40\,[\text{cm}]$인 경우
> ∴ $D_e = \sqrt[6]{2}\,d = 40\sqrt[6]{2} = 44.9\,[\text{cm}]$

정답 12 ① 13 ② 14 ④ 15 ② 16 ②

17 전력계통에서 전력용콘덴서와 직렬로 연결하는 리액터로 제거되는 고조파는?

① 제2고조파   ② 제3고조파

③ 제4고조파   ④ 제5고조파

직렬리액터

부하의 역률을 개선하기 위해 설치하는 전력용 콘덴서에 제5고조파 전압이 나타나게 되면 콘덴서 내부고장의 원인이 되므로 제5고조파 성분을 제거하기 위해서 직렬리액터를 설치하는데 5고조파 공진을 이용하기 때문에 직렬리액터의 용량은 이론상 4[%], 실제적 용량 5~6[%]이다.

19 단상 3선식에 대한 설명 중 옳지 않은 것은?

① 불평형 부하시 중성선 단선 사고가 나면 전압 상승이 일어난다.

② 불평형 부하시 중성선에 전류가 흐르므로 중성선에 퓨즈를 삽입한다.

③ 선간전압 및 선로 전류가 같을 때 1선당 공급 전력은 단상 2선식의 133[%]이다.

④ 전력 손실이 동일할 경우 전선 총중량은 단상 2선식의 37.5[%]이다.

저압밸런서

단상 3선식은 중성선이 용단되면 전압불평형이 발생하므로 중성선에 퓨즈를 삽입하면 안되며 부하 말단에 저압밸런서를 설치하여 전압밸런스를 유지한다.

18 송수 양단의 전압을 E_S, E_R라 하고 4단자 정수를 A, B, C, D 라 할 때 전력원선도의 반지름은?

① $\dfrac{E_R E_S}{A}$ ② $\dfrac{E_S E_R}{B}$

③ $\dfrac{E_S E_R}{C}$ ④ $\dfrac{E_S E_R}{D}$

전력원선도

전력원선도의 반지름(ρ)은 선로정수 B와 송·수전단 전압(E_S, E_R)의 곱으로 표현하며 부하의 증·감에 따라서 변화하는 무효전력을 보상해주는 조상기의 용량은 부하 역률직선과 전력원선도의 직선상의 거리로 정하고 있다.

∴ 전력원선도의 반지름 $\rho = \dfrac{E_S E_R}{B}$

20 송전선로의 전압을 2배로 승압하고 송전전력과 역률을 일정하게 유지할 경우 전력손실은 승압전의 약 몇 배 정도인가?

① $\dfrac{1}{2}$ 배   ② $\dfrac{1}{3}$ 배

③ $\dfrac{1}{4}$ 배   ④ $\dfrac{1}{5}$ 배

전압에 따른 특성값의 변화들

$V_d \propto \dfrac{1}{V}$, $\epsilon \propto \dfrac{1}{V^2}$, $P_l \propto \dfrac{1}{V^2}$, $A \propto \dfrac{1}{V^2}$ 식에서

$V' = 2V$ 인 경우

$P_l' = \left(\dfrac{V}{V'}\right)^2 P_l = \left(\dfrac{V}{2V}\right)^2 P_l = \dfrac{1}{4} P_l$ 이므로

∴ $\dfrac{1}{4}$ 배이다.

24 ## 3. 전기기기(CBT시험 복원문제)

※ 본 기출문제는 수험자의 기억을 바탕으로 하여 복원한 문제이므로 실제 문제와 다를 수 있음을 미리 알려드립니다.

01 직류발전기의 정류 초기에 전류변화가 크며 이때 발생되는 불꽃정류로 옳은 것은?

① 과정류 ② 직선정류
③ 부족정류 ④ 정현파정류

정류특성의 종류
(1) 직선정류 : 가장 이상적인 정류특성으로 불꽃없는 양호한 정류곡선이다.
(2) 정현파 정류 : 보극을 적당히 설치하면 전압정류로 유도되어 정현파 정류가 되며 평균리액턴스전압을 감소시키고 불꽃없는 양호한 정류를 얻을 수 있다.
(3) 부족정류 : 정류주기의 말기에서 전류변화가 급격해지고 평균리액턴스전압이 증가하며 정류가 불량해진다. 이 경우 불꽃이 브러시의 후반부에서 발생한다.
(4) 과정류 : 정류주기의 초기에서 전류변화가 급격해지고 불꽃이 브러시의 전반부에서 발생한다.

03 다음 중 DC 서보모터의 제어 기능에 속하지 않는 것은?

① 역률제어 기능 ② 전류제어 기능
③ 속도제어 기능 ④ 위치제어 기능

DC 서보모터의 기능
(1) 전압을 가변 할 수 있어야 한다. – 전압제어 및 전류제어
(2) 최대토크에서 견디는 능력이 커야 한다.
(3) 고도의 속응성을 갖추어야 한다. – 위치제어 및 속도제어
(4) 안정성과 강인성이 있어야 한다.
(5) Servo-lock 기능을 가져야 한다.

02 1차 전압 100[V], 2차 전압 200[V], 선로 출력 60[kVA]인 단권변압기의 자기용량은 몇 [kVA]인가?

① 30 ② 60
③ 300 ④ 600

단권변압기의 자기용량

자기용량 $= \dfrac{V_h - V_L}{V_h} \times$ 부하용량 식에서

$V_L = 100$ [V], $V_h = 200$ [V], $P = 60$ [kVA]이므로

자기용량 $= \dfrac{V_h - V_L}{V_h} \times P = \dfrac{200 - 100}{200} \times 60$

$\qquad = 30$ [kVA]

04 누설변압기의 특징으로 알맞은 것은?

① 고저항 특성 ② 정전류 특성
③ 정전압 특성 ④ 고역률 특성

자기누설 변압기
부하전류(I_2)가 증가하면 철심 내부의 누설 자속이 증가하여 누설 리액턴스에 의한 전압 강하가 임계점에서 급격히 증가하게 되는데 이 때문에 부하단자전압(V_2)은 수하 특성을 갖게 되며 부하전류의 증가가 멈추게 된다.
– 일정한 정전류 유지(수하특성)
(1) 용도 : 용접용 변압기, 네온관용 변압기
(2) 특징 : 전압변동률이 크고 역률과 효율이 나쁘다.

정답 01 ① 02 ① 03 ① 04 ②

05 직류기에서 전기자 반작용 중 감자기자력 AT_d [AT/pole]는 어떻게 표시되는가? (단, α : 브러시의 이동각, Z : 전기자 도체수, p : 극수, I_a : 전기자전류, a : 전기자 병렬회로수이다.)

① $AT_d = \dfrac{180}{\alpha} \cdot \dfrac{Z}{p} \cdot \dfrac{I_a}{a}$

② $AT_d = \dfrac{\alpha}{180} \cdot \dfrac{Z}{p} \cdot \dfrac{I_a}{a}$

③ $AT_d = \dfrac{180}{90-\alpha} \cdot \dfrac{Z}{p} \cdot \dfrac{I_a}{a}$

④ $AT_d = \dfrac{90-\alpha}{180} \cdot \dfrac{Z}{p} \cdot \dfrac{I_a}{a}$

직류기의 전기자 반작용
(1) 감자기자력

$$\text{AT}_d = \frac{ZI_a}{2ap} \cdot \frac{2\alpha}{\pi} = \frac{ZI_a}{ap} \cdot \frac{\alpha}{\pi} = k \cdot \frac{2\alpha}{\pi}$$

(2) 교차기자력

$$\text{AT}_c = \frac{ZI_a}{2ap} \cdot \frac{\beta}{\pi} = \frac{ZI_a}{2ap} \cdot \frac{\pi - 2\alpha}{\pi} = k \cdot \frac{\beta}{\pi}$$

$$\therefore \text{AT}_d = \frac{ZI_a}{ap} \cdot \frac{\alpha}{\pi} = \frac{\alpha}{180} \cdot \frac{Z}{p} \cdot \frac{I_a}{a}$$

07 1상의 유도기전력이 6,000[V]인 동기발전기에서 1분간 회전수를 900[rpm]에서 1,800[rpm]으로 하면 유도기전력은 약 몇 [V]인가?

① 6,000
② 12,000
③ 24,000
④ 36,000

동기발전기의 유기기전력

$$N_s = \frac{120f}{p} \text{ [rpm]},$$

$$E = 4.44 f \phi w k_w \text{ [V] 식에서}$$

동기속도와 주파수가 비례하고 주파수는 유기기전력에 비례하므로 결국 동기속도와 유기기전력은 비례함을 알 수 있다.
따라서 동기속도를 2배로 하면 유기기전력도 2배로 된다.

$$\therefore E' = 2 \times 6,000 = 12,000 \text{ [V]}$$

06 3상 유도전동기에서 동기와트로 표시되는 것은?

① 2차 출력
② 1차 입력
③ 토크
④ 각속도

동기와트

$$P_2 = \frac{1}{0.975} N_s \tau = 1.026 N_s \tau \text{ [W] 식에서}$$

동기와트는 유도전동기의 2차 입력을 의미한다. 따라서 동기속도가 일정할 때 토크는 동기와트로 표시된다.

08 단자전압이 120[V], 전기자 전류가 100[A], 전기자저항이 0.2[Ω]일 때 직류전동기의 출력[kW]은?

① 10
② 20
③ 30
④ 40

직류전동기의 출력(P)

$P = EI_a$[W], $E = V - R_a I_a$[V] 식에서
$V = 120$[V], $I = 100$[A], $R_a = 0.2$[Ω] 이므로
$E = V - R_a I_a = 120 - 0.2 \times 100 = 100$[V]

$$\therefore P = EI_a = 100 \times 100 = 10000 \text{ [W]}$$
$$= 10 \text{ [kW]}$$

09 3상 동기발전기의 매극, 매상의 슬롯수가 3이라 하면 분포계수는?

① $\sin\frac{2}{3}\pi$ ② $\sin\frac{3}{2}\pi$

③ $\dfrac{1}{6\sin\frac{\pi}{18}}$ ④ $6\sin\frac{\pi}{18}$

분포권 계수

$k_d = \dfrac{\sin\dfrac{\pi}{2m}}{q\sin\dfrac{\pi}{2mq}}$ 식에서

$m=3$, $q=3$일 때

$\therefore k_d = \dfrac{\sin\dfrac{\pi}{2\times3}}{3\sin\dfrac{\pi}{2\times3\times3}} = \dfrac{\dfrac{1}{2}}{3\sin\dfrac{\pi}{18}} = \dfrac{1}{6\sin\dfrac{\pi}{18}}$

---

11 분권 직류전동기에서 부하의 변동이 심할 때 광범위하고 안정되게 속도를 제어하는 가장 적당한 방식은?

① 계자제어 방식 ② 저항제어 방식
③ 워드 레오나드 방식 ④ 일그너 방식

직류전동기의 속도제어법

(1) 전압 제어법(정토크 제어)
  ㉠ 워드 레오너드 방식(MGM 방식) : 타여자 발전기를 이용하여 전압을 조정하는 방식으로 조정범위가 광범위하다.
  ㉡ 일그너 방식 : 워드 레오너드 방식에 플라이 휠을 장착하여 부하 변동이 심한 경우에 적용한다.
  ㉢ 직·병렬 제어법 : 정격이 같은 전동기를 직렬 또는 병렬로 접속하여 인가되는 전압을 조정하여 속도를 제어하는 방법으로 직권전동기에 적용된다.
(2) 계자 제어법(정출력 제어)
(3) 저항 제어법

---

10 그림과 같은 브리지 정류회로는 어느 점에 교류 입력을 연결하여야 하는가?

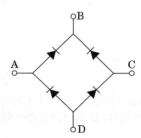

① A-C점 ② B-C점
③ C-D점 ④ D-B점

브리지 전파정류회로

브리지 전파정류회로를 연결하는 방법은 전원측(입력측) 단자와 접속된 다이오드의 극성은 서로 반대가 되도록 하여야 하며, 부하측(출력측) 단자와 접속된 다이오드의 극성은 서로 같아야 한다.
$\therefore$ A-C 점이다.

---

12 3상 직권정류자 전동기에 중간변압기를 사용하는 이유로 적당하지 않은 것은?

① 중간변압기를 이용하여 속도 상승을 억제한다.
② 중간변압기를 사용하여 누설 리액턴스를 감소할 수 있다.
③ 회전자 전압을 정류전압에 맞는 값으로 선정할 수 있다.
④ 중간변압기의 권수비를 바꾸어 전동기 특성을 조정할 수 있다.

3상 직권정류자 전동기의 특징

중간변압기(직렬변압기)의 사용 목적은 다음과 같다.
(1) 전원전압의 크기에 관계없이 회전자 전압을 정류작용에 알맞은 값으로 선정할 수 있다.(정류자 전압 조정)
(2) 중간변압기의 권수비를 바꾸어 전동기의 특성을 조정한다.(실효 권수비 선정 조정)
(3) 중간변압기의 철심을 포화하면 경부하시 속도상승을 억제할 수 있다.(속도 이상 상승 방지)

---

13 3상 배전선에 접속된 V결선의 변압기에서 전부하시의 출력을 100[kVA]라 하며 같은 용량의 변압기 한 대를 증설하여 △결선하였을 때의 정격출력은 몇 [kVA]인가?

① 50
② $50\sqrt{3}$
③ 100
④ $100\sqrt{3}$

V결선의 출력비

$\dfrac{P_V}{P_\triangle} = \dfrac{\sqrt{3}\,P_1}{3P_1} = \dfrac{1}{\sqrt{3}}$ 식에서

V결선이던 변압기를 1대 증설하여 △결선으로 운전하면 변압기 출력은 $\sqrt{3}$ 배 증가한다.

$\therefore P_\triangle = \sqrt{3}\,P_V = \sqrt{3} \times 100 = 100\sqrt{3}\ [\text{kVA}]$

14 동기발전기의 자기여자방지법을 방지하는 방법이 아닌 것은?

① 수전단에 콘덴서를 병렬로 접속한다.
② 발전기 여러 대를 모선에 병렬로 접속한다.
③ 수전단에 동기조상기를 접속한다.
④ 수전단에 리액터를 병렬로 접속한다.

동기발전기의 자기여자현상

동기발전기의 자기여자현상이란 무부하 단자전압이 유기기전력보다 크게 나타남으로서 여자를 확립하지 않아도 발전기 스스로 전압을 일으키는 현상으로 원인과 방지대책은 다음과 같다.

구분	내용
원인	정전용량(C)에 의한 충전전류에 의해서 나타난다.
방지대책	(1) 전기자반작용이 적고 단락비가 큰 발전기를 사용한다. (2) 발전기 여러 대를 병렬로 운전한다. (3) 송전선 말단에 리액터나 변압기를 설치한다. (4) 송전선 말단에 동기조상기를 설치하여 부족여자로 운전한다.

$\therefore$ 콘덴서를 접속하면 자기여자현상을 증가시킨다.

15 보통 농형에 비하여 2중 농형전동기의 특징인 것은?

① 최대 토크가 크다.
② 손실이 적다.
③ 기동 토크가 크다.
④ 슬립이 크다.

2중 농형 유도전동기

농형 유도전동기는 기동토크가 작기 때문에 기동특성을 개선하기 위하여 회전자의 슬롯에 두 종류의 도체를 상하로 배치하여 2중 농형 구조로 만든 유도전동기이다. 2중 농형 유도전동기는 보통 농형에 비하여 기동토크를 크게 하고 기동전류는 작게 하여 기동특성을 개선한 유도전동기이다.

16 15[kW] 3상 유도전동기의 기계손이 350[W], 전부하시의 슬립이 2[%]이다. 전부하시의 2차 동손 [W]은?

① 275
② 313
③ 426
④ 475

전력변환 종합표

구분	$\times P_2$	$\times P_{c2}$	$\times P_0$
$P_2 =$	1	$\dfrac{1}{s}$	$\dfrac{1}{1-s}$
$P_{c2} =$	s	1	$\dfrac{s}{1-s}$
$P_0 =$	$1-s$	$\dfrac{1-s}{s}$	1

$P_0 = P + P_l\,[\text{W}]$,

$P_{c2} = s \times P_2 = \dfrac{s}{1-s} \times P_0\,[\text{W}]$ 식에서

$P = 15\,[\text{kW}]$, $P_l = 350\,[\text{W}]$, $s = 2\,[\%]$ 이므로

$P_0 = P + P_l = 15 \times 10^3 + 350 = 15,350\,[\text{W}]$일 때

$\therefore P_{c2} = \dfrac{s}{1-s} \times P_0 = \dfrac{0.02}{1-0.02} \times 15,350$
$= 313\,[\text{W}]$

17 200[V], 7.5[kW], 6극, 3상 유도전동기가 있다. 정격 전압으로 기동할 때 기동 전류는 정격 전류의 615[%], 기동 토크는 전부하 토크의 225[%]이다. 지금 기동 토크를 전부하 토크의 1.5배로 하려면 기동 전압[V]은 얼마로 하면 되는가?

① 약 163   ② 약 182
③ 약 193   ④ 약 202

토크(τ)와 공급전압(V)과의 관계

$\tau \propto V^2$ 식에서
$\tau = 225$ [%], $V = 200$ [V], $\tau' = 1.5$배 이므로
$$\therefore V' = \sqrt{\frac{\tau'}{\tau}} = V = \sqrt{\frac{1.5}{2.25}} \times 200 = 163 \text{[V]}$$

18 게이트 조작에 의해 부하전류 이상으로 유지전류를 높일 수 있어 게이트 턴온, 턴오프가 가능한 사이리스터는?

① SCR   ② GTO
③ LASCR   ④ TRIAC

GTO(gate turn-off thyristor)의 특징
(1) 3단자 역저지 단방향성 스위칭 소자로서 각 단자의 명칭은 SCR 사이리스터와 같다.
(2) 온(on) 드롭(drop)은 약 2~4[V]가 되어 SCR 사이리스터보다 약간 크다. – SCR의 온(on) 드롭(drop)은 약 1[V] 정도이다.
(3) SCR 사이리스터처럼 온(on) 상태에서는 단방향 전류 특성을 가지며 오프(off) 상태에서는 양방향 전압저지 능력을 갖고 있다.
(4) 자기소호능력을 지니고 있어 게이트 전류로 턴온(Turn on)과 턴오프(Turn off)가 가능하다.
(5) 전력용 반도체 중에서 가장 전압용으로 사용되도 있다.
– 1,200[V], 200[A]급, 1,000[V], 300[A]급, 2,500[V], 1,200[A]급

19 어떤 변압기에 있어서 그 전압변동률은 부하 역률 100[%]에 있어서 2[%], 부하 역률 80[%]에서 3[%]라고 한다. 이 변압기의 최대 전압변동률[%]은?

① 3.1   ② 4.2
③ 5.1   ④ 6.2

변압기의 최대 전압변동률

$\epsilon_{\max} = \sqrt{p^2 + q^2}$ [%],
$\epsilon = p\cos\theta + q\sin\theta$ [%] 식에서
역률($\cos\theta_1$)이 100[%]일 때 전압변동률 ϵ_1은 2[%]이므로 $\epsilon_1 = p\cos\theta_1 + q\sin\theta_1 = p \times 1 + q \times 0 = p$에서 $p = 2$ [%]이다.
역률($\cos\theta_2$)이 80[%]일 때 전압변동률 ϵ_2은 3[%]이므로 $\epsilon_2 = p\cos\theta_2 + q\sin\theta_2$식에 대입하면
$3 = 2 \times 0.8 + q \times 0.6$이다.
여기서 $q = 2.33$ [%]임을 구할 수 있다.
$$\therefore \epsilon_{\max} = \sqrt{p^2 + q^2} = \sqrt{2^2 + 2.33^2} = 3.1 \text{[%]}$$

20 10[kW], 3상 380[V] 유도전동기의 전부하 전류는 약 몇 [A]인가? (단, 전동기의 효율은 85[%], 역률은 85[%]이다.)

① 15   ② 21
③ 26   ④ 36

3상 유도전동기의 입출력 관계

$$P_{in} = \sqrt{3}\,VI_{in}\cos\theta = \frac{P}{\eta_m} = \frac{P_0}{\eta_m \eta_g} \text{[W]} \text{ 식에서}$$
$P = 10$ [kW], $V = 380$ [V], $\cos\theta = 0.85$, $\eta_m = 0.85$ 이므로
전동기의 전부하 전류 또는 입력전류 I_{in}은
$$\therefore I_{in} = \frac{P}{\sqrt{3}\,V\cos\theta\,\eta_m}$$
$$= \frac{10 \times 10^3}{\sqrt{3} \times 380 \times 0.85 \times 0.85}$$
$$= 21 \text{[A]}$$

24 4. 회로이론 및 제어공학(CBT시험 복원문제)

※ 본 기출문제는 수험자의 기억을 바탕으로 하여 복원한 문제이므로 실제 문제와 다를 수 있음을 미리 알려드립니다.

01 그림의 블록선도와 같이 표현되는 제어시스템에서 $A=1$, $B=1$일 때, 블록선도의 출력 C는 약 얼마인가?

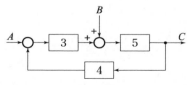

① 0.22
② 0.33
③ 1.22
④ 3.1

블록선도의 전달함수

입력이 2개인 경우 출력식을 구하기 위한 전향경로 이득은
전향경로 이득 $=3\times5\times A+5\times B=15A+5B$
이므로 루프경로 이득 $=-3\times5\times4=-60$ 일 때
출력 C는

$$C=\frac{15A+5B}{1-(-60)}=\frac{15A+5B}{1+60}$$이다.

$A=1$, $B=1$을 각각 대입하면

$$\therefore\ C=\frac{15A+5B}{61}=\frac{15\times1+5\times1}{61}=0.33$$

02 다음 논리회로의 출력 X는?

① A
② B
③ $A+B$
④ $A\cdot B$

불대수를 이용한 논리식의 간소화

$$\therefore\ X=(A+B)\cdot B=(A+1)\cdot B=B$$

참고 불대수

$$B\cdot B=B,\ A+1=1,\ 1\cdot B=B$$

03 자동제어의 추치제어 3종류에 속하지 않는 것은?

① 프로세스제어
② 추종제어
③ 비율제어
④ 프로그램제어

목표값에 따른 제어계의 분류

구분		내용
정치제어		목표값이 시간에 관계없이 항상 일정한 경우로 정전압장치, 일정 속도 제어장치, 연속식 압연기 등에 해당하는 제어이다.
추치제어	추종제어	제어량에 의한 분류 중 서보 기구에 해당하는 값을 제어한다. (예 : 비행기 추적레이더, 유도미사일)
	프로그램제어	목표값이 미리 정해진 시간적 변화를 하는 경우 제어량을 변화시키는 제어로서 무인 운전 시스템이 이에 해당된다. (예 : 무인 엘리베이터, 무인 자판기, 무인 열차)
	비율제어	목표값이 다른 양과 일정한 비율 관계로 변화하는 제어이다. (예 : 보일러의 자동 연소제어)

04 분포정수회로에서 직렬 임피던스를 Z, 병렬 어드미턴스를 Y라 할 때, 선로의 특성 임피던스 Z_0는?

① ZY
② $\sqrt{ZY}$
③ $\sqrt{\dfrac{Y}{Z}}$
④ $\sqrt{\dfrac{Z}{Y}}$

특성 임피던스(Z_0)

$$\therefore\ Z_0=\sqrt{\frac{Z}{Y}}=\sqrt{\frac{R+j\omega L}{G+j\omega C}}\ [\Omega]$$

05 다음의 신호흐름선도에서 $\dfrac{C}{R}$ 는?

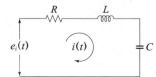

① $\dfrac{G_1 + G_2}{1 - G_1 H_1}$　　② $\dfrac{G_1 G_2}{1 - G_1 H_1}$

③ $\dfrac{G_1 + G_2}{1 + G_1 H_1}$　　④ $\dfrac{G_1 G_2}{1 + G_1 H_1}$

신호흐름선도의 전달함수

전향경로 이득

$= 1 \times G_1 \times 1 \times 1 + 1 \times G_2 \times 1 = G_1 + G_2$

루프경로 이득 $= G_1 H_1$ 이므로

$\therefore\ G(s) = \dfrac{G_1 + G_2}{1 - G_1 H_1}$

---

06 그림과 같은 RLC 회로에서 입력전압 $e_i(t)$, 출력 전류가 $i(t)$인 경우 이 회로의 전달함수 $\dfrac{I(s)}{E_i(s)}$ 는?

① $\dfrac{Cs}{RCs^2 + LCs + 1}$　　② $\dfrac{1}{RCs^2 + LCs + 1}$

③ $\dfrac{Cs}{LCs^2 + RCs + 1}$　　④ $\dfrac{1}{LCs^2 + RCs + 1}$

전압과 전류비의 전달함수

$E_i(s) = \left(R + Ls + \dfrac{1}{Cs}\right) I(s)$ 일 때

$\therefore\ G(s) = \dfrac{I(s)}{E_i(s)} = \dfrac{1}{R + Ls + \dfrac{1}{Cs}}$

$= \dfrac{Cs}{LCs^2 + RCs + 1}$

---

07 어떤 선형 시불변계의 상태방정식이 다음과 같다. 상태천이행렬 $\phi(t)$ 는?

(단, $A = \begin{bmatrix} 0 & 0 \\ -1 & -2 \end{bmatrix}$, $B = \begin{bmatrix} 1 \\ 1 \end{bmatrix}$ 이다.)

$$\dot{x}(t) = Ax(t) + Bu(t)$$

① $\begin{bmatrix} 1 & 0 \\ (e^{-2t} - 1) & 1 \end{bmatrix}$

② $\begin{bmatrix} 1 & 0 \\ (e^{-2t} - 1) & e^{2t} \end{bmatrix}$

③ $\begin{bmatrix} 1 & 0 \\ \dfrac{1}{2}(e^{-2t} - 1) & e^{-2t} \end{bmatrix}$

④ $\begin{bmatrix} 1 & 0 \\ (e^{-3t} - 1)/2 & e^{-3t} \end{bmatrix}$

상태방정식의 천이행렬 : $\phi(t)$

$\phi(t) = \mathcal{L}^{-1}[\phi(s)] = \mathcal{L}^{-1}[sI - A]^{-1}$ 이므로

$(sI - A) = s\begin{bmatrix} 1 & 0 \\ 0 & 1 \end{bmatrix} - \begin{bmatrix} 0 & 0 \\ -1 & -2 \end{bmatrix}$

$= \begin{bmatrix} s & 0 \\ 1 & s+2 \end{bmatrix}$

$\phi(s) = (sI - A)^{-1} = \begin{bmatrix} s & 0 \\ 1 & s+2 \end{bmatrix}^{-1}$

$= \dfrac{1}{s(s+2)} \begin{bmatrix} s+2 & 0 \\ -1 & s \end{bmatrix}$

$= \begin{bmatrix} \dfrac{1}{s} & 0 \\ -\dfrac{1}{s(s+2)} & \dfrac{1}{s+2} \end{bmatrix}$

$\therefore\ \phi(t) = \mathcal{L}^{-1}[\phi(s)] = \begin{bmatrix} 1 & 0 \\ \dfrac{1}{2}(e^{-2t} - 1) & e^{-2t} \end{bmatrix}$

---

08 적분 시간 2[sec], 비례 감도가 2인 비례적분 동작을 하는 제어 요소에 동작신호 $x(t) = 2t$ 를 주었을 때 이 제어 요소의 조작량은? (단, 조작량의 초기 값은 0이다.)

① $t^2 + 4t$ ② $t^2 + 2t$

③ $t^2 + 8t$ ④ $t^2 + 6t$

제어요소

비례적분 요소의 전달함수 $G(s) = K\left(1 + \dfrac{1}{Ts}\right)$

식에서 적분시간 $T = 2$ [sec], 비례감도 $K = 2$ 이므로

$G(s) = 2\left(1 + \dfrac{1}{2s}\right) = 2 + \dfrac{1}{s}$ 이다.

동작신호 → 제어요소 → 조작량
$X(s)$ $G(s)$ $Y(s)$

$x(t) = 2t$일 때

$X(s) = \mathcal{L}\,[x(t)] = \mathcal{L}\,[2t] = \dfrac{2}{s^2}$ 이므로

$Y(s) = X(s)\,G(s) = \dfrac{2}{s^2}\left(2 + \dfrac{1}{s}\right) = \dfrac{4}{s^2} + \dfrac{2}{s^3}$

$\therefore\ y(t) = \mathcal{L}^{-1}[\,Y(s)\,] = t^2 + 4t$

09 특성방정식이 $s^4 + 6s^3 + 11s^2 + 6s + K = 0$인 제어계가 안정하기 위한 K의 범위는?

① $0 > K$ ② $0 < K < 10$

③ $10 > K$ ④ $K = 10$

안정도 판별법(루스 판정법)

s^4	1	11	K
s^3	6	6	0
s^2	$\dfrac{66-6}{6} = 10$	K	0
s^1	$\dfrac{60-6K}{10}$	0	0
s^0	K	0	0

제1열의 원소에 부호변화가 없어야 제어계가 안정할 수 있으므로 $60 > 6K$, $K > 0$이어야 한다.

$\therefore\ 0 < K < 10$

10 블록선도 변환이 틀린 것은?

①

②

③

④

블록선도의 전달함수

보기	좌항	우항
①	$X_3 = (X_1 + X_2)\,G$	$X_3 = X_1G + X_2G$
②	$X_2 = X_1G$	$X_2 = X_1G$
③	$X_1 = X_1,\ X_2 = X_1G$	$X_1 = X_1,\ X_2 = X_1G$
④	$X_3 = X_1G + X_2$	$X_3 = (X_1 + X_2G)\,G$

$\therefore$ 보기 ④는 좌항과 우항의 출력이 서로 다르다.

11 RC 직렬회로에 $t = 0$일 때 직류전압 10[V]를 인가하면, $t = 0.1$초일 때 전류[mA]의 크기는? (단, $R = 1000\,[\Omega]$, $C = 50\,[\mu F]$이고, 처음부터 정전용량의 전하는 없었다고 한다.)

① 약 2.25   ② 약 1.8

③ 약 1.35   ④ 약 2.4

R–C 과도현상

$i(t) = \dfrac{E}{R}\,e^{-\frac{1}{RC}t}$ [A] 식에서

$E = 10\,[V]$, $t = 0.1\,[sec]$, $R = 1000\,[\Omega]$, $C = 50\,[\mu F]$ 이므로

$\therefore\ i(t) = \dfrac{10}{1000}\,e^{-\frac{1}{1000 \times 50 \times 10^{-6}} \times 0.1}$

$= \dfrac{10}{1000}\,e^{-2} = 1.35 \times 10^{-3}\,[A]$

$= 1.35\,[mA]$

08 ①   09 ②   10 ④   11 ③

12 논리식 $L = \overline{x} \cdot \overline{y} + \overline{x} \cdot y + x \cdot y$ 를 간략화 한 것은?

① $x + y$ ② $\overline{x} + y$
③ $x + \overline{y}$ ④ $\overline{x} + \overline{y}$

불대수를 이용한 논리식의 간소화
$\overline{x}y + \overline{x}y = \overline{x}y$, $\overline{x} + x = 1$, $\overline{y} + y = 1$, $1 \cdot \overline{x} = \overline{x}$,
$1 \cdot y = y$ 식을 이용하여 정리하면
$L = \overline{x}\overline{y} + \overline{x}y + xy = \overline{x}\overline{y} + \overline{x}y + \overline{x}y + xy$
　$= \overline{x}(\overline{y} + y) + (\overline{x} + x)y$
　$= \overline{x} + y$

13 회로에서 $4[\Omega]$에 흐르는 전류[A]는?

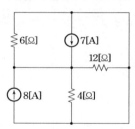

① 5   ② 10
③ 2.5   ④ 7.5

중첩의 원리
먼저 저항 $12[\Omega]$과 $6[\Omega]$은 병렬 접속되어 있으므로
합성하면 $R' = \dfrac{12 \times 6}{12 + 6} = 4[\Omega]$ 이므로
(1) 전류원 7[A]를 개방
　전류원 8[A]에 의해 $4[\Omega]$에 흐르는 전류
　I'는 $I' = \dfrac{1}{2} \times 8 = 4[A]$
(2) 전류원 8[A]를 개방
　전류원 7[A]에 의해 $6[\Omega]$에 흐르는 전류
　I''는 $I'' = \dfrac{1}{2} \times 7 = 3.5[A]$
　I'와 I''의 전류 방향은 같으므로 $6[\Omega]$에 흐르는
　전체 전류 I는
　$\therefore I = I' + I'' = 4 + 3.5 = 7.5[A]$

14 상의 순서가 $a - b - c$인 불평형 3상 교류회로에서 각 상의 전류가 $I_a = 7.28 \angle 15.95°$ [A], $I_b = 12.81 \angle -128.66°$ [A], $I_c = 7.21 \angle 123.69°$ [A] 일 때 역상분 전류는 약 몇 [A]인가?

① $8.95 \angle 1.14°$ ② $2.51 \angle 96.55°$
③ $2.51 \angle -96.55°$ ④ $8.95 \angle -1.14°$

역상분 전류(I_2)
$I_2 = \dfrac{1}{3}(I_a + \angle -120° I_b + \angle 120° I_c)$ [A] 식에서
$\therefore I_2 = \dfrac{1}{3}\{7.28 \angle 15.95°$
　　$+ 1\angle -120° \times 12.81 \angle -128.66°$
　　$+ 1\angle 120° \times 7.21 \angle 123.69°\}$
　　$= 2.51 \angle 96.55°[A]$

15 $F(s) = \dfrac{2s + 4}{s^2 + 2s + 5}$ 의 라플라스 역변환은?

① $e^{-t}(2\cos 2t - \sin 2t)$
② $2e^{-t}(\cos 2t - \sin 2t)$
③ $e^{-t}(2\cos 2t + \sin 2t)$
④ $2e^{-t}(\cos 2t + \sin 2t)$

역리플라스 변환
$F(s) = \dfrac{2s + 4}{s^2 + 2s + 5} = \dfrac{2(s+1) + 2}{(s+1)^2 + 2^2}$
　　$= \dfrac{2(s+1)}{(s+1)^2 + 2^2} + \dfrac{2}{(s+1)^2 + 2^2}$
$\therefore f(t) = \mathcal{L}^{-1}[F(s)]$
　　$= 2e^{-t}\cos 2t + e^{-t}\sin 2t$
　　$= e^{-t}(2\cos 2t + \sin 2t)$

참고 복소추이정리

$f(t)$	$F(s)$
$e^{-at}\sin \omega t$	$\dfrac{\omega}{(s+a)^2 + \omega^2}$
$e^{-at}\cos \omega t$	$\dfrac{s+a}{(s+a)^2 + \omega^2}$

16 다음 회로의 4단자 정수 A는?

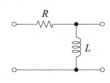

① $1 + \dfrac{R}{j\omega L}$ ② R

③ $\dfrac{1}{j\omega L}$ ④ 1

4단자 정수의 회로망 특성

$$\therefore \begin{bmatrix} A & B \\ C & D \end{bmatrix} = \begin{bmatrix} 1 & R \\ 0 & 1 \end{bmatrix} \begin{bmatrix} 1 & 0 \\ \dfrac{1}{j\omega L} & 1 \end{bmatrix}$$

$$= \begin{bmatrix} 1 + \dfrac{R}{j\omega L} & R \\ \dfrac{1}{j\omega L} & 1 \end{bmatrix}$$

17 어떤 회로에 전압 $v(t)$를 가했을 때 전류 $i(t)$가 흘렀다. 이 회로에서 소비되는 평균 전력[W]은? (단, $v(t) = 100 + 50\sin 377t$ [V], $i(t) = 10 + 3.54\sin(377t - 45°)$ [A]이다.)

① 1385.5   ② 562.5
③ 1062.6   ④ 1250.5

비정현파의 소비전력

전압의 성분은 직류분, 기본파로 구성되어 있으며 전류의 성분도 직류분, 기본파로 이루어져 있으므로 각 성분에 대한 소비전력을 각각 계산할 수 있다.
$V_0 = 100$ [V], $V_{m1} = 50 \angle 0°$ [V],
$I_0 = 10$ [A], $I_{m1} = 3.54 \angle -45°$ [A]
$\theta_1 = 0° - (-45°) = 45°$ 이므로
$$\therefore P = V_0 I_0 + \frac{1}{2} V_{m1} I_{m1} \cos \theta_1$$
$$= 100 \times 10 + \frac{1}{2} \times 50 \times 3.54 \times \cos 45°$$
$$= 1062.5 \text{ [W]}$$

18 회로에서 $I_1 = 2e^{j\frac{\pi}{3}}$ [A], $I_2 = 5e^{-i\frac{\pi}{3}}$ [A], $I_3 = 1$ [A], $Z_3 = 10$ [Ω]일 때 부하(Z_1, Z_2, Z_3) 전체에 대한 복소전력은 약 몇 [VA]인가?

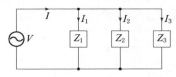

① $45 - j26$ ② $45 + j26$
③ $55 - j7$ ④ $55 + j7$

복소전력

병렬회로에서는 전압이 일정하므로 전원전압 V는
$V = Z_3 I_3 = 10 \times 1 = 10$ [V]이다.
$I = I_1 + I_2 + I_3 = 2\angle 60° + 5\angle -60° + 1$
$= 4.5 - j2.6$ [A] 이므로
$$\therefore S = V\overline{I} = 10 \times (4.5 + j2.6) = 45 + j26 \text{ [VA]}$$

참고 공액복소수 또는 켤레복소수

공액복소수란 복소수의 허수부의 부호를 반대로 표현하는 복소수를 의미하므로
전류 $I = 4.5 - j2.6$ [A]의 공액복소수는
$$\therefore \overline{I} = 4.5 + j2.6 \text{ [A]이다.}$$

19 Δ결선된 대칭 3상 부하가 있다. 역률이 0.8(지상)이고, 전 소비전력이 1,800[W]이다. 한 상의 선로저항이 0.5[Ω]이고, 발생하는 전선로 손실이 50[W]이면 부하 단자 전압은?

① 440[V]   ② 402[V]
③ 324[V]   ④ 225[V]

Δ 결선의 소비전력

3상 선로의 전력손실은 $P_l = 3I^2 R$ [W] 식에서
$P_l = 50$ [W], $R = 0.5$ [Ω] 이므로
$$I = \sqrt{\frac{P_l}{3R}} = \sqrt{\frac{50}{3 \times 0.5}} = 5.77 \text{ [A]이다.}$$
3상 소비전력은 $P = \sqrt{3}\, VI \cos \theta$ [W] 식에서
$\cos \theta = 0.8$, $P = 1,800$ [W] 이므로
$$\therefore V = \frac{P}{\sqrt{3}\, I \cos \theta} = \frac{1,800}{\sqrt{3} \times 5.77 \times 0.8}$$
$$= 225 \text{ [V]}$$

20 그림과 같은 3상 평형회로에서 전원 전압이 $V_{ab}=220$[V]이고 부하 한 상의 임피던스가 $Z=2.0-j2.0$ [Ω]인 경우 전원과 부하 사이 선전류 I_a는 약 몇 [A]인가?

(단, 3상 전압의 상순은 $a-b-c$이다.)

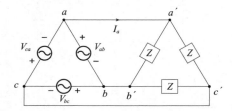

① $134.72\angle-15°$ ② $134.72\angle45°$

③ $134.72\angle-45°$ ④ $134.72\angle15°$

$\triangle$결선의 선전류

$I_a=\dfrac{\sqrt{3}\,V_{ab}}{Z}\angle-30°$ [A] 식에서

$Z=2-j2=\sqrt{2^2+2^2}\angle-45°$ [Ω] 이므로

$\therefore I_a=\dfrac{\sqrt{3}\,V_{ab}}{Z}\angle-30°$

$=\dfrac{\sqrt{3}\times220}{\sqrt{2^2+2^2}\angle-45°}\angle-30°$

$=\dfrac{\sqrt{3}\times220}{\sqrt{2^2+2^2}}\angle-30°+45°$

$=134.72\angle15°$ [A]

24 5. 전기설비기술기준(CBT시험 복원문제)

※ 본 기출문제는 수험자의 기억을 바탕으로 하여 복원한 문제이므로 실제 문제와 다를 수 있음을 미리 알려드립니다.

01 가공전선로의 지지물에 하중에 가하여지는 경우에 그 하중을 받는 지지물의 기초 안전율은 얼마 이상이어야 하는가? (단, 이상 시 상정 하중은 무관)

① 1.5
② 2.0
③ 2.5
④ 3.0

지지물의 안전율

구분	안전율
지지물	기초 안전율 2 이상 (이상시 상정하중에 대한 철탑의 기초에 대하여는 1.33 이상)
	무선용 안테나를 지지하는 지지물 1.5 이상
전선	2.5 이상 (경동선 또는 내열 동합금선 2.2 이상)
지선	2.5 이상

02 주택의 전기저장장치의 시설에 관한 사항이다. 다음 중 틀린것은?

① 주택의 옥내전로의 대지전압은 직류 600[V] 이하.
② 충전부분은 노출되지 않도록 시설하여야 한다.
③ 모든 부품은 충분한 내수성을 확보하여야 한다.
④ 전선은 공칭단면적 2.5[mm²] 이상의 연동선

전기 저장 장치 시설
(1) 충전부분은 노출되지 않도록 시설하여야 한다
(2) 모든 부품은 충분한 내열성을 확보하여야 한다.
(3) 주택의 옥내전로의 대지전압은 직류 600[V] 이하.
(4) 전선은 공칭단면적 2.5[mm²] 이상의 연동선

03 전개된 장소에서 저압 옥상전선로의 시설기준으로 적합하지 않은 것은?

① 전선은 지름 2.0[mm]의 경동선을 사용하였다.
② 전선 지지점 간의 거리를 15[m]로 하였다.
③ 전선은 절연전선을 사용하였다.
④ 저압 절연전선과 그 저압 옥상 전선로를 시설하는 조영재와의 이격거리를 2[m]로 하였다.

저압 옥상전선로

구분	내용
전선	인장강도 2.30[kN] 이상, 지름 2.6[mm] 이상의 경동선
	절연전선(옥외용 비닐절연전선을 포함) 또는 이와 동등 이상의 절연효력이 있는 것
지지점 간의 거리	15[m] 이하
전선과 조영재와 의 이격거리	2[m] 이상 (전선이 고압절연전선, 특고압 절연전선 또는 케이블인 경우에는 1[m] 이상)
식물과의 거리	상시 부는 바람에 의하여 식물에 접촉하지 아니하도록 시설

04 시가지에 시설하는 22.9[kV] 특고압 가공전선으로 경동연선을 사용하려면 단면적은 몇 [mm²] 이상이어야 하는가?

① 55   ② 100
③ 150   ④ 200

특고압 가공전선의 굵기

구분		제한사항
시가지 외		8.71[kN] 이상의 연선 또는 22[mm²] 이상의 경동연선 또는 동등 이상의 인장강도를 갖는 알루미늄 전선이나 절연전선
시가지	100[kV] 미만	21.67[kN] 이상의 연선 또는 55[mm²] 이상의 경동연선
	100[kV] 이상 170[kV] 이하	58.84[kN] 이상의 연선 또는 150[mm²] 이상의 경동연선
	170[kV] 초과	240[mm²] 이상의 강심알루미늄선 또는 이와 동등 이상의 인장강도 및 내(耐)아크 성능을 가지는 연선

05 진열장 내의 배선으로 사용전압 400[V] 이하에 사용하는 코드 또는 캡타이어 케이블의 최소 단면적은 몇 [mm²]인가?

① 1.25   ② 1.0
③ 0.75   ④ 0.5

진열장 또는 이와 유사한 것의 내부 배선
(1) 건조한 장소에 시설하고 또한 내부를 건조한 상태로 사용하는 진열장 또는 이와 유사한 것의 내부에 사용전압이 400[V] 이하의 배선을 외부에서 잘 보이는 장소에 한하여 코드 또는 캡타이어케이블로 직접 조영재에 밀착하여 배선할 수 있다.
(2) 배선은 단면적 0.75[mm²] 이상의 코드 또는 캡타이어 케이블일 것.

06 과부하 보호장치는 분기점으로부터 몇 [m]까지 이동하여 설치할 수 있는가? (단, 단락의 위험과 화재 및 인체에 대한 위험성이 최소화되도록 시설된 경우)

① 1   ② 2
③ 3   ⑤ 5

과부하 보호장치

구분	내용
설치위치	분기점
설치규정	분기회로에 대한 단락보호가 이루어지고 있는 경우 거리에 구애받지 않고 이동하여 설치할 수 있다.
예외	단락의 위험과 화재 및 인체에 대한 위험성이 최소화 되도록 시설된 경우 분기점으로부터 3[m]까지 이동하여 설치할 수 있다.

07 사용전압이 60[kV] 이하인 경우 전화선로의 길이 12 [km] 마다 유도전류는 몇 [μA]를 넘지 않도록 하여야 하는가?

① 1   ② 2
③ 3   ④ 5

특고압 가공전선로의 유도전류 제한
특고압 가공전선로는 기설 가공 전화선로에 대하여 상시 정전유도작용에 의한 통신상의 장해가 없도록 시설하여야 한다.

사용전압	유도전류 제한 사항
60[kV] 이하	전화선로의 길이 12[km] 마다 유도전류가 2[μA]를 넘지 아니하도록 할 것.
60[kV] 초과	전화선로의 길이 40[km] 마다 유도전류가 3[μA]을 넘지 아니하도록 할 것.

08 발전소에서 계측장치를 시설하지 않아도 되는 것은?

① 발전기의 회전수 및 주파수
② 발전기의 고정자 및 베어링 온도
③ 주요 변압기의 전압 및 전류 또는 전력
④ 특고압용 변압기의 온도

발전소와 변전소의 계측장치

계측장치	대상
발전기·연료전지 또는 태양전지 모듈의 전압 및 전류 또는 전력	발전소
발전기의 베어링 및 고정자의 온도	발전소
주요 변압기의 전압 및 전류 또는 전력(단, 전기철도용 변전소 주요 변압기는 전류 또는 전력)	발전소 변전소
특고압용 변압기의 온도	발전소 변전소

10 사용전압이 15[kV] 미만인 특고압 가공전선과 그 지지물·완금류·지주 또는 지선 사이의 이격거리는 몇 [m] 이상이어야 하는가?

① 0.15 ② 0.2
③ 0.25 ④ 0.3

특고압 가공전선과 지지물 등과의 이격거리

특고압 가공전선과 그 지지물·완금류·지주 또는 지선 사이의 이격거리는 아래 표에서 정한 값 이상이어야 한다.

사용전압	이격거리 [m]
15[kV] 미만	0.15
15[kV] 이상 25[kV] 미만	0.2
25[kV] 이상 35[kV] 미만	0.25
35[kV] 이상 50[kV] 미만	0.3
50[kV] 이상 60[kV] 미만	0.35
60[kV] 이상 70[kV] 미만	0.4
70[kV] 이상 80[kV] 미만	0.45
80[kV] 이상 130[kV] 미만	0.65
130[kV] 이상 160[kV] 미만	0.9

09 "제2차 접근상태"라 함은 가공 전선이 다른 시설물과 접근하는 경우에 그 가공전선이 다른 시설물의 위쪽 또는 옆쪽에서 수평거리로 몇 [m] 미만인 곳에 시설되는 상태를 말하는가?

① 1.2 ② 2
③ 2.5 ④ 3

용어의 정의
"제2차 접근상태"란 가공전선이 다른 시설물과 접근하는 경우에 그 가공전선이 다른 시설물의 위쪽 또는 옆쪽에서 수평거리로 3[m] 미만인 곳에 시설되는 상태를 말한다.

11 전기철도차량이 전차선로와 접촉한 상태에서 견인력을 끄고 보조전력을 가동한 상태로 정지해 있는 경우, 가공 전차선로의 유효전력이 200[kW] 이상일 경우 총 역률은 몇보다는 작아서는 안되는가?

① 0.9 ② 0.7
③ 0.6 ④ 0.8

전기철도차량의 역률
전기철도차량이 전차선로와 접촉한 상태에서 견인력을 끄고 보조전력을 가동한 상태로 정지해 있는 경우, 가공 전차선로의 유효전력이 200[kW] 이상일 경우 총 역률은 0.8보다는 작아서는 안된다.

정답 08 ① 09 ④ 10 ① 11 ④

12 저압 옥측전선로 공사방법으로 틀린 것은?

① 애자공사
② 금속관공사
③ 금속제 가요전선관공사
④ 합성수지관공사

저압 옥측전선로의 공사방법

공사방법	제한사항
애자공사	전개된 장소에 한한다.
합성수지관공사	–
금속관공사	목조 이외의 조영물에 시설하는 경우에 한한다.
버스덕트공사	목조 이외의 조영물(점검할 수 없는 은폐된 장소는 제외한다.)에 시설하는 경우에 한한다.
케이블공사	연피 케이블·알루미늄피 케이블 또는 미네럴 인슐레이션 케이블을 사용하는 경우에는 목조 이외의 조영물에 시설하는 경우에 한한다

13 발전소, 변전소, 개폐소 이에 준하는 곳, 전기사용장소 상호간의 전선 및 이를 지지하거나 수용하는 시설물을 무엇이라 하는가?

① 급전소
② 송전선로
③ 전선로
④ 개폐소

전선로

발전소, 변전소, 개폐소 이에 준하는 곳, 전기사용장소 상호간의 전선 및 이를 지지하거나 수용 하는 시설물을 말한다.

14 제2종 특고압 보안공사의 기준으로 틀린 것은?

① 특고압 가공전선은 연선일 것
② 지지물로 사용하는 목주의 풍압하중에 대한 안전율은 2 이상일 것
③ 지지물이 A종 철주일 경우 그 경간은 150[m] 이하일 것
④ 지지물이 목주일 경우 그 경간은 100[m] 이하일 것

제2종 특고압 보안공사에 의한 가공전선로의 최대경간

지지물의 종류 / 구분	A종주, 목주	B종주	철탑
제2종 특고압 보안공사	100[m]	200[m] ㈜ 250[m]	400[m] ㈜ 600[m]

㈜ 제2종 특고압 보안공사에 의하여 시설하는 특고압 가공전선이 인장강도 38.05[kN] 이상의 연선 또는 단면적 95[mm²] 이상의 경동연선의 것을 사용하는 경우에 한한다.

15 금속덕트공사에 의한 저압 옥내배선에서 금속 덕트에 넣은 전선의 단면적의 합계는 일반적으로 덕트 내부 단면적의 몇 [%] 이하이어야 하는가? (단, 전광표시 장치 기타 이와 유사한 장치 또는 제어회로 등의 배선만을 넣는 경우에는 제외)

① 20
② 30
③ 40
④ 50

금속덕트공사

금속덕트에 넣은 전선의 단면적(절연피복의 단면적을 포함한다)의 합계는 덕트의 내부 단면적의 20[%](전광표시장치 기타 이와 유사한 장치 또는 제어회로 등의 배선만을 넣는 경우에는 50[%]) 이하일 것.

16 조상설비 내부고장, 과전류 또는 과전압이 생긴 경우 자동적으로 차단되는 장치를 해야 하는 분로리액터의 최소 뱅크용량은 몇 [kVA]인가?

① 10000 ② 12000
③ 500 ④ 15000

조상설비의 보호장치

조상설비는 뱅크용량의 구분에 따른 아래와 같은 고장이 생긴 경우 자동적으로 전로로부터 차단하는 장치를 시설하여야 한다.

설비종별	뱅크용량의 구분	자동적으로 전로로부터 차단하는 장치
전력용 커패시터 및 분로리액터	500[kVA] 초과 15,000[kVA] 미만	내부고장 과전류
	15,000[kVA] 이상	내부고장 과전류 과전압
조상기 (調相機)	15,000[kVA] 이상	내부고장

18 전차선로의 직류방식에서 급전 전압으로 알맞지 않은 것은?

① 지속성 최대전압 900[V], 1800[V]
② 공칭전압 750[V], 1500[V]
③ 지속성 최소전압 500[V], 900[V]
④ 장기 과전압 950[V], 1950[V]

전차선로의 전압

전차선로의 전압은 전원측 도체와 전류 귀환도체 사이에서 측정된 집전장치의 전위로서 전원공급시스템이 정상 동작 상태에서의 값이며, 직류방식과 교류방식으로 구분된다.

(1) 직류방식 : 비지속성 최고전압은 지속시간이 5분 이하로 예상되는 전압의 최고값으로 한다.

(2) 직류방식의 급전전압

구분	지속성 최저전압 [V]	공칭 전압 [V]	지속성 최고전압 [V]	비지속성 최고전압 [V]	장기 과전압 [V]
DC (평균값)	500	750	900	950(1)	1,269
	900	1,500	1,800	1,950	2,538

17 특고압 변전소에 울타리·담 등을 시설하고자 할 때 울타리·담 등의 높이는 몇 [m] 이상이어야 하는가?

① 1 ② 2
③ 5 ④ 6

울타리·담 등의 높이와 하단 사이의 간격

구분	높이 및 간격
울타리·담 등의 높이	2[m] 이상
울타리·담 등의 하단 사이의 간격	15[cm] 이하

19 가공전선로와 지중 전선로가 접속되는 곳에 반드시 설치되어야 하는 기구는?

① 분로리액터 ② 전력용 콘덴서
③ 피뢰기 ④ 동기조상기

피뢰기시설 장소

(1) 발전소·변전소 또는 이에 준하는 장소의 가공전선 인입구 및 인출구
(2) 특고압 가공전선로에 접속하는 특고압 배전용 변압기의 고압측 및 특고압측
(3) 고압 및 특고압 가공전선로로부터 공급을 받는 수용장소의 인입구
(4) 가공전선로와 지중전선로가 접속되는 곳

20 다음 고압 가공전선에 대한 사항으로 잘못된 것은?

① 철도 또는 궤도를 횡단하는 경우에는 레일 면상 6.5 [m] 이상으로 시설한다.

② 고압 가공전선을 수면 상에 시설하는 경우에는 전선의 수면 상의 높이가 선박의 항해 등에 위험을 주지 않도록 유지하여야 한다.

③ 횡단보도교의 위에 시설하는 경우에는 그 노면상 5[m] 이상으로 시설한다.

④ 고압 가공전선로를 빙설이 많은 지방에 시설하는 경우에는 전선의 적설상의 높이를 사람 또는 차량의 통행 등에 위험을 주지 않도록 유지하여야 한다.

고압가공전선의 시설 규정

(1) 저·고압 가공전선의 높이.

설치장소		가공전선의 높이
도로횡단		6[m] 이상
철도, 궤도		6.5[m] 이상
횡단 보도 교위	저압	노면상 3.5[m] 이상 (단, 절연전선의 경우 3[m] 이상)
	고압	노면상 3.5[m] 이상

(2) 고압 가공전선을 수면상에 시설하는 경우에는 전선의 수면상의 높이를 선박의 항해 등에 위험을 주지 않도록 유지하여야 한다.

(3) 고압 가공전선로를 빙설이 많은 지방에 시설하는 경우에는 전선의 적설상의 높이를 사람 또는 차량의 통행 등에 위험을 주지 않도록 유지하여야 한다.

24 1. 전기자기학(CBT시험 복원문제)

※ 본 기출문제는 수험자의 기억을 바탕으로 하여 복원한 문제이므로 실제 문제와 다를 수 있음을 미리 알려드립니다.

01 라디오 방송의 평면파 주파수를 700[Hz]라 할 때, 이 평면파가 콘크리트 벽 $\epsilon_s = 5$ 속을 지날 때 전파 속도[m/s]는? (단, 공기 중 에서의 유전율 ϵ_0, 투자율 μ 및 비 투자율 $\mu_s = 1$ 로 한다.)

① 2.54×10^8 ② 4.38×10^8
③ 1.34×10^8 ④ 4.8×10^8

전파속도(v)

$v = \lambda f = \dfrac{\omega}{\beta} = \dfrac{1}{\sqrt{\mu\epsilon}} = \dfrac{3 \times 10^8}{\sqrt{\mu_s \epsilon_s}}$ [m/s] 식에서

$\therefore v = \dfrac{3 \times 10^8}{\sqrt{\mu_s \epsilon_s}} = \dfrac{3 \times 10^8}{\sqrt{1 \times 5}} = 1.34 \times 10^8$ [m/s]

02 유전율 ϵ, 투자율 μ인 매질 중을 주파수 f[Hz]의 전자파가 전파되어 나갈 때 의 파장[m]은?

① $f\sqrt{\epsilon\mu}$ ② $\dfrac{1}{f\sqrt{\epsilon\mu}}$
③ $\dfrac{f}{\sqrt{\epsilon\mu}}$ ④ $\dfrac{\sqrt{\epsilon\mu}}{f}$

전파속도(v)

$v = \lambda f = \dfrac{\omega}{\beta} = \dfrac{1}{\sqrt{\mu\epsilon}} = \dfrac{3 \times 10^8}{\sqrt{\mu_s \epsilon_s}}$ [m/s] 식에서

$\therefore \lambda = \dfrac{1}{f\sqrt{\epsilon\mu}}$ [m]

03 자계의 벡터포텐셜을 A[Wb/m]라 할 때 도체 주위에서 자계 B [Wb/m²] 가 시간적으로 변화하면 도체에 생기는 전계의 세기 E [V/m]는?

① $E = -\dfrac{\partial A}{\partial t}$ ② $\mathrm{rot}\, E = -\dfrac{\partial A}{\partial t}$
③ $E = \mathrm{rot}\, A$ ④ $\mathrm{rot}\, E = \dfrac{\partial B}{\partial t}$

자기 벡터 포텐셜(A)

$\mathrm{rot}\, E = -\dfrac{\partial B}{\partial t} = -\mathrm{rot}\left(\dfrac{\partial A}{\partial t}\right)$ 식에서

$B = \mathrm{rot}\, A$ [Wb/m²] 이므로

$\therefore E = -\dfrac{\partial A}{\partial t}$

04 공기 중에서 코로나 방전이 3.5[kV/mm] 전계에서 발생한다고 하면, 이때 도체의 표면에 작용하는 힘은 약 몇 [N/m²]인가?

① 27 ② 54
③ 81 ④ 108

단위 면적당 정전력

$f = \dfrac{\rho_s^2}{2\epsilon_0} = \dfrac{D^2}{2\epsilon_0} = \dfrac{1}{2}\epsilon_0 E^2 = \dfrac{1}{2}ED$ [N/m²] 식에서

$E = 3.5$ [kV/mm] $= 3.5 \times 10^6$ [V/m]일 때

$\therefore f = \dfrac{1}{2}\epsilon_0 E^2 = \dfrac{1}{2} \times 8.855 \times 10^{-12} \times (3.5 \times 10^6)^2$
$= 54$ [N/m²]

정답 01 ③ 02 ② 03 ② 04 ②

05 2장의 무한평판 도체를 4[cm]의 간격으로 놓은 후 평판 도체 간에 일정한 전계를 인가하였더니 평판 도체 표면에 2[μC/m²]의 전하밀도가 생겼다. 이 때 평판 도체 표면에 작용하는 정전응력은 약 몇 [N/m²]인가?

① 0.057   ② 0.226

③ 0.57   ④ 2.26

단위 면적당 정전력

$f = \dfrac{\rho_s^2}{2\epsilon_0} = \dfrac{D^2}{2\epsilon_0} = \dfrac{1}{2}\epsilon_0 E^2 = \dfrac{1}{2}ED$ [N/m²] 식에서

$\rho_s = 2\,[\mu C/m^2]$일 때

$\therefore f = \dfrac{\rho_s^2}{2\epsilon_0} = \dfrac{(2 \times 10^{-6})^2}{2 \times 8.855 \times 10^{-12}} = 0.226$ [N/m²]

---

07 무한 평면 도체로부터 거리 a[m]인 곳에 점전하 Q[C]이 있을 때 이 무한 평면 도체 표면에 유도되는 면밀도가 최대인 점의 전하밀도는 몇 [C/m²]인가?

① $-\dfrac{Q}{2\pi a^2}$ ② $-\dfrac{Q^2}{4\pi a}$

③ $-\dfrac{Q}{\pi a^2}$ ④ 0

접지 무한평면과 점전하

평면상 중심점(전계와 면전하밀도의 최대값)

(1) $E_0 = -\dfrac{Q}{2\pi\epsilon a^2}$ [V/m]

(2) $\rho_{s0} = -\dfrac{Q}{2\pi a^2}$ [C/m²]

---

06 $E = i + 2j + 3k$ [V/cm] 로 표시되는 전계가 있다. $0.01\,[\mu C]$ 의 전하를 원점으로부터 $r = 3i$ [m] 로 움직이는데 요하는 일[J]은?

① 4.69×10^{-6} ② 3×10^{-6}

③ 4.69×10^{-8} ④ 3×10^{-8}

전계에너지 또는 일(W)

$W = F \cdot l = QE \cdot l$ [J] 식에서

$E = i + 2j + 3k$ [V/cm], $Q = 0.01\,[\mu C]$,

$l = 3i$ [m] 이므로

$W = QE \cdot l = 0.01 \times 10^{-6} \times (i + 2j + 3k) \cdot 3i \times 10^2$

     $= 0.01 \times 10^{-6} \times 3 \times 10^2$

     $= 3 \times 10^{-6}$ [J]

참고 벡터의 내적 성질

     $i \cdot i = j \cdot j = k \cdot k = 1$, $i \cdot j = j \cdot k = k \cdot i = 0$

---

08 두 개의 자극 판이 놓여 있다. 이때의 자극 판 사이의 자속밀도 B[Wb/m²], 자계의 세기 H[AT/m], 투자율 μ라 하는 곳의 자계의 에너지 밀도 [J/m³]은?

① $\dfrac{1}{2}HB^2$ ② HB

③ $\dfrac{1}{2\mu}H^2$ ④ $\dfrac{1}{2\mu}B^2$

단위 체적당 자기에너지와 단위 면적당 전자력

구분	공식
단위 체적당 자기에너지	$w = \dfrac{B^2}{2\mu} = \dfrac{1}{2}\mu H^2 = \dfrac{1}{2}BH$[J/m3]
단위 면적당 전자력	$f = \dfrac{B^2}{2\mu} = \dfrac{1}{2}\mu H^2 = \dfrac{1}{2}BH$[N/m²]

09 강자성체의 자속밀도 B의 크기와 자화의 세기 J의 크기 사이에는?

① J는 B보다 약간 크다.
② J는 B보다 대단히 크다.
③ J는 B보다 약간 작다.
④ J는 B보다 대단히 작다.

자화의 세기(J)

$J = B - \mu_0 H = \mu_0(\mu_s - 1)H = \chi_m H \, [\text{Wb/m}^2]$ 식에서

$\mu_0 = 4\pi \times 10^{-7} = 12.57 \times 10^{-7} \, [\text{H/m}]$ 이므로

∴ J는 B보다 약간 작음을 알 수 있다.

10 코일로 감겨진 자기회로에서 철심의 투자율을 μ라 하고, 회로의 길이를 l이라 할 때, 그 회로 일부에 미소 공극 l_g을 만들면 자기저항은 처음의 몇 배가 되는가? (단, $l \gg l_g$ 이다.)

① $1 + \dfrac{\mu l}{\mu_o l_g}$ 　　　② $1 + \dfrac{\mu_o l_g}{\mu l}$

③ $1 + \dfrac{\mu_o l}{\mu l_g}$ 　　　④ $1 + \dfrac{\mu l_g}{\mu_o l}$

자기저항(R_{m0})

공극이 없을 때의 자기저항은 $R_m = \dfrac{l}{\mu S} \, [\text{AT/Wb}]$이다.

공극이 있을 때 자기회로의 자기저항(R_{m1})과 공극부 자기저항(R_{m2})은

$R_{m1} = \dfrac{l - l_g}{\mu S} ≒ \dfrac{l}{\mu S} \, [\text{AT/Wb}]$

$R_{m2} = \dfrac{l_g}{\mu_0 S} \, [\text{AT/Wb}]$ 이므로

공극이 있을 때 합성 자기저항(R_{m0})은

$R_{m0} = R_{m1} + R_{m2} = \dfrac{l}{\mu S} + \dfrac{l_g}{\mu_0 S} \, [\text{AT/Wb}]$이다.

∴ $\dfrac{R_{mm0}}{R_m} = \dfrac{\dfrac{l}{\mu S} + \dfrac{l_g}{\mu_0 S}}{\dfrac{l}{\mu S}} = 1 + \dfrac{\mu l_g}{\mu_o l}$

11 비유전율 $\epsilon_r = 10$인 유전체 내에 전계의 세기가 5[V/m] 일 때의 유전체 내의 전하밀도는[C/m²]?

① $40\epsilon_0$ 　　　② $35\epsilon_0$
③ $50\epsilon_0$ 　　　④ $55\epsilon_0$

유전체 내의 표면전하밀도(ρ_s)

$\rho_s = D = \epsilon E = \epsilon_0 \epsilon_r E \, [\text{C/m}^2]$ 식에서

$\epsilon_r = 10$, $E = 5 \, [\text{V/m}]$ 이므로

∴ $\rho_s = \epsilon_0 \epsilon_r E = \epsilon_0 \times 10 \times 5 = 50\epsilon_0 \, [\text{C/m}^2]$

12 정전용량이 $C_0 \, [\mu\text{F}]$인 평행판의 공기 커패시터가 있다. 두 극판 사이에 극판과 평행하게 절반을 비유전율이 ϵ_r인 유전체로 채우면 커패시터의 정전용량[μF]은?

① $\dfrac{C_0}{2\left(1 + \dfrac{1}{\epsilon_r}\right)}$ 　　　② $\dfrac{C_0}{1 + \dfrac{1}{\epsilon_r}}$

③ $\dfrac{2C_0}{1 + \dfrac{1}{\epsilon_r}}$ 　　　④ $\dfrac{4C_0}{1 + \dfrac{1}{\epsilon_r}}$

평행판 콘덴서의 정전용량

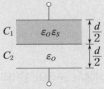

공기콘덴서의 정전용량을 C_0라 하면

$C_0 = \dfrac{\epsilon_0 S}{d} \, [\text{F}]$이다.

이 때 유전체로 채운 경우 각각의 콘덴서의 정전용량을 C_1, C_2라 하고 합성 정전용량을 C라 하면

$C_1 = \dfrac{2\epsilon_0 \epsilon_r S}{d} \, [\text{F}]$, $C_2 = \dfrac{2\epsilon_0 S}{d} \, [\text{F}]$ 이므로

∴ $C = \dfrac{1}{\dfrac{1}{C_1} + \dfrac{1}{C_2}} = \dfrac{1}{\dfrac{d}{2\epsilon_0 \epsilon_r S} + \dfrac{d}{2\epsilon_0 S}}$

$= \dfrac{2\epsilon_0 \epsilon_r S}{d(1 + \epsilon_r)} = \dfrac{2\epsilon_r}{1 + \epsilon_r} \cdot \dfrac{\epsilon_0 S}{d}$

$= \dfrac{2C_0}{1 + \dfrac{1}{\epsilon_r}} \, [\text{F}]$

13 폐곡면을 통하는 전속과 폐곡면 내부의 전하와의 상관관계를 나타내는 법칙은?

① 가우스 법칙　　　② 쿨롱의 법칙
③ 푸아송의 법칙　　④ 라플라스 법칙

가우스의 발산정리

가우스의 정리에 의하여 폐곡면을 이루고 있는 전속이 자유공간으로 발산할 때 발산된 전속량은 그 면으로 둘러싸인 공간 내의 체적전하밀도와 같기 때문에 다음과 같은 결과를 얻을 수 있다.

$$\int_s \dot{D}\,ds = \int_v div\,\dot{D}\,dv = \int_v \nabla \cdot \dot{D}\,dv$$
$$= Q\,[\text{C}] \text{ 식에서}$$

$div\,\dot{D} = \nabla \cdot \dot{D} = \rho_v\,[\text{C/m}^3]$임을 알 수 있다.

14 압전기 현상에서 분극이 응력과 동일한 방향으로 발생하는 현상을 무슨 효과라 하는가?

① 종효과　　　　② 횡효과
③ 역효과　　　　④ 간접효과

압전기현상

(1) 압전기효과(직접효과) : 결정체에 어떤 방향으로 압축 또는 응력을 가하여 기계적으로 변형시키면 내부에 전기분극이 일어나고 일정 방향으로 분극전하가 나타난다.
(2) 압전기 역효과 : 결정체에 특정한 방향으로 전압을 가하면 기계적 변형이 일어난다.
(3) 종효과 : 압전기 현상에서 분극과 응력이 동일방향으로 발생한다.
(4) 횡효과 : 압전기 현상에서 분극과 응력이 수직방향으로 발생한다.

15 상자성체에서 자화율 χ와 투자율 μ의 관계를 판단할 수 있는 것은?

① 투자율 > 자화율　　② 투자율 < 자화율
③ 투자율 = 자화율　　④ 비투자율 > 자화율

자화의 세기(J)

$J = B - \mu_0 H = \mu_0(\mu_s - 1)H = \chi H\,[\text{Wb/m}^2]$ 식에서 상자성체는 $\mu_s > 1$이기 때문에

$\chi = \mu_0(\mu_s - 1) = \mu_0 \mu_s - \mu_0 = \mu - \mu_0$ 이므로 자화율은 투자율보다 약간 작다.

∴ 투자율 > 자화율

16 반지름 a[m]인 도체구에 전하 Q[C]를 주었다. 도체구를 둘러싸고 있는 유전체의 유전율이 ϵ_s인 경우 경계면에 나타나는 분극전하는 몇 [C/m²]인가?

① $\dfrac{Q}{4\pi a^2}(1 - \epsilon_s)$　　② $\dfrac{Q}{4\pi a^2}(\epsilon_s - 1)$

③ $\dfrac{Q}{4\pi a^2}\left(1 - \dfrac{1}{\epsilon_s}\right)$　　④ $\dfrac{Q}{4\pi a^2}\left(\dfrac{1}{\epsilon_s} - 1\right)$

분극의 세기

$P = \left(1 - \dfrac{1}{\epsilon_s}\right)D\,[\text{C/m}^2]$ 식에서

반지름 a[m]인 구도체의 전속밀도 D는

$D = \dfrac{Q}{4\pi a^2}\,[\text{C/m}^2]$ 이므로

∴ $P = \left(1 - \dfrac{1}{\epsilon_s}\right)D = \dfrac{Q}{4\pi a^2}\left(1 - \dfrac{1}{\epsilon_s}\right)[\text{C/m}^2]$

정답 13 ① 14 ① 15 ① 16 ③

17 평면 전자파가 유전율 ϵ, 투자율 μ인 유전체 내를 전파한다. 전계의 세기가 $E = E_m \sin \omega \left(t - \dfrac{x}{v} \right)$ [V/m]라면 자계의 세기 H [AT/m]는?

① $\sqrt{\mu\epsilon}\, E_m \sin \omega \left(t - \dfrac{x}{v} \right)$

② $\sqrt{\dfrac{\epsilon}{\mu}}\, E_m \cos \omega \left(t - \dfrac{x}{v} \right)$

③ $\sqrt{\dfrac{\epsilon}{\mu}}\, E_m \sin \omega \left(t - \dfrac{x}{v} \right)$

④ $\sqrt{\dfrac{\mu}{\epsilon}}\, E_m \cos \omega \left(t - \dfrac{x}{v} \right)$

고유임피던스(η)

$\eta = \dfrac{E}{H} = \sqrt{\dfrac{\mu}{\epsilon}}$ [Ω] 식에서

$\therefore H = \sqrt{\dfrac{\epsilon}{\mu}}\, E = \sqrt{\dfrac{\epsilon}{\mu}}\, E_m \sin \omega \left(t - \dfrac{x}{v} \right)$ [AT/m]

18 전속밀도가 $D = e^{-2y}(a_x \sin 2x + a_y \cos 2x)$ [C/m²]일 때 전속의 단위 체적당 발산량[C/m³]은?

① $2e^{-2y}(\sin 2x + \cos 2x)$　② $4e^{-2y}\cos 2x$

③ 0　④ $2e^{-2y}\cos 2x$

가우스의 발산정리

$\nabla \cdot D = \dfrac{\partial D_x}{\partial x} + \dfrac{\partial D_y}{\partial y}$

$\quad = \dfrac{\partial}{\partial x}(e^{-2y}\sin 2x) + \dfrac{\partial}{\partial y}(e^{-2y}\cos 2x)$

$\quad = 2e^{-2y}\cos 2x - 2e^{-2y}\cos 2x = 0$

$\therefore \rho_v = \nabla \cdot D = 0$ [C/m³]

19 철도 궤도간 거리가 1.5[m]이며 궤도는 서로 절연되어 있다. 열차가 매시 60[km]의 속도로 달리면서 차축이 지구자계의 수직분력 $B = 0.15 \times 10^{-4}$ [Wb/m²]을 절단할 때 두 궤도 사이에 발생하는 기전력은 몇 [V]인가?

① 1.75×10^{-4}　② 2.75×10^{-4}

③ 3.75×10^{-4}　④ 4.75×10^{-4}

유기기전력(e) : 플레밍의 오른손법칙

$e = vBl\sin\theta$ [V] 식에서

$l = 1.5$ [m], $v = 60$ [km/h], 수직이므로 $\theta = 90°$,

$B = 0.15 \times 10^{-4}$ [Wb/m2]일 때

$\therefore e = vBl\sin\theta$

$\quad = 60 \times \dfrac{10^3}{3600} \times 0.15 \times 10^{-4} \times 1.5 \times \sin 90°$

$\quad = 3.75 \times 10^{-4}$ [V]

20 인덕턴스가 20[mH]인 코일에 흐르는 전류가 0.2초 동안에 2[A] 변화했다면 자기유도현상에 의해 코일에 유기되는 기전력은 몇 [V]인가?

① 0.1　② 0.2

③ 0.3　④ 0.4

전자유도의 정의

$e = -N\dfrac{d\phi}{dt} = -L\dfrac{di}{dt}$ [V] 식에서

$L = 20$ [mH], $dt = 0.2$ [s], $di = 2$ [A]일 때

$\therefore e = -L\dfrac{di}{dt} = -20 \times 10^{-3} \times \dfrac{2}{0.2}$

$\quad = -0.2$ [V] 또는 0.2 [V]

24 2. 전력공학(CBT시험 복원문제)

※ 본 기출문제는 수험자의 기억을 바탕으로 하여 복원한 문제이므로 실제 문제와 다를 수 있음을 미리 알려드립니다.

01 한류리액터의 사용 목적은?

① 누설전류의 제한
② 단락전류의 제한
③ 접지전류의 제한
④ 이상전압 발생의 방지

> **한류리액터**
> 선로의 단락사고시 단락전류를 제한하여 차단기의 차단 용량을 경감함과 동시에 직렬기기의 손상을 방지하기 위한 것으로서 차단기의 전원측에 직렬연결한다.

03 선간전압이 154[kV]이고, 1상당의 임피던스가 $j8[\Omega]$인 기기가 있을 때, 기준용량을 100[MVA]로 하면 % 임피던스는 약 몇 [%]인가?

① 2.75
② 3.15
③ 3.37
④ 4.25

> **%임피던스(%Z)**
> $V = 154[kV]$, $Z = j8[\Omega]$, $P = 100[MVA]$일 때
> $$\%Z = \frac{P[kVA]\, Z[\Omega]}{10\{V[kV]\}^2}\,[\%] \text{ 식에서}$$
> $$\therefore \%Z = \frac{100 \times 10^3 \times 8}{10 \times 154^2} = 3.37[\%]$$

02 단로기에 대한 설명으로 틀린 것은?

① 소호장치가 있어 아크를 소멸시킨다.
② 무부하 및 여자전류의 개폐에 사용된다.
③ 사용회로수에 의해 분류하던 단투형과 쌍투형이 있다.
④ 회로의 분리 또는 계통의 접속 변경 시 사용한다.

> **단로기(DS)**
> 단로기는 고압선로에 사용하는 선로개폐기로서 소호장치가 없어 고장전류나 부하전류를 개폐하거나 차단할 수 없으며 오직 무부하시에만 무부하전류(충전전류와 여자전류)를 개폐할 수 있는 설비이다. 또한, 기기 점검 및 수리를 위해 회로를 분리하거나 계통의 접속을 바꾸는 데 사용된다.

04 변전소에서 비접지 선로의 접지 보호용으로 사용되는 계전기에 영상전류를 공급하는 것은?

① CT
② GPT
③ ZCT
④ PT

> **ZCT(영상변류기)**
> 영상변류기(ZCT)는 방향지락계전기(DGR)이나 선택지락계전기(SGR)와 조합하여 사용하며 지락사고시 영상전류를 검출하여 차단기를 트립시킬 수 있도록 하는 변성기이다. 접지변압기(GPT)는 지락과전압계전기(OVGR)와 조합하여 사용되는 변성기로 영상전압을 검출할 때 필요한 설비이다.

05 3상 배전선로의 말단에 역률 60[%](늦음), 60[kW]의 평형 3상 부하가 있다. 부하점에 부하와 병렬로 전력용 콘덴서를 접속하여 선로손실을 최소로 하고자 할 때 콘덴서 용량[kVA]은?
(단, 부하단의 전압은 일정하다.)

① 40 ② 60
③ 80 ④ 100

전력용 콘덴서의 용량(Q_C)

$\cos\theta_1 = 0.6$, $P = 60\,[\text{kW}]$, 전력손실이 최소일 때의 역률 $\cos\theta_2 = 1$이므로

$\therefore Q_C = P(\tan\theta_1 - \tan\theta_2)$

$= P\left(\dfrac{\sin\theta_1}{\cos\theta_1} - \dfrac{\sin\theta_2}{\cos\theta_2}\right)$

$= 60 \times \dfrac{0.8}{0.6} = 80\,[\text{kVA}]$

06 파동임피던스 $Z_1 = 300\,[\Omega]$인 선로의 종단에 파동임피던스 $Z_2 = 1,500\,[\Omega]$의 변압기가 접속되어 있다. 지금 선로에서 파고 $e_1 = 600\,[\text{kV}]$의 전압이 진입할 경우 접속점에서의 전압 반사파 파고는 몇 [kV]인가?

① 200[kV] ② 300[kV]
③ 400[kV] ④ 500[kV]

진행파의 반사와 투과

파동임피던스 Z_1, Z_2, 진입파 전압, 전류 e_i, i_i라 하면 반사파 전압, 전류 e_r, i_r과 투과파전압, 전류 e_t, i_t는

$e_r = \dfrac{Z_2 - Z_1}{Z_2 + Z_1}e_i$, $i_r = -\dfrac{Z_2 - Z_1}{Z_2 + Z_1}i_i$

$e_t = \dfrac{2Z_2}{Z_2 + Z_1}e_i$, $i_t = \dfrac{2Z_1}{Z_2 + Z_1}i_i$이다.

$Z_1 = 300\,[\Omega]$, $Z_2 = 1,500\,[\Omega]$, $e_i = 600\,[\text{kV}]$일 때

$\therefore e_r = \dfrac{Z_2 - Z_1}{Z_2 + Z_1}e_i = \dfrac{1,500 - 300}{1,500 + 300} \times 600$

$= 400\,[\text{kV}]$

07 사고, 정전 등의 중대한 영향을 받는 지역에서 정전과 동시에 자동적으로 예비전원용 배전선로로 전환하는 장치는?

① 차단기
② 리클로저(Recloser)
③ 섹셔널라이저(Sectionalizer)
④ 자동 부하 전환개폐기(Auto Load Transfer Switch)

자동부하전환개폐기(ALTS)

22.9[kV] 배전선로에 사용되는 개폐기로서 사고, 정전 등의 중대한 영향을 받는 지역에서 정전과 동시에 자동적으로 예비전원용 배전선로로 전환하는 장치이다.

08 저압 네트워크 배전방식의 특징이 아닌 것은?

① 특별한 보호장치를 필요로 하지 않는다.
② 부하 증가시 적응성이 양호하다.
③ 배전 신뢰도가 높다.
④ 전압변동 및 전력손실이 적다.

망상식(= 네트워크식)

(1) 무정전 공급이 가능해서 공급 신뢰도가 높다.
(2) 플리커 및 전압변동율이 작고 전력손실과 전압강하가 작다.
(3) 기기의 이용율이 향상되고 부하증가에 대한 적응성이 좋다.
(4) 변전소의 수를 줄일 수 있다.
(5) 가격이 비싸고 대도시에 적합하다.
(6) 인축의 감전사고가 빈번하게 발생한다.
∴ 이 방식의 단점은 건설비가 비싸다는 것과 네트워크 프로텍터와 같은 특별한 보호장치를 필요로 한다.

09 송전 철탑에서 역섬락을 방지하기 위한 대책은?

① 가공지선의 설치
② 탑각 접지저항의 감소
③ 전력선의 연가
④ 아크혼의 설치

매설지선

탑각의 접지저항이 충분히 적어야 직격뇌를 대지로 안전하게 방전시킬 수 있으나 탑각의 접지저항이 너무 크면 대지로 흐르던 직격뇌가 다시 선로로 역류하여 철탑재나 애자련에 섬락이 일어나게 된다. 이를 역섬락이라 한다. 역섬락이 일어나면 뇌전류가 애자련을 통하여 전선로로 유입될 우려가 있으므로 이때 탑각에 방사형 매설지선을 포설하여 탑각의 접지저항을 낮춰주면 역섬락을 방지할 수 있게 된다.

10 코로나 방지에 효과적인 방법과 관계가 먼 것은?

① 굵은 전선을 사용한다.
② 복도체를 사용한다.
③ 충분한 연가를 한다.
④ 가선금구를 개량한다.

코로나 방지대책

(1) 복도체 방식을 채용한다. – L감소, C증가
(2) 코로나 임계전압을 크게 한다. – 전선의 지름을 크게 한다.
(3) 가선금구를 개량한다.

11 다음 중 가공 송전선에 사용하는 애자련 중 전압 부담이 가장 큰 것은?

① 전선에 가장 가까운 것
② 중앙에 있는 것
③ 철탑에 가장 가까운 것
④ 철탑에서 $\frac{1}{3}$ 지점의 것

애자련의 전압분포

(1) 전압부담이 최소인 애자
철탑에서 3번째 또는 전선에서 8번째의 애자에 전압부담이 최소가 된다.
(2) 전압부담이 최대인 애자
전선에 가장 가까운 애자에 전압부담이 최대가 된다.

12 3.3[kV] 이하의 단거리 송배전선로에 적용되는 비접지 방식에서 지락전류는 다음 중 어느 것을 말하는가?

① 누설전류   ② 충전전류
③ 뒤진전류   ④ 단락전류

비접지방식

이 방식은 △결선 방식으로 단거리, 저전압 선로에만 적용하며 우리나라 계통에서는 3.3[kV]나 6.6[kV]에서 사용되었다. 1선 지락시 지락전류는 대지 충전전류로서 대지정전용량에 기인한다. 또한 1선 지락시 건전상의 전위상승이 $\sqrt{3}$ 배 상승하기 때문에 기기나 선로의 절연 레벨이 매우 높다.

13 최근에 우리나라에서 많이 채용되고 있는 가스 절연 개폐설비(GIS)의 특징으로 틀린 것은?

① 대기 절연을 이용한 것에 비해 현저하게 소형화 할 수 있으나 비교적 고가이다.
② 소음이 적고 충전부가 완전한 밀폐형으로 되어 있기 때문에 안정성이 높다.
③ 가스 압력에 대한 엄중 감시가 필요하며 내부 점검 및 부품 교환이 번거롭다.
④ 한랭지, 산악 지방에서도 액화 방지 및 산화 방지 대책이 필요 없다.

가스절연개폐설비(GIS)

SF₆가스절연 변전소는 종래의 대기절연방식을 대신해서 SF₆가스를 사용한 밀폐방식의 가스절연개폐설비(GIS)를 주체로 한 축소형 변전소로서 그 부지 면적이나 소요 공간을 크게 축소화한 것이다.
(1) GIS의 장점
  ㉠ 대기절연을 이용한 것에 비해 현저하게 소형화할 수 있다.
  ㉡ 충전부가 완전히 밀폐되기 때문에 안정성이 높다.
  ㉢ 대기중의 오염물의 영향을 받지 않기 때문에 신뢰도가 높고 보수도 용이하다.
  ㉣ 소음이 적고 환경조화를 기할 수 있다.
  ㉤ 공기를 단축할 수 있다.
(2) GIS의 단점
  ㉠ 내부를 직접 눈으로 볼 수 없다.
  ㉡ 가스압력, 수분 등을 엄중하게 감시할 필요가 있다.
  ㉢ 한랭지, 산악지방에서는 액화방지대책이 필요하다.
  ㉣ 비교적 고가이다.

14 30[kV] 배전선로에서 1선이 지락하는 경우 건전상의 전위상승이 $\sqrt{3}$ 배 상승하는 중성점 접지방식은?

① 직접접지방식
② 소호리액터접지방식
③ 비접지방식
④ 저항접지방식

비접지방식

1선 지락시 건전상의 전위상승이 $\sqrt{3}$ 배 상승하기 때문에 기기나 선로의 절연레벨이 매우 높다.

15 화력발전소에서 매일 최대출력 100,000[kW], 부하율 90[%]로 60일간 연속 운전할 때 필요한 석탄량은 약 몇 [t]인가? (단, 사이클 효율은 40[%], 보일러 효율은 85[%], 발전기 효율은 98[%]로 하고 석탄의 발열량은 5,500[kcal/kg]이라 한다.)

① 60,820 ② 61,820
③ 62,820 ④ 63,820

발전소의 열효율(η)

$\eta = \eta_c \eta_h \eta_g = \dfrac{860\,W}{m\,H}$ 식에서

W는 발생전력량[kWh], m은 연료소비량[kg], H는 발열량[kcal/kg], 출력 P[kW], 시간 t[h], 부하율 F, η_c는 사이클 효율, η_h는 보일러 효율, η_g는 발전기 효율이라 하면
$P = 100,000$[kW], $t = 60 \times 24$[h], $F = 0.9$이므로
$W = P \cdot t \cdot F = 100,000 \times 60 \times 24 \times 0.9$[kWh]
$\therefore m = \dfrac{860\,W}{\eta_c \eta_h \eta_g H}$
$= \dfrac{860 \times 100,000 \times 60 \times 24 \times 0.9}{0.4 \times 0.85 \times 0.98 \times 5,500}$
$= 60,820 \times 10^3$[kg] $= 60,820$[t]

16 수력발전소의 댐을 설계하거나 저수지의 용량 등을 결정하는데 가장 적당한 것은?

① 유량도 ② 적산유량곡선
③ 유황곡선 ④ 수위유량곡선

적산유량곡선

적산유량곡선은 유량도를 기초로 하여 횡축에 역일순으로 하고 종축에 적산유량의 총계를 취하여 만든 곡선으로 댐 설계 및 저수지 용량 결정에 사용된다.

17 송배전 계통에 발생하는 이상전압의 내부적 원인이 아닌 것은?

① 유도뢰
② 선로의 개폐
③ 아크 접지
④ 선로의 이상상태

이상전압의 종류
(1) 외부적 원인에 의한 이상전압 : 직격뢰, 유도뢰
(2) 내부적 원인에 의한 이상전압 : 개폐이상전압, 소호리액터접지 직렬공진시 아크전압, 고조파유입에 의한 선로이상전압

18 3상3선식 송전선에서 L을 작용 인덕턴스라 하고, L_e 및 L_m 은 대지를 귀로로 하는 1선의 자기 인덕턴스 및 상호 인덕턴스라고 할 때 이들 사이의 관계식은?

① $L = L_m - L_e$
② $L = L_e - L_m$
③ $L = L_m + L_e$
④ $L = \dfrac{L_m}{L_e}$

대지를 귀로로 하는 인덕턴스
1선과 대지 귀로의 경우 1선의 자기 인덕턴스 L_a 와 대지 귀로 자신의 인덕턴스 $L_a{'}$ 는

$L_a = 0.05 + 0.4605 \log \dfrac{h+H}{r}$ [mH/km],

$L_a{'} = 0.05 + 0.4605 \log \dfrac{h+H}{H}$ [mH/km]일 때
총 자기 인덕턴스 L_e 는 다음과 같다.

$L_e = L_a + L_a{'} = 0.1 + 0.4605 \log \dfrac{h+H}{r}$ [mH/km]

그리고 상호 인덕턴스 L_m 은

$L_m = 0.05 + 0.4605 \log \dfrac{h+H}{D}$ [mH/km] 이므로

전체 작용 인덕턴스 L은

$L = 0.05 + 0.4605 \log \dfrac{D}{r}$ [mH/km] 이기 위해서

∴ $L = L_e - L_m$ 조건을 만족하여야 한다.

19 선로의 정격전압이 E [V], 정격전류가 I [A], %임피던스가 $\%Z$인 경우 선로의 단락전류 I_s를 표현하는 식은?

① $I_s = \dfrac{EI}{100}$
② $I_s = \dfrac{100I}{E}$
③ $I_s = \dfrac{100\,I}{\%Z}$
④ $I_s = \dfrac{100}{EI}$

단락전류(I_s)

∴ $I_s = \dfrac{100}{\%Z} I$ [A]

20 전선의 손실계수 H와 부하율 F와의 관계는?

① $0 \leq F^2 \leq H \leq F \leq 1$
② $0 \leq H^2 \leq F \leq H \leq 1$
③ $0 \leq H \leq F^2 \leq F \leq 1$
④ $0 \leq F \leq H^2 \leq H \leq 1$

손실계수(H)와 부하율(F)

손실계수 = $\dfrac{\text{평균전력손실}}{\text{최대전력손실}} \times 100$ [%]

부하율 = $\dfrac{\text{평균전력}}{\text{최대전력}} \times 100$ [%]로서

손실계수는 부하곡선의 모양에 따라서 달라지는데 그 값은 부하율이 좋은 부하일 경우에는 부하율에 가까운 값이 되고($H \approx F$), 부하율이 나쁜 부하일 경우에는 부하율의 제곱에 가까운 값으로 되는 경향이 있다. ($H \approx F^2$)

∴ $1 \geq F \geq H \geq F^2 \geq 0$

24 3. 전기기기(CBT시험 복원문제)

※ 본 기출문제는 수험자의 기억을 바탕으로 하여 복원한 문제이므로 실제 문제와 다를 수 있음을 미리 알려드립니다.

01 3,000[V], 60[Hz], 8극 100[kW]의 3상 유도전동기가 있다. 전부하에서 2차 구리손이 3[kW], 기계손이 2[kW]라면 전부하 회전수는 약 몇 [rpm]인가?

① 498　　　　　　② 593
③ 874　　　　　　④ 984

$V = 3,000$ [V], $f = 60$ [Hz], 극수 $p = 8$,
$P_0 = 100$ [kW], $P_{c2} = 3$ [kW], 기계손 $P_l = 2$ [kW]
일 때 기계손은 기계적 출력에 포함시켜야 하므로

$$P_{c2} = \frac{s}{1-s}(P_0 + P_l) \text{ 식에 대입하여 풀면}$$

$$3 = \frac{s}{1-s}(100 + 2) \text{ 식에서 } s = 0.028 \text{이다.}$$

$$\therefore N = (1-s)N_s = (1-s)\frac{120f}{p}$$

$$= (1-0.028) \times \frac{120 \times 60}{8} = 874 \text{[rpm]}$$

02 50[Hz]로 설계된 3상 유도전동기를 60[Hz]에 사용하는 경우 단자전압을 110[%]로 높일 때 최대 토크는 어떠한가?

① 1.2배로 증가한다.
② 0.8배로 감소한다.
③ 2배 증가한다.
④ 거의 변하지 않는다.

유도전동기의 최대토크

$$\tau_m = k\frac{V_1^2}{2x_2} = k\frac{V_1^2}{2(2\pi f L_2)} \text{ [N·m] 식에서}$$

최대토크는 전압의 제곱에 비례하고 주파수에 반비례하므로

$$\tau_m' = \frac{1.1^2}{\left(\frac{60}{50}\right)}\tau_m = \tau_m \text{ [N·m]임을 알 수 있다.}$$

∴ 거의 변하지 않는다.

03 단락비가 1.2인 발전기의 퍼센트 동기임피던스 [%]는 약 얼마인가?

① 120　　　　　　② 83
③ 1.2　　　　　　④ 0.83

단락비(K_s)

퍼센트 동기임피던스 $\%Z_s$ [%], 퍼센트 동기임피던스 p.u $\%Z_s$ [p.u]일 때

$$K_s = \frac{100}{\%Z_s} = \frac{1}{\%Z_s \text{[p.u]}} \text{ 이므로 } K_s = 1.2 \text{인 경우}$$

$$\therefore \%Z_s = \frac{100}{K_s} = \frac{100}{1.2} = 83 \text{ [%]}$$

04 그림은 단상 직권 정류자전동기의 개념도이다. C를 무엇이라고 하는가?

① 제어권선
② 보상권선
③ 보극권선
④ 단층권선

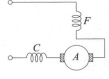

단상직권정류자 전동기의 개념도

단상직권정류자 전동기는 역률을 좋게 하기 위해서 계자권선의 권수를 적게 하고, 극히 소출력 이외는 보상권선을 설치하여 전기자 기자력을 조거하고, 리액턴스를 감소하는 것과 동시에 고저항의 도선을 써서 정류를 좋게 한다. 그림의 개념도에서 A는 전기자, F는 계자권선, C는 보상권선이다.

05 어떤 단상 변압기의 2차 무부하 전압이 240[V]이고, 정격 부하시의 2차 단자 전압이 230[V]이다. 전압 변동률은 약 얼마인가?

① 4.35[%]　　　　② 5.15[%]

③ 6.65[%]　　　　④ 7.35[%]

변압기의 전압변동률(ϵ)

$\epsilon = \dfrac{V_{20} - V_2}{V_2} \times 100$ [%] 식에서

$V_{20} = 240$ [V], $V_2 = 230$ [V]일 때

$\therefore \epsilon = \dfrac{V_{20} - V_2}{V_2} \times 100 = \dfrac{240 - 230}{230} \times 100$

$\qquad = 4.35$ [%]

06 그림과 같은 단상브리지 정류회로(혼합브리지)에서 직류 평균전압[V]은?

① $\dfrac{2\sqrt{2}E}{\pi}\left(\dfrac{1+\cos\alpha}{2}\right)$

② $\dfrac{\sqrt{2}E}{\pi}\left(\dfrac{1+\cos\alpha}{2}\right)$

③ $\dfrac{2\sqrt{2}E}{\pi}\left(\dfrac{1-\cos\alpha}{2}\right)$

④ $\dfrac{\sqrt{2}E}{\pi}\left(\dfrac{1-\cos\alpha}{2}\right)$

단상브리지 전파정류회로

(1) 위상제어가 되는 경우 직류전압(E_d)

$E_d = \dfrac{2\sqrt{2}E}{\pi}\left(\dfrac{1+\cos\alpha}{2}\right)$ [V]

(2) 위상제어가 되지 않는 경우 직류전압(E_d)

$E_d = \dfrac{2\sqrt{2}E}{\pi}$ [V]

(3) 최대역전압(PIV)

$PIV = 2\sqrt{2}E = \pi E_d$ [V]

07 직류발전기의 단자전압을 조정하려면 어느 것을 조정하여야 하는가?

① 기동저항　　　　② 계자저항

③ 방전저항　　　　④ 전기자저항

직류발전기의 단자전압을 조정하려면 계자전류를 조정하여 유기기전력에 의해 흐르는 전기자 전류가 전압강하를 발생시켜 결국 단자전압이 변하게 된다. 계자전류는 계자저항의 크기에 따라 변하므로 단자전압은 계자저항에 의해 조정되는 것이다.

08 병렬운전하고 있는 두 대의 직류 분권발전기가 있다. 각각의 전기자 저항은 0.1[Ω] 및 0.05[Ω], 계자 저항은 20[Ω] 및 40[Ω], 유기기전력은 216[V] 및 211.2[V]일 때 단자전압은 200[V]이다. 합성 부하전력은 몇 [kW]인가?

① 53　　　　② 73.8

③ 76　　　　④ 78.8

직류 분권발전기의 병렬운전

직류발전기의 병렬운전 조건은 단자전압이 일정해야 하므로 다음과 같은 식이 성립하여야 한다.

$E_1 = V + R_{a1}I_{a1}$ [V], $E_2 = V + R_{a2}I_{a2}$ [V],

$I_{a1} = I_1 + I_{f1}$ [A], $I_{a2} = I_2 + I_{f2}$ [A], $I_{f1} = \dfrac{V}{R_{f1}}$ [A],

$I_{f2} = \dfrac{V}{R_{f2}}$ [A] 식에서

부하전류는 $I = I_1 + I_2$ [A] 이므로

$R_{a1} = 0.1$ [Ω], $R_{a2} = 0.05$ [Ω], $R_{f1} = 20$ [Ω],

$R_{f2} = 40$ [Ω], $E_1 = 216$ [V], $E_2 = 211.2$ [V],

$V = 200$ [V]일 때

$I_{a1} = \dfrac{E_1 - V}{R_{a1}} = \dfrac{216 - 200}{0.1} = 160$ [A],

$I_{a2} = \dfrac{E_2 - V}{R_{a2}} = \dfrac{211.2 - 200}{0.05} = 224$ [A],

$I_{f1} = \dfrac{V}{R_{f1}} = \dfrac{200}{20} = 10$ [A], $I_{f2} = \dfrac{V}{R_{f2}} = \dfrac{200}{40} = 5$ [A],

$I_1 = I_{a1} - I_{f1} = 160 - 10 = 150$ [A],

$I_2 = I_{a2} - I_{f2} = 224 - 5 = 219$ [A]이다.

따라서 합성 부하전력은 $P = V(I_1 + I_2)$ [W] 이므로

$\therefore P = V(I_1 + I_2) = 200 \times (150 + 219)$

$\qquad = 73800$ [W] $= 73.8$ [kW]

09 변압기 1차측 사용 탭이 22900[V]인 경우 2차측 전압이 360[V]였다면 2차측 전압을 380[V]로 하기 위해서는 1차측의 탭을 몇 [V]로 선택해야 하는가?

① 21900　　　　　② 20500
③ 24100　　　　　④ 22900

변압기 탭전압 선정

변압기의 탭전압을 선정하는 경우 지렛대의 원리에 의해서 변압기 2차측 탭전압이 높아지는 경우 변압기 1차측 탭전압은 낮아지므로

$V_{1t} = 22900$ [V], $V_{2t} = 360$ [V],

$V_{2t}' = 380$ [V]인 경우

$V_{1t}' = \dfrac{V_{2t}}{V_{2t}'} V_{1t} = \dfrac{360}{380} \times 22900$

$\quad = 21694$ [V] 이다.

∴ 탭전압은 21900[V]를 선택한다.

참고 변압기 1차측 탭전압

23900[V], 22900[V], 21900[V], 20900[V], 19900[V]

10 유도전동기의 2차 효율은? (단, s는 슬립이다.)

① $\dfrac{1}{s}$　　　　　② s
③ $1-s$　　　　　④ s^2

유도전동기의 2차 효율(η_2)

기계적 출력 P_0, 2차 입력 P_2, 슬립 s, 회전자 속도 N, 동기속도(고정자 속도) N_s라 할 때

∴ $\eta_2 = \dfrac{P_0}{P_2} = 1-s = \dfrac{N}{N_s}$

11 Y 결선한 변압기의 2차측에 다이오드 6개로 3상 전파의 정류회로를 구성할 때의 3상 전파 직류 전압의 평균치는? (단, E는 교류측의 상전압이다.)

① $\dfrac{6\sqrt{2}}{2\pi} E\cos\alpha$　　② $\dfrac{3\sqrt{6}}{2\pi} E\cos\alpha$
③ $\dfrac{3\sqrt{6}}{\pi} E\cos\alpha$　　④ $\dfrac{6\sqrt{2}}{\pi} E\cos\alpha$

3상 반파 정류회로와 3상 전파 정류회로의 직류전압

구 분	
3상 반파 정류회로	$E_{d\alpha} = \dfrac{3\sqrt{6}}{2\pi} E\cos\alpha$ $= 1.17 E\cos\alpha$ [V]
3상 전파 정류회로	$E_{d\alpha} = \dfrac{3\sqrt{6}}{\pi} E\cos\alpha$ $= 2.34 E\cos\alpha$ [V]

참고 3상 정류회로에서 선간전압이 주어진 경우의 직류 전압

(1) 3상 반파 정류회로

∴ $E_{d\alpha} = 1.17 \dfrac{V}{\sqrt{3}} \cos\alpha = 0.675\, V\cos\alpha$ [V]

(2) 3상 전파 정류회로

∴ $E_{d\alpha} = 2.34 \dfrac{V}{\sqrt{3}} \cos\alpha = 1.35\, V\cos\alpha$ [V]

12 동기리액턴스 $x_s = 10[\Omega]$, 전기자 저항 $r_a = 0.1[\Omega]$인 Y결선 3상 동기발전기가 있다. 1상의 단자전압은 $V = 4,000$[V]이고 유기기전력 $E = 6,400$[V]이다. 부하각 $\delta = 30°$라고 하면 발전기의 3상 출력[kW]은 약 얼마인가?

① 1,250　　　　　② 2,830
③ 3,840　　　　　④ 4,650

동기발전기의 출력(P)

동기발전기의 1상의 값으로 3상 출력을 구하는 경우 3배 크게 해주면 되므로

∴ $P = 3\dfrac{VE}{x_s}\sin\delta = 3 \times \dfrac{4,000 \times 6,400}{10} \times \sin 30°$

$\quad = 3,840$ [V]

13 서보 전동기로 사용되는 전동기와 제어방식의 종류가 아닌 것은?

① 직류기의 전압 제어
② 릴럭턴스기의 전압 제어
③ 유도기의 전압 제어
③ 동기 기기의 주파수 제어

서보전동기의 사용 예와 제어방식

(1) 직류전동기의 전압제어
(2) 유도전동기의 전압제어
(3) 동기전동기의 주파수 제어
∴ 릴럭턴스 전동기는 반작용 전동기로서 소형이며 역률과 효율이 떨어지나 직류여자가 필요 없는 장점이 있다.

---

14 직류발전기에서 양호한 정류를 얻기 위한 방법이 아닌 것은?

① 브러시의 접촉 저항을 크게 한다.
② 보극을 설치한다.
③ 보상 권선을 설치한다.
④ 리액턴스 전압을 크게 한다.

양호한 정류를 얻는 조건

(1) 보극을 설치하여 평균 리액턴스 전압을 줄인다.
(전압정류)
(2) 보극이 없는 직류기에서는 직류발전기일 때 회전방향으로, 직류전동기일 때 회전 반대 방향으로 브러시를 이동시킨다.
(3) 탄소브러시를 사용하여 브러시 접촉면 전압강하를 크게 한다. (저항정류)
(4) 보상권선을 설치한다. (전기자 반작용 억제)
∴ 리액턴스 전압은 정류 불량의 원인으로서 리액턴스 전압이 크면 정류는 더욱 나빠진다.

---

15 1차 전압 6,600[V], 2차 전압 220[V], 주파수 60[Hz], 1차 권수 1,000회의 변압기가 있다. 최대 자속은 약 몇 [Wb]인가?

① 0.020　　　　② 0.025
③ 0.030　　　　④ 0.032

변압기의 유기기전력(E)

$E_1 = 4.44 f \phi_m N_1$ [V] 식에서
$E_1 = 6,600$ [V], $E_2 = 220$ [V], $f = 60$ [Hz],
$N_1 = 1,000$ 이므로

$$\therefore \phi_m = \frac{E_1}{4.44 f N_1} = \frac{6,600}{4.44 \times 60 \times 1,000}$$
$$= 0.025 \,[\text{Wb}]$$

---

16 3상 동기 발전기에서 권선 피치와 자극 피치의 비를 $\frac{13}{15}$ 의 단절권으로 하였을 때의 단절권 계수는?

① $\sin \frac{13}{15}\pi$　　　　② $\sin \frac{13}{30}\pi$
③ $\sin \frac{15}{26}\pi$　　　　④ $\sin \frac{15}{13}\pi$

단절권 계수(k_p)

$k_p = \sin \frac{\beta\pi}{2}$ 식에서
$\beta = \frac{13}{15}$ 이므로

$$\therefore k_p = \sin \frac{\beta\pi}{2} = \sin \frac{\frac{13}{15}\pi}{2} = \sin \frac{13}{30}\pi$$

---

17 이상적인 변압기의 무부하에서 위상관계로 옳은 것은?

① 자속과 여자전류는 동위상이다.
② 자속은 인가전압 보다 90° 앞선다.
③ 인가전압은 1차 유기기전력 보다 90° 앞선다.
④ 1차 유기기전력과 2차 유기기전력의 위상은 반대이다.

이상적인 변압기의 무부하 특성

$\phi = \phi_m \sin \omega t [\text{Wb}]$ 일 때

$e_1 = -N_1 \dfrac{d\phi}{dt} = \omega N_1 \phi_m \sin(\omega t - 90°)[\text{V}]$ 이므로

(1) 자속은 여자전류와 동상이며 유기기전력보다 90° 앞선다.
(2) 인가전압은 1차 유기기전력과 방향이 반대이므로 180° 앞선다. 따라서 자속은 인가전압보다 90° 뒤진다.
(3) 1차 유기기전력과 2차 유기기전력의 위상은 같다.

18 전부하 회전수가 1732[rpm]인 직류 직권전동기에서 토크가 전부하 토크의 $\dfrac{3}{4}$ 으로 기동할 때 회전수는 약 몇 [rpm]으로 회전하는가?

① 2000
② 1865
③ 1732
④ 1675

직류 직권전동기의 토크-속도 특성

직류 직권전동기의 토크는 $\tau \propto \dfrac{1}{N^2}$ 의 관계에 있으므로

$N = 1732$ [rpm], $\tau' = \dfrac{3}{4}\tau$ [N·m]일 때 N' 는

$N' = \sqrt{\dfrac{\tau}{\tau'}}\, N$ [rpm] 식에서

$\therefore N' = \sqrt{\dfrac{\tau}{\tau'}}\, N = \sqrt{\tau \times \dfrac{4}{3\tau}} \times 1732$

$= 2000$ [rpm]

19 4극, 60[Hz]인 3상 유도전동기의 동기와트가 1[kW]일 때 토크[N·m]는?

① 5.31 [N·m]
② 4.31 [N·m]
③ 3.31 [N·m]
④ 2.31 [N·m]

유도전동기의 토크(τ)

$N_s = \dfrac{120f}{p}[\text{rpm}]$,

$\tau = 9.5493 \dfrac{P_2}{N_s}[\text{N·m}] = 0.975 \dfrac{P_2}{N_s}[\text{kg·m}]$ 식에서

$p = 4$, $f = 60[\text{Hz}]$, $P_2 = 1[\text{kW}]$ 이므로

$N_s = \dfrac{120f}{p} = \dfrac{120 \times 60}{4} = 1800[\text{rpm}]$ 일 때

$\therefore \tau = 9.5493 \dfrac{P_2}{N_s} = 9.5493 \times \dfrac{1 \times 10^3}{1800}$

$= 5.31[\text{N·m}]$

20 단락비가 큰 동기기의 특징이 아닌 것은?

① 안정도가 높다.
② 전압변동률이 크다.
③ 효율이 떨어진다.
④ 전기자 반작용이 작다.

단락비가 큰 동기발전기의 특징

(1) 동기 임피던스가 적고 전압변동율이 적다.
(2) 계자 기자력이 크고 전기자반작용이 적다.
(3) 과부하 내량이 크기 때문에 기기의 안정도가 높다.
(4) 기기의 형태, 중량이 커지고 철손 및 기계손이 증가하여 가격이 비싸고 효율은 떨어진다.
(5) 극수가 많고 공극이 크며 저속기로서 속도변동률이 적다.
(6) 선로의 충전용량이 크다.

24 4. 회로이론 및 제어공학(CBT시험 복원문제)

※ 본 기출문제는 수험자의 기억을 바탕으로 하여 복원한 문제이므로 실제 문제와 다를 수 있음을 미리 알려드립니다.

01 비정현파 전압이 $V=\sqrt{2}\,100\sin\omega t+\sqrt{2}\,50\sin2\omega t+\sqrt{2}\,30\sin3\omega t$[V]일 때 실효치는 약 몇 [V]인가?

① 13.4　　② 38.6
③ 115.7　　④ 180.3

비정현파의 실효값

$v=\sqrt{2}\,100\sin\omega t+\sqrt{2}\,50\sin2\omega t$
$\quad+\sqrt{2}\,30\sin3\omega t$ [V]에서
$V_1=100$ [V], $V_2=50$ [V], $V_3=30$ [V]이므로
$\therefore V=\sqrt{V_1^2+V_2^2+V_3^2}=\sqrt{100^2+50^2+30^2}$
$\quad=115.7$ [V]

03 선로의 단위길이당 분포 인덕턴스, 저항, 정전용량, 누설 컨덕턴스를 각각 $L,\,R,\,C,\,G$라 하면 전파정수는?

① $\dfrac{\sqrt{R+j\omega L}}{G+j\omega C}$

② $\sqrt{(R+j\omega L)(G+j\omega C)}$

③ $\sqrt{\dfrac{R+j\omega L}{G+j\omega C}}$

④ $\sqrt{\dfrac{G+j\omega C}{R+j\omega L}}$

전파정수(γ)
$\gamma=\sqrt{ZY}=\sqrt{(R+j\omega L)(G+j\omega C)}$

02 전류의 대칭분을 $I_0,\,I_1,\,I_2$ 유기기전력 및 단자전압의 대칭분을 $E_a,\,E_b,\,E_c$ 및 $V_0,\,V_1,\,V_2$라 할 때 3상 교류발전기의 기본식 중 정상분 V_1값은? (단, $Z_0,\,Z_1,\,Z_2$는 영상, 정상, 역상임피던스이다.)

① $-Z_0I_0$　　② $-Z_2I_2$
③ $E_a-Z_1I_1$　　④ $E_b-Z_2I_2$

발전기 기본식
$V_0=-Z_0I_0$[V]
$V_1=E_a-Z_1I_1$[V]
$V_2=-Z_2I_2$[V]

04 RRLC 직렬회로에 $e=170\cos\left(120t+\dfrac{\pi}{6}\right)$[V]를 인가할 때 $i=8.5\cos\left(120t-\dfrac{\pi}{6}\right)$[A]가 흐르는 경우 소비되는 전력은 약 몇 [W]인가?

① 361　　② 623
③ 720　　④ 1,445

유효전력(=소비전력 : P)

$V=\dfrac{V_m}{\sqrt{2}}\angle30°=\dfrac{170}{\sqrt{2}}\angle30°$ [V]

$I=\dfrac{I_m}{\sqrt{2}}\angle-30°=\dfrac{8.5}{\sqrt{2}}\angle-30°$ [A]이므로

$V=\dfrac{170}{\sqrt{2}}$ [V], $I=\dfrac{8.5}{\sqrt{2}}$ [A],

$\theta=30°-(-30°)=60°$일 때
$\therefore P=VI\cos\theta=\dfrac{170}{\sqrt{2}}\times\dfrac{8.5}{\sqrt{2}}\times\cos60°$
$\quad=361$ W

05 전류 $\sqrt{2}\,I\sin(\omega t + \theta)$ [A]와 기전력 $\sqrt{2}\,V\cos(\omega t - \phi)$ [V] 사이의 위상차는?

① $\dfrac{\pi}{2} - (\phi - \theta)$ ② $\dfrac{\pi}{2} - (\phi + \theta)$

③ $\dfrac{\pi}{2} + (\phi + \theta)$ ④ $\dfrac{\pi}{2} + (\phi - \theta)$

위상차

전류, 전압의 순시값을 $i(t)$, $v(t)$라 하여 파형을 일치시키면

$i(t) = \sqrt{2}\,I\sin(\omega t + \theta)$ [A]

$v(t) = \sqrt{2}\,V\cos(\omega t - \phi)$

$\quad = \sqrt{2}\,V\sin\left(\omega t - \phi + \dfrac{\pi}{2}\right)$ [V] 이므로

전류의 위상 θ와 전압의 위상 $-\phi + \dfrac{\pi}{2}$의 위상차는

$\therefore$ 위상차 $= -\phi + \dfrac{\pi}{2} - \theta = \dfrac{\pi}{2} - (\phi + \theta)$

참고

$\cos \omega t = \sin\left(\omega t + \dfrac{\pi}{2}\right)$ 이므로

$\cos(\omega t - \phi) = \sin\left(\omega t - \phi + \dfrac{\pi}{2}\right)$ 이다.

07 회로에서 $V = 10$[V], $R = 10$[Ω], $L = 1$[H], $C = 10$[μF] 그리고 $V_C = 0$일 때 스위치 K를 닫은 직후 전류의 변화율 $\dfrac{di(0^+)}{dt}$의 값[A/sec]은?

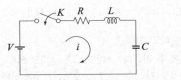

① 0 ② 1
③ 5 ④ 10

전류의 시간적 변화

$e_L = L\dfrac{di}{dt}$ [V] 식에 의하여

$e_L = V = 10$ [V], $L = 1$ [H] 이므로

$\therefore \dfrac{di(0^+)}{dt} = \dfrac{V}{L} = \dfrac{10}{1} = 10$ [A/sec]

06 전원과 부하가 △결선된 3상 평형회로가 있다. 전원전압이 200[V], 부하 1상의 임피던스가 $6 + j8$ [Ω]일 때 선전류[A]는?

① 20 ② $20\sqrt{3}$

③ $\dfrac{20}{\sqrt{3}}$ ④ $\dfrac{\sqrt{3}}{20}$

△결선의 선전류(I_Δ)

$I_\Delta = \dfrac{\sqrt{3}\,V_P}{Z} = \dfrac{\sqrt{3}\,V_L}{Z}$ [A] 식에서

$V_L = 200$ [V], $Z = 6 + j8$ [Ω] 이므로

$\therefore I_\Delta = \dfrac{\sqrt{3}\,V_L}{Z} = \dfrac{\sqrt{3} \times 200}{\sqrt{6^2 + 8^2}} = 20\sqrt{3}$ [A]

08 권수가 2,000회이고 저항이 12[Ω]인 솔레노이드에 전류 10[A]를 흘릴 때, 자속이 6×10^{-2}[Wb]가 발생하였다. 이 회로의 시정수[sec]는?

① 1 ② 0.1
③ 0.01 ④ 0.001

R-L 과도현상의 시정수

$\tau = \dfrac{L}{R} = \dfrac{N\phi}{RI}$ [sec] 식에서

$N = 2,000$, $R = 12$ [Ω], $I = 10$ [A],

$\phi = 6 \times 10^{-2}$ [Wb]일 때

$\therefore \tau = \dfrac{L}{R} = \dfrac{N\phi}{RI} = \dfrac{2,000 \times 6 \times 10^{-2}}{12 \times 10} = 1$ [sec]

09 비정현파 전류 $i(t) = 56\sin\omega t + 25\sin 2\omega t + 30\sin(3\omega t + 30°) + 40\sin(4\omega t + 60°)$으로 주어질 때 왜형률은 얼마인가?

① 1.4　　　　　② 1.0
③ 0.5　　　　　④ 0.1

비정현파의 왜형률

파형에서 기본파, 제2고조파, 제3고조파, 제4고조파의 최대치를 각각 I_{m1}, I_{m2}, I_{m3}, I_{m4}라 하면

$I_{m1} = 56\,[A]$, $I_{m2} = 25\,[A]$, $I_{m3} = 30\,[A]$, $I_{m4} = 40\,[A]$이다.

각 고조파의 왜형률을 ϵ_2, ϵ_3, ϵ_4라 하면

$\epsilon_2 = \dfrac{I_{m2}}{I_{m1}} = \dfrac{25}{56}$, $\epsilon_3 = \dfrac{I_{m3}}{I_{m1}} = \dfrac{30}{56}$, $\epsilon_4 = \dfrac{I_{m4}}{I_{m1}} = \dfrac{40}{56}$

이므로

$\therefore \epsilon = \sqrt{\epsilon_2{}^2 + \epsilon_3{}^2 + \epsilon_4{}^2}$
$= \sqrt{\left(\dfrac{25}{56}\right)^2 + \left(\dfrac{30}{56}\right)^2 + \left(\dfrac{40}{56}\right)^2} = 1$

10 다음과 같은 특성방정식의 근궤적 가지수는?

$$s(s+1)(s+2) + K(s+3) = 0$$

① 6　　　　　② 5
③ 4　　　　　④ 3

근궤적의 수

근궤적의 가지수(지로수)는 다항식의 차수와 같거나 특성방정식의 차수와 같다. 또는 특성방정식의 근의 수와 같다. 또한 개루프 전달함수 $G(s)H(s)$의 극점과 영점 중 큰 개수와 같다.

∴ 위의 특성방정식은 3차 방정식이므로 근궤적의 가지수는 3개이다.

11 특성방정식 $s^3 + 3s^2 + 2s + K = 0$으로 표시되는 계통이 안정되려면 K의 범위는?

① $K < -2$　　　　② $K > 6$
③ $0 < K < 6$　　　④ $K > 6$, $K < 0$

안정도 판별법(루스 판정법)

특성방정식 $= s^3 + 3s^2 + 2s + K = 0$ 이므로

s^3	1	2
s^2	3	K
s^1	$\dfrac{6-K}{3}$	0
s^0	K	0

제1열의 원소에 부호변화가 없어야 제어계가 안정할 수 있으므로 $K < 6$, $K > 0$ 이어야 한다.

$\therefore 0 < K < 6$

12 특성방정식이 $s^5 + s^4 + 6s^3 + 8s^2 + ?s + 2 = 0$으로 주어졌을 때 불안정한 근의 수는?

① 0　　　　　② 1
③ 2　　　　　④ 3

루스(Routh) 판별법

s^5	1	8	4
s^4	1	6	2
s^3	$8-6=2$	$4-2=2$	0
s^2	$\dfrac{12-2}{2}=5$	2	0
s^1	$\dfrac{10-4}{5}=1.2$	0	
s^0	2		

∴ 제1열의 원소에서 부호가 바뀌지 않았으므로 제어계는 안정하다. 따라서 불안정한 근의 수는 0이다.

13 그림의 회로와 동일한 논리 소자는?

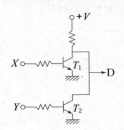

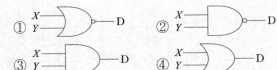

① $\begin{matrix} X \\ Y \end{matrix}$ ⟩ ◯ — D
② $\begin{matrix} X \\ Y \end{matrix}$ ⟩ ◯ — D
③ $\begin{matrix} X \\ Y \end{matrix}$ ⟩ — D
④ $\begin{matrix} X \\ Y \end{matrix}$ ⟩ — D

논리회로

트랜지스터는 베이스(B) 입력단자에 "H" 가 가해지면 컬렉터(K) +단자와 이미터(E) − 단자가 도통되어 출력의 레벨은 "L" 이 된다. 따라서 출력레벨이 "H" 가 되기 위해서는 B는 "L" 이 되어야 하므로 입력 A, B는 모두 "L" 일 때만 출력 D는 "H" 일 수 있다.

A	B	OR	NOR
0	0	0	1
0	1	1	0
1	0	1	0
1	1	1	0

∴ 위 조건을 만족하는 논리소자는 NOR이므로 ①번이다.

참고
② NAND ③ AND ④ OR

14 $F(s) = \dfrac{2s+15}{s^3+s^2+3s}$ 일 때 $f(t)$의 최종값은?

① 15 ② 5
③ 3 ④ 2

최종값 정리

$$f(\infty) = \lim_{t \to \infty} f(t) = \lim_{s \to 0} sF(s)$$
$$= \lim_{s \to 0} \frac{s(2s+15)}{s^3+s^2+3s} \equiv \lim_{s \to 0} \frac{2s+15}{s^2+s+3} = \frac{15}{3} = 5$$

15 다음 블록선도의 전달함수는?

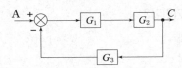

① $\dfrac{G_1 G_2}{1 - G_1 G_2 G_3}$
② $\dfrac{G_1 G_2}{1 + G_1 G_2 G_3}$
③ $\dfrac{G_1}{1 - G_1 G_2 G_3}$
④ $\dfrac{G_2}{1 + G_1 G_2 G_3}$

블록선도의 전달함수

$$C(s) = \{A(s) - G_3 C(s)\} G_1 G_2$$
$$= G_1 G_2 A(s) - G_1 G_2 G_3 C(s)$$
$$(1 + G_1 G_2 G_3) C(s) = G_1 G_2 A(s)$$
$$\therefore G(s) = \frac{C(s)}{A(s)} = \frac{G_1 G_2}{1 + G_1 G_2 G_3}$$

16 그림과 같은 RLC회로에서 입력전압 $e_i(t)$, 출력 전류가 $i(t)$인 경우 이 회로의 전달함수 $\dfrac{I(s)}{E_i(s)}$는?

① $\dfrac{Cs}{RCs^2 + LCs + 1}$
② $\dfrac{1}{RCs^2 + LCs + 1}$
③ $\dfrac{Cs}{LCs^2 + RCs + 1}$
④ $\dfrac{1}{LCs^2 + RCs + 1}$

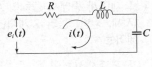

전달함수 $G(s)$

$$E_i(s) = \left(R + Ls + \frac{1}{Cs}\right) I(s)$$
$$\therefore G(s) = \frac{I(s)}{E_i(s)} = \frac{1}{R + Ls + \dfrac{1}{Cs}}$$
$$= \frac{Cs}{LCs^2 + RCs + 1}$$

17 다음중 $G(s)H(s) = \dfrac{K}{Ts+1}$ 일 때 이 계통은 어떤 형인가?

① 0형   ② 1형

③ 2형   ④ 3형

계통의 형식

$G(s)H(s) = \dfrac{k}{Ts+1}$ 인 경우 정상편차를 구해보면

위치오차상수

$k_p = \lim_{s \to 0} G(s)H(s) = \lim_{s \to 0} \dfrac{k}{Ts+1} = k$

위치정상편차

$e_p = \dfrac{1}{1+k_p} = \dfrac{1}{1+k}$

∴ 위치편차상수 및 위치정상편차가 유한값이므로 제어계는 0형이다.

19 개루프 전달함수가 다음과 같은 계에서 단위램프 입력에 대한 정상편차는?

$$G(s) = \dfrac{5}{s(s+2)(s+4)}$$

① 0.2   ② 0.4

③ $\dfrac{5}{8}$ ④ $\dfrac{8}{5}$

제어계의 정상편차

단위속도입력은 1형 입력이고 주어진 개루프 전달함수 $G(s)$도 1형 제어계이므로 정상편차는 유한값을 갖는다. 1형 제어계의 속도편차상수(k_v)와 속도정상편차(e_v)는

$k_v = \lim_{s \to 0} s\,G(s) = \lim_{s \to 0} \dfrac{10}{(s+1)(s+2)} = \dfrac{10}{2} = 5$

∴ $e_v = \dfrac{1}{k_v} = \dfrac{1}{5} = 0.2$

18 제어계 중에서 물체의 위치(속도, 가속도), 각도(자세, 방향) 등의 기계적인 출력을 목적으로 하는 제어는?

① 프로세서제어   ② 프로그램제어

③ 자동조정제어   ④ 서보제어

자동제어계의 제어량에 의한 분류

(1) 서보기구 제어 : 제어량이 기계적인 추치제어이다.
    제어량) 위치, 방향, 자세, 각도, 거리

(2) 프로세스 제어 : 공정제어라고도 하며 제어량이 피드백 제어계로서 주로 정치제어인 경우이다.
    제어량) 온도, 압력, 유량, 액면, 습도, 농도

(3) 자동조정 제어 : 제어량이 정치제어이다.
    제어량) 전압, 주파수, 장력, 속도

20 목표값으로 단위계단입력 함수를 주었을 때 제어량의 크기는 변함이 없으며 시간지연 요소만 나타나는 제어 동작은 무엇인가?

① 비례요소   ② 미분요소

③ 적분요소   ④ 부동작요소

부동작요소

제어계의 출력값인 제어량의 크기는 변하지 않고 단순히 시간지연 특성만 갖는 제어동작으로 전달함수는 다음과 같이 표현한다.

$$G(s) = Ke^{-Ls} = \dfrac{K}{e^{Ls}}$$

정답   17 ①   18 ④   19 ①   20 ④

24 5. 전기설비기술기준(CBT시험 복원문제)

※ 본 기출문제는 수험자의 기억을 바탕으로 하여 복원한 문제이므로 실제 문제와 다를 수 있음을 미리 알려드립니다.

01 한국전기설비규정에서 정하고 있는 대지전압이 300[V] 이하인 주택의 옥내전로의 시설에 대한 설명이다. 틀린 것은?

① 전기기계기구 및 옥내의 전선은 사람이 쉽게 접촉할 우려가 없도록 시설하여야 한다.

② 백열전등의 전구소켓은 키나 그 밖의 점멸기구가 없는 것이어야 한다.

③ 주택의 전로 인입구에 시설하는 누전차단기를 자연재해위험개선지구의 지정 등에서 지정되어진 지구 안의 지하주택에 시설하는 경우에는 침수시 위험의 우려가 없도록 지하에 시설하여야 한다.

④ 주택의 전로 인입구에는 감전보호용 누전차단기를 시설하여야 한다.

옥내전로의 대지전압의 제한
주택의 옥내전로(전기기계기구 내의 전로를 제외한다)의 대지전압은 300[V] 이하이어야 하며 다음에 따라 시설하여야 한다.
(1) 주택의 전로 인입구에는 감전보호용 누전차단기를 시설하여야 한다.
(2) 주택의 전로 인입구에 시설하는 누전차단기를 자연재해위험개선지구의 지정 등에서 지정되어진 지구 안의 지하주택에 시설하는 경우에는 침수시 위험의 우려가 없도록 지상에 시설하여야 한다.
(3) 전기기계기구 및 옥내의 전선은 사람이 쉽게 접촉할 우려가 없도록 시설하여야 한다.
(4) 백열전등의 전구소켓은 키나 그 밖의 점멸기구가 없는 것이어야 한다.

02 154[kV] 가공전선로를 시가지에 시설하는 경우 특고압 가공전선에 지락 또는 단락이 생기면 몇 초 이내에 자동적으로 이를 전로로부터 차단하는 장치를 시설하는가?

① 1   ② 2
③ 3   ④ 5

시가지 등에서 특고압 가공전선로의 시설
특고압 가공전선로는 전선이 케이블인 경우 또는 전선로를 다음과 같이 시설하는 경우에는 시가지 그 밖에 인가가 밀집한 지역에 시설할 수 있다.(단, 사용전압이 170[kV] 이하인 전선로이다.)
(1) 특고압 가공전선을 지지하는 애자장치는 50[%] 충격섬락전압 값이 그 전선의 근접한 다른 부분을 지지하는 애자장치 값의 110[%](사용전압이 130[kV]를 초과하는 경우는 105[%]) 이상인 것.
(2) 지지물에는 철주·철근 콘크리트주 또는 철탑을 사용할 것.
(3) 사용전압이 100[kV]를 초과하는 특고압 가공전선에 지락 또는 단락이 생겼을 때에는 1초 이내에 자동적으로 이를 전로로부터 차단하는 장치를 시설할 것.

03 전기철도에서 사용하는 용어 중 전기철도차량의 집전장치와 접촉하여 전력을 공급하기 위한 전선을 무엇이라 하는가?

① 조가선   ② 전차선
③ 급전선   ④ 귀선

전기철도설비 용어
(1) 조가선 : 전차선이 레일면상 일정한 높이를 유지하도록 행어이어, 드로퍼 등을 이용하여 전차선 상부에서 조가하여 주는 전선을 말한다.
(2) 전차선 : 전기철도차량의 집전장치와 접촉하여 전력을 공급하기 위한 전선을 말한다.
(3) 급전선 : 전기철도차량에 사용할 전기를 변전소로부터 전차선에 공급하는 전선을 말한다.
(4) 귀선 : 전기철도차량에 공급된 전력을 변전소로 되돌리기 위한 전선을 말한다.

04 한국전기설비규정에서 정하고 있는 합성수지관 공사에 의한 저압 옥내배선 시설방법에 대한 설명 중 틀린 것은?

① 절연전선을 사용하였다.
② 합성수지관 안에 접속점이 없도록 시설하였다.
③ 중량물의 압력 또는 현저한 기계적 충격을 받을 우려가 없도록 시설하였다.
④ 이중천정 안에 시설하였다.

합성수지관공사의 설비기준

(1) 전선은 절연전선(옥외용 비닐 절연전선을 제외한다)일 것.
(2) 전선은 합성수지관 안에서 접속점이 없도록 할 것.
(3) 중량물의 압력 또는 현저한 기계적 충격을 받을 우려가 없도록 시설할 것.
(4) 관 상호 간 및 박스와는 관을 삽입하는 깊이를 관의 바깥지름의 1.2배(접착제를 사용하는 경우에는 0.8배) 이상으로 하고 또한 꽂음 접속에 의하여 견고하게 접속할 것.
(5) 관의 지지점 간의 거리는 1.5 [m] 이하로 하고, 또한 그 지지점은 관의 끝관과 박스의 접속점 및 관 상호 간의 접속점 등에 가까운 곳에 시설할 것.
(6) 습기가 많은 장소 또는 물기가 있는 장소에 시설하는 경우에는 방습 장치를 할 것.
(7) 합성수지제 휨(가요) 전선관 상호 간은 직접 접속하지 말 것.
(8) 이중천장(반자 속 포함) 내에는 시설할 수 없다.

05 고압 보안공사에서 지지물이 철탑인 경우 지지물의 경간은 몇 [m] 이하이어야 하는가? (단, 단주가 아닌 경우이다.)

① 100　　　　② 150
③ 600　　　　④ 400

보안공사에 의한 가공전선로의 최대경간

지지물의 종류　구분	A종주, 목주	B종주	철탑
저·고압 보안공사	100[m]	150[m]	400[m]

06 100[kV] 미만의 특고압 가공전선로를 시가지에 경동연선으로 시설할 경우 단면적은 몇 [mm²] 이상을 사용하여야 하는가?

① 55　　　　② 100
③ 150　　　　④ 200

가공전선의 굵기(경동선 기준)

구분		인장강도 및 굵기
특고압	시가지 외	8.71[kN] 이상의 연선 또는 22[mm²] 이상의 경동연선 또는 동등 이상의 인장강도를 갖는 알루미늄 전선이나 절연전선
	시가지 100[kV] 미만	21.67[kN] 이상의 연선 또는 55[mm²] 이상의 경동연선
	100[kV] 이상 170[kV] 이하	58.84[kN] 이상의 연선 또는 150[mm²] 이상의 경동연선

07 변전소에서 154[kV]급으로 변압기를 옥외에 시설할 때 취급자 이외의 사람이 들어가지 않도록 시설하는 울타리는 울타리 높이와 울타리에서 충전부분까지의 거리의 합계를 몇 [m] 이상으로 하여야 하는가?

① 5　　　　② 5.5
③ 6　　　　④ 6.5

발전소 등의 울타리·담 등의 시설

· 울타리·담 등의 지표상의 높이와 울타리·담 등으로부터 충전부까지의 거리의 합계
(1) 울타리·담 등의 지표상 높이 : 2[m] 이상
(2) 지표면과 울타리·담 등의 하단 사이의 간격 : 15[cm] 이하
(3) 울타리·담으로부터 충전부까지의 거리의 합계

사용전압	울타리·담 등의 높이+충전부까지의 거리
35[kV] 이하	5[m] 이상
35[kV] 초과 160[kV] 이하	6[m] 이상
160[kV] 초과	6[m]+1만[V] 초과마다 12[cm] 가산 ∴ 6+(사용전압[kV]−16)×0.12 소수점 절상

정답　04 ④　05 ④　06 ①　07 ③

08 지중 전선로를 직접 매설식에 의하여 시설할 때, 중량물의 압력을 받을 우려가 있는 장소에 저압 또는 고압의 지중전선을 견고한 트라프 기타 방호물에 넣지 않고도 부설할 수 있는 케이블은?

① PVC 외장 케이블
② 콤바인덕트 케이블
③ 염화비닐 절연 케이블
④ 폴리에틸렌 외장 케이블

지중전선로의 시설
지중전선로를 직접매설식에 의하여 시설하는 경우에는 매설 깊이를 차량 기타 중량물의 압력을 받을 우려가 있는 장소에는 1.0 [m] 이상, 기타 장소에는 0.6 [m] 이상으로 하고 또한 지중전선을 견고한 트라프 기타 방호물에 넣어 시설하여야 한다. 다만, 저압 또는 고압의 지중전선에 콤바인덕트 케이블을 사용하여 시설하는 경우에는 지중전선을 견고한 트라프 기타 방호물에 넣지 아니하여도 된다.

09 저압 옥내전로의 인입구에 가까운 곳으로서 쉽게 개폐할 수 있는 곳에 개폐기를 시설하여야 한다. 그러나 사용전압이 400[V] 이하인 옥내전로로서 다른 옥내전로에 접속하는 길이가 몇 [m] 이하인 경우는 개폐기를 생략할 수 있는가?(단, 정격전류가 16[A] 이하인 과전류 차단기 또는 정격전류가 16[A]를 초과하고 20[A] 이하인 배선용차단기로 보호되고 있는 것에 한한다.)

① 15 ② 20
③ 25 ④ 30

저압 옥내전로 인입구에서의 개폐기의 시설
(1) 저압 옥내전로에는 인입구에 가까운 곳으로서 쉽게 개폐할 수 있는 곳에 개폐기(개폐기의 용량이 큰 경우에는 적정 회로로 분할하여 각 회로별로 개폐기를 시설할 수 있다. 이 경우에 각 회로별 개폐기는 집합하여 시설하여야 한다)를 각 극에 시설하여야 한다.
(2) 사용전압이 400[V] 이하인 옥내 전로로서 다른 옥내전로(정격전류가 16[A] 이하인 과전류차단기 또는 정격전류가 16[A]를 초과하고 20[A] 이하인 배선용차단기로 보호되고 있는 것에 한한다)에 접속하는 길이 15[m] 이하의 전로에서 전기의 공급을 받는 것은 (1)의 규정에 의하지 아니할 수 있다.

10 라이팅덕트공사에 의한 저압 옥내배선 공사시설 기준으로 틀린 것은?

① 덕트의 끝부분은 막을 것
② 덕트는 조영재에 견고하게 붙일 것
③ 덕트는 조영재를 관통하여 시설할 것
④ 덕트의 지지점 간의 거리는 2[m] 이하로 할 것

라이팅덕트공사
(1) 덕트 상호 간 및 전선 상호 간은 견고하고 또한 전기적으로 완전하게 접속할 것.
(2) 덕트는 조영재에 견고하게 붙일 것.
(3) 덕트의 지지점 간의 거리는 2[m] 이하로 할 것.
(4) 덕트의 끝부분은 막을 것.
(5) 덕트의 개구부(開口部)는 아래로 향하여 시설할 것. 다만, 사람이 쉽게 접촉할 우려가 없는 장소에서 덕트의 내부에 먼지가 들어가지 아니하도록 시설하는 경우에 한하여 옆으로 향하여 시설할 수 있다.
(6) 덕트는 조영재를 관통하여 시설하지 아니할 것.
(7) 덕트에는 합성수지 기타의 절연물로 금속재 부분을 피복한 덕트를 사용한 경우 이외에는 접지공사를 할 것. 다만, 대지전압이 150[V] 이하이고 또한 덕트의 길이가 4[m] 이하인 때는 그러하지 아니하다.
(8) 덕트를 사람이 용이하게 접촉할 우려가 있는 장소에 시설하는 경우에는 전로에 지락이 생겼을 때에 자동적으로 전로를 차단하는 장치를 시설할 것.

11 발전소, 변전소, 개폐소의 시설부지조성을 위해 산지를 전용할 경우에 전용하고자 하는 산지의 평균 경사도는 몇 도 이하이어야 하는가?

① 10 ② 15
③ 20 ④ 25

발전소 등의 부지 시설조건
전기설비의 부지의 안정성 확보 및 설비 보호를 위하여 발전소·변전소·개폐소를 산지에 시설할 경우에는 풍수해, 산사태, 낙석 등으로부터 안전을 확보할 수 있도록 산지의 평균 경사도가 25도 이하이어야 하며 산지전용면적 중 산지전용으로 발생되는 절, 성토 경사면의 면적이 100분의 50을 초과해서는 안 된다.

12 한국전기설비규정에서 정하고 있는 고압 및 특고압 전로 중에 시설하는 과전류차단기의 시설에 대한 설명 중 틀린 것은?

① 과전류차단기는 그 동작에 따라 그 개폐상태를 표시하는 장치가 되어있는 것이어야 한다.

② 전로에 단락이 생긴 경우에는 동작하는 과전류차단기는 이것을 시설하는 곳을 통과하는 단락전류를 차단하는 능력을 가지는 것이어야 한다.

③ 포장퓨즈는 정격전류의 1.3배의 전류에 견디고 또한 2배의 전류로 60분 안에 용단되는 것이어야 한다.

④ 비포장퓨즈는 정격전류의 1.25배의 전류에 견디고 또한 2배의 전류로 2분 안에 용단되는 것이어야 한다.

고압 및 특고압 전로 중의 과전류차단기의 시설

(1) 포장퓨즈는 정격전류의 1.3배의 전류에 견디고 또한 2배의 전류로 120분 안에 용단되는 것이어야 한다.

(2) 비포장퓨즈는 정격전류의 1.25배의 전류에 견디고 또한 2배의 전류로 2분 안에 용단되는 것이어야 한다.

(3) 전로에 단락이 생긴 경우에는 동작하는 과전류차단기는 이것을 시설하는 곳을 통과하는 단락전류를 차단하는 능력을 가지는 것이어야 한다.

(4) 과전류차단기는 그 동작에 따라 그 개폐상태를 표시하는 장치가 되어있는 것이어야 한다.

13 전기욕기에 전기를 공급하는 전원장치는 전기욕기용으로 내장되어 있는 2차측 전로의 사용전압을 몇 [V] 이하로 한정하고 있는가?

① 6　　　　② 10

③ 12　　　　④ 15

전기욕기

(1) 전기욕기에 전기를 공급하기 위한 전기욕기용 전원장치는 전원변압기의 2차측 전로의 사용전압이 10[V] 이하의 것에 한한다.

(2) 욕기 내의 전극간의 거리는 1[m] 이상일 것

(3) 욕기 내의 전극은 사람이 쉽게 접촉할 우려가 없도록 시설할 것

14 한국전기설비규정에서 정하고 있는 고압 옥내배선의 시설로서 알맞은 것은?

① 애자공사에 의해서 공칭단면적 2.5[mm²] 이상의 연동선을 사용하였다.

② 애자공사에 의한 전선의 지지점 간의 거리를 2[m] 이하로 시설하였다.

③ 금속관공사로 시설하였다.

④ 케이블배선 또는 케이블트레이 배선으로 시설하였다.

고압 옥내배선 등의 시설

(1) 고압 옥내배선은 다음 중 하나에 의하여 시설하여야 한다.
　㉠ 애자공사(건조한 장소로서 전개된 장소에 한한다)
　㉡ 케이블공사
　㉢ 케이블트레이공사

(2) 애자공사에 의한 고압 옥내배선의 시설
　㉠ 전선은 6[mm²] 이상의 연동선 또는 동등 이상의 세기 및 굵기의 고압 절연전선이나 특고압 절연전선 또는 6/10[kV] 인하용 고압 절연전선일 것.
　㉡ 전선의 지지점간의 거리는 6[m] 이하일 것 단, 전선을 조영재의 면을 따라 붙이는 경우에는 2[m] 이하일 것.
　㉢ 전선 상호간의 간격은 8[cm] 이상, 전선과 조영재 사이의 이격거리는 5[cm] 이상일 것.

15 가공전선로의 지지물에 시설하는 지선이 도로를 횡단하여 시설되는 경우 지표상의 높이는 몇 [m] 이상이어야 하는가?

① 3　　　　② 5

③ 6　　　　④ 6.5

지선의 높이

(1) 도로를 횡단하여 시설하는 경우에는 지표상 5[m] 이상으로 하여야 한다. 다만, 기술상 부득이한 경우로서 교통에 지장을 초래할 우려가 없는 경우에는 지표상 4.5[m] 이상으로 할 수 있다.

(2) 보도의 경우에는 2.5[m] 이상으로 할 수 있다.

16 주택용 배선차단기의 B형은 순시트립범위가 차단기 정격전류(I_n)의 몇 배인가?

① $3I_n$ 초과 ~ $5I_n$ 이하
② $5I_n$ 초과 ~ $10I_n$ 이하
③ $10I_n$ 초과 ~ $20I_n$ 이하
④ $1I_n$ 초과 ~ $3I_n$ 이하

순시트립에 따른 구분 (주택용 배선용 차단기)	
형 (순시트립에 따른 차단기 분류)	순시 트립 범위
B	$3I_n$ 초과 – $5I_n$ 이하
C	$5I_n$ 초과 – $10I_n$ 이하
D	$10I_n$ 초과 – $20I_n$ 이하

17 한국전기설비규정에서 정하고 있는 풍력발전설비에 대한 다음 설명 중 틀린 것은?

① 접지설비는 풍력발전설비 타워기초를 이용한 공통접지공사를 하여야 한다.
② 설비 사이의 전위차가 없도록 등전위본딩을 하여야 한다.
③ 피뢰설비로 풍력터빈에 설치하는 인하도선은 쉽게 부식되지 않는 금속선으로서 뇌격전류를 안전하게 흘릴 수 있는 충분한 굵기여야 한다.
④ 제어기기의 피뢰설비는 광케이블 및 포토커플러를 적용하여야 한다.

풍력발전설비
(1) 접지설비는 풍력발전설비 타워기초를 이용한 통합접지공사를 하여야 하며, 설비 사이의 전위차가 없도록 등전위본딩을 하여야 한다.
(2) 피뢰설비로 풍력터빈에 설치하는 인하도선은 쉽게 부식되지 않는 금속선으로서 뇌격전류를 안전하게 흘릴 수 있는 충분한 굵기여야 한다.
(3) 제어기기의 피뢰설비는 광케이블 및 포토커플러를 적용하여야 한다.

18 가공전선로의 지지물에 시설하는 지선의 시설 기준으로 틀린 것은?

① 지선의 안전율을 2.5 이상으로 할 것
② 소선은 최소 5가닥 이상의 강심 알루미늄연선을 사용할 것
③ 도로를 횡단하여 시설하는 지선의 높이는 지표상 5[m] 이상으로 할 것
④ 지중부분 및 지표상 30[cm]까지의 부분에는 내식성이 있는 것을 사용할 것

지선의 시설
(1) 가공전선로의 지지물 중 철탑은 지선을 사용하여 그 강도를 분담시켜서는 안된다.
(2) 지선의 안전율은 2.5 이상, 허용인장하중은 4.31[kN] 이상으로 한다.
(3) 지선에 연선을 사용할 경우에는 다음에 의할 것.
 ㉠ 소선(素線) 3가닥 이상의 연선일 것.
 ㉡ 소선의 지름이 2.6[mm] 이상의 금속선을 사용한 것일 것.
 ㉢ 지중부분 및 지표상 30[cm]까지의 부분에는 내식성이 있는 것 또는 아연도금을 한 철봉을 사용하고 쉽게 부식하지 아니하는 근가에 견고하게 붙일 것.
 ㉣ 지선근가는 지선의 인장하중에 충분히 견디도록 시설할 것.
(4) 지선의 높이
 ㉠ 도로를 횡단하여 시설하는 경우에는 지표상 5[m] 이상으로 하여야 한다. 다만, 교통에 지장을 초래할 우려가 없는 경우에는 지표상 4.5[m] 이상으로 할 수 있다.
 ㉡ 보도의 경우에는 2.5[m] 이상으로 할 수 있다.

19 한국전기설비규정에서 정하고 있는 전기철도의 전기 공급방식에 대한 설명이다. 틀린 것은

① 수전선로는 지형적 여건 등 시설 조건에 따라 가공 또는 지중 방식으로 시설하며, 비상시를 대비하여 예비선로를 확보하여야 한다.

② 공칭전압은 교류 3상 22.9[kV], 154[kV], 345[kV]이다.

③ 직류방식의 전차선로에서 비지속성 최고전압은 지속시간이 10분 이하로 예상되는 전압의 최고값으로 한다.

④ 교류방식의 전차선로에서 비지속성 최저전압은 지속시간이 2분 이하로 예상되는 전압의 최저값으로 한다.

전기철도의 전기방식

(1) 공칭전압은 교류 3상 22.9[kV], 154[kV], 345[kV]이다.

(2) 수전선로는 지형적 여건 등 시설 조건에 따라 가공 또는 지중 방식으로 시설하며, 비상시를 대비하여 예비선로를 확보하여야 한다.

(3) 직류방식의 전차선로에서 비지속성 최고전압은 지속시간이 5분 이하로 예상되는 전압의 최고값으로 한다.

(4) 교류방식의 전차선로에서 비지속성 최저전압은 지속시간이 2분 이하로 예상되는 전압의 최저값으로 한다.

20 아래 설명은 한국전기설비규정에서 정하고 있는 용어 중 무엇을 의미하는가?

발전기 · 원동기 · 연료전지 · 태양전지 · 해양에너지발전설비 · 전기저장장치 그 밖의 기계기구[비상용 예비전원을 얻을 목적으로 시설하는 것 및 휴대용 발전기를 제외한다]를 시설하여 전기를 생산[원자력, 화력, 신재생에너지 등을 이용하여 전기를 발생시키는 것과 양수발전 · 전기저장장치와 같이 전기를 다른 에너지로 변환하여 저장 후 전기를 공급하는 것]하는 곳을 말한다.

① 발전소   ② 변전소
③ 개폐소   ④ 급전소

용어

(1) 발전소 : 에너지발전설비 · 전기저장장치 그 밖의 기계기구[비상용 예비전원을 얻을 목적으로 시설하는 것 및 휴대용 발전기를 제외한다]를 시설하여 전기를 생산[원자력, 화력, 신재생에너지 등을 이용하여 전기를 발생시키는 것과 양수발전 · 전기저장장치와 같이 전기를 다른 에너지로 변환하여 저장 후 전기를 공급하는 것]하는 곳을 말한다.

(2) 변전소 : 변전소의 밖으로부터 전송받은 전기를 변전소 안에 시설한 변압기 · 전동발전기 · 회전변류기 · 정류기 그 밖의 기계기구에 의하여 변성하는 곳으로서 변성한 전기를 다시 변전소 밖으로 전송하는 곳을 말한다.

(3) 개폐소 : 개폐소 안에 시설한 개폐기 및 기타 장치에 의하여 전로를 개폐하는 곳으로서 발전소 · 변전소 및 수용장소 이외의 곳을 말한다.

(4) 급전소 : 전력계통의 운용에 관한 지시 및 급전조작을 하는 곳을 말한다.

24 1. 전기자기학(CBT시험 복원문제)

※ 본 기출문제는 수험자의 기억을 바탕으로 하여 복원한 문제이므로 실제 문제와 다를 수 있음을 미리 알려드립니다.

01 반지름 r[m]인 무한장 원통형 도체에 전류가 균일하게 흐를 때 도체 내부에서 자계의 세기 [AT/m]는?

① 원통 중심축으로부터 거리에 비례한다.
② 원통 중심축으로부터 거리에 반비례한다.
③ 원통 중심축으로부터 거리의 제곱에 비례한다.
④ 원통 중심축으로부터 거리의 제곱에 반비례한다.

> 원통도체(원주형 도체)에 의한 자계의 세기(H)
> (1) 원통도체 표면에만 전류가 흐르는 경우
> $$H_{\text{in}} = 0 \,[\text{AT/m}], \; H_{\text{out}} = \frac{I}{2\pi r}\,[\text{AT/m}]$$
> (2) 원통도체 내부에 균일하게 전류가 흐르는 경우
> $$H_{\text{in}} = \frac{Ir}{2\pi a^2}\,[\text{AT/m}], \; H_{\text{out}} = \frac{I}{2\pi r}\,[\text{AT/m}]$$
> ∴ 문제의 조건에 따라 $H_{\text{in}} = \dfrac{Ir}{2\pi a^2} \propto r\,[\text{AT/m}]$
> 이므로 원통 중심축으로부터 거리에 비례한다.

02 2장의 무한평판 도체를 4[cm]의 간격으로 놓은 후 평판 도체 간에 일정한 전계를 인가하였더니 평판 도체 표면에 2[μC/m²]의 전하밀도가 생겼다. 이 때 평행 도체 표면에 작용하는 정전응력은 약 몇 [N/m²]인가?

① 0.057
② 0.226
③ 0.57
④ 2.26

> 자유공간에서의 정전력(f)
> 자유공간에서의 단위면적당 정전력(f)과 단위체적당 정전에너지(w)는 서로 같으며
> $$f = \frac{\rho_s^{\,2}}{2\epsilon_0} = \frac{D^2}{2\epsilon_0} = \frac{1}{2}\epsilon_0 E^2 = \frac{1}{2}ED\,[\text{N/m}^2]\text{이다.}$$
> $\rho_s = 2\,[\mu\text{C/m}^2]$일 때
> $$\therefore f = \frac{\rho_s^{\,2}}{2\epsilon_0} = \frac{(2 \times 10^{-6})^2}{2 \times 8.855 \times 10^{-12}} = 0.226\,[\text{N/m}^2]$$

03 비투자율 $\mu_r = 800$, 원형 단면적이 $S = 10$[cm²], 평균 자로 길이 $l = 16\pi \times 10^{-2}$[m]의 환상철심에 600회의 코일을 감고 이 코일에 1[A]의 전류를 흘리면 환상 철심 내부의 자속은 몇 [Wb]인가?

① 1.2×10^{-3}
② 1.2×10^{-5}
③ 2.4×10^{-3}
④ 2.4×10^{-5}

> 자기회로 내의 옴의 법칙
> $$\phi = \frac{F}{R_m} = \frac{NI}{R_m} = \frac{\mu SNI}{l} = \frac{\mu_0 \mu_s SNI}{l}\,[\text{Wb}]$$
> 이므로
> $$\therefore \phi = \frac{\mu_0 \mu_s SNI}{l}$$
> $$= \frac{4\pi \times 10^{-7} \times 800 \times 10 \times 10^{-4} \times 600 \times 1}{16\pi \times 10^{-2}}$$
> $$= 1.2. \times 10^{-3}\,[\text{Wb}]$$

04 평형 상태에서 도체의 전하 분포와 전계에 관한 성질 중 적합하지 않은 것은?

① 도체 내부에는 전계가 0이 아니다.
② 대전된 도체의 전하는 도체 표면에만 존재한다.
③ 대전된 도체 표면은 동일 전위에 있다.
④ 대전된 도체의 표면 각 점의 전기력선은 표면에 수직이다.

> 도체의 성질
> (1) 대전도체 내부에는 전하가 존재하지 않는다. 또한 전하는 대전도체 외부 표면에만 분포된다.
> (2) 도체 표면에서 수직으로 전기력선과 만난다. 또한 도체 표면에서 전계는 수직이다.
> (3) 도체 내부와 표면의 전위는 항상 같으며 등전위이다. 또한 도체 내부의 전계는 0이다.
> (4) 도체 표면의 곡률이 클수록 곡률 반지름은 작아지므로 전하밀도가 높아져서 전하가 많이 모이려는 성질이 생긴다. 또한 곡률이 작을수록 곡률 반지름이 커지므로 전하밀도가 작다.

05
전계 $E=\dfrac{2}{x}\hat{x}+\dfrac{2}{y}\hat{y}$[V/m]에서 점(2, 4)[m]를 통과하는 전기력선의 방정식은? (단, $\hat{x}$, $\hat{y}$는 단위 벡터이다.)

① $x^2+y^2=12$ ② $y^2-x^2=12$
③ $x^2+y^2=16$ ④ $y^2-x^2=16$

전기력선의 방정식

$E=\dfrac{2}{x}\hat{x}+\dfrac{2}{y}\hat{y}=E_x\hat{x}+E_y\hat{y}$ [V/m] 식에서

$E_x=\dfrac{2}{x}$, $E_y=\dfrac{2}{y}$ 임을 알 수 있다.

전기력선 방정식 $\dfrac{dx}{E_x}=\dfrac{dy}{E_y}$ 식에서

$\dfrac{x}{2}dx=\dfrac{y}{2}dy$ 를 양변 적분하면

$\int x\,dx=\int y\,dy$ 식에서

$\dfrac{1}{2}(x^2+k)=\dfrac{1}{2}y^2$를 얻는다.

$x=2$, $y=4$를 대입할 때 적분상수 k는
$k=y^2-x^2=4^2-2^2=12$ 이므로
$\therefore y^2-x^2=12$

06
액체 유전체를 넣은 콘덴서의 용량이 20[μF]이다. 여기에 500[V]의 전압을 가하면 누설 전류[mA]는? (단, 비유전율 $\epsilon_s=2.2$, 고유저항 $\rho=10^{11}$ [$\Omega \cdot$m]이다.)

① 4.2 ② 5.13
③ 54.5 ④ 61

전기저항(R)과 정전용량(C)의 관계

$RC=\rho\epsilon=\dfrac{\epsilon}{k}$ 또는 $\dfrac{C}{G}=\rho\epsilon=\dfrac{\epsilon}{k}$이므로

누설전류 I 는 $I=\dfrac{V}{R}=\dfrac{CV}{\rho\epsilon}$ [A]이다.

$C=20$ [μF], $V=500$ [V], $\epsilon_s=2.2$, $\rho=10^{11}$ [Ω]일 때

$\therefore I=\dfrac{CV}{\rho\epsilon}=\dfrac{CV}{\rho\epsilon_0\epsilon_s}$

$=\dfrac{20\times10^{-6}\times500}{10^{11}\times8.855\times10^{-12}\times2.2}$

$=5.13\times10^{-3}$ [A] $=5.13$ [mA]

07
평균 반지름(r)이 20[cm], 단면적(S)이 6[cm²]인 환상 철심에서 권선수(N)가 500회인 코일에 흐르는 전류(I)가 4[A]일 때 철심 내부에서의 자계의 세기(H)는 약 몇 [AT/m]인가?

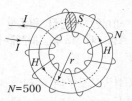

① 1,590 ② 1,700
③ 1,870 ④ 2,120

환상솔레노이드에 의한 자계의 세기(H)

$H_{in}=\dfrac{NI}{l}=\dfrac{NI}{2\pi r}$ [AT/m], $H_{out}=0$ [AT/m] 식에서
$r=20$ [cm] $=0.2$ [m], $S=6$ [cm²], $N=500$, $I=4$ [A]일 때

$\therefore H_{in}=\dfrac{NI}{2\pi r}=\dfrac{500\times4}{2\pi\times0.2}=1,590$ [AT/m]

08
그림과 같은 발전기 자극의 극성 중 N극은 어느 것인가? (단, 그림에서 화살표는 자속을 표시한 것이다.)

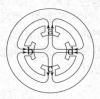

① a, b ② c, d
③ b, d ④ a, c

발전기의 자극
자속은 철심 외부에서는 N극에서 S극으로 향하며, 철심 내부에서는 S극에서 N극으로 향한다. 따라서 자극의 N극성은 자속이 나오는 위치이며, S극성은 자속이 들어가는 위치이기 때문에 b, d는 N극성, a, c는 S극성임을 알 수 있다.

09 미분방정식 형태로 나타낸 맥스웰의 전자계 기초 방정식에 해당되는 것은?

① $\text{rot } E = -\dfrac{\partial B}{\partial t}$, $\text{rot } H = \dfrac{\partial D}{\partial t}$, $\text{div } D = 0$,
   $\text{div } B = 0$

② $\text{rot } E = -\dfrac{\partial B}{\partial t}$, $\text{rot } H = i + \dfrac{\partial D}{\partial t}$, $\text{div } D = \rho$,
   $\text{div } B = H$

③ $\text{rot } E = -\dfrac{\partial B}{\partial t}$, $\text{rot } H = i + \dfrac{\partial D}{\partial t}$, $\text{div } D = \rho$,
   $\text{div } B = 0$

④ $\text{rot } E = -\dfrac{\partial B}{\partial t}$, $\text{rot } H = i$, $\text{div } D = 0$, $\text{div } B = 0$

맥스웰 방정식

(1) 패러데이-노이만의 전자유도법칙에서 유도된 전자 방정식
$$\text{rot } E = \nabla \times E = -\frac{\partial B}{\partial t} = -\mu \frac{\partial H}{\partial t}$$

(2) 암페어의 주회적분법칙에서 유도된 전자방정식
$$\text{rot } H = \nabla \times H = i + i_d = i + \frac{\partial D}{\partial t} = i + \epsilon \frac{\partial E}{\partial t}$$

(3) 가우스의 발산정리에 의해서 유도된 전자방정식
$$\text{div } D = \rho_v, \quad \text{div } B = 0$$

10 평등 전계 중에 유전체 구에 의한 전계 분포가 그림과 같이 되었을 때 ϵ_1과 ϵ_2의 크기 관계는?

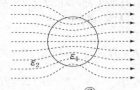

① $\epsilon_1 > \epsilon_2$　　　　② $\epsilon_1 < \epsilon_2$
③ $\epsilon_1 = \epsilon_2$　　　　④ 무관하다.

유전체 내에서의 경계조건

$\epsilon_1 > \epsilon_2$이면 $E_1 < E_2$, $D_1 > D_2$, $\theta_1 > \theta_2$이므로 전계 분포와 유전율은 반비례에 있다.
전계 분포가 유전체 ϵ_1 쪽으로 모이기 때문에 유전율은 ϵ_2가 더 크다는 것을 알 수 있다.
$$\therefore \epsilon_1 < \epsilon_2$$

11 정전용량이 $C_0 [\mu F]$인 평행판의 공기 커패시터가 있다. 두 극판 사이에 극판과 평행하게 절반을 비유전율이 ϵ_r인 유전체로 채우면 커패시터의 정전용량$[\mu F]$은?

① $\dfrac{C_0}{2\left(1 + \dfrac{1}{\epsilon_r}\right)}$　　② $\dfrac{C_0}{1 + \dfrac{1}{\epsilon_r}}$

③ $\dfrac{2C_0}{1 + \dfrac{1}{\epsilon_r}}$　　④ $\dfrac{4C_0}{1 + \dfrac{1}{\epsilon_r}}$

유전체 내의 평행판 전극의 직렬연결

공기콘덴서의 정전용량을 C_0 라 하면
$$C = \frac{\epsilon_0 S}{d} [\mu F] \text{이다.}$$

콘덴서 판 간에 절반 두께를 유전체로 채운 경우 평행판 전극의 경계면과 단자가 수직을 이루고 있으므로 콘덴서는 직렬로 접속된다. 각 콘덴서의 정전용량을 C_1, C_2 라 하고 합성정전용량을 C 라 하면

$$C_1 = \frac{\epsilon_0 S}{\dfrac{d}{2}} = \frac{2\epsilon_0 S}{d} = 2C_0 [\mu F],$$

$$C_2 = \frac{\epsilon_0 \epsilon_r S}{\dfrac{d}{2}} = \frac{2\epsilon_0 \epsilon_r S}{d} = 2\epsilon_r C_0 [\mu F]$$

$$\therefore C = \frac{1}{\dfrac{1}{C_1} + \dfrac{1}{C_2}} = \frac{1}{\dfrac{1}{2C_0} + \dfrac{1}{2\epsilon_r C_0}}$$

$$= \frac{2C_0}{1 + \dfrac{1}{\epsilon_r}} [\mu F]$$

12 자유공간을 진행하는 전자기파의 전계와 자계의 위상차는?

① 전계가 $\dfrac{\pi}{2}$ 빠르다.　② 자계가 $\dfrac{\pi}{2}$ 빠르다.
③ 위상이 같다.　　　　④ 전계가 π 빠르다.

전자파

자유공간에서 전계(E)와 자계(H)가 같은 위상으로 동시에 존재하게 되며 모두 진행방향에 대하여 수직으로 나타나게 되는데 이때 전계와 자계가 만드는 파를 전자파라 한다.

13 두 종류의 유전율(ϵ_1, ϵ_2)을 가진 유전체 경계면에 진전하가 존재하지 않을 때 성립하는 경계조건을 옳게 나타낸 것은? (단, θ_1, θ_2는 각각 유전체 경계면의 법선벡터와 E_1, E_2가 이루는 각이다.)

① $E_1\sin\theta_1 = E_2\sin\theta_2$,

$D_1\sin\theta_1 = D_2\sin\theta_2$, $\quad \dfrac{\tan\theta_1}{\tan\theta_2} = \dfrac{\epsilon_2}{\epsilon_1}$

② $E_1\cos\theta_1 = E_2\cos\theta_2$,

$D_1\sin\theta_1 = D_2\sin\theta_2$, $\quad \dfrac{\tan\theta_1}{\tan\theta_2} = \dfrac{\epsilon_2}{\epsilon_1}$

③ $E_1\sin\theta_1 = E_2\sin\theta_2$,

$D_1\cos\theta_1 = D_2\cos\theta_2$, $\quad \dfrac{\tan\theta_1}{\tan\theta_2} = \dfrac{\epsilon_1}{\epsilon_2}$

④ $E_1\cos\theta_1 = E_2\cos\theta_2$,

$D_1\cos\theta_1 = D_2\cos\theta_2$, $\quad \dfrac{\tan\theta_1}{\tan\theta_2} = \dfrac{\epsilon_1}{\epsilon_2}$

유전체 내에서의 경계조건
(1) 전계의 세기는 경계면의 접선성분이 서로 같다.
  $E_1\sin\theta_1 = E_2\sin\theta_2$
(2) 전속밀도는 경계면의 법선성분이 서로 같다.
  $D_1\cos\theta_1 = D_2\cos\theta_2$ 또는
  $\epsilon_1 E_1\cos\theta_1 = \epsilon_2 E_2\cos\theta_2$
(3) 굴절각 조건
  $\dfrac{\epsilon_1}{\epsilon_2} = \dfrac{\tan\theta_1}{\tan\theta_2}$ 또는 $\epsilon_1\tan\theta_2 = \epsilon_2\tan\theta_1$

14 자극의 세기 8×10^{-6}[Wb], 길이 3[cm]인 막대자석을 120[AT/m]의 평등자계 내에 자계와 30°의 각도로 놓으면 이 막대자석이 받는 회전력은 몇 [N·m]인가?

① 1.44×10^{-4} [N·m]　② 1.44×10^{-5} [N·m]
③ 3.02×10^{-4} [N·m]　④ 3.02×10^{-5} [N·m]

막대자석의 회전력(=토크 : T)
$T = mlH\sin\theta$ [N·m] 식에서
$m = 8\times10^{-6}$ [Wb], $l = 3$ [cm], $H = 120$ [AT/m],
$\theta = 30°$ 일 때
$\therefore T = mlH\sin\theta$
　$= 8\times10^{-6}\times3\times10^{-2}\times120\times\sin30°$
　$= 1.44\times10^{-5}$ [N·m]

15 벅다음 (가), (나)에 대한 법칙으로 알맞은 것은?

전자유도에 의하여 회로에 발생되는 기전력은 쇄교 자속수의 시간에 대한 감소비율에 비례한다는 (가)에 따르고 특히, 유도된 기전력의 방향은 (나)에 따른다.

① (가) 패러데이의 법칙 (나) 렌츠의 법칙
② (가) 렌츠의 법칙 (나) 패러데이의 법칙
③ (가) 플레밍의 왼손 법칙 (나) 패러데이의 법칙
④ (가) 패러데이의 법칙 (나) 플레밍의 왼손 법칙

전자유도법칙에 의한 유도기전력
시간에 따라 변하는 자계는 자계 내에 있는 적절한 폐회로에 전류를 흐르게 하는 기전력을 일으킨다.
$$e = -N\frac{d\phi}{dt}\ [\text{V}]$$
(1) 패러데이법칙
  폐회로에 유도되는 기전력의 크기는 폐회로에 쇄교되는 자속의 감쇄율에 비례한다.
(2) 렌쯔의 법칙
  폐회로에 유도되는 기전력의 방향을 자속의 변화를 방해하는 방향으로 정해진다.

16 전계 및 자계의 세기가 각각 E, H일 때, 포인팅 벡터 P의 표시로 옳은 것은?

① $P = \dfrac{1}{2}E\times H$　　② $P = E\,\text{rot}\,H$
③ $P = E\times H$　　④ $P = H\,\text{rot}\,E$

포인팅벡터(P)
자유공간에서 전계(E)와 자계(H)의 전자파가 진행하면서 이루게 되는 평면파에 나타나는 단위시간 동안 단위면적당 에너지를 포인팅 벡터(P)라 하며 자유공간의 고유임피던스를 η라 하면
$$\therefore P = \dot{E}\times\dot{H} = EH = \eta H^2 = \frac{E^2}{\eta}\ [\text{W/m}^2]$$

정답 13 ③　14 ②　15 ①　16 ③

17 내압이 2.0[kV]이고 정전용량이 각각 0.01[μF], 0.02[μF], 0.04[μF]인 3개의 커패시터를 직렬로 연결했을 때 전체 내압은 몇 [V]인가?

① 1,750 ② 2,000
③ 3,500 ④ 4,000

콘덴서의 내압 계산
$V = 2$[kV], $C_1 = 0.01$[μF], $C_2 = 0.02$[μF],
$C_3 = 0.04$[μF]인 경우 각 콘덴서의 최대 전하량을
Q_1, Q_2, Q_3라 하면
$Q_1 = C_1 V = 0.01 \times 2,000 = 20$[$\mu$C]
$Q_2 = C_2 V = 0.02 \times 2,000 = 40$[$\mu$C]
$Q_3 = C_3 V = 0.04 \times 2,000 = 80$[$\mu$C]이다.
따라서 최대 전하량이 제일 작은 C_1 콘덴서가 파괴되지 않는 상태일 때 회로에 최대내압이 걸리며 이때 최대 전하량은 Q_1이 선택되므로

$$C = \frac{1}{\frac{1}{C_1} + \frac{1}{C_2} + \frac{1}{C_3}} = \frac{1}{\frac{1}{0.01} + \frac{1}{0.02} + \frac{1}{0.04}}$$
$$= 5.71 \times 10^{-3}[\mu F]$$
$$\therefore V = \frac{Q_1}{C} = \frac{20}{5.71 \times 10^{-3}} = 3,500[V]$$

18 N회 감긴 환상코일의 단면적이 S[m²]이고 평균 길이가 l[m]이다. 이 코일의 권수를 반으로 줄이고 인덕턴스를 일정하게 하려고 할 때, 다음 중 옳은 것은?

① 단면적을 2배로 한다.
② 길이를 $\frac{1}{4}$배로 한다.
③ 전류의 세기를 4배로 한다.
④ 비투자율을 2배로 한다.

자기인덕턴스(L)
$L = \frac{N\phi}{I} = \frac{N^2}{R_m} = \frac{\mu S N^2}{l}$[H]이므로 코일의 권수를 반으로 줄이고 인덕턴스를 일정하게 하려면 다음과 같은 조건을 만족하여야 한다.
(1) 투자율을 4배 증가시킨다.
(2) 단면적을 4배 증가시킨다.
(3) 길이를 1/4배 감소시킨다.
(4) 전류를 1/2배 감소시킨다.

19 내원통의 반지름 a, 외원통의 반지름 b인 동축 원통 콘덴서의 내외 원통 사이에 공기를 넣었을 때 정전용량이 C_0이었다. 내외 반지름을 모두 2배로 하고 공기 대신 비유전율 3인 유전체를 넣었을 경우의 정전용량은?

① $\frac{C_0}{9}$ ② $\frac{C_0}{3}$
③ $3C_0$ ④ $9C_0$

유전체 내의 동심(=동축)원통도체의 정전용량(C)
공기중의 동심(=동축) 원통도체의 정전용량 C_0, 유전체 내의 정전용량을 C라 하면
$$C_0 = \frac{2\pi\epsilon_0}{\ln\frac{b}{a}}[F/m], \quad C = \frac{2\pi\epsilon_0\epsilon_s}{\ln\frac{b}{a}}[F/m]이므로$$
a를 2배, b를 2배, 비유전율 $\epsilon_s = 3$인 유전체에서 정전용량 C는
$$\therefore C = \frac{2\pi\epsilon_0 \times 3}{\ln\left(\frac{2b}{2a}\right)} = \frac{3 \times 2\pi\epsilon_0}{\ln\frac{b}{a}} = 3C_0 [F/m]$$

20 자기 인덕턴스 L_1, L_2[mH]인 두 코일의 인덕턴스 합이 20[mH]인 경우 결합계수가 0.75가 되도록 두 코일을 결합 시켰을 때 상호 인덕턴스가 6[mH]였다. L_1, L_2는 각각 몇 [mH]인가?

① 10, 10 ② 14, 6
③ 16, 4 ④ 18, 2

결합회로
$L_1 + L_2 = 20$[mH], $M = k\sqrt{L_1 L_2}$ 식에서
$$L_1 L_2 = \frac{M^2}{k^2} = \frac{(6\times10^{-3})}{0.75^2} = 6.4\times10^{-5}[H]$$
$$= 64[mH] 이므로$$
$L_1 + L_2 = 20$[mH] 이면서 $L_1 L_2 = 64$[mH]이 조건을 만족하는 값은 16[mH]와 4[mH]이다.
$\therefore L_1 = 16$[mH], $L_2 = 4$[mH] 또는
$L_1 = 4$[mH], $L_2 = 16$[mH]

23 2. 전력공학(CBT시험 복원문제)

※ 본 기출문제는 수험자의 기억을 바탕으로 하여 복원한 문제이므로 실제 문제와 다를 수 있음을 미리 알려드립니다.

01 전선의 표피 효과에 관한 설명으로 옳은 것은?

① 전선이 굵을수록, 주파수가 낮을수록 커진다.
② 전선이 굵을수록, 주파수가 높을수록 커진다.
③ 전선이 가늘수록, 주파수가 낮을수록 커진다.
④ 전선이 가늘수록, 주파수가 높을수록 커진다.

> **표피효과(m)와 침투깊이(δ)**
>
> (1) 표피효과(m)
>
> $$m = 2\pi\sqrt{\frac{2f\mu}{\rho}} = 2\pi\sqrt{2f\mu k}$$
>
> 따라서 표피효과는 주파수, 투자율, 도전율, 전선의 굵기에 비례하며 고유저항에 반비례한다.
> 여기서, f는 주파수, μ는 투자율, ρ는 고유저항, k는 도전율이다.
>
> (2) 침투깊이(δ)
>
> $$\delta = \sqrt{\frac{2}{\omega k\mu}} = \sqrt{\frac{1}{\pi f k\mu}} = \sqrt{\frac{\rho}{\pi f\mu}}\ [\text{m}]$$
>
> 침투깊이는 표피효과와 반대인 성질을 띤다.

02 모선 보호에 사용되는 계전방식이 아닌 것은?

① 위상 비교방식
② 선택접지 계전방식
③ 방향거리 계전방식
④ 전류차동 보호방식

> **모선보호용 계전방식**
>
> (1) 전류차동계전방식(=비율차동계전방식)
> (2) 전압차동계전방식
> (3) 위상비교계전방식
> (4) 방향비교계전방식(방향거리계전기를 사용)

03 화력발전소의 기본 랭킨 사이클(Rankine cycle)을 바르게 나타낸 것은?

① 보일러 → 급수펌프 → 터빈 → 복수기 → 과열기 → 다시 보일러로
② 보일러 → 터빈 → 급수펌프 → 과열기 → 복수기 → 다시 보일러로
③ 급수펌프 → 보일러 → 과열기 → 터빈 → 복수기 → 다시 보일러로
④ 급수펌프 → 보일러 → 터빈 → 과열기 → 복수기 → 다시 보일러로

> **기력발전소의 증기 및 급수의 흐름**
>
> 급수는 보일러에 보내지기 전에 절탄기에서 가열되며 가열된 물이 보일러에 공급되어 포화증기로 변화된다. 이 포화증기는 다시 과열기에서 과열되어 고온·고압의 과열증기로 바뀌어 터빈에 공급되고 다시 복수기를 거쳐 물로 변화된다. 이 물은 다시 급수펌프를 거쳐 급수가열기에서 가열되며 가열된 급수는 절탄기로 보내진다. 이 과정을 지속적으로 반복한다.
> ∴ 급수펌프 → 보일러 → 과열기 → 터빈 → 복수기 → 다시 보일러로

04 송전계통에서 절연협조의 기본이 되는 것은?

① 애자의 섬락전압
② 권선의 절연내력
③ 피뢰기의 제한전압
④ 변압기 부싱의 섬락전압

> **절연협조**
>
> 송전계통에는 변압기, 차단기, 기기부싱, 애자, 결합콘덴서 등 많은 기기가 있다. 이들 사이에는 서로 균형있는 절연 강도를 유지하여야 하며 절연협조가 이루어져야 한다. 이는 외부의 뇌격에 의한 충격전압만을 고려하며 따라서 피뢰기의 제한전압을 절연협조의 기본으로 두고 있다.

정답 01 ② 02 ② 03 ③ 04 ③

05 중거리 송전선로의 T형 회로에서 일반회로정수 C
는 무엇을 나타내는가?

① 저항   ② 어드미턴스

③ 임피던스   ④ 리액턴스

> **T형선로의 4단자정수(A, B, C, D)**
>
> $$\begin{bmatrix} A & B \\ C & D \end{bmatrix} = \begin{bmatrix} 1 + \dfrac{ZY}{2} & Z\left(1 + \dfrac{ZY}{4}\right) \\ Y & 1 + \dfrac{ZY}{2} \end{bmatrix}$$
>
> $\therefore$ C = Y 이므로 어드미턴스이다.

07 공기차단기(ABB)의 공기압력은 일반적으로
몇 [kg/cm²] 정도 되는가?

① 5~10   ② 15~30

③ 30~45   ④ 45~55

> **공기차단기(ABB)**
> 공기차단기는 소호매질을 압축공기를 사용하는 것으로
> 일반적으로 15, 30, 50[kgf/cm² ·G] 등의 압력이 사용
> 되고 있다.

06 파동임피던스가 300[Ω]인 가공송전선 1[km]당
의 인덕턴스는 몇 [mH/km]인가? (단, 저항과 누설
콘덕턴스는 무시한다.)

① 0.5   ② 1

③ 1.5   ④ 2

> **파동임피던스와 작용인덕턴스**
> 파동임피던스 $Z_0 = 138 \log \dfrac{D}{r}$ [Ω],
>
> 작용인덕턴스 $L = 0.46051 \log \dfrac{D}{r}$ [mH/km] 식에서
>
> $Z_0 = 300$ [Ω] 이므로
>
> $\log \dfrac{D}{r} = \dfrac{Z_0}{138} = \dfrac{300}{138}$ 일 때
>
> $\therefore L = 0.4605 \log \dfrac{D}{r} = 0.4605 \times \dfrac{300}{138}$
>
> $= 1$ [mH/km]

08 전력선과 통신선 사이에 그림과 같이 차폐선을
설치하며, 각 선사이의 상호임피던스를 각각 Z_{12},
Z_{1s}, Z_{2s}라 하고 차폐선 자기임피던스를 Z_s라 할 때
저감계수를 나타낸 식은?

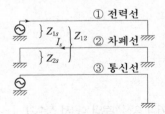

① $\left| 1 - \dfrac{Z_{1s} Z_{2s}}{Z_s Z_{12}} \right|$ ② $\left| 1 - \dfrac{Z_{12} Z_{1s}}{Z_s Z_{2s}} \right|$

③ $\left| 1 - \dfrac{Z_s Z_{2s}}{Z_{12} Z_{1s}} \right|$ ④ $\left| 1 - \dfrac{Z_s Z_{12}}{Z_{1s} Z_{2s}} \right|$

> **차폐선의 차폐계수(저감계수 : λ)**
> 전력선의 영상전류 I_n, 차폐선의 유도전류 I_s라 하면
>
> $I_s = \dfrac{Z_{1s} I_n}{Z_s}$ [A]이므로
> 통신선에 유도되는 전압 V_2를 구하면
>
> $V_2 = -Z_{12} I_n + Z_{2s} I_s = -Z_{12} I_n + Z_{2s} \dfrac{Z_{1s} I_n}{Z_s}$
>
> $= -Z_{12} I_n \left(1 - \dfrac{Z_{1s} Z_{2s}}{Z_s Z_{12}} \right) = -Z_{12} I_n \lambda$ [V]
>
> $\therefore \lambda = 1 - \dfrac{Z_{1s} Z_{2s}}{Z_s Z_{12}}$

정답   05 ②   06 ②   07 ②   08 ①

09 전력계통에서 인터록(interlock)의 설명으로 알맞은 것은?

① 부하 통전시 단로기를 열 수 있다.

② 차단기가 열려 있어야 단로기를 닫을 수 있다.

③ 차단기가 닫혀 있어야 단로기를 열수 있다.

④ 차단기의 접점과 단로기의 접점이 기계적으로 연결되어 있다.

인터록

차단기(CB)와 단로기(DS)는 전원을 투입할 때나 차단할 때 조작하는데 일정한 순서로 규칙을 정하였다. 이는 고장전류나 부하전류가 흐르고 있는 경우에는 단로기로 선로를 개폐하거나 차단이 불가능하기 때문이다. 따라서 어떤 경우에라도 무부하상태의 조건을 만족하게 되면 단로기는 조작이 가능하게 되며 그 이외에는 단로기를 조작할 수 없도록 시설하는 것을 인터록이라 한다.

∴ 차단기가 열려있어야만 단로기를 개폐할 수 있다.

11 그림과 같은 배전선이 있다. 급전점 O점의 전압을 110[V]라 하면 C점의 전압은? (단, 선로 OA, AB, BC간의 저항은 각각 0.2[Ω]이며, 부하역률은 100[%]이다.)

① 92[V]

② 97[V]

③ 99[V]

④ 104[V]

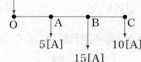

전압강하

A점의 전위 V_A, B점의 전위 V_B, C점의 전위 V_C, OA간 선전류 I_{OA}, AB간 선전류 I_{AB}, BC간 선전류 I_{BC} 라 하면

$V_A = 110 - 0.2 I_{OA} = 100 - 0.2 \times (5 + 15 + 10)$
$= 104\,[V]$

$V_B = V_A - 0.2 I_{AB} = 104 - 0.2 \times (15 + 10)$
$= 99\,[V]$

∴ $V_C = V_B - 0.2 I_{BC} = 99 - 0.2 \times 10 = 97\,[V]$

10 중거리 송전선로의 4단자 정수가 $A = 1.0$, $B = j190$, $D = 1.0$ 일 때 C의 값은 얼마인가?

① 0

② $-j120$

③ j

④ $j190$

4단자 정수의 특성

4단자 정수 A, B, C, D 는 $AD - BC = 1$을 만족하여야 하므로

∴ $C = \dfrac{AD - 1}{B} = \dfrac{1 \times 1 - 1}{j190} = 0$

12 전력용 콘덴서에 비해 동기조상기의 이점으로 옳은 것은?

① 소음이 적다.

② 진상전류 이외에 지상전류를 취할 수 있다.

③ 전력손실이 적다.

④ 유지보수가 쉽다.

조상설비의 비교

구분 \ 종류	동기조상기	전력용 콘덴서	분로 리액터
위상	진상, 지상	진상	지상
조정	연속적	단계적	단계적
전력손실	크다	작다	작다
유지보수	어렵다	쉽다	쉽다
소음	크다	작다	작다

정답 09 ② 10 ① 11 ② 12 ②

13 교류송전방식과 비교하여 직류송전방식의 설명이 아닌 것은?

① 전압변동률이 양호하고 무효전력에 기인하는 전력손실이 생기지 않는다.
② 안정도의 한계가 없으므로 송전용량을 높일 수 있다.
③ 전력변환기에서 고조파가 발생한다.
④ 고전압, 대전류의 차단이 용이하다.

직류송전방식의 장·단점
(1) 장점
　㉠ 교류송전에 비해 기기나 전로의 절연이 용이하다. (교류의 $2\sqrt{2}$ 배, 교류최대치의 $\sqrt{2}$ 배)
　㉡ 표피효과가 없고 코로나손 및 전력손실이 적어서 송전효율이 높다.
　㉢ 선로의 리액턴스 성분이 나타나지 않아 유전체손 및 충전전류 영향이 없다.
　㉣ 전압강하가 작고 전압변동률이 낮아 안정도가 좋다.
　㉤ 역률이 항상 1이다.
　㉥ 송전전력이 크다. (교류의 2배)
(2) 단점
　㉠ 변압이 어려워 고압송전에 불리하다.
　㉡ 회전자계를 얻기 어렵다.
　㉢ 직류는 차단이 어려워 사고시 고장차단이 어렵다.

14 3상 3선식에서 전선 한 가닥에 흐르는 전류는 단상 2선식의 경우의 몇 배가 되는가?(단, 송전전력, 부하역률, 송전거리, 전력손실 및 선간전압이 같다.)

① $\frac{1}{\sqrt{3}}$　　② $\frac{2}{3}$
③ $\frac{3}{4}$　　④ $\frac{4}{9}$

전류비 계산
전류비를 계산하는 경우는 전력이 같다. 라는 조건 하에서 계산되어 진다.
전압과 역률은 동일하다고 전제하면
$VI_1\cos\theta = \sqrt{3}\ VI_3\cos\theta$ [W]
∴ 전류비 $\frac{I_3}{I_1} = \frac{1}{\sqrt{3}} = 0.577$

15 전력퓨즈(fuse)에 대한 설명 중 옳지 않은 것은?

① 단락전류를 차단한다.
② 한류형은 차단시 과전압이 발생한다.
③ 고임피던스 접지계통의 지락보호도 가능하다.
④ 차단기에 대한 후비보호 능력을 갖는다.

전력퓨즈의 장단점
전력퓨즈는 단락전류를 차단하고 후비보호 능력을 갖는 차단기의 일종으로 계전기나 변성기를 필요로 하지 않기 때문에 현저한 한류특성을 지니고 있다.
(1) 장점
　㉠ 소형경량이며 가격이 저렴하다.
　㉡ 차단용량이 크며 현저한 한류특성을 갖는다.
　㉢ 릴레이나 변성기가 필요 없고 고속도 차단한다.
　㉣ 보수가 간단하다.
　㉤ 한류형 퓨즈는 차단시 무음무방출형이다.
(2) 단점
　㉠ 재투입할 수 없다.
　㉡ 과도전류로 용단되기 쉽다.
　㉢ 고임피던스 접지계통의 지락보호는 할 수 없다.
　㉣ 비보호 영역이 있으며 사용중에 열화하여 동작하면 결상사고로 이어진다.
　㉤ 한류형은 차단시 과전압이 발생한다.

16 피뢰기의 구조는 다음 중 어느 것인가?

① 특성요소와 직렬갭
② 특성요소와 콘덴서
③ 소호리액터와 콘덴서
④ 특성요소와 소호리액터

피뢰기의 구성요소
보통의 피뢰기는 충격파 뇌전류를 방전시키고 속류를 차단하는 기능을 갖는 특성요소와 직렬갭, 그리고 방전 중에 피뢰기에 가해지는 충격을 완화시켜주기 위한 쉴드링으로 구성된다.

17 송전선에 낙뢰가 가해져서 애자에 섬락현상이 생기면 아크가 생겨 애자가 손상되는 경우가 있다. 이것을 방지하기 위해 사용하는 것은?

① 댐퍼　　　　　② 아모로드
③ 가공지선　　　④ 아킹혼

> **아킹혼 또는 아킹링(=소호환 또는 소호각)**
> 아킹혼은 애자련을 보호하거나 전선을 보호할 목적으로 사용된다.

18 그림과 같이 V결선 배전용 변압기의 저압측 단에서 양 외측 선간 단락시의 단락 전류는 몇 [A]인가?(단, 각 변압기의 내부 임피던스는 0.08[Ω]이고, 선간 전압은 200[V]이다.)

① 1,250
② 1,600
③ 2,500
④ 3,200

> **단락전류(I_s)**
> 배전용변압기를 V결선하여 변압기 상호간에 단락이 생기면 변압기 내부임피던스가 직렬접속이 되어 단락전류는 다음과 같아진다.
> $V = 200$ [V], $Z = 0.08$ [Ω]이므로
> $$\therefore \; I_s = \frac{V}{2Z} = \frac{200}{2 \times 0.08} = 1,250 \text{ [A]}$$

19 보호계전기 중 발전기, 변압기, 모선 등의 보호에 사용되는 것은?

① 비율차동계전기(RDFR)
② 과전류계전기(OCR)
③ 과전압계전기(OVR)
④ 유도형계전기

> **비율차동계전기 또는 차동계전기**
> 주로 발전기, 변압기, 모선 보호계전기로서 양단의 전류차 또는 전압차에 의해 동작하는 계전기이다.

20 출력 2,000[kW]의 수력발전소를 설치하는 경우 유효낙차를 15[m]라고 하면 사용수량은 몇 [m³/s]가 되는가? (단, 수차효율 86[%], 발전기 효율 96[%]이다.)

① 6.5　　　　　② 11
③ 16.5　　　　④ 26.5

> **수차발전기의 출력(P_g)**
> 발전기 출력 $P_g = 9.8 Q H \eta_t \eta_g$ [kW] 식에서
> $P_g = 2,000$ [kW], $H = 15$ [m], $\eta_t = 0.86$,
> $\eta_g = 0.96$일 때
> $$Q = \frac{P_g}{9.8 H \eta_t \eta_g} \text{ [m}^3\text{/s] 이므로}$$
> $$\therefore \; Q = \frac{2,000}{9.8 \times 15 \times 0.86 \times 0.96} = 16.5 \text{ [m}^3\text{/s]}$$

24 3. 전기기기(CBT시험 복원문제)

※ 본 기출문제는 수험자의 기억을 바탕으로 하여 복원한 문제이므로 실제 문제와 다를 수 있음을 미리 알려드립니다.

01 일반적인 농형 유도전동기에 비하여 2중 농형 유도전동기의 특징으로 옳은 것은?

① 손실이 적다.   ② 슬립이 크다.

③ 최대 토크가 크다.   ④ 기동 토크가 크다.

2중 농형 유도전동기와 디프슬롯 농형 유도전동기의 특징

(1) 2중 농형 유도전동기
   ㉠ 기동토크가 크다.
   ㉡ 기동전류가 작다.(기동특성이 양호하다.)
(2) 디프슬롯 농형 유도전동기
   ㉠ 냉각효과가 크기 때문에 기동·정지가 빈번한 전동기에 적합하다.
   ㉡ 운동특성(역률, 효율)이 양호하다.

---

02 100[HP], 600[V], 1,200[rpm]의 직류 분권 전동기가 있다. 분권 계자저항이 400[Ω], 전기자 저항이 0.22[Ω]이고 정격부하에서의 효율이 90[%] 일 때 전부하시의 역기전력은 약 몇 [V]인가?

① 550   ② 570

③ 590   ④ 610

직류 분권전동기의 역기전력

$E = V - R_a I_a$ [V], $I_a = I - I_{fp} = I - \dfrac{V}{R_{fp}}$ [A],

$P = V I \eta$ [W] 식에서

$P = 100$ [HP], $V = 600$ [V], $N = 1,200$ [rpm],

$R_{fp} = 400$ [Ω], $R_a = 0.22$ [Ω], $\eta = 90$ [%] 이므로

$I = \dfrac{P}{V\eta} = \dfrac{100 \times 746}{600 \times 0.9} = 138.15$ [A],

$I_a = I - \dfrac{V}{R_{fp}} = 138.15 - \dfrac{600}{400} = 136.65$ [A]이다.

∴ $E = V - R_a I_a = 600 - 0.22 \times 136.65 = 570$ [V]

참고 단위 환산

1[HP] = 746[W]이다.

---

03 전부하에서 2차 전압이 120[V]이고 전압변동률이 2[%]인 단상변압기가 있다. 1차 전압은 몇 [V]인가? (단, 1차 권선과 2차 권선의 권수비는 20 : 1이다.)

① 1224   ② 2448

③ 2888   ④ 3142

무부하 단자전압

$a = \dfrac{V_{1n}}{V_{2n}} = \dfrac{V_{10}}{V_{20}}$, $V_{20} = \left(1 + \dfrac{\epsilon}{100}\right) V_{2n}$ [V] 식에서

$V_{2n} = 120$ [V], $\epsilon = 2$ [%], $a = 20$ 이므로

$V_{20} = \left(1 + \dfrac{\epsilon}{100}\right) V_2 = \left(1 + \dfrac{2}{100}\right) \times 120 = 122.4$ [V]

일 때

∴ $V_{10} = a V_{20} = 20 \times 122.4 = 2448$ [V]

---

04 단상 반파의 정류효율은?

① $\dfrac{4}{\pi^2} \times 100$ [%]   ② $\dfrac{\pi^2}{4} \times 100$ [%]

③ $\dfrac{8}{\pi^2} \times 100$ [%]   ④ $\dfrac{\pi^2}{8} \times 100$ [%]

단상 반파정류회로의 정류효율(η)

교류의 입력전력 P_a, 직류의 출력전력 P_d라 하면

$\eta = \dfrac{P_d}{P_a} \times 100$ [%] 식에서

$P_a = I^2 R = \left(\dfrac{I_m}{2}\right)^2 R = \dfrac{I_m^2}{4} R$

$P_d = I_d^2 R = \left(\dfrac{I_m}{\pi}\right)^2 R = \dfrac{I_m^2}{\pi^2} R$ 이므로

∴ $\eta = \dfrac{P_d}{P_a} \times 100 = \dfrac{\dfrac{I_m^2}{\pi^2} R}{\dfrac{I_m^2}{4} R} \times 100 = \dfrac{4}{\pi^2} \times 100$ [%]

---

05 직류기의 전기자 반작용의 영향이 아닌 것은?

① 전기적 중성축이 이동한다.

② 주자속은 변화하지 않는다.

③ 정류자편 사이의 전압이 불균일하게 된다.

④ 자기여자 현상이 생기며 국부적으로 전압이 낮아진다.

직류기의 전기자 반작용의 영향

(1) 주자속이 감소한다.
  ㉠ 발전기에서 기전력 감소 및 출력 감소
  ㉡ 전동기에서 토크 감소
(2) 편자작용으로 중성축의 이동
  ㉠ 발전기는 회전방향
  ㉡ 전동기는 회전반대방향
(3) 정류불량으로 불꽃 섬락 발생

---

06 외분권 차동복권발전기의 단자전압 V는?
(단, Φ_s[Wb] : 직권계자권선에 의한 자속, Φ_f[Wb] : 분권계자의 자속, R_a[Ω] : 전기자의 저항 R_s[Ω] : 직권계자저항, I_a[A] : 전기자의 전류, I[A] : 부하전류, n[rps] : 속도 , $k=\dfrac{PZ}{a}$이며 자기회로의 포화현상과 전기자반작용은 무시한다.)

① $V=k(\Phi_f+\Phi_s)n-I_aR_a-IR_s$[V]

② $V=k(\Phi_f-\Phi_s)n-I_aR_a-IR_s$[V]

③ $V=k(\Phi_f+\Phi_s)n-I_a(R_a+R_s)$[V]

④ $V=k(\Phi_f-\Phi_s)n-I_a(R_a+R_s)$[V]

외분권 차동복권발전기의 유기기전력(E)

$E=K\phi N=V+I_aR_a$[V] 식에서

$\phi=\phi_f-\phi_s$[Wb], $R_o=R_a+R_s$[Ω]이므로

∴ $V=E-I_aR_o=k(\phi_f-\phi_s)n-I_a(R_a+R_s)$[V]

---

07 3상 동기발전기의 각 상의 유기기전력 중에서 제5고조파를 제거하려면 코일간격/극간격을 어떻게 하면 되는가?

① 0.8 ② 0.5

③ 0.7 ④ 0.6

단절권 계수(k_p)

동기발전기의 권선을 단절권으로 감았을 때 제5고조파가 제거되었다면 5고조파 단절권계수(k_p)는 0이 되어야 한다.

$k_p=\sin\dfrac{5\beta\pi}{2}=0$이기 위해서는

$\dfrac{5\beta\pi}{2}=n\pi$($n$은 정수)를 만족해야 하므로

$\beta=\dfrac{2n}{5}<1$이어야 한다.

$n=1$일 때 $\beta=\dfrac{2}{5}=0.4$

$n=2$일 때 $\beta=\dfrac{4}{5}=0.8$

∴ $\beta=\dfrac{\text{코일 간격}}{\text{극 간격}}=0.8$일 때 제5고조파가 제거된다.

---

08 단상 유도전압조정기의 2차 전압이 100±50[V]이고, 직렬권선의 전류가 50[A]인 경우 정격용량은 몇 [kVA]인가?

① 7.8 ② 4.2

③ 3.1 ④ 2.5

유도전압조정기의 조정용량

구분	조정용량
단상 유도전압조정기	$E_2 I_2$[VA]
3상 유도전압조정기	$\sqrt{3}\,E_2 I_2$[VA]

$V_1\pm E_2=100\pm 50$[V], $I_2=50$[A] 이므로

∴ $E_2 I_2=50\times 50=2500$[VA]$=2.5$[kVA]

정답 05 ② 06 ④ 07 ① 08 ④

09 변압기 내부고장 검출을 위해 사용하는 계전기가 아닌 것은?

① 과전압계전기   ② 비율차동계전기
③ 부흐홀츠계전기   ④ 충격압력계전기

> **변압기 내부고장 검출 계전기의 종류**
> (1) 비율차동계전기
> (2) 부흐홀츠계전기
> (3) 충격압력계전기
> (4) 가스검출계전기
> (5) 온도계전기
> ∴ 과전압계전기는 선로에 나타난 전압이 정정치 이상의 값으로 검출될 때 동작하는 계전기이다.

11 유도전동기의 원선도에서 구할 수 없는 것은?

① 1차 입력   ② 1차 동손
③ 기계적 출력   ④ 동기와트

> **유도전동기의 원선도**
> 유도전동기의 원선도에서 무부하손, 1차 동손, 2차 동손, 2차 출력을 알 수 있기 때문에 1차 입력과 2차 입력을 구할 수 있다.
> (1) 1차 입력=무부하손+1차 동손+2차 동손+2차 출력
> (2) 2차 입력(동기와트)=2차 동손+2차 출력
> ∴ 원선도로부터 기계손을 알 수 없기 때문에 기계적 출력값은 구할 수 없다.

10 정격용량 100[kVA]인 단상 변압기 3대를 △−△ 결선하여 300[kVA]의 3상 출력을 얻고 있다. 한 상에 고장이 발생하여 결선을 V결선으로 하는 경우 각 변압기의 출력[kVA]은?

① 126.5   ② 100
③ 86.6   ④ 75.6

> **변압기 V결선**
> 100[kVA] 단상변압기 3대로 △결선 운전 중 1대 고장으로 나머지 2대를 이용하여 3상 부하를 운전할 수 있는 결선을 V결선이라 하며 V결선의 출력은 단상변압기 1대 용량의 $\sqrt{3}$ 배이다.
> 변압기 뱅크 용량=$100\sqrt{3}$ =173[kVA] 이므로
> ∴ 각 변압기의 출력=$\dfrac{100\sqrt{3}}{2}$ = 86.6[kVA]

12 A, B 2대의 동기발전기를 병렬운전 중 계통 주파수를 바꾸지 않고 B기의 역률을 좋게 하는 방법은?

① A기의 여자전류를 증대
② A기의 원동기 출력을 증대
③ B기의 여자전류를 증대
④ B기의 원동기 출력을 증대

> **동기발전기의 병렬운전 중 기전력의 크기가 다른 경우**
>
> | 구분 | 내용 |
> | --- | --- |
> | 원인 | 각 발전기의 여자전류가 다르기 때문이다. |
> | 현상 | (1) 무효순환전류(무효횡류)가 흐른다. |
> | | (2) 저항손이 증가되어 전기자 권선을 과열시킨다. |
> | | (3) 여자전류가 큰 쪽의 발전기는 지상전류가 흐르고 역률이 저하한다. |
> | | (4) 여자전류가 작은 쪽의 발전기는 진상전류가 흐르고 역률이 좋아진다. |
>
> ∴ 병렬운전하는 동기발전기 중 B기의 역률을 좋게 하기 위해서는 A기의 여자전류를 증대시켜야 한다.

13 사이리스터를 이용한 교류전압 크기 제어방식은?

① 정지레오나드방식　　② 초퍼방식
③ 위상제어방식　　　　④ TRC방식

사이리스터를 이용하여 교류전압의 크기를 제어하는 방식
으로 위상제어방식이 많이 쓰이는 이유는 손실이 거의
없어 제어효율이 높으며 응답속도가 빠르고 제어가 용이
하다는 데 있다. 제어시간을 임의대로 조절하기 위해서
적분회로를 함께 사용한다.

14 변압기의 전일효율을 최대로 하기 위한 조건은?

① 전부하시간이 짧을수록 무부하손을 작게 한다.
② 전부하시간이 짧을수록 철손을 크게 한다.
③ 부하시간에 관계없이 전부하 동손과 철손을
　같게 한다.
④ 전부하시간이 길수록 철손을 작게 한다.

변압기의 전일효율(η) 최대조건
전일효율이란 변압기를 하루 동안 운전하여 얻어지는
효율을 의미하며 출력(P)과 동손(P_c)은 사용시간에 비례
하지만 철손(P_i)은 부하와 상관없이 24시간 나타나는
값이므로

$$\eta = \frac{hP}{hP + 24P_i + hP_c} \times 100 \,[\%] \text{ 식에서}$$

최대효율조건은 무부하손 = 부하손을 만족하여야 한다.
따라서 $24P_i = hP_c$임을 알 수 있다.
여기서 h는 부하사용시간이다.

$$\therefore \ P_i = \frac{hP_c}{24} \text{ 식을 만족하는 경우에 전일효율은 최대효율}$$

이 될 수 있으므로 전부하 시간이 짧을수록 무부하손
(또는 철손)을 작게 한다.

15 3상 농형 유도전동기의 리액터기동에 사용되는
리액터 대신 저항을 접속하여 기동시 기동전류를
제한하고, 정상속도에 가까워지면 저항기를 단락하
여 운전하는 기동법은?

① 전전압 기동법　　　② Y-△ 기동법
③ 1차 저항 기동법　　④ 기동보상기법

1차 저항 기동법
3상 농형 유도전동기의 기동법 중 하나로 리액터기동에
사용되는 리액터 대신 저항을 접속하여 기동시 기동전류
를 제한하고, 정상속도에 가까워지면 저항기를 단락하여
운전하는 기동방법이다.

16 송전계통 1차 변전소에 사용하는 Y-Y-△ 결선
의 3권선 변압기에서 3차 권선인 △결선에 대한
설명으로 틀린 것은?

① 3차 권선에서 발전소 내부의 전력으로 공급
　한다.
② Y-Y-△ 결선을 하여 제3고조파 전압에
　의한 파형의 변형을 방지한다.
③ 3차 권선에 조상기를 접속하여 송전선의 전압
　조정과 역률을 개선한다.
④ 3차 권선에 2차 권선의 주파수와 다른 주파수를
　얻을 수 있으므로 유도기의 속도제어에 사용
　된다.

3권선 변압기의 3차 권선(△결선)의 역할
(1) 변전소 내의 전원으로 사용하거나 전력을 다른 계통
　으로 공급한다.
(2) 제3고조파 전압을 제거하여 파형을 개선한다.
(3) 조상기를 접속하여 계통의 무효전력 조정 및 전압조정,
　역률 개선 등의 역할을 한다.

17 동기발전기의 단락비를 계산하는 데 필요한 시험은?

① 부하시험과 돌발단락시험
② 단상 단락시험과 3상 단락시험
③ 무부하 포화시험과 3상 단락시험
④ 정상, 역상, 영상, 리액턴스의 측정시험

단락비
동기발전기의 단락비는 자기여자현상 없이 무부하 송전선을 충전할 수 있는 능력을 의미하며 기계적 특성을 단적으로 나타내기 위한 수치로서 무부하 포화시험과 3상 단락시험을 통해 직접 얻을 수 있다.

18 직류 직권전동기에서 벨트(belt)를 걸고 운전하면 안 되는 이유는?

① 손실이 많아진다.
② 직결하지 않으면 속도 제어가 곤란하다.
③ 벨트가 벗겨지면 위험 속도에 도달한다.
④ 벨트가 마모하여 보수가 곤란하다.

직류 직권전동기의 속도-토크 특성

구분	내용
속도특성	(1) 단자전압(V)이 일정한 경우 부하가 증가하면 속도는 급격히 감소하게 되며 속도 변동이 매우 심하게 나타난다. 따라서 직권전동기는 가변속도 전동기 특성을 가지고 있다. (2) 무부하로 운전하게 되면 위험속도에 도달하기 때문에 벨트 운전을 피하고 있다. 벨트가 벗겨지면 무부하 상태가 되어 위험속도로 운전하기 때문이다. (3) 속도가 작은 경우 토크가 크기 때문에 기동토크가 큰 부하에 적당하다.
토크특성	$\tau = k I_a^2 [\text{N} \cdot \text{m}] \rightarrow \tau \propto I_a^2,\ \tau \propto \dfrac{1}{N^2}$
용도	전동차, 기중기, 크레인, 권상기 등

19 75[W] 이하의 소출력 단상 직권정류자 전동기의 용도로 적합하지 않은 것은?

① 믹서　　　　　② 소형공구
③ 공작기계　　　④ 치과의료용

단상 직권정류자 전동기의 특징
구조는 직류 직권전동기와 같이 전기자와 계자가 직렬로 접속된 교류 정류자 전동기로서 75[W] 이하의 가정용 재봉틀, 소형공구, 치과의료용, 믹서 등에 사용하고 있으며 교류와 직류 양용 전동기, 또는 만능 전동기라고도 한다.

20 3상 유도전동기의 원선도를 설명한 것 중 옳은 것은?

① 정격부하시의 전동기 회전속도를 측정할 수 있다.
② 원선도의 지름은 전압에 비례하고 리액턴스에 반비례한다.
③ 전부하시 슬립을 측정할 수 있다.
④ 원선도 작성에 필요한 시험은 구속시험, 권선저항 측성시험, 부하시험이다.

유도전동기의 원선도
(1) 원선도 작성에 필요한 시험
　　무부하시험, 구속시험, 권선저항측정시험
(2) 원선도로 표현하는 항목
　　1차 전전류, 1차 부하 전류, 1차 입력, 2차 출력, 2차 동손, 1차 동손, 무부하손(철손), 2차 입력(동기 와트)
(3) 원선도의 지름

$$I_1 = \frac{E_1}{x} [\text{A}]$$

∴ 원선도의 지름은 전압에 비례하고 리액턴스에 반비례한다.

※ 본 기출문제는 수험자의 기억을 바탕으로 하여 복원한 문제이므로 실제 문제와 다를 수 있음을 미리 알려드립니다.

01 20[mH]의 두 자기인덕턴스가 있다. 결합계수를 0.1부터 0.9까지 변화시킬 수 있다면 이것을 접속시켜 얻을 수 있는 합성 인덕턴스의 최대값과 최소값의 비는 얼마인가?

① 9 : 1　　　　② 13 : 1

③ 16 : 1　　　　④ 19 : 1

$L_1 = L_2 = 20\,[\mathrm{mH}]$, $k = 0.1 \sim 0.9$일 때

$M = k\sqrt{L_1 L_2}$ 이며 $k = 0.9$를 대입하여 풀면

$M = 0.9 \times \sqrt{20 \times 20} = 18\,[\mathrm{mH}]$

최대값 $L_{\max}$, 최소값 $L_{\min}$ 라 하면

$L_{\max} = L_1 + L_2 + 2M$

$\quad = 20 + 20 + 2 \times 18 = 76\,[\mathrm{mH}]$

$L_{\min} = L_1 + L_2 - 2M$

$\quad = 20 + 20 - 2 \times 18 = 4\,[\mathrm{mH}]$

$\therefore L_{\max} : L_{\min} = 76 : 4 = 19 : 1$

03 $F(s) = \dfrac{(s+5)(s+14)}{s(s+7)(s+8)}$ 의 역 라플라스 변환은?

① $1.25 + 2e^{-7t} - 2.25e^{-8t}$

② $-0.25 + 0.5e^{-7t} + 2.25e^{-8t}$

③ $0.25 - 0.5e^{-7t} - 2.25e^{-8t}$

④ $-2.5 + 0.25e^{-7t} - 2.25e^{-8t}$

역라플라스 변환

$F(s) = \dfrac{(s+5)(s+14)}{s(s+7)(s+8)}$

$\quad = \dfrac{A}{s} + \dfrac{B}{(s+7)} + \dfrac{C}{(s+8)}$ 이라 하면

$A = sF(s)|_{s=0} = \dfrac{(s+5)(s+14)}{(s+7)(s+8)}\Big|_{s=0}$

$\quad = \dfrac{5 \times 14}{7 \times 8} = 1.25$

$B = (s+7)F(s)|_{s=-7} = \dfrac{(s+5)(s+14)}{s(s+8)}\Big|_{s=-7}$

$\quad = \dfrac{(-7+5)(-7+14)}{-7 \times (-7+8)} = 2$

$C = (s+8)F(s)|_{s=-8} = \dfrac{(s+5)(s+14)}{s(s+7)}\Big|_{s=-8}$

$\quad = \dfrac{(-8+5)(-8+14)}{-8 \times (-8+7)} = -2.25$

$F(s) = \dfrac{1.25}{s} + \dfrac{2}{s+7} - \dfrac{2.25}{s+8}$ 임을 알 수 있다.

$\therefore \mathcal{L}^{-1}[F(s)] = 1.25 + 2e^{-7t} - 2.25e^{-8t}$

02 4단자 회로에서 4단자 정수를 A, B, C, D 라 하면 영상 임피던스 $\dfrac{Z_{01}}{Z_{02}}$ 는?

① $\dfrac{D}{A}$　　　　② $\dfrac{B}{C}$

③ $\dfrac{C}{B}$　　　　④ $\dfrac{A}{D}$

영상임피던스(Z_{01}, Z_{02})

4단자정수를 A, B, C, D 라 하면

$Z_{01} = \sqrt{\dfrac{AB}{CD}}\,[\Omega]$, $Z_{02} = \sqrt{\dfrac{DB}{CA}}\,[\Omega]$이므로

$\therefore \dfrac{Z_{01}}{Z_{02}} = \sqrt{\dfrac{AB / CD}{DB / CA}} = \dfrac{A}{D}$

04 분포정수회로에서 직렬 임피던스를 Z, 병렬 어드미턴스를 Y라 할 때, 선로의 특성 임피던스 Z_0는?

① ZY　　　　② $\sqrt{ZY}$

③ $\sqrt{\dfrac{Y}{Z}}$　　　　④ $\sqrt{\dfrac{Z}{Y}}$

특성 임피던스(Z_0)

$\therefore Z_0 = \sqrt{\dfrac{Z}{Y}} = \sqrt{\dfrac{R + j\omega L}{G + j\omega C}}\,[\Omega]$

정답　01 ④　02 ④　03 ①　04 ④

05 다음 왜형파 전압과 전류에 의한 전력은 몇 [W]인가? (단, 전압의 단위는 [V], 전류의 단위는 [A]이다.)

$$v = 100\sin(\omega t + 30°) - 50\sin(3\omega t + 60°) + 25\sin 5\omega t$$

$$i = 20\sin(\omega t - 30°) + 15\sin(3\omega t + 30°) + 10\cos(5\omega t - 60°)$$

① 933.0   ② 566.9

③ 420.0   ④ 283.5

비정현파의 소비전력(P)

전압의 주파수 성분은 기본파, 제3고조파, 제5고조파로 구성되어 있으며 전류의 주파수 성분도 기본파, 제3고조파, 제5고조파로 이루어져 있으므로 전류의 cos 파형만 sin 파형으로 일치시키면 된다.

$V_{m1} = 100\angle 30°$ [V], $V_{m3} = -50\angle 60°$ [V],

$V_{m5} = 25\angle 0°$ [V],

$I_{m1} = 20\angle -30°$ [A], $I_{m3} = 15\angle 30°$ [A],

$I_{m5} = 10\angle -60° + 90° = 10\angle 30°$ [A]

$\theta_1 = 30° - (-30°) = 60°$, $\theta_3 = 60° - 30° = 30°$,

$\theta_5 = 30° - 0° = 30°$

$$\therefore P = \frac{1}{2}(V_{m1}I_{m1}\cos\theta + V_{m3}I_{m3}\cos\theta_3 + V_{m5}I_{m5}\cos\theta_5)$$

$$= \frac{1}{2}(100 \times 20 \times \cos 60° - 50 \times 15 \times \cos 30° + 25 \times 10 \times \cos 30°)$$

$$= 283.5 \text{ [W]}$$

06 불평형 3상 전류 $I_a = 25 + j4$[A], $I_b = -18 - j16$ [A], $I_c = 7 + j15$[A]일 때 영상전류 I_0[A]는?

① $2.67 + j$ ② $2.67 + j2$

③ $4.67 + j$ ④ $4.67 + j2$

영상분 전류(I_0)

$$I_0 = \frac{1}{3}(I_a + I_b + I_c)$$

$$= \frac{1}{3}(25 + j4 - 18 - j16 + 7 + j15)$$

$$= 4.67 + j \text{ [A]}$$

07 △결선된 대칭 3상 부하가 있다. 역률이 0.8(지상)이고, 전 소비전력이 1,800[W]이다. 한 상의 선로저항이 0.5[Ω]이고, 발생하는 전선로 손실이 50[W]이면 부하단자 전압은?

① 440 [V]   ② 402 [V]

③ 324 [V]   ④ 225 [V]

△결선 부하의 단자전압[V]

역률 $\cos\theta = 0.8$, 전소비전력 $P = 1,800$ [W], 한 상의 선로저항 $R = 0.5$ [Ω]일 때

전소비전력 $P = \sqrt{3}\ VI\cos\theta$ [W],

전손실 $P_\ell = 3I^2 R$ [W] 식에서

$$I = \sqrt{\frac{P_\ell}{3R}} = \sqrt{\frac{50}{3 \times 0.5}} = 5.77 \text{ [A]}$$

$$\therefore V = \frac{P}{\sqrt{3}\ I\cos\theta} = \frac{1,800}{\sqrt{3} \times 5.77 \times 0.8} = 225 \text{ [V]}$$

08 2개의 전력계를 사용하여 3상 평형부하의 역률을 측정하고자 한다. 전력계의 지시 값이 각각 P_1, P_2일 때 이 회로의 역률은?

① $P_1 + P_2$

② $\sqrt{3}(P_1 - P_2)$

③ $\dfrac{2\sqrt{P_1^2 + P_2^2 - P_1 P_2}}{P_1 + P_2}$

④ $\dfrac{P_1 + P_2}{2\sqrt{P_1^2 + P_2^2 - P_1 P_2}}$

2전력계법

(1) 전전력

$\quad P = P_1 + P_2$ [W]

(2) 무효전력

$\quad Q = \sqrt{3}(P_1 - P_2)$ [Var]

(3) 피상전력

$\quad S = 2\sqrt{P_1^2 + P_2^2 - P_1 P_2}$ [VA]

(4) 역률

$$\cos\theta = \frac{P_1 + P_2}{2\sqrt{P_1^2 + P_2^2 - P_1 P_2}}$$

09 그림과 같은 회로에서 시간 t=0에서 스위치를 갑자기 닫은 후 전류 $i(t)$가 0에서 정상 전류의 63.2[%]에 도달하는 시간[s]을 구하면?

① RL

② $\dfrac{1}{RL}$

③ $\dfrac{L}{R}$

④ $\dfrac{R}{L}$

R-L 과도현상

R-L 직렬연결에서 스위치를 닫고 전류가 63.2[%]에 도달하는데 소요되는 시간을 시정수(τ)라 하며 이때 시정수 τ는

$$\therefore \ \tau = \frac{L}{R} = \frac{N\phi}{RI} \ [\text{sec}]$$

10 무한장 평행 2선 선로에 주파수 200[MHz]의 전압을 가하였을 때 전압의 위상정수는 약 몇 [rad/m]인가? (단, 여기서 전파속도는 3×10^8[m/sec]로 한다.)

① $\dfrac{3}{4}\pi$ ② $\dfrac{\pi}{3}$

③ $\dfrac{4}{3}\pi$ ④ $\dfrac{\pi}{4}$

전파속도(v)

$v = \lambda f = \dfrac{1}{\sqrt{LC}} = \dfrac{\omega}{\beta}$ [m/sec] 식에서

$f = 200$ [HMz], $v = 3\times10^8$ [m/sec] 이므로

위상정수 β는

$$\therefore \ \beta = \frac{\omega}{v} = \frac{2\pi f}{v} = \frac{2\pi\times200\times10^6}{3\times10^8} = \frac{4}{3}\pi \ [\text{rad/m}]$$

11 다음 회로는 무엇을 나타낸 것인가?

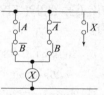

① AND

② NOR

③ NAND

④ EX-OR

Exclusive OR회로(배타적 논리합회로)

(1) 의미 : 입력 중 어느 하나만 "H"일 때 출력이 "H"되는 회로

(2) 논리식과 논리회로 : $X = A \cdot \overline{B} + \overline{A} \cdot B$

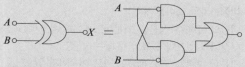

(3) 유접점과 진리표

A	B	X
0	0	0
0	1	1
1	0	1
1	1	0

12 $G(j\omega) = \dfrac{K}{(1+2j\omega)(1+j\omega)}$ 의 이득여유가 20[dB]일 때 K의 값은?

① 0   ② 1

③ 10   ④ $\dfrac{1}{10}$

이득여유(GM)

$GH(j\omega) = \dfrac{K}{(1+2j\omega)(1+j\omega)}$

$\qquad\qquad = \dfrac{K}{(1-2\omega^2)+j3\omega}$

$j3\omega = 0$이 되기 위한 $\omega = 0$이므로

$|GH(j\omega)|_{\omega=0} = K$

$GM = 20\log_{10}\dfrac{1}{|GH(j\omega)|} = 20\log_{10}\dfrac{1}{K}$

$\qquad = 20$ [dB]

이 되기 위해서는 $\dfrac{1}{K} = 10$이어야 한다.

$$\therefore \ K = \frac{1}{10}$$

13 이산 시스템(Discrete data system)에서의 안정도 해석에 대한 설명 중 옳은 것은?

① 특성 방정식의 모든 근이 z 평면의 음의 반평면에 있으면 안정하다.

② 특성 방정식의 모든 근이 z 평면의 양의 반평면에 있으면 안정하다.

③ 특성방정식의 모든 근이 z 평면의 단위원 내부에 있으면 안정하다.

④ 특성방정식의 모든 근이 z 평면의 단위원 외부에 있으면 안정하다.

이상치 제어계 안정도(z 평면)

구분 구간	s평면	z평면
안정	좌반평면	단위원 내부
임계안정	허수축	단위원주상
불안정	우반평면	단위원 외부

∴ 이산치 제어계통의 안정도는 z평면 상에서 해석하기 때문에 특성방정식의 모든 근이 z평면의 단위원 내부에 있을 때 안정하다.

14 근궤적 $G(s)H(s) = \dfrac{K(s-3)}{s^2(s+4)(s+5)}$ 에서 점근선의 교차점은?

① -5 ② -4

③ -3 ④ -2

점근선의 교차점(σ)

$$\sigma = \frac{\text{유한 극점의 합} - \text{유한 영점의 합}}{\text{극점 수} - \text{영점 수}}$$

극점 : $s=0$, $s=0$, $s=-4$, $s=-5$

    → 극점 수 $=4$

영점 : $s=3$ → 영점 수 $=1$

유한 극점의 합 $= 0+0-4-5 = -9$

유한 영점의 합 $= 3$

∴ $\sigma = \dfrac{-9-3}{4-1} = -4$

15 적분 시간 2[sec], 비례 감도가 2인 비례적분 동작을 하는 제어 요소에 동작신호 $x(t) = 2t$ 를 주었을 때 이 제어 요소의 조작량은? (단, 조작량의 초기 값은 0이다.)

① $t^2 + 4t$ ② $t^2 + 2t$

③ $t^2 + 8t$ ④ $t^2 + 6t$

제어요소

비례적분 요소의 전달함수 $G(s) = K\left(1 + \dfrac{1}{Ts}\right)$

식에서 적분시간 $T=2$ [sec], 비례감도 $K=2$ 이므로

$G(s) = 2\left(1 + \dfrac{1}{2s}\right) = 2 + \dfrac{1}{s}$ 이다.

동작신호 → 제어요소 → 조작량
$X(s)$ $G(s)$ $Y(s)$

$x(t) = 2t$일 때

$X(s) = \mathcal{L}[x(t)] = \mathcal{L}[2t] = \dfrac{2}{s^2}$ 이므로

$Y(s) = X(s)G(s) = \dfrac{2}{s^2}\left(2 + \dfrac{1}{s}\right) = \dfrac{4}{s^2} + \dfrac{2}{s^3}$

∴ $y(t) = \mathcal{L}^{-1}[Y(s)] = t^2 + 4t$

16 전달함수가 $\dfrac{C(s)}{R(s)} = \dfrac{25}{s^2+6s+25}$ 인 2차 제어 시스템의 감쇠 진동 주파수(ω_d)는 몇 [rad/sec]인가?

① 3   ② 4

③ 5   ④ 5

감쇠진동주파수(ω_d)

$\omega_d = \omega_n\sqrt{1-\zeta^2}$ 식에서 고유각주파수 ω_n, 제동비(또는 감쇠비) ζ 라 하면

$$\frac{C(s)}{R(s)} = \frac{25}{s^2+6s+25} = \frac{\omega_n^2}{s^2 2\zeta\omega_n s + \omega_n^2}$$

$\omega_n^2 = 25$, $2\zeta\omega_n = 6$, $\omega_n = 5$,

$\zeta = \dfrac{6}{2\omega_n} = \dfrac{6}{10} = 0.6$

∴ $\omega_d = \omega_n\sqrt{1-\zeta^2} = 5\sqrt{1-0.6} = 4$ [rad/sec]

17 상태방정식 $\dfrac{d}{dt}x(t) = Ax(t) + Bu(t)$ 에서

$A = \begin{bmatrix} 2 & 2 \\ 0.5 & 2 \end{bmatrix}$ 이라면 A의 고유값은?

① 1, 3　　　　　　② 1, −5

③ 2, 3　　　　　　④ 2, −5

상태방정식의 특성방정식

특성방정식 $|sI - A| = 0$ 식에서

$(sI - A) = s\begin{bmatrix} 1 & 0 \\ 0 & 1 \end{bmatrix} - \begin{bmatrix} 2 & 2 \\ 0.5 & 2 \end{bmatrix}$

$\qquad\quad = \begin{bmatrix} s-2 & -2 \\ -0.5 & s-2 \end{bmatrix}$

$|sI - A| = \begin{vmatrix} s-2 & -2 \\ -0.5 & s-2 \end{vmatrix}$

$\qquad\quad = (s-2)^2 - 1 = 0$ 이므로

$s^2 - 4s + 3 = (s-1)(s-3) = 0$ 을 만족하는 고유값
(특성방정식의 근)은

$\therefore\ s = 1,\ s = 3$

---

18 그림의 블록선도에서 K에 대한 폐루프 전달함수

$T = \dfrac{C(s)}{R(s)}$ 의 감도 S_K^T는?

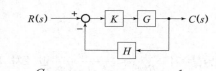

① $\dfrac{G}{1+KGH}$　　　　② $\dfrac{1}{1+KGH}$

③ $\dfrac{G}{1-KGH}$　　　　④ $\dfrac{1}{1-KGH}$

감도(S_K^T)

$T = \dfrac{KG}{1+KGH}$ 이므로 감도(S_K^T)는

$S_K^T = \dfrac{K}{T} \cdot \dfrac{dT}{dK} = \dfrac{K}{\dfrac{KG}{1+KGH}} \cdot \dfrac{d}{dK}\left(\dfrac{KG}{1+KGH}\right)$

$\qquad = \dfrac{1+KGH}{G} \cdot \dfrac{G(1+KGH) - KGGH}{(1+KGH)^2}$

$\qquad = \dfrac{1}{G} \cdot \dfrac{G}{1+KGH}$

$\qquad = \dfrac{1}{1+KGH}$

---

19 그림의 신호흐름선도를 미분방정식으로 표현한 것으로 옳은 것은? (단, 모든 초기 값은 0이다.)

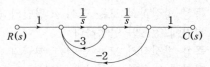

① $\dfrac{d^2c(t)}{dt^2} + 3\dfrac{dc(t)}{dt} + 2c(t) = r(t)$

② $\dfrac{d^2c(t)}{dt^2} + 2\dfrac{dc(t)}{dt} + 3c(t) = r(t)$

③ $\dfrac{d^2c(t)}{dt^2} - 3\dfrac{dc(t)}{dt} - 2c(t) = r(t)$

④ $\dfrac{d^2c(t)}{dt^2} - 2\dfrac{dc(t)}{dt} - 3c(t) = r(t)$

신호흐름선도와 미분방정식

먼저 신호흐름선도의 전달함수를 구하면

$\dfrac{C(s)}{R(s)} = \dfrac{전향경로이득}{1 - 루프경로이득}$ 식에서

전향경로이득 $= 1 \times \dfrac{1}{s} \times \dfrac{1}{s} \times 1 = \dfrac{1}{s^2}$

루프경로이득 $= -3 \times \dfrac{1}{s} - 2 \times \dfrac{1}{s} \times \dfrac{1}{s}$

$\qquad\qquad = -\dfrac{3}{s} - \dfrac{2}{s^2}$ 일 때

$\dfrac{C(s)}{R(s)} = \dfrac{전향경로이득}{1 - 루프경로이득} = \dfrac{\dfrac{1}{s^2}}{1 - \left(-\dfrac{3}{s} - \dfrac{2}{s^2}\right)}$

$\qquad = \dfrac{\dfrac{1}{s^2}}{1 + \dfrac{3}{s} + \dfrac{2}{s^2}} = \dfrac{1}{s^2 + 3s + 2}$ 이다.

$(s^2 + 3s + 2)C(s) = R(s)$

위의 식을 미분방정식으로 표현하면 아래와 같다.

$\therefore\ \dfrac{d^2c(t)}{dt^2} + 3\dfrac{dc(t)}{dt} + 2c(t) = r(t)$

---

20 블록선도 변환이 틀린 것은?

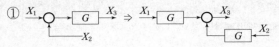

① $X_1 \rightarrow \bigcirc \rightarrow \boxed{G} \rightarrow X_3$ (X_2) $\Rightarrow$ $X_1 \rightarrow \boxed{G} \rightarrow \bigcirc \rightarrow X_3$, $\boxed{G} \leftarrow X_2$

② $X_1 \rightarrow \boxed{G} \rightarrow X_2$ (X_2) $\Rightarrow$ $X_1 \rightarrow \bigcirc \rightarrow \boxed{G} \rightarrow X_2$, $\boxed{G} \leftarrow$

③ $X_1 \rightarrow \boxed{G} \rightarrow X_2$ (X_1) $\Rightarrow$ $X_1 \rightarrow \boxed{G} \rightarrow X_2$, $X_1 \leftarrow \boxed{\dfrac{1}{G}}$

④ $X_1 \rightarrow \boxed{G} \rightarrow \bigcirc \rightarrow X_3$ (X_2) $\Rightarrow$ $X_1 \rightarrow \bigcirc \rightarrow \boxed{G} \rightarrow X_3$, $\boxed{G} \leftarrow X_2$

블록선도의 전달함수

보기	좌항	우항
①	$X_3 = (X_1 + X_2)G$	$X_3 = X_1 G + X_2 G$
②	$X_2 = X_1 G$	$X_2 = X_1 G$
③	$X_1 = X_1,$ $X_2 = X_1 G$	$X_1 = X_1,$ $X_2 = X_1 G$
④	$X_3 = X_1 G + X_2$	$X_3 = (X_1 + X_2 G)G$

∴ 보기 ④는 좌항과 우항의 출력이 서로 다르다.

※ 본 기출문제는 수험자의 기억을 바탕으로 하여 복원한 문제이므로 실제 문제와 다를 수 있음을 미리 알려드립니다.

01 다음의 공사에 의한 저압 옥내배선 중 사용되는 전선이 반드시 절연전선이 아니라도 상관없는 공사는?

① 합성수지관공사　　② 금속관공사
③ 버스덕트공사　　④ 플로어덕트공사

옥내배선에서 나전선의 사용

다음 중 어느 하나에 해당하는 경우에는 나전선을 사용할 수 있다.
(1) 애자공사에 의하여 전개된 곳에 다음의 전선을 시설하는 경우
　㉠ 전기로용 전선
　㉡ 전선의 피복 절연물이 부식하는 장소에 시설하는 전선
　㉢ 취급자 이외의 자가 출입할 수 없도록 설비한 장소에 시설하는 전선
(2) 버스덕트공사에 의하여 시설하는 경우
(3) 라이팅덕트공사에 의하여 시설하는 경우
(4) 옥내에 시설하는 저압 접촉전선을 시설하는 경우
(5) 유희용 전차의 전원장치에 있어서 2차측 회로의 배선을 제3레일 방식에 의한 접촉전선을 시설하는 경우

03 아크로부터 화재의 발생 우려가 없도록 제한되어 있는 35[kV] 이하인 특고압용 차단기 등의 동작시에 아크가 발생하는 기구는 목재의 벽 또는 천장 등 가연성 구조물 등으로부터 몇 [m] 이상 이격하여 시설하여야 하는가?

① 1　　② 1.5
③ 2　　④ 2.5

아크를 발생하는 기구의 시설

고압용 또는 특고압용의 개폐기·차단기·피뢰기 기타 이와 유사한 기구로서 동작시에 아크가 생기는 것은 목재의 벽 또는 천장 기타의 가연성 물체로부터 아래 표에서 정한 값 이상 이격하여 시설하여야 한다.

구분	이격거리
고압용	1[m] 이상
특고압용	2[m](사용전압이 35[kV] 이하의 특고압용으로서 아크에 의해 화재가 발생할 우려가 없도록 제한하는 경우에는 1[m]) 이상

02 주택 등 저압 수용 장소에서 고정 전기설비에 TN-C-S 접지방식으로 접지공사 시 중성선 겸용 보호도체(PEN)를 알루미늄으로 사용할 경우 단면적은 몇 [mm²] 이상이어야 하는가?

① 2.5　　② 6
③ 10　　④ 16

주택 등 저압수용장소 접지

저압 수용장소에서 계통접지가 TN-C-S 방식인 경우에 중성선 겸용 보호도체(PEN)는 고정 전기설비에만 사용할 수 있고, 그 도체의 단면적이 구리는 10[mm²] 이상, 알루미늄은 16[mm²] 이상이어야 한다.

04 직류 전기철도 시스템이 매설 배관 또는 케이블과 인접할 경우 누설전류를 피하기 위해 최대한 이격시켜야 하며, 주행레일과 최소 몇 [m] 이상의 거리를 유지하여야 하는가?

① 0.5　　② 1
③ 2　　④ 3

누설전류 간섭에 대한 방지

직류 전기철도 시스템이 매설 배관 또는 케이블과 인접할 경우 누설전류를 피하기 위해 최대한 이격시켜야 하며, 주행레일과 최소 1[m] 이상의 거리를 유지하여야 한다.

정답　01 ③　02 ④　03 ①　04 ②

05 사용전압이 22.9[kV]인 특고압 가공전선과 그 지지물·완금류·지주 또는 지선 사이의 이격거리는 몇 [cm] 이상이어야 하는가?

① 15　　　　　　② 20
③ 25　　　　　　④ 30

특고압 가공전선과 지지물 등과의 이격거리

사용전압	이격거리 [m]
15[kV] 미만	0.15
15[kV] 이상 25[kV] 미만	0.2
25[kV] 이상 35[kV] 미만	0.25
35[kV] 이상 50[kV] 미만	0.3
50[kV] 이상 60[kV] 미만	0.35
60[kV] 이상 70[kV] 미만	0.4
70[kV] 이상 80[kV] 미만	0.45
80[kV] 이상 130[kV] 미만	0.65
130[kV] 이상 160[kV] 미만	0.9

06 철도 또는 궤도를 횡단하는 저고압 가공전선의 높이는 레일면 상 몇 [m] 이상이어야 하는가?

① 5.5　　　　　　② 6.5
③ 7.5　　　　　　④ 8.5

저압, 고압 가공전선의 높이

구 분	시공 높이
도로 횡단	6[m]
철도 횡단	6.5[m]
횡단 보도교 (육교)	3.5[m] 이상 (단, 저압으로 절연전선, 다심형전선, 케이블사용 : 3[m] 이상)
기타	5[m] 이상 (단, 절연전선, 케이블 및 교통에 지장 없다 : 4[m])

07 사용전압이 300[V]인 지중전선이 지중약전류전선과 접근 또는 교차할 때 상호간에 내화성 격벽을 설치한다면 상호간의 이격 거리는 몇 [cm] 이하인 경우인가?

① 30　　　　　　② 50
③ 60　　　　　　④ 100

지중전선과 지중약전류전선 등 또는 관과의 접근 또는 교차

구분		이격거리
지중전선과 지중약전류전선	저압 또는 고압	0.3[m] 이하
	특고압	0.6[m] 이하
특고압 지중전선이 가연성이나 유독성의 유체를 내포하는 관과 접근 또는 교차하는 경우		1[m] 이하

[주] 표의 이격거리는 지중전선과 지중약전류전선 사이 또는 관 사이에 견고한 내화성의 격벽을 설치하는 경우 이외에는 지중전선을 견고한 불연성 또는 난연성의 관에 넣어 그 관이 지중약전류전선 또는 가연성이나 유독성의 유체를 내포하는 관과 직접 접촉하지 아니하도록 하여야 한다.

08 사용전압이 400[V] 이하 저압 보안공사에 사용되는 경동선은 그 지름이 최소 몇 [mm] 이상의 것을 사용하여야 하는가?

① 2.0　　　　　　② 2.6
③ 4.0　　　　　　④ 5.0

저·고압 보안공사

구분	인장강도 및 굵기
전선의 굵기	인장강도 8.01[kN] 이상의 것 또는 지름 5[mm] 이상의 경동선 (400[V] 이하인 경우에는 인장강도 5.26[kN] 이상의 것 또는 지름 4[mm] 이상의 경동선)
목주인 경우	풍압하중에 대한 안전율이 1.5 이상
	목주의 굵기는 말구의 지름 0.12[mm] 이상

09 66[kV] 가공전선과 6[kV] 가공전선을 동일 지지물에 병가하는 경우 특고압 가공전선은 케이블인 경우를 제외하고는 단면적이 몇 [mm²] 이상인 경동연선을 사용하여야 하는가?

① 22　　　　　　　② 50
③ 55　　　　　　　④ 100

35[kV]를 초과하고 100[kV] 이하의 특고압 가공전선과 저·고압 가공전선의 병행설치

(1) 특고압 가공전선은 제2종 특고압 보안공사에 의할 것
(2) 전선 상호간 이격거리와 전선의 굵기 및 지지물의 종류

구분	이격거리
이격거리	2[m] 이상 특고압 가공전선이 케이블이고 저압 가공전선이 절연전선이거나 케이블인 때 또는 고압 가공전선이 고압 절연전선, 특고압 절연전선 또는 케이블인 때는 1[m]까지로 감할 수 있다.
전선의 굵기	인장강도 21.67[kN] 이상의 연선 또는 단면적이 50[mm²] 이상인 경동연선
지지물의 종류	철주·철근 콘크리트주 또는 철탑일 것.

10 지중 전선로의 매설방법이 아닌 것은?

① 관로식　　　　　② 압착식
③ 암거식　　　　　④ 직접 매설식

지중전선로의 사용전선 및 시설방법

구분	내용
사용 전선	케이블
시설 방법	관로식, 암거식, 직접매설식

11 고압 가공전선을 시가지외에 시설할 때 사용되는 경동선의 굵기는 지름 몇 [mm] 이상인가?

① 2.6　　　　　　　② 3.2
③ 4.0　　　　　　　④ 5.0

저·고압 가공전선의 굵기

구분	인장강도 및 굵기	
저압 400[V] 이하	3.43[kN] 이상의 것 또는 3.2[mm] 이상의 경동선	
	절연전선인 경우 2.3[kN] 이상의 것 또는 2.6[mm] 이상 경동선	
저압 400[V] 초과 및 고압	시가지 외	5.26[kN] 이상의 것 또는 4[mm] 이상의 경동선
	시가지	8.01[kN] 이상의 것 또는 5[mm] 이상의 경동선

12 귀선로에 대한 설명으로 틀린 것은?

① 나전선을 적용하여 가공식으로 가설을 원칙으로 한다.
② 사고 및 지락 시에도 충분한 허용전류용량을 갖도록 하여야 한다.
③ 비절연보호도체, 매설접지도체, 레일 등으로 구성하여 단권변압기 중성점과 공통접지에 접속한다.
④ 비절연보호도체의 위치는 통신유도장해 및 레일전위의 상승의 경감을 고려하여 결정하여야 한다.

귀선로

(1) 귀선로는 비절연보호도체, 매설접지도체, 레일 등으로 구성하여 단권변압기 중성점과 공통접지에 접속한다.
(2) 비절연보호도체의 위치는 통신유도장해 및 레일전위의 상승의 경감을 고려하여 결정하여야 한다.
(3) 귀선로는 사고 및 지락 시에도 충분한 허용전류용량을 갖도록 하여야 한다.
∴ 보기 ①은 급전선에 대한 설명이다.

13 공칭전압이 750[V]인 직류시스템의 전차선로의 충전부와 차량 간의 동적 최소 절연이격거리는 몇 [mm] 이상을 확보하여야 하는가?

① 25　　　　　　② 100
③ 170　　　　　　④ 270

전차선과 차량 간의 최소 절연이격거리

시스템 종류	공칭전압[V]	동적[mm]	정적[mm]
직류	750	25	25
	1,500	100	150
단상교류	25,000	170	270

14 사용전압이 154[kV]인 가공 송전선의 시설에서 전선과 식물과의 이격거리는 일반적인 경우에 몇 [m] 이상으로 하여야 하는가?

① 2.8　　　　　　② 3.2
③ 3.6　　　　　　④ 4.2

가공전선과 식물과의 이격거리

구분		이격거리
특고압 가공전선	60[kV] 이하	2[m]
	60[kV] 초과	2+(사용전압[kV]/10-6)×0.12 소수점 절상

$2+(15.4-6) \times 0.12 = 2+9.4 \times 0.12$
$\therefore 2+10 \times 0.12 = 3.2 \,[\text{m}]$

참고 ( ) 안의 수치는 소수점 절상하여 계산하여야 하기 때문에 9.4를 10으로 적용하여 계산하여야 함.

15 저압 옥내배선이 약전류전선 등 또는 수관·가스관이나 이와 유사한 것과 접근하거나 교차하는 경우에 저압 옥내배선을 애자공사에 의하여 시설하는 때에는 저압 옥내배선과 약전류전선 등 또는 수관·가스관이나 이와 유사한 것과의 이격거리는 몇 [m] 이상이어야 하는가?
(단, 전선을 절연전선으로 사용하였다.)

① 0.1　　　　　　② 0.3
③ 0.5　　　　　　④ 0.7

옥내배선과 타 시설물과의 접근 또는 교차

구분		이격거리
저압 (애자공사)	절연전선	10[cm] 이상
	나전선	30[cm] 이상
고압	절연전선	15[cm] 이상
	나전선(애자공사)	30[cm] 이상
특고압		60[cm] 이상

16 최대사용전압이 22,900[V]인 3상 4선식 중성선 다중접지식 전로와 대지 사이의 절연내력시험전압은 몇 [V]인가?

① 21068　　　　　② 25229
③ 28752　　　　　④ 32510

절연내력시험전압

최대사용전압		시험전압	최저시험 전압
7000[V] 이하		1.5배	−
7000[V] 초과 60[kV] 이하		1.25배	10500[V]
7000[V] 초과 25[kV] 이하 중성점 다중접지방식		0.92배	−
60[kV] 초과 170[kV] 이하	비접지	1.25배	−
	접지	1.1배	75000[V]
	직접접지	0.72배	−

$\therefore$ 시험전압 $= 22,900 \times 0.92 = 21068\,[\text{V}]$

17 교통신호등 제어장치의 2차측 배선의 최대사용 전압은 몇 [V] 이하이어야 하는가?

① 150　　　　　　② 250
③ 300　　　　　　④ 400

교통신호등의 시설

구분	내용
최대사용전압	제어장치의 2차측 배선의 최대사용 전압은 300[V] 이하이어야 한다.

18 저압가공전선과 건조물의 상부 조영재와의 옆쪽 이격거리는 몇 [m] 이상인가? (단, 전선에 사람이 쉽게 접촉할 우려가 있고 케이블이 아닌 경우이다.)

① 0.4　　　　　　② 0.8
③ 1.2　　　　　　④ 2.0

가공전선과 건조물의 조영재 사이의 이격거리

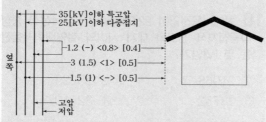

＜기호 설명＞
( ) : 저압선에 DV전선 또는 450/750 [V] 일반용 단심 비닐절연전선을 사용하고, 고압선에 고압 절연전선을 사용하거나 특고압선에 특고압 절연전선을 사용하는 경우
[ ] : 저압선에 고압 절연전선, 특고압 절연전선 또는 케이블을 사용하거나 고압과 특고압선에 케이블을 사용하는 경우
< > : 사람이 쉽게 접촉할 우려가 없도록 시설하는 경우

19 교류계통에서 일반적으로 사용되며 일반인이 사용하는 콘센트는 정격전류 몇 [A] 이하일 때 누전 차단기에 의한 추가적 보호를 하여야 하는가?

① 16　　　　　　② 20
③ 32　　　　　　④ 50

감전에 대한 고장보호의 요구사항
다음에 따른 교류계통에서는 누전차단기에 의한 추가적인 보호를 하여야 한다.
(1) 일반적으로 사용되며 일반인이 사용하는 정격전류 20[A] 이하 콘센트
(2) 옥외에서 사용되는 정격전류 32[A] 이하 이동용 전기 기기

20 급전선에 대한 설명으로 틀린 것은?

① 급전선은 단권변압기 중성점과 공통접지에 접속한다.
② 가공식은 전차선의 높이 이상으로 전차선로 지지물에 병가하며, 나전선의 접속은 직선접속을 원칙으로 한다.
③ 선상승강장, 인도교, 과선교 또는 교량 하부 등에 설치할 때에는 최소 절연이격거리 이상을 확보하여야 한다.
④ 신설 터널 내 급전선을 가공으로 설계할 경우 지지물의 취부는 C찬넬 또는 매입전을 이용하여 고정하여야 한다.

전기철도의 급전선로
(1) 급전선은 나전선을 적용하여 가공식으로 가설을 원칙으로 한다. 다만, 전기적 이격거리가 충분하지 않거나 지락, 섬락 등의 우려가 있을 경우에는 급전선을 케이블로 하여 안전하게 시공하여야 한다.
(2) 가공식은 전차선의 높이 이상으로 전차선로 지지물에 병가하며, 나전선의 접속은 직선접속을 원칙으로 한다.
(3) 신설 터널 내 급전선을 가공으로 설계할 경우 지지물의 취부는 C찬넬 또는 매입전을 이용하여 고정하여야 한다.
(4) 선상승강장, 인도교, 과선교 또는 교량 하부 등에 설치할 때에는 최소 절연이격거리 이상을 확보하여야 한다.
∴ 보기 ①은 귀로선에 대한 설명이다.

전기기사 5주완성 ❸

定價 42,000원 (별책부록 포함)

저 자 전기기사수험연구회
발행인 이 종 권

2018年 1月   9日 초 판 발 행
2018年 1月 23日 초판2쇄발행
2018年 10月   4日 2차개정발행
2019年 10月   8日 3차개정발행
2020年 12月 22日 4차개정발행
2022年 1月   5日 5차개정발행
2023年 1月 17日 6차개정발행
2023年 9月 18日 7차개정발행
2025年 1月   8日 8차개정발행

發行處 (주) 한솔아카데미

(우)06775 서울시 서초구 마방로10길 25 트윈타워 A동 2002호
TEL : (02)575-6144/5   FAX : (02)529-1130
〈1998. 2. 19 登錄 第16-1608號〉

※ 본 교재의 내용 중에서 오타, 오류 등은 발견되는 대로 한솔아
카데미 인터넷 홈페이지를 통해 공지하여 드리며 보다 완벽한
교재를 위해 끊임없이 최선의 노력을 다하겠습니다.

※ 파본은 구입하신 서점에서 교환해 드립니다.

www.inup.co.kr / www.bestbook.co.kr

ISBN 979-11-6654-558-0 14560
ISBN 979-11-6654-555-9 (세트)

전기 5주완성 시리즈

전기기사 5주완성

전기기사수험연구회
1,688쪽 | 42,000원

전기산업기사 5주완성

전기산업기사수험연구회
1,568쪽 | 42,000원

전기공사기사 5주완성

전기공사기사수험연구회
1,688쪽 | 41,000원

전기공사산업기사 5주완성

전기공사산업기사수험연구회
1,606쪽 | 41,000원

전기(산업)기사 실기

대산전기수험연구회
766쪽 | 42,000원

전기기사실기 20개년 과년도

대산전기수험연구회
992쪽 | 36,000원

전기기사 완벽대비 시리즈

정규시리즈①
전기자기학

전기기사수험연구회
4×6배판 | 반양장
404쪽 | 19,000원

정규시리즈②
전력공학

전기기사수험연구회
4×6배판 | 반양장
324쪽 | 19,000원

정규시리즈③
전기기기

전기기사수험연구회
4×6배판 | 반양장
430쪽 | 19,000원

정규시리즈④
회로이론

전기기사수험연구회
4×6배판 | 반양장
380쪽 | 19,000원

정규시리즈⑤
제어공학

전기기사수험연구회
4×6배판 | 반양장
248쪽 | 18,000원

정규시리즈⑥
전기설비기술기준

전기기사수험연구회
4×6배판 | 반양장
326쪽 | 19,000원

무료동영상 교재
전기시리즈①
전기자기학

김대호 저
4×6배판 | 반양장
20,000원

무료동영상 교재
전기시리즈②
전력공학

김대호 저
4×6배판 | 반양장
20,000원

무료동영상 교재
전기시리즈③
전기기기

김대호 저
4×6배판 | 반양장
20,000원

무료동영상 교재
전기시리즈④
회로이론

김대호 저
4×6배판 | 반양장
20,000원

무료동영상 교재
전기시리즈⑤
제어공학

김대호 저
4×6배판 | 반양장
20,000원

무료동영상 교재
전기시리즈⑥
전기설비기술기준

김대호 저
4×6배판 | 반양장
20,000원

전기(산업)기사 실기·기능사

전기(산업)기사
실기 모의고사 100선

김대호 저
4×6배판 | 반양장
296쪽 | 24,000원

전기기능사 필기

이승원, 김승철 공저
4×6배판 | 반양장
624쪽 | 25,000원

2025년 전기기사 · 산업기사 실기 완벽대비

전기기사 실기
기본서

김대호 저
반양장
964쪽 | 36,000원

전기기사 실기
20개년 기출문제

김대호 저
반양장
1,352쪽 | 42,000원

전기산업기사 실기
기본서

김대호 저
반양장
920 | 36,000원

전기산업기사 실기
20개년 기출문제

김대호 저
반양장
1,076쪽 | 40,000원